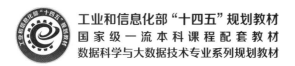

工业和信息化部“十四五”规划教材

国家级一流本科课程配套教材

数据科学与大数据技术专业系列规划教材

本教材获得复旦大学“双一流”建设项目

——“七大系列精品教材”建设计划资助

复旦大学研究生系列教材

Machine Learning

机器学习

第 2 版

U0202685

赵卫东 董亮 / 编著

人民邮电出版社

北 京

图书在版编目（CIP）数据

机器学习 / 赵卫东，董亮编著. -- 2版. -- 北京：
人民邮电出版社，2022.11（2023.8重印）
数据科学与大数据技术专业系列规划教材
ISBN 978-7-115-59848-6

Ⅰ. ①机… Ⅱ. ①赵… ②董… Ⅲ. ①机器学习－高
等学校－教材 Ⅳ. ①TP181

中国版本图书馆CIP数据核字(2022)第142732号

内 容 提 要

　　机器学习是人工智能的重要技术基础，涉及的内容十分广泛。本书涵盖机器学习和深度学习的基础知识，主要包括机器学习基础、统计分析、分类、聚类、文本分析、神经网络、贝叶斯网络、支持向量机、分布式机器学习等经典的机器学习基础知识，还包括卷积神经网络、循环神经网络、目标检测、自编码器、生成对抗网络、注意力机制等深度学习的内容。此外，本书还介绍机器学习的热门应用领域推荐系统以及强化学习等主题。

　　本书内容全面、案例丰富、深入浅出，部分章节提供 Python 程序代码和习题，供读者巩固所学知识。另外，本书还为读者提供配套的微课视频。

　　本书不仅适合作为高等院校本科生及研究生的机器学习、深度学习和数据挖掘等课程的教材，也可作为对机器学习感兴趣的研究人员和工程技术人员的参考资料。

◆ 编　著　赵卫东　董　亮
　　责任编辑　张　斌
　　责任印制　王　郁　陈　犇

◆ 人民邮电出版社出版发行　　北京市丰台区成寿寺路 11 号
　　邮编　100164　　电子邮件　315@ptpress.com.cn
　　网址　https://www.ptpress.com.cn
　　三河市中晟雅豪印务有限公司印刷

◆ 开本：787×1092　1/16
　　印张：23.75　　　　　　　　　2022 年 11 月第 2 版
　　字数：658 千字　　　　　　　2023 年 8 月河北第 4 次印刷

定价：89.80 元

读者服务热线：**(010)81055256**　印装质量热线：**(010)81055316**
反盗版热线：**(010)81055315**
广告经营许可证：京东市监广登字 20170147 号

推荐序

本书在介绍机器学习原理的基础上，讨论了深度学习的基本原理、卷积神经网络、循环神经网络、生成对抗网络、注意力机制、深度强化学习等基本方法或算法，并分析了深度学习在多个典型领域的应用。本书的内容覆盖了机器学习和深度学习的主要内容，配套的案例和习题都有一定的难度和深度。书中精心总结了机器学习和深度学习理论界最新的研究成果，并密切结合业界应用发展的现状，体现了机器学习和深度学习的学科发展前沿态势。

本书比较强调通过项目沉浸式教学和深度教学方法改革，强化应用以加深学生对机器学习和深度学习算法的理解，使教材既有系统性和前沿性，又有比较高的实用性。本书总体设计逻辑清晰，章节之间有一定的独立性，同时又有紧密的联系，依次递进。通过学习本书学生可以逐步深入理解深度学习的核心算法，并通过配套的应用案例和实验深入体会机器学习和深度学习算法的精髓，还可以培养较强的应用能力。

第 1 版教材经过近 4 年的使用，吸收了一些教师和学生的反馈，多次修改，第 2 版的内容比较成熟，并配套中国大学 MOOC 的深度学习及其应用在线课程，资料比较齐全，非常适合任课教师备课和学生自学。

总之，第 2 版教材非常适合机器学习、深度学习和数据挖掘等课程的教学，也适合社会上打算系统学习机器学习的人士阅读。

王万良
2022 年 1 月

前　言

党的二十大报告中提到："坚持面向世界科技前沿、面向经济主战场、面向国家重大需求、面向人民生命健康，加快实现高水平科技自立自强。"为了培养信息技术领域的高水平科技人才，助力我国信息产业发展，国内越来越多的高校开始设立人工智能、大数据技术与应用、智能科学与技术等专业，其中机器学习和深度学习是此类专业的核心课程。大多数高校在机器学习课程建设中，面临着教材众多，难度参差不齐，许多教材过于理论化、实用性不强等问题。因此，作者编写了这本面向应用的机器学习和深度学习教材。本书具有内容系统全面、深入浅出，并且配套资源齐全等特点。

与传统知识型教材相比，本书面向新工科的教学要求，帮助学生快速、系统地理解机器学习和深度学习的基础知识。配套的教学案例库可帮助学生将学习的知识转化为解决实际问题的技能，并在相似的场景中进行应用，进一步提高学生工程实践和创新的能力。

本书突出机器学习的课程要点和发展前沿，详细阐述机器学习和深度学习的基本内容，使用几十个典型的应用案例和 Python 代码实现，介绍机器学习和深度学习的核心内容。为了方便学生自学，本书配套中国大学 MOOC 的深度学习及其应用在线课程，难度适中，可帮助学生系统学习机器学习的专业知识，提升对实际领域问题的分析能力。

本书特别重视配套实验案例的设计。近年来，作者在与 20 多家企业合作的横向课题以及多项教育部产学合作协同育人项目的基础上，利用主流的机器学习开源框架和工具，原创开发了几十个配套机器学习和深度学习的案例。这些案例有效地支撑了实践教学的开展，经过几十所院校和数万名学员的使用，反馈良好。

自从 2018 年《机器学习》出版以来，作者多次在全国性教育研讨会议、研修班和师资培训中将之推广使用，该书对机器学习、深度学习、数据挖掘等相关课程的教学起到了重要的作用，目前已被几十所高校使用，产生了广泛的影响。

除了纸质教材外，本书配套资源齐全，且资源不定期更新，书中每章的难点和核心内容还配套对应的视频、实验及测试题，便于教师组织教学和学生自学。相关案例和实验等资料，都统一放在中国大学 MOOC 在线课程以及阿里云天池平台，便于教师开展实验和实训教学。读者也可登录人邮教育社区（www.ryjiaoyu.com）获取相关资源。

自第 1 版教材出版以来，作者广泛收集了读者的一些建议，对第 1 版做了如下修改。

（1）删除了第 1 版的第 9 章、第 14 章以及其他章节的部分内容，补充了一些案例，充实了 XGBoost、神经网络算法等内容。

（2）重视引入企业真实问题的案例、充实实验教学，以加深学生对算法的理解，提升学生的应用技能。由于篇幅所限，更多案例和实验的内容可以参考作者编写的另外两本图书：《机器学习案例实战》（第 2 版）、《Python 机器学习实战案例》（第 2 版）。

（3）大幅修改了第 1 版第 11 章深度学习和第 12 章高级深度学习等内容，补充了卷积神经网络、循环神经网络、生成对抗网络、自注意力等算法的介绍。

（4）补充了第 13 章，介绍了强化学习的基本内容，丰富了深度学习的内容。

本书编写的过程中，参考了一些文献的图表，研究生胥勋亮、陈孚声、张柏霖等在资料收集方面做了很多工作，在此一并表示感谢。

赵卫东

2022 年 11 月

目 录

第1章

机器学习基础

随着大数据的发展和计算机运算能力的不断提升，人工智能在近些年取得了令人瞩目的成就。目前在很多行业中，都有企业开始应用机器学习技术，从而获取更深刻的洞察，为企业经营或日常生活提供帮助，提升产品服务水平。机器学习已经广泛应用于数据挖掘、搜索引擎、电子商务、自动驾驶、图像识别、量化投资、自然语言处理、计算机视觉、医学诊断、信用卡欺诈检测、证券金融市场分析、游戏和机器人等领域，机器学习相关技术的进步促进了人工智能在各个领域的发展。

1.1　机器学习概述

机器学习（Machine Learning）是计算机科学的子领域，也是人工智能的一个分支和实现方式。卡内基梅隆大学教授汤姆·米切尔（Tom Mitchell）在 1997 年出版的 *Machine Learning* 一书中指出，机器学习这门学科所关注的是计算机程序如何随着经验积累，自动提高性能。他同时给出了形式化的描述：对于某类任务 T 和性能度量 P，如果一个计算机程序在 T 上以 P 度量的性能随着经验 E 而自我完善，就称这个计算机程序在从经验 E 学习。

机器学习主要的理论基础涉及概率论、数理统计、线性代数、数学分析、数值逼近、最优化理论和计算复杂理论等，其核心要素是数据、算法和模型。

1.1.1　机器学习简史

机器学习是一门不断发展的学科，虽然在近些年才成为一个独立学科，但机器学习的起源可以追溯到 20 世纪 30 年代以来人工智能的符号演算、逻辑推理、自动机模型、模糊数学及神经网络的误差逆传播算法（Back Propagation Algorithm，BP，也叫反向传播算法）等。虽然这些技术在当时并没有被冠以机器学习之名，但时至今日它们依然是机器学习的理论基石。从学科发展过程的角度思考机器学习，有助于读者理解目前层出不穷、日益复杂的各类机器学习算法。机器学习的大致演变过程如表 1-1 所示。

表 1-1　机器学习的大致演变过程

机器学习阶段	年份	主要成果	代表人物
人工智能起源	1936	自动机模型理论	阿兰·图灵（Alan Turing）
	1943	MP（McCulloch-Pitts）模型（也叫神经元模型）	沃伦·麦卡洛克（Warren McCulloch）、沃尔特·皮茨（Walter Pitts）
	1951	符号演算	约翰·冯·诺依曼（John von Neumann）
	1956	人工智能	约翰·麦卡锡（John McCarthy）、马文·明斯基（Marvin Minsky）、克劳德·香农（Claude Shannon）
人工智能初期	1958	LISP	约翰·麦卡锡
	1962	感知机收敛理论	弗兰克·罗森布拉特（Frank Rosenblatt）
	1972	GPS（General-Problem Solver，通用问题求解程序）	艾伦·纽厄尔（Allen Newell）、赫伯特·西蒙（Herbert Simon）
	1975	框架知识表示	马文·明斯基
进化计算	1965	进化策略	英戈·雷兴贝格（Ingo Rechenberg）
	1975	遗传算法	约翰·霍兰（John Holland）
	1992	基因计算	约翰·科扎（John Koza）
专家系统和知识工程	1965	模糊逻辑、模糊集	卢特菲·扎德（Lotfi Zadeh）
	1969	DENDRAL、MYCIN	爱德华·费根鲍姆（Edward Feigenbaum）、布鲁斯·布坎南（Bruce Buchanan）、约书亚·莱德伯格（Joshua Lederberg）
	1979	ROSPECTOR	杜达（Duda）
神经网络	1982	霍普菲尔德神经网络	约翰·霍普菲尔德（John Hopfield）
	1982	自组织网络	图沃·科霍宁（Teuvo Kohonen）
	1986	BP 算法	鲁姆哈特（Rumelhart）、麦克莱兰（McClelland）
	1989	LeNet	杨立昆（Yann LeCun）
	1997	RNN（Recurrent Neural Network，循环神经网络）、LSTM（Long Short-Term Memory，长短期记忆）	泽普·霍赫赖特（Sepp Hochreiter）、尤尔根·施米德胡贝（Jurgen Schmidhuber）

机器学习阶段	年份	主要成果	代表人物
神经网络	1998	CNN（Convolutional Neural Network，卷积神经网络）	杨立昆
分类算法	1986	ID3（Iterative Dichotomiser 3，迭代二叉树 3 代）算法	罗斯·昆兰（Ross Quinlan）
	1988	Boosting 算法	约夫·弗雷德（Yoav Freund）、迈克尔·卡恩斯（Michael Kearns）
	1993	C4.5 算法	罗斯·昆兰
	1995	AdaBoost 算法	弗雷德·罗伯特·夏普（Robert Schapire）
	1995	支持向量机	科琳娜·科尔特斯（Corinna Cortes）、万普尼克（Vapnik）
	2001	随机森林	利奥·布赖曼（Leo Breiman）、阿黛尔·卡特勒（Adele Cutler）
深度学习	2006	深度信念网络	杰弗里·辛顿（Geoffrey Hinton）
	2012	谷歌大脑	吴恩达（Andrew Ng）
	2014	GAN（Generative Adversarial Network，生成对抗网络）	伊恩·古德费洛（Ian Goodfellow）
	2014	注意力机制	约书亚·本希奥（Yoshua Bengio）
	2014	VGG/GoolgleNet	牛津大学和克里斯蒂安·塞格迪（Christian Szegedy）
	2015	ResNet	何恺明等
	2017	Transformer	谷歌（Google）公司
	2018	BERT（Bidirectional Encoder Representations from Transformers，基于转换器的双向编码表征）	谷歌公司

　　机器学习的发展也可分为知识推理期、知识工程期、浅层学习（Shallow Learning）和深度学习（Deep Learning）几个阶段。知识推理期始于 20 世纪 50 年代中期，这时候的人工智能主要通过专家系统赋予计算机逻辑推理能力，赫伯特·西蒙和艾伦·纽厄尔实现的自动定理证明了逻辑学家拉赛尔（Russell）和怀特黑德（Whitehead）编写的《数学原理》中的 52 条定理。20 世纪 70 年代开始，人工智能进入知识工程期，费根鲍姆作为"知识工程之父"在 1994 年获得了图灵奖。由于人工无法将所有知识都总结出来教给计算机系统，因此这一阶段的人工智能面临知识获取的瓶颈。实际上，在 20 世纪 50 年代，就已经有机器学习的相关研究，代表性工作主要是罗森布拉特基于神经感知科学提出的计算机神经网络（即感知机）。在随后的 10 年中，浅层学习的神经网络曾经风靡一时，特别是马文·明斯基提出了著名的 XOR 问题和感知机线性不可分的问题。由于当时计算机的运算能力有限，多层网络训练困难，模型通常都是只有一层隐层的浅层模型，各种各样的浅层机器学习模型相继被提出，在理论分析和应用方面都产生了较大的影响，但是理论分析的难度和训练方法需要很多经验和技巧。随着 k 近邻（K-Nearest Neighbor，KNN）等算法的相继提出，浅层模型在模型理解、准确率、模型训练等方面被超越，机器学习的发展几乎处于停滞状态。

　　2006 年，辛顿发表了深度信念网络论文，本希奥等人发表了论文"Greedy Layer-Wise Training of Deep Networks"（深层网络的贪婪层智慧训练），杨立昆团队发表了论文"Efficient Learning of Sparse Representations with an Energy-Based Model"（基于能量模型的稀疏表示的高效学习），这些事件标志着人工智能正式进入了深层网络的实践阶段。同时，云计算和 GPU（Graphics Processing Unit，图形处理单元）并行计算为深度学习的发展提供了基础保障。近年来，机器学习在各个领域都取得了突飞猛进的发展。

　　新的机器学习算法面临的主要问题更加复杂，机器学习的应用领域从广度向深度发展，这对模型训练和应用都提出了更高的要求。随着人工智能的发展，冯·诺依曼式的有限状态机的理论基础越来越难以应对目前神经网络中层数和参数增加的要求，这些都对机器学习提出了挑战。借助量子计算的高并行性，量子机器学习可以优化传统机器学习的效率。

1.1.2 机器学习主要流派

在人工智能的发展过程中，随着人们对智能的理解和现实问题的解决方法的演变，机器学习大致出现了符号主义、贝叶斯分类、联结主义、进化计算和行为主义五大流派。

1. 符号主义

符号主义源于逻辑学、哲学，实现方法是用符号表示知识，并用规则进行逻辑推理，其中专家系统和知识工程是这一流派的代表性成果。符号主义流派认为知识是信息符号的表示，是人工智能的基础，将这些符号输入计算机中进行模拟推理，从而实现人工智能。

2. 贝叶斯分类

贝叶斯分类的基础是贝叶斯定理，贝叶斯定理是概率论中的一个定理，其中 $p(A|B)$ 是在事件 B 发生的情况下事件 A 发生的可能性（条件概率）。贝叶斯分类已经被应用于许多领域。例如，自然语言中的情感分类、自动驾驶中对汽车周围情况的分类和垃圾邮件过滤等。

3. 联结主义

联结主义源于神经科学，主要算法是神经网络，由大量神经元以一定的结构组成。人的神经元是一种看起来像树形的细胞。每个神经元可以有一个或多个树突，可以接受刺激并将兴奋传入细胞体。每个神经元只有一个轴突，可以把兴奋从细胞体传送到另一个神经元或其他组织，如图 1-1（a）所示。神经元之间是互相连接的，这样形成了一个大的神经网络，人类所学会的知识基本都存在其中。

在图 1-1（b）所示的神经网络中，将 n 个相连接的神经元的输出作为当前神经元的输入，进行加权计算，并加一个偏置（Bias）之后通过激活函数来实现变换，激活函数的作用是将输出控制在一定的范围内。以 Sigmoid 函数为例，输入从负无穷到正无穷，经过激活之后映射到(0,1)区间。

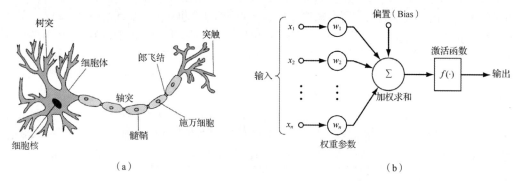

（a）　　　　　　　　　　　　　　　　　　（b）

图1-1　神经元结构

人工神经网络是以层（Layer）的形式组织起来的，每一层中包含多个神经元，层与层之间通过一定的结构连接起来，对神经网络进行训练的目的就是找到网络中各个突触连接的权重和偏置。作为一种监督学习算法，训练神经网络时通过不断反馈当前网络计算结果与训练数据之间的误差来修正网络权重，使误差足够小，这就是 BP 算法。

4. 进化计算

19 世纪 50 年代，英国生物学家查尔斯·罗伯特·达尔文（Charles Robert Darwin）提出进化论。在微观上，DNA（Deoxyribonucleic Acid，脱氧核糖核酸）是线性串联编码，进化过程是基因交叉、突变的过程。在宏观上，进化过程是生物个体适应环境的优胜劣汰过程。生物个体要适应不断变化的环境，通过对其进化的过程进行建模，可以描述智能行为。进化算法（Evolutionary Algorithm，EA）是在计算机上模拟进化过程，基于"物竞天择，适者生存"的原则，不断迭代优化，直到找到最佳的结果。进化算法包括基因编码、种群初始化、交叉变异算子等基本操作，是一种比较成熟的具有广泛适用性的全局优化算法，具有自组织、自适应、自学习的特性，能够有效地处理传统优化算法难以解决的复杂问题（例如 NP 困难优化问题）。

遗传算法的优化要视具体情况进行算法选择，也可以与其他算法相结合，对其进行补充。对于动态数据，用遗传算法求最优解可能会比较困难，种群可能会过早收敛。

5. 行为主义

这一流派的代表是强化学习。它观察智能体动作与环境之间的互动结果，强调如何基于环境的反馈，不断改变活动策略，以取得最大化的预期利益。通过分析环境给予的奖励或惩罚的刺激，逐步形成对刺激的预期，以获得最优行为决策。

1.2　机器学习、人工智能和数据挖掘

目前人工智能很热门，但是很多人容易将人工智能与机器学习混淆。此外，数据挖掘、人工智能和机器学习之间的关系也容易被混淆。从本质上看，数据挖掘的目标是通过处理各种真实业务数据促进人们的决策；机器学习的主要任务是使机器模仿人类学习，从而获得知识；而人工智能借助机器学习和推理最终形成具体的智能行为。机器学习与其他领域的关系如图 1-2 所示。

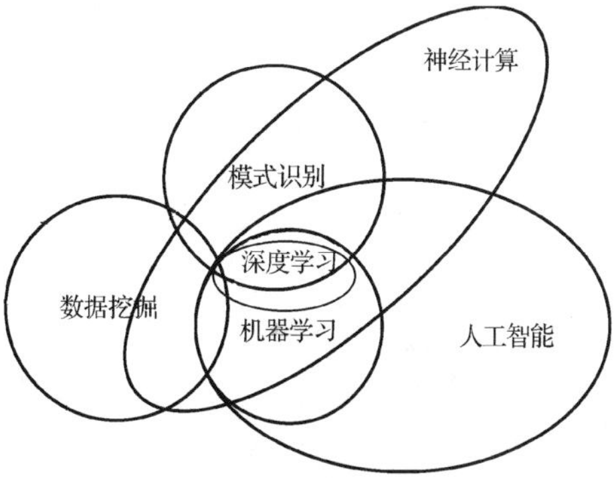

图 1-2　机器学习与其他领域的关系

1.2.1　什么是人工智能

人工智能是让机器的行为看起来像人所表现出的智能行为一样，这是由美国麻省理工学院的约翰·麦卡锡在 1956 年的达特茅斯会议上提出的，字面上的意思是为机器赋予人的智能。人工智能的先驱们希望机器具有与人类似的能力：感知、语言、思考、学习、行动等。近年人工智能风靡全球的主要原因就是，随着机器学习的发展，人们发现机器具有了一定的感知（图像识别）和学习等方面的能力，很容易认为目前已经达到了人工智能发展过程中的奇点。实际上，人工智能包括计算智能、感知智能和认知智能等层次，目前人工智能还介于前两者之间。

人工智能与人类智能相比较，二者实现的原理并不相同，特别是人脑对于信息的存储和加工过程尚未被研究清楚，与目前主流的深度学习理论存在较大的基础差异。目前人工智能所处的阶段还在"弱人工智能"阶段，距离"强人工智能"阶段还有较长的路要走。例如，目前人类对于知识的获取和推理并不需要大量的数据进行反复迭代学习，只需要看一眼自行车的照片就能大致区分出各式各样的自行车。因此，要达到强人工智能的阶段可能要在计算机基础理论方面进行创新，实现类人脑的结构设计。

通常来说，人工智能是使机器具备类似人类的智能性。人工智能的典型系统包括以下几个方面。

（1）博弈游戏（如深蓝、AlphaGo、AlphaZero 等）。

（2）机器人相关控制理论（运动规划、控制机器人行走等）。

（3）机器翻译。

（4）语音识别。

（5）计算机视觉系统。

（6）自然语言处理。

1.2.2　什么是数据挖掘

数据挖掘使用机器学习、统计学和数据库等方法在相对大量的数据集中发现模式及知识，它涉及数据预处理、建立模型与推断、可视化等。数据挖掘包括以下几类常见任务。

1. 异常检测

异常检测（Anomaly Detection）是对不符合预期模式的样本、事件进行识别。异常也被称为离群值、偏差和例外等。异常检测常用于入侵检测、金融欺诈检测、疾病检测、故障检测等。

2. 关联规则学习

关联规则学习（Association Rule Learning）是在数据库中发现变量之间的关系（强规则）。例如，在购物篮分析中，发现规则{面包,牛奶}→{酸奶}，表明如果顾客同时购买了面包和牛奶，很有可能也会买酸奶，利用这些规则可以进行相应的营销。

3. 聚类

聚类是一种探索性分析，在未知数据结构的情况下，根据相似性把样本分为不同的簇或子集，不同簇的样本具有很大的差异性，从而发现数据的类别与结构。

4. 分类

分类是根据已知样本的某些特征，判断一个新样本属于哪种类别。通过特征选择和学习，建立判别函数以对样本进行分类。

5. 回归

回归是一种统计分析方法，用于了解两个或多个变量之间的相关关系。回归的目标是找出误差最小的拟合函数作为模型，用特定的自变量来预测因变量的值。

随着数据存储（非关系型 NoSQL 数据库等）、分布式数据计算（Hadoop/Spark 等）、数据可视化等大数据相关技术的发展，数据挖掘对事务的理解能力越来越强。大量的数据集成在一起，增加了对算法的要求，因此数据挖掘要尽可能获取更多、更有价值、更全面的数据，并从这些数据中提取价值。

数据挖掘在商务智能领域的应用较多，特别是在决策辅助、流程优化、精准营销等方面。广告公司可以使用用户的浏览历史、访问记录、点击记录和购物车等数据，对广告进行精准投放。利用舆情分析，特别是情感分析可以吸取公众意见来驱动市场决策。例如，在电影推广时对社交评论进行监控，寻找与目标观众产生共鸣的元素，然后调整媒体宣传策略以迎合观众口味，吸引更多人群。

1.2.3　机器学习、人工智能和数据挖掘的关系

机器学习是人工智能的一个分支，作为人工智能的核心技术和实现手段，通过机器学习的方法解决人工智能面对的问题。机器学习是通过一些让计算机可以自动"学习"的算法，对数据进行分析获得规律，然后利用规律对新样本进行预测。

机器学习是人工智能的核心技术，其中深度学习是机器学习的子集。深度学习的典型应用是选择图像、视频、声音或文本等多态数据训练模型，然后用模型做出预测。例如，博弈游戏系统（如深蓝）探索和优化未来的解空间（Solution Space），而深度学习则是在博弈游戏算法（如 AlphaGo）的开发上付诸努力，取得了世人瞩目的成就。

下面以自动驾驶汽车研发为例，说明机器学习和人工智能的关系。要实现自动驾驶，就需要对交通标志进行识别。首先，应用机器学习算法对交通标志进行学习，数据集中包括大量的交通标志图片，使用卷积神经网络进行训练并生成模型。然后，自动驾驶系统使用摄像头，让模型实时识别交通标志，并不断进行验证、测试和调优，最终达到较高的识别精度。

当汽车识别出交通标志时，会针对不同的标志进行不同的操作。例如，遇到停车标志时，自动驾驶系统需要综合车速和车距来决定何时刹车，过早或过晚刹车都会危及行车安全。除此之外，人工智能技术还需要应用控制理论处理不同道路状况下的刹车策略，应用路径寻优算法导航，通过综合这些机器学习模型来产生自动化的行为。

数据挖掘和机器学习的关系越来越密切。数据挖掘是从大量的业务数据中挖掘隐藏的、有用的、正确的知识，促进决策的执行。数据挖掘的很多算法都来自机器学习和统计学，其中统计学关注理论研究并用于数据分析实践形成独立的学科，机器学习中有些算法借鉴了统计学理论，并在实际应用中进行优化，实现数据分析的目标。尽管演化计算、AlphaZero 等少数机器学习算法使用的数据来自机器仿真，不是数据挖掘处理的真实业务数据，但大多数的机器学习和深度学习算法近年来逐渐跳出实验室，从实际的业务数据中学习模式，解决实际问题，从而推动了人工智能新的发展。数据挖掘和机器学习的交集越来越大，机器学习成为数据挖掘的重要支撑技术。

1.3 机器学习应用的典型领域

机器学习能够显著提高企业的智能水平，增强企业的竞争力。人工智能对各行业的影响越来越大，随着海量数据的累积和硬件运算能力的提升，机器学习的应用领域还在快速地延展，并对经济和社会发展起到深远的影响。下面介绍几个机器学习应用的典型领域。

1. 图像处理

通过模拟人类视觉处理过程，辅以计算机视觉处理技术，机器学习在图像处理领域应用广泛，除了图像识别、照片分类、图像隐藏等，特别是 CNN 等对图像进行处理具有天然的优势。近年来图像处理方面的创新应用已经涉及图片生成、美化、修复和图片场景描述等。

2015 年出现的一款可以描述图片内容的应用，可通过对图片中背景、人物、物品及场景的描述来帮助视觉障碍人士了解图中的内容。其中主要应用的技术是图像识别，基于现有图片库中已经标记过的图片作为模型的训练集，经过学习，逐渐实现对图片中对象的识别，但是其对内容的描述主要以列表方式返回，而非以故事的方式返回，因此这类应用的难点之一是自然语言生成，也是目前人工智能领域中的难点之一。

信手涂鸦一直是很多人的梦想，得益于深度神经网络，人们可以通过合成的方式绘制一幅充满艺术气息的画。其原理是使用 CNN 提取模板图片中的绘画特征，并应用马尔可夫随机场（Markov Random Field，MRF）对输入的涂鸦图片进行处理，最后合成一幅新的图画。图 1-3 所示为 Neural Doodle 项目的应用效果，其中图 1-3（a）是油画模板，图 1-3（b）是用户涂鸦的作品，图 1-3（c）是合成之后的新作品。

（a）　　　　　　　　　（b）　　　　　　　　　（c）

图1-3　应用深度神经网络生成艺术画

除了在上述项目应用中生成全新的图片外，神经网络还可以用于图像修复，将 GAN 和 CNN 进行结合，并应用 MRF 理论对现有图片中的缺失部分进行修复。此外，使用已经训练好的 VGG 网络作为纹理生成网络，可以对现有图片中的干扰物体进行移除。这类技术应用范围较广，除了照片美化外，还可集成于图片处理软件，用于智能修图，或者对现有的图片进行扩展绘制等。在某些训练集中，已标记图片数量较少时，可以使用 GAN 生成大量伪图片，用于模型训练，不仅可以极大地减少人工标记的工作量，而且可以动态迭代优化模型。

谷歌公司的 PlaNet 神经网络模型可以识别照片中的地理位置（并非使用照片的 Exif 位置信息）。在模型的训练过程中，使用了大约 1.26 亿张网络图片，使用图片的 Exif 位置信息作为标记，将地球上除南北极和海洋之外的地区进行网格化，使图片对应于某一网格单元，然后使用其中大约 9100 万张图片进行训练，用大约 3400 万张图片进行验证，并用 Flickr 中大约 2300 万张带位置的照片进行测试，大约有 3.6% 的照片可以准确识别到街道级别，28% 的照片可以准确识别位于哪一国家，48% 的照片可以准确识别位于哪一个大陆板块。识别的误差距离大约为 1131km，而同等情况下，人类对于图片位置的识别误差距离为 2320km。虽然训练样本数量很大，但最终的神经网络模型的大小只有 377MB。

2. 金融

金融与人们的衣食住行等息息相关。与人类相比，机器学习在处理金融行业的业务方面更加高效，可同时对数千只股票进行精确分析，在短时间内给出结论；没有人类的缺点，在处理财务问题时更加可靠和稳定；通过建立欺诈或异常检测模型提高金融安全，可有效检测出细微模式差别，结果更加精确。

在信用评分方面，应用评分模型评估信贷过程中的各类风险，并对其进行监督，基于客户的职业、薪酬、所处行业、历史信用记录等信息确定客户的信用评分，不仅可以降低风险还可以加快放贷过程，减少尽职调查的工作量，提高效率。

在欺诈检测方面，基于收集到的历史数据训练得到机器学习模型，用其来预测欺诈发生的概率。与传统检测相比，这种方法用时更少，且能检测出更复杂的欺诈行为。在训练过程中需要注意样本类别不均衡的问题，防止出现过拟合情况。

在股票市场的趋势预测方面，通过机器学习算法分析上市公司的资产负债表、现金流量表等财务数据和企业经营数据，可提取与股价或指数相关的特征进行预测。另外，利用与企业相关的第三方信息，如政策法规、新闻或社交网络中的信息，通过自然语言处理技术分析舆情观点或情感指向，为股票价格预测提供支持，从而使预测结果更准确。应用有监督学习方法建立两个数据集之间的关系，从而使用一个数据集来预测另一个数据集结果，如用回归来分析通货膨胀对股市的影响等；无监督学习方法可以用于股票市场的影响因素分析，发现其背后的主要规则；深度学习适合非结构化大数据集的处理，提取不易于显式表达的特征；强化学习的目标是通过算法探索来找到最大化收益的策略。应用 LSTM 等深度学习方法，基于股票价格波动特征及可量化的市场数据对股票价格进行实时预测，可用于股票市场的高频交易等领域中。

在客户关系管理方面，从银行等金融机构现有的海量数据中挖掘信息，通过机器学习模型对客户进行细分，从而支持业务部门的销售、宣传和市场推广活动。此外，应用聊天机器人等综合人工智能技术可以全天候服务客户，提供私人财务助理服务，例如个人财务指南、跟踪开支等。在处理各种客户请求，如客户通知、转账、存款、查询、常见问题解答和客户支持等方面，经过长期积累用户的历史记录，可以向客户提供合适的理财方案。

3. 医疗

机器学习可以用于预测患者的诊断结果、制定最佳疗程甚至评估风险等级。此外，机器学习还可以减少人为失误。在 2016 年 *JAMA* 杂志报道的一项研究中，机器学习系统通过对大量历史病理图片的训练，得到的模型验证准确度达到了 96%。这一数字表明，人工智能在对糖尿病视网膜病变进行诊断方面已经与医生水平相当。此外，对超过 13 万张皮肤癌的临床图片进行深度学习后，机器学习系统在皮肤癌检测方面超过了皮肤科医生。

对脑外科医生而言，术中病理分析往往是诊断脑肿瘤的最佳方式之一，但这一过程耗时较长，容易延误正在进行的脑部手术。科学家开发的机器学习系统，能够将未经处理的大脑样本进行"染色"，提供精准的信息，效果与病理分析的一样，通过它诊断脑瘤的准确率和使用常规组织切片诊断的准确率几乎相同，这对身处手术中的脑瘤患者来说至关重要，因为它极大地缩减了诊断的时间。

在临床试验方面，每次临床试验都需要大量的数据，如患者的历史病历信息、卫生日志、App 数据和医疗检查数据等。机器学习通过汇总挖掘这些数据，从而获得有价值的信息。例如，生物制药公司根据个体患者的生物特征进行建模，并根据患者的药物反应，对试验人群分类，对患者生物体征和反应进行全程监控。一家英国公司利用机器学习技术分析大量图像资料，通过分析建立模型，辨别和预测早期癌症，还为患者提供个性化的治疗过程。研究人员从大量心脏病患者的电子病历库调取了患者的医疗信息，如疾病史、手术史、个人生活习惯等，将这些信息在机器学习算法下进行分析建模，预测患者的心脏病风险因素，该模型在预测心脏病患者人数以及预测是否会患心脏病方面均优于现在的预测模型。

4. 自然语言处理

自然语言处理属于文本挖掘的范畴，融合了计算机科学、语言学、统计学等基础学科。自然语言处理涉及自然语言理解和自然语言生成，其中自然语言理解包括文本分类、自动摘要、机器翻译、自动问答、阅读理解等，目前在这些方面均取得了较大的成就，但是在自然语言生成方面成果不多，具备一定智能且能商用的产品很少。自然语言处理涉及的内容具体介绍如下。

（1）分词

分词（Word Segmentation）主要基于词典对词语进行识别，最基本的方法是最大匹配法，效果取决于词典的覆盖度。此外，常用基于统计的分词方法，利用语料库中的词频和共现概率等统计信息对文本进行分词。消解切分歧义的方法包括句法统计和基于记忆的模型，前者将自动分词和基于马尔可夫链的词性自动标注结合起来，利用从人工标注语料库中提取出的词性二元统计规律来消解切分歧义；而基于记忆的模型，对机器认为有歧义的常见交集型歧义进行切分，如将"辛勤劳动"切分为"辛勤""勤劳""劳动"，并把它们的唯一正确切分形式预先记录在一张表中，其歧义消解通过直接查表实现。

（2）词性标注

词性标注（Part of Speech Tagging）是对句子中的词标记词性，如动词、名词等。词性标注本质上是对序列中各词的词性进行分类判断，早期用隐马尔可夫模型，后来用最大熵、条件随机场、支持向量机等模型进行标注。随着深度学习技术的发展，出现了很多基于深层神经网络的词性标注方法。

（3）句法分析

在进行句法分析时，人工定义规则费时、费力，且维护成本较高。近年来，自动学习规则的方法成为句法分析的主流方法，目前主要是应用数据驱动的方法进行分析。通过在文法规则中加入概率（如词共现概率）值等统计信息，实现对原有的上下文无关文法分析方法的扩展，最终实现概率上下文无关文法（Probabilistic Context Free Grammar，PCFG）分析方法，在实践中取得了较好效果。句法分析主要有依存句法分析、短语结构句法分析、深层文法句法分析和基于深度学习的句法分析等。

（4）自然语言生成

自然语言生成（Natural Language Generation，NLG）的主要难点在于，在知识库或逻辑形式等方面需要进行大量基础工作，人类语言系统中又存在较多的背景知识，而机器表述系统中一方面较难将背景知识集成（信息量太大），另一方面，语言在机器中难以合理表示，因此目前自然语言生成的相关成果较少。

现在的自然语言生成方法大多用模板。模板源于人工定义、知识库，或从语料库中进行抽取，这种方式生成的文章容易出现"僵硬"的问题。目前也可以用神经网络生成序列，如 Seq2Seq、GAN 等深度学习模型等，但由于训练语料的质量各异，容易出现结果随机且不可控等问题。

自然语言生成的步骤包括内容规划、结构规划、聚集语句、选择字词、指涉语生成、文本生成等，目前比较成熟的应用主要还是一些从数据库或资料集中通过摘录生成文章的系统，例如一些天气预报生成、财经新闻或体育新闻的写作、百科写作、诗歌写作等，这些文章本身具有一定的范式，类似八股文，具有某些固定的文章结构，语言的风格变化较少。此外，此类文章重点在于其中的内容，读者对文章风格和措辞等要求较低。综合来看，目前在人工智能领域中，自然语言生成的难题还未真正解决，可谓"得语言者得天下"，毕竟语言代表着较高级的人类智能。

（5）文本分类

文本分类（Text Classification）是将文本内容归为某一类别的过程，目前相关研究成果层出不穷，特别是随着深度学习的发展，深度学习模型在文本分类任务方面取得了巨大进展。文本分类的算法可以划分为以下几类：基于规则的分类模型、基于机器学习的分类模型、基于神经网络的方法、CNN、RNN。文本分类技术有着广泛的应用。例如，社交网站每天都会产生大量信息，如果由人工对这些文本进行整理将会费时费力，且分类结果的稳定性较差；应用自动化分类技术可以避免上述问题，从而实现文本内容的自动化标记，为后续用户兴趣建模和特征提取提供基础支持。除此之外，文本分类还作为基础组件用于信息检索、情感分析、机器翻译、自动文摘和垃圾邮件检测等。

（6）信息检索

信息检索（Information Retrieval）是从信息资源集合中提取需求信息的行为，可以基于全文或内容的索引。目前在自然语言处理方面，信息检索用到的技术包括向量空间模型、权重计算、TF-IDF（词频-逆向文档频率）词项权重计算、文本相似度计算、文本聚类等，具体应用于搜索引擎、推荐系统、信息过滤等方面。

（7）信息抽取

在信息抽取（Information Extraction）方面，从非结构化文本中提取指定的信息，并通过信息归并、冗余消除和冲突消解等手段，将非结构化文本转换为结构化信息。其应用方向很多，例如从相关新闻报道中抽取事件信息，如时间、地点、施事者、受事者、结果等；从体育新闻中抽取体育赛事信息，如主队、客队、赛场、比分等；从医疗文献中抽取疾病信息，如病因、病原、症状、药物等。它还广泛应用于舆情监控、网络搜索、智能问答等领域。信息抽取技术是中文信息处理和人工智能的核心技术。

（8）文本校对

文本校对（Text Proofreading）主要用于对自然语言生成的内容进行修复或对光学字符阅读器（Optial Character Reader，OCR）识别的结果进行检测和修复，采用的技术包括应用词典和语言模型等，其中词典是将常用词以词典的方式对词频进行记录。如果某些词在词典中不存在，则需要对其进行修改，选择最相近的词语进行替换。这种方式对词典要求高，并且在实际操作中，由于语言的变化较多且存在较多组词方式，导致误判较多，在实际应用中准确性不佳。而语言模型是基于词汇之间搭配的可能性（概率）来对词汇进行正确性判断的，一般以句子为单位对整个句子进行检测。

（9）问答系统

问答系统（Question Answering System）在回答用户问题之前，首先需要正确理解用户用自然语言提出的问题，这涉及分词、命名实体识别、句法分析、语义分析等自然语言理解相关技术。然后针对提问类、事实类、交互类等不同形式的提问分别应答，例如针对提问类问题，可通过从知识库或问答库中检索、匹配获得答案，除此之外还涉及对话上下文处理、逻辑推理、知识工程和语言生成等多项关键技术。因此，可以说问答系统代表自然语言处理的智能处理水平。

（10）机器翻译

机器翻译（Machine Translation）是由机器实现不同自然语言之间的翻译，涉及语言学、机器学习、认知语言学等多个学科。目前基于规则的机器翻译方法需要人工设计和编纂翻译规则，而基于统计的机器翻译方法能够自动获取翻译规则，近年来流行的端到端的神经网络机器翻译方法可以直接通过编码网络和解码网络自动学习语言之间的转换算法。

（11）自动文摘生成

自动文摘生成（Automatic Summarization）主要是为了解决信息过载的问题，使用户阅读文摘即可了解文章大意。目前常用抽取式和生成式两种方法。抽取式方法是通过对句子或段落等进行权重评价，按照重要性对之进行选择并组成文摘。而生成式方法除了利用自然语言理解技术对文本内容进行分析外，还利用句子规划和模板等自然语言生成技术产生新句子。传统的自然语言生成技术在不同领域中的泛化能力较差，随着深度学习的发展，生成式方法应用逐渐增多。目前主流还是采用抽取式方法，原因是这一方法易于实现，能保证摘要中的每个句子具有良好的可读性，并且不需要大量的训练语料，可跨领域应用。

5. 网络安全

网络安全包括反垃圾邮件、反网络钓鱼、上网内容过滤、反诈骗、防范攻击、恶性代码检测、个人隐私保护和活动监视等，随着机器学习算法逐渐应用于企业安全中，各种新型安全解决方案如雨后春笋般涌现，这些模型在分析网络、监控网络、发现异常情况等方面效果显著，从而保护企业免受威胁。

在密码学方面，机器学习主要用于密码的加密和解密，例如通过分析通用符号密码的特征，以及目前常见密码的各种缺点，利用神经网络算法破解密码。近年来，谷歌大脑将 GAN 引入密码加密和解密中，随着迭代训练次数不断增加，加密模型和解密模型的性能同步提升，最终在没有提供密码学知识的情况下，获得性能很强的加密模型。在网络安全加固方面，利用机器学习探测网络安全的优势和劣势，并给出一些改进的建议。由于恶意请求通常会进行伪装，因此在网络入侵检测方面存在较大难度，并且攻击行为实例较少，需要处理样本不平衡问题，在模型评价时采用召回率作为性能度量标准。

在垃圾邮件过滤系统中，如何提升过滤的准确性一直是一个难题。传统的机器学习算法包括贝叶斯分类器、支持向量机等分类算法，对正常和垃圾邮件中的文本内容应用自然语言处理技术提取特征，并训练分类器判断垃圾邮件。

近年来，机器学习在恶性代码检测方面也有不少进展。围绕机器学习的稳健性，对抗机器学习也吸引了一些学者进行研究。针对个人隐私保护的机器学习——联邦学习正成为机器学习的热点。

6. 工业

机器学习在工业领域的应用主要在质量管理、灾害预测、缺陷预测、工业分拣、故障感知等方面。通过采用人工智能技术，实现制造和检测的智能化与无人化，利用深度学习算法判断的准确率和人工判断的相差无几。

将深度学习算法应用到工业机器人上，可大幅提升作业性能，并实现制造流程的自动化和无人化。例如，分拣商品或者零件时，使用分类算法对商品进行识别，同时可以采用强化学习（Reinforcement Learning）算法来实现商品的定位和捡起动作。

在机器故障检测和预警方面，应用机器学习对物联网中各传感器提取的数据进行分析，并结合历史故障记录、硬件状态指标等信息建立预测模型，提前预知异常。或者从故障定位的角度，建立决策树等分类模型对故障原因进行判断，快速定位并提供维修建议，减少故障的平均修复时间，从而减少停机带来的损失。

机器学习在工业领域中也存在瓶颈，主要有以下几个方面。

（1）数据质量

有监督学习方式训练效果好，但是需要标注很多数据，其中数据的质量、归一化方法、分布等对模型的效果影响较大。例如，如果数据量太多，那么需要较高的计算能力和计算成本；如果数据量太少，模型的预测能力一般较差。

（2）工程师经验

机器学习的相关算法和方法具有一定的门槛，在对原理不清楚的情况下进行实验，很难取得较理想的效果，因此要求工程师不仅具有工程实现的能力，还需具备线性代数、统计学等数学基础知识，并理解数据科学和机器学习的常见算法。

（3）计算能力

由于在深度学习训练过程中需要不断调参，甚至重新设计网络结构，因此训练周期较长，并且随着模型复杂度增加，对计算能力要求提高，一般模型越大应用时效率越低。

（4）机器学习的不可解释性

在机器学习中，深度学习模型在解释模型中参数方面较差，如果在工业应用中除了对结果看重外还要求解释学习过程，就比较难实现。此外，深度学习对数据的质量要求较高，如果存在缺失值等问题，会有较大误差。

7. 娱乐业

美国波士顿的 Pilot Movies 公司使用算法来预测票房，把要预测的电影和 1990 年以来的每部电影进行比较，预测准确度可以超过 80%。另外，把人工智能与大数据应用到分析娱乐行业的其他方面，例如，分析观众愿意为哪些内容付费等。

芬兰的一家创业公司 Valossa 研发了一种人工智能平台，可以在视频中检测识别人物、视频上下文、话题、命名实体、主题以及敏感内容，使用计算机视觉、机器学习以及自然语言处理等技术，为每一秒视频都创建元数据。

　　IRIS.TV 公司通过一个叫作广告计划管理器（Campaign Manager）的工具使观众在视频内容上的停留时间更长，还可以插播品牌视频广告，而视频浏览留存率平均提升了 70%。其主要原理是在客户观看视频时收集各种相关数据，将其输入机器学习模块中以推荐更多的相关视频。通过大数据创建的智能视频分发模型，可帮助视频平台实现其视频内容精准分发，并且增加内容展现次数。

1.4　机器学习算法

　　机器学习算法是一类通过自动分析从数据中获得规律，并利用规律对未知数据进行预测的算法，可以分成有监督学习、无监督学习、强化学习等类别。

　　（1）有监督学习是从有标记（注）的训练数据中学习一个模型，然后根据这个模型对未知样本进行预测。其中，模型的输入是某一样本的特征，函数的输出是这一样本对应的标签。常见的有监督学习算法包括回归分析和统计分类。有监督学习包括分类和数字预测两大类别，前者包括逻辑回归、决策树、KNN、随机森林、支持向量机、朴素贝叶斯等，后者包括线性回归、KNN、梯度提升（Gradient Boosting）和自适应提升（Adaptive Boosting AdaBoost）等。

　　（2）无监督学习又称为非监督学习，它的输入样本并不需要标记，而是自动从样本中学习特征实现预测。常见的无监督学习算法有聚类和关联分析等，在人工神经网络中，自组织映像（Self-Organization Mapping，SOM）和适应谐振理论（Adaptive Resonance Theory，ART）是最常用的无监督学习。

　　（3）强化学习是通过观察来学习做什么样的动作。每个动作都会对环境有所影响，智能体根据观察到的周围环境的反馈来做出判断。强化学习强调与环境交互学习合适的行动策略，以取得最大化的预期利益。其灵感源于心理学中的行为主义理论，即有机体如何在环境给予的奖励或惩罚的刺激下，逐步形成对刺激的预期，产生能获得最大利益的习惯性行为。

　　根据机器学习的任务分类，常见机器学习任务可以分为分类、聚类、回归等类型。某些机器学习算法可能同时属于不同的分类，如深度学习算法可能存在于有监督学习，也可能用于强化学习，在实践过程中可依据实际需要进行选择。

　　熟悉各类分析方法的特性是分析方法选择的基础，不仅需要了解如何使用各类分析算法，还要了解其实现的原理，这样在参数优化和模型改进时可减少无效的调整。在选择模型之前要对数据进行探索性分析，了解数据类型和数据特点，发现各自变量之间的关系以及自变量与因变量的关系。特别注意，在维度较多时容易出现变量的多重共线性问题，可应用箱图、直方图、散点图查找其中的规律性信息。

　　模型选择过程中先选出多个可能的模型，然后对其进行详细分析，并选择其中可用于分析的模型，在选择自变量时，大多数情况下需要结合业务来手动选择自变量。在选择模型后，比较不同模型的拟合程度，可统计显著性参数、R^2、调整 R^2、最小信息标准、BIC 和误差准则、Mallow's Cp 准则等。在单个模型中可将数据分为训练集和测试集，用来做交叉验证并分析结果的稳定性。反复调整参数使模型趋于稳定和高效。

1. 分类算法

　　分类算法是应用分类规则对记录进行目标映射，将其划分到不同的分类中，构建具有泛化能力的算法模型，即构建映射规则来预测未知样本的类别。分类算法包括预测和描述两种，经过训练集学习的预测模型在遇到未知记录时，应用规则对其进行类别划分，而描述型的分类主要对现有数据集中特征进行解释并进行区分，例如对动植物的各项特征进行描述，并进行标记分类，由这些特征来决定其属于哪一类目。

主要的分类算法包括决策树、支持向量机（Support Vector Machine，SVM）、KNN、贝叶斯网络（Bayesian Network）和神经网络等。

（1）决策树

顾名思义，决策树是一棵用于决策的树，目标类别作为叶节点，特征属性的验证作为非叶节点，而每个分支是特征属性的输出结果。决策树擅长对人物、位置、事物的不同特征、品质、特性等进行评估，可应用于基于规则的信用评估、比赛结果预测等。决策过程是从根节点出发，测试不同的特征属性，按照结果的不同选择分支，最终落到某一叶节点，获得分类结果。主要的决策树算法有 ID3、C4.5、C5.0、分类回归树（Classification And Regression Tree，CART）、卡方自动交互检测（Chi-squared Automatic Interaction Detectin，CHAID）等，还有以这些算法为基础的集成算法，例如随机森林、梯度提升决策树（Gradient Boosting Decision Tree，GBDT）、AdaBoost、极端梯度提升（eXtreme Gradient Boosting，XGBoost）、轻量梯度提升机（Light Gradient Boosting Machine，LightGBM）等。

决策树的构建过程是按照属性的优先级或重要性来逐渐确定树的层次结构，使其叶节点尽可能属于同一类别，一般采用局部最优的贪心策略来构建决策树。决策树算法将在第 3 章介绍。

（2）SVM

SVM 是由瓦普尼克（Vapnik）等人设计的一种分类器，其主要思想是将低维特征空间中的线性不可分进行非线性映射，转化为高维空间的线性可分。此外，应用结构风险最小理论在特征空间优化分割超平面，可以找到尽可能宽的分类边界，特别适合二分类的问题，例如，在二维平面图中某些点是杂乱排布的，无法用一条直线将其分为两类，但是在三维空间中，可能通过一个平面将其划分。

为了避免在低维空间向高维空间转化的过程中增加计算复杂性和"维度灾难"，SVM 应用核函数，不需要关心非线性映射的显式表达式，直接在高维空间建立线性分类器，优化了计算复杂度。SVM 常见的核函数有线性核函数、多项式核函数、径向基函数和二层神经网络核函数等。

SVM 的目标变量以二分类最佳，虽然可以用于多分类，但效果不好。与其他分类算法相比，SVM 对小样本数据集的分类效果更好。

SVM 将在第 8 章中详细介绍。

（3）KNN

对样本应用向量空间模型表示，将相似度高的样本分为一类，对新样本计算与之距离最近（最相似）的样本的类别，那么新样本就属于这些样本中类别最多的那一类。可见，影响分类结果的因素分别为距离计算方法、近邻的样本数量等。

KNN 算法支持多种相似度距离计算方法：欧氏距离（Euclidean Distance）、曼哈顿距离（Manhattan Distance）、切比雪夫距离（Chebyshev Distance）、闵可夫斯基距离（Minkowski Distance）、标准化欧氏距离（Standardized Euclidean Distance）、马氏距离（Mahalanobis Distance）、巴氏距离（Bhattacharyya Distance）、汉明距离（Hamming Distance）、夹角余弦（Included Angle Cosine）、杰卡德相似系数（Jaccard Similarity Coefficient）、皮尔逊相关系数（Pearson Correlation Coefficient）。

KNN 算法的主要缺点有：①在各分类样本数量不平衡时误差较大；②由于每次比较要遍历整个训练样本集来计算相似度，因此分类的效率较低，时间和空间复杂度较高；③近邻的数量选择不合理可能会导致结果的误差较大；④在原始近邻算法中没有权重的概念，所有特征采用相同的权重参数，这样计算出来的相似度易产生误差。

（4）贝叶斯网络

贝叶斯网络又被称为信念网络（Belief Network），是基于贝叶斯定理绘制的具有概率分布的有向弧段图形化网络，其理论基础是贝叶斯公式，网络中的每个点表示变量，有向弧段表示两者间的概率关系。

与神经网络相比，贝叶斯网络中的节点都具有实际的含义，节点之间的关系比较明确，可以从贝叶斯网络中直观看到变量之间的条件独立和依赖关系，可以进行结果和原因的双向推理。在贝叶斯网络中，随着网络中节点数量的增加，概率求解的过程非常复杂并难以计算，因此在节点数较多时，为减少推理过程和降低复杂度，一般选择朴素贝叶斯算法或推理的方式实现以减少模型复杂度。

贝叶斯网络将在本书第 7 章中详细介绍。

（5）神经网络

神经网络包括输入层、隐层、输出层，每一个节点代表一个神经元，节点之间的连线对应权重，输入变量经过神经元时会运行激活函数，对输入值赋予权重并加上偏置，将输出结果传递到下一层中的神经元，而权重和偏置在神经网络训练过程中不断修正。

神经网络的训练过程主要包括前向传输和逆向反馈，将输入变量逐层向前传递最后得到输出结果，并对比实际结果，逐层逆向反馈误差，同时对神经元中权重和偏置进行修正，然后重新进行前向传输，依此反复迭代直到最终预测结果与实际结果一致或在一定的误差范围内。

与神经网络相关的基础概念有感知机、BP 算法、霍普菲尔德神经网络、SOM、学习矢量量化等，这些概念将在本书第 6 章中详细说明。

BP 神经网络结果的准确性与训练集的样本数量和质量有关，如果样本数量过少可能会出现过拟合的问题，无法泛化新样本；而且 BP 神经网络对训练集中的异常点比较敏感，需要分析人员对数据做好预处理，例如数据标准化、去除重复数据、移除异常数据等，从而提高 BP 神经网络的性能。

由于神经网络是基于历史数据构建的模型，因此，随着新的数据不断产生，需要进行动态优化，例如随着时间变化，应用新的数据对模型进行重新训练，调整网络的结构和参数值。

神经网络相关内容将在本书第 6 章中详细介绍。

2. 聚类算法

聚类是基于无监督学习的分析模型，不需要对原始数据进行标记，按照数据的内在结构特征进行聚集形成簇群，从而实现数据的分离。聚类与分类的主要区别是其并不关心数据是什么类别，而是把相似的数据聚集起来形成某一类簇。

在聚类的过程中，首先选择有效特征构成向量，然后按照欧氏距离或其他距离函数进行相似度计算，并划分聚类，通过对聚类结果进行评估，逐渐迭代生成新的聚类。

聚类应用领域广泛，可以用于发现不同的企业客户群体特征、消费者行为分析、市场细分、交易数据分析、动植物种群分类、医疗领域的疾病诊断、环境质量检测等，还可用于互联网和电商领域的客户分析、行为特征分类等。在数据分析过程中，可以先用聚类对数据进行探索，发现其中蕴含的类别特点，然后用分类等方法分析每一类的特征。

聚类方法可分为基于层次的聚类、基于划分的聚类、基于密度的聚类、基于约束的聚类、基于网络的聚类等。

基于层次的聚类是将数据集分为不同的层次，并采用分解或合并的操作进行聚类，主要包括 BIRCH（Balanced Iterative Reducing and Clustering using Hierarchies，利用层次方法的平衡迭代归约和聚类）、CURE（Clustering Using Representatives，使用代表点聚类）等。

基于划分的聚类是将数据集划分为 k 个簇，并对其中的样本计算距离以获得假设簇中心点，然后以簇的中心点重新迭代计算新的中心点，直到 k 个簇的中心点收敛为止。基于划分的聚类有 k-均值等。

基于密度的聚类根据样本的密度分布不断产生聚类，最终形成一组"密集连接"的点集，其核心思想是只要数据的密度大于阈值就将其合并成一个簇，可以过滤噪声，聚类结果可以是任意形状，不必为凸形。基于密度的聚类方法主要包括 DBSCAN（Density-Based Spatial Clustering of Application with Noise，基于密度的有噪声的应用空间聚类）、OPTICS（Ordering Points To Identify the Clustering Structure，识别聚类结构的排序点）等。

（1）BIRCH 算法

BIRCH 算法是指利用层次方法来平衡迭代归约和聚类，它只需要扫描数据集一次便可实现聚类。它利用了类似 B+树的结构对样本集进行划分，叶节点之间用双向链表进行连接，逐渐对树的结构进行优化获得聚类。

BIRCH 算法的主要优点是空间复杂度低，内存占用少，效率较高，能够对噪声点进行滤除。缺点是其树中节点的聚类特征树有个数限制，可能会产生与实际类别个数不一致的情况；而且对样本有一定的限制，要求数据集的样本是超球体，否则聚类的效果不佳。

（2）CURE 算法

传统的基于划分的聚类方法得到的是凸形的聚类，对异常数据较敏感，而 CURE 算法是使用多个代表点来替换聚类中的单个点，算法更加稳健。另外，在处理大数据时采用分区和随机取样，使其处理大数据量的样本集时效率更高，且不会降低聚类质量。

（3）k-均值算法

传统的 k-均值算法的聚类过程是在样本集中随机选择 k 个聚类中心点，对每个样本计算候选中心的距离进行分组，在得到分组之后重新计算类簇的中心，循环迭代直到聚类中心不变或收敛。k-均值存在较多改进算法，如初始化优化 k-均值算法、距离优化 Elkan k-Means 算法、k-prototype 算法等。

k-均值算法的主要优点是可以简单、快速处理大数据集，具有可伸缩性，当数据集中类之间区分明显（凸形分布）时，聚类效果最好。这种算法的缺点是需要用户给出 k 值，即聚类的数目，而聚类数目事先很难确定一个合理的值。此外，k-均值算法对 k 值较敏感，如果 k 值不合理可能会导致结果局部最优。

（4）DBSCAN 算法

DBSCAN 算法是基于样本之间的密度实现空间聚类，基于核心点、边界点和噪声点等因素对空间中任意形状的样本进行聚类。与传统的 k-均值算法相比，DBSCAN 通过邻域半径和密度阈值自动生成聚类，不需要指定聚类个数，支持过滤噪声点。但是当数据量增大时，算法的空间复杂度较高。DBSCAN 不适用于样本间的密度分布不均匀的情况，否则聚类的质量较差。对于高维的数据，一方面密度定义比较难，另一方面会导致计算量较大，聚类效率较低。

（5）OPTICS 算法

在 DBSCAN 算法中，用户需要指定 ε（邻域半径）和 minPts（ε 邻域最小点数）两个初始参数，用户手动设置这两个参数会对聚类结果产生比较关键的影响。而 OPTICS 解决了上述问题，为聚类分析生成一个增广的簇排序，代表了各样本点基于密度的聚类结构。

聚类算法将在本书第 4 章中详细介绍。

3. 关联分析

关联分析（Association Analysis）是通过对数据集中某些项目同时出现的概率进行分析来发现它

们之间的关联关系，其典型的应用是购物篮分析，通过分析购物篮中不同商品之间的关联，分析消费者的购买行为习惯，从而制定相应的营销策略，为商品促销、产品定价、位置摆放等提供支持，并且可用于对不同消费者群体的划分。关联分析主要包括 Apriori 算法、FP-growth 算法和 Eclat 算法。

（1）Apriori 算法

Apriori 算法主要实现过程是首先生成所有频繁项集，然后由频繁项集构造出满足最小置信度的规则。由于 Apriori 算法要多次扫描样本集，需要由候选频繁项集生成频繁项集，因此其在处理大数据量数据时效率较低。

（2）FP-growth 算法

为了改进 Apriori 算法的低效问题，韩家炜等人提出基于 FP 树生成频繁项集的 FP-growth 算法。该算法只进行两次数据集扫描且不使用候选项集，直接按照支持度来构造一个频繁模式树，用这棵树生成关联规则，在处理比较大的数据集时效率比 Apriori 算法大约快一个数量级，对于海量数据，可以通过数据划分、样本采样等方法进行再次改进和优化。

Apriori 算法和 FP-growth 算法将在本书第 12 章中详细介绍。

（3）Eclat 算法

Eclat 算法是一种深度优先算法，采用垂直数据表示形式，基于前缀的等价关系将搜索空间划分为较小的子空间，可以快速挖掘频繁项集。与 FP-growth 算法和 Apriori 算法不同，Eclat 算法的核心思想是倒排，将事务数据中的事务主键与项目（Item）进行转换，用项目作为主键，这样就可以直观看到每个项目对应的事务 ID 有哪些，方便计算项目的频次，从而快速获得频繁项集。

在 Eclat 算法中，通过计算项集的交集，并对结果进行裁剪，可快速得到候选项集的支持度。但是，因为求交集的操作耗时较长，所以这一过程的时间复杂度较高，效率较低。此外，这一算法的空间复杂度也比较高，会消耗大量的内存空间。

4. 回归分析

回归分析是一种研究自变量和因变量之间关系的预测模型，用于分析当自变量发生变化时因变量的变化值，要求自变量相互独立。回归分析的分类如下。

（1）线性回归

应用线性回归进行分析时要求自变量是连续型的，线性回归用直线（回归线）建立因变量和一个或多个自变量之间的关系。

线性回归主要的特点如下。

① 自变量与因变量之间呈线性关系。

② 多重共线性、自相关和异方差对多元线性回归的影响很大。

③ 线性回归对异常值非常敏感，其能影响预测值。

④ 在处理多个自变量时，需要用逐步回归的方法来自动选择显著性变量，不需要人工干预，其思想是将自变量逐个引入模型中，并进行 F 检验、t 检验等来筛选变量，当新引入的变量对模型结果没有改进时，将其剔除，直到模型结果稳定。

逐步回归的目的是选择重要的自变量，用最少的变量去最大化模型的预测能力，它也是一种降维技术，主要的方法有前进法和后退法。前者是以最显著的变量开始，逐渐增加次显著变量；后者是逐渐剔除不显著的变量。

（2）逻辑回归

逻辑（Logistic）回归是数据分析中的常用算法，其输出的是概率估算值，将此值用 Sigmoid 函数映射到[0,1]区间，即可用来实现样本分类。逻辑回归对样本量有一定要求，在样本量较少时，概率估计的误差较大。

线性回归和逻辑回归将在本书第2章中详细介绍。

（3）多项式回归

在回归分析中有时会遇到线性回归的直线拟合效果不佳，当发现散点图中数据点呈多项式曲线时，可以考虑使用多项式回归来分析。使用多项式回归可以降低模型的误差，但是如果处理不当易造成模型过拟合，在回归分析完成之后需要对结果进行分析，并将结果可视化以查看其拟合程度。

（4）岭回归

岭回归在共线性数据分析中应用较多，也称为脊回归，它是一种有偏估计的回归方法，在最小二乘法的基础上做了改进，通过舍弃最小二乘法的无偏性，使回归系数更加稳定和稳健。其中 R^2 值会稍低于普通回归分析方法，但回归系数更加显著，主要用于变量间存在共线性和数据点较少时。

（5）LASSO 回归

LASSO（Least Absolate Shrinkge and Selection Operator，最小绝对收缩和选择算子）回归的特点与岭回归类似，在拟合模型的同时进行变量筛选和复杂度调整。变量筛选是逐渐把变量放入模型从而得到更好的自变量组合。复杂度调整是通过参数调整来控制模型的复杂度，例如减少自变量的数量等，从而避免过拟合。LASSO 回归擅长处理多重共线性或存在一定噪声和冗余的数据，可以支持连续型因变量、二元、多元离散变量的分析。

5. 深度学习

深度学习方法通过使用多个隐层和大量数据来学习特征，从而提升分类或预测的准确性，与传统的神经网络相比，不仅在层数上较多，而且采用了逐层训练的机制来训练整个网络，以防出现梯度消失。深度学习包括受限玻尔兹曼机（Restricted Boltzmann Machine，RBM）、深度信念网络（Deep Belief Network，DBN）、堆叠自动编码器（Stacked Auto-Encoder，SAE）、深度神经网络（Deep Neural Network，DNN）、CNN、RNN、GAN 以及各种变种网络结构。这些深度神经网络都可以对训练集数据进行特征提取和模式识别，然后应用于样本的分类。

RBM 主要解决概率分布问题，是一种玻尔兹曼机的变体，基于物理学中的能量函数实现建模，"受限"是指层间存在连接，但层内的单元间不存在连接。RBM 应用随机神经网络来解释概率图模型（Probabilistic Graphical Model），所谓"随机"是指网络中的神经元是随机神经元，输出状态只有未激活和激活两种，处于哪种状态是根据概率统计来决定的。

DBN 是杰弗里·辛顿在 2006 年提出的，作为早期深度生成式模型的代表，其目标是建立一个样本数据和标签之间的联合分布。DBN 由多个 RBM 层组成，RBM 的层神经元分为可见神经元和隐神经元，其中，接收输入的是可见神经元，隐神经元用于提取特征。通过训练神经元之间的权重，DBN 不仅可以用来识别特征、分类数据，还可以让整个神经网络按照最大概率来生成训练数据。

LSTM 神经网络是 RNN 的一种，尽管这个早期的 RNN 只允许留存少量的信息，但其形式会存在损耗，而 LSTM 有长期与短期的记忆，拥有很好的控制记忆的能力，可以避免梯度衰减或逐层传递的值的最终退化。LSTM 使用被称为"门"（Gate）的记忆模块或结构来控制记忆，这种门可以在合适的时候传递或重置其值。LSTM 不仅具备其他 RNN 的优点，同时具有更好的记忆能力，因此更常被用于自然语言处理、语言翻译等。

在 CNN 中，卷积是指将源数据与卷积核进行内积操作，从而实现特征权重的融合，通过设置不同的卷积核提取不同特征。将大量复杂特征进行抽象和提取，并且极大减少模型计算量，目前在图像识别、文本分类等领域应用较广。

目前深度学习的方法在图像和音视频的识别、分类及模式检测等领域已经非常成熟，此外还可以衍生新的训练数据以构建 GAN，从而利用两个模型互相对抗以提高模型的性能。

在数据量较多时可考虑采用这一算法。应用深度学习的方法进行分析时，需注意训练集（用于训练模型）、验证集（用于在建模过程中调参和验证）、测试集的样本分配，一般以 6∶2∶2 的比例进行分配。此外，采用深度学习进行分析时对数据量有一定的要求，如果数据量偏少，极易出现过拟合的情况，其效果不如使用传统的机器学习算法。针对小样本的学习已经成为深度学习的一个研究问题。

深度学习将在本书第 10 章和第 11 章中详细介绍。

1.5　机器学习的流程

机器学习的流程包括明确目标任务、收集数据、数据预处理、数据建模、模型训练、模型评估、模型应用等步骤。首先要从业务的角度分析，然后提取相关的数据进行探查，发现其中的问题，再依据各算法的特点选择合适的模型进行实验验证，评估各模型的结果，最终选择合适的模型进行应用。

1．明确目标任务

应用机器学习解决实际问题，首先要明确目标任务，这是机器学习算法选择的关键。明确要解决的问题和业务需求，才可能基于现有数据设计或选择算法。例如，在有监督学习中对定性问题可用分类算法，对定量问题可用回归算法；在无监督学习中，如果有样本细分则可应用聚类算法，如需找出各数据项之间的内在联系，可应用关联分析。

2．收集数据

数据要有代表性并尽量覆盖领域，否则容易出现过拟合或欠拟合。对于分类问题，如果样本数据不平衡，不同类别的样本数量比例过大，会影响模型的准确性。还要对数据的量级进行评估，包括样本量和特征数，可以估算出数据以及分析对内存的消耗，判断训练过程中内存是否过大，否则需要改进算法或使用一些降维技术，或者使用分布式机器学习技术。

3．数据预处理

获得数据以后，不必急于创建模型，可先对数据进行一些探索，了解数据的大致结构、数据的统计信息、数据噪声及数据分布等。在此过程中，为了更好地探索数据，可使用数据可视化方法。

通过数据探索后，可能会发现不少问题，如缺失数据、数据不规范、数据分布不均衡、数据异常、数据冗余等，这些问题都会影响数据质量。为此，需要对数据进行预处理，这部分工作在机器学习中非常重要，特别是在生产环境中的机器学习，数据往往是原始、未加工和处理过的，数据预处理常常占据整个机器学习过程的大部分时间。归一化、离散化、缺失值处理、去除共线性等，是机器学习常用的预处理方法。

4．数据建模

应用特征选择方法，可以从数据中提取出合适的特征，并将其应用于模型中得到较好的结果。筛选出显著特征需要理解业务，并对数据进行分析。特征选择是否合适，往往会直接影响模型的结果。对于好的特征，使用简单的算法也能得出良好、稳定的结果。特征选择时可应用特征有效性分析技术，如相关系数、卡方检验、平均互信息、条件熵等方法。

训练模型前，一般会把数据集分为训练集和测试集，或对训练集再细分为训练集和验证集，从而对模型的泛化能力进行评估。

模型本身并没有优劣。在模型选择时，一般不存在在任何情况下都表现很好的算法，这又称为"没有免费的午餐"原则。因此在实际选择时，一般会用几种不同的方法来进行模型训练，然后比较它们的性能，从中选择最优的一个。不同的模型使用不同的性能衡量指标。

5. 模型训练

在模型训练过程中，需要对模型超参数进行调优，如果对算法原理理解不够透彻，往往无法快速定位能决定模型优劣的模型参数，因此在训练过程中，对机器学习算法原理的要求较高，理解越深入，就越容易发现问题的原因，从而确定合理的调优方案。

6. 模型评估

使用训练数据构建模型后，需使用测试数据对模型进行测试和评估，测试模型对新数据的泛化能力。如果测试结果不理想，则分析原因并进行模型优化，如采用手动调节参数等方法。如果出现过拟合，特别是在回归类问题中，则可以考虑使用正则化方法来降低模型的泛化误差。可以对模型进行诊断以确定模型调优的方向与思路，过拟合、欠拟合判断是模型诊断中重要的一步。常见的方法有交叉验证、绘制学习曲线等。过拟合的基本调优思路是增加数据量，降低模型复杂度。欠拟合的基本调优思路是提高特征数量和质量，增加模型复杂度。

误差分析是通过观察产生误差的样本，分析误差产生的原因。一般的分析流程是依次验证数据质量、算法选择、特征选择、参数设置等，其中对数据质量的检查最容易忽视，常常在反复调参很久后才发现数据预处理没有做好。一般情况下，模型调整后，需要重新训练和评估，因此机器学习的模型建立过程就是不断地尝试，并最终使模型达到最优状态，从这一点看，机器学习具有一定的艺术性。

在工程实现上，提升算法准确度可以通过特征清洗和预处理等方式，也可以通过模型集成的方式。一般情况下，直接调参的工作不会很多。毕竟大量数据训练起来很慢，而且效果难以保证。

这部分内容将在本书第 2 章中详细介绍。

7. 模型应用

模型应用主要与工程实现的相关性比较大。工程上是结果导向，模型在线上运行的效果直接决定模型的好坏，不单纯包括其准确程度、误差等，还包括其运行的速度（时间复杂度）、资源消耗程度（空间复杂度）、稳定性是否可接受等。

习题

1. 机器学习的发展历史上有哪些主要事件？
2. 机器学习有哪些主要的流派？它们分别有什么贡献？
3. 简述机器学习与人工智能的关系。
4. 简述机器学习与数据挖掘的关系。
5. 简述机器学习与数据科学、大数据分析等概念的关系。
6. 机器学习有哪些常见的应用领域？举例说明其应用。
7. 机器学习能解决哪些问题？解决每一类问题常用的方法有哪些？举例说明其应用。
8. 举例说明机器学习的基本过程，并举例说明各步骤操作的方法。
9. 讨论数据数量和质量对机器学习的影响。
10. 讨论深度学习的发展对机器学习的意义。
11. 讨论目前机器学习应用中存在的主要问题。
12. 从机器学习的发展过程讨论其未来的发展方向。

第 2 章
机器学习基本方法

本章主要介绍机器学习的基础知识，包括常见概念和统计分析基础知识，目标是帮助读者理解并掌握机器学习的主要原理。本章主要涵盖以下内容：统计分析、高维数据降维、特征工程、模型训练、可视化分析等。

2.1　统计分析

统计学是研究如何搜集资料、整理资料和进行量化分析、推断的一门科学，在科学计算、工业和金融等领域有着重要应用。统计分析是机器学习的基本方法。例如，确定某种癌症的诱发因素、垃圾邮件检测、财务预测、遗传学、市场分析、识别手写数字等，都与统计分析有着紧密的联系。与统计分析相关的基本概念有以下几个。

（1）总体：根据一定目的确定的所要研究事物的全体。

（2）样本：从总体中随机抽取的若干个体构成的集合。

（3）推断：以样本所包含的信息为基础，对总体的某些特征做出判断、预测和估计。

（4）推断可靠性：对推断结果从概率上的确认，是决策的重要依据。

统计分析分为描述性统计和推断性统计。描述性统计是通过对样本进行整理、分析并就数据的分布情况获取有意义的信息，从而得到结论。推断性统计又分为参数估计和假设检验，参数估计是对样本整体中某个数值进行估计，如推断总体平均值等；而假设检验是通过对所做的推断进行验证，从而选择行动方案。

2.1.1　统计基础

1. 输入空间、特征空间和输出空间

向量空间模型包括输入空间、特征空间与输出空间。输入与输出所有的可能取值的集合分别称为输入空间与输出空间，每个具体的输入是一个实例，通常由特征向量表示，由所有特征向量构成的空间称为特征空间。一般输入变量用 x 表示，输出变量用 y 表示。

训练数据和测试数据由输入输出对组成，例如 $\{(x_1,y_1),(x_2,y_2),\cdots,(x_n,y_n)\}$。这些成对出现的数据称为样本，其中输入和输出变量类型可以是连续的，也可以是离散的，不同类型的样本采用不同的求解方法。例如，如果 x 和 y 均为连续变量的预测问题，则可以用回归方法来解决；如果 y 为离散变量的预测问题，则可以用分类算法处理。

2. 联合概率分布

联合概率表示两个或多个事件（变量）同时出现的概率，而联合概率分布是指各个变量的出现概率之间存在一定的规律，但是其分布情况未知。在有监督学习中，样本数据的训练可使各变量之间的联合概率分布情况逐渐明确。联合概率分布按变量的类型可分为离散随机变量联合分布和连续随机变量联合分布。

3. 假设空间

假设空间（Hypothesis Space）是由输入空间到输出空间的映射构成的集合，而其中每个映射对应一个模型，假设空间确定了模型预测的范围，训练过程就是从中选择最优模型。监督学习的目标是学习一个由输入到输出的映射规律，其模型包括概率模型和非概率模型，前者由条件概率分布 $p(y|x)$ 表示，后者由函数 $y=f(x)$ 表示，模型确认之后就可以对具体的输入进行相应的输出预测。

4. 均值、标准差、方差、协方差

首先给定一个含有 n 个样本的集合 $X=\{x_1,\cdots,x_n\}$，其中均值和标准差的计算方法相对简单，其计算公式如下。其中 $\bar{x}$ 是样本集合的均值，s 是样本集合的标准差。

$$\bar{x}=\frac{\sum\limits_{i=1}^{n}x_i}{n}$$

$$s = \sqrt{\frac{\sum_{i=1}^{n}(x_i - \overline{x})^2}{n-1}}$$

均值描述的是样本集合的平均值，而标准差描述的是样本集合的各个样本点到均值的距离分布，描述的是样本集合的分散程度。例如{0,8,12,20}和{8,9,11,12}两个集合的均值都是 10，计算两者的标准差，前者约是 8.3，后者约是 1.8，显然后者较为集中，其标准差小一些。

方差是标准差的平方，其计算公式如下：

$$s^2 = \frac{\sum_{i=1}^{n}(x_i - \overline{x})^2}{n-1}$$

此外，在机器学习中方差就是估计值与其期望值的统计方差，计算方法如下式，其中 $\hat{\beta}$ 是模型的估计值，而 $E[\hat{\beta}]$ 表示 $\hat{\beta}$ 期望值，期望值 $E(x) = \sum_{i=1}^{n} x_i \times p_i$，由样本的值 x_i 与其发生概率相乘的总和表示，反映的是随机变量均值。用估计值与期望值（均值）的差的平方表示模型预测稳定性。

$$\mathrm{Var}(\beta) = E\left[(\hat{\beta} - E[\hat{\beta}])^2\right]$$

进行大量的重复实验，就会发现模型在样本集上的结果值并非唯一，模型的输出值会在一定范围内变化，这种变化的范围越大，表示其方差就越大。

标准差和方差一般用来描述一维数据。面对多个维度的数据集，需要计算不同维度之间的关系，协方差主要用来度量两个随机变量关系：

$$\mathrm{Cov}(x, y) = \frac{1}{n-1}\sum_{i=1}^{n}(x_i - \overline{x})(y_i - \overline{y})$$

协方差的结果有什么意义呢？如果结果为正值，则说明两者是正相关的（从协方差可以引出"相关系数"的定义）。如果结果为负值，则说明两者是负相关的。如果为 0，就是统计意义上的"相互独立"。

如果维度增加，就需要计算两两之间的协方差，这时就需要使用协方差矩阵了。以三维数据为例，数据集{x,y,z}的协方差矩阵如下：

$$\begin{pmatrix} \mathrm{Cov}(x, x) & \mathrm{Cov}(x, y) & \mathrm{Cov}(x, z) \\ \mathrm{Cov}(y, x) & \mathrm{Cov}(y, y) & \mathrm{Cov}(y, z) \\ \mathrm{Cov}(z, x) & \mathrm{Cov}(z, y) & \mathrm{Cov}(z, z) \end{pmatrix}$$

可以看到，协方差矩阵是一个对称的矩阵，而且对角线是各个变量上的方差，对应 n 维数据 $x = \{x_1, x_2, \cdots, x_n\}$ 的协方差矩阵公式如下，其中 μ 是 x 的期望值。

$$\boldsymbol{C} = E\{(x - \mu)(x - \mu)^{\mathrm{T}}\}$$

5. 超参数

超参数是机器学习算法的调优参数（Tuning Parameter），常应用于估计模型参数的过程中，由人工直接指定，可以使用启发式方法来设置，并能依据给定的预测问题而调整。例如，训练神经网络的学习率或逻辑回归损失函数中的正则化因子等。需要注意，超参数与模型参数不同，模型参数是学习算法拟合训练数据获得的参数，即这些参数是作为模型本身的参数而存在的。例如，线性回归的系数是模型参数。

6. 损失函数和风险函数

损失函数是关于模型计算结果 $f(x)$ 和样本实际目标结果 y 的非负实值函数，记作 $L(y, f(x))$，用它来解释模型在每个样本实例上的误差。损失函数的值越小，说明预测值与实际值越接近，即模型的拟合效果越好。损失函数主要包括以下几种。

① 0-1 损失函数。

$$L[y, f(x)] = \begin{cases} 1, y \neq f(x) \\ 0, y = f(x) \end{cases}$$

0-1 损失函数是一种最简单的损失函数，如果实际值 y 与 $f(x)$ 的值不相等，则认为预测失败；反之，预测成功，损失为 0。可见，该损失函数不考虑预测值和真实值的误差程度，只要预测错误，即使预测误差再小，也算预测错误。

② 平方损失函数。

$$L[y, f(x)] = [y - f(x)]^2$$

平方损失函数计算的是实际目标值 y 与预测值 $f(x)$ 之间的差的平方，其特点是非负，将差值进行放大。

③ 绝对损失函数。

$$L[y, f(x)] = |y - f(x)|$$

绝对损失函数是对实际目标值 y 与预测值 $f(x)$ 之间的差求绝对值，损失函数的结果为非负。

④ 对数损失函数。

$$L[y, f(x)] = -\log_2 p(y \mid x)$$

对数损失函数用到了最大似然估计的思想。$p(y|x)$ 是指在当前模型的基础上，对于输入变量 x，其预测值为 y，也就是预测正确的概率。在公式中加负号，表示预测正确的概率越高，其损失值应该越小。

7. 训练误差

模型的损失函数是模型训练误差的度量，而模型优化目标是全局损失，即所有样本的损失函数的均值最小，其中训练误差可以表示为

$$L[y, f(x)] = \frac{1}{n} \sum_{i=1}^{n} L[y, f(x_i)]$$

对于平方损失函数，就是对所有样本的误差求平方和，如下公式所示。为了求导方便，可以在前面乘 1/2。

$$L[y, f(x)] = \frac{1}{2n} \sum_{i=1}^{n} [y - f(x_i)]^2$$

损失函数的期望 $R_{\exp}$ 是模型关于联合分布的期望损失，可以用如下公式表示，其中 F 是假设空间，$R_{\exp}$ 称为风险函数或期望损失。

$$R_{\exp} = \min_{f \in F} \frac{1}{n} \sum_{i=1}^{n} L[y, f(x_i)]$$

$L[y, f(x)]$ 可以被认为是模型的经验风险，是模型关于训练样本集的平均损失。通常情况下，经验风险可以由训练集的损失函数来确定。根据大数定律，当样本容量趋于无穷时，经验风险趋向期望风险。根据经验风险最小化的策略，如果最优模型的经验风险最小，就可以将模型选择转化为求解最小经验风险的问题。这一理论的前提是训练样本的数量要足够多，但是在现实应用中，这一条件很难满足。

假如样本数量较多，通过最小化经验风险学习即可。但是当样本量很少时，经验信息不足，通过最小化经验风险学习效果未必很好，当模型的复杂度过大时，训练误差会逐渐减小并趋近于 0；而测试误差会先减小，达到最小值后又增大。当选择的模型复杂度过大时，过拟合现象就会发生。

结构风险最小化（Structural Risk Minimization，SRM）针对经验风险最小化在小样本量时

易产生过拟合问题进行了改进，增加了表示模型复杂度的正则化项，对模型复杂度进行限制。这一策略认为结构简单的模型最优，它的评估目标是模型复杂度。在其他变量都相同的情况下，模型结构风险最小化的定义如下：

$$\min_{f \in F} \frac{1}{n} \sum_{i=1}^{n} L[x_i y_i] + \lambda \mathcal{J}(f)$$

其中 $\mathcal{J}(f)$ 为模型的复杂度，模型 f 越复杂，复杂度 $\mathcal{J}(f)$ 就越大；反之，模型 f 越简单，复杂度 $\mathcal{J}(f)$ 就越小。$\lambda \geqslant 0$ 是系数，用以权衡经验风险和模型的复杂度。结构风险小，要求经验风险与模型复杂度同时小。结构风险小的模型往往对训练数据以及未知的测试数据都有较好的预测。当模型是条件概率分布，损失函数是对数损失函数且模型复杂度由模型的先验概率表示时，结构风险最小化就等价于最大后验概率估计，监督学习问题就变成了经验风险或结构风险函数的最优化问题，这时经验风险或结构风险函数是最优化的目标函数。

损失函数反映了模型预测结果与实际结果之间的差距，理解损失函数的本质，有助于对算法进行优化，需要结合业务目标和数据特点对问题本质进行理解，并用数学公式进行抽象，选择较简单的实现方法应用。

8. 正则化与交叉验证

正则化和交叉验证都是为了避免过拟合，其中正则化用于结构风险最小化，在经验风险上加正则化项或惩罚项，正则化项一般是模型复杂度的单调递增函数，模型越复杂，正则化值就越大。例如正则化项可以是模型参数向量的范数。常用的正则化包括 L_1、L_2 正则化，它们也被称为范数，对应于结构化风险最小化中的 $\lambda \mathcal{J}(f)$，即模型复杂度的惩罚项，称其为正则化项（Regularizer）。

如何增加正则化项呢？首先从理论上说，任何函数都可以用多项式的方式去逼近，而在下面结构化风险最小化公式中的 $f(x)$ 可以用 $f(x) = w_0 + w_1 x + \cdots + w_m x^m$ 的形式来表示。

$$\min_{f \in F} \frac{1}{n} \sum_{i=1}^{n} L[y_i, f(x_i)] + \lambda \mathcal{J}(W)$$

其中 n 是样本数，多项式函数中的 w_i 就对应模型的参数。模型越复杂，其中 w_i 的个数就越多，因此增加正则项的任务就是减少 w_i 的个数，而 L_0、L_1、L_2 这些正则化方法的目标均是使模型参数向量简化。

（1）L_0 正则化

L_0 正则化通过限制向量中非 0 的元素的个数实现模型优化，用 L_0 来正则化一个参数矩阵 W，目标是使其更稀疏，即使 W 中的大部分元素都是 0。很明显，如果将最小化 L_0 正则化作为惩罚项，就是寻找最优的稀疏特征项。但 L_0 的最小化问题在实际应用中会出现 NP 困难问题（NP-Hard Problem）。因此很多情况下，L_0 优化问题会用 L_1、L_2 代替。

（2）L_1 正则化

L_1 正则化通过对参数向量中各个元素绝对值之和进行限制，任何正则化算子，如果在 $w_i = 0$ 的地方不可微，并且可以分解为多项式的形式，那么这个正则化算子就可以实现稀疏。与 L_0 正则化相比，L_1 正则化不仅可以实现稀疏，而且 L_1 正则化是 L_0 正则化的最优凸近似，它比 L_0 正则化容易优化求解。按照 L_1 正则化的定义，可以将结构风险中的模型复杂度 $\lambda \mathcal{J}(W)$ 表示为 $\lambda \mathcal{J}(W) = \lambda \sum_{j=0}^{m} |w_j|$，其中 λ 表示正则化系数，m 是模型的阶次，表示数据的维度。例如，$m=2$ 为二维的情况，对于权重 w_1 和 w_2（$w_0 = 0$），此时 $\mathcal{J}(W) = |w_1| + |w_2|$，如图 2-1 所示。其中图 2-1（a）是将 w_1 和 w_2 分别作为 x、y 坐标，L 作为 z 坐标绘制出来的；图 2-1（b）是图 2-1（a）的俯视图；对于梯度下降（Gradient Descent）法，求解的过程可以画出等值线，如图 2-1（c）所示，不同色

彩的圆圈表示损失函数寻找最小值的过程，参数矩阵 W 按照梯度下降法计算损失函数，不断向最小值的位置迭代，与 L_1 交界的地方就是取得的极值点，这其实是两个曲面相交的地方。

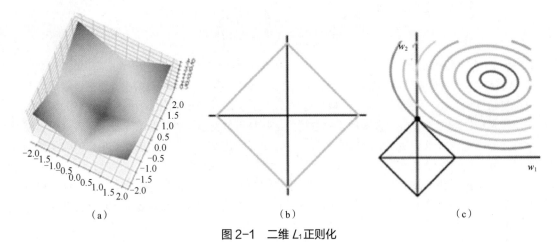

图 2-1　二维 L_1 正则化

因为 L 函数有很多"突出的角"（二维情况下有 4 个），损失函数与这些角接触的概率会远大于与 L 的其"部位"接触的概率。而在这些角上，会有很多权重等于 0，这就是 L_1 正则化可以产生稀疏模型，进而可以限制模型中参数的数量，降低模型复杂度，防止过拟合的原因。与 L_2 相比，L_1 做得更彻底、更稀疏。

正则化前面的系数 λ，可以控制 L 图形的大小，λ 越大，L 的图形就越小；而 λ 越小，L 的图形越大。同样地，损失函数的参数越多，图中的圆圈就越大。可以看到 λ 起到平衡两者的作用，因此 λ 也称为学习率（Learning Rate）。

（3）L_2 正则化

L_2 正则化是指向量各元素求平方和，用模最小化来确保 w 的每个元素都很小，都接近于 0。与 L_1 正则化不同，它不会等于 0，而是接近于 0。如图 2-2（a）所示，在 m 为 2 时，它就是一个抛物面。俯视图如图 2-2（b）所示，就是一个圆，与方形相比，被磨去了棱角。求解过程可画出等值线，如图 2-2（c）所示。

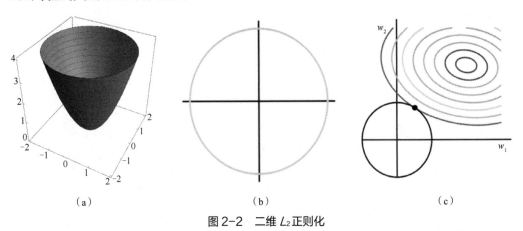

图 2-2　二维 L_2 正则化

因此损失函数使 w_1 或 w_2 等于 0 的概率小了许多，这就是 L_2 正则化不具有稀疏性的原因。但是，L_2 正则化通过将损失函数变为强凸函数，可以有效地加快梯度下降的收敛速度。

在算法调优时需要注意选择合适的正则化策略。L_2 准确度高，但是训练时间长；L_1 正则化可以做一定的特征选择，适合大量数据，在样本不均匀时可以调整损失函数中的权重。

拟合过程中，通常希望最后构造的模型中，所有参数都比较小。这样做可以减少模型的复杂度，适应不同的数据集，也在一定程度上避免过拟合。例如，在线性回归方程中，如果参数很大，那么只要数据偏移一点点，就会对结果造成很大的影响，即参数小表示抗扰能力强。特别是特征数比样本数量多时，如果不加入 L_2 正则化，会使模型的抗扰能力变差。而一旦加入正则化惩罚项，随着不断迭代，损失函数中的参数矩阵会不断减小。

在交叉验证方面，一般情况下，将数据集随机切分为训练集、验证集和测试集这 3 部分，其中训练集用来训练模型；验证集用于训练过程中模型的验证和选择，如果有多个模型，选择其中最小预测误差的模型；而测试集用于对最终训练完成的模型进行评估。在实际应用中，数据往往并不充足，此时可以采用交叉验证的方法，将训练集切分成很多份，然后进行组合，以扩大可用训练集的数量。按照样本切分和组合方式，交叉验证分为以下几种。

① Holdout 检验。

将原始的数据集随机分成两个集合 A 和 B，A 作为训练集，B 作为测试集。先使用训练集训练模型，然后利用测试集验证模型的效果，记录最后的分类准确率作为该模型的性能指标，其准确性可以用平均绝对误差（Mean Absolute Error，MAE）、平均绝对百分比误差（Mean Absolute Percentage Error，MAPE）等统计指标来衡量。这种方法的好处是简单，只需要把原始数据分成两个部分。但是严格意义上，Holdout 检验并不算是交叉检验。

② 简单交叉验证。

首先，随机地将数据集分成两个部分，分别用作训练和测试，然后用训练集在各种条件下训练模型，得到不同的模型，在测试集上评价各个模型的测试误差，选出测试误差最小的模型。

③ k 折交叉验证。

将数据切分为 k 个互不相交的大小相同的数据集，利用 $k-1$ 个子集训练，用剩下的一个子集测试，重复 k 次，选出平均测试误差最小的模型。显然，k 取值越大，统计偏误就越小，但是需要的计算量越大。一些实验表明，当 k 取 10 时，在计算代价和性能之间能达到好的平衡。

④ 留一交叉验证。

在 k 折交叉验证中，当 k 为所有样本数 N，在数据缺乏的情况下可使用留一交叉验证。假设样本数据集中有 N 个样本，将其中一个样本单独作为测试集，其余 $N-1$ 个样本作为训练集，这样得到了 N 个模型，用这 N 个模型的分类准确率的平均数作为此分类器的性能指标。留一交叉验证的优点是每一个模型都用几乎所有的样本来训练模型，并且评估的结果比较可靠。它的缺点是计算成本高，特别是当 N 非常大时，计算耗时极长。

2.1.2　常见概率分布

常见的概率分布有连续分布和离散分布两类，其中连续分布包括均匀分布、正态分布、t 分布、卡方分布和 F 分布等，离散分布包括二项分布、0-1 分布、泊松分布等。

（1）均匀分布是指概率的分布是等距的，分为连续型和离散型两种，可以认为前者是一条等距点构成的曲线，后者是一个个独立的点。

（2）正态分布即高斯分布，是自然界最常见的一种概率分布，是具有两个参数 μ 和 σ^2 的连续型随机变量的分布，参数 μ 是遵从正态分布的随机变量的均值，参数 σ^2 是此随机变量的方差，因此正态分布记作 $N(\mu,\sigma^2)$。它具有以下特征。

① 集中性：正态曲线的高峰位于正中央，即均值所在的位置。

② 对称性：正态曲线以均值为中心，左右对称，曲线两端不与横轴相交。

③ 变动性：正态曲线由均值所在处开始，分别向左右两侧逐渐下降。

④ 均值 μ 决定正态曲线的中心位置，标准差 σ 决定正态曲线的陡峭程度。σ 越小，曲线越陡峭；σ 越大，曲线越扁平。

（3）t 分布即学生 t 分布（Student's t-Distribution），用于根据小样本来估计呈正态分布且方差未知的总体的均值。它的分布曲线形态与自由度 df 大小有关，自由度 df 越小，t 分布曲线越平坦，曲线中间越低，曲线双侧尾部翘得越高；而自由度 df 越大，t 分布曲线越接近正态分布曲线，当自由度 df 无穷大时，t 分布曲线为标准正态分布曲线。

如果总体方差已知（例如在样本数量足够多时），则应该用正态分布来估计总体均值。总体均值是对两个样本均值差异进行显著性测试的 t 检验的基础。t 检验改进了 Z 检验，不论样本数量大小都可应用。因为 Z 检验用在小的样本集上会产生很大的误差，所以样本集很小的情况下一般用 t 检验。

（4）卡方分布（Chi-Square Distribution，χ^2-Distribution）是指若有 k 个独立的标准正态分布变量，则称其平方和服从自由度为 k 的卡方分布。它是一种特殊的伽马分布，在假设检验和置信区间的计算中应用广泛。由卡方分布可延伸出皮尔逊卡方检验，常用于以下情况。

① 验证样本集的某一属性分布与整体分布之间的拟合程度，例如验证某校区中男女比例是否符合此学校整体学生的男女比例。

② 两个随机变量独立性验证，例如人的肥胖与心脏病的关联性。

（5）F 分布（F-Distribution）是一种连续概率分布，但它是一种非对称分布，有两个自由度，且位置不可互换，被广泛应用于似然比率检验。

（6）二项分布（Binomial Distribution）是 n 个独立的伯努利（是或非）试验中成功的次数的离散概率分布。实际上，当 $n=1$ 时，二项分布就是 0-1 分布，它是统计变量中只有性质不同的两项群体的概率分布。所谓两项群体是按两种不同性质（如硬币的正面和反面）划分的统计变量，是二项试验的结果，两项分布也是两个对立事件的概率分布。它的前提条件是事件独立，单次试验为相互对立的两个结果。

（7）0-1 分布是 n 为 1 的二项分布，指取值是 0 或者 1，只先进行一次事件试验，该事件发生的概率为 p，不发生的概率为 $1-p$。

（8）泊松分布（Poisson Distribution）适合于描述单位时间内随机事件发生的次数的概率分布，例如服务器在一定时间内收到请求的次数、银行柜台接待的客户数、汽车站台的候客人数、机器出现的故障数、自然灾害发生的次数等。

2.1.3　参数估计

参数估计（Parameter Estimation）是统计推断的一种基本形式，它用样本统计量去估计总体的参数，即根据样本数据选择统计量去推断总体的分布或数字特征。估计参数的目的是希望用较少的样本去描述数据的总体分布，前提是要了解样本总体分布（如正态分布），这样就只需要估计其中参数的值。如果无法确认总体分布，就要采用非参数估计的方法。

参数估计最早是在 18 世纪末由德国数学家高斯提出的，其中有多种方法，除了最基本的最小二乘法和极大似然法、贝叶斯估计、最大后验估计，还有矩估计、一致最小方差无偏估计、最小风险估计、最小二乘法、最小风险法和极小化极大熵法等。随着统计分析应用越来越广，参数估计得到了飞速的发展。

点估计（Point Estimate）是用一个样本点的估计量直接作为某一参数的估计值。

区间估计（Interval Estimation）是在点估计的基础上，给出总体参数的一个估计区间，该区间由样本统计量加减估计误差而得到，区间估计就是样本统计量与总体参数的接近程度的一个概率度量，而这个区间就称为置信区间。

参数估计的目标是获取一个估计函数，向估计函数输入测量数据，输出相应参数的估计值/区间。通常希望得到的估计函数是最优的，即所有的信息都被提取出来了，最大化代表了整体数据的特征。一般来说，求解估计函数需要以下 3 步。

① 确定系统的模型，建模过程中不确定性和噪声也会混进来。

② 确定估计器及其限制条件。

③ 验证是否为最优估计器。

所谓的估计器可以理解为损失函数（Loss Function），上述过程不断迭代，直到找到最优估计器，此时的模型就具有最优的置信度。

下面介绍最大（极大）似然估计（Maximum Likelihood Estimate，MLE）、贝叶斯估计（Bayes Estimate）和最大后验（Maximum A Posteriori，MAP）估计。假设观察的变量是 x，观察的变量取值（样本）为 $X = \{x_1, \cdots, x_n\}$，要估计的参数是 θ，x 的分布函数是 $p(x|\theta)$，这里使用条件概率来说明这个分布是依赖于 θ 取值的。这里将其用标量表示，在实际中 x 和 θ 都可以是由几个变量组成的向量。

（1）最大似然估计中的"似然"就是"事件发生的可能性"，最大似然估计就是要找到参数 θ 的一个估计值，使"事件发生的可能性"最大，也就是使 $p(X|\theta)$ 最大。一般来说，可以认为多次取样得到的 x 是独立分布的：

$$p(X|\theta) = \prod_{i=1}^{n} p(x_i|\theta)$$

由于 $p(x_i)$ 一般都比较小，且 n 一般都比较大，连乘容易造成浮点运算下溢，因此通常都取最大化对应的对数形式，将公式转化为：

$$\theta_{\mathrm{ML}}^{*} = \arg\max\left\{\sum_{i=1}^{n} \log_2 p(x_i|\theta)\right\}$$

具体求解时，可对 θ 求导数，然后令导数为 0，求出 θ_{ML}^{*}。

最大似然估计属于点估计，这种方法只能得到单个参数的估计值。很多时候，除了求解 θ_{ML}^{*} 的值外，还需要求解 θ 在数据 X 中的概率分布情况 $p(\theta|X)$。由于最大似然估计是根据样本子集对总体分布情况进行估计，在样本子集数据量较少时结果并不准确。

（2）贝叶斯估计解决的是概率估计问题。即已知一些样本，并且它们满足某种分布，需要估计这种分布的参数或者新数据出现的概率。最大似然估计是在对被估计量没有任何先验知识的前提下求得的。使用贝叶斯公式，可以把关于 θ 的先验知识以及观察数据结合起来，用以确定 θ 的后验概率 $p(\theta|X)$：

$$p(\theta|X) = \frac{1}{Z_X} p(X|\theta) p(\theta)$$

其中，$Z_X = \int p(X|\theta) p(\theta) \mathrm{d}\theta$ 是累积因子，以保证 $p(\theta|X)$ 的和等于 1。前提条件是需要知道关于 θ 的先验知识，即不同取值的概率 $p(\theta)$，例如 $\theta = 1$ 表示考试及格，$\theta = 0$ 表示不及格，可以根据学习情况大体估计 $\theta = 1$ 的可能性为 80%，即 $p(\theta = 1) = 0.8$，而 $p(\theta = 0) = 0.2$。

在某个确定的 θ 取值下，事件 x 发生的概率就是 $p(x|\theta)$，这是关于 θ 的函数，其中 X 集合中的各样本是相互独立的，$p(X|\theta)$ 就可以展开成连乘形式，从而得到 $p(\theta|X)$ 的表达式，不同的 θ 对应不同的后验概率。这样就可以选取一个 θ，使 $p(\theta|X)$ 的值最大。贝叶斯估计对所

有 θ 的取值都进行了计算，有时只希望获得一个使 $p(\theta|X)$ 最大化的 θ 即可。

（3）最大后验估计运用了贝叶斯估计的思想，从贝叶斯估计的公式可以看到 Z_X 与 θ 是无关的，要得到使 $p(\theta|X)$ 最大的 θ ，等价于求解下面的式子：

$$\theta_{MAP}^* = \max_\theta \{p(\theta|X)\} = \max_\theta \{p(X|\theta)p(\theta)\}$$

与最大似然估计一样，通常最大化对应的对数形式是将上述式子转化为：

$$\theta_{MAP}^* = \max_\theta \{\log_2 p(X|\theta)\} + \log_2 p(\theta)$$

这样就可以不用计算 Z_X ，也不需要求所有的样本概率 $p(\theta|X)$ 的值，就可以求得最大化的 θ_{MAP}^* 。

上述 3 种方法的应用场合不同，在先验概率 $p(\theta)$ 很确定的情况下，可以使用最大后验估计或贝叶斯估计，其中贝叶斯估计可以取得后验概率的分布情况，而最大后验估计只关心最大化结果的 θ 值。当然，如果对先验知识没有信心，可以使用最大似然估计。

2.1.4　假设检验

假设检验是先对总体的参数（或分布形式）提出某种假设，然后利用样本信息判断假设是否成立的过程。假设检验的基本思想是小概率反证法思想。所谓的小概率是指其发生的可能性低于 1%或低于 5%，在一次试验中基本上不会发生。反证法是先提出假设，再用统计方法确定假设成立的可能性大小，如可能性小，则认为假设不成立。

假设检验包括原假设（Null Hypothesis，也叫零假设）与备择假设（Alternative Hypothesis，也叫备选假设）。其中检验假设正确性的是原假设，表明研究者对未知参数可能数值的看法；而备择假设通常反映研究者对参数可能数值对立的看法。例如，对一个人是否犯罪进行认定，如果首先假设他/她无罪，来进行无罪检验，就是原假设；如果假定这个人是有罪的，来搜集有罪证据证明他/她有罪，这就是备择假设。检验是否有罪的过程就相当于用 t 检验或 Z 检验去检视搜集到的证据资料。

假设检验的过程是确认问题，寻找证据，基于某一标准得出结论。具体如下：首先对总体做出原假设 H_0 和备择假设 H_1；确定显著性水平 α；选择检验统计量并依据 α 确定拒绝域（拒绝 H_0 的统计量结果区域）；抽样得到样本观察值，并计算实测样本统计量的值，如果在拒绝域中，则拒绝原假设 H_0，反之，拒绝原假设的证据不足（并非原假设成立）。

显著性检验是先认为某一假设 H_0 成立，然后利用样本信息验证假设。例如，首先假设人的收入是服从正态分布的，当收集了一定的收入数据后，可以评价实际数据与理论假设 H_0 之间的偏离，如果偏离达到了"显著"的程度就拒绝 H_0 假设，这样的检验方法称为显著性检验，如图 2-3 所示。

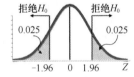

图 2-3　显著性检验

显著程度从中心的 H_0 "非常显著"开始向外不断移动，当偏离达到某一较低显著的程度 α 时，再看 H_0 假设，已经很难证明其正确了，这时就可以认为 H_0 假设不成立，也就是它被拒绝了，它成立的概率不超过 α ，称 α 为显著性水平。这种假设检验的好处是不用考虑备择假设，只关心实验数据与理论之间拟合的程度，所以也称之为拟合优度检验。

2.1.5　线性回归

线性回归（Linear Regression）是一种通过拟合自变量与因变量之间的最佳线性关系，来预测目标变量的方法。回归过程是给出一个样本集，用函数拟合这个样本集，使样本集与拟合函数间的误差最小。生物统计学家高尔顿研究父母和子女身高的关系时发现：即使父母的身高都

"极端"高，其子女不见得会比父母高，而是有"衰退"（Regression）至平均身高的倾向。具体地说，回归分析包括以下内容。

（1）确定输入变量与目标变量间的回归模型，即变量间相关关系的数学表达式。

（2）根据样本估计并检验回归模型及未知参数。

（3）从众多的输入变量中，判断哪些变量对目标变量的影响是显著的。

（4）根据输入变量的已知值来估计目标变量的平均值并给出预测精度。

线性回归的类型包括简单线性回归和多元线性回归。简单线性回归使用一个自变量，通过拟合最佳线性关系来预测因变量。多元线性回归使用多个独立变量，通过拟合最佳线性关系来预测因变量。

如何获得回归模型的公式？一元线性回归本质上就是寻找一条直线 $y=ax+b$，使所有样本点都尽量在这条直线上或靠近这条直线。每一个点对应(x,y)坐标，是实际的点，而通过回归公式预测的纵坐标值为 $y=ax+b$，将所有点的预测值与实际值的差取平方后求和，就可以算出这条直线总的误差 $L(a,b)$：

$$L(a,b) = \sum_{i=1}^{n} [y_i - (ax_i + b)]^2$$

要想求出公式中的 a、b 值，只需要使得 $L(a,b)$ 取极小值即可，式中的 $L(a,b)$ 为关于 a 和 b 的二元函数。

如何评价回归模型的好坏？通过统计学中的 R^2（Coefficient of Determination），也称为判定系数、拟合优度、决定系数等，来判断回归方程的拟合程度。R^2 是如何计算的？首先要明确以下几个概念。

总偏差平方和（Sum of Squares for Total，SST）是每个因变量的实际值（公式中的 y_i）与其平均值（公式中的 $\overline{y}$）的差的平方和，反映了因变量取值的总体波动情况，其值越大说明原始数据本身具有越大的波动，其公式如下。

$$SST = \sum_{i=1}^{n} (y_i - \overline{y})^2$$

例如，用销售额与其平均销售额的差的平方和来表示销售额整体的波动情况，也就是说，这种波动情况是由单个销售额与均值之间的偏差指标 SST 来表示的。

回归平方和（Sum of Squares for Regression，SSR）是因变量的回归值（由回归方程计算取得，对应公式中的 $\hat{y}_i$）与其均值（公式中的 $\overline{y}$）的差的平方和，它反映回归直线的波动情况。

$$SSR = \sum_{i=1}^{n} (\hat{y}_i - \overline{y})^2$$

例如，回归线表示广告费这个变量对于总销售额的影响，它只能解释广告费带来的影响，这种影响的偏差由 SSR 来表示。

残差平方和（Sum of Squares for Error，SSE）又称误差平方和，表示因变量的实际值与回归值 $\hat{y}_i$ 的差的平方和，它反映了回归方程以外因素的影响，即回归直线无法解释的因素。

$$SSE = \sum_{i=1}^{n} (\hat{y}_i - y_i)^2$$

例如，广告费只是影响销售额的其中一个比较重要的因素，除了广告费之外，还有其他因素（如产品质量、客户服务水平等）会对销售额产生影响，因此销售额不能用回归线来解释的部分就由 SSE 来表示。

总的偏差可以用回归方程偏差加上残差偏差来表示，其公式如下，其中 SST 是总的偏差，SSR 是回归平方和，即回归方程可以表示的偏差，SSE 是回归方程不能表示的偏差。

$$SST = SSR + SSE$$

回归方程拟合程度的好坏是看这条回归线能够多大程度解释目标值（如销售额）的变化，一般采用 R^2 指标来计算：

$$R^2 = \frac{SSR}{SST} = 1 - \frac{SSE}{SST}$$

R^2 的取值为 [0,1]，从其定义可见，其越接近 1，拟合程度越好。当 R^2 为 1 时表示回归方程可以完全解释因变量的变化。如果 R^2 很低，说明因变量和目标变量之间可能并不存在线性关系。

调整 R^2 是指对 R^2 进行修正后的值，对非显著性变量给出惩罚，它没有 R^2 的统计学意义，与实际样本的数值无关，与 R^2 相比，其误差较少，是回归分析中重要的评价指标，其值越大说明模型效果越好。

因变量预测标准误差是指因变量的实际值与预测值的标准误差，其值越小说明模型的准确性越高，代表性越强，拟合性越好。

F 值在方差分析表中查看，用于检测回归方法的相关关系是否显著。如果显著性水平 Sig 指标大于 0.05，表示相关性较弱，没有实际意义。如果发现模型的 Sig 指标低于 0.05，但是各自变量的 Sig 指标均超过 0.05，就需要应用 t 检验查看回归系数表中各变量的显著性水平，可能是自变量之间出现了共线性问题，需要通过逐步回归的方法将显著性较差的自变量剔除。

假设 n 为实际样本数量，可能有部分数据为空值或其他异常值，导致模型的实际拟合样本数较少。如果发现其值较大，需要对数据重新进行预处理。

多元线性回归方程公式为：

$$y = \beta_0 + \beta_1 x_1 + \beta_2 x_2 + \cdots + \beta_k x_k + u$$

要求每个 x_i 是相互独立的，其中 β_i 表示回归系数，u 为随机误差。

给定 n 个样本数据 $(x_{1i}, x_{2i}, \cdots, x_{ki}; y_i)$ 代入多元线性回归方程：

$$\begin{cases} y_1 = \beta_0 + \beta_1 x_{11} + \beta_2 x_{21} + \cdots + \beta_k x_{k1} + u_1 \\ y_2 = \beta_0 + \beta_1 x_{12} + \beta_2 x_{22} + \cdots + \beta_k x_{k2} + u_2 \\ \quad\quad\quad\quad \vdots \\ y_n = \beta_0 + \beta_1 x_{1n} + \beta_2 x_{2n} + \cdots + \beta_k x_{kn} + u_n \end{cases}$$

转换成矩阵表达形式：

$$Y = X\beta + u$$

$$Y = \begin{pmatrix} y_1 \\ y_2 \\ \vdots \\ y_n \end{pmatrix}_{n \times 1} \quad X = \begin{pmatrix} 1 & x_{11} & x_{21} & \cdots & x_{k1} \\ 1 & x_{12} & x_{22} & \cdots & x_{k2} \\ \vdots & \vdots & \vdots & & \vdots \\ 1 & x_{1n} & x_{2n} & \cdots & x_{kn} \end{pmatrix}_{n \times (k+1)} \quad \beta = \begin{pmatrix} \beta_0 \\ \beta_1 \\ \vdots \\ \beta_k \end{pmatrix}_{(k+1) \times 1} \quad u = \begin{pmatrix} u_1 \\ u_2 \\ \vdots \\ u_n \end{pmatrix}_{n \times 1}$$

由此矩阵方程容易得到回归系数 β_i 的估计值（假设 x_i 是相互独立的）：

$$X^{\mathrm{T}} Y = X^{\mathrm{T}} X \hat{\beta}$$

$$\hat{\beta} = (X^{\mathrm{T}} X)^{-1} X^{\mathrm{T}} Y$$

求出估计回归系数后，需要对回归方程进行显著性检验，以确保每个自变量都是对因变量有显著性的影响的。拟合优度 R^2 同样适用于多元线性回归的假设检验。

在实际应用中，多个自变量 x_i 相互独立的条件很难满足，这就需要解决多重共线性的问题，常用的方法有岭回归、LASSO 回归和弹性网络回归等方法。这些回归方法的主要思想是在回归方程的损失函数上加上正则项，以减少自变量相关引起的回归方程过拟合的问题。

岭回归、LASSO 回归和弹性网络回归方程的损失函数分别如下。

岭回归方程：

$$L(\theta) = \frac{1}{2n}\sum_{i=1}^{n}\left[\left(h_\theta(x_i) - y_i\right)^2\right] + \lambda\sum_j \theta_j^{\ 2}$$

LASSO 回归方程：

$$L(\theta) = \frac{1}{2n}\sum_{i=1}^{n}\left[\left(h_\theta(x_i) - y_i\right)^2\right] + \lambda\sum_j |\theta_j|$$

弹性网络回归方程：

$$L(\theta) = \frac{1}{2n}\sum_{i=1}^{n}\left[\left(h_\theta(x_i) - y_i\right)^2\right] + \lambda_1\sum_j \theta_j^{\ 2} + \lambda_2\sum_j |\theta_j|$$

式中 θ 表示回归系数，$h_\theta(x_i)$ 表示回归方程对于样本 x_i 的估计值，y_i 表示样本因变量的真实值，λ_1 和 λ_2 为正则化因子。当 $\lambda_2=0$ 时，弹性网络回归退化成岭回归；当 $\lambda_1=0$ 时，弹性网络回归退化成 LASSO 回归。

岭回归的 Python 调用代码如下：

```
from sklearn.linear_model import Ridge,RidgeCV
rigdeCV = RidgeCV(alphas=Lambdas,normalize=True,scoring='neg_mean_squared_error',cv=15)
rigdeCV.fit(X_train,Y_train)
predictedResult = rigdeCV.predict(X_test)
```

LASSO 回归和弹性网络的 Python 代码类似。

线性回归只是自变量在局部取值范围内变量之间的一种近似关系，实际上变量之间更多的是非线性的关系。非线性模型是一个或多个自变量的非线性组合。

对于非线性回归分析，为了便于利用样本求出其中的回归系数，一般的做法是对变量进行转换，把非线性模型转换为线性模型，然后利用上述方法求解其中的回归系数。例如对双曲线函数 $y = \dfrac{x}{ax + b}$ 需要进行线性变换：$y_1 = 1/y$，$x_1 = 1/x$，得到 $y_1 = a + bx_1$。对于 $y = ax^\beta$，需要做如下非线性变换：$y_1 = \ln y$，$x_1 = \ln x$，$\ln y = \ln a + \beta \ln x$，得到 $y_1 = \ln a + \beta x_1$。

如果多个自变量之间是相互独立或弱相关的，可以分别研究因变量与各个自变量的关系，然后加权求和，求出整个非线性回归方程。此外，分段函数求解或许是一种可行的选择。

【例 2.1】 利用犯罪嫌疑人的足长和步幅预测其身高。

利用给定的足长、步幅和身高数据集，以足长、步幅为自变量，身高为因变量，采用二元线性回归获得预测身高的模型，对应的 Python 代码如下：

```
import numpy as np
import pandas as pd
import tensorflow as tf
import matplotlib.pyplot as plt
from mpl_toolkits.mplot3d import Axes3D  # 用Axes3D库画三维模型图
from sklearn.linear_model import LinearRegression
#读取数据
df = pd.read_excel("身高预测参照表.xlsx")
df.columns = ['足长', '步幅', '身高']
# 获取拆分后的数据 x_data、y_data（其中 x_data 为数据集，y_data 为标签）
def get_data(data):
    x_data = data.drop(columns=['身高'], axis=1)
    y_data = data['身高']
    return x_data, y_data
x_data, y_data = get_data(df)
```

```
# 训练模型
lr = LinearRegression()
lr.fit(x_data, y_data)
y_pred = lr.predict(x_data)
print(lr.coef_, lr.intercept_)
print(lr.score(x_data, y_data))     #显示拟合优度
x1_data = x_data.drop(columns=['步幅'], axis=1)
x2_data = x_data.drop(columns=['足长'], axis=1)
plt.rcParams['font.sans-serif'] = 'SimHei'  # 设置字体
fig = plt.figure(figsize=(8,6))  # 设置画布大小
ax3d = Axes3D(fig)
ax3d.scatter(x1_data,x2_data,y_data,color='b',marker='*',label='actual')     #实际样本
可视化
  ax3d.scatter(x1_data,x2_data,y_pred,color='r',label='predict')   #预测数据可视化
ax3d.set_xlabel('足长',color='r',fontsize=16)   # 设置 x 轴标签
ax3d.set_ylabel('步幅',color='r',fontsize=16)   # 设置 y 轴标签
ax3d.set_zlabel('身高',color='r',fontsize=16)   # 设置 z 轴标签
plt.suptitle("身高与足长、步幅关系模型",fontsize=20)
plt.legend(loc='upper left')
plt.show()
```

　　程序运行结果如图 2-4 所示，其中可以看到回归系数分别约为 3.172、0.327 和 70.611，拟合优度 R^2 约为 0.983，可见可以接受使用二元线性回归。

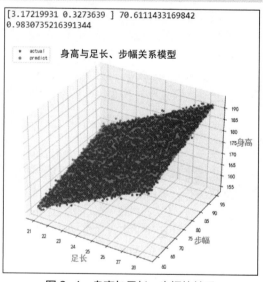

图 2-4　身高与足长、步幅的关系

2.1.6　逻辑回归

　　逻辑回归（Logistic Regression）是一种预测分析，解释因变量与一个或多个自变量之间的关系，与线性回归的不同之处就是它的目标变量有几种类别，所以逻辑回归主要用于解决分类问题。与线性回归相比，它是用概率的方式，预测出属于某一分类的概率值。如果概率值超过 50%，则属于某一分类。此外，它的可解释性强，可控性高，并且训练速度快，特别是经过特征工程之后效果更好。

　　按照逻辑回归的基本原理，求解过程可以分为以下 3 步。

　　（1）找一个合适的预测分类函数，用来预测输入数据的分类结果，一般表示为 h 函数，需要对数据有一定的了解或分析，然后确定函数的可能形式。

　　（2）构造一个损失函数，该函数表示预测输出（h）与训练数据类别（y）之间的偏差，一般是预测输出与实际类别的差，可对所有样本的偏差求 R^2 值等作为评价标准，记为 $L(\theta)$ 函数。

　　（3）找到 $L(\theta)$ 函数的最小值，因为值越小表示预测函数越准确。求解损失函数的最小值采用梯度下降法。

　　二分类问题中一般使用 Sigmoid 函数作为预测分类函数，其函数公式为 $\varphi(z) = \dfrac{1}{1+e^{-z}}$，对

应的函数图像是一条取值在 0 和 1 之间的 S 形
曲线，如图 2-5 所示。

二分类问题使用概率来实现预测，首先构
造 h 函数：

$$h_\theta(x) = g(\theta_0 + \theta_1 x_1 + \theta_2 x_2)$$

其中，θ_0、θ_1、θ_2 就是要求解的方程参数值，θ_0 为
截距。假设 X 是自变量的矩阵，θ 是线性方程
系数矩阵：

$$X = (x_1, x_2)^T, \theta = (\theta_1, \theta_2)^T$$

对 h 函数的表示形式进行简化，得到如下
公式：

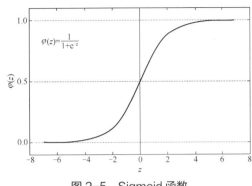

图 2-5　Sigmoid 函数

$$h_\theta(x) = g(\theta^T X) = \frac{1}{1 + e^{-\theta^T x}}$$

其中，$h_\theta(x)$ 函数的值表示概率值，即结果取 1 的概率。因此，对于输入 x，分类属于类别 1 和
类别 0 的概率分别用如下公式表示：

$$p(y = 1 \mid x; \theta) = h_\theta(x)$$
$$p(y = 0 \mid x; \theta) = 1 - h_\theta(x)$$

当函数的结果大于 50% 时，可以认为属于类别 1 的可能性较高。当然，阈值 50% 可以结合
实际业务进行调整。

在求解过程中，关键是如何确定 θ 的值。首先要定义损失函数 $L(\theta)$，即误差评价指标。在
逻辑回归中损失函数采用对数损失函数：

$$L(\hat{y}, y) = -[y \log_2 \hat{y} + (1 - y) \log_2(1 - \hat{y})]$$

当真实值 $y=1$ 时，$L(\hat{y}, y) = -\log_2 \hat{y}$，当预测值 $\hat{y}$ 越接近 1 时，$-\log_2 \hat{y}$ 就越接近值 0，表示
损失函数值越小，误差越小。而当预测值 $\hat{y}$ 越接近于 0 时，$\log_2 \hat{y}$ 就越接近负无穷，加上负号
后就代表误差越大。

当真实值 $y=0$ 时，$L(\hat{y}, y) = -\log_2(1 - \hat{y})$，当预测值 $\hat{y}$ 越接近 0 时，$-\log_2(1 - \hat{y})$ 也越接近
0，表示损失函数值越小，误差越小。而当预测值 $\hat{y}$ 越接近 1 时，$\log_2(1 - \hat{y})$ 越接近负无穷，加
上负号后就代表误差越大。

基于上述损失函数公式，计算所有样本的损失函数结果，并采用梯度下降法不断迭代求偏
导，逐渐逼近 θ 的最佳值，使损失函数取得极小值。其中损失函数一般采用最大似然估计或对
数似然函数来代替。对逻辑回归算法的效果评估，一般采用曲线下面积（Area Under the Curve，
AUC）指标来评价。

2.1.7　判别分析

判别分析是通过对类别已知的样本进行模型判别，来实现对新样本的类别进行判断。它包
括线性判别分析（Linear Discriminant Analysis，LDA）和二次判别分析（Quadratic Discriminant
Analysis，QDA）两种类型。其中 LDA 会在 2.2 节进行详细说明，下面介绍 QDA。

QDA 是针对那些服从高斯分布，且均值不同、方差也不同的样本数据而设计的。它对高斯
分布的协方差矩阵不做任何假设，直接使用每个分类下的协方差矩阵，因为数据方差相同的时
候，一次判别就可以。但如果类别间的方差相差较大时，就需要使用二次决策平面。

【例2.2】通过实例比较LDA和QDA的区别和分类效果。基于sklearn开源库中discriminant_

analysis 模块内置的 LDA 和 QDA 算法类，对随机生成的高斯分布的样本数据集进行分类。数据集的样本数为 50，生成的数据集中一半是具有相同协方差矩阵的，另一半的协方差矩阵不相同。

LDA 和 QDA 的预测过程均很简单，核心代码如下所示。

```
#LDA 预测
lda = LinearDiscriminantAnalysis(solver="svd", store_covariance=True)
y_pred = lda.fit(X, y).predict(X)
splot = plot_data(lda, X, y, y_pred, fig_index=2 * i + 1)
#QDA 预测
qda = QuadraticDiscriminantAnalysis(store_covariances=True)
y_pred = qda.fit(X, y).predict(X)
splot = plot_data(qda, X, y, y_pred, fig_index=2 * i + 2)
```

其中 plot_data()方法为自定义可视化函数，主要用于绘制分类区域和显示样本的预测结果等，对于预测错误的样本用五角星显示。两种算法的效果比较如图 2-6 所示。第一行的样本数据具有相同协方差矩阵，对于这类数据，LDA 和 QDA 两种算法都可以预测正确。

图 2-6（c）和图 2-6（d）是针对具有不同协方差矩阵的样本进行的分类，可见，LDA 只能学习到线性边界，而 QDA 可以学到二次边界，因此更加灵活。

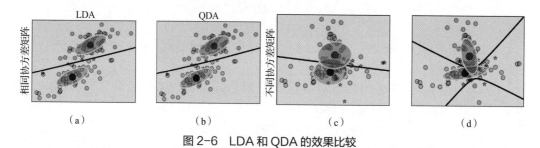

图 2-6　LDA 和 QDA 的效果比较

QDA 和 LDA 的算法相似，它们之间的区别主要受方差和偏差两个因素的影响。模型的预测值和实际值之间的差异可以分解为方差和偏差，方差较高、误差较低的模型通常比较灵敏，这种情况的模型并没有变化，只是样本数据改变，其预测结果会产生较大的变化。反之，误差较高、方差较低的模型一般会比较迟钝，即使模型发生变化，依然不会使预测值改变。因此在其中如何取舍，就成了一个很重要的问题。

LDA 的结果中方差较低，而 QDA 算法的相对误差更低。因此，在协方差矩阵很难估计准确时（例如在样本集比较少的情况下）适合采用 LDA 算法。而当样本集很大，或者类间协方差矩阵差异比较大的时候，采用 QDA 更加合适。

2.1.8　非线性模型

在统计学中，非线性回归是回归分析的一种形式，非线性模型是由一个或多个自变量非线性组合而成的。以下是一些常见的非线性模型。

1. 阶跃函数

阶跃函数的变量是实数，阶跃函数就是一个分段函数。

2. 分段函数

分段函数是一个函数，不同的自变量取值区间分别对应不同的子函数。分段是一种函数表达方式，用来描述函数在不同子域区间上的性质。不同子函数的性质不能代表整个函数的性质。在离散性较强的系统中，用分段函数表示不同状态下模型的输出。

3. 样条曲线

样条曲线是由多项式定义的分段函数。在计算机图形学中，样条曲线是指一个分段多项式参数曲线。其结构简单、精度高，可通过曲线拟合复杂形状。

4. 广义加性模型

广义加性模型是一种广义线性模型，其中线性预测因子线性地依赖于某些自变量的未知平滑函数。可对部分或全部的自变量采用平滑函数的方法建立模型。

2.2　高维数据降维

高维数据降维是指采用某种映射方法，降低随机变量的数量，例如将数据点从高维空间映射到低维空间中，从而实现维度减少。降维分为特征选择和特征提取两类，前者是从含有冗余信息以及噪声信息的数据中找出主要变量；后者是去掉原来数据，生成新的变量，可以寻找数据内部的本质结构特征。

降维的过程是通过对输入的原始数据特征进行学习，得到一个映射函数，将输入样本映射到低维空间中之后，原始数据的特征并没有明显损失，通常情况下新空间的维度要小于原空间的维度。目前大部分降维算法是处理向量形式的数据。

2.2.1　主成分分析

主成分分析（Principal Component Analysis，PCA）是最常用的线性降维方法，它的目标是通过某种线性投影，将高维的数据映射到低维的空间中，并期望在所投影的维度上数据的方差最大，以此使用较少的维度，同时保留较多原数据的维度。

PCA 的降维是指经过正交变换后，形成新的特征集合，然后从中选择比较重要的一部分子特征集合，从而实现降维。这种方式并非在原始特征中选择，所以 PCA 这种线性降维方式最大程度保留了原有的样本特征。

设有 m 条 n 维数据，PCA 的一般步骤如下。

① 将原始数据按列组成 n 行 m 列矩阵 X。

② 计算矩阵 X 中每个特征属性（n 维）的平均向量 M（平均值）。

③ 将 X 的每一行（代表一个属性字段）进行零均值化，即减去 M。

④ 按照公式 $C = \dfrac{1}{m} XX^{\mathrm{T}}$ 求出协方差矩阵。

⑤ 求出协方差矩阵的特征值及对应的特征向量。

⑥ 将特征向量按对应特征值从大到小按行排列成矩阵，取前 k（$k<n$）行组成基向量 P。

⑦ 通过 $Y = PX$ 计算降维到 k 维后的样本特征。

PCA 算法目标是求出样本数据的协方差矩阵的特征值和特征向量，而协方差矩阵的特征向量的方向就是 PCA 需要投影的方向。使样本数据向低维投影后，能尽可能表征原始的数据。协方差矩阵可以用散度矩阵代替，协方差矩阵乘以(n-1)就是散度矩阵，n 为样本的数量。协方差矩阵和散度矩阵都是对称矩阵，主对角线是各个随机变量（各个维度）的方差。

【例 2.3】 基于 sklearn（Python 语言的机器学习库）和 NumPy 随机生成 2 个类别共 40 个三维空间的样本点，生成的代码如下：

```
mu_vec1 = np.array([0,0,0])
cov_mat1 = np.array([[1,0,0],[0,1,0],[0,0,1]])
class1_sample = np.random.multivariate_normal(mu_vec1, cov_mat1, 20).T
```

```
mu_vec2 = np.array([1,1,1])
cov_mat2 = np.array([[1,0,0],[0,1,0],[0,0,1]])
class2_sample = np.random.multivariate_normal(mu_vec2, cov_mat2, 20).T
```

其中 multivariate_normal()方法生成多元正态分布样本，参数 mu_vec1 是设定的样本均值向量，cov_mat1 是指定的协方差矩阵，每个类别数量为 20 个。

生成的两个类别class1_sample 和class2_sample 的样本数据维度为三维，即样本数据的特征数量为 3 个，将其置于三维空间中展示，可视化结果如图 2-7 所示。

图 2-7 中每 20 个点作为一个类别，平均分成 class1 和 class2 两个类别，可以看到三角形和圆点在空间中的分布并没有明显分离。用 PCA 技术将其投射到二维的空间中，查看其分布情况。

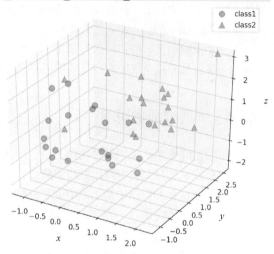

图 2-7　PCA 中两种类别分布的情况

计算 40 个点在 3 个维度上的平均向量，首先将两个类别的数据合并到 all_samples 变量中，然后计算平均向量，代码如下：

```
all_samples = np.concatenate((class1_sample, class2_sample), axis=1)
mean_x = np.mean(all_samples[0,:])
mean_y = np.mean(all_samples[1,:])
mean_z = np.mean(all_samples[2,:])
```

计算平均向量 mean_x、mean_y、mean_z 的结果分别为 0.41667492、0.69848315、0.49242335。基于平均向量计算散度矩阵，计算方法如下所示，其中 $\boldsymbol{m}$ 就是之前计算的平均向量。

$$\boldsymbol{S} = \sum_{i=1}^{n}(x_i - \boldsymbol{m})(x_i - \boldsymbol{m})^{\mathrm{T}}$$

所有向量与 $\boldsymbol{m}$ 的差值经过点积并求和后即可获得散度矩阵的值，代码如下：

```
scatter_matrix = np.zeros((3,3))
for i in range(all_samples.shape[1]):
    scatter_matrix += (all_samples[:,i].reshape(3,1) - mean_vector).
dot((all_samples[:,i].
    reshape(3,1) - mean_vector).T)
```

计算后 scatter_matrix 的结果为：

```
[[ 38.4878051   10.50787213  11.13746016]
 [ 10.50787213  36.23651274  11.96598642]
 [ 11.13746016  11.96598642  49.73596619]]
```

应用 Python 的 NumPy 库内置的 np.linalg.eig(scatter_matrix)方法计算特征向量和特征值。此外，也可以使用协方差矩阵求解（可用 numpy.cov()方法计算协方差矩阵）。代码如下：

```
eig_val_sc, eig_vec_sc = np.linalg.eig(scatter_matrix)
```

计算出的 3 个维度的特征值（eig_val_sc）结果分别为 65.16936779、32.69471296、26.59620328，3 个维度的特征向量（eig_vec_sc）结果分别为：

```
[-0.49210223 -0.64670286  0.58276136]
[-0.47927902 -0.35756937 -0.8015209 ]
[-0.72672348  0.67373552  0.13399043]
```

以平均向量为起点，在图 2-8 中绘出特征向量，可以看到特征向量的方向，这个方向确定了要进行转换的新特征空间的坐标系。

按照特征值和特征向量进行配对，并按照特征值的大小从高到低进行排序，由于需要将三维空间投射到二维空间中，选择前两个特征值-特征向量对作为坐标，并构建 2×3 的特征向量矩阵 W。原来空间的样本通过与此矩阵相乘，使用公式 $y=W^Tx$ 将所有样本转换到新的空间中，并将结果可视化，如图 2-9 所示。

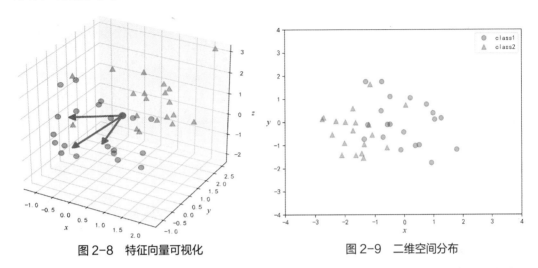

图 2-8　特征向量可视化　　　　　　图 2-9　二维空间分布

可以看到两种类别的样本比三维空间区分度更大，从 PCA 的实现原理来看，这种变换并没有改变各样本之间的关系，只是应用了新的坐标系。在本例中是将三维空间降维到二维空间，如果有一个 n 维的数据，想要降低到 k 维，就取前 k 个特征值对应的特征向量。PCA 的主要缺点是当数据量和数据维度非常大的时候，用协方差矩阵的方法解 PCA 会变得非常低效，解决办法是采用奇异值分解（Singular Value Decomposition，SVD）技术。

2.2.2　奇异值分解

对于任意 $m×n$ 的输入矩阵 A，SVD 分解结果为：

$$A_{[m×n]} = U_{[m×r]}S_{[r×r]}\left(V_{[n×r]}\right)^T$$

分解结果中 U 为左奇异矩阵；S 为奇异值矩阵，除主对角线上的元素外全为 0，主对角线上的每个元素都称为奇异值；V 为右奇异矩阵。矩阵 U、V 中的列向量均为正交单位向量，而矩阵 S 为对角阵，并且从左上到右下以递减的顺序排序，可以直接借用 SVD 的结果来获取协方差矩阵的特征向量和特征值。

【例 2.4】基于奇异值分解对鸢尾花（Iris）数据集降维。

Python 语言的 NumPy 库中已实现 SVD 方法，位于 linalg 模块（包含核心线性代数工具，如计算逆矩阵、求特征值、解线性方程组以及求解行列式等的工具）中。首先，引入相应模块包，并使用 pandas 加载 Iris 数据集（文本格式），代码如下：

```
from numpy import *
import matplotlib.pyplot as plt
import pandas as pd
from numpy.linalg import *
df = pd.read_csv('iris.data.csv', header=None)
df[4] = df[4].map({'Iris-setosa':0, 'Iris-versicolor':1, 'Iris-virginica':2})
print(df.head())
```

输出 Iris 数据集中前 5 条样本数据，如图 2-10 所示，0～3 列表示鸢尾花的萼片长度、萼片宽度、花瓣长度和花瓣宽度 4 个属性，第 4 列是将鸢尾花的类别文字转换为数字格式后的结果，即分类标签列。

```
   0    1    2    3  4
0  5.1  3.5  1.4  0.2  0
1  4.9  3.0  1.4  0.2  0
2  4.7  3.2  1.3  0.2  0
3  4.6  3.1  1.5  0.2  0
4  5.0  3.6  1.4  0.2  0
```

图 2-10　二维空间分布

　　然后，将 Iris 数据集的分类标签列排除，使用前 4 列数据作为 linalg.svd() 方法的输入进行计算，得到左奇异矩阵 U、奇异值矩阵 S、右奇异值矩阵 V。选择 U 中前 2 个特征分别作为二维平面的 x、y 坐标进行可视化，代码如下：

```
data = df.iloc[:, :-1].values
samples,features = df.shape
U, S, V = linalg.svd( data )
newdata = U[:,:2]
fig = plt.figure()
ax = fig.add_subplot(1,1,1)
colors = ['o','^','+']
for i in range(samples):
    ax.scatter(newdata[i,0],newdata[i,1],c='black',marker=marks[int(data[i,-1])])
plt.xlabel('SVD1')
plt.ylabel('SVD2')
plt.show()
```

　　鸢尾花的 3 个类别分别用不同的形状表示，结果如图 2-11 所示。

2.2.3　线性判别分析

　　线性判别分析（LDA）也称为 Fisher Linear Discriminant，是一种有监督的线性降维算法。与 PCA 不同，LDA 是为了使降维后的数据点尽可能容易地被区分。

　　LDA 在训练过程中，通过将训练样本投影到低维空间上，使得同类别的投影点尽可能接近，异类别样本的投影点尽可能远离，即同类点的方差尽可能小，而类之

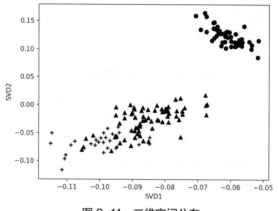

图 2-11　二维空间分布

间的方差尽可能大；对新样本，将其投影到低维空间，根据投影点的位置来确定其类别。PCA主要是从特征的协方差角度，去找到比较好的投影方式。LDA 更多地考虑了标注，即希望投影后不同类别之间数据点的距离更大，同一类别的数据点更紧凑，如图 2-12 所示。

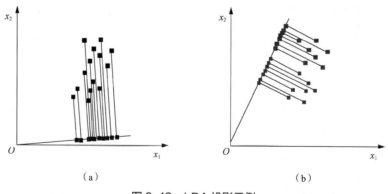

（a）　　　　　　　　　　　　　　（b）

图 2-12　LDA 投影示例

　　计算每一项观测结果的判别分值，对其所处的目标变量所属类别进行判断。这些分值是通过寻找自变量的线性组合得到的。假设每类中的观测结果来自一个多变量高斯分布，而预测变量的协方差在响应变量 y 的所有 k 级别都是通用的。

LDA 的降维过程如下：

① 计算数据集中每个类别下所有样本的均值向量；

② 通过均值向量，计算类间散度矩阵 S_B 和类内散度矩阵 S_W；

③ 依据公式 $S_W^{-1}S_B U = \lambda_0 U$ 进行特征值求解，计算 $S_W^{-1}S_B$ 的特征向量和特征值；

④ 按照特征值排序，选择前 k 个特征向量构成投影矩阵 U；

⑤ 通过 $Y = X \times U$ 的特征值矩阵将所有样本转换到新的子空间中。

LDA 在求解过程中需要类内散度矩阵 S_W 和类间散度矩阵 S_B，其中 S_W 由两类扩展得到，而 S_B 的定义则与两类有所不同，是由每类的均值和总体均值的乘积矩阵求和得到的。LDA 的目标是求得一个矩阵 U 使得投影后类内散度尽量小，而类间散度尽量大。在多类情况下，散度表示为一个矩阵。一般情况下，LDA 之前会做一次 PCA，保证 S_W 矩阵的正定性。

PCA 降维是直接与数据维度相关的，例如原始数据是 n 维，那么使用 PCA 后，可以任意选最佳的 k（$k<n$）维。LDA 降维是与类别个数相关的，与数据本身的维度没关系，例如原始数据是 n 维的，一共有 C 个类别，那么 LDA 降维之后，可选的一般不超过 $C-1$ 维。例如，假设图像分类有两个类别为正例和反例，每个图像有 1024 维特征，那么 LDA 降维之后，就只有 1 维特征，而 PCA 可以选择降到 100 维。

【例 2.5】 应用 LDA 对 Iris 数据集中的样本数据进行分析。Iris 数据集是 20 世纪 30 年代的经典数据集，它由 Fisher 收集整理，数据集包含 150 条数据，分为 3 类，每类 50 条数据，每条数据包含 4 个属性。可通过萼片长度、萼片宽度、花瓣长度和花瓣宽度 4 个属性预测鸢尾花属于山鸢尾（Iris Setosa）、杂色鸢尾（Iris Versicolour）、弗吉尼亚鸢尾（Iris Virginica）中的哪种，将类别文字转化为数字格式，如表 2-1 所示。

表 2-1　Iris 数据集

序号	萼片长度/cm	萼片宽度/cm	花瓣长度/cm	花瓣宽度/cm	类别
145	6.7	3.0	5.2	2.3	2
146	6.3	2.5	5.0	1.9	2
147	6.5	3.0	5.2	2.0	2
148	6.2	3.4	5.4	2.3	2

数据集中有萼片长度、萼片宽度、花瓣长度和花瓣宽度 4 个属性，共 150 行，每一行是一个样本，这就构成了一个 4×150 的输入矩阵，输出是 1 列，即花的类别，构成了一个 1×150 的矩阵。分析的目标就是通过 LDA 算法将输入矩阵映射到低维空间中进行分类。

首先计算数据集的平均向量，即计算每个类别下各输入特征的平均值，代码如下：

```
class_labels = np.unique(y)
n_classes = class_labels.shape[0]
mean_vectors = []
for cl in class_labels:
    mean_vectors.append(np.mean(X[y==cl], axis=0))
```

3 个类别的平均向量计算结果存于数组变量 mean_vectors 中，如下所列：

```
[ 5.006, 3.418, 1.464, 0.244],
[ 5.936, 2.77 , 4.26 , 1.326],
[ 6.588, 2.974, 5.552, 2.026]
```

计算数据集的类内散度矩阵，其计算方法如下，其中 m 是上一步中得到的平均向量，x_i 是每一类别下的样本特征数值，c 为类别个数。

$$S_W = \sum_{i=1}^{c}(x_i - m)(x_i - m)^{\mathrm{T}}$$

计算类内散度矩阵 S_W 的代码如下，其中 sc_matrix_class 是每个类别下的散度向量值，使用 row.reshape() 将其转化为列向量形式，按照类别计算后，将结果合并到 S_W 中。

```
S_W = np.zeros((4,4))
for cl,mv in zip(range(1,4), mean_vectors):
    sc_matrix_class = np.zeros((4,4))
    for row in X[y == cl]:
        row, mv = row.reshape(4,1), mv.reshape(4,1)
        sc_matrix_class += (row-mv).dot((row-mv).T)
    S_W += sc_matrix_class
```

当然，也可以计算不同类别的协方差矩阵，方法与计算散度矩阵的相似，再将结果除以 $n-1$ 即可。计算后得到类内散度矩阵结果 S_W 如下：

```
[[ 38.9562  13.683   24.614    5.6556]
 [ 13.683   17.035    8.12     4.9132]
 [ 24.614    8.12    27.22     6.2536]
 [  5.6556   4.9132   6.2536   6.1756]]
```

计算数据集的类间散度矩阵，其计算方法如下，其中 m 是上一步中得到的平均向量，x_i 是每一类别下的样本特征数值，c 为类别个数，N_i 是类别 i 的样本数量。

$$S_B = \sum_{i=1}^{c} N_i (x_i - m)(x_i - m)^{\mathrm{T}}$$

计算类间散度矩阵 S_B 的代码如下，其中 mean_vectors 是在上一步中计算的均值向量，使用 mean_vec.reshape() 将其转化为列向量形式，n_features 是输入变量特征数，本例鸢尾花特征数为 4，按照类别计算后，将结果合并到 S_B（4×4 矩阵）中。

```
overall_mean = np.mean(X, axis=0)
n_features = X.shape[1]
S_B = np.zeros((n_features, n_features))
for i, mean_vec in enumerate(mean_vectors):
    n = X[y==i+1,:].shape[0]
    mean_vec = mean_vec.reshape(n_features, 1) #转为列向量形式
    overall_mean = overall_mean.reshape(n_features, 1) #转为列向量
    S_B += n * (mean_vec - overall_mean).dot((mean_vec - overall_mean).T)
return S_B
```

计算后得到类间散度矩阵结果如下：

```
[[  63.2121  -19.534   165.1647   71.3631]
 [ -19.534    10.9776  -56.0552  -22.4924]
 [ 165.1647  -56.0552  436.6437  186.9081]
 [  71.3631  -22.4924  186.9081   80.6041]]
```

计算特征向量和特征值，应用 Python 的 NumPy 库内置的 np.linalg.eig(scatter_matrix) 方法计算：

```
eig_vals, eig_vecs = np.linalg.eig(np.linalg.inv(S_W).dot(S_B))
```

特征值和特征向量组成键值对，并由大到小进行排序，结果如下：

```
[(20.904622926374312, array([-0.20673448,-0.415927,0.56155039,0.68478226])),
 (0.14283325667561703, array([-0.00176467,0.56263241,-0.22318422,0.79600908])),
 (2.4119371059245178e-15, array([ 0.57400084,0.06633374,0.13588246,-0.80477253])),
 (5.263703535421987e-16, array([-0.50588695,0.44445486,0.48663891,-0.55652568]))]
```

可以看到其中只有第一个特征值较大，其他几个接近 0，说明只用一个维度，向第一个特征向量上投射也完全可以。应用前两个特征向量和前一个特征向量的效果如图 2-13 所示。

其中，图 2-13（a）所示的是使用前 2 个特征向量构建一个 4×2 矩阵转换到子空间中的效果，3 个类别的鸢尾花基本上可以完整分离，而图 2-13（b）所示的是只使用第一个特征向量转换到一维空间中的效果，3 个类别的鸢尾花也都分隔明显。

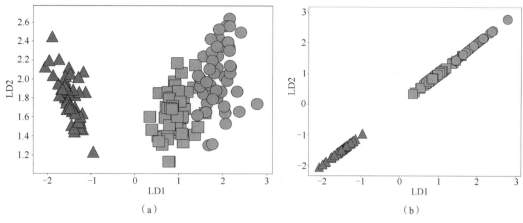

图 2-13　LDA 降维效果

2.2.4　局部线性嵌入

流形学习（Manifold Learning）是机器学习中的一种维度约简方法，将高维的数据映射到低维空间，并依然能够反映原高维数据的本质结构特征。流形学习的前提是假设某些高维数据实际是一种嵌入在高维空间中的低维流形结构。流形学习分为线性流形算法和非线性流形算法，线性流形算法包括 PCA 和 LDA，非线性流形算法包括局部线性嵌入（Locally Linear Embedding，LLE）、拉普拉斯特征映射（Laplacian Eigenmaps，LE）等。

LLE 是一种典型的非线性降维算法，这一算法要求每一个数据点都可以由其近邻点的线性加权组合构造得到，从而使降维后的数据也能基本保持原有流形结构。它是流形学习方法经典的工作之一，后续的很多流形学习、降维方法都与其有密切联系。

LLE 寻求数据的低维投影，保留本地邻域内的距离。它可以被认为是一系列局部 PCA，被全局比较以找到最佳的非线性嵌入。

算法的主要步骤分为 3 步：首先寻找每个样本点的 k 个近邻点；其次，由每个样本点的近邻点计算出该样本点的局部重建权重矩阵；最后，由该样本点的局部重建权重矩阵和近邻点计算出该样本点的输出值。

LLE 在有些情况下也并不适用，例如数据分布在整个封闭的球面上，LLE 则不能将它映射到二维空间，且不能保持原有的数据流形。因此在处理数据时，需要确保数据不是分布在闭合的球面或者椭球面上的。

【例 2.6】用 LLE 对"瑞士卷"数据集进行降维。下面是基于 sklearn 实现的 LLE 示例，数据集生成和 LLE 降维的核心代码如下：

```
from sklearn import manifold, datasets
X, color = datasets.samples_generator.make_swiss_roll(n_samples=1500)
X_r, err = manifold.locally_linear_embedding(X, n_neighbors=10, n_components=2)
```

其中 dataset 中内置了生成此类数据的方法 make_swiss_roll，生成样本数为 1500，X 为生成的结果，作为 LLE 的输入。locally_linear_embedding()方法执行 LLE 运算，n_neighbors=10 表示近邻点的数量为 10，n_components=2 表示降维到二维。

将生成的 X_r 结果和原始 X 数据进行可视化显示，核心代码如下：

```
ax.scatter(X[:, 0], X[:, 1], X[:, 2], c=color, cmap=plt.cm.Spectral) #原始数据可视化
ax.scatter(X_r[:, 0], X_r[:, 1], c=color, cmap=plt.cm.Spectral) #投射后数据可视化
```

生成的对比效果如图 2-14 所示。其中图 2-14（a）所示为原始数据，从侧面看像"瑞士卷"一样；图 2-14（b）所示为投射后样本的可视化效果。

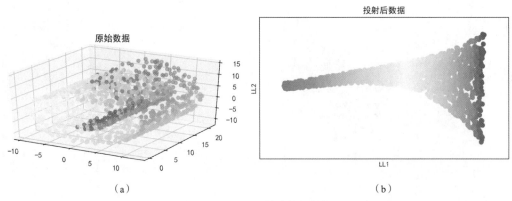

图 2-14　LLE 算法降维效果

可以看到经过 LLE 变换后，样本数据在低维空间上已经明显区分出来。

2.2.5　拉普拉斯特征映射

拉普拉斯特征映射（LE）解决问题的思路和 LLE 相似，是一种基于图的降维算法，使相互关联的点在降维后的空间中尽可能地靠近。

通过构建邻接矩阵为 W 的图来重构数据流形的局部结构特征，如果两个数据实例 i 和 j 很相似，那么 i 和 j 在降维后的目标子空间中也应该接近。设数据实例的数目为 n，目标子空间（即降维后的维度）为 m，定义 $n×m$ 大小的矩阵 Y，其中每一个行向量 y_i 是数据实例 i 在目标子空间中的向量表示。为了让样本 i 和 j 在降维后的子空间里尽量接近，优化的目标函数如下：

$$\min \sum_{i,j} \left\| y_i - y_j \right\|^2 w_{ij}$$

其中，$\left\| y_i - y_j \right\|^2$ 为两个样本在目标子空间中的距离，w_{ij} 是两个样本的权重，权重可以用图中样本间的连接数来度量。经过推导，将目标函数转化为以下形式：

$$L_y = \lambda D_y$$

其中，L_y 和 D_y 均为对称矩阵，由于目标函数是求最小值，因此通过求得 m 个最小非零特征值所对应的特征向量，即可达到降维的目的。

拉普拉斯特征映射的具体步骤如下。

① 构建无向图，将所有的样本以点连接成一个图，例如使用 KNN 算法，将离每个点最近的 k 个点进行连接，其中 k 是一个预先设定的值。

② 构建图的权重矩阵，通过点之间的关联程度来确定点与点之间的权重大小，例如，两个点之间如果相连接，则权重为 1，否则为 0。

③ 特征映射，通过公式 $L_y = \lambda D_y$ 计算拉普拉斯矩阵 L_y 的特征向量与特征值，用最小的 m 个非零特征值对应的特征向量作为降维的结果。

【例 2.7】　使用拉普拉斯特征映射的方法对"瑞士卷"数据集进行降维。基于 sklearn 实现"瑞士卷"样本生成和降维的核心代码如下：

```
X, color = datasets.samples_generator.make_swiss_roll(n_samples=1500)
#原始样本可视化
ax = fig.add_subplot(121, projection='3d')
ax.scatter(X[:, 0], X[:, 1], X[:, 2], c=color, cmap=plt.cm.Spectral)
ax.view_init(4, -72)
```

首先，通过 sklearn 库中的 make_swiss_roll()方法生成"瑞士卷"形状的测试样本，并通过 Matplotlib 库中的 scatter()方法以三维形式对其进行展示，同时用 view_init()方法调整三维视角，可以明显看到数据的形态，如图 2-15 所示。

对原始样本进行 LE 降维，代码如下：

```
se = manifold.SpectralEmbedding(n_components=2, n_neighbors=10)
Y = se.fit_transform(X)
#LE 降维后可视化
ax = fig.add_subplot(122)
plt.scatter(Y[:, 0], Y[:, 1], c=color, cmap=plt.cm.Spectral)
ax.xaxis.set_major_formatter(NullFormatter())
ax.yaxis.set_major_formatter(NullFormatter())
```

其中，sklearn 库中 LE 是在 SpectralEmbedding 类中实现的，其参数 n_components 和 n_neighbors 分别表示目标子空间的特征数量（维度）和构建无向图时的最近邻数量。初始化 se 对象之后调用 fit_transform()方法将原始样本投射到新的子空间中，效果如图 2-16 所示。

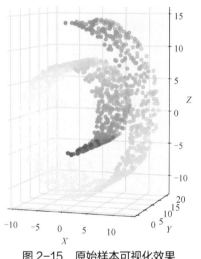

图 2-15　原始样本可视化效果

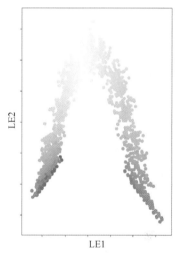

图 2-16　LE 降维效果

对比原始样本在三维空间和降维之后在二维空间的分布情况，可以看到，在高维和低维空间中的样本分布形状发生了变化，但降维后样本之间的关联关系并没有改变。

2.3　特征工程

特征工程是一个从原始数据提取特征的过程，使这些特征能表征数据的本质特点，基于这些特征建立的模型在未知数据上有较好的表现。

特征工程是机器学习过程的重要阶段。正如工业界流传的一句话，"数据和特征决定了机器学习的上限，而模型和算法只是尽可能逼近这个上限"，好的数据与特征是模型和算法发挥更大作用的前提。特征工程主要包括特征构造、特征选择和特征提取。

2.3.1　特征构造

特征构造是在实际应用中，研究数据的分布特点，由人工从原始数据中构造新的特征。特征构造在一定程度上依赖于分析人员的经验，结合数据的特点，通过分解或者组合的方法构造。

多个变量通过组合和降维运算衍生出一个变量，运算方式可以分为"显式"和"隐式"运算。前者指变换过程是可解释的，例如衍生变量表示平均每周的报警次数。后者是指新变量和原有变量的关系难以用业务语言解释，例如常用的 PCA 或 LDA 等。

当原始输入数据是文本或图像数据时，需要将其转换为机器可处理的数值形式。以文本数据的特征为例，文本在经过分词、去停用词等处理后，可以使用词袋模型、独热编码（One-Hot Encoding）、Word2Vec 以及 GloVe（Global Vectors，全局向量）等方法将单词进行转换，生成与之对应的特征向量。缺点在于其特征空间更稀疏，存储成本更高。除此之外，文本向量化也可以采用其他预训练好的词嵌入模型，例如 Transformer、BERT 等，使得输入文本向量化。

2.3.2 特征选择

原始数据内部往往存在大量不相关与冗余的特征，直接使用这些含有噪声的数据会影响模型的性能。特征选择通过剔除不相关及冗余的特征，选择较少的特征来最大程度表征原始数据，从而实现在减少模型训练时间的同时，降低模型的复杂度，并提升模型的性能。

特征选择的目标主要是降维，从特征集合中挑选一组最具统计意义的特征子集。特征选择可以通过使用一些评价指标计算各个特征与目标变量之间的关系。通常而言，特征选择一般从特征和目标之间的相关性以及特征的取值分布来度量，相关性高的特征应当优先选择，而若一个特征的发散程度低，则意味着其方差小，对于样本的区分度不大。特征选择的一些常见方法有皮尔逊相关系数、基尼指数和信息增益等。

特征选择的过程是通过搜索候选的特征子集，对其进行评价，最简单的办法是穷举所有特征子集，找到错误率最低的子集，此方法在特征数较多时效率非常低。

导入 Iris 数据集以及相应库函数，生成样本数据及其对应的标签值。

```
from sklearn.datasets import load_iris
%matplotlib inline
iris = load_iris() # 载入数据
x = iris.data # 获取除标签值之外的样本数据
label = iris.target # 获取标签的样本数据
```

皮尔逊相关系数法的代码示例如下。

```
from sklearn.feature_selection import SelectKBest
from scipy.stats import pearsonr
from numpy import array
temp = lambda X, Y: tuple(map(tuple,array(list(map(lambda x: pearsonr(x, Y),X.T))).T))
sb = SelectKBest(temp, k=2) # 筛选最佳的 2 个特征
x_sb = sb.fit_transform(x, label) # x_sb 表示筛选出的特征数据
print(sb.scores_) # 输出每个特征计算出来的分数
print(sb.pvalues_) # 输出每个特征计算出来的 P 值
```

卡方检验法的代码示例如下。

```
from sklearn.feature_selection import SelectKBest,chi2
sb = SelectKBest(chi2,k=2)
x_sb = sb.fit_transform(x, label)
print(sb.scores_) # 输出每个特征计算出来的分数
```

方差选择法的代码示例如下。

```
from sklearn.feature_selection import VarianceThreshold
vt = VarianceThreshold(0.6) # 设定阈值为 0.6
x_vt = vt.fit_transform(x) # x_vt 表示筛选出的特征数据
print(vt.variances_) # 输出每一个特征计算出来的方差
```

互信息法的代码示例如下。

```
from sklearn.feature_selection import mutual_info_classif as MIC
```

```
mic_score = MIC(x,label) # 获得每个特征的互信息得分值
print(mic_score)
```

封装方法属于贪心算法，常用的有逐步回归、向前选择和向后选择等。其中最典型的为递归特征消除法，通过反复创建模型，并进行多轮迭代训练，每轮训练结束时保留最佳特征或剔除权重系数较低的特征，新一轮的训练则基于前一轮未被选的特征进行，直到遍历完所有特征，再根据保留的特征重要性来对特征进行排名，进而筛选出最佳的特征子集。

嵌入方法是模型在生成过程中自主选择或忽略某些特征，模型的训练过程正好是特征选择的过程。与封装方法需要使用特征子集进行多次训练不同，嵌入方法一次训练即可筛选重要特征。例如，基于树模型的特征选择法（例如随机森林以及决策树分类算法），在使用决策树进行分类时，比较每一特征计算出的基尼指数或者信息增益率等指标，实现特征筛选。

2.3.3　特征提取

特征提取是将原始数据转换为具有统计意义和机器可识别的特征，更关注的是特征的转换方式。例如机器学习无法直接处理自然语言中的文本，可以将输入文本集输入 BERT 模型中进行训练，由模型自动提取文本集的特征。在图像处理领域，从像素中应用卷积神经网络提取出图像的形状特征也属于特征提取的应用。

特征提取还可以通过对原特征集合的拆解和转换得到，例如应用于文本建模的潜在语义分析（Latent Semantic Analysis，LSA）方法，通过利用奇异值分解的方法，将文本集合中的单词与文本矩阵进行拆解，进而探索文本与单词之间基于话题的潜在语义关系。

在深度学习中，特征提取还可以通过模型堆叠来实现，例如通过堆叠多层神经网络实现对图像的目标检测；在浅层网络提取图像的初级特征，例如图像中简单的点或线条。越靠近深层网络所提取到的特征就越高级，语义越丰富。

2.4　模型训练

在建模后需要进行训练，下面介绍与模型训练紧密相关的数据收集和训练过程，并以 TensorFlow 框架下的实例讲解训练过程可视化、模型保存和应用。

2.4.1　模型训练常见术语

A/B 测试（A/B Testing）可以通过比较两种或多种技术的效果进行选择或验证，还可从统计的角度，确认不同差异是否显著。

基准（Baseline）是模型效果比较的参考点，是量化模型的最低预期指标。

批次（Batch）是模型训练时一次迭代中使用的样本集合的数量。

批次数量（Batch Size）是一个批次中样本的数量。

周期（Epoch）是指整个数据集（所有样本）的一次完整训练。

检查点（Checkpoint）用于训练过程中定时保存模型信息，使训练在被中止之后，还可以从上一检查点开始继续训练。

收敛（Convergence）是指在经过一定次数的训练迭代之后，模型损失不再发生变化或变化幅度很小时，说明用当前训练样本已经无法改进模型，此时就认为模型达到收敛状态。

凸函数（Convex Function）是指函数图像在形状上类似字母 U。凸函数通常只有一个局部最低点，该点也是全局最低点。凸优化（Convex Optimization）是指使用数学方法（例如梯度下

降法）寻找凸函数最（极）小值的过程。

决策边界（Decision Boundary）是指分类模型中各类别之间的分界线。

泛化（Generalization）是模型对全新数据给出正确预测结果的能力。

梯度下降（Gradient Descent）法是一种求解最小化模型损失和模型参数的方法，以迭代的方式调整参数，逐渐找到权重参数和模型偏差的最佳组合，从而得到损失最低时的模型参数。

2.4.2　训练数据收集

在机器学习方面，用于训练的数据对于整个机器学习进程的重要性是不言而喻的，而数据问题涉及收集、存储、表示以及规模和错误率等多个方面。收集数据的途径有以下几种。

（1）从专业数据公司购买

数据公司有专门的人员对数据进行搜集、整理和维护，因此数据质量一般比较高。如果企业资金实力雄厚，可以采用此种方式。不同的数据价格不同，一般按照数据的数量和种类计费。此外，在某些领域中，数据更新可能会较慢，虽然数据质量较高，但是可用的数据集可能比较旧，如果模型训练要求一定的时效性，这些数据就没有太大意义。

（2）免费的公开数据

免费且直接可用的数据要么难找，要么数据量太小。例如，目前的自然语言处理方面的数据大多是英文的，中文方面的数据较少，现有的免费数据可能不符合需求，若做机器翻译，需要中英文文本对照，而此类公开数据较少。

互联网上公开的数据非常丰富，面对如此广阔的数据海洋，可以编写爬虫程序从网络上爬取特定的数据用于研究（需要注意版权）。目前爬虫程序实现基本上以 Python 语言为主，爬取数据的主要步骤为网页采集、网页解析、数据存储等。为了提高爬虫程序的效率，程序的运行还可采用多进程、多线程、协程和分布式等方式。

（3）手动生成数据

手动生成数据的方式主要包括人工标记、引导用户自发参与等，当数据量较少时可以由本公司开发/测试人员进行手动标记，但大部分机器学习的项目所需要的数据量都很大，此时可以采用众包或外包的方式将标记任务交给专业从事数据采集或标记的企业或个人，例如，著名的ImageNet 图片数据集就是以众包的方式进行人工标记的。如果采用众包的方式，就需要对标记结果或生成的数据内容进行验证和校验。

引导用户自发参与是指在产品中设计相应的日志记录或操作步骤，引导用户主动将数据结果反馈给系统，例如谷歌在搜索、翻译等过程中均有向用户征求反馈的操作。此外，某些社交网站会给用户提供好友分组或标签标记的功能，而这些标签就是用户的标记，用户通常不知道他们的行为是在为这些公司提供免费的标记服务。还有一类引导用户标记的方法采用"数据陷阱"的方式进行，例如某些信用卡套现的应用，其用户的特征正是银行所需要的。此外很多车企会采集大量汽车的行驶数据。这些数据就可以用于自动驾驶的训练。

此外还可与大企业合作，通过技术服务获取数据。特别是在传统行业中，很多企业并不具备数据分析的能力，但是它们拥有大量行业相关的数据。数据分析公司可以与之合作，通过向这些企业提供技术服务来使用经过脱敏的数据。

2.5　可视化分析

可视化分析是一种数据分析方法，通过将计算机高效的计算处理能力与人的认知能力优势进行融合，借助人机交互思想，利用人类的形象思维将数据与图表进行关联，以支持人类对隐藏在海量数据背后的信息的理解与挖掘。相关研究表明，人脑对于视觉信息的处理要比文本信息容易得多，因而呈现出来的视觉图表更能被人类所理解。此外，人类往往能够从中发现一些通过常规统计方法难以挖掘到的信息，例如数据的分布特征、离群点、关系及模式等。

1987 年，美国首次召开关于科学可视化的会议，命名并定义了科学可视化。进入 21 世纪，随着数据量的激增，可视化分析进入黄金时代，在数据分析的各个环节中都发挥了重要的作用。在大数据时代，每时每刻都会产生超大规模类别各异的数据，想要及时、全面、快速、准确地挖掘隐藏在数据背后的价值，数据可视化分析不可或缺。

2.5.1　可视化分析的作用

在大数据时代，数据呈现规模大、来源多、异构性强的特点，采用可视化技术进行分析，能够帮助人类更快理解数据整体的分布特征及聚集情况。数据的可视化除了可以对所分析的数据进行整体展示外，还可以通过绘制图表辅助人类找到数据中潜在的模式，便于人类对数据进行深层次的挖掘。

可视化分析方法将数据以图像的方式展现，提供友好的交互。以社交网络可视化为例，通过分析社交网络的整体结构、群聚情况以及节点中心度等信息，能够直观分析影响力强的主体以及社交用户之间的互动关系。

可视化分析在机器学习的数据预处理、模型选择、参数调优等阶段也同样发挥重要作用。在数据预处理阶段，数据可视化能够帮助人类更快识别数据集的分布特征和模式、离群点及异常值，以便后续更好地对样本数据进行处理。以箱图为例，箱图可以展示出一组数据中的中位数以及上下四分位数，较好地展示数据分散情况。箱图中还提供了一种定义异常值的方法，可以直观地比较某一变量的取值对另一变量的影响，例如房子的位置等对房价的影响。在数据预处理结束后，数据可视化还可以检验预处理后的数据质量，提高模型的训练效果。在模型构建时，采用可视化技术可以帮助人们更好地理解模型的结构，以便对模型参数进行调优，提高模型性能，例如通过可视化各个卷积层来更好地了解卷积神经网络学习输入图像特征的方式。

2.5.2　可视化分析的基本流程

大数据时代下，数据分析对于挖掘数据背后的价值、支持人类决策至关重要。其中，数据分析是指采用适当的统计方法对收集来的大量数据进行分析，提取有用的信息并形成结论，进而对数据进行详细研究和概括总结。可视化技术作为一项有用的工具，贯穿数据分析的全过程。例如利用可视化技术展示数据整体的分布特征与聚集情况，分析离群点，以支持对数据进一步的清洗操作，提高数据质量。或者利用可视化技术展示数据分析结果，在帮助人类更好记忆与理解分析结果的同时，帮助人类获取知识和灵感。

可视化分析前首先需要确定可视化分析的目标，根据目标的不同进行不同数据类型的收集。由于收集到的数据来源各异、数据噪声与误差较大、数据质量参差不齐，因而需要对数据进行预处理，筛选、删除无效数据及错误数据，整合不同来源、不同类型的数据，降低数据噪声，提高数据质量。数据处理结束后，通过对数据进行统计分析、数据透视、数据挖掘等操作获取分析结果，并选择合适的可视化工具将结果通过视觉编码映射成有效的可视化图表，用户通过感知提取有价值的信息，将之转换为知识和灵感，以支持用户下一步的决策。

2.5.3　可视化分析方法

可视化分析方法的基础是视觉编码，视觉编码是指受众对于接收到的视觉刺激进行编码。

视觉编码的关键在于使用符合目标人群视觉感知习惯来表达，鉴于视觉感知习惯往往与一个人的知识、经验、心理等多种特异性的因素相关，所以视觉感知是信息映射、信息提取、转换、存储、处理、理解等活动的结合。

可视化分析的基础方法包括统计图表、视觉隐喻。常见的统计图表有柱形图、折线图、饼图、箱图、散点图、韦恩图、气泡图、雷达图、热力图、等值线等，不同的统计图表有各自的适用场景。视觉隐喻则是在抽象概念的基础上进行的，例如以一棵大树的图像为底部框架绘制的公司组织结构图。可视化生成的过程就是隐喻编码的过程，受众接受的过程就是隐喻认知解码的过程。

可视化分析方法根据数据的来源以及数据的性质，又可划分为地理信息可视化、空间数据可视化、文本数据可视化、跨媒体数据可视化、实时数据可视化等。下面以文本数据可视化、网络数据可视化、多维数据可视化为例做介绍。

文本数据可视化能将文本中的隐藏信息（例如词频、主题、文档间关系等）展示出来。针对一篇文章，应用文本数据可视化可以快速识别文章的主题和情感，让读者更快理解文章内容；针对一个新闻大事件，文本数据可视化能够帮助人们快速梳理事情发展的时间脉络、人物关系等。文本数据可视化常用到标签云图，如图2-17所示。标签云图将文本按照一定规则进行排序，然后以不同的尺寸、颜色展现文本中词汇。

除此之外，文本数据可视化还可分为文本关系可视化、时序文本可视化等。文本关系可视化探究的是文本或文档之间的关系信息，例如文本相似性、互相引用情况等。常见的文本关系可视化有星系视图及主题地貌图等，星系视图把一篇文档比作一颗星星，运用投影的思想将所有文档依照主题相似性投影到二维平面，星星之间距离的远近代表文档的相似程度。主题地貌图（ThemeScape）则是对星系视图的改进，将等高线加入投影的二维平面中，具有相同文档相似性的文档处于同一等高线内，用颜色来编码文本分布的密集程度。

时序文本可视化引入文本的时间特性，能够更好反映文本的动态变化过程及其演变规律。常见的时序文本可视化方法有 ThemeRiver 和 TextFlow。ThemeRiver 用河流隐喻时间的变化，横轴表示时间，颜色表示主题，河流宽度表示主题的强度，涌流的状态表示主题的变化过程，如图2-18所示。

图 2-17　标签云图

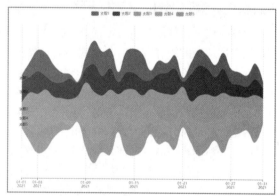

图 2-18　ThemeRiver

网络数据可视化将海量数据绘制成网络，能够有效展示网络节点之间的连接关系，直观反映网络中潜在的模式，例如网络节点及边的聚集性等，其可视化的形式有树形图、圆锥图、气球图、放射图等，可以应用在疾病传播研究、搜索引擎设计、路由网络设计、社交网络分析等多个领域。

除了针对静态网络拓扑关系进行可视化分析外，大数据相关的网络往往具有动态演变性，因而需要将时间维度纳入考虑的范畴中。对网络的动态性进行可视化，能够在时间维度上更好地挖掘隐藏在数据背后的价值。动态网络数据可视化的关键在于将时间属性与图进行结合，较为常用的方法是将时间轴引入网络图中。动态网络数据可视化具体可分为动画（Animation）、时间线（Time Line）以及两者混合的方法。

多维数据可视化是将结构复杂的高维数据经过一系列转换操作后，运用可视化技术将结果展示在二维平面中，以支持用户探索多维数据内部隐含的结构和关系，挖掘数据背后隐藏的模式以及价值。在对高维数据进行可视化分析前，首先需要应用降维算法来压缩维度并且保留分布信息，同时还需要对数据做聚类，提炼数据中的特征，将数据归纳、分类。

多维数据降维的方法有基于线性或非线性变化两种，通过剔除高维数据中不相干维度的影响，实现原始数据由高维空间向低维空间的映射，映射后的数据要求在低维空间中尽可能保持高维空间中的结构。常见的线性降维方法主要有 PCA、LDA、多维尺度缩放等。

在多维数据可视化分析阶段，可以考虑采用平行坐标系、放射坐标系、散点图矩阵、多维分析、PCA、因子分析等方式绘制图表。针对高维数据可以采用颜色、形状、尺寸等视觉变量进行视觉编码处理，降低用户认知难度，帮助用户直观了解数据项之间的关系以及多维数据的潜在模式，以支持用户更进一步的数据挖掘。

2.5.4 可视化分析常用工具

可视化分析常用的工具有以下几种。

Excel 作为电子表格软件，它同样具有简单、易用的可视化功能，包括绘制柱形图、折线图、饼图、散点图、雷达图等。将上述图表与函数、控件等进行组合，可以做出漂亮的商业仪表盘。利用 Excel 绘制图表，需要对数据结构有较深的理解。在不了解数据结构时，可以使用 Excel 中的推荐图表功能，选中要生成图表的数据，然后单击"推荐的图表"按钮生成合适的图表。

Tableau 是一款无须编程语言的简单工具，以图形化方式将数据展现给用户，有着不错的用户体验。Tableau 原则上要求数据格式是结构化的，可以连接文本文件、Excel 文件、Access 数据库、SQL Server 数据库等数据源，并且支持自定义规则合并不同的数据源的数据。在 Tableau 的界面中，主要将数据划分为维度和度量。维度主要是那些离散的、文本类的字段，度量主要是那些可连续的、数字类的可被测量、运算、聚合的字段。Tableau 的可视化非常依赖于这两种字段. 因此 Tableau 也提供了这两种字段相互转换的功能。利用 Tableau 可以绘制单变量图表、双变量图表、多变量图表、地图等，还支持动画可视化、仪表盘制作等实用的功能。

Python 语言、R 语言等常用的数据分析语言也包含丰富的可视化库，常用的可视化库有以下几种。

① Matplotlib 是一个基础的 Python 可视化库，应用较为广泛，很多其他可视化库都是基于它开发的。

② seaborn 是一个基于 Matplotlib 的高级可视化效果库，改善了绘图风格和色彩搭配，对 Matplotlib 进行了更高级的 API 封装。

③ pyecharts 是一个基于 Echarts 的开源 Python 可视化效果库，实现交互简单方便，语法更简单，并且效果不错。

④ ggplot2 是基于 R 语言的可视化库，与 Matplotlib 相比，它可以将图层叠加起来绘图，并且比 pandas 整合度高。

除了上述几种常用库外，还有 Bokeh、Pygal、Plotly、geoplotlib（面向地图）等众多不同的第三方可视化库。

目前可视化软件和开源库非常丰富，实际项目中可以结合项目需要选择成熟、稳定的工具。如果是制作报表或仪表盘，尽量选择控件丰富的可视化工具。如果可视化要求高，展现方式复杂，可以选择具有较强灵活性，并能支持大数据分析的工具。面向地图类等应用时，则选择擅长此项功能的专业可视化工具。

2.5.5 常见的可视化图表

可视化图表的种类和形式较多，本节主要从时间序列可视化、比例可视化、关系可视化、差异可视化和动态可视化等方面介绍常见的可视化图表。

1. 时间序列可视化

时间序列中的各样本之间存在一定时间顺序，可以直观查看事物发展的趋势。样本的值分为离散型和连续型，可结合柱形图、散点图、折线图和气泡图等进行绘制。图2-19所示的是典型的时间序列图表。

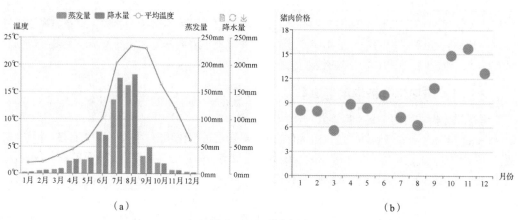

（a）　　　　　　　　　　　　　　　　（b）

图2-19　时间序列

图2-19（a）表示随着时间变化，平均温度、降水量和蒸发量的变化情况，平均温度用折线显示。图2-19（b）所示的是猪肉价格随时间变化的散点图示例，从散点图中查看数据分布情况，有利于回归分析、时间序列分析参数调优。

2. 比例可视化

比例表示形式有饼图、堆叠柱形图、板块层级图和堆叠面积图等。以下使用Matplotlib开源库实现饼图的可视化效果，首先导入Matplotlib中的pyplot模块，并设置字体使其支持中文字符和正负号显示，代码如下：

```
import matplotlib.pyplot as plt
plt.rcParams['font.sans-serif']=['SimHei'] #用来正常显示中文
plt.rcParams['axes.unicode_minus']=False #用来正常显示负号
```

构建要显示的数据，设置饼图的标签和各标签所占比例，通过ax1.pie()方法创建一个饼图对象pie，其中初始化参数autopct为显示的百分比样式：

```
labels = '财经15%', '社会30%', '体育15%','科技10%', '其他30%'
sizes = [15, 30, 15, 10, 30]
explode = (0, 0.1, 0, 0,0)#突出第2项
fig1, ax1 = plt.subplots()
pie=ax1.pie(sizes,explode=explode,labels=labels,autopct='%1.1f%%',shadow=False,
startangle=90)
```

为了使显示时饼图各分块区别更加明显（特别是需要黑白打印时），可使用set_hatch()方法设置分块的填充模式：

```
patches = pie[0]
```

```
patches[0].set_hatch('.')
patches[1].set_hatch('-')
patches[2].set_hatch('+')
patches[3].set_hatch('x')
patches[4].set_hatch('o')
```

使用 legend()对图例加说明，并将 x、y 坐标设置为单位长度相等，这样可以避免图被压缩成椭圆，最后设置整个图表的标题，代码如下。最后饼图显示结果如图 2-20 所示。

```
plt.legend(patches, labels)
ax1.axis('equal')
plt.title('新闻网站用户兴趣分析')
plt.show()
```

饼图是一种简单的表示比例的图表，形式上还有环形饼图、嵌套饼图、极坐标系下的饼图等。

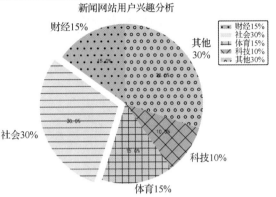

图 2-20　饼图的可视化

堆叠柱形图由多个垂直列（柱形）组成，每一列包括多个分组或经堆叠的数据，即每一个分组是一个垂直条块，每个条块再细分成多个组成部分。各组成部分表示其在整个条块中所占的比例。导入 pyplot 模块的代码与前述相同，此处省略，以下为绘制堆叠柱形图的代码，首先定义国内和国外各组的分值，并设置每一列的坐标位置和宽度：

```
import numpy as np
N = 5
inMeans = (20, 25, 30, 35, 27)
outMeans = (25, 35, 34, 20, 25)
inStd = (2, 3, 4, 1, 2)
outStd = (3, 5, 2, 3, 3)
ind = np.arange(N)     #每一列坐标位置
width = 0.5       #每一列的宽度
```

使用 plt.bar()方法生成国内和国外两列：

```
p1 = plt.bar(ind, inMeans, width, yerr=inStd)
p2 = plt.bar(ind, outMeans, width,bottom=inMeans, yerr=outStd)
```

设置图表的标题、x 坐标值和 y 坐标标题及范围，并使用 legend()方法对图例加说明，代码如下。最后的可视化结果如图 2-21 所示，可在查看不同组用户的总分值的基础上，同时查看组内不同类别的用户分值占比情况。

```
plt.ylabel('分值')
plt.title('不同组用户下国内外用户分值')
plt.xticks(ind, ('组1', '组2', '组3', '组4', '组5'))
plt.yticks(np.arange(0, 81, 10))
plt.legend((p1[0], p2[0]), ('国内', '国外'))
plt.show()
```

板块层级图主要用于直观展示数据的层次关系，并且可以展示层级内的占比关系，反映区域占总体的比例。同时，板块层级图还可依据区域颜色的深浅来反映热门程度。板块层级通常用于将主要类别逐渐分解成越来越详细的层，这有助于思维从一般到具体。

板块层级图可由开源库 squarify 绘制，不同的方块所占比例可清晰查看。导入 pyplot 模块的代码与前述相同，此处省略。以下为绘制板块层级图的代码，首先导入 squarify 模块：

```
import squarify
```

然后，调用 squarify.plot()方法生成板块层级图，其中 sizes 数组为各板块的大小，label 是各板块要显示的标签，并可设置各板块的色彩和透明度。板块层级通过大小表示比例，所以不再显示 x 和 y 坐标。最后，可视化结果如图 2-22 所示。

```
squarify.plot(sizes=[20,10,30,40], label=["组 A(20%)", "组 B(10%)", "组 C(30%)", "组
D(40%)"], color=["red","green","blue", "grey"], alpha=.4 )
plt.axis('off')
plt.title('不同组用户比例')
plt.show()
```

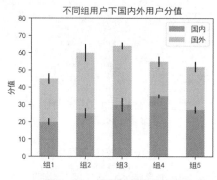

图 2-21　堆叠柱形图的可视化

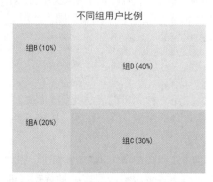

图 2-22　板块层级图的可视化

堆叠面积图用来比较在一个区间内的多个变量，还可显示部分与整体的关系。堆叠面积图可由 seaborn 和 pyplot 开源库绘制，导入 pyplot 模块的代码与前述相同，此处省略。以下为绘制堆叠面积图的代码，首先导入 NumPy 和 seaborn 库：

```
import numpy as np
import seaborn as sns
```

定义年龄范围为 21～26 岁的 4 组用户的分值：

```
x=range(21,26)
y=[ [10,4,6,5,3], [12,2,7,10,1], [8,18,5,7,6],[1,8,3,5,9] ]
labels = ['组 A','组 B','组 C','组 D']
```

使用 sns.stackplot()方法生成堆叠面积图，并设置图表标题、图表说明的显示位置和坐标标签，代码如下。

```
pal = sns.color_palette("Set1")
plt.stackplot(x,y, labels=labels, colors=pal, alpha=0.7 )
plt.ylabel('分值')
plt.xlabel('年龄')
plt.title('不同组用户区间分值比较')
plt.legend(loc='upper right')
plt.show()
```

最后的可视化结果如图 2-23 所示。从图 2-23 中不仅可以看到不同组用户的分值比例，还可以比较不同年龄的分值分布情况，以及相同年龄的不同组用户的分值情况，包含的信息量比较多。堆叠面积图的缺点是单独一层的趋势可能较难识别。

3. 关系可视化

关系的分析包括各变量之间的关系分析、数据分布分析和对照比较分析等，常用的关系可视化图表有散点图、气泡图、直方

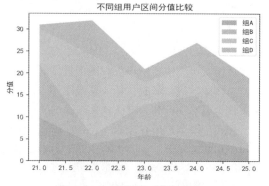

图 2-23　堆叠面积图的可视化

图等。

散点图的绘制过程比较简单，首先导入 Matplotlib 中的 pyplot 模块，并设置字体使其支持中文字符和正负号显示，代码同前文所述。然后，随机生成 40 个散点，散点的位置随机分布，随机种子为 42，代码如下：

```
np.random.seed(42)
N = 40
x = np.random.rand(N)
y = np.random.rand(N)
colors = np.random.rand(N)
area = np.pi * (15 * np.random.rand(N))**2
plt.title("随机生成的数字散点")
plt.scatter(x, y, s=100, c='black',alpha=0.8)
plt.ylabel('Y坐标值')
plt.xlabel('X坐标值')
plt.show()
```

最后，使用 plt.scatter()方法将散点可视化显示，颜色为黑色，透明度为 0.8，大小为 100，显示效果如图 2-24 所示。散点图一般用于发现样本间的关系，对数据进行初步判断。

气泡图在散点图的基础上增加了点的大小，包含的信息量更多。例如，用气泡所在位置的横坐标表示用户的年龄，纵坐标表示用户的等级，气泡的大小表示用户的分值，其绘制过程的代码如下：

```
N = 10
x=range(21,31)
y = np.random.rand(10)
z = np.random.rand(40)
colors = np.random.rand(N)
plt.title("不同年龄下各等级的分值气泡图")
plt.scatter(x, y, c=colors, s=z*1000,alpha=0.9)
plt.ylabel('等级')
plt.xlabel('年龄')
plt.show()
```

与散点图相比，气泡图增加了变量 z 来存储各散点的大小，最后的可视化结果如图 2-25 所示。图 2-25 展示了不同年龄下各等级的分值分布情况，气泡的大小表示分数的大小，可同时看到年龄、等级和分值 3 个度量的相互关系。

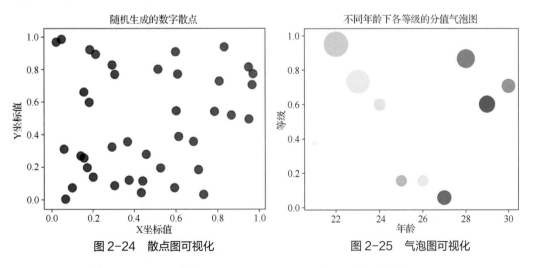

图 2-24　散点图可视化　　　　　　　　　图 2-25　气泡图可视化

直方图由一系列高度不等的纵向线段表示数据分布的情况。一般用横轴表示属性，纵轴表示样本在属性上的分布情况。以下是绘制人的智商分布情况直方图的代码，首先，随机生成 500 个智商分值，这些值的均值为 100，标准差为 15，设定绘制直方图的纵向线段数量为 60 个。然后，调用 ax.hist() 方法生成直方图，并绘制一条最适曲线（图中虚线）。最后设置图表的横纵坐标和标题，显示结果如图 2-26 所示。

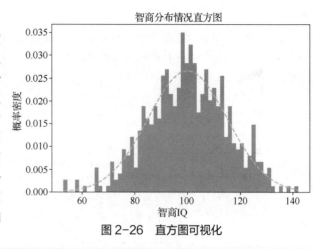

图 2-26　直方图可视化

```
np.random.seed(19680801)
mu = 100
sigma = 15
x = mu + sigma * np.random.randn(500)
num_bins = 60
fig, ax = plt.subplots()
n, bins, patches = ax.hist(x, num_bins, normed=1)
y = mlab.normpdf(bins, mu, sigma)
ax.plot(bins, y, '--')
ax.set_xlabel('智商 IQ')
ax.set_ylabel('概率密度')
ax.set_title(r'智商分布情况直方图')
fig.tight_layout()
plt.show()
```

从图中可以到智商分布情况满足高斯分布，即多数人的智商在 100 左右，智商极高和极低的出现可能性较小。

还可以将直方图横向排列，比较多个不同群体的样本分布情况，图 2-27 所示是不同小组各成员得分情况的直方图。可以看到，组 1 和组 3 的整体均值大致相当，但是组 3 中各成员的分值分布更分散，而组 2 中各成员的分值分布集中且普遍较高。

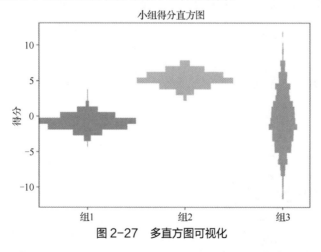

图 2-27　多直方图可视化

4. 差异可视化

差异可视化通过比较不同变量找出其中最佳或异常值，包括热图、箱图、平行坐标等形式。

热图用颜色来反映二维表格或矩阵中的数据，可以直观地表达数据值的大小。图 2-28 所示是 5 个小组在周一至周五的表现，用一个 5×5 的热图形式展现，其绘制代码如下。首先，导入 seaborn 库，并为 5 个小组各随机生成 5 个工作日数据。

```
import seaborn as sns
import pandas as pd
import numpy as np
people=np.repeat(("组1","组2","组3","组4","组5"),5)
workdays=('1','2','3','4','5')*5
value=np.random.random(30)
df=pd.DataFrame({'工作日': workdays, '团队': people, 'value': value })
df_wide=df.pivot_table( index='团队', columns='工作日', values='value' )
```

使用 pandas 库中的 pd.DataFrame()构建表结构（类似关系数据库中记录存储格式），并对创建好的数据表应用 df.pivot_table()方法生成透视表，如表 2-2 所示。

表 2-2　小组工作表现

团队	工作日				
	1	2	3	4	5
组 1	0.374540	0.950714	0.731994	0.598658	0.156019
组 2	0.058084	0.866176	0.601115	0.708073	0.020584
组 3	0.832443	0.212339	0.181825	0.183405	0.304242
组 4	0.431945	0.291229	0.611853	0.139494	0.292145
组 5	0.456070	0.785176	0.199674	0.514234	0.592415

使用 sns.heatmap()方法将透视表可视化显示，并设置图表标题，代码如下：

```
p2=sns.heatmap( df_wide ).set_title("各小组工作日表现比较")
plt.show()
```

最后的结果如图 2-28 所示，用色彩的深浅表示表现状态，颜色越浅表示工作表现越好，可以直观对比分析同一小组在不同工作日的表现，同时，也可以比较同一工作日不同小组的表现，还可以直观看出这一周中表现最佳和最差的小组。

箱图又称盒式图或箱线图，用于显示一组数据分散情况，箱图主要包含 6 个数据节点：上限、下限、上四分位、中位数、下四分位和异常值。通常来说，上限位于上四分位+1.5 倍四分位距（上四分位与下四分位的差值），下限位于下四分位-1.5 倍四分位距。在箱图中，异常值是大于上四分位+1.5 倍四分位距或小于下四分位-1.5 倍四分位距的数据。

图 2-29 所示是表示各小组成员的得分情况的箱图。在绘制过程中，首先导入 seaborn 库，具体代码如下：

```
import seaborn as sns
import pandas as pd
```

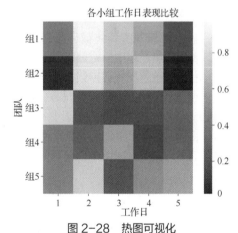

图 2-28　热图可视化

图 2-29　箱图可视化

```
import numpy as np
import matplotlib.pyplot as plt
import random
plt.rcParams['font.sans-serif']=['SimHei'] #用来正常显示中文
plt.rcParams['axes.unicode_minus']=False #用来正常显示正负号
```

设置随机种子并生成 1000 条组号数据。

```
day=[]
day_list=['组1','组2','组3','组4','组5','组6','组7']
random.seed(66)
for i in range(1000):
    day.append(random.choice(day_list))
```

设置随机种子并生成 800 个离散值及 200 个离群值。

```
np.random.seed(6)
spread=np.random.rand(800)*100
flier_high=np.random.rand(100)*100+100
flier_low=np.random.rand(100)*100-100
```

将随机生成的数值同组号数据连接，利用 seaborn 库中的 boxplot()函数绘制箱图。其中，此处 xticks()函数实现了横坐标值按原有顺序排列。

```
datas=np.concatenate((spread,flier_high,flier_low))
df = pd.DataFrame(day,datas)
df['组号']=day
df['得分']=datas
sns.boxplot(x='组号',y='得分',data=df)
plt.xticks(range(len(day_list)),day_list)
plt.show()
```

平行坐标图的坐标系与传统正交的坐标系不同，它的坐标系是平行的，每个属性一个坐标轴，横坐标表示特征变量，纵坐标表示样本在变量上的取值。每一条线表示一个样本，即用直线将不同坐标轴上的属性值连接。平行坐标图主要用于对高维几何和多元数据的可视化，可以找出不同变量或不同样本集合之间的差异。平行坐标图的绘制可以通过调用 pyecharts 库来实现，首先导入 pyecharts 库中的相应模块。

```
from pyecharts import options as opts
from pyecharts.charts import Page, Parallel
```

随后手动生成平行坐标图的模拟数据。

```
data1 = [
    [3.4,10,45,0.29,9.4,"值1"],
    [3.9,11,44,0.25,8.9,"值2"],
    [3.5,14,47,0.30,9.2,"值1"],
    [4.0,15,42,0.31,9.3,"值2"],
    [3.1,17,40,0.30,9.3,"值1"]
]
data2 = [
    [0.4,33,55,0.51,4.9,"值4"],
    [0.6,39,61,0.55,4.1,"值3"],
    [0.5,44,65,0.49,5.5,"值4"],
    [0.7,45,60,0.57,4.9,"值4"],
    [1.1,29,57,0.53,5.2,"值3"]
]
```

绘制平行坐标图不同维度名称，其中维度1至维度5为数值型，维度6为类别型，并将 data1及 data2 数据导入平行坐标图中。

```
c = (
```

```
    Parallel()
    .add_schema(
        [
            {"dim": 0, "name": 维度1},
            {"dim": 1, "name": 维度2},
            {"dim": 2, "name": 维度3},
            {"dim": 3, "name": 维度4},
            {"dim": 4, "name": 维度5},
            {"dim": 5, "name": 维度6,
    "data": ["值1","值2","值3","值4"],
    "type":"category"},
        ]
    )
    .add("parallel", data1)
    .add("paralle2", data2)
)
c.render("平行坐标系图.html")
```

打开生成的 HTML 文件得到平行坐标图，如图 2-30 所示。

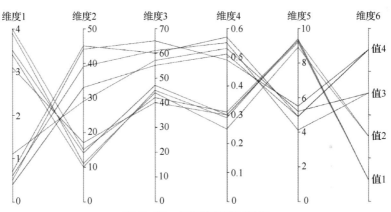

图 2-30　平行坐标图可视化

多维量法是一种在低维空间展示样本间"距离"的多元数据分析技术，通过计算各样本在不同维度下的相似度（距离），实现相似样本尽量靠近放置，从而将不同样本划分为不同的分组，如图 2-31 所示。

5. 动态可视化

动态可视化将时间维度纳入数据分析中，通过对网络的动态性进行可视化，能够支持用户探索数据内在演化规律及发展趋势，深度挖掘隐藏在数据背后的价值，协助用户进行决策。

图 2-31　多维量法可视化

下面以双曲线动态图可视化为例进行介绍，首先导入动态可视化需要用到的 Python 库。

```
import pandas as pd
import numpy as np
import matplotlib.pyplot as plt
import seaborn as sns
import akshare as ak
import datetime
import gif
```

```
plt.rcParams['font.sans-serif']=['SimHei'] #用来正常显示中文
plt.rcParams['axes.unicode_minus']=False #用来正常显示正负号
```

数据准备，利用 akshare 库下载某股票数据集，选取 2018 年至 2020 年的股票信息，并记录起始时间以及结束时间。其中该时序数据集部分样式如表 2-3 所示。

```
df=ak.stock_zh_index_daily(symbol="sh600000")
df_content=df['2018':'2020'].resample("M").mean()
start=df_content.index[0]
end=df_content.index[-1]
```

表 2-3 某时序数据集部分样式

日期（Date）	开盘价（Open）/（元/股）	收盘价（Close）/（元/股）
2018-01-31 00:00:00+00:00	12.988636	13.023636
2018-02-28 00:00:00+00:00	12.902000	12.895333
2018-03-31 00:00:00+00:00	12.220455	12.193182
2018-04-30 00:00:00+00:00	11.684444	11.661667
2018-05-31 00:00:00+00:00	10.879545	10.840909

下一步利用函数修饰符"@"创建动态图每一帧画面的自定义函数，实现每一帧下函数图表样式的构建。其中通过 ax1.plot() 设置图表曲线一的参照数据、线宽、颜色等属性。

```
@gif.frame
def plot(df,date):
    df = df.loc[df.index[0]:pd.Timestamp(date)]
    fig,(ax1) = plt.subplots(1,figsize=(20,10),dpi=100)
    ax1.plot(
      df.open, marker='o',
      linestyle='--',
      linewidth=2,
      markersize=8,
      color = 'tab:blue'
      )
```

设置图表曲线始终处于图表范围内，不会越过或达到上下边界，曲线横坐标从该数据集起始时间到结束时间。

```
y_max = round(df.open.max()*1.2)
y_min = round(df.open.min()*0.9)
ax1.set_xlim([start,end])
ax1.set_ylim([y_min,y_max])
```

设置曲线一的标签及其颜色、字体大小等属性。

```
ax1.set_ylabel('开盘', color='tab:blue', fontsize=20)
ax1.tick_params(labelsize=16)
```

绘制该图表曲线二，设置形式参照曲线一。

```
ax2=ax1.twinx()
ax2.plot(
    df.close, marker='o',
    linestyle='--',
    linewidth=2,
    markersize=8,
    color = 'tab:orange'
    )
ax2.set_ylabel('收盘',color = 'tab:orange',fontsize=20)
```

设置该图表的标题以及标题字体大小。

```
plt.title('股票开盘 vs 股票收盘',fontsize=30)
```

接下来构造动态图，从数据集起始点开始，每隔一月将时间帧加入动画中。

```
frames = []
```

```
for date in pd.date_range(start =start, end=end,freq='1M'):
    frame = plot(df_content,date)
    frames.append(frame)
```

最后导出 GIF 图，该 GIF 动画每隔 1s 切换一帧。最后效果如图 2-32 所示。

```
date1 = datetime.datetime.now().strftime('%H%M%S')
output1 = "file_{}.gif".format(date1)
print(output1)
gif.save(frames, output1,duration=1,unit = 's')
```

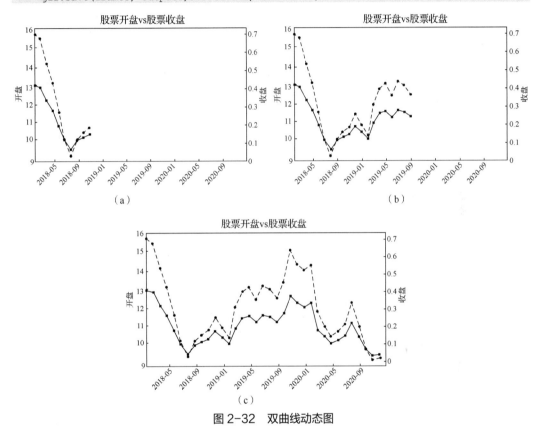

图 2-32　双曲线动态图

2.5.6　可视化分析面临的挑战

在可视化结果层面，数据集中样本的相关性导致视觉噪声的大量出现，致使可视化分析面临降噪的挑战。受限于设备的长宽比、分辨率、现实世界的感受等，可视化分析面临可视化图表中大型图像的感知挑战；受限于可视化的算法以及硬件的性能，可视化分析面临及时响应以及高速图像变换的挑战；专业领域不同带来的可视化需求不同，可视化分析面临最大限度地满足受众视觉喜好的挑战。

除此之外可视化分析还面临分析数据的多态、异构、海量以及分析工具的易用性、可扩展性和可操作性等方面的挑战。

习题

1. 什么是标准差、方差和协方差？它们反映了数据的什么内容？
2. 如何利用平均值和标准差判断数据的异常值？

3. 何为正则化？其功能是什么？

4. 常见的数据概率分布有哪些？

5. 损失函数和风险函数的含义和作用是什么？

6. 训练误差如何度量和减少？

7. 如何理解 L_0、L_1 和 L_2 正则化？

8. 什么是交叉校验？常用的交叉校验方法有哪些？

9. 如何评价一个算法的性能？

10. 数据降维有哪些常用的方法？

11. 举例解释主成分分析。

12. 线性判别分析的基本思想是什么？举例说明其应用。

13. 举例说明局部线性嵌入的应用。

14. 拉普拉斯特征映射的功能是什么？

15. 为什么要考虑特征提取？

16. 特征构造有哪些常用的方法？

17. 特征提取有哪些常用的方法？举例说明其应用。

18. 线性回归分析的过程是什么？举例说明其应用。

19. 逻辑回归为什么可以预测新样本的类别？举例说明其应用。

20. 举例说明二次判别分析的功能。

21. 在机器学习过程的每个阶段，可视化起到什么作用？举例说明。

22. 为什么可视化分析可以视为一种机器学习方法？

23. 结合实例讨论可视化与其他机器学习算法的结合。

24. 编写代码将例 2.3 中的数据用主成分分析方法降维到一维空间。

25. 对 Iris 数据集中的萼片长度、萼片宽度、花瓣长度和花瓣宽度绘制平行坐标图。

第 3 章
决策树与分类算法

分类（Classification）的任务是将样本划分到合适的预定义目标类中。分类算法在企业中有多种多样的应用场景，被广泛应用在各行各业。例如，根据动物的身体构造、生理习性等特征对动物进行分类，根据电子邮件的内容等信息将邮件分类为垃圾邮件与普通邮件，通过在电商网站中的消费历史将用户分类为不同等级等。

本章主要介绍决策树算法，它是机器学习中用于分类的一个经典的有监督学习算法。决策树算法简单易懂，被广泛应用于金融分析、生物学、天文学等多个领域。

本章首先介绍决策树的 ID3、C4.5、C5.0、CART 等常用算法，然后讨论决策树的集成学习，包括装袋法、提升法、GBDT、XGBoost、随机森林等算法。

3.1　决策树

分类是机器学习中的一类重要问题。分类算法利用训练样本集获得分类函数，即分类模型（分类器），从而实现将数据集中的样本划分到各个类中。分类模型学习训练样本中属性集与类别之间的潜在关系，并以此为依据对新样本属于哪一类进行预测。分类算法实现过程如图 3-1 所示。

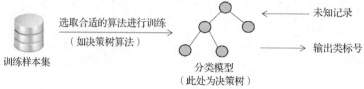

图 3-1　分类算法实现过程

决策树通过把训练样本分配到某个叶节点来确定数据集中样本所属的分类。决策树由决策节点、分支和叶节点组成。决策节点表示在样本的一个属性上进行的划分；分支表示对决策节点进行划分的输出；叶节点表示经过分支到达的类。从决策树根节点出发，自顶向下移动，在每个决策节点都会进行一次划分，根据划分的结果将样本进行分类，进入不同的分支，最后到达一个叶节点，这个过程就是利用决策树进行分类的过程。例如，图 3-2 所示的是针对学生是否点外卖构造决策树进行分类。如果一位同学的账户中没有红包且食堂不营业，根据图中所示决策树的分类规则，该同学很可能就会点外卖。

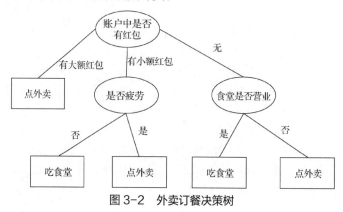

图 3-2　外卖订餐决策树

以上介绍的图例是对离散变量进行分类的决策树。同样，可以将决策树算法应用于连续变量，如表 3-1 所示。

表 3-1　理财产品推荐预测的用户连续数据

用户	年龄/岁	收入/万元	存款/万元	分类
1	26	50	5	不推荐
2	33	56	6	不推荐
3	47	60	20	推荐
4	58	30	25	不推荐
5	40	35	8	不推荐
6	35	45	15	推荐
7	31	20	10	不推荐
8	41	40	12	推荐
9	44	63	11	推荐
10	30	100	50	推荐

表 3-1 记录了 10 个用户的 3 种属性取值，以及是否对其推荐的二分类标签。每个属性取值为连续值。要想利用表中数据对用户进行分类，可以构建一棵决策树，如图 3-3 所示。

其中，每一个决策节点的目标是划分之后每个区域所包含的样本点，在划分属性上取值的纯度（Purity）要尽量高。图 3-4 所示为收入在 30 万～70 万元的用户，在由存款和年龄属性构成的二维空间上，依照所构建的决策树划分的结果，由图可见决策树算法能够成功地将两类样本点分隔开来。

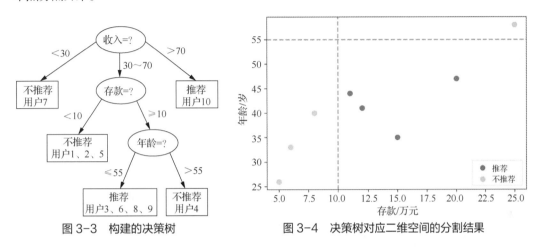

图 3-3　构建的决策树　　　　　　　图 3-4　决策树对应二维空间的分割结果

针对一个数据集，如何根据数据的属性特点构造合适的、能够有效将数据分类的决策树，是决策树算法学习中的重要问题。本节将重点介绍几种常用的决策树算法，并对连续属性的离散化与过拟合等决策树算法中需要解决的问题进行分析。

3.1.1　分支处理

给定一个数据集，可以有多种决策树的构建方法。在有限的时间内构建最优的决策树往往是不现实的。因此，往往使用启发式算法来进行决策树的构建，例如，使用贪心算法对每个节点构建部分最优决策树。

对于一棵决策树的构建，最重要的部分在于其分支处理，即确定在每个决策节点处的分支属性。分支属性的选取是指选择决策节点上哪一个属性来对数据集进行划分，要求每个分支中样本的纯度尽可能高，而且不要产生样本数量太少的分支。不同算法对于分支属性的选取方法有所不同，下面结合几个常用决策树算法来分析分支的处理过程。

1. ID3 算法

ID3 算法由罗斯·昆兰提出，用来从数据集中生成决策树。ID3 算法是在每个节点处选取能获得最高信息增益的分支属性进行分支划分，因此，在介绍 ID3 算法之前，首先讨论信息增益的概念。

在每个决策节点处划分分支并选取分支属性的目的是将整棵决策树的样本纯度提升，而衡量样本集纯度的指标则是熵（Entropy）。熵在信息论中被用来度量信息量，熵越大，所含的有用信息越多，其不确定性就越高；而熵越小，有用信息越少，确定性越高。例如"太阳东升西落"这句话非常确定，是常识，其含有的信息量很少，所以熵的值就很小。在决策树中，用熵来表示样本集的不纯度，如果某个样本集中只有一个类别，其确定性最高，熵为 0；反之，熵越大，不确定性越高，表示样本集中的分类越多样。设 S 为数量为 n 的样本集，其分类属性有 m 个不同取值，用来定义 m 个不同分类 $C_i(i=1,2,\cdots,m)$，$|C_i|$ 表示类 C_i 的样本个数，则其熵的计算公式为：

$$\text{Entropy}(S) = -\sum_{i=1}^{m} p_i \log_2 p_i, \quad p_i = \frac{|C_i|}{n}$$

举例来说，如果有一个大小为 10 的布尔值样本集 S_b，其中有 6 个真值、4 个假值，那么该布尔型样本分类的熵为：

$$\text{Entropy}(S_b) = -\frac{6}{10} \log_2 \frac{6}{10} - \frac{4}{10} \log_2 \frac{4}{10} = 0.9710$$

得到了熵作为衡量样本集不纯度的指标，下一步就可以计算分支属性对于样本集分类好坏程度的度量——信息增益（Information Gain）。由于划分后样本集的纯度提高，则样本集的熵降低，熵降低的值即该划分方法的信息增益。设 S 为样本集，属性 A 具有 v 个可能取值，即通过将属性 A 设置为分支属性，能够将样本集 S 划分为 v 个子样本集 $\{S_1, S_2, \cdots, S_v\}$。对于样本集 S，如果以 A 为分支属性的信息增益 $\text{Gain}(S, A)$，其计算公式如下：

$$\text{Gain}(S, A) = \text{Entropy}(S) - \sum_{i=1}^{v} \frac{|S_i|}{|S|} \text{Entropy}(S_i)$$

下面用一个示例对 ID3 决策树生成过程进行说明。表 3-2 所示为一个脊椎动物属性特征和是否属于哺乳动物（类别）的训练样本集。

表 3-2　脊椎动物分类训练样本集

动物	饮食习性	胎生动物	水生动物	会飞	哺乳动物
人类	杂食动物	是	否	否	是
野猪	杂食动物	是	否	否	是
狮子	肉食动物	是	否	否	是
苍鹰	肉食动物	否	否	是	否
鳄鱼	肉食动物	否	是	否	否
巨蜥	肉食动物	否	否	否	否
蝙蝠	杂食动物	是	否	是	是
野牛	草食动物	是	否	否	是
麻雀	杂食动物	否	否	是	否
鲨鱼	肉食动物	否	是	否	否
海豚	肉食动物	是	是	否	是
鸭嘴兽	肉食动物	否	否	否	否
袋鼠	草食动物	是	否	否	是
蟒蛇	肉食动物	否	否	否	否

从表 3-2 中可见，此样本集有"饮食习性""胎生动物""水生动物""会飞"4 个属性作为分支属性，而"哺乳动物"作为样本的分类属性，有"是"与"否"两种分类，即正例与负例。表 3-2 中共有 14 个样本，其中 8 个正例，6 个反例。设此样本集为 S，则划分前的熵值为：

$$\text{Entropy}(S) = -\frac{8}{14} \log_2 \frac{8}{14} - \frac{6}{14} \log_2 \frac{6}{14} = 0.9852$$

假设选择"饮食习性"属性作为分支属性，则划分后的数据被划分为"肉食动物""草食动物""杂食动物"3 分支，如图 3-5 所示。

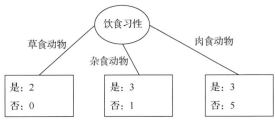

图 3-5 脊椎动物分类训练样本集以"饮食习性"作为分支属性的划分情况

由图 3-5 中可见,"饮食习性"为"肉食动物"的分支中有 3 个正例、5 个反例,其熵值为:

$$\text{Entropy}(肉食动物) = -\frac{3}{8}\log_2\frac{3}{8} - \frac{5}{8}\log_2\frac{5}{8} = 0.9544$$

同理,计算出"饮食习性"为"草食动物"的分支与"饮食习性"为"杂食动物"的分支中的熵值分别为:

$$\text{Entropy}(草食动物) = -\frac{2}{2}\log_2\frac{2}{2} - 0 = 0$$

$$\text{Entropy}(杂食动物) = -\frac{3}{4}\log_2\frac{3}{4} - \frac{1}{4}\log_2\frac{1}{4} = 0.8113$$

设"饮食习性"属性为 Y,由此可以计算出,作为分支属性进行划分之后的信息增益为:

$$\text{Gain}(Y) = \text{Entropy}(S) - \text{Entropy}(S \mid Y) = 0.9852 - \frac{8}{14} \times 0.9544 - \frac{2}{14} \times 0 - \frac{4}{14} \times 0.8113 = 0.2080$$

同理,可以算出将其他属性作为分支属性时的信息增益,计算可得,将"胎生动物""水生动物""会飞"作为分支属性时的信息增益,分别为 0.6893、0.0454、0.0454,由此可知将"胎生动物"作为分支属性时能获得最大的信息增益,即具有最强的区分样本的能力,所以在此处选择使用"胎生动物"作为分支属性对根节点进行分支划分。

在此次划分之后,可以发现由根节点划分出的两个分支中,对于分支属性"胎生动物"取值为"是"的分支中,全为哺乳动物,说明此分支的划分已经完成,即只含一种分类属性。而对取值为"否"的分支,因为其中仍存在两种不同的分类,需继续对其进行划分,选取新的分支属性进行划分。若划分后分类仍未完成,则继续对新的节点进行分支划分,直至分类完成。

从上述介绍可知,由根节点通过计算信息增益选取合适的属性进行分支划分,若新生成的节点的分类属性不唯一,则对新生成的节点继续进行分支划分,不断重复此步骤,直至所有样本属于同一类,或者达到要求的分类条件为止。常用的分类条件包括节点数量少于某设定的值、决策树达到预先设定的最大深度等。

在决策树的构建过程中,会出现使用了所有的属性进行分支划分之后,类别不同的样本仍存在于同一个叶节点中的情况。如样本数据中的"鸭嘴兽""蟒蛇""巨蜥",使用现有的属性是无法将这 3 个样本区分开的。除此之外,当达到限制条件而被强制停止构建时,也会出现节点中子样本集存在多种分类的情况。对于这种情况,一般取此节点中子样本集占多数的分类作为节点的分类,例如,将"鸭嘴兽""巨蜥""蟒蛇"共同存在的叶节点的分类属性"哺乳动物"赋值为"否"。

本例中,虽然 ID3 算法的分类效果不错,但是其在分支处理上仍存在一些问题。ID3 算法在处理根节点与其他内部节点的分支时,使用信息增益指标来选择分支属性,由信息增益公式可以发现,当分支属性取值非常多的时候,该分支属性的信息增益就会比较大。例如 100 个样本在某属性上有 99 种取值,这样该属性划分出 99 个分支将得到非常大的信息增益,所以在 ID3 算法中,往往会选择取值较多的分支属性。但是实际上,取值较多的分支属性并不一定是最优的，就如同将 100 个样本分到 99 个分支中并没有什么意义，因为分支太多，可能相比之下这种分支属性无法提供太多的可用信息，例如个人信息中的"省份"属性。

2. C4.5 算法

C4.5 算法的总体思路与 ID3 相似，都是通过构造决策树进行分类，其区别在于分支的处理。在分支属性的选取上，ID3 算法使用信息增益作为度量，而 C4.5 算法引入了信息增益率作为度量。

与 ID3 算法计算信息增益过程类似，假设样本集为 S，样本的属性 A 具有 v 个可能取值，即通过属性 A 能够将样本集 S 划分为 v 个子样本集 $\{S_1, S_2, \cdots, S_v\}$，$\mathrm{Gain}(S,A)$ 为属性 A 对应的信息增益，则属性 A 的信息增益率 $\mathrm{Gain\_ratio}$ 定义为：

$$\mathrm{Gain\_ratio}(A) = \frac{\mathrm{Gain}(A)}{-\sum\limits_{i=1}^{v} \frac{|S_i|}{|S|} \log_2 \frac{|S_i|}{|S|}}$$

由信息增益率公式可知，当 v 比较大时，信息增益率会明显降低，从而在一定程度上能够解决 ID3 算法存在的往往选择取值较多的分支属性的问题。

仍以表 3-2 中的数据为例进行计算，假设选择"饮食习性"作为分支属性，其信息增益率为：

$$\mathrm{Gain\_ratio}\,\text{饮食习性} = \frac{\mathrm{Gain}\,\text{饮食习性}}{-\sum\limits_{i=1}^{3} \frac{|S_i|}{|S|} \log_2 \frac{|S_i|}{|S|}} = \frac{0.2080}{-\left(\frac{8}{14}\log_2\frac{8}{14} + \frac{2}{14}\log_2\frac{2}{14} + \frac{4}{14}\log_2\frac{4}{14}\right)} = 0.1509$$

同理，可以算出将其他属性作为分支属性时的信息增益率，计算可得将"胎生动物""水生动物""会飞"作为分支属性时的信息增益率分别为 0.6893、0.0606、0.0606，由此可知将"胎生动物"作为分支属性时能获得最大的信息增益率，由 C4.5 算法仍然会选择将"胎生动物"作为根节点的分支属性。但值得注意的是，相比将信息增益（信息的增加量）作为度量标准，将"水生动物"与"会飞"作为分支属性时的信息增益率和将"饮食习性"作为分支属性时的信息增益率的差距明显要小，这就是因为信息增益率在作为度量标准时考虑到了分支的数量，使分支的处理更符合实际需求。

与 ID3 算法相比，C4.5 算法主要的改进是使用信息增益率作为划分的度量标准。此外，针对 ID3 算法只能处理离散数据、容易出现过拟合等的问题，C4.5 算法在这些方面也都提出了相应的改进。

3. C5.0 算法

C5.0 算法是昆兰在 C4.5 算法的基础上提出的商用改进版本，目的是对含有大量数据的数据集进行分析。C5.0 算法的训练过程大致如下。

假设训练的样本集 S 共有 n 个样本，训练决策树模型的次数为 T，用 C^t 表示 t 次训练产生的决策树模型，经过 T 次训练后最终构建的复合决策树模型表示为 C^*。用 w_i^t 表示第 i 个样本在第 t 次模型训练中的权重（ $i=1,2,3,\cdots,n; t=1,2,3,\cdots,T$ ），用 ρ_i^t 表示 w_i^t 的归一化因子，再用 β^t 表示权重的调整因子，并定义 0-1 函数：

$$\theta^t(i) = \begin{cases} 1, & \text{样本实例 } i \text{ 被第 } t \text{ 棵决策树错误分类} \\ 0, & \text{样本实例 } i \text{ 被第 } t \text{ 棵决策树正确分类} \end{cases}$$

表示第 i 个样本第 t 次训练的分类结果，最后按如下步骤进行样本训练。

① 初始化参数：设定训练决策树模型次数 T（ T 一般默认为 10），并赋予每个训练样本相同的权重 $w_i^t = 1/n$，令 $t=1$ 开始第一次训练。

② 计算每个样本的归一化因子值 $\rho_i^t = w_i^t / \sum\limits_{i=1}^{n} w_i^t$（满足 $\sum\limits_{i=1}^{n} \rho_i^t = 1$ ）。

③ 为每个样本赋予归一化的权重 ρ_i^t，构建当前的决策树模型 C^t。

④ 计算第 t 次训练分类错误率 $\varepsilon^t = \sum\limits_{i=1}^{n} \rho_i^t \theta_i^t$。

⑤ 分支：如果 $\varepsilon^t > 0.5$，修改训练次数 $T = T - 1$，返回步骤①重新训练；如果 $\varepsilon^t = 0$，结束整个训练，令 $t=T$ 转入步骤⑧；如果 $0 < \varepsilon^t \leqslant 0.5$，转入步骤⑥。

⑥ 计算调整因子：用错误率计算本次训练调整因子 $\beta^t = \varepsilon^t / (1 - \varepsilon^t)$，错误率高，调整因子高。

⑦ 更新样本权重 $w_i^{t+1} = \begin{cases} w_i^t \beta^t, & \text{如果样本被正确分类} \\ w_i^t, & \text{如果样本被错误分类} \end{cases}$，调低被正确分类样本的权重。

⑧ 结束判断：如果 $t=T$，结束训练过程转入⑨；否则令 $t=t+1$，返回步骤②。

⑨ 复合模型：最终根据 $C^* = \sum\limits_{t=1}^{T} \log(1/\beta^t) C^t$，计算求得复合决策树模型。

C5.0 算法与 C4.5 算法相比有以下优势。

① 决策树构建速度要比 C4.5 算法的快上数倍，同时生成的决策树规模也更小，拥有更少的叶节点数。

② 使用了提升（Boosting）法，组合多棵决策树来做出分类，使准确率大大提高。

③ 提供可选项由使用者视情况决定，例如是否考虑样本的权重、样本错误分类成本等。

4. CART 算法

CART 算法也是构建决策树的一种常用算法。CART 的构建过程采用的是二分递归分割的方法，每次划分都把当前样本集划分为两个子样本集，使决策树中的节点均有两个分支，显然，这样就构造了一棵二叉树。如果分支属性有多于两种取值，在划分时会对属性值进行组合，选择最佳的两组合分支。假设某属性存在 q 个可能取值，那么以该属性作为分支属性，生成两个分支的划分方法共有 $2^{q-1} - 1$ 种。

CART 算法在分支处理中分支属性的度量指标是 Gini。设 S 为大小为 n 的样本集，其分类属性有 m 种不同取值，用来定义 m 个不同分类 $C_i (i=1, 2, \cdots, m)$，则其 Gini 指标的计算公式为：

$$\text{Gini}(S) = 1 - \sum_{i=1}^{m} p_i^2, \quad p_i = \frac{|C_i|}{|S|}$$

在 CART 算法中，针对样本集 S，选取属性 A 作为分支属性，将样本集 S 划分为 $A=a_1$ 的子样本集 S_1，与其余样本组成的样本集 S_2，则在此情况下的 Gini 指标为：

$$\text{Gini}(S \mid A) = \frac{|S_1|}{|S|} \text{Gini}(S_1) + \frac{|S_2|}{|S|} \text{Gini}(S_2)$$

仍以表 3-2 的中数据为例进行计算。假设选择"会飞"作为分支属性，其 Gini 指标为：

$$\text{Gini}(S \mid H) = \frac{|S_1|}{|S|} \text{Gini}(S_1) + \frac{|S_2|}{|S|} \text{Gini}(S_2) = \frac{11}{14} \times \left[1 - \left(\frac{7}{11} \right)^2 - \left(\frac{4}{11} \right)^2 \right] + \frac{3}{14} \times \left[1 - \left(\frac{1}{3} \right)^2 - \left(\frac{2}{3} \right)^2 \right] = 0.4589$$

同理，可以算出选择"胎生动物"与"水生动物"作为分支属性时的 Gini 指标分别为 0.1224 与 0.4589。

然而，"饮食习性"作为分支属性 Y 时，因为存在 3 种可能的取值，所以有 3 种不同的划分方法。

以"饮食习性为肉食动物"进行分类时，样本集被划分为"肉食动物"与"杂食动物，草食动物"两个子样本集，此时取值为"杂食动物"与"草食动物"的样本均被划入"杂食动物，草食动物"这个子样本集中。此时 Gini 指标的计算公式如下：

$$\text{Gini}(S \mid Y) = \frac{8}{14} \times \left[1 - \left(\frac{3}{8} \right)^2 - \left(\frac{5}{8} \right)^2 \right] + \frac{6}{14} \times \left[1 - \left(\frac{5}{6} \right)^2 - \left(\frac{1}{6} \right)^2 \right] = 0.3869$$

同理，可以计算出，"饮食习性为杂食动物""饮食习性为草食动物"的 Gini 指标值为 0.4643、0.4286。

至此，已经计算出对于根节点所有可能的二叉树分支属性的 Gini 指标，选取产生最小 Gini 指标值的分支属性"胎生动物"作为根节点的分支属性。对于每次新生成的节点，若子样本集的分类不唯一，就进行与根节点相同的分支划分过程，直至分类完成。值得注意的是，对于"饮食习性"这种有多于两种取值的属性，例如，当在某个节点的分支中使用了"饮食习性为肉食动物"进行划分，则此节点的一个分支的属性取值为"杂食动物，草食动物"，对于这个分支，属性"饮食习性"仍有多于一种取值，仍可以作为分支属性继续划分出分支。

【例 3.1】 以下是基于 sklearn 库的 CART 算法示例代码。通过构建决策树（采用 Gini 作为指标）对随机生成（通过 np.random.randint()方法）的数字进行分类，自变量 X 为 100×4 的矩阵，随机生成的数字大于 10，因变量 Y 为随机生成的数字大于 2 的 100×1 的矩阵。树的最大深度限制为 3 层，训练完成之后将树可视化显示。

```
import numpy as np
import random
from sklearn import tree
from graphviz import Source
np.random.seed(42)
X=np.random.randint(10, size=(100, 4))
Y=np.random.randint(2, size=100)
a=np.column_stack((Y,X))
clf = tree.DecisionTreeClassifier(criterion='gini',max_depth=3)
clf = clf.fit(X, Y)
graph = Source(tree.export_graphviz(clf, out_file=None))
graph.format = 'png'
graph.render('cart_tree',view=True)
```

代码中 export_graphviz()方法是将决策树导出为 DOT 格式，然后用 graphviz 库中的 render()方法将其转化为图片格式显示。生成的图片如图 3-6 所示。

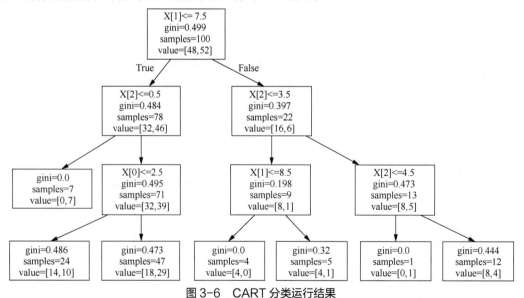

图 3-6　CART 分类运行结果

3.1.2　连续属性离散化

在 3.1.1 小节中，脊椎动物分类训练样本集中属性的取值均为分类数据，即这些属性为离散属性，接下来讨论，在样本的属性值是连续数据的情况下，如何进行分支处理，并对离散属性的划分方式进行更详细的介绍。

分类数据有二元属性、标称属性等几种不同类型的离散属性。

二元属性只有两个可能值，如"是"或"否"、"对"或"错"。表 3-2 中胎生动物为一个二元属性，其数据取值为"是"或"否"，在划分时，可以产生两个分支。对于二元属性，无须对其数据进行特别的处理。

标称属性存在多个可能值，针对所使用的决策树算法的不同，标称属性的划分存在两种方式：多路划分和二元划分。表 3-2 中的"饮食习性"就是一个标称属性，有"肉食动物""草食动物""杂食动物"3 种可能取值。对于 ID3、C4.5 等算法，均采取多路划分的方法，标称属性有多少种可能的取值，就设计多少个分支，因此，使用 ID3、C4.5 等算法对"饮食习性"属性进行分裂，均会产生 3 个分支。然而，CART 算法采用二分递归分割的方法，因此该算法生成的决策树均为二叉树，那么对于标称属性，只产生二元划分，故需要将所有 q 种属性值划分到两个分支中，共有 $2^{q-1}-1$ 种划分方式。例如，使用 CART 算法对"饮食习性"属性进行划分，共有 $2^{3-1}-1=3$ 种划分选择，需要分别计算其 Gini 指标，然后选取其中 Gini 指标最低的划分方式进行决策树的构建。

标称属性中有一类特别的属性为序数属性，其属性的取值是有先后顺序的，如服装的尺码"S""M""L""XL"等。对于序数属性的分类，需要结合实际情况来考虑，在很多情况下，序数属性的划分是不违背其顺序的，如果将服装的尺码划分为"S，L""M，XL"，在实际应用中就意义不大。连续属性可以离散化为序数属性，例如，对于年龄属性，可以离散化为"20 岁以下""20～30 岁""30～40 岁""40～50 岁""50～60 岁""60 岁以上"6 个序数属性值，从而进行决策树的构建。

首先要确定分类值的数量，然后确定连续属性值到这些分类值之间的映射关系。按照在离散化过程中是否使用分类信息，连续属性的离散化可分为非监督离散化和监督离散化。其中，非监督（Unsupervised）离散化不需要使用分类属性值，因此相对简单，有等宽（Equal Width）离散化、等频（Equal Frequency）离散化、聚类（Clustering）等方法。

① 等宽离散化将属性中的值划分为宽度固定的若干个区间，图 3-7（a）所示是随机生成的 50 个二维坐标值散点图可视化结果，坐标取值范围为(0,1)。经过等宽离散化之后结果如图 3-7（b）所示，其中宽度设定为 0.1。

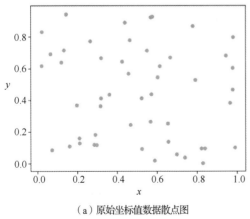
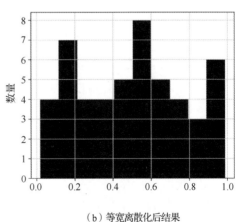

（a）原始坐标值数据散点图   （b）等宽离散化后结果

图 3-7 等宽离散化

② 等频离散化将属性中的值划分为若干个区间，每个区间的数量相等，如企业绩效评估，将员工绩效考核表现划分为排名"1～5 名""6～10 名""11～15 名"等，以此类推，每个划

分区间均有 5 名员工（即 5 个样本）。对图 3-7 中原始坐标值进行等
频离散化，结果如图 3-8 所示，其中数字 5 表示各区间的样本数量。

③ 聚类将属性根据特性划分为不同的簇，以此形式将连续属性
离散化。

(0.946, 0.988]	5
(0.781, 0.946]	5
(0.654, 0.781]	5
(0.572, 0.654]	5
(0.523, 0.572]	5
(0.432, 0.523]	5
(0.31, 0.432]	5
(0.21, 0.31]	5
(0.13, 0.21]	5
(0.0178, 0.13]	5

图 3-8　等频离散化后结果

监督离散化很多时候能够产生更好的结果，它基于统计学习方
法，通过熵、卡方检验等方法判断相邻区间是否合并，即通过选取
极大化区间纯度的临界值来进行划分。C4.5 与 CART 算法中的连续
属性离散化方法均属于监督离散化方法，CART 算法使用 Gini 指标作为区间纯度的度量标准，
C4.5 算法使用熵作为区间纯度的度量标准。

下面介绍决策树算法连续属性的离散化。

在 ID3 算法中，样本的属性被限制为离散属性。C4.5 算法内置连续属性离散化方法，昆兰参
考了前人对于连续变量选取临界值进行划分的方法，在 C4.5 算法中，对连续属性进行如下处理。

① 首先对连续属性 A（含有 m 个可能取值）进行排序。

② 与临界值选取排序后两个相邻取值的平均值作为划分点不同，C4.5 算法选取不超过此平
均值的最大取值作为划分点，这样所有的临界值均出现在样本集中，共产生 $m-1$ 个候选划分点。

③ 对于每个候选划分点，计算其信息增益率，选取信息增益率最高的候选划分点作为属性
A 的划分点，比较属性 A 和其他属性的信息增益率，选取出该节点的分支属性。

这是昆兰在 1993 年提出的 C4.5 算法中的连续属性离散化方法，但是之后此方法被认为在
分支属性的选取时偏向选择有着大量不同取值的连续属性。因此，在 1996 年，他又提出了 C4.5
算法的修正版本，做出以下两个改进。

① 对于连续变量 A，假设存在 N 个临界值，则在计算出的 $\text{Gain}(S, A)$ 基础上减去 $\log_2 \dfrac{N-1}{|S|}$。

② 对于每个候选划分点，先计算出其信息增益，选取信息增益最高的候选划分点作为属性 A
的划分点，之后仍以此划分点计算出的信息增益率与其他属性比较，选取出该节点的分支属性。

对于 CART 算法，其连续属性离散化方法大致如下。

① 首先对连续属性 A（含有 m 个可能取值）进行排序。

② 选取排序后的样本集中两个相邻取值的平均值作为划分点，共产生 $m-1$ 个候选划分点。

③ 对于每个候选划分点，计算其 Gini 指标，选取 Gini 指标最低的候选划分点作为属性 A
的划分点，比较属性 A 和其他属性的 Gini 指标，选出该节点的分支属性。

3.1.3　过拟合问题

通常，对于分类算法可能产生两种类型的误差，分别是训练误差（Training Error）与泛化误
差（Generalization Error）。训练误差代表此分类方法对于现有训练样本集的拟合程度；泛化误
差代表此方法的泛化能力，即对于新的样本数据的分类能力。

好的分类模型训练误差与泛化误差都比较低。模型的训练误差比较高，则称此分类模型欠
拟合（Underfitting），即对于训练样本的拟合程度不够；模型的训练误差低但是泛化误差比较
高，则称此分类模型过拟合（Overfitting），即过度拟合训练数据，导致模型的泛化能力反而随
着模型与训练数据的拟合程度增高而下降。

对于欠拟合问题，可以通过增加分类属性的数量、选取合适的分类属性等方法，提高模型
对于训练样本的拟合程度。随着分类模型对于样本的拟合程度逐渐增加，当决策树深度达到一
定值时，即使训练误差仍在下降，泛化误差却会不断升高，产生过拟合现象。

对于决策树算法中的过拟合问题，下面举例说明。表 3-3 所示是对口罩销售定价进行分类

的训练样本集，表中属性包括口罩的功能、是否为纯色。将两个属性全部用来构建决策树，可以得到图 3-9 所示的决策树。

表 3-3　口罩销售定价分类训练样本集

产品名	功能	是否为纯色	销售价位
加厚口罩	防尘	否	低
保暖口罩	保暖	否	高
护耳口罩	保暖	是	高
活性炭口罩	防雾霾	是	中
三层防尘口罩	防尘	否	低
艺人同款口罩	防尘	是	高
呼吸阀口罩	防雾霾	是	中

可以发现，图 3-9 中 3 层决策树能够很好地拟合训练样本集中的数据，训练误差为 0。

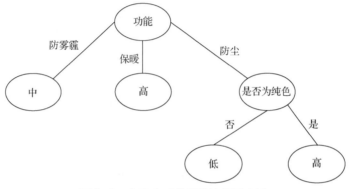

图 3-9　由表 3-3 构建的决策树（1）

表 3-4 所示是另一组口罩数据，使用这一组数据作为测试样本集。

表 3-4　口罩销售定价分类测试样本集

产品名	功能	是否为纯色	销售价位
儿童口罩	防尘	是	低
情侣口罩	保暖	否	高
一次性口罩	防尘	否	低
无纺布口罩	防尘	是	低
颗粒物防护口罩	防雾霾	否	中

使用测试样本集对图 3-9 所示的决策树进行测试，发现由此测试样本集计算出的误差高达 2/5。如果不强求对于训练样本集的拟合程度，构建一棵两层决策树，如图 3-10 所示，可发现该决策树对于测试样本集的表现反而明显好于图 3-9 中的决策树。

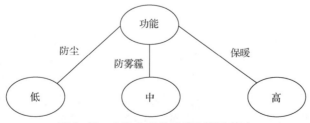

图 3-10　由表 3-3 构建的决策树（2）

这就是一个简单的过拟合的例子。"艺人同款口罩"这个产品是一个特例（噪声），在大量训练样本中难免会出现这种特例，如果在决策树构建过程中过度追求对于训练样本集的拟合程度，就会因特例的存在而出现问题，从而使分类的泛化误差增大。此例介绍了由于数据中的特例导致的过拟合现象。

另外，除了数据中噪声的问题，训练样本集中缺乏足够多的"功能为防尘且为纯色"的样本，只有一例而且为特例情况，也在很大程度上导致了误分类，所以此例中也反映了缺乏具有代表性的样本也会导致过拟合现象。

过拟合现象会导致随着决策树的继续增长，尽管训练误差仍在下降，但是泛化误差停止下降，甚至还会提升。图 3-11 所示的曲线可以清楚地反映这一现象。

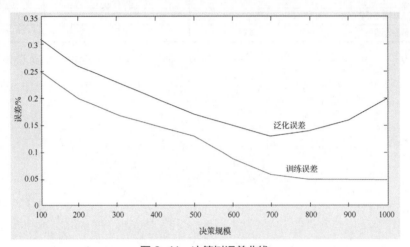

图 3-11　决策树误差曲线

泛化误差估计方法主要有训练误差估计、结合模型复杂度估计、使用检验集等。

（1）训练误差估计

训练误差估计也称为再代入估计，它使用训练误差对泛化误差进行乐观估计，即选择训练误差最低的模型作为最终模型，由于其再代入模型的数据源于训练样本，这种方法偏向于复杂的决策树，估计效果不佳。

（2）结合模型复杂度估计

模型越复杂，其过拟合的可能性就越高，结合模型复杂度估计这一方法基于奥卡姆剃刀（Occam's Razor）原则将模型复杂度与模型评估结合起来，即对于两个泛化误差相同的模型，将优先选择复杂度较低的模型。

最小描述长度原则是基于信息论中最小描述长度（Minimum Description Length，MDL）估计模型泛化误差。例如，假设要将模型描述（即模型的结构）通过网络传输给接收者，为了提高传输效率，需要尽可能缩短模型描述信息的长度，即在保证模型准确率的情况下尽可能压缩模型结构。

（3）使用检验集

从训练集中分出一部分样本作为检验集，在训练过程中进行泛化误差估计，例如按照 3∶1 的比例分配训练集和检验集。这一方法原理简单，不断调整决策树结构并计算检验集的错误率，直到取得一个较低误差的模型。

解决过拟合问题，一方面要注意数据训练集的质量，选取具有代表性的样本进行训练；另一方面要避免决策树过度增长，通过限制树的深度来减小数据中的噪声对于决策树构建的影响，一般可以采取剪枝的方法。

剪枝（Pruning）是决策树算法中常用的技术，用来缩小决策树的规模，从而降低最终算法的复杂度并提高预测准确度。剪枝方法包括预剪枝（Pre-Pruning）与后剪枝（Post-Pruning）两类。

预剪枝的思路是提前终止决策树的增长，即在形成完全拟合训练样本集的决策树之前就停止树的增长，避免决策树规模过大而产生过拟合。预剪枝有以下几种常用方法。

① 设置一个阈值，决策树层数大于阈值时停止生长。

② 设置一个阈值，决策树节点中样本数小于阈值时停止划分分支。

③ 设置一个阈值，当决策算法中不纯度度量的增益（如信息增益、信息增益率、Gini 指标等）低于阈值时，说明决策树的继续增长对于分类准确度提升已有限，此时停止增长。

④ 使用卡方检验，检验叶节点中样本是否与剩余未使用特征相互独立，若相互独立，则停止划分分支。

预剪枝策略经常需要先设置一个阈值，但如何选定阈值则成为一个重要问题。阈值选定过高容易导致欠拟合问题，而阈值选定过低又无法有效解决过拟合问题。

相比之下，后剪枝的思路更加复杂，也更为有效。后剪枝策略先让决策树完全生长，之后针对子树进行判断，用叶节点或者子树中最常用的分支替换子树，以此方式不断改进决策树，直至无法改进为止。因为后剪枝策略生成的是完全决策树，所以解决过拟合问题的效果更好，但是由于其需要生成完全决策树，时间复杂度较预剪枝要大很多。在这里简要介绍几种常用的后剪枝算法。图 3-12 所示是一棵未剪枝的完全决策树中的一棵子树。其中 T_3 为节点名，节点中左边的数字表示分类正确的样本数量，右边的数字表示分类错误的样本数量，可以看到 T_3 这棵子树覆盖了 17 条样本数据。

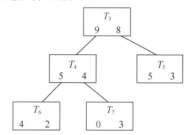

图 3-12　未剪枝的完全决策树中的一棵子树

错误率降低剪枝（Reduced Error Pruning，REP）是后剪枝策略中最简单的算法之一，该算法使用一个测试集进行测试，记录下对于决策树的每棵子树剪枝前后的误差数之差，选取误差数最少的子树进行剪枝，将其用样本中最多的类替换。按此步骤自底向上，遍历决策树的所有子树，当发现没有可替换的子树时，即每棵子树剪枝后的误差数都会增多，则剪枝结束。

REP 方法思路清晰，具有简单、快速的优点，在数据集较大时效果不错。但由于需要比对模型子树替换前后的预测错误率，因此需要从数据集中划分出单独的测试集，故而当数据集较小时，REP 策略的效果会有所下降。

3.1.4　分类性能评价

对于任何一个机器学习算法，当完成了模型的构建之后，都需要对模型的效果进行评价，通过对模型进行评估来调整模型的参数，使模型性能达到最优。下面对分类模型（分类器）中学习效果评价的一些方法和指标进行介绍。

在对结果进行分析时，常见的问题是容易混淆因果关系和相关性。例如，分析发现汽车保养比较规律的比保养不规律的更难出现意外事故，就认为保养规律与不发生意外事故呈现因果关系，而实际上，可能是因为保养规律的驾驶人更自律，或者是其更加认真遵守交通规则，所以，保养是否规律与是否发生意外事故只是相关关系。

在模型评价中容易出现主观性问题，由于数据采集或业务理解的局限，容易让分析人员认为某种方案的改进一定可以解决企业的问题，而没有综合数据、业务、场景等多个维度对模型分析结果进行解读，分析报告虽然很有逻辑性，看起来很合理，但是不符合企业实际应用场景，反而对企业决策产生负面作用。所以分析结果的评估需要业务专家参与，对结果的合理性、可理解性、实用性进行评估，使其具有落地的价值。

对于不同的分析任务，需要选择不同的指标作为衡量标准。例如在疾病预测时，需要着重关注召回率，而不是精确率，因为疾病在多数情况下是正例（不患病），反例（患病）较少，两个类的样本比例差别很大。例如 100 条记录中，5 次发现患病，其中 4 次为误报，1 次为识别正确，相较于全部识别为正常的精确率 99%，虽然精确率降低为 96%，但是召回率却由原来的 0 升到了 100%。虽然误报了疾病（经过复查可以排除），但是没有遗漏真正患病的人群。

1. 评价指标

在模型训练之前，需要将数据按照一定比例划分为训练集和测试集，其中训练集用于算法模型的训练，测试集用于模型的性能测试、评价。一般情况下，在模型评估与选择阶段，为确定模型的参数并对模型进行调优，训练集又被进一步按照特定方式（具体划分方式如交叉验证法、留一法等，将在本小节后文的评价方法中介绍）划分为训练集与检验集，训练集用于通过训练得出算法模型（分类模型）从而拟合数据，检验集用于评价模型的性能与表现，根据评价结果进行调整和参数的确定。训练集、检验集和测试集必须保持独立性，测试集不能以任何方式参与模型的创建。

对于一般分类问题，分类模型的评价指标除了前文提到过的训练误差和泛化误差，还有准确率、错误率等。假设检验集中有 n 个样本，其中有 k 个正确分类的样本，其准确率为 k/n，而错误率为 $1-k/n$。

对于常见的二分类问题，样本只有两种分类结果，将其定义为正例（Positive）与反例（Negative）。那么在进行分类时，对于一个样本，可能出现的分类情况共有 4 种。

① 样本为正例，被分类为正例，称为真正类（True Positive，TP）。

② 样本为正例，被分类为反例，称为假反类（False Negative，FN）。

③ 样本为反例，被分类为正例，称为假正类（False Positive，FP）。

④ 样本为反例，被分类为反例，称为真反类（True Negative，TN）。

下面介绍一些二分类问题中的评价指标。

① 准确率（Accuracy）：是分类模型正确分类的样本数（包括正例与反例）与样本总数的比值。公式如下（其中 TP、TN、FN、FP 表示相应类的样本个数）：

$$Accuracy = \frac{TP + TN}{TP + FN + FP + TN}$$

② 精确率（Precision）：是模型正确分类的正例样本数与总的正例样本数（即正确分类的正例样本数目与错误分类的正确样本数目之和）的比值。公式如下：

$$Precision = \frac{TP}{TP + FP}$$

③ 召回率（Recall，也称为查全率）：模型分类正确的正例样本数与分类为正例的样本总数（分类正确的正例和分类错误的反例之和）的比值，公式如下：

$$Recall = \frac{TP}{TP + FN}$$

在这些评价指标的基础上，由于精确率与召回率均只能反映某一个方面的问题，单独通过精确率或召回率评价模型的好坏并不一定全面，因此需要使用综合评价指标来对分类模型进行评价。F 值（F-Measure，又称 F-Score）为一种常用的分类模型综合评价指标，它是精确率与召回率的调和平均，能够综合体现两种指标，计算公式如下：

$$F = \frac{(\alpha^2 + 1) \times Precision \times Recall}{\alpha^2 Precision + Recall}$$

其中 α 为调和参数值，当 α 取值为 1 时，F 值就是最常见的 F_1 值，其计算公式为：

$$F_1 = \frac{2 \times \mathrm{Rrecision} \times \mathrm{Recall}}{\mathrm{Precision} + \mathrm{Recall}}$$

除了 F 值，受试者操作特征（Receiver Operating Characteristic，ROC）曲线也是一种常用的综合评价指标。假设检验集中共有 20 个样本，每个样本为正类（例）或反类（例），根据分类算法模型可以得出每个样本属于正类的概率，将样本按照此概率由高到低排列，如表 3-5 所示。

表 3-5　用于 ROC 曲线绘制的检验集

样本编号	分类	预测为正类的概率	样本编号	分类	预测为正类的概率
1	正类	0.98	11	正类	0.68
2	正类	0.96	12	正类	0.64
3	正类	0.92	13	正类	0.59
4	正类	0.88	14	正类	0.55
5	正类	0.85	15	反类	0.52
6	正类	0.83	16	正类	0.51
7	反类	0.82	17	正类	0.5
8	正类	0.8	18	反类	0.48
9	正类	0.78	19	正类	0.42
10	反类	0.71	20	反类	0.2

随后为绘制 ROC 曲线，将样本为正类的概率由高到低依次作为阈值 t，当样本为正类的概率大于 t 时，视其为正类，反之视其为反类。举例来说，若将样本 10 为正类的概率 0.71 作为阈值，则分类结果为样本 1～10 为正类，样本 11～20 为反类。ROC 曲线使用真正率 TPR=TP/(TP+FN) 作为竖轴，假正率 FPR=FP/(FP+TN) 作为横轴。对于每一个选定的阈值，均能产生一个对应的 ROC 曲线上的点。对应地，由 20 个阈值可以产生 20 个点，将 20 个点连接得到 ROC 曲线，如图 3-13 所示。

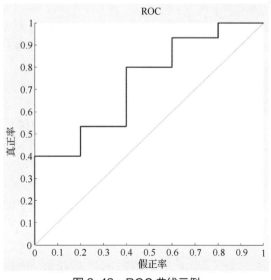

图 3-13　ROC 曲线示例

ROC 的曲线下面积称为 AUC，AUC 值越大，表示分类模型的预测准确性越高，ROC 曲线下越光滑，一般表示过拟合现象越轻。

相比其他评价指标，ROC 曲线的优势在于当检验集中的正负样本的分布发生变化时，ROC

曲线能够保持不变。相比之下，另一常用的评价曲线（Precision-Recall 曲线）则受正负样本的分布影响极大。例如，在样本中对每个反类样本复制 3 倍，使样本集大小扩充到 40，其中 10 个正类样本、30 个反类样本。在 ROC 曲线中，计算时反类样本量的变化对真正率与假正率均无影响，而在 Precision-Recall 曲线中，反类样本量的变化会对精度造成较大影响。

以上即常用的分类模型的评价指标，此外，分类模型的评价指标还包括算法的效率、稳健性、计算复杂性、简洁性和易用性等。

2．评价方法

（1）保留法

保留（Holdout）法是一种简单的验证方法。将样本集按照一定比例划分为训练集与检验集两个集合，两个集合中样本随机分配且不重叠。对于比例的确定，一般情况下，训练集会大于检验集，例如训练集占 70%，检验集占 30%，具体比例可结合实际情况进行确定。

虽然保留法比较简单，但是存在一些局限性。第一，因为保留法将样本集分为训练集与检验集，所以与交叉验证法等能够覆盖全部样本的验证方法相比，当样本集不够大时，其训练效果就会较差。第二，由于保留法需要确定固定比例对训练集与检验集进行分割，该比例的确定变得非常重要，如果训练集的比例较小，会导致训练效果不佳；如果训练集的比例较大，则检验集的检验效果不够可靠，因此两者的比例会在一定程度上影响模型的效果。

（2）蒙特卡洛交叉验证法

交叉验证（Cross-Validation），也称循环估计（Rotation Estimation），是统计分析中常见的结果评价方法，其核心思想是通过多次划分数据集，从而多次使用不同的训练集与检验集评价模型的好坏。蒙特卡洛交叉验证法，也称重复随机二次采样验证（Repeated Random Sub-Sampling Validation）法，这种验证方法将数据集随机划分为训练集与检验集，使用检验集检验训练集训练的模型效果，多次重复此过程取平均值作为模型好坏的评价标准。蒙特卡洛交叉验证法也可看作多次进行保留法，所以其仍存在保留法的一些问题。虽然是多次划分，但会受随机性的影响，有些样本可能多次出现在检验集中，有些可能从未出现在检验集中，导致结果评价不准确。

（3）k 折交叉验证法

k 折交叉验证（k-Fold Cross-Validation）法将样本集随机地划分为 k 个大小相等的子集，在每一轮交叉验证中，选择一个子集作为检验集，其余子集作为训练集，重复 k 轮，保证每一个子集都作为检验集出现，用 k 轮检验结果取平均值作为模型好坏的评价标准。最常用的 k 折交叉验证法为 10 折交叉验证法。

举例来说，假设 $k=2$，即将样本集分为两个子集 S_0 与 S_1，先使用 S_0 作为训练集，S_1 作为检验集，之后将两者对换，使用 S_1 作为训练集，S_0 作为检验集，之后取检验结果的平均值。

比较 k 折交叉验证法与蒙特卡洛交叉验证法，k 折交叉验证法的优势在于，所有的样本都作为训练样本与检验样本出现过，且每个样本恰好作为检验样本出现过一次，在很大程度上避免了划分训练集和检验集过程中的不确定性。但 k 折交叉验证法固定了训练集与检验集的比例为 $(k-1)∶1$，相比之下，蒙特卡洛交叉验证法则更加灵活。

（4）留一法

蒙特卡洛交叉验证法与 k 折交叉验证法在大多数情况下均为不彻底的交叉验证（Non-Exhaustive Cross-Validation）法，即并不考虑原始样本集的全部分类可能性。而留一（Leave-One-Out）法属于彻底的交叉验证（Exhaustive Cross-Validation）法，即考虑原始样本集所有分类可能的交叉验证方法。

留一法指每次检验集中只包含一个样本的交叉验证方法。考虑检验集大小为 1 的情况，共

有 $C_n^1 = n$ 种可能（n 为总的样本数），因此留一法进行 n 轮交叉验证，每轮均使用一个不同的样本作为检验集进行检验，其余样本作为训练集，综合 n 轮结果来评价模型的好坏。

更普遍的情况为留 p（Leave-p-Out）法，即每次使用 p 个样本作为检验集，其余样本作为训练集，共有 C_n^p 种可能的划分方法。留 p 法作为模型评价方法，有效地覆盖了各种可能的情况，但是显而易见，此方法的计算复杂度过高，当 p 设置得较大时，往往难以计算。

留一法作为留 p 法取 $p=1$ 时的情况，同时也是 k 折交叉验证中 k 取值为 n 的情况。留一法与留 p 法相比，没有那么大的计算复杂度，同时使用了尽量多的训练记录，检验集之间也保持了互斥关系。但是因为每个检验集只有一个记录，所有留一法评价模型的方差较高。而且虽然留一法相比留 p 法其计算复杂度大幅下降，但是与蒙特卡洛交叉验证法、k 折交叉验证法等常用交叉验证方法相比，其计算复杂度仍然要高得多。

（5）自助法

自助（Bootstrap）法是统计学中的一种有放回均匀抽样方法，即从一个大小为 n 的样本数据集 S 中构建一个大小为 n' 的训练样本集 S_t，需要进行 n' 次抽取，每次均可能抽取到 n 个样本中的任何一个。n' 次抽取之后，剩余的未被抽取到的样本组成检验集。因为自助法有放回抽样的特性，所以它对于小数据集的检验有着不错的效果。

3.2　集成学习

集成学习（Ensemble Learning）是机器学习中近年来的一大热门领域，其中的集成方法（Ensemble Method）是用多种学习方法的组合来获取比原方法更优的结果。用于组合的算法是弱学习算法，是分类正确率仅比随机猜测略高的学习算法，但是组合之后的效果仍可能高于弱学习算法，即集成之后的算法准确率和效率都很高。图 3-14 所示是通用的集成学习过程。

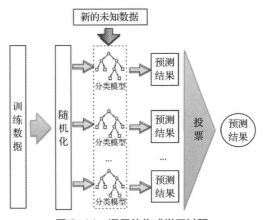

图 3-14　通用的集成学习过程

本节以决策树算法的组合为例，简要介绍装袋法、提升法、GBDT、XGBoost 随机森林等常用的集成分类算法。

3.2.1　装袋法

装袋（Bagging）法又称为引导聚集（Bootstrap Aggregating）算法，其原理是通过组合多个训练集的分类结果来提升分类效果。

假设有一个大小为 n 的训练样本集 S，装袋法是从样本集 S 中多次放回采样取出大小为 n'（$n'<n$）的 m 个训练集，对于每个训练集 S_i，均选择特定的学习算法（应用在决策树分类中即为 CART 算法等决策树算法），建立分类模型。对于新的测试样本，所建立的 m 个分类模型将返回 m 个预测分类结果，装袋法构建的模型最终返回的结果将是这 m 个预测结果中占多数的分类结果，即投票（Vote）中的多数表决。而对于回归问题，装袋法将采取平均值的方法得出最终结果。

装袋法由于多次采样，每个样本被选中的概率相同，噪声数据的影响减小，因此不太容易受到过拟合的影响。

【例 3.2】 使用 sklearn 库实现的决策树装袋法提升分类效果。其中 X 和 Y 分别是 Iris 数据集中的自变量（花的特征）和因变量（花的类别），Python 代码如下。

```
from sklearn.model_selection import KFold
from sklearn.model_selection import cross_val_score
from sklearn.ensemble import BaggingClassifier
from sklearn.tree import DecisionTreeClassifier
from sklearn import datasets
#加载 Iris 数据集
iris = datasets.load_iris()
X = iris.data
Y = iris.target
#分类器及交叉验证
seed = 42
kfold = KFold(n_splits=10, random_state=seed)
cart = DecisionTreeClassifier(criterion='gini',max_depth=2)
cart = cart.fit(X, Y)
result = cross_val_score(cart, X, Y, cv=kfold)
print("CART 树结果: ",result.mean())
model = BaggingClassifier(base_estimator=cart, n_estimators=100, random_state=seed)
result = cross_val_score(model, X, Y, cv=kfold)
print("装袋法提升后结果: ",result.mean())
```

其中，cart 为决策树分类器，model 为 sklearn 库中自带的装袋法分类器，两种算法的效果验证均采用 k 折交叉验证法，BaggingClassifier()方法中的 n_estimators 表示创建 100 个分类模型。运行之后的结果如下。

```
CART 树结果: 0.933333333333
装袋法提升后结果: 0.946666666667
```

可以看到装袋法对模型效果有一定提升。当然，提升程度与原模型的结构和数据质量有关。如果 CART 的深度设置为 3 或 5，原算法本身的效果就会比较好，装袋法可能就没有提升空间。

3.2.2 提升法

提升法与装袋法相比每次的训练样本均为同一组，并且引入了权重的概念，给每个单独的训练样本都会分配一个相同的初始权重。然后进行 T 轮训练，每一轮中使用一个分类方法训练出一个分类模型，使用此分类模型对所有样本进行分类并更新所有样本的权重：分类正确的样本权重降低，分类错误的样本权重增加，从而达到更改样本分布的目的。由此可知，每一轮训练后，都会生成一个分类模型，而每次生成的这个分类模型都会更加注意之前分类错误的样本，从而提高样本分类的准确率。对于新的样本，将 T 轮训练出的 T 个分类模型得出的预测结果加权平均，即可得出最终的预测结果。

在提升法中，有两个主要问题需要解决：一是如何在每轮算法结束之后根据分类情况更新样本的权重；二是如何组合每一轮算法产生的分类模型得出预测结果。根据解决这两个问题时使用的不同方法，提升法有着多种算法实现。下面以较有代表性的算法 AdaBoost 为例介绍提升法的实现过程。

假设训练样本集中共有 n 个样本。AdaBoost 以每一轮模型的错误率作为权重指标，结合样本分类是否正确来更新各样本的权重；在组合每一轮分类模型的结果时，同样根据每个模型的权重指标进行加权计算。假设 T 为最大训练迭代次数，每次迭代生成的弱分类器用 $h(x)$ 表示，具体算法思路如下。

① 首先，对于训练样本集中的第 i 个样本，将其权重设置为 $1/n$。

② 在第 j 轮的训练过程中，产生的加权分类错误率为 ε_j，若 ε_j 大于 0.5，表示此分类器错误率大于 50%，分类性能比随机分类还要差，则返回步骤①。

③ 计算模型重要性，计算公式如下：

$$\alpha_j = \frac{1}{2}\ln\frac{1-\varepsilon_j}{\varepsilon_j}$$

④ 调整样本权重，对于每个样本，有

$$w(j+1) = \begin{cases} \dfrac{w(j)\times \mathrm{e}^{-\alpha_j}}{Z_j}, & \text{分类正确} \\[3mm] \dfrac{w(j)\times \mathrm{e}^{\alpha_j}}{Z_j}, & \text{分类错误} \end{cases}$$

其中，Z_j 为确保所有权重加和为 1 的归一化因子。

⑤ 经过 T 轮模型构建，最终分类模型为：

$$H(x) = \mathrm{sign}\left(\sum_{j=1}^{T}\alpha_j h_j(x)\right)$$

其中，$h_j(x)$ 表示第 j 次迭代生成的弱分类器。

依靠这样的分类过程，AdaBoost 算法能够有效关注到每一轮分类错误的样本，每一轮迭代生成一个弱分类器，其准确性越高，在最终分类模型中所占的权重就越高，使最终分类结果的准确性与弱分类器相比，得到很大提升。

【例 3.3】 基于 sklearn 库中的提升法分类器对决策树进行优化，提高分类准确率。Python 代码如下。

```python
from sklearn.model_selection import KFold
from sklearn.model_selection import cross_val_score
from sklearn.ensemble import AdaBoostClassifier
from sklearn.tree import DecisionTreeClassifier
from sklearn import datasets
dataset_all = datasets.load_breast_cancer()
X = dataset_all.data
Y = dataset_all.target
seed = 42
kfold = KFold(n_splits=10, random_state=seed)
dtree = DecisionTreeClassifier(criterion='gini',max_depth=3)
dtree = dtree.fit(X, Y)
result = cross_val_score(dtree, X, Y, cv=kfold)
print("决策树结果: ",result.mean())
model = AdaBoostClassifier(base_estimator=dtree, n_estimators=100,random_state=seed)
result = cross_val_score(model, X, Y, cv=kfold)
print("提升法改进结果: ",result.mean())
```

其中，load_breast_cancer()方法加载乳腺癌数据集，自变量（细胞核的特征）和因变量（良性、恶性）分别赋给 X 和 Y 变量；dtree 为决策树分类器，model 为 sklearn 库中自带的 AdaBoost 分类器，两种算法的效果验证均采用 k 折交叉验证法；AdaBoostClassifier()构造方法中的 n_estimators 表示创建 100 个分类模型。运行之后的结果如下。

```
决策树结果：0.92969924812
提升法改进结果：0.970112781955
```

可以看到提升法对当前决策树分类器的分类效果改进较大。

3.2.3 GBDT 算法

梯度提升决策树（GBDT）是一种迭代决策树算法，主要用于回归，经过改进后也可用于实现分类任务。GBDT 的实现思想是构建多棵决策树，并将所有决策树的输出结果进行综合，得到最终的结果。

GBDT 算法的构建过程与分类决策树的类似，主要区别在于回归树节点的数据类型为连续数据，每一个节点均有一个具体数值，此数值是该叶节点上所有样本数值的平均值。同时，衡量每个节点的每个分支属性表现，不再使用熵、信息增益或 Gini 指标等纯度指标，而是通过最小化每个节点的损失函数值来进行每个节点处的分支划分。

回归树分支划分终止的条件为每个叶节点上的样本数值唯一，或者达到预设的终止条件，如决策树层数、叶节点个数达到上限。若最终存在叶节点上的样本数值不唯一，则仍以该节点上的所有样本的平均值作为该节点的回归预测结果。

提升决策树（Boosting Decision Tree）使用提升法的思想，结合多棵决策树来共同进行决策。首先介绍 GBDT 算法中的残差概念，残差值为真实值与决策树预测值之间的差。GBDT 算法采用平方误差作为损失函数，每一棵回归树都要学习之前所有决策树累加起来的残差，拟合得到当前的残差决策树。提升决策树是利用加法模型和前项分布算法来实现学习和过程优化。当提升树使用的是平方误差这种损失函数时，提升树每一步的优化会比较简单，然而当提升树中使用的损失函数为绝对值损失函数时，每一步的优化往往不那么简单。

针对此问题，弗里德曼（Friedman）于 1999 年提出了 GBDT 算法，利用梯度下降的思想，使用损失函数的负梯度在当前模型的值，作为提升决策树中残差的近似值，以此来拟合回归决策树。GBDT 的算法过程如下。

（1）初始化决策树，估计一个使损失函数最小化的常数构建一棵只有根节点的树。

（2）不断提升迭代：

① 计算当前模型中损失函数的负梯度值，作为残差的估计值；

② 估计回归树中叶节点的区域，拟合残差的近似值；

③ 利用线性搜索估计叶节点区域的值，使损失函数极小化；

④ 更新决策树。

（3）经过若干轮的提升迭代过程之后，输出最终的模型。

3.2.4 XGBoost 算法

对于 GBDT 算法的具体实现，最为出色的是 XGBoost 树提升系统，此模型的性能已得到广泛认可，并被大量应用于 Kaggle 等数据挖掘比赛中，取得了极好的效果。在 XGBoost 系统实现的过程中，对于 GBDT 算法进行了多方面的优化。由于诸多方面的优化实现，XGBoost 在性能和运行速度上都优于一般的 GBDT 算法。

XGBoost 算法是一种基于 GBDT 的算法，其基本思想与 GBDT 类似，每一次计算都要减少前一次的残差值，但 XGBoost 进行了优化，包括在损失函数中增加正则化项，缩减树权重和列采样，在工程实现方面采用行列块并行学习，减少时间开销。

假设有 K 棵树，$f_k(x_i)$ 为第 k 个基分类器对第 i 个样本的输出值（即树的叶节点值），将这 K 棵树对第 i 个样本进行求和就可以得到 $\hat{y}_i$，$\hat{y}_i$ 为这 K 棵树对第 i 个样本的预测结果。

$$\hat{y}_i = \sum_{k=1}^{K} f_k(x_i)$$

损失函数 L 计算所有的样本预测结果 $\hat{y}_i$ 和实际结果 y_i 之间的差异，用函数 l 进行表示。

$$L = \sum_{i=1}^{n} l(\hat{y}_i, y_i)$$

其中 n 为样本数量。优化目标是在损失函数的基础上再加上正则项，以避免过拟合的情况，提高模型性能。

$$\mathrm{Obj} = \sum_{i=1}^{n} l(\hat{y}_i, y_i) + \sum_{k=1}^{K} \Omega(f_k)$$

其中 Ω 为模型的正则项，$\Omega(f_k)$ 则表示控制第 k 棵树的复杂度，树结构复杂度由叶节点的数量 T 和叶节点权重 w 表征：

$$\Omega(f) = \delta T + \frac{1}{2} \lambda \|w\|^2$$

其中，ε 和 λ 是正则化系数，其值越大，正则化的惩罚效果就越强，损失值越大。叶节点的权重系统采用 L_2 正则化。通过最小化损失函数减小误差，最小化正则项减少方差，从而提高模型的泛化能力。

将目标函数 Obj 进一步简化，以减少未知量。根据 Boosting 算法的思想，当前预测结果是在前一轮结果的基础上进行提升得到的，可以得到下面公式：

$$\hat{y}_i^k = \hat{y}_i^{k-1} + f_k(x_i)$$

其中，$\hat{y}_i^k$ 是第 k 个模型给出的预测值，$\hat{y}_i^{k-1}$ 是第 $k-1$ 个模型给出的预测值。

$$\begin{aligned}
\mathrm{Obj}^k &= \sum_{i=1}^{n} l(y_i, \hat{y}_i^k) + \sum_{k=1}^{K} \Omega(f_k) \\
&= \sum_{i=1}^{n} l(y_i, \hat{y}_i^{k-1} + f_k(x_i)) + \sum_{k=1}^{K} \Omega(f_k)
\end{aligned}$$

在训练第 k 棵树时，前 $k-1$ 棵树已经生成，因此可将 $\hat{y}_i^{k-1}$、$\sum_{k=1}^{K-1} \Omega(f_k)$ 作为常数看待，故可将目标函数进一步简化：

$$\begin{aligned}
\mathrm{Obj}^k &= \sum_{i=1}^{n} l(y_i, \hat{y}_i^{k-1} + f_k(x_i)) + \Omega(f_k) + \sum_{k=1}^{K-1} \Omega(f_k) \\
&= \sum_{i=1}^{n} l(y_i, \hat{y}_i^{k-1} + f_k(x_i)) + \Omega(f_k)
\end{aligned}$$

求 Obj^k 的最小值需要计算 $f_k(x_i)$ 与 $\Omega(f_k)$。泰勒公式是用高阶函数上某一点的各阶导数作为系数，转换成一个多项式来近似表示函数：

$$f(x + \Delta x) \approx \frac{f(x)}{0!} + \frac{f'(x)}{1!}(\Delta x) + \frac{f''(x)}{2!}(\Delta x)^2$$

其中，将 Δx 看作一个无穷小的增量，可以将其类比于前一棵树的结果增量，将 $f(x)$ 视为 $l(y_i, \hat{y}_i^{k-1})$，将 $f(x + \Delta x)$ 视为 $l(y_i, \hat{y}_i^{k-1} + f_k(x_i))$，式中 $\hat{y}_i^{k-1}$ 为泰勒公式中的 x，$f_k(x_i)$ 为泰勒公式中的 Δx，可以得到如下目标函数。

$$\text{Obj}^k = \sum_{i=1}^{n} l(y_i, \hat{y}_i^{k-1} + f_k(x_i)) + \Omega(f_k)$$

$$= \sum_{i=1}^{n} [l(y_i, \hat{y}_i^{k-1}) + \partial_{\hat{y}^{k-1}} f_k(x_i) + \frac{1}{2} \partial_{\hat{y}^{k-1}}^2 f_k^2(x_i)] + \Omega(f_k)$$

其中，$\partial_{\hat{y}^{k-1}}$ 是 $f(x)$ 的一阶导数，$\frac{1}{2} \partial_{\hat{y}^{k-1}}^2$ 是 $f(x)$ 的二阶导数。由于训练第 k 棵树时前 $k-1$ 棵树已经确定，因此 $l\left(y_i, \hat{y}_i^{k-1}\right)$ 可作为常数，同时用抽象符号 g_i 表示一阶导数 $\partial_{\hat{y}^{k-1}}$，用 h_i 来表示二阶导数 $\partial_{\hat{y}^{k-1}}^2$。由于 g_i 和 h_i 是前 $k-1$ 棵树的一阶和二阶求导结果，因此可以认为 g_i 和 h_i 也为常数。上一步的预测结果与实际值的残差值 $l\left(y_i, \hat{y}_i^{k-1}\right)$ 作为常数，对当前优化没有影响，可以将其直接去除，因此最后把简化和优化目标集中到了第 k 棵树上。

$$\text{Obj}^k \approx \sum_{i=1}^{n} [l(y_i, \hat{y}_i^{k-1}) + \partial_{\hat{y}^{k-1}} f_k(x_i) + \frac{1}{2} \partial_{\hat{y}^{k-1}}^2 f_k^2(x_i)] + \Omega(f_k)$$

$$\rightarrow \sum_{i=1}^{n} g_i f_k(x_i) + \frac{1}{2} h_i f_k^2(x_i) + \Omega(f_k)$$

优化目标是计算所有 n 个样本的损失值之和，每个样本最终会落在某个叶节点上，可以将样本按照叶节点进行归组合并，即在目标函数中引入树的结构，以简化训练和优化的过程。

可以先假设有一棵结构已知的树，有以下几个重要的参数：

① $q_i(x)$ 表示样本 x 落到的叶节点；

② w_j 表示第 j 个叶节点的权重；

③ $I_j = \{i \mid q(x_i) = j\}$ 表示归属于叶节点 j 的样本集合。

一棵树的复杂度与其叶节点个数和叶节点权重有关，基于上述几个参数的定义，对于第 k 棵树上的第 i 个样本的目标函数 $f_k(x_i)$ 可以用 $w_{q(x_i)}$ 表示，相当于 x_i 落在 $q(x_i)$ 叶节点上的取值，即样本 i 最后落在的叶节点的权重。树的复杂度计算公式如下：

$$\Omega(f_k) = \varepsilon T + \frac{1}{2} \lambda \sum_{j=1}^{T} w_j^2$$

其中，叶节点的个数 T 和叶节点值 w_j 控制树的复杂度，这两个变量越小，树的复杂度就越低。将 ε 设置得比较大，叶节点个数 T 就小；将 λ 设置得比较大，可以控制 w_j。

将树的复杂度引入第 k 棵树的目标函数：

$$\text{Obj}^k = \sum_{i=1}^{n} [l(y_i, \hat{y}_i^{k-1}) + \partial_{\hat{y}^{k-1}} f_k(x_i) + \frac{1}{2} \partial_{\hat{y}^{k-1}}^2 f_k^2(x_i)] + \Omega(f_k)$$

$$= \sum_{i=1}^{n} [l(y_i, \hat{y}_i^{k-1}) + \partial_{\hat{y}^{k-1}} f_k(x_i) + \frac{1}{2} \partial_{\hat{y}^{k-1}}^2 f_k^2(x_i)] + \varepsilon T + \frac{1}{2} \lambda \sum_{j=1}^{T} w_j^2$$

$$= \sum_{j=1}^{T} [\text{constant} + g_i w_j + \frac{1}{2} h_i w_j^2] + \varepsilon T + \frac{1}{2} \lambda \sum_{j=1}^{T} w_j^2$$

$$= \sum_{j=1}^{T} \left[\left(\sum_{i \in I_j} g_i \right) w_j + \frac{1}{2} \left(\sum_{i \in I_j} h_i + \lambda \right) w_j^2 \right] + \varepsilon T$$

先从样本的角度去考虑问题，遍历所有的样本，对样本最后的取值进行求和。然后将每个叶节点内的样本进行运算就可以得到结果。

由于 $\sum\limits_{i \in I_j} g_i$ 和 $\sum\limits_{i \in I_j} h_i + \lambda$ 是常数，因此上式就是关于 w_j 的一个一元二次表达式。

$$\text{Obj}^k = \sum_{j=1}^{T}\left[G_j w_j + \frac{1}{2}(H_j+\lambda)w_j^2\right]+\varepsilon T$$

其中 $G_j=\sum_{i\in I_j}g_i$, $H_j=\sum_{i\in I_j}h_i$，求解目标函数的最小值和最小值对应的 w_j：

$$w_j^* = -\frac{G_j}{H_j+\lambda}$$

将极值点代入目标函数，可得最优结果：

$$\text{Obj}^* = -\frac{1}{2}\sum_{j=1}^{T}\frac{G_j^2}{H_j+\lambda}+\gamma T$$

枚举所有树从而找到最佳的第 k 棵树是 NP 困难问题，XGBoost 通过贪心的思想对当前最优划分点进行搜索，从而生成一棵树。

在节点划分分支前的优化目标：

$$\text{Obj}_{old}^* = -\frac{1}{2}\sum_{j=1}^{T}\frac{(G_L+G_R)^2}{H_L+H_R+\lambda}+\gamma T$$

其中，令 I_L 和 I_R 分别表示加入划分点后左右叶子节点的样本集合，有 $I=I_L\cup I_R$，G_L 和 G_R 分别是划分前左右子节点的一阶求导计算结果：

$$G_L = \sum_{i\in I_L}g_i,\quad G_R = \sum_{i\in I_R}g_i$$

H_L 和 H_R 分别是划分前左右子节点的二阶求导计算结果：

$$H_L = \sum_{i\in I_L}h_i,\quad H_R = \sum_{i\in I_R}h_i$$

节点划分分支后的优化目标：

$$\text{Obj}_{new}^* = -\frac{1}{2}\sum_{j=1}^{T}\frac{G_L^2}{H_L+\lambda}+\frac{G_R^2}{H_R+\lambda}+2\gamma T$$

划分后的增益计算公式：

$$\text{Gain} = \text{Obj}_{old}^* - \text{Obj}_{new}^* = \frac{1}{2}\sum_{j=1}^{T}\left[\frac{G_L^2}{H_L+\lambda}+\frac{G_R^2}{H_R+\lambda}-\frac{(G_L+G_R)^2}{H_L+H_R+\lambda}\right]-\gamma T$$

最优划分点搜索算法实现的过程如下：
① 初始化增益 Gain 的值为 0，对每个节点循环穷举所有特征；
② 对样本数据进行特征值排序；
③ 计算每个特征对应的 G_L、G_R、H_L 和 H_R；
④ 计算增益 Gain，如果超过最高值。则将其作为最高值；
⑤ 将最高值的特征作为最优划分点。

通过贪心算法可以得到最优的生成树，并且非常精确枚举所有可能的划分点，但当数据量太大时无法读入内存，则不能进行精确搜索划分，需要通过近似的方法进行树结构的求解，其基本原理是按照特征分布的百分位数（Percentile）选择候选划分点。

在实际应用中，会遇到稀疏特征，比如数据本身有缺失或人工设计的特征（如独热编码）。很多机器学习算法没有具体办法处理稀疏数据，XGBoost 训练数据的时候，它使用没有缺失的数据去进行分支划分。然后将特征上缺失的数据尝试放在左右节点上，看哪个分数高，缺失数据就放哪个分支节点上。把缺失值分配到的分支称为默认分支。

【例3.4】 下面是在 Python 环境下使用 XGBoost 模型进行回归的调用示例，首先用 pandas 构造一个最简单的数据集 df，其中 x 的值为[1,2,3]，y 的值为[10,20,30]，并构建训练集矩阵

T_train_xgb。代码如下。

```
import pandas as pd
import xgboost as xgb
df = pd.DataFrame({'x':[1,2,3], 'y':[10,20,30]})
X_train = df.drop('y',axis=1)
Y_train = df['y']
T_train_xgb = xgb.DMatrix(X_train, Y_train)
params = {"objective": "reg:linear", "booster":"gblinear"}
gbm = xgb.train(dtrain=T_train_xgb,params=params)
Y_pred = gbm.predict(xgb.DMatrix(pd.DataFrame({'x':[4,5]})))
print(Y_pred)
```

调用 XGBoost 中的 train() 方法进行训练，参数 objective 表示学习目标，此处 reg:linear 代表使用线性回归的方法，booster 参数是控制每一步提升的方式，这里使用线性模型 gblinear，另外可选择 gbtree，即基于树的模型。除上述参数外，还可设置学习目标参数（Objective）的度量方法（eval_metric）和随机数种子（Seed）。

训练完成之后，调用模型的 predict() 方法进行预测，在本例中分别预测 4 和 5 的 y 值并输出，结果为：[36.4323616,44.29177475]。

3.2.5　随机森林算法

随机森林算法是专为决策树分类器设计的集成方式，是装袋法的一种拓展。随机森林与装袋法采取相同的样本抽取方式。装袋法中的决策树每次从所有属性中选取一个最优的属性作为其分支属性，而随机森林算法每次从所有属性中随机抽取 F 个属性，然后从这 F 个属性中选取一个最优的属性作为其分支属性，这样就使得整个模型的随机性更强，从而使模型的泛化能力更强。而参数 F 的选取，决定了模型的随机性，若样本属性共有 M 个，$F=1$ 意味着随机选择一个属性来作为分支属性，$F=$属性总数时就变成了装袋法集成方式，通常 F 的取值为小于 $\log_2(M+1)$ 的最大整数。而随机森林算法使用的弱分类决策树通常为 CART 算法。

随机森林算法思路简单、易实现，却有着比较好的分类效果。

【例3.5】使用 sklearn 库中的随机森林算法和决策树算法进行效果对比，数据集由生成器随机生成，示例代码如下。

```
from sklearn.model_selection import cross_val_score
from sklearn.datasets import make_blobs
from sklearn.ensemble import RandomForestClassifier
from sklearn.ensemble import ExtraTreesClassifier
from sklearn.tree import DecisionTreeClassifier
import matplotlib.pyplot as plt
X, y = make_blobs(n_samples=1000, n_features=6, centers=50,
    random_state=0)
pyplot.scatter(X[:, 0], X[:, 1], c=y)
pyplot.show()
```

首先，使用 sklearn 中自带的取类数据生成器（make_blobs）随机生成测试样本，make_blobs()方法中 n_samples 表示生成的样本数量；n_features 表示每个样本的特征数量；centers 表示类别数量；random_state 表示随机种子数。在这里，生成了 1000 个样本，每个样本特征数为 6 个，总共有 50 个类别，可视化后结果如图 3-15 所示。

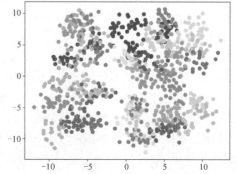

图 3-15　聚类数据生成器随机生成的样本可视化

构造决策树分类模型（Decision Tree Classifier）和随机森林模型（Random Forest Classifier）代码如下。

```
clf = DecisionTreeClassifier(max_depth=None,min_samples_split=2,random_state=0)
scores = cross_val_score(clf, X, y)
print("DecisionTreeClassifier result:",scores.mean())
clf = RandomForestClassifier(n_estimators=10, max_depth=None,
    min_samples_split=2, random_state=0)
scores = cross_val_score(clf, X, y)
print("RandomForestClassifier result:",scores.mean())
```

其中，决策树分类器参数最大深度不做限制（max_depth 为 None），而 min_sample_split 限制为 2，表示叶节点最少是 2 个。随机森林模型初始化参数中的 n_estimators 表示最大的弱学习器的个数。如果设置的值太小，模型容易欠拟合；如果太大，计算量会较大，并且超过一定的数量后，模型性能提升很小，因此一般结合样本数量选择一个适中的数值，默认值为 100。运行代码之后输出结果如下。

```
DecisionTreeClassifier result: 0.955873015873
RandomForestClassifier result: 0.992857142857
```

从模型结果看，随机森林的效果较好，其原因是在随机森林模型中构建树的时候，样本由训练集有放回抽样得到。此外，在构建树的过程中，节点划分分支时，选择的划分分点不是所有属性中的最佳划分分点，而是属性的一个随机子集中的最佳划分分点。由于这种随机性，相对于单棵非随机树，随机森林的偏差通常会有所增大，但是由于取了平均，其方差也会减小，通常能够补偿偏差的增加，从而产生一个总体上更好的模型。

在 sklearn 库中还可以构造一个极限随机森林（Extra Trees Classifier），并使用相同的数据集进行测试，代码如下。

```
clf = ExtraTreesClassifier(n_estimators=10, max_depth=None,
    min_samples_split=2, random_state=0)
scores = cross_val_score(clf, X, y)
print("ExtraTreesClassifier result:",scores.mean())
```

运行之后的结果如下。

```
ExtraTreesClassifier result: 0.998095238095
```

从结果可以看到其效果较随机森林更好，原因是在极限随机树中，计算划分点方法中的随机性进一步增强。相较于随机森林，其阈值是针对每个候选特征随机生成的，并且选择最佳阈值进行，这样能够减小一些模型的方差，总体上效果更好。

习题

1. 分类解决什么问题？
2. 常用的分类算法有哪些？举例说明其应用。
3. 简述决策树的生成过程。
4. 总结常用的决策树 C5.0、CHAID、CART 等算法的分裂标准。
5. 举例说明连续属性离散化的几种方法。
6. 什么是过拟合问题？如何判断过拟合？
7. 如何减少过拟合？
8. 在决策树的训练过程中，如何通过剪枝减少过拟合？举例说明。
9. 决策树的学习质量如何评价？
10. ROC 曲线如何绘制？它的主要功能是什么？

11. AUC 与 ROC 曲线的关系是什么？

12. 阅读文献，讨论 k 折交叉校验法。

13. 集成学习的基本原理是什么？举例说明集成学习的应用。

14. 讨论 GBDT 算法的过程以及应用。

15. 以随机森林为例，讨论集成学习能否提高分类的性能。

16. 举例说明决策树在实际分类项目中的应用。

17. 计算整个 Adult 数据集中性别属性的 Gini 指标值和信息增益。

第 4 章
聚类分析

聚类分析是一种典型的无监督学习算法，用于对未知类别的样本进行划分，将它们按照一定的规则划分成若干个类簇，把相似（距离相近）的样本聚在同一个类簇中，把不相似的样本分为不同类簇，从而揭示样本之间内在的性质以及联系规律。聚类算法在银行、零售、保险、医学、军事等诸多领域有着广泛的应用。

本章主要内容包括聚类分析概述、聚类分析的度量指标、聚类方法，重点介绍基于划分的方法、基于密度的方法、基于层次的方法、基于网格的方法和基于模型的方法，并结合实例讲解聚类算法的应用。

4.1 聚类分析概述

聚类分析研究的是将未标记的样本自动划分成多个类簇。在日常生活中，常常需要将信息进行归类，构建知识体系。在人类的认知过程中，会遇到许多没有见过的新对象，将这些对象划分为不同类别的过程，相当于机器学习中的聚类分析，需要根据对象本身的特征进行划分。但聚类算法不会提供每个类簇的语义解释，这部分需要由分析人员进行归纳总结。

聚类分析在销售、医学、生物学等领域都有着重要的应用，下面介绍几个在特定领域应用聚类分析的例子。

（1）在销售领域，随着竞争变得更加激烈，各销售商需要应对日益增长的个性化、精准化客户服务体验要求。利用聚类分析对客户历史数据进行分析，对客户划分类别，刻画不同客户群体的特征，从而深入挖掘客户潜在需求，改善服务质量，增强客户黏性。

（2）在医学领域，对图像进行分析，挖掘疾病的不同临床特征，辅助医生进行临床诊断。聚类算法被用于图像分割，把原始图像分成若干个特定的、具有独特性质的区域并提取特征。

（3）在生物学领域，将聚类算法用于推导动植物分类。以往对动植物的认知往往是基于外表和习性建立的，应用聚类分析按照功能对基因聚类，获取不同物种之间的基因关联。

4.1.1 聚类算法分类

聚类算法的应用十分广泛，对于聚类算法的研究也很多。有些方法的原理比较简单，而有些方法可能融合了几种不同的聚类算法，甚至融合了其他类别的分析方法，如统计理论、神经网络等。本小节将根据聚类规则及规则的应用方法，对常见的聚类算法进行分类。

1. 基于划分的方法

给定一个包含 n 个样本的数据集，基于划分的方法（Partitioning Method）就是将 n 个样本按照特定的度量划分为 k 个簇（$k \leq n$），使得每个簇至少包含一个对象，每个对象属于且仅属于一个簇，而且簇之间不存在层次关系。

基于划分的方法大多是基于距离来划分样本的。首先对样本进行初始划分，然后计算样本间的距离，重新对数据集中的样本进行划分，将样本划分到距离更近的簇中，得到一个新的样本划分，迭代计算直到聚类结果满足用户指定的要求。典型的算法有 k-均值算法和 k-medoids 算法。

要得到最优的聚类结果，算法需要穷举数据集所有可能的划分情况，但是在实际应用中数据量都比较大，利用穷举方法进行聚类显然是不现实的。因此大部分基于划分的聚类方法采用贪心策略，即在每一次划分过程中寻求最优解，然后基于最优解进行迭代计算，逐步提高聚类结果的质量。虽然这种方式有可能得到局部最优结果，但是结合效率方面考虑，也是可以接受的。

2. 基于层次的方法

基于层次的方法（Hierarchical Method）是按层次对数据集进行划分。层次聚类的过程可分为自底向上的凝聚方法和自顶向下的分裂方法。凝聚方法将初始数据集中的每个样本独立当作一个簇，然后根据距离、密度等度量方法，逐步将样本合并，直到将所有的样本都合并到一个簇中，或满足特定的算法终止条件。分裂方法将初始数据集中的所有样本点都当作一个簇，在迭代过程中逐步将上层的簇进行分解得到更小的新簇，直到所有簇中都只包含一个单独的样本，或满足特定的算法终止条件。在应用过程中，可以根据需求对指定层数的聚类结果进行截取。

在分裂方法中，对上层的簇进行分裂得到下层的簇时，若该簇中包含 n 个样本，则共有 n 的指数级种可能的分裂情况。实际应用中 n 的值一般都比较大，若要考虑所有的分裂情况，则计算量非常大。因此分裂方法采用启发式的方法进行分裂，且一旦分裂步骤完成，则不回溯考量其他分裂情况是否具有更佳的性能。分裂方法可能会导致质量不佳的聚类结果，考虑到这一点，对凝聚方法的研究要多于分裂方法。

3. 基于密度的方法

大部分基于划分的方法采用距离度量来对数据集进行划分，在球状的数据集中能够正确划分，但是在非球状的数据集中则无法对样本进行正确聚类，并且受到数据集中的噪声数据影响较大。基于密度的方法（Density-based Method）可以克服这两个弱点。

基于密度的方法提出"密度"的思想，即给定邻域中样本点的数量，当邻域中密度达到或超过密度阈值时，将邻域内的样本包含到当前的簇中。若邻域的密度不满足阈值要求，则当前的簇划分完成，对下一个簇进行划分。基于密度的方法可以对数据集中的离群点进行检测和过滤。

4. 基于网格的方法

基于网格的方法（Grid-based Method）将数据集空间划分为有限个网格单元，形成一个网络结构，在后续的聚类过程中，以网格单元为基本单位进行聚类，而不是以样本为单位。由于算法处理时间与样本数量无关，只与网格单元数量有关，因此这种方法在处理大数据集时效率很高。基于网格的方法可以在网格单元划分的基础上，与基于密度的方法、基于层次的方法等结合使用。

5. 基于模型的方法

基于模型的方法（Model-based Method）假定数据集满足一定的分布模型，找到这样的分布模型，就可以对数据集进行聚类。基于模型的方法主要包括基于统计和基于神经网络的模型两大类，前者以高斯混合模型（Gaussian Mixture Model，GMM）为代表，后者以自组织映像为代表。目前以基于统计模型的方法为主。

4.1.2 良好聚类算法的特征

聚类算法都有特定的应用场景，在聚类算法的实际应用中，需要根据数据集的特点和挖掘目标选择合适的聚类算法，从而得到较优的聚类结果，即较高类内相似性和较低类间相似性。一个良好的聚类算法应当具有以下特征。

（1）良好的可伸缩性。聚类算法不仅能在小数据集上拥有良好性能，得到较好聚类结果，而且在处理大数据集时同样有较好的表现。这里的大数据集表现为数据量大、数据维度多。

（2）处理不同类型数据的能力。聚类算法不仅能够对数值型的数据进行聚类，也能够对诸如图像、文档、序列等复杂数据进行聚类，甚至在多种类型的混合数据集中有良好的表现。

（3）处理噪声数据的能力。实际应用中，数据集的质量往往不理想，包含很多噪声数据。一个良好的聚类算法能降低噪声数据对聚类结果的影响，在低质量数据集中同样能够得到不错的聚类结果。

（4）对样本顺序的不敏感性。良好的聚类算法应当不受输入数据顺序的影响，数据以任意顺序输入都能够得到相同的聚类结果。

（5）约束条件下的表现。实际应用场景中，聚类算法需要受到应用背景的约束。良好的聚类算法在约束条件下同样能够对数据集进行良好的聚类，并且得到高质量聚类结果。

（6）易解释性和易用性。不是所有的聚类分析使用者都是数据分析专家，对于用户来说，聚类分析算法应该方便使用，且聚类得到的结果应容易解释。

4.2　聚类分析的度量

聚类分析的度量指标用于对聚类结果进行评判，分为外部指标和内部指标两大类。外部指标指用事先指定的聚类模型作为参考来评判聚类结果的好坏；内部指标是指不借助任何外部参考，只用参与聚类的样本评判聚类结果的好坏。聚类的目标是得到较高的簇内相似度和较低的簇间相似度，使得簇间的距离尽可能大，簇内样本与簇中心的距离尽可能小。

聚类得到的簇可以用聚类中心、簇大小、簇密度和簇描述等来表示。聚类中心是一个簇中所有样本点的均值（质心）；簇大小表示簇中所含样本的数量；簇密度表示簇中样本点的紧密程度；簇描述是簇中样本的业务特征。

4.2.1 外部指标

对于含有 n 个样本点的数据集 S，其中有两个不同的样本点 x_i、x_j，假设 C 是聚类算法给出的簇划分结果，PP 是外部参考模型给出的簇划分结果，那么对于样本点 x_i、x_j 来说，存在以下 4 种关系。

SS：x_i、x_j 在 C 和 PP 中属于相同的簇。

SD：x_i、x_j 在 C 中属于相同的簇，在 PP 中属于不同的簇。

DS：x_i、x_j 在 C 中属于不同的簇，在 PP 中属于相同的簇。

DD：x_i、x_j 在 C 和 PP 中属于不同的簇。

令 a、b、c、d 分别表示 SS、SD、DS、DD 所对应的关系数目，由于 x_i、x_j 之间的关系必定为 4 种关系中的一种，且仅能存在一种关系，因此有：

$$a+b+c+d = C_n^2 = \frac{n(n-1)}{2}$$

根据 a、b、c、d 的值，可以得出下列常用的外部度量指标。

① Rand 统计量（Rand Statistic）：

$$R = \frac{a+d}{a+b+c+d}$$

② F 值（F-Score）：

$$P = \frac{a}{a+b}; \quad R = \frac{a}{a+c}$$

P 表示准确率，R 表示召回率。

$$F = \frac{(\beta^2+1)PR}{\beta^2 P + R}$$

β 是参数，当 $\beta=1$ 时，就是最常见的 F-Score。

③ 杰卡德系数（Jaccard Coefficient）：

$$J = \frac{a}{a+b+c}$$

④ FM 指数（Fowlkes and Mallows Index）：

$$FM = \sqrt{\frac{a}{a+b} \cdot \frac{a}{a+c}}$$

以上 4 个度量指标的值越大，表明聚类结果和参考模型直接的划分结果越吻合，聚类结果就越好。

4.2.2 内部指标

1. 样本点与聚类中心的距离度量

内部指标不借助外部参考模型，利用样本点和聚类中心之间的距离来衡量聚类结果的好坏。

在聚类分析中，对于两个 m 维样本 $x_i = (x_{i1}, x_{i2}, \cdots, x_{im})$ 和 $x_j = (x_{j1}, x_{j2}, \cdots, x_{jm})$，常用的距离度量有欧氏距离、曼哈顿距离、切比雪夫距离和闵可夫斯基距离等。

（1）欧氏距离

欧氏距离是欧氏空间中两点之间的距离，是最容易理解的距离计算方法，其计算公式如下：

$$\text{dist}_{\text{ed}} = \sqrt{\sum_{k=1}^{m}(x_{ik} - x_{jk})^2}$$

（2）曼哈顿距离

曼哈顿距离也称城市街区距离。欧氏距离表明了空间中两点间的直线距离，但是在城市中，两个地点之间的实际距离是要沿着道路行驶的距离，而不能计算直接穿过大楼等的直线距离，曼哈顿距离就用于度量这样的实际行驶距离。

$$\text{dist}_{\text{mand}} = \sum_{k=1}^{m} |x_{ik} - x_{jk}|$$

（3）切比雪夫距离

切比雪夫距离是向量空间中的一种度量，将空间坐标中两个点的距离定义为其各坐标数值差绝对值的最大值。切比雪夫距离在国际象棋棋盘中，表示国王从一个格子移动到另外一个格子所走的步数。

$$\text{dist}_{\text{cd}} = \lim_{t \to \infty} \left(\sum_{k=1}^{m} |x_{ik} - x_{jk}|^t \right)^{\frac{1}{t}}$$

（4）闵可夫斯基距离

闵可夫斯基距离是欧氏空间的一种测度，是一组距离的定义，被看作欧氏距离和曼哈顿距离的一种推广。

$$\text{dist}_{\text{mind}} = \sqrt[t]{\sum_{k=1}^{m} |x_{ik} - x_{jk}|^t}$$

其中 t 是一个可变的参数，根据 t 取值的不同，闵可夫斯基距离可以表示一类距离。当 $t=1$ 时，闵可夫斯基距离就变成了曼哈顿距离；当 $t=2$ 时，闵可夫斯基距离就变成了欧氏距离；当 $t \to \infty$ 时，闵可夫斯基距离就变成了切比雪夫距离。

2. 聚类性能度量

根据空间中点的距离度量，可以得出以下聚类性能度量内部指标。

（1）紧密度

紧密度（Compactness）是每个簇中的样本点到聚类中心的平均距离。对于有 n 个样本点的簇 c 来说，该簇的紧密度为：

$$\text{CP}_c = \frac{1}{n} \sum_{i=1}^{n} \|x_i - w_c\|$$

其中，x_i 为第 i 个样本，w_c 为簇 c 的聚类中心。

对于聚类结果，需要使用所有簇紧密度的平均值来衡量聚类结果的好坏，假设总共有 k 个簇：

$$\text{CP} = \frac{1}{k} \sum_{i=1}^{k} \text{CP}_i$$

紧密度的值越小，表示簇内样本点的距离越近，即簇内样本的相似度越高。

（2）分隔度

分隔度（Seperation）是各簇的聚类中心 c_i、c_j 两两之间的平均距离，其计算公式如下：

$$SP = \frac{2}{k^2 - k} \sum_{i=1}^{k} \sum_{j=i+1}^{k} \left\| c_i - c_j \right\|$$

分隔度越大，表示各聚类中心之间的距离越远，即簇间样本的相似度越低。

（3）戴维斯–堡丁指数

戴维斯–堡丁指数（Davies-Bouldin Index，DBI）衡量任意两个簇的簇内距离之和与簇间距离之比，求其最大值。首先定义簇中 n 个 m 维样本点之间的平均距离 avg。

$$avg = \frac{2}{n(n-1)} \sum_{1 \leqslant i < j \leqslant j} \sqrt{\sum_{t=1}^{m} (x_{it} - x_{jt})^2}$$

根据两个簇内样本间的平均距离，可以得出 DBI 的计算公式如下，其中 c_i、c_j 表示簇 C_i、C_j 的聚类中心。

$$DBI = \frac{1}{k} \sum_{i=1}^{k} \max_{j \neq i} \left(\frac{avg(C_i) + avg(C_j)}{\left\| c_i - c_j \right\|_2} \right)$$

DBI 的值越小，表示簇内样本之间的距离越小，同时簇间距离越大，即簇内样本的相似度高，簇间样本的相似度低，说明聚类结果越好。

（4）邓恩指数

邓恩指数（Dunn Validity Index，DVI）是计算任意两个簇的样本点的最短距离与任意簇中样本点的最大距离之商。假设聚类结果中有 k 个簇，其计算公式如下：

$$DVI = \frac{\min\limits_{0 < m \neq n \leqslant k} \left\{ \min\limits_{\forall x_i \in C_m, x_j \in C_n} \left\{ \left\| x_i - x_j \right\|_2 \right\} \right\}}{\max\limits_{0 < n \leqslant k} \max\limits_{\forall x_i, x_j \in C_n} \left\{ \left\| x_i - x_j \right\|_2 \right\}}$$

DVI 的值越大，表示簇间样本距离越远，簇内样本距离越近，即簇间样本的相似度越低，簇内样本的相似度越高，聚类结果越好。

4.3　基于划分的聚类

基于划分的聚类是一种简单、常用的聚类方法，通过将对象划分为互斥的簇进行聚类，每个对象属于且仅属于一个簇。划分结果旨在使簇间的样本相似性低，簇内的样本相似度高。基于划分的聚类的常用算法有 k-均值、k-medoids、k-prototype 等。

4.3.1　k-均值算法

k-均值算法是聚类算法中比较简单的一种基础算法，是数据挖掘领域公认的十大经典算法之一。其优点是计算速度快、易于理解。k-均值算法是基于划分的聚类算法，计算样本点与类簇质心的距离，与类簇质心相近的样本点划分为同一类簇。

k-均值算法中样本间的相似度是由它们之间的距离决定的，距离越近，说明相似度越高；反之，则说明相似度越低。通常用距离的倒数表示相似度的值，其中常见的距离计算方法有欧氏距离和曼哈顿距离，具体公式和介绍参照 4.2 节。其中，欧氏距离更为常用。

k-均值算法聚类步骤如下。

① 首先选取 k 个类簇（k 需要用户指定）的质心，通常是随机选取。

② 对剩余的每个样本点，计算它们到各个质心的欧氏距离，并将其归入相互间距离最小的质心所在的簇。计算各个新簇的质心。

③ 在所有样本点都划分完毕后，根据划分情况重新计算各个簇的质心所在位置，然后迭代计算各个样本点到各簇质心的距离，对所有样本点重新进行划分。

④ 重复步骤②和步骤③，直到迭代计算后，所有样本点的划分情况保持不变，此时说明 k-均值算法已经得到了最优解，将运行结果返回。

k-均值算法的运行过程如图 4-1 所示。

算法最主要的问题是如何让算法保证收敛，即如何确定所有样本点的划分情况保持不变。这里给出一个度量公式，称为平方误差。该公式用来说明聚类效果能使各个簇内距离平方和达到最小。

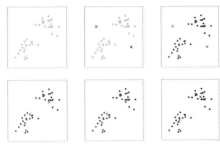

$$J(c,\mu) = \sum_{i=1}^{n} \left\| x^{(i)} - \mu_{c(i)} \right\|^2$$

其中 $J(c,\mu)$ 表示每个样本点到其所在簇距离的平方

图 4-1　k-均值算法的运行过程

和，$\mu_{c(i)}$ 表示第 i 个样本所属簇的质心，$J(c,\mu)$ 越小，所有样本点与其所在簇的距离整体越小，则样本划分质量越好。k-均值算法的终止条件就是 $J(c,\mu)$ 收敛到最小值。但是要让 $J(c,\mu)$ 收敛到最小值，需要对所有样本点可能的类簇划分情况进行考察，这是一个 NP 困难问题，因此 k-均值算法采用贪心策略进行求解。

为了实现聚类，如何求得这个目标函数的最小值呢？首先将平方误差公式进行变形，以一维数据为例：

$$J = \sum_{i=1}^{k} \sum_{x_j \in \mu_i} (x_j - \mu_i)^2 \text{（第 } j \text{ 个样本第 } i \text{ 个簇）}$$

对上式 J 进行变换得到：

$$\frac{\partial J}{\partial \mu_i} = \frac{\partial}{\partial \mu_i} \sum_{i=1}^{k} \sum_{x_j \in \mu_i} (x_j - \mu_i)^2$$

$$= \sum_{i=1}^{k} \sum_{x_j \in \mu_i} \frac{\partial}{\partial \mu_i} (x_j - \mu_i)^2$$

$$= (-2) \cdot \sum_{x_j \in \mu_i} (x_j - \mu_i)$$

当 $(-2) \cdot \sum_{x_j \in \mu_i} (x_j - \mu_i) = 0$ 时，$\mu_i = \frac{1}{|c_i|} \sum_{x_j \in \mu_i} x_j$，即最优化的结果就是计算簇的均值，其中 $|c_i|$ 表示第 i 类样本的个数。

在实际应用过程中，存在数据集过大而导致算法收敛速度过慢无法得到有效结果的情况。在这样的情况下，可以为 k-均值算法指定最大收敛次数或指定簇中心变化阈值，当算法运行达到最大收敛次数或簇中心变化率小于某个阈值时，算法停止运行。

与其他聚类算法相比，k-均值算法原理简单，容易实现，且运行效率比较高，算法的时间复杂度是 $O(nkt)$，其中 n 是所有对象数目，t 是迭代次数，通常 k、t 都远远小于 n。且对于大数据集，算法是相对可伸缩的，可以指定最大迭代次数，可在牺牲一定准确度的情况下提升算法的运行效率。由于 k-均值算法原理简单，因此算法的聚类结果容易解释，适用于高维数据的聚类。

k-均值算法的缺点也是非常明显的，由于算法采用了贪心策略对样本点进行聚类，导致算法容易局部收敛，在大规模的数据集上求解速度较慢。k-均值算法对离群点和噪声点非常敏感，少量的离群点和噪声点可能对算法求平均值产生极大影响，从而影响算法的聚类结果。

k-均值算法中初始聚类中心的选取也对算法结果影响很大，不同的初始聚类中心可能会导致不同的聚类结果。对此，研究人员提出 k-均值++算法，其思想是使初始聚类中心的相互距离尽可能远。算法步骤如下。

① 从样本集 S 中随机选择一个样本点 c_1 作为第 1 个聚类中心。

② 计算其他样本点 x 到最近的聚类中心的距离 $d(x)$。

③ 以概率 $\dfrac{d(x)^2}{\sum_{x \in S} d(x)^2}$ 选择一个新样本点 c_i 加入聚类中心点集合中，其中距离 $d(x)$ 越大，样本点被选中的可能性越高。

④ 重复步骤②和③选定 k 个聚类中心。

⑤ 基于这 k 个聚类中心进行 k-均值运算。

此外，k-均值算法不适用于非凸面形状（非球形）的数据集，例如图 4-2 所示的例子，k-均值算法的聚类结果就与初始目标有非常大的差别。

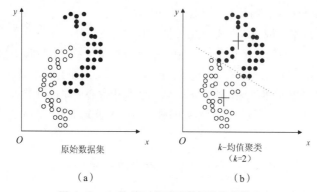

图 4-2　k-均值对非球形数据的聚类结果

使用 k-均值聚类算法时，需要注意以下两个问题。

① 模型的输入数据为数值型数据（如果是离散变量，需要作哑变量处理）。

② 需要将原始数据进行标准化处理（防止不同量纲对聚类产生影响）。

k-均值算法中，k 值（即期望得到的类簇个数）的选取对聚类结果的影响非常大，如果事先能够知道所有样本点中有多少个簇，或者对簇的个数有明确要求，那么在指定 k 值的时候没有太大问题。但是在实际应用中，很多情况下并不知道样本点的分布情况，此时往往是通过多次运行 k-均值算法选取聚类质量好的结果（臂肘原理），在大数据集下这样的做法非常耗费资源。因此对于 k-均值算法中 k 值的选取，也有非常多的研究。目前主要有以下两种。

① 与基于层次的聚类算法结合，先通过基于层次的聚类算法得出大致的聚类数目，并且获得一个初始聚类结果，然后通过 k-均值算法改进这个聚类结果。

② 基于系统演化方法，通过模拟伪热力学系统中的分裂和合并，不断演化，直到达到稳定平衡状态，从而确定 k 值。

【例 4.1】利用 sklearn 库应用 k-均值聚类算法实现对 Iris 数据集进行聚类。首先引用相应的库，其中 sklearn.cluster 为 sklearn 中已经实现的聚类算法工具包，代码如下：

```
import numpy as np
import matplotlib.pyplot as plt
from mpl_toolkits.mplot3d import Axes3D
from sklearn.cluster import KMeans
from sklearn import datasets
plt.rcParams['font.sans-serif']=['SimHei'] #用来正常显示中文标签
plt.rcParams['axes.unicode_minus']=False #用来正常显示负号
```

首先，从 Iris 数据集中加载鸢尾花样本信息到 X 和 Y 两个变量中，其中，X 存放花瓣长宽等特征，Y 存放花的类别标签。构造并初始化 k-均值模型，设置类簇数量为 3 类，调用 fit() 方法执行聚类，代码如下：

```
np.random.seed(5)
iris = datasets.load_iris()
X = iris.data
Y = iris.target
est = KMeans(n_clusters=3)
est.fit(X)
labels = est.labels_
```

接下来，对聚类的结果可视化显示，使用 Axes3D 将其显示在三维空间中，其中花瓣宽度、萼片长度、花瓣长度分别作为 x、y、z 这 3 个维度。最后的效果如图 4-3 所示。

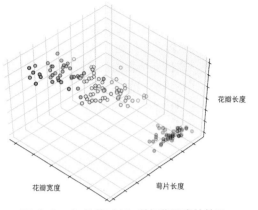

图 4-3　k-均值对 Iris 数据集聚类的效果

```
fig = plt.figure(1, figsize=(4, 3))
ax = Axes3D(fig, rect=[0, 0, .95, 1], elev=48, azim=134)
ax.scatter(X[:, 3], X[:, 0], X[:, 2],c=labels.astype(np.float), edgecolor='k')
ax.w_xaxis.set_ticklabels([])
ax.w_yaxis.set_ticklabels([])
ax.w_zaxis.set_ticklabels([])
ax.set_xlabel('花瓣宽度')
ax.set_ylabel('萼片长度')
ax.set_zlabel('花瓣长度')
ax.set_title("3类")
ax.dist = 12
plt.show()
```

【例 4.2】　利用改进的 k-均值算法帮助危险品运输企业进行风险管控、防范。

安全是危险品运输行业的头等大事。发现危险品运输途中的潜在风险并做出相应防范，不仅是企业持续健康发展的重要基础，更是对危险品运输从业人员生命财产安全的保障。虽然危险品运输的承运者都是经过权威部门资质认证的，但所在地较为分散，运营规模和企业安全防范意识都参差不齐。许多危险品运输公司拥有大量相关运输数据，但不知道如何有效地利用这些数据，每年因安全事故而蒙受巨额经济损失甚至被取消营业资格的公司不在少数。因此，从海量危险品运输数据中挖掘出与安全有关的信息，根据这些信息发现危险品运输的关键环节，并采取相应的防范措施是十分必要的。

以国家交通运输物流公共信息平台的危险物品运输数据的聚类分析为例，利用改进的 k-均值算法，挖掘其中潜在的规律，提高物流信息平台的价值，提醒企业采取相应安全防范和应急措施。

（1）危险品运输安全问题定义及传统 k-均值算法缺陷。由哈蒂根（Hartigan）提出的经典 k-均值算法，由于其易于实现性和数据结构上的高效性，在许多领域被广泛使用。虽然 k-均值算法被广泛使用，但该聚类算法是无监督学习的，在对危险品运输数据进行聚类分析时，事先不知道簇的数量，需要主观地选择一个 k 值，不同的 k 值对危险品聚类效果的影响也不一样。改进的 k-均值算法在聚类前建立了相异度评估函数，它可以预估簇间距离相异度指数，解决主观选择导致簇间距离小、聚类效果不理想的问题。聚类主要通过危险品运输电子单据中包含的始发地、目的地、承运公司名称、单种危险品运输频率、品名、体积以及运输时的空间地理数据等作为危险品运输聚类分析的重要属性，分析不同危险品的安全等级，分析是否需要进行单次运输量的限制，不同危险品是否可以混合运输。

（2）数据标准化。本例的实验数据来自国家交通运输物流公共信息平台，提取近 20 万条电子运输单数据，涵盖 571 家物流公司和 9 种危险品，构成基本数据集，其中的典型危险品有爆炸物、易燃气体和非易燃、无毒但受热或剧烈摇晃有爆炸风险的气体。

此外，本例还从物流公司提取地理特征，进行运输公司相对距离的构造。原始数据集用中文给出了物流公司的名称。基于谷歌地图的实验室插件计算了每家物流公司的经度和纬度，然后选择一个中心点作为初始点。最后，计算其他公司到初始点的距离并进行标准化。标准化过程采用最小-最大标准化方法，也叫离差标准化，得到原始数据到地图的[0-1]线性转换结果。

（3）改进 k-均值算法中 k 值的选择及聚类分析。改进的 k-均值算法使用评估函数来选择 k 值，克服了传统 k 均值算法的缺陷，算法流程图如图 4-4 所示。

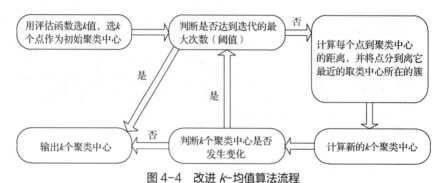

图 4-4　改进 k-均值算法流程

改进的 k-均值算法，簇间距离相异度与 k 值的关系曲线由迭代聚类分析而得，簇间距离相异度随 k 值的增大而增大，虽然理论上相异度越大，聚类效果越好，但如果 k 值太大，会使模型过拟合。因此，通过簇间距离相异度曲线的斜率选择一个合适的 k 值，随后将危险品运输的始发地、目的地、承运公司名称、单种危险品运输频率、品名和体积等作为每个对象的属性变量，辅以地理特征的经纬度属性，进行聚类。然后利用这个 k 值作为输入，进行聚类。

（4）安全评估及风险防范：如表 4-1 所示的 10 种类型中，不同的危险品运输要求不同。为了减少危险品运输事故且最大程度减少由此造成的伤害，根据不同危险品运输的要求，特别是长途运输监控，防止超载运输，可以通过安全管理、预警告提醒和紧急救援等进行危险品运输管理。

表 4-1　危险品运输聚类结果和防范建议

簇	名称	建议
1	有毒气体，会爆炸	控制温度，避免高温、高压
2	天然物质，遇水会释放易燃气体，有毒	自燃点温度控制，避免潮湿引起自燃，避免与有毒气体直接接触
3	易燃液体	温度控制在 45℃以下，防火
4	易爆炸	避免高温、剧烈摩擦和高压
5	腐蚀性	避免直接接触
6	氧化剂，有毒化学物，会爆炸	避免潮湿，禁止接触，避免高温、剧烈摩擦和高压
7	有毒物质	避免直接接触
8	非易燃，无毒气体	避免高压
9	会爆炸	避免高温、剧烈摩擦和高压
10	易燃气体	控制高温、高压

风险防范：经过改进的 k-均值算法聚类后，归属于簇 1～4、6、9 和 10 的危险品在运输时需要特别注意温度的控制，因为这些危险品在高温下容易发生爆炸，或者可能产生有毒气体、自燃。特别地，簇 2 和簇 6 中的危险品运输时需要进行防潮处理，因为这些危险品在潮湿情况下会发生化学反应，引发自燃或爆炸。运输途中可能遭遇多变的天气，将这些危险品和雨水、空气尽可能地隔离，才能保障运输安全。

由于在较长的一段时间内，国家规定的危险品运输法律法规具有较强的稳定性，本例改进的 k-均值算法可以帮助承运企业做出长期的风险管控、防范策略，具有较高的应用价值。

4.3.2　k-medoids 算法

k-均值算法簇的聚类中心选取受到噪声点的影响很大，因为噪声点与其他样本点的距离远，在计算距离时会严重影响簇的中心。k-medoids 算法克服了 k-均值算法的这一缺点。k-medoids 算法不通过计算簇中所有样本的平均值得到簇的中心，而是通过选取原有样本中的样本点作为代表对象代表这个簇，计算剩下的样本点与代表对象的距离，将样本点划分到与其距离最近的代表对象所在的簇中。在迭代过程中，可以在每个簇内重新计算质心：计算簇内所有样本点到其中一个样本点的曼哈顿距离和（绝对误差），选择使绝对误差最小的样本点作为新的质心。

k-medoids 算法的迭代过程与 k-均值算法类似，主要的差别在于聚类（簇）中心的选择方法。可见，k-medoids 算法对噪声稳健性比较好，但其速度较慢，不太适合数据量大的样本聚类。

围绕中心点划分（Partitioning Around Medoids，PAM）算法是 k-medoids 聚类的一种典型实现。PAM 算法中簇的中心点是一个真实的样本点，而不是通过距离计算出来的中心。PAM 算法与 k-均值一样，使用贪心策略来处理聚类过程。

k-均值迭代计算簇的中心的过程，在 PAM 算法中对应计算是否替代对象 o' 比原来的代表对象 o 能够得到更好的聚类结果，替换后对所有样本点重新计算各自代表样本的绝对误差标准。替换后，若替换总代价小于 0，即绝对误差标准减小，则说明替换后能够得到更好的聚类结果；若替换总代价大于 0，则不能得到更好的聚类结果，原有代表对象不进行替换。在替换过程中，尝试所有可能的替换情况，用其他对象迭代替换代表对象，直到聚类的质量不能再被提高为止。

4.3.3　k-prototype 算法

k-均值算法只能对数值型的样本进行聚类，但是在实际应用中，样本可能是分类型的。因此研究人员提出了 k-prototype 算法，综合了 k-均值和 k-众数算法，采用新的距离度量算法，加入了描述数据簇的原型和混合数据之间的相异度的计算公式，能够快速处理混合类型数据集的聚类问题。

k-prototype 算法的聚类过程与 k-均值算法相似，只是在聚类过程中引入参数 γ 来控制数值属性和分类属性的权重。对于 m 维样本 $x_i = \left(x_{i1}^r, x_{i2}^r, \cdots, x_{ip}^r, x_{i(p+1)}^c, \cdots, x_{im}^c \right)$，其中下标是 1 至 p 的属性为数值型，下标是 $p+1$ 至 m 的属性为分类型。

定义样本与簇的距离为：

$$d(x_i, Q_l) = \sqrt{\sum_{j=1}^{p} \left(x_{ij}^r - q_{lj}^r \right)^2} + \gamma_l \sum_{j=p+1}^{m} \sigma \left(x_{ij}^c, q_{lj}^c \right)$$

其中，x_{ij}^r 和 x_{ij}^c 分别是 x_i 第 j 个属性的数值属性取值与分类属性取值，q_{lj}^r 和 q_{lj}^c 分别是聚类 l 的中心 Q_l 的数值属性取值与分类属性取值，$\sigma \left(x_{ij}^c, q_{lj}^c \right) = \begin{cases} 1, & x_{ij}^c = q_{lj}^c \\ 0, & x_{ij}^c \neq q_{lj}^c \end{cases}$。$q_{lj}^r$ 按数值属性的算术平均值计算，q_{lj}^c 按分类属性同类取值频率最大的值计算。

4.4　基于密度的聚类

基于划分的聚类和基于层次的聚类的方法在聚类过程中根据距离来划分类簇，因此只能够用于挖掘球状簇。为了解决这一缺陷，基于密度的聚类算法利用密度思想，将样本中的高密度区域（即样本点分布稠密的区域）划分为簇，将簇看作样本空间中被稀疏区域（噪声）分隔开的稠密区域。这一算法的主要目的是过滤样本空间中的稀疏区域，获取稠密区域作为簇。

基于密度的聚类算法是根据密度而不是距离来计算样本相似度，所以基于密度的聚类算法能够用于挖掘任意形状的簇，并且能够有效过滤掉噪声样本对于聚类结果的影响。常见的基于密度的聚类算法有 DBSCAN、OPTICS 等。其中，OPTICS 对 DBSCAN 算法进行了改进，降低了对输入参数的敏感程度。

4.4.1　DBSCAN 算法

DBSCAN 采用基于中心的密度定义，样本的密度通过核心对象在 ε 半径内的样本点个数（包括自身）来估计。DBSCAN 算法基于领域来描述样本的密度，输入样本集 $S = \{x_1, x_2, \cdots, x_m\}$ 和参数 $(\varepsilon, \text{MinPts})$ 刻画邻域的样本分布密度。其中，ε 表示样本的邻域距离阈值，MinPts 表示对于某一样本 p，其 ε-邻域中样本个数的阈值。下面给出 DBSCAN 中的几个重要概念。

① ε-邻域：给定对象 x_i，在半径 ε 内的区域称为 x_i 的 ε-邻域。在该区域中，S 的子样本集 $N_\varepsilon(x_i) = \{x_j \in S \mid \text{distance}(x_i, x_j) \leqslant \varepsilon)\}$。

② 核心对象（Core Object）：如果对象 $x_i \in S$，其 ε-邻域对应的子样本集 $N_\varepsilon(x_i)$ 至少包含 MinPts 个样本，$|N_\varepsilon(x_i)| \geqslant \text{MinPts}$，那么 x_i 为核心对象。

③ 直接密度可达（Directly Density-Reachable）：对于对象 x_i 和 x_j，如果 x_i 是一个核心对象，且 x_j 在 x_i 的 ε-邻域内，那么对象 x_j 是从 x_i 直接密度可达的。

④ 密度可达（Density-Reachable）：对于对象 x_i 和 x_j，若存在一个对象链 $p_1, p_2, \cdots, p_n$，使 $p_1 = x_i$，$p_n = x_j$，并且对于 $p_i \in S(1 \leqslant i \leqslant n)$，$p_{i+1}$ 从 p_i 关于 $(\varepsilon, \text{MinPts})$ 直接密度可达，那么 x_j 是从 x_i 密度可达的。

⑤ 密度相连（Density-Connected）：对于对象 x_i 和 x_j，若存在 x_k 使 x_i 和 x_j 是从 x_k 关于 $(\varepsilon, \text{MinPts})$ 密度可达的，那么 x_i 和 x_j 是密度相连的。

在图 4-5 中，若 MinPts = 3，则 a、b、c 和 x、y、z 都是核心对象，因为在各自的 ε-邻域中，都至少包含 3 个对象。对象 c 是从对象 b 直接密度可达的，对象 b 是从对象 a 直接密度可达的，则对象 c 是从对象 a 密度可达的。对象 y 是从对象 x 密度可达的，对象 z 是从对象 x 密度可达的，则对象 y 和 z 是密度相连的。

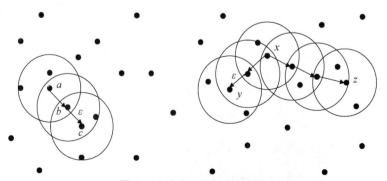

图 4-5　密度可达和密度相连

　　DBSCAN 算法根据密度可达关系求出所有密度相连样本的最大集合，将这些样本点作为同一个簇。DBSCAN 算法任意选取一个核心对象作为"种子"，然后从"种子"出发寻找所有密度可达的其他核心对象，并且包含每个核心对象的 ε-邻域的非核心对象，将这些核心对象和非核心对象作为一个簇。当寻找完成一个簇之后，选择还没有簇标记的其他核心对象，得到一个新的簇，反复执行这个步骤，直到所有的核心对象都属于某一个簇为止。

　　DBSCAN 利用密度思想进行聚类，因此 DBSCAN 可以用于对任意形状的稠密数据集进行聚类。k-均值算法对数据的输入顺序比较敏感，数据输入顺序可能会对聚类结果产生影响，DBSCAN 算法对输入顺序不敏感。DBSCAN 能够在聚类的过程中发现数据集中的噪声点，且算法本身对噪声不敏感。当数据集分布为非球型时，使用 DBSCAN 算法效果较好。

　　DBSCAN 算法要对数据集中的每个对象进行邻域检查，当数据集较大时，聚类收敛时间长，算法的空间复杂度较高。此时可以采用 KD 树或球树对算法进行改进，快速搜索最近邻，帮助算法快速收敛。此外，聚类质量受样本密度的影响，当空间聚类的密度不均匀时，聚类的质量较差。

　　DBSCAN 算法的聚类结果受到邻域参数 $(\varepsilon, \mathrm{MinPts})$ 的影响较大，不同的输入参数对聚类结果有很大影响，邻域参数也需要人工输入，调参时需要对两个参数联合调参，比较复杂。

　　当 ε 值固定时，若选择过大的 MinPts 值会导致核心对象的数量过少，使得一些包含对象数量少的簇被直接舍弃；若选择过小的 MinPts 值会导致选择的核心对象数量过多，使得噪声点被包含到簇中。当 MinPts 值固定时，若选择过大的 ε 值，可能会导致有很多噪声被包含到簇中，也可能导致原本应该分开的簇被划分为同一个簇；若选择过小的 ε 值，会导致被标记为噪声的对象数量过多，一个不应该分开的簇也可能会被分成多个簇。

　　对于邻域参数选择导致算法聚类质量降低的情况，可以从以下几个方面进行改进。

　　（1）从原始数据集抽取高密度点生成新的数据集，并对其聚类。在抽取高密度点生成新数据集的过程中，反复修改密度参数，改进聚类的质量。以新数据集的结果为基础，将其他点归类到各个簇中，从而确保聚类结果不受输入参数的影响。

　　（2）采用核密度估计方法对原始样本集进行非线性变换，使得到的新样本集中样本点的分布尽可能均匀，从而改善原始样本集中密度差异过大的情况。变换过后再使用全局参数进行聚类，从而改善聚类结果。

　　（3）并行化处理。对数据进行划分得到新的样本集，使得每一个划分中的样本点分布相对均匀，根据每个新样本集中的样本分布密度来选择局部 ε 值。这样一方面降低了全局 ε 参数对于聚类结果的影响，另一方面并行处理对多个划分进行聚类，在数据量较大的情况下提高了聚类效率，有效解决了 DBSCAN 算法对内存要求高的问题。

　　【例 4.3】应用 sklearn 库中的 DBSCAN 算法实现聚类。DBSCAN 算法包含于 sklearn.cluster 库中，数据源是用 make_blobs()方法随机生成的，数量为 750 条，有 3 个类簇。经过 StandardScaler().fit_transform()对数据进行标准化处理，保证每个维度的方差为 1，均值为 0，使预测结果不会被某些维度取值过大的特征值而主导。代码如下。

```
import numpy as np
from sklearn.cluster import DBSCAN
from sklearn import metrics
from sklearn.datasets.samples_generator import make_blobs
from sklearn.preprocessing import StandardScaler
import matplotlib.pyplot as plt
plt.rcParams['font.sans-serif']=['SimHei'] #用来正常显示中文标签
plt.rcParams['axes.unicode_minus']=False #用来正常显示负号

centers = [[1, 1], [-1, -1], [1, -1]]
```

```
X, true = make_blobs(n_samples=750, centers=centers, cluster_std=0.4, random_state=0)
X = StandardScaler().fit_transform(X)
db = DBSCAN(eps=0.3, min_samples=10).fit(X)
core_samples_mask = np.zeros_like(db.labels_, dtype=bool)
core_samples_mask[db.core_sample_indices_] = True
labels = db.labels_
n_clusters_ = len(set(labels)) - (1 if -1 in labels else 0)
```

上述代码中构建 DBSCAN 算法的参数有 eps、min_samples。其中 eps 表示 ε-邻域的距离阈值，默认值是 0.5。增大 eps 的值，会有更多的点落在核心对象的 ε-邻域，类的数量就会减少，原本不应该是一类的样本可能会被划为一类。反之，减小 eps 的值，类的数量会增大，原本是同一类的样本可能会被分开。

min_samples 表示样本点要成为核心对象所需要的 ε-邻域的样本数阈值，默认值是 5，一般在多组值里面选择一个最优值，通常和 eps 参数一起调整。在 eps 一定的情况下，min_samples 过大，则核心对象会过少，此时簇内本来是一类的样本可能会被标为噪声点，类别数也会变多；反之，则会产生大量的核心对象，导致类别数过少。

上述代码执行后的结果如图 4-6 所示。

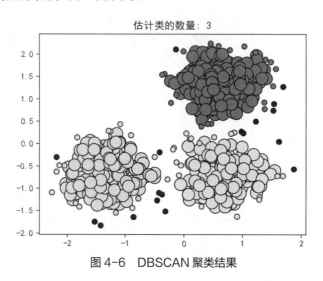

图 4-6　DBSCAN 聚类结果

4.4.2　OPTICS 算法

在 DBSCAN 算法中，邻域参数 $(\varepsilon, \text{MinPts})$ 是全局唯一的，当样本点的密度不均匀或聚类间相差很大时，聚类质量较差。此外，DBSCAN 算法对邻域参数 $(\varepsilon, \text{MinPts})$ 非常敏感，需要由用户指定参数，参数设置的不同可能导致聚类结果差别很大，当用户不了解数据集特征时，很难得到良好的聚类结果。为了克服这些缺点，安克斯特（Ankerst）等人提出了 OPTICS 算法。

OPTICS 也是基于密度的聚类算法，但这一算法生成一个增广的簇排序，即所有分析对象的线性表，代表各样本点基于密度的聚类结构。从线性表的排序中可以得到基于任何邻域参数 $(\varepsilon, \text{MinPts})$ 的 DBSCAN 算法的聚类结果。

OPTICS 算法中的每个对象需要存储如下两个信息。

（1）对象 o 的核心距离（Core-Distance）是使 o 成为核心对象的最小 ε'。只有对象 o 为核心对象才会有核心距离信息。

（2）对象 o 关于另一个对象 q 的可达距离（Reachability-Distance）是对象 o 的核心距离以及 o 与 q 的欧氏距离之间的较大值，即 $\max\{\text{core-distance}(o), \text{dist}(o,q)\}$。如果 o 不是一个核心对

象，o 和 q 之间不存在可达距离。

OPTICS 算法实现了所有对象的排序，根据排序序列可以容易地确定合适的 ε 值，较好地解决了 DBSCAN 算法对输入参数敏感的问题。但是 OPTICS 算法采用复杂的处理方法以及额外的磁盘 I/O 操作，使它的实际运行效率要低于 DBSCAN 算法。

【例 4.4】　利用 OPTICS 聚类进行雷电预报。

雷电是一种自然现象，可能造成重大人员伤亡和经济损失。随着科学技术的发展和现代化水平的提高，人们对防雷预报的要求也越来越高。近年来，在气象工作者的努力下，建立了雷电监测网络，并积累了大量实时准确的雷电定位资料。

本例分析从江苏省防雷中心采集的某日 3:00～4:30 的雷电资料，以 10 分钟作为一个时间间隔，对江苏雷电频率进行统计。经过多次实验，选取 $\varepsilon = 0.16$、MinPts = 20。雷击闪电发生经纬度代表位置能够反映两个雷电物体之间的距离，因此时间权重应该小于经纬度权重。

经过 OPTICS 算法聚类后，将雷电簇存储在数据库中，标记时间段、集群 ID 等信息。

求出各时间段雷暴云所对应雷电簇的中心，根据连续时段中心的位置偏移可得雷暴云的平均移向移速，将当前时刻的雷暴云分布在该速度和方向上平移可进行雷电落区预报。

4.5　基于层次的聚类

基于层次的聚类的应用广泛程度仅次于基于划分的聚类，其核心思想就是通过对数据集按照层次把数据划分到不同层的簇，从而形成一个树形的聚类结构。基于层次的聚类算法可以揭示数据的分层结构，在树形结构上不同层次进行划分，可以得到不同粒度的聚类结果。按照层次聚类的过程分为自底向上的聚合聚类和自顶向下的分裂聚类。聚合聚类以 AGNES、BIRCH、ROCK 等算法为代表，分裂聚类以 DIANA 算法为代表。

自底向上的聚合聚类将每个样本看作一个簇，初始状态下簇的数目等于样本的数目，然后根据算法的规则对样本进行合并，直到满足算法的终止条件。自顶向下的分裂聚类先将所有样本看作属于同一个簇，然后逐渐分裂成更小的簇，直到满足算法终止条件为止。目前大多数层次聚类是自底向上的聚合聚类，自顶向下的分裂聚类比较少。

4.5.1　BIRCH 聚类

BIRCH 是指利用层次方法的平衡迭代归约和聚类。BIRCH 也是一个常用的聚类算法，属于基于层次的聚类算法。BIRCH 算法克服了 k-均值算法需要人工确定 k 值的问题，消除了 k 值的选取对于聚类结果的影响。BIRCH 算法的 k 值设定是可选的，默认情况下不需要指定 k 值。由于 BIRCH 算法只需要对数据集扫描一次就可以得出聚类结果，对内存和存储资源要求较低，因此在处理大规模数据集时速度更快。

BIRCH 算法的核心就是构建一个聚类特征树（Clustering Feature Tree，CF-Tree），聚类特征树的每一个节点都是由若干个聚类特征（CF）组成的。

每个聚类特征用一个三元组表示，这个三元组包含聚类结果类簇的所有信息。对于 n 个 D 维数据点集 $\{x_1, x_2, \cdots, x_n\}$，CF 的定义为：

$$CF = (n, LS, SS)$$

其中，n 是 CF 对应类簇中节点的数目，LS 表示这 n 个节点的线性和，SS 的分量表示这 n 个节点分量的平方和。例如对于簇 C_1，其中包含 4 个数据点：(1,5)、(2,3)、(2,4)、(3,4)，则簇

C_1 对应的 $\mathrm{CF}_1 = \{4, (1+2+2+3,\ 5+3+4+4),\ (1^2+2^2+2^2+3^2, 5^2+3^2+4^2+4^2)\} = \{4, (8,\ 16),$
$(18, 66)\}$。

此外，CF 满足线性关系，对于簇 C_2 对应的 $\mathrm{CF}_2 = \{2, (5, 6), (7, 8)\}$，$\mathrm{CF}_1 + \mathrm{CF}_2 = \{4+2, (8+5, 16+6), (18+7, 66+8)\} = \{6, (13, 22), (25, 74)\}$，这个性质表现在 CF-Tree 中，就是对于 CF-Tree 父节点中的 CF 节点，其对应 CF 三元组的值等于这个 CF 节点所指向的所有子节点的三元组线性关系之和。

CF-Tree 中包含 3 个重要的变量：枝平衡因子 b、叶平衡因子 l、空间阈值 T。其中枝平衡因子 b 表示每个非叶节点包含最大的 CF 数为 b；叶平衡因子 l 表示每个叶节点包含最大的 CF 数为 l；空间阈值 T 表示叶节点每个 CF 的最大样本空间阈值，也就是说在叶节点 CF 对应子簇中的所有样本点，一定要在半径小于 T 的一个超球体内。CF-Tree 构造完成后，叶节点中的每一个 CF 都对应一个簇。由于空间阈值 T 的限制，原始数据样本点越密集的区域，簇中所含的样本点就越多，数据样本点越稀疏的区域，簇中所含的样本点就越少。

CF-Tree 的结构示例如图 4-7 所示，其对应的 CF-Tree 中，枝平衡因子 b 为 6，叶平衡因子 l 为 5。

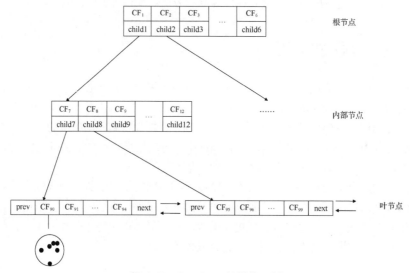

图 4-7　CF-Tree 的结构示例

CF-Tree 的构建是一个从无到有的过程，一开始 CF-Tree 是空的，不包含任何样本点，然后从数据集的第一个样本点开始逐一插入。当插入新的数据点满足枝平衡因子和叶平衡因子的约束时，直接插入即可，当新数据点的插入导致 CF-Tree 不满足枝平衡因子或叶平衡因子的约束时，节点就需要进行分裂。

在图 4-8 和图 4-9 所示的例子中，展示了当 $b=3$、$l=2$ 时，插入新节点导致 CF-Tree 违反约束而节点进行分裂的过程。

在图 4-8（a）中，新的正方形节点离 A 最近，尽管它在空间阈值 T 的范围内，但是将其插入叶节点 A，会导致叶节点 A 违反叶平衡因子 $l=2$ 约束，因此叶节点 A 需要进行分裂成 A'，如图 4-8（b）所示。

如图 4-9（a）所示，新的正方形样本点无法插入 A、B、C 三个节点，按照叶节点分裂方法，将形成一个新的节点 A'，但这时会导致根节点违反枝平衡因子 $b=3$ 约束，因此根节点需要进行分裂，选择两个距离最远的节点，然后其他节点按距离远近分别放入这两个节点中，形成 L_1 和

L_2 两个节点，树的层数增加，其结果如图 4-9（b）所示。在分裂时，选择与原数据点距离最远的数据点成为新的 CF。

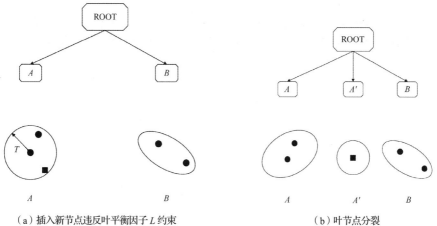

（a）插入新节点违反叶平衡因子 L 约束　　　　　（b）叶节点分裂

图 4-8　插入新节点后叶节点分裂过程

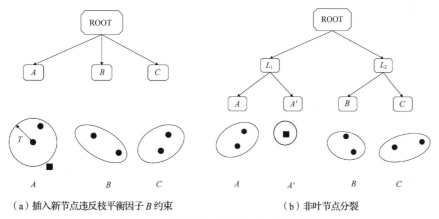

（a）插入新节点违反枝平衡因子 B 约束　　　　　（b）非叶节点分裂

图 4-9　插入新节点后非叶节点分裂过程

构建 CF-Tree 的过程如下。

（1）选择第一个样本点作为根节点。

（2）从根节点开始，依次向下遍历，计算新样本与叶子节点的距离，选择一个最近的叶子节点。

（3）寻找一个与新样本最近的样本。如果新样本到它的距离小于空间阈值 T，则将新样本加入这个 CF 中，同时更新 CF 的值；否则，用新样本生成一个新的 CF，插入当前叶节点中。

（4）如果当前叶节点的 CF 数量超过叶平衡因子 l 的值，分裂当前叶节点：先找到该节点内距离最远的两个 CF，将其分别作为两个新叶节点的种子 CF，再计算其余 CF 到这两个 CF 的距离，并按距离远近分配到对应的两个节点中。

（5）如果当前节点的上一级节点中 CF 数量超过其枝平衡因子 b 的值，则该节点要进行分裂，分裂方式和上一步相同。

（6）依次逐层向上检查父节点的叶平衡因子和枝平衡因子，直到根节点，如果其需要分裂，则分裂方式与叶节点相同。

（7）循环（1）～（6）进行新样本录入，经过 CF 生成、插入和分裂过程，直至所有样本均进入 CF 树后停止。

　　BIRCH 算法最主要的步骤就是 CF-Tree 的构建，最终得到的 CF-Tree 叶节点中每个 CF 对应的就是一个簇，此外还有一些提升聚类性能的步骤。

　　BIRCH 算法只需要扫描一遍数据集就可以得到聚类结果，因此聚类的速度非常快，在样本量比较大的情况下，更加突出 BIRCH 算法的这一优势。BIRCH 算法在聚类的过程中，不像 k-均值算法受到噪声点的影响较大，可以根据空间阈值 T 的约束，识别出数据集中的噪声点。

　　但是 BIRCH 算法由于枝平衡因子 B 和叶平衡因子 L 的约束，对每个节点的 CF 个数有限制，可能会导致聚类结果与实际的样本点分布情况不同。此外，与 k-均值算法类似，如果数据不是呈超球体（凸）分布的，则聚类效果不好。

4.5.2　CURE 算法

　　CURE 算法属于基于层次的凝聚聚类，但是与传统的聚类算法选择一个样本点或者中心来代表一个簇的方法不同，CURE 算法采用多个点代表一个簇的方法，选择数据空间中固定数目且具有代表性的点，当数据量较大时，通过随机采样的方法减少样本处理数量，从而提高处理效率。每个簇的代表点产生过程中，首先选择簇中分散的样本（选择距离当前簇中心最远的数据点），再依次选取距离前一个点最远的数据点，直到达到阈值数目（一般是 10 个）。然后根据收缩因子对这些分散的对象进行收缩，使之距离更紧密，更能代表一个簇的中心。

　　CURE 算法采用了随机抽样和分割的方法，将样本分割后对每个部分进行聚类，最终将子类聚类结果合并得到最终聚类结果，通过随机抽样和分割可以降低数据量，提高算法运行效率。

　　CURE 算法的基本步骤如下。

　　（1）对原始数据集进行抽样，得到 n 个样本。

　　（2）将得到的 n 个样本进行分割处理，得到 m 个分区，每个分区的大小为 n/m。

　　（3）对 m 个分区中的每一个分区，进行局部的凝聚聚类，每个分区都会产生多个子类，对分区内距离较近的类簇进行两两合并，直到达到 n/mq 个类簇时就停止合并，其中 q 为大于 1 的固定值，也可以设置某一个簇间距离阈值，超过阈值时停止合并。

　　（4）去除异常值。主要有以下两种方式：①在聚类过程中，由于异常值与其他样本的距离大，因此其所在簇的样本数量增长缓慢，将此类样本去除；②在聚类过程完成后，对于簇中样本数目异常小的簇，将其视作异常去除。

　　（5）将 m 个分区的局部聚类结果集合在一起，可得到 n/q 个经过初步聚类的簇，再针对这些簇进行第二次 CURE 聚类。将步骤（3）中发现的各分区的代表点作为输入，代表点经过收缩后表示各个簇，对整个原始数据集进行聚类。其中，代表点收缩是通过收缩因子 α 实现的，$0<\alpha<1$。α 越大，得到的簇越紧密。反之，簇之间越稀疏，可以区分异形（如拉长）的簇。

　　CURE 算法采用多个代表点来表示一个簇，使得在非球状的数据集中，簇的外延同样能够扩展，因此 CURE 算法可以用于非球状数据集的聚类。在选取代表点的过程中，使用收缩因子减小了异常点对聚类结果的影响，因此 CURE 算法对噪声不敏感。CURE 算法采用随机抽样与分割相结合的办法来提高算法的空间和时间效率。但是 CURE 算法得到的聚类结果受参数的影响比较大，包括采样的大小、聚类的个数、收缩因子等参数。

　　【例 4.5】　采用基于层次的聚类算法实现一个 ESL 教学推荐系统[①]。

　　根据"评估—教育—再评估"的循环过程，设计了一个循环的 ESL 教学推荐系统，其基本

---

　　① MeiHua Hsu. Proposing an ESL recommender teaching and learning system. Expert Systems with Applications, 2008, 34:2102-2110.

概念是系统为学生精心设计语法测试，对学生完成情况自动分析结果，并在发现学生弱点的地方提出改进学生学习能力的建议。改善自己的弱点之后，学生进行另一个类似的测试，系统重新进行分析和提出改进建议。该系统的简化架构如图 4-10 所示。

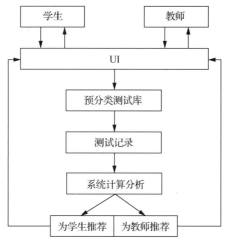

图 4-10　ESL 教学推荐系统的简化架构

对于每个学生，系统创建一个错题情况统计表（见表 4-2），然后将各个学生的错题情况统计表整理并汇总成学生错题情况汇总表。表 4-2 所示是单个学生在不同问题中各知识点的犯错情况，表 4-3 所示是对每个学生错题统计的结果，每行是每一个学生各知识点犯错的总数。然后，将基于层次的聚类算法应用于表 4-3 中的数据，将学生划分为一定数量的聚类或类别，每个类别包括共享相似犯错特征的学生。根据这些信息，老师将能够更好地帮助学生。

表 4-2　单个学生错题情况

问题	知识点			
	1	2	3	…
1		1		…
2	1			…
3		1		…
4			0	…
5		1		…
.	1			…
.			1	…
.	0			…
总数	2	3	1	…

表 4-3　学生错题情况汇总表

学生编号	知识点																		
	1	2	3	4	5	6	7	8	9	10	11	12	13	14	15	16	17	18	19
1	1	0	2	2	2	2	1	1	2	1	1	2	1	1	2	1	3	2	2
2	2	1	2	2	3	1	2	1	1	2	3	2	1	1	1	1	1	1	1
3	1	2	3	2	2	2	2	2	3	1	2	3	1	3	1	2	1	2	
4	2	2	2	2	2	1	2	1	3	2	1	2	2	2	1	2	2	0	1
5	1	3	3	0	2	2	2	1	2	1	2	1	2	2	1	1	1	1	1
6	1	2	2	2	1	3	3	1	2	1	1	2	2	1	1	1	1	1	2

学生编号	知识点																		
	1	2	3	4	5	6	7	8	9	10	11	12	13	14	15	16	17	18	19
7	2	0	2	2	2	3	2	2	2	2	2	2	0	0	2	1	1	1	2
8	1	2	3	2	2	1	2	2	1	0	2	0	2	1	2	1	2	2	2
9	1	2	2	2	2	1	2	3	3	2	2	2	1	0	2	1	1	1	1
10	2	1	1	3	2	2	3	2	1	2	2	1	3	1	3	2	2	1	1
11	1	1	1	2	2	3	2	2	1	2	1	1	2	1	3	2	2	1	1
12	2	0	3	3	2	0	2	2	2	2	0	2	2	1	1	2	1	1	1
13	1	2	2	2	1	1	1	2	1	2	1	2	1	1	2	3	1	2	2
14	1	3	2	0	1	2	2	2	1	1	0	1	1	2	2	3	1	1	3
15	1	3	2	2	2	1	2	3	2	2	2	2	0	1	1	1	2	2	1
16	0	1	1	1	1	1	1	1	3	2	2	3	1	0	2	2	1	2	2
17	1	2	1	2	1	2	2	2	2	3	1	1	2	2	2	2	0	0	1
18	2	1	2	2	0	1	2	2	2	2	1	2	0	2	1	3	1	0	1
19	1	2	2	1	1	2	2	1	1	3	1	1	1	2	2	2	2	2	1
20	1	2	2	2	2	2	1	2	2	3	2	1	2	2	1	2	1	1	1
21	1	1	3	2	2	2	2	2	1	2	1	1	3	1	2	1	3	2	1
22	3	2	1	2	1	2	1	0	2	2	2	2	3	2	2	1	1	2	0
23	2	2	2	2	1	2	1	1	2	2	2	2	2	2	2	1	1	1	1
24	2	1	2	2	2	3	2	2	2	2	1	1	1	1	2	2	2	1	1
25	2	1	1	2	2	0	3	2	1	1	1	1	1	1	1	2	2	2	1

在实验过程中，给出的测试是英语初级模拟考试。其中有 30 次考试，每次考试包含 20 次不同语法领域的 65 个问题。实验对象是英语水平低的 50 名学生。在这 50 名学生中，有 25 名是实验组，其余 25 名是对照组。实验组按照系统提供的推荐计划和方法进行教学，对照组则以正常方式进行教学。

经过 3 个月的补习教学，同样 50 名学生又进行了一次初级模拟考试，测试结果表明，实验组学生的学习成绩相对更高。这些学生在第一次考试中平均分数为 104，但在第一次考试后 3 个月，第二次考试的平均分数为 124。与此相反，对照组学生在第一次和第二次考试中平均分数都为 111 分，没有任何进展。

测试结果表明，遵循系统建议的补救性教学可以提高学生的语法能力。该系统不仅可以帮助识别和发现学生在学习中的问题和弱点，而且可根据自己的建议相应地有效地规划补习策略，还可以帮助需要补习的学生确定自己的知识缺漏，特别是语言学习方面的弱点，为改进提供切实的建议。

4.6　基于网格的聚类

基于网格的聚类算法的基本思想是将每个属性的可能值分隔成许多相邻的区间（例如将属性的值域离散化处理），创建网格单元的集合，将数据空间划分为许多网格单元，然后以网格单元为单位计算每个单元中的对象数目。删除密度小于阈值的单元之后，将邻接的高密度单元组合成簇。基于网格的聚类与基于密度的聚类算法相比，基于网格的聚类运行速度更快，算法的时间复杂度更低。

基于网格聚类的典型算法有 STING、CLIQUE 等。STING 算法是一种基于网格的多分辨率技术，用分层和递归的方法将空间区域划分为对应不同分辨率的矩形单元。在 STING 算法中，网格是分层次的，高层的单元被继续划分为低一层的单元，最终在一个网格内的对象作为一个簇。CLIQUE 算法综合了基于密度和基于网格的优点，既可用于任意分布形状的样本聚类，又可利用分层划分的方式处理高维数据。CLIQUE 算法先将空间区域划分为网格单元，然后通过使用密度阈值来识别稠密单元，将满足密度阈值的低维单元逐渐合并成高维单元，最后把邻接高维高密度单元组成簇。

4.7 基于模型的聚类

基于模型的聚类包括基于概率模型的聚类和基于神经网络模型的聚类，其中大多是基于概率模型的聚类。

4.7.1 基于概率模型的聚类

基于概率模型的聚类利用属性的概率分布来描述聚类，假定样本集是通过某种统计过程生成的，用样本的最佳拟合统计模型来描述数据。最典型的例子是高斯混合模型，它采用 EM 算法求解。EM 算法就是最大期望算法（Expectation Maximization Algorithm），是国际权威学术会议 ICDM 于 2006 年评选的数据挖掘领域的十大经典算法之一。EM 算法是在概率模型中寻找参数的最大似然估计的算法，其中概率模型是依赖于无法观测的隐藏变量的。

EM 算法也是一种迭代算法，算法中的迭代步骤是计算隐藏变量的期望以及对于参数模型进行最大似然估计这两个步骤。第一步计算期望，用最可能的值去填补数据中的缺陷，并估算每个高斯模型的权重；第二步基于估算的权重，返回计算高斯模型的参数值。重复这两个步骤直至收敛。

1. 最大似然估计

EM 算法是一种最大似然估计算法，传统的最大似然估计算法是根据已知的观察数据来评估模型参数。最大似然估计的一般步骤如下。

（1）首先确保采集得到的样本数据是独立同分布的，这是最大似然估计的前提，这样才可以对数据建立统一的概率分布模型。在这个前提下对概率分布模型做出假设。

（2）根据所假设的概率分布模型写出关于模型中的未知参数的似然函数，也就是关于未知参数的函数，问题就转变成了求解使得概率最大的未知参数的值。

（3）为了简化求导过程中的运算，对似然函数取对数，将其中的指数运算进行简化。

（4）对步骤（3）中得到的式子做关于未知参数的求导运算，为了求得概率的极值，使得导数为 0，得到关于未知参数的方程。

（5）求解步骤（4）中得到的关于未知参数的方程，得到能够使得概率最大的参数值，即待求的模型中的参数。

举一个简单的例子来说明最大似然估计算法，鸡兔同笼（鸡有 2 只脚，兔子有 4 只脚），每天随机从笼子中抓出来一只动物，记录它的脚的数目后放回笼子。在 50 天后，发现所抓的动物的脚的总数为 160，试求鸡兔数量的比例？

在这个问题中，首先易知 50 天中，有 30 天抽到了兔子，20 天抽到了鸡，设鸡兔比例为 s：$(1-s)$，这件事发生的概率：

$$p = s^{20} \times (1-s)^{30}$$

这就是根据概率模型得到的似然函数，这件事已经发生，也就是 p 应该能取到的最大值，所以未知参数 s 是使得 p 最大的参数。为了便于运算，取对数后求导，并且使导数为 0，得到方程：

$$\ln p = 20\ln(s) + 30\ln(1-s)$$
$$\frac{\mathrm{d}[\ln(p)]}{\mathrm{d}s} = \frac{20\mathrm{d}[\ln(s)]}{\mathrm{d}s} + \frac{30\mathrm{d}[\ln(1-s)]}{\mathrm{d}s}$$
$$0 = \frac{20}{s} - \frac{30}{1-s}$$

得到 $s=0.4$，因此在这个笼子里，鸡与兔子的比例为 $2:3$。这就是最大似然估计在解决实际问题中的应用。

2. 高斯混合模型

在用高斯混合模型处理聚类问题时，以数据遵循若干不同的高斯分布为前提。这一前提的合理性可以由中心极限定理（Central Limit Theorem）推知，在样本容量很大时，总体参数的抽样分布趋向于高斯分布。

高斯混合模型的概率分布模型如下：

$$p(x \mid \theta) = \sum_k a_k f(x \mid \theta_k)$$

其中

$$\theta_k = (\mu_k, \sigma_k^2)$$

高斯分布的概率密度函数为：

$$f(x \mid \theta_k) = \frac{1}{\sqrt{2\pi}\sigma_k} \exp\left(-\frac{(x - \mu_k)^2}{2\sigma_k^2}\right)$$

3. 琴生不等式与函数的凸凹性

在 EM 算法的推导过程中会用到琴生不等式，对根据概率分布得到的似然函数做数学处理。琴生不等式（Jensen Inequality）概述如下。

如果函数 f 是区间 (a,b) 上的凸函数，则对于 $x_1, x_2, \cdots, x_n \in (a,b)$，有：

$$f\left(\frac{x_1 + x_2 + \cdots + x_n}{n}\right) \leqslant \frac{f(x_1) + f(x_2) + \cdots + f(x_n)}{n}$$

对于该区间上的凹函数 g 来说，则有：

$$g\left(\frac{x_1 + x_2 + \cdots + x_n}{n}\right) \geqslant \frac{g(x_1) + g(x_2) + \cdots + g(x_n)}{n}$$

琴生不等式的加权形式可以表述为，对于 $r_1 + r_2 + \cdots + r_n = 1$，有：

$$f(r_1 x_1 + r_2 x_2 + \cdots + r_n x_n) \leqslant r_1 f(x_1) + r_2 f(x_2) + \cdots + r_n f(x_n)$$
$$g(r_1 x_1 + r_2 x_2 + \cdots + r_n x_n) \geqslant r_1 g(x_1) + r_2 g(x_2) + \cdots + r_n g(x_n)$$

函数的凸凹性与函数在定义域内的二阶导数的正负相关。对于区间 (a,b) 内的任意 x，$f''(x) \geqslant 0$，$g''(x) \leqslant 0$，因此 f 是 (a,b) 上的凸函数，g 是 (a,b) 上的凹函数，若 $f''(x) > 0$，$g''(x) < 0$，则 f 是 (a,b) 上的严格凸函数，g 是 (a,b) 上的严格凹函数。

4. EM 算法的应用场景

EM 算法的关键在于将复杂的似然函数的最优化问题，通过分解转化成了多个相对简单的函数的优化问题，因此 EM 算法可以用于对比较复杂的模型或者数据求解最大似然估计，对于一些未知的参数做出估计。例如，不完全数据的参数估计、多层线性模型参数估计、隐马尔可夫模型参数估计、对数正态分布参数估计等。也可以考虑将一些复杂问题进行适当的转化，把问题转变成求解似然函数最大值的问题，如应用在假设检验问题。EM 算法作为一种有效的次优联合估计算法，在信号处理领域也有着广泛的应用。

5. EM 算法中存在的一些问题

EM 算法的聚类结果受初始值的影响较大，会有比较大的波动，需要有一定的专业领域知识根据经验对参数进行初始化。例如，在例 4.6 中初始化参数时男性比例为 0.6，女性比例为 0.4。假设把男性与女性的比例互换，那么得到相反的结果。而且 EM 算法可能会出现陷入局部最优解的情况，因此在使用 EM 算法的时候可以考虑多次随机初始化的方法。

【例 4.6】　EM 算法应用——利用高斯混合模型解决聚类问题。

EM 算法与传统的最大似然估计算法的不同之处在于，在构造似然函数时，EM 算法除了需要依赖观察数据，还需要依赖一些未知的数据。在聚类问题中，未知的数据就是数据所属的类别 C。数据的分布模型为高斯混合模型，此时对于某一个样例 x_i 得到的似然函数为：

$$l(\theta) = \sum_C p(x_i, C; \theta)$$

接下来对似然函数取对数，对每个样例的每个可能类别 C 求联合分布概率和，得到：

$$L(\theta) = \sum_i \log_2 \sum_C p(x_i, C; \theta)$$

此时的 $L(\theta)$ 表达式很难直接找到极大值，需要先做一些处理：

$$L(\theta) = \sum_i \log_2 \sum_C p(x_i, C_j; \theta)$$

$$= \sum_i \log_2 \sum_j p(x_i, C_j; \theta)$$

$$= \sum_i \log_2 \sum_j Q_i(C_j) \frac{p(x_i, C_j; \theta)}{Q_i(C_j)} \tag{1}$$

$$\geqslant \sum_i \sum_j Q_i(C_j) \log_2 \frac{p(x_i, C_j; \theta)}{Q_i(C_j)} \tag{2}$$

推导中式（1）引入了随机变量 C_j 的概率密度函数 Q_i，利用琴生不等式的加权形式，log 函数在定义域内是凹函数，而且有：

$$\sum_j Q_i(C_j) = 1 \tag{3}$$

由此推导出式（2）。

由于不易于直接通过 $L(\theta)$ 的表达式寻找极大值，因此考虑通过 $L(\theta)$ 的下界的上移来持续接近 $L(\theta)$，从而不断逼近 $L(\theta)$ 的极大值。这种做法的合理性是因为上移下界和不断取下界的临界值可以使得 $L(\theta)$ 值不断变大直至取到极大值，所以 EM 算法的思路就是将找极大值的过程分为取下界的临界值以及提升下界上限，也就是 E 步（E-step）与 M 步（M-step）。

E 步也就是使得上面的式（1）到式（2）的不等式取等，根据琴生不等式取等条件可知，取等时有：

$$\frac{p(x_i, C_j; \theta)}{Q_i(C_j)} = c$$

则由等比定理可得：

$$\frac{\sum_j p(x_i, C_j; \theta)}{\sum_j Q_i(C_j)} = c$$

由式（3）知分母为 1，整理可得：

$$Q_i(C_j) = \frac{p(x_i, C_j; \theta)}{p(x_i, \theta)} = p(C_j \mid x_i; \theta)$$

上式表明令概率密度函数的取值为后验概率即可使得不等式取等，也就是 E 步的结果。

M 步是提升下界的临界值，在 EM 算法中，在 E 步的基础上，也即此时不等式取等，利用似然函数更新高斯混合模型中的参数，即：

$$\theta = \arg\max_\theta L(\theta)$$

式中的 $L(\theta)$ 是 θ_k 为参数的条件下能够取到的下界的最大值，而 θ_{k+1} 为参数时这个值是发生概率最大的值，可以认为新的下界的最大值不小于原来的下界的最大值，因此可以通过 M 步来提升下界的临界值。

重复迭代 E 步与 M 步直至收敛，就可以通过不断逼近得到使似然函数 $L(\theta)$ 取最大值的参数 θ 了。

接下来通过公式证明第 $k+1$ 步迭代后的结果 $L(\theta_{k+1})$ 大于第 k 步迭代后的结果 $L(\theta_k)$，以说明迭代可以使结果不断收敛。为了表示起来比较方便，将式（2）表示为：

$$G(Q,\theta)$$

则可以将推理过程表示为：

$$L(\theta_{k+1}) \geq G(Q_{\text{old}},\theta_{\text{new}}) \geq G(Q_{\text{old}},\theta_{\text{old}}) = L(\theta_k)$$

第一个不等式由式（1）到式（2）的推导可得，第二个不等式是由于新的 θ 提升了下界的临界值，因此成立，最后的等式是由第 k 次迭代的 E 步取等推导出来的。由此可知，按照 EM 算法的 E 步与 M 步迭代，最终会收敛求得目标参数 θ。

通过 EM 算法在实例中的应用可以加深理解。某公司想要对公司员工的身体状况做一次抽样调查，其中一项为体重的检查，其中一项统计数据是统计男女员工中体重为 50kg 以上的员工分别占的比例。得到的 3 组数据如下：

> 男（kg）49 60 70 48 47 55 80 62 64 78
> 女（kg）45 46 45 52 60 49 47 53 55 64
> 男（kg）58 62 49 63 72 90 64 69 59 57

3 组数据比例分别为 0.7、0.5、0.9，由此得到的男女员工中体重为 50kg 以上的员工所占比例分别为 0.8 和 0.5，但是由于数据没有及时存储，因此出现了一些损耗，其中 3 次抽样时抽取的性别的信息丢失了。为了能够较为准确地得到目标比例，采用 EM 算法来进行迭代，首先假设男性数据的比例为 0.6，女性数据的比例为 0.4，则根据这一假设进行 E 步，计算出各组实验性别的后验概率，依次如下。

男：$\dfrac{(0.6)^7 \times (0.4)^3}{(0.6)^7 \times (0.4)^3 + (0.4)^7 \times (0.6)^3} = 0.84$　女：$\dfrac{(0.4)^7 \times (0.6)^3}{(0.6)^7 \times (0.4)^3 + (0.4)^7 \times (0.6)^3} = 0.16$

男：$\dfrac{(0.6)^5 \times (0.4)^5}{(0.6)^5 \times (0.4)^5 + (0.4)^5 \times (0.6)^3} = 0.5$　女：$\dfrac{(0.4)^5 \times (0.6)^5}{(0.6)^5 \times (0.4)^5 + (0.4)^5 \times (0.6)^5} = 0.5$

男：$\dfrac{(0.6)^9 \times (0.4)^1}{(0.6)^9 \times (0.4)^1 + (0.4)^9 \times (0.6)^1} = 0.96$　女：$\dfrac{(0.4)^9 \times (0.6)^1}{(0.6)^9 \times (0.4)^1 + (0.4)^9 \times (0.6)^1} = 0.04$

根据得到的后验概率进行 M 步，更新参数，得到比例分别如下。

> 男：(0.84×0.7+0.5×0.5+0.96×0.9)/(0.84+0.5+0.96)=0.74
> 女：(0.16×0.7+0.5×0.5+0.04×0.9)/(0.16+0.5+0.04)=0.57

更新参数后用同样的 E 步以及 M 步迭代，得到参数为 0.78 和 0.60。再迭代一次，得到的参数为 0.79 和 0.60，可以看到这次迭代与上一次迭代得到的参数之间的差距已经很小了，可以近似认为得到的男女员工中体重为 50kg 以上的员工所占比例分别为 0.79 和 0.60。可发现男性员工中的体重比例是较为准确的，而女性员工中的体重比例误差较大，这是由于在这组样本的 3 组数据中体重比例都是不小于女性中实际的体重比例的，因此在不能够准确知道哪组是女性数据的情况下得到的比例一定是偏大的。

【例 4.7】 EM 算法应用案例——在概率潜在语义分析中的应用。

概率潜在语义分析（Probabilistic Latent Semantic Analysis，PLSA）是一种主题模型（Topic Model），主题模型是用于在一系列文档（文档集）中对于文字中抽象的隐含的主题进行建模的一种方法，主题模型试图用数学框架来体现文档的关键词以及主题的特性，根据统计信息确定文档所属主题的概率分布以及主题下的关键词的概率分布。

PLSA 模型是一个生成模型，具体的生成模型可以表示成如下的过程：首先是从文档集中选取文档，这一步的概率表示为 $p(d)$，之后是选定某一主题，这一步的概率表示为 $p(\text{topic}|d)$，接下来是从主题中选择某一关键词，这一步的概率表示为 $p(\text{word}|\text{topic})$。在初始阶段，可观测到的数据就是文档集，文档集中各个不同的文档 d 是清晰可见的，文档中的内容也可以观测，也就是说关键词 word 也是可以观测到的。文档集可以表示为由 d 和 word 组成的共生矩阵，矩阵中的每一个点表示的是关键词 word 在对应的文档 d 中出现的频数 $n(d,\text{word})$。此时唯一隐含的无法观测的数据就是主题 topic，因此要做的工作就是对于第 2 步以及第 3 步中的概率 $p(\text{topic}|d)$ 和 $p(\text{word}|\text{topic})$ 做出估计，从而确定主题模型。

确定主题模型的过程可以被认为是选择合适的概率分布使得生成样本数据的可能性最大的过程，因此可以将问题转化为最大似然估计，求使得似然函数取最大值的参数。首先构造似然函数：

$$l(t) = \prod_d \prod_{\text{word}} p(d,\text{word})^{n(d,\text{word})}$$

对似然函数取对数得到：

$$
\begin{aligned}
L(\text{topic}) &= \sum_d \sum_{\text{word}} n(d,\text{word}) \log_2 p(d,\text{word}) \\
&= \sum_d \sum_{\text{word}} [n(d,\text{word}) \log_2 p(d) + n(d,\text{word}) \log_2 p(\text{word}|d)] \\
&= \sum_d \sum_{\text{word}} [n(d,\text{word}) \log_2 p(d) + n(d,\text{word}) \log_2 \sum_{\text{topic}} p(\text{word}|\text{topic}) p(\text{topic}|d)] \\
&= \sum_d n(d) \log_2 p(d) + \sum_d \sum_{\text{word}} n(d,\text{word}) \log_2 \sum_{\text{topic}} p(\text{word}|\text{topic}) p(\text{topic}|d) \quad （4）
\end{aligned}
$$

似然函数整理得到的式（4）为两项的加和，其中第一项中的 $n(d)$ 是文档 d 中出现的总词频数，而 $p(d)$ 是选取文档的概率，都是与模型参数无关的参数，不会对似然函数的值产生影响，因此可以忽略式（4）中的第一项，认为 $L(\theta)$ 仅与第二项有关，将第二项表示为 $L_{\text{new}}(\theta)$。

这时可以利用 EM 算法来优化问题的求解过程。同样引入 topic 的概率密度函数 $Q(\text{topic})$，则可以根据琴生不等式得到：

$$
\begin{aligned}
L_{\text{new}}(\text{topic}_k) &= \sum_i \sum_j n(d_i,\text{word}_j) \log_2 Q(\text{topic}_k) \frac{p(\text{word}_j|\text{topic}_k) p(\text{topic}_k|d_i)}{Q(\text{topic}_k)} \\
&\geqslant \sum_i \sum_j n(d_i,\text{word}_j) Q(\text{topic}_k) \log_2 \frac{p(\text{word}_j|\text{topic}_k) p(\text{topic}_k|d_i)}{Q(\text{topic}_k)}
\end{aligned}
$$

同样与例 4.6 中的处理类似，可以得到取等条件为：

$$Q(\text{topic}_k) = \frac{p(\text{word}_j|\text{topic}_k) p(\text{topic}_k|d_i)}{\sum_k p(\text{word}_j|\text{topic}_k) p(\text{topic}_k|d_i)}$$

具体的操作是根据初始化的模型参数计算后验概率，更新期望值，完成 E 步的计算。接下来是 M 步，利用似然函数更新模型中的参数。

$$\text{topic} = \arg\max_{\text{topic}} L_{\text{new}}(\text{topic})$$

M 步是根据得到的期望值重新计算模型参数并更新模型参数。之后重复 E 步与 M 步直到收敛，此时得到的模型参数 $p(\text{topic}|d)$ 和 $p(\text{word}|\text{topic})$ 就是目标值了。

4.7.2 模糊聚类

模糊聚类是基于模糊集合论和模糊逻辑的聚类算法，算法并不把每个样本硬性划分到一个簇中，而是把簇看作模糊集，样本对每个簇都有不同的隶属度值，即每个样本属于每个类的程度不同。模糊聚类为聚类算法提供了一种灵活性，能够描述样本类属的中介性，其中最典型的是模糊c均值算法。

4.7.3 基于 Kohonen 神经网络模型的聚类

自组织映射（SOM）是一种竞争式学习网络，具有无监督情况下的自组织学习能力。SOM是由芬兰教授图沃·科霍宁（Teuvo Kohonen）提出的，因此也叫Kohonen神经网络。SOM模拟大脑神经系统自组织特征映像的方式，将高维空间中相似的样本点映射到网络输出层中的邻近神经元，这种方法可以将任意维度的输入离散化到一维或二维的空间上。

SOM 包含输入层和输出层（竞争层）两个层，如图 4-11 所示。输入层对应一个高维的输入向量，有 n 维样本 $X = (x_1, x_2, \cdots, x_n)$；输出层由二维网络上的有序节点构成，节点个数为 m。输入节点与输出节点之间通过权向量实行全互连接，输出层各节点之间实行侧抑制连接，构成一个二维平面阵列。SOM 中有两种连接权重：节点对外部输入的连接权重和节点之间控制着交互作用大小的连接权重。

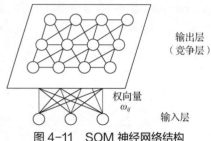

图 4-11　SOM 神经网络结构

SOM 能将任意维的输入在输出层映射成低维（一维或二维）的离散映射，通过对输入模式反复学习，保持其拓扑结构不变，从而反映输入模式的统计特征。

SOM 基本的拓扑结构用竞争学习来实现，输入层表示样本的多个特征，如形状、大小、色彩等。输出层获胜的神经元把周围的神经单元训练成与之相似的，范围大小由网络设计者决定，随着训练增加，范围逐渐减小。在应用中可增加遗忘机制，权重随时间逐渐变小，从而防止权重无限放大。

SOM 的基本思想是"赢者通吃"法则（也称为竞争学习），使获胜神经元对其邻近神经元按距离远近产生不同影响，对附近神经元产生兴奋影响，随着距离的增加，对神经元趋向于抑制。通过自动寻找样本中的内在规律和本质属性，自组织、自适应地改变网络参数与结构。在SOM 中，不仅获胜神经元要训练调整权重，它周围的神经元也要不同程度调整权向量，常见的调整方式有以下 3 种，如图 4-12 所示。

（1）墨西哥草帽函数。获胜节点权重调整量最大，随着与获胜节点之间距离的增大，权重调整量逐渐变小，达到某一距离 R 时，权重调整量降为 0。当与获胜节点的距离超过 R 时，权重调整量为负值；距离更远时权重不再调整，重新为 0，如图 4-12（a）所示。

（2）大礼帽函数：大礼帽函数是墨西哥草帽函数的简化，权重调整量在某距离范围内恒定，如图 4-12（b）所示。

（3）厨师帽函数：厨师帽函数是大礼帽函数的简化，权重调整量不再出现负值，最低值为0，如图 4-12（c）所示。

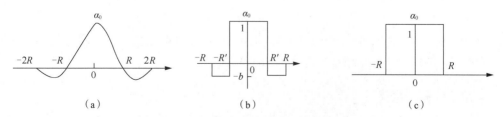

图 4-12　SOM 神经网络参数调整方式

以获胜神经元为中心，以邻域半径 R 圈定一个获胜邻域。在 SOM 学习算法中，邻域内的所有神经元均按其离获胜神经元的距离远近调整权重。半径 R 以较大值初始化，随着训练次数的增加不断减小 R 的值，直到最终减小到 0。

Kohonen 神经网络在运行过程中，匹配竞争胜出的神经元及其邻近的神经元与相应输入层神经元之间的权向量朝着样本输入（特征）向量方向更新，经过多次迭代后，这些权向量对样本自动进行聚类，完成自组织学习过程。

Kohonen 神经网络的具体执行过程如下。

（1）网络初始化。为输入层到输出层所有神经元的连接权重 ω_{ij} 赋予随机的小数作为初始值。

（2）计算连接向量。对网络的输入样本 $X = (x_1, x_2, \cdots, x_n)$，计算 X 与所有输出神经网络节点 j 连接向量的距离。

$$d_j = \sum_{i=1}^{n} (x_i - \omega_{ij})^2, \ i \in \{1, 2, \cdots, n\}, \ j \in \{1, 2, \cdots, m\}$$

（3）定义获胜单元。根据第（2）步距离计算结果，找到与输入向量距离最小的输出节点 j^*，即 $d_{j^*} = \min\limits_{j \in \{1, 2, \cdots, m\}} \{d_j\}$。

（4）在获胜单元的邻近区域，调整权重使其向输入向量靠拢。调整输出节点 j^* 连接的权重以及邻域 NE_{j^*} 内输出节点的连接权重 $\Delta\omega_{ij} = \eta(x_i - \omega_{ij})$，$j \in NE_{j^*}$，其中 η 是学习因子，随着学习的进行，利用 η 逐渐减小权重调整的幅度。

（5）提供新样本进行训练，收缩邻域半径，减小学习率。重复上述步骤（2）～步骤（4），直到权重小于阈值，输出聚类结果。

【例 4.8】　基于聚类和时间序列的易腐商品分级需求预测[①]。

需求预测在零售业的易腐商品和新鲜商品的供应链领域具有特别的重要性。这些商品是每日生产和运输的，它们需要尽可能新鲜，否则很快就会变质。需求的高估和低估都会对零售商的利润产生不良影响，缺货对消费者有不利影响，而未售出的商品需要在一天结束时扔掉。通过根据最新的销售点数据在不同的组织级别提供分层预测来支持日常运营，基于日内销售模式来识别用于扩展层次结构的商品聚集。应用多元自回归差分移动平均（Autoregressive Integrated Moving Average，ARIMA）模型来预测日常需求以支持运营决策并用一个工业化的面包连锁店的销售点数据来评估，目的是降低食品销售企业销售的易腐商品的丢弃成本并且通过一系列的预测方法，包括自顶向下、自底向上、层级预测等方法，提高食品的利用率，也就是让这些食品尽可能地卖出去，减少库存。

易腐商品是快速消费商品的一种，这种商品的特点是每日生产并运送，而且保质期非常短。

供应链的表现基于需求预测的精准性。同时在供应链领域要注意牛鞭效应的影响，这个效应是指需求的波动会导致上游供应链出现库存积压或者缺货的现象。通过构建及使用一个特定领域的层次结构来预测可替代易腐商品的需求。定义的结构由几个字母组成，其中包括区域（R）、店铺（S）、商品目录（C）、特定商品（A）及商品组（X）。决策支持系统就是要通过提供不同组织层级的日常商品需求预测来最优化日常的操作。短期的预测（3 天）往往是高效的。为了创建一种层次结构，将具有相似销售模式的商品进行聚类。ARIMA（X）模型用于预测从销售点数据中汇总到期望水平的时序。

根据业务需求，构建了下面 6 个层级。

（1）Region（RX）：区域中的销售总量。

---

① Huber Jakob, Gossmann Alexander, Stuckenschmidt Heiner. Cluster-based hierarchical demand forecasting for perishable goodsExpert Systems with Applications, 2017, 76:140-151.

（2）Region Category（RC）：一个区域内的特定的商品种类（聚集）的销售总量。

（3）Region Article（RA）：一个区域内的特定商品的销售总量。

（4）Store（X）：一个特定店铺的销售总量。

（5）Store Category（SC）：一个店铺内的特定的商品种类（聚集）的销售总量。

（6）Store Article（SA）：一个店铺内的特定商品的销售总量。

需求预测大部分在 RA+SA 的范围中进行。预测一个可代替品聚集在某些情况，如商品缺货，也是很有价值的，如图 4-13 所示。

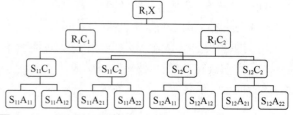

图 4-13　用于层级预测的一个 RX-RC-SC-SA 层级结构

为了在一个层次中获得最多的利润，一个有意义的商品聚类就变得尤其重要。在聚类过程中根据商品的销售模式自动识别出商品的类别，发现在缺货时易腐商品有着更高的替代率，也就是说消费者会买同类别的其他一种商品。为了完成聚类分析，把销售点数据以一个向量来描述（a，q，Day），表示商品 a 在季度 q 中每个工作日 Day 的日内销售模式。这样设计是因为每周的不同营业日和季节都会给销售带来影响。同时定义了在特定时间小时销售量占全天销售量的比例。通过 k-均值算法进行分组，聚类中心可以被看成特定类别的商品的一般需求。在进行聚类之后，通过多数投票来确定最后的商品组。

为了预测时序数据，使用 ARIMA 模型的一个扩展，允许合并外部要素变量。使用 ARIMAX 主要的挑战就是如何正确设置其中的参数，这需要统计学知识，而且取决于数据的性质和假设的客户行为。为了预测有多种选择去构建时序，最直接的方法是使用一个时间序列来描述店铺营业的所有工作日的每日销售额。为了预测后面几天的需求，可以直接设置预测范围到指定的长度。另外一种可能的方法是将每天的时序分解到一个时序中去。因为周的销售模式是差不多的，所以这个方法似乎合理。因此，要预测 3 天，就需要 3 个模型来预测相应时间序列的下一个点。这使得需要拟合预测模型的时间序列的长度减少了约 83.33%。一共有 50% 的现有数据用于预测未来 3 天的销售情况，这也导致计算时间减少。

将层次聚类方法应用在面包店数据集中的 16 种商品中，聚类分析基于 384 个特征向量，商店仅在星期天关闭。聚类分析发现工作日的需求模型和周末的是不一样的，发现两种几乎完美匹配的商品组 Buns（圆形面包）和 Bread（条形面包）。根据这些观察结果，将特征向量分成一个包含所有工作日向量的集合（320 个向量）以及一个包含周末销售模式的所有向量的集合（64 个向量）。对于每组向量，应用 $k = 2$ 的 k-均值。

如图 4-14 所示，聚类结果表明，圆形面包大部分在早上卖，条形面包在下午的需求更高。这意味着圆形面包是早上的首选产品，而条形面包的销售在当天是平均的。而且，在午餐时间和下午观察到了与员工工作时间有关的高峰，还可以看到其在周末和工作日的差别。在周六，圆形面包在早上的需求非常高，在白天不断下降。对于条形面包，并没有观察到在工作日看到的下午的第二个高峰。对于所有的聚集，还观察到在最后的营业时间里因为更少的需求，销售量急剧下降。这也就意味着在最后一个小时缺货并不会对利润产生大的影响，而且因为减少了丢弃的数量还更有可能被店家接受。因为烘烤食品的替代效应高于其他商品类别，所以为了在不牺牲收入的情况下限制丢弃的货物量，每个组中只有一个物品维持较高的服务水平是合理的。这一点可以用于层级预测。

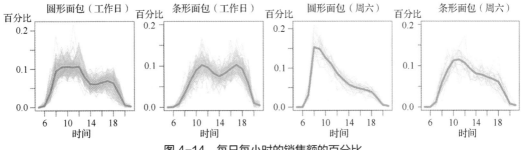

图 4-14　每日每小时的销售额的百分比

预测模型使用两种预测方法：直接预测和层级预测。

（1）直接预测：关注店铺商品层级（SA）和地区商品层级（RA）的日常需求的预测准确性，因为这些层级和现在的用例最为相关，如图 4-15 所示。采用 ARIMAX 和 ARIMA 两种时间序列模型组合（权重分别为 0.75 和 0.25），并用 MAPE 和均方根误差（Root Mean Square Error，RMSE）两个错误度量百分比来评估预测结果。预测发现，工作日的需求比较稳定，而周六则呈现出了更高的需求。两种序列模式组合预测的准确度是令人满意的。

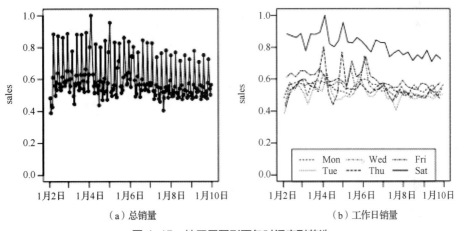

图 4-15　地区层圆形面包时间序列节选

不同层次预测所用的 ARIMAX 的参数如表 4-4 所示，使用 ARIMAX 和 ARIMA 模型的预测 MAPE 结果如图 4-16 所示。

表 4-4　不同层次预测所用的 ARIMAX 的参数

层级	参数						
	p	d	q	P	D	Q	s
RX	5	1	0	2	0	0	6
RA 1	5	1	0	1	0	0	6
RA 2	5	1	0	1	0	0	6
RC 1	5	1	0	2	0	0	6
RC 2	1	1	0	2	0	0	6
SX	5	1	0	2	0	0	6
SA 1	5	1	0	2	0	0	6
SA 2	5	1	0	2	0	0	6
SC 1	5	1	0	2	0	0	6
SC 2	3	1	0	2	0	0	6

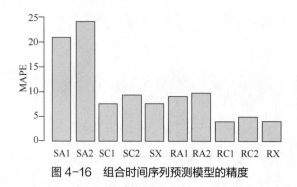

图 4-16　组合时间序列预测模型的精度

（2）层级预测：研究是否层级预测方法会提高准确度或者降低预测的成本。经过比较，只有自底向上的层级预测，也就是从低层级开始预测，商品层级向区域级进行预测，与直接预测的结果没有显著的不同。在店铺和区域内的特定商品聚集（SC 和 RC），自上而下的预测产生了比直接预测更好的效果。自顶向下的预测更加适合对高级层级的预测。在预测过程前，将相同类型的时间序列归类在一起是很重要的。越低层的时间序列越相似，预测越精准。自上而下的预测确实降低了计算成本并且带来了更好的扩展性。

上述预测模型使管理者在易腐商品供应方面的决策更加合理，降低了决策成本和运营成本，可以解放更多人力，企业拥有者不用再费心在管理之上。同时还减少了商品浪费，为企业节省更多的成本。

习题

1. 聚类分析的目的是什么？
2. 讨论聚类与分类的关系。
3. 聚类分析常见的应用领域有哪些？
4. 常见的聚类有哪些方法？这些方法分别适用于什么场合？
5. 评价聚类算法的好坏可以从哪些方面入手？
6. 在聚类分析中，样本之间的距离常用的计算方法有哪些？
7. 简要说明基于划分的聚类方法的基本原理。
8. k-均值算法的聚类数 k 如何确定？
9. 讨论 k 个初始聚类中心位置对 k-均值算法的影响。
10. 举例讨论 k-均值算法的应用。
11. k-medoids 算法和 k-prototype 算法对 k-均值算法做了哪些改进？
12. 简述 DBSCAN 算法的思想。
13. 讨论 DBSCAN 算法的几个参数如何选择。
14. 举例说明 DBSCAN 算法的应用。
15. 简述 OPTICS 算法的原理以及适用场合。
16. 简述基于层次的聚类的思想。
17. 常见的基于层次的聚类算法有哪些？分别阐述其思想。
18. 凝聚型基于层次的聚类算法有何优点？结合案例讨论其应用。
19. 讨论自组织映像网络 Kohonen 聚类算法的基本思想，并举例说明其应用。
20. 举例讨论聚类算法与其他算法的组合应用。

第 5 章
文本分析

　　文本分析是机器学习领域重要的应用之一，也称为文本挖掘。文本分析通过提取文本内部特征，获取隐含的语义信息或概括性主题，从而产生高质量的结构化信息，合理的文本分析技术能够获取作者的真实意图。典型的文本分析方法包括文本分类、文本聚类、实体挖掘、观点分析、文档摘要和实体关系提取等，常应用于论文查重、垃圾邮件过滤、情感分析、智能机器和信息抽取等方面。

　　本章首先介绍文本分析基础知识，然后对文本特征选取和表示、知识图谱、语法分析、语义分析等常见文本处理技术进行详细说明，最后介绍文本分析应用。

5.1   文本分析概述

文本分析属于多学科综合交叉研究领域，涉及信息检索、自然语言处理、数据挖掘等多个领域的相关知识。从纵向上来看，文本分析属于数据挖掘学科的一个应用分支，通过一系列技术手段，从大规模自然语言中挖掘出潜在的、有用的、可理解的知识信息。目前文本分析技术在文本翻译、信息检索和信息过滤等方面都获得了广泛的应用。

文本分析的过程从文本获取开始，一般经过分词、文本特征提取与表示、特征选择、知识提取或信息挖掘和具体应用等步骤。典型的文本分析过程如图 5-1 所示。

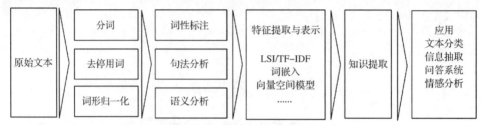

图 5-1   典型的文本分析过程

计算机很难理解自然语言描述的非结构化文本，因此在获取文本数据之后，需要对其进行预处理。对于中文文本，由于中文的词并不像英文单词之间存在固定的间隔符号，因此需要分词处理。目前中文分词有基于词典、基于统计和基于规则等方法，上述方法已经有较多成熟可用的实现算法。针对英文文本，由于英文单词之间都是用空格间隔，因此只需要词形归一化，即词干化，也称为取词根，例如，将复数的 birds 词干化为 bird。

对于句子级别的分析一般使用句法分析和语义分析，将各词语在句子中的角色和词与词之间的关系进行标记，这样有助于理解句意。结合命名实体提取和词性标注，还可以对句子的主干进行提取，用于分析作者意图，这些在自然语言生成和问答系统中有较多应用。

经过分词或取词根后的文本含有大量的文本属性，存在着大量的冗余信息，因此在进行文本分析前需要进行文本属性选择，以便获得冗余度较低且具有代表性的文本特征集合，从而使文本分析更加高效。常见的文本特征表示方法有 TF-IDF、隐语义索引（Latent Semantic Indexing，LSI）、词嵌入、GloVe、向量空间模型（Vector Space Model，VSM）等。常见的文本特征提取方法有信息增益、互信息、卡方统计等。

经过文本特征提取后，针对具体问题对文本资源进行不同的知识提取或信息挖掘，例如文本分类、文本聚类和文本关联分析等。

5.2   文本特征提取及表示

文本的特征表示是文本分析的基本问题，将从文本中抽取出的特征词进行向量化表示，将非结构化的文本转化为结构化的计算机可以识别和处理的信息，然后才可以建立文本的数学模型，从而实现对文本的计算、识别、分类等操作。通常采用 VSM 来描述文本向量，在保证原文含义的基础上，找出最具代表性的文本特征，与之相关的特征表示方法有 TF-IDF、信息增益和互信息（Mutual Information，MI）等。

5.2.1   TF-IDF 算法

TF-IDF（Term Frequency– Inverse Document Frequency，词频-逆向文档频率）算法是一种文

本统计方法，主要用来评估文本中一个词对语料库中一篇文档的重要程度，其中 Term Frequency 指词频，即某一个给定的词语在该文件中出现的频率，而 Inverse Document Frequency 指逆向文档频率。其基本思想是：字词的重要性与它在当前文档中出现的次数（词频）成正比，与它在整个语料库中出现的频率成反比。例如，某个词在当前这篇文章中出现的词频较高，并且在其他文章中很少出现，则认为此词具有很好的类别区分能力，更能代表本篇文章的内容，所以适合作为当前文章的特征词。

词频需要对词数（Term Count）进行归一化处理，由于不同文档词数不同，因此需要防止出现偏向性误差。它能够防止词数偏向较长的文件，因为同一个词语在长文件里往往会比短文件有更高的词数，而不管该词语重要与否。假设词频为 tf(w,d)，w 为该词语，d 为既定文档，则 tf(w,d)=count(w,d)/size(d)，其中 count(w,d)表示词 w 在文档 d 中出现的次数，size(d)为该文档的总词数。

逆向文档频率（IDF）用于度量给定词语的普遍重要性。要计算给定词语的 IDF 数值，首先由总文件数除以包含该词的文件数得到商值，然后对其取对数。即文档总数 n 与词 w 所出现的文件数 docs(w,D)比值的对数，其中 D 表示语料库中的文件集，idf=$\log_2[n/docs(w,D)]$。

TF-IDF 的值由 tf×idf 计算获得，即 tf 和 idf 的数值乘积。某一特定文件内的较高词语频次，以及该词语在整个文件集合中的较低频次，可以产生较高的 TF-IDF。因此，TF-IDF 算法倾向于过滤常见的词语，保留重要的词语。正如上所说，TF-IDF 算法作为信息检索、数据挖掘的常用技术，体现了词语对于文档的区分能力，可以对文档进行分类。其经常会结合余弦相似度用于向量空间中，用来判断两份文件的相似度。关于文本向量空间的知识将在后文中详细展开论述。

5.2.2　信息增益

信息增益方法是机器学习的常用方法，也是信息论中的一个重要概念，它可表示某一个特征项的存在与否对类别预测的影响，定义为考虑某一特征项在文本中出现前后的信息熵之差。重要性的衡量标准就是看特征能够为分类系统带来多少信息，带来的信息越多，该特征越突出。信息增益与信息熵和条件熵有关。

信息熵是信息论中衡量信息量多少的指标，是对随机变量不确定性的度量。假如有变量 x，它可能的取值有 n 种，分别是 $x_1, x_2, \cdots, x_i, \cdots, x_n$，一种取到的概率分别是 $p_1, p_2, \cdots, p_i, \cdots, p_n$，那么 x 的熵就定义为：

$$H(x) = -\sum_{i=1}^{n} p_i \log_2 p_i$$

从中可见，一个变量可能的取值越多，它携带的信息量就越大，即熵与值的种类以及发生概率有关。图 5-2 所示的就是二元随机取值的信息熵的一种显示，可以将其看作抛硬币出来的正反面，横坐标表示发生的概率，纵坐标表示熵的大小。当发生概率低到 0 时（必然不会发生）和发生概率高到 1（必然会发生）时，信息熵的值最小，说明这个信息没有任何价值。而当概率为 0.5 时表示信息的不确定性最大，其信息熵的值最大。

信息熵在分类问题中其输出就表示文本属于哪个类别的概率。

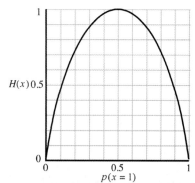

图 5-2　二元随机取值（抛硬币）的信息熵

信息增益是信息论中比较重要的一个计算方法，用于估算系统中新引入的特征所带来的信息量，即信息的增加量。

信息增益表示在其引入特征的情况下，信息的不确定性减少的程度，用于度量特征的重要性。可以通过计算信息增益来选择使用哪个特征作为文本表示。

5.2.3　互信息

互信息表示两个变量 x 与 y 是否有关系，以及关系的强弱，可用于文本分类。互信息值的计算公式如下：

$$\mathrm{MI}(t, C_i) = p(t, C_i) \log_2 \frac{p(t, C_i)}{p(t)\, p(C_i)}$$

其中，$p(t)$ 表示特征 t 在文本训练集中出现的概率；$p(t, C_i)$ 表示类别 C_i 中包括特征 t 的样本数量占总样本数的比例；$p(C_i)$ 表示文本类别 C_i 的出现概率，即类别 C_i 的样本数占总样本数的比例。

从互信息的定义可见，某个特征词在某个类别 C_i 出现频率高，但在其他类别出现频率比较低，则它与该类 C_i 的互信息就会比较大。用互信息作为特征词和类别之间的测度，如果特征词属于该类，它们的互信息量最大。由于该方法为统计方法，不需要对特征词和类别之间关系的性质做任何假设，因此适合于文本特征和类别的匹配检验。

点互信息（Pointwise Mutual Information，PMI）可用于度量事物之间的相关性，在文本分析领域，可用其计算词语间的语义相似度，基本思想是统计两个词语同时出现的概率，如果概率越大，其相关性就越大，关联度越高。两个词语 x 与 y 的点互信息计算公式如下。

$$\mathrm{PMI}(x, y) = \log_2 \frac{p(x, y)}{p(x)\, p(y)}$$

在概率论中，如果 x 与 y 不相关，则 $p(x,y) = p(x)p(y)$，而 $\mathrm{PMI}(x,y)$ 就等于 0；如果两者相关性越大，则 $p(x,y)$ 相比 $p(x)p(y)$ 就越大，$\mathrm{PMI}(x,y)$ 的值就大。

在文本处理时，点互信息在情感分析和语言模型构建中有重要意义。例如，在情感分析中先定义正负词典，例如，"很好""不错""很棒"等属于正向词典，"垃圾""差评""不好"等属于负面词典。对于待分类的文本，分别计算分词得到的词汇与正向情感词典的相似度，即点互信息，其点互信息值越高，说明趋于正向，与负向词典越相似则说明文本趋于负向。在语言模型中应用点互信息可以分析某一句话是否通顺，原理是基于大部分的词与词之间的搭配有一定的概率，例如，"味道"与"好吃"在一起使用的可能性要高于与"火车"搭配的可能性，通过计算这句话中所有词汇之间的点互信息值，就可以判断句子的通顺程度或是否含有错别字等。

互信息在文本处理方面的主要缺点是没有将词与词之间的顺序、句法和语义等信息考虑进去，这限制了某些领域的应用效果。例如上例中的情感分析，可能会将文本"没有一个差评"判断为倾向于负面。

5.2.4　卡方统计量

卡方统计量在统计学中用来检测两个事件的独立性。在文本特征选择中，两个事件对应词项是否出现和类别归属，即用于统计词项和类别之间的独立性。卡方的计算公式如下：

$$\sum_{i=1}^{n} \frac{(x_i - E)^2}{E}$$

其中 E 表示理论值，x_i 表示实际值，在文本特征选择阶段，一般使用"特征词 t 与类别 c 不相关"来作为原假设。计算出的卡方值越大，说明对原假设的偏离程度越大，就认为原假设的反面是正确的，即特征词 t 与类别 c 是相关的。文本特征选择的过程就是计算每个词与类别 c 的卡方值，从大到小排序后取前 k 个作为文本特征。

卡方选择特征的依据是基于显著性统计，它关心的是文档中是否出现某一词，却不管这一词在该文档中出现的次数，这明显有利于低频词。特征选择时可能选出更多的低频词，而漏掉出现次数较多的关键词，低频词对分类并无用处，这就是所谓的"低频词缺陷"。因此卡方检验也经常与其他因素（如词频）综合使用以避免此类问题。

卡方和互信息的出发点不同，但它们的效果却差不多，并且都主要用于监督式文本分类。在非监督式文本分类中，一般使用 TF-IDF 方法选择特征词。

5.2.5　词嵌入

在计算机中表示词的语义有语义词典和词嵌入两种方式。常见的语义词典有 HowNet、WordNet 等。使用语义词典对词汇进行说明，可形成语义的网络。它的缺点是构建费时费力，对于新词要及时更新。由于词典由人工整理，因此常存在一定的主观倾向。此外，语义词典在计算词语间的相似度方面比较困难。词嵌入是将词转化为向量表示，它是一项非常重要且应用广泛的技术，即使用低维、稠密、实值的词向量来表示每一个词，从而使计算词语相关度成为可能。两个词的语义相关或相似，则它们所对应的词向量之间距离相近。度量向量之间的距离可以使用经典的欧氏距离和余弦相似度等。

如何计算词的向量呢？首先，在向量空间中，每一个词用 1 和 0 组成的向量表示（如 $[0,0,0,0,\cdots,0,1,0,\cdots,0,0,0]$），有多少个词语就有多少维向量，这就是独热表示方法。如果要表示句子，则用句中的多个词构成一个向量矩阵。很明显，某种语言的词汇数量越多，词向量就越大，而句子的向量矩阵就会越大。但是，独热表示方法存在"词汇鸿沟"问题，词与词之间没有同义、词序、搭配等关联信息，仅从词的向量中看不出两个词之间的关系。为了解决这一问题，需要对词向量进行训练，建立词向量之间的关系。训练方法是通过将大量的现有语料句子传入神经网络模型中，用模型的参数来表示各个词向量之间的关系。

训练词向量的典型工具有 Word2Vec 和 GloVe 等，其中 Word2Vec 认为经常在一个句子中出现的词语相似度是比较高的，即对于一个中心词，最大化周边单词的概率。Word2Vec 采用三层网络进行训练，最后一层采用哈夫曼树（Huffman Tree）来预测。GloVe 是通过共现计数来实现的。首先，构建一个词汇的共现矩阵，每一行是一个词，每一列是句子。然后，通过共现矩阵计算每个词在每个句子中出现的频率。由于句子是多种词汇的组合，其维度非常大，需要降维，即对共现矩阵进行降维。Word2Vec 和 GloVe 比较容易且快速融合新的句子，将之加入词汇表并进行模型训练。GloVe 在并行化处理上更有优势，处理速度较快。

gensim 是一款开源的 Python 工具包，用于从文本中无监督地学习文本隐层的向量表示，其提供了相似度计算、信息检索等 API。以下是训练和使用 Word2Vec 模型的示例代码。

```
from gensim.models import Word2Vec
from gensim.models.word2vec import LineSentence
sentences = LineSentence('sentence_list.txt')
model = Word2Vec(sentences, size=128, window=5, min_count=5, workers=4)
items = model.most_similar('学习')
for item in items:
    print item[0], item[1]
model.similarity('英语', '数学')
```

代码中 LineSentence 类的作用是按行读取文本文件中的句子，将句子作为参数传入 Word2Vec 进行训练。其中 size 表示词向量的维度大小，语料（sentence_list.txt）越多，所需要的维度就越大。参数 window 表示句子中上下文环境的窗口大小，一个词与周围 window 个临近词具有一定相关性。参数 min_count 表示忽略语料中频次低于 min_count 的词，将其从模型中排除。模型训练完成之后，调用 most_similar()方法查询与词语最相关的 n 个词语，并同时返回每个词相关度。代码中的 item[0]表示相关词语，item[1]表示与这个词的相关度。还可以调用 similarity()方法来计算给定两个词语之间的相关度。

此外，为了增量训练模型，gensim 还提供模型保存和重新加载的方法，调用 save()和 load()方法可以将训练过的模型保存并重新加载，代码如下。

```
model.save('word_embedding_128')
model = Word2Vec.load("word_embedding_128")
```

重新加载后的模型可以用新的语料继续训练，代码如下。

```
model.build_vocab(sentences , update=True)
model.train(sentences,total_examples=num_lines,epochs=10)
```

调用模型的 build_vocab()方法是对词典进行更新，参数 sentences 是经过分词之后的句子列表，参数 update 表示训练新的语料后是否更新原模型。词典更新之后，调用 train()方法对模型重新训练，迭代次数为 10 次。

5.2.6　语言模型

语言模型（Language Model）通过概率分布的方式来计算句子完整性的模型，广泛应用于各种自然语言处理问题，如语音识别、机器翻译、分词、词性标注等。例如，确定哪个词语序列的可能性更大，即句子的合法性判断；或者给定若干个词，预测下一个最可能出现的词语；也可计算某一句子中词语搭配是否合理。

对于一个由词语组成的句子 $Sen = word_1, word_2, \cdots, word_n$ ，它的概率表示为

$$p(Sen) = p(word_1, word_2, \cdots, word_n)$$
$$= p(word_1)p(word_2 \mid word_1) \cdots p(word_k \mid word_1, word_2, \cdots, word_{n-1})$$

由于上式中的参数过多，计算复杂度过高，需要近似的计算方法。最常用的是 n-gram 模型方法，此外还有决策树、最大熵、马尔科夫模型和条件随机域等方法。

n-gram 模型也称为 n-1 阶马尔科夫模型，它是一个有限历史假设模型，即当前词的出现概率仅仅与前面 n-1 个词相关。当 n 取 1、2、3 时，n-gram 模型分别称为 unigram、bigram 和 trigram 语言模型。n 越大，模型越准确，也越复杂，需要的计算量就越大。最常用的是 bigram，其次是 unigram 和 trigram，$n \geq 4$ 的情况较少。

要评价一个语言模型的性能，通常可以将其应用到具体业务中，以查看其实际的运行效果。但是，这种方法标准不统一且费时费力。根据语言模型自身特性，一般使用困惑度（Perplexity）指标进行评测。

语言模型的训练工具有 SRILM 和 RNNLM。其中 SRILM 支持语言模型的"估计"和"评测"，"估计"是从训练数据（训练集）中得到一个模型，包括最大似然估计和相应的平滑算法。而"评测"则是从测试集中选择句子计算其困惑度，一般通过核心模块 n-gram 来估计语言模型，并计算语言模型的困惑度，困惑度越小，表示语言质量越好。而 RNNLM 是利用循环神经网络来训练语言模型。

基于 SRILM 工具，可以用如下命令生成语言模型：

```
ngram-count -text input.txt -lm output.lm
```

其中，input.txt 是经过分词后的语料文本，每一行是一个句子。生成词频统计和语言模型保存在 output.lm 文件中。

执行如下命令可以基于语言模型来生成测试语句的困惑度：

```
ngram -ppl test.txt -lm output.lm -debug 2 > test_result.ppl
```

其中，test.txt 是待测试的文本句子，每行是一个经过分词的句子。通过-lm 指定在上步中训练好的语言模型。检测结果储存在 test_result.ppl 中，示例如下。

```
拥有 全新 骁龙 660 移动 平台 搭配 6GB 内存 让 数据处理 高效
p(拥有|<s>)=[2gram]0.01793821[-1.746221]
p(全新|拥有...)=[2gram]0.001913622[-2.718144]
p(骁龙|全新...)=[1gram]0.000736711[-3.132703]
p(660|骁龙...)=[2gram]0.02556118[-1.592419]
p(移动|660...)=[1gram]0.0001365131[-3.864826]
p(平台|移动...)=[2gram]0.0196641[-1.706326]
p(搭配|平台...)=[1gram]0.001986997[-2.701803]
p(6GB|搭配...)=[2gram]0.01205386[-1.918874]
p(内存|6GB...)=[3gram]0.3261201[-0.4866224]
p(让 内存...)=[1gram]0.005246758[-2.280109]
p(数据处理|让...)=[1gram]1.354035e-05[-4.86837]
p(高效|数据处理...)=[1gram]0.0005092599[-3.293061]
p(</s>|高效...)=[2gram]0.05939064[-1.226282]
1sentences,12words,0OOVs
0zeroprobs,logprob=-31.53576ppl=266.58ppl1=424.5999
```

检测结果的最后一行是评分的基本情况，其中 logprob 是整个句子出现的概率，它由各词条件概率值相加得到。ppl、ppl1 均为困惑度指标，计算公式稍有不同，它们的值越小，句子质量越高。

5.2.7　向量空间模型

向量空间模型（VSM）又称为词组向量模型，俗称"词袋模型"，是由索尔顿（Salton）等人于 20 世纪 60 年代末提出的，是一种简便、高效的文本表示模型，是文本的形式化表示最为经典的方法之一。向量空间模型能够把文本表示成由多维特征构成的向量空间中的点，从而通过计算向量之间的距离来判定文档和查询关键词之间的相似度。

对于任一文档 $d_j \in D$，D 为文档数据集，可将其表示成如下 n 维向量的形式：$d_j = (w_{j1}, w_{j2}, \cdots, w_{jn})$。其中 w_{jn} 为第 n 个特征词在文档 d_j 中的权重，n 为文档 d_j 的总特征词数。则此时文档数据集 D 可以看作 n 维空间下的一定数量的向量集合，TF-IDF 值也常被选作特征词的权重。而文档之间的相似度指两个文档内容相关程度的大小，当文档以向量来表示时，则可以使用文档内积或夹角余弦值来表示，两者夹角越小说明相似度越高。

用 VSM 将文档表示成向量形式后，在基于向量的文本相似度计算中，常用的相似度计算方案有内积、Dice 系数、杰卡德系数和夹角余弦值。

假设存在两份文档 $D_i = \{(w_{i1}, w_{i2}, \cdots, w_{in})\}$、$D_j = \{(w_{j1}, w_{j2}, \cdots, w_{jn})\}$，则有以下公式。

（1）内积

文档 D_i、D_j 之间基于内积的相似度计算公式为：

$$\text{sim}(D_i, D_j) = \sum_{k=1}^{n} w_{ik} w_{jk}$$

（2）Dice 系数

文档 D_i、D_j 之间基于 Dice 系数的相似度计算公式为：

$$\text{sim}(D_i, D_j) = \frac{2\sum_{k=1}^{n} w_{ik} w_{jk}}{\sum_{k=1}^{n} w_{ik}^2 + \sum_{k=1}^{n} w_{jk}^2}$$

（3）杰卡德系数

文档 D_i、D_j 之间基于杰卡德系数的相似度计算公式为：

$$\text{sim}(D_i, D_j) = \frac{\sum_{k=1}^{n} w_{ik} w_{jk}}{\sqrt{\sum_{k=1}^{n} w_{jk}^2 + \sum_{k=1}^{n} w_{ik}^2 + \sum_{k=1}^{n} w_{ik} w_{jk}}}$$

（4）余弦系数

文档 D_i、D_j 之间基于余弦系数的相似度计算公式为：

$$\text{sim}(D_i, D_j) = \frac{\sum_{k=1}^{n} w_{ik} w_{jk}}{\sqrt{\sum_{k=1}^{n} w_{ik}^2 \times \sum_{k=1}^{n} w_{jk}^2}}$$

其中最常用的方法是基于余弦系数下的文档相似度计算。

在该 VSM 中，通过向量的形式，把对文本的处理简化为向量空间中向量的计算，使问题的复杂度大大降低。而权重的计算既可以用规则的方法手动完成，又可以通过统计的办法自动完成，也可以选用常见的 TF-IDF 值作为特征词的权重。把文本以向量的形式定义到实数域中，因此在模式识别和其他领域中各种成熟的计算方法得以应用，提高了自然语言文本的可计算性和可操作性。VSM 是基于文本处理的各种应用得以实现的基础和前提。

VSM 最早起源于文本信息检索，是很多搜索引擎使用的基础模型。只要将用户的检索需求信息转化成为查询向量，用文档向量类似的形式表示，再对比查询向量以及文档向量之间的相似度，就得到向量在向量空间中的相对距离，如图 5-3 所示。

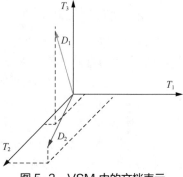

在本文特征提取方面，VSM 起到了非常重要的作用，它极大地简化了数据预处理过程，使自然语言处理领域得以利用机器学习相关算法。其优势主要有以下几点。

① VSM 主要通过改进特征词的权重计算方法，即计算 TF-IDF 值作为权重，降低了文本处理的复杂度，提高了检索效率。

② VSM 使用特征词及其权重集合的向量表示一篇文

图 5-3　VSM 中的文档表示

档，这样不但降低了文档本身的复杂度，同时减少了文档间的相似度计算等运算量。

③ VSM 通过关键词与文档特征词的相似度比较，实现文档快速检索，并实现结果排序（按相似度）和结果数量控制，这一技术在搜索引擎和日志处理等方面应用广泛。

由于 VSM 主要还是基于统计理论，在文本处理方面对语料库的样本数量、样本质量和丰富性等都有一定要求，除此之外还有以下不足之处。

① VSM 没有考虑词序的影响，而这一特征是文本处理中的关键特征。

② VSM 的构建过程较慢，当文档数量较大时，对计算资源要求较高。

③ 由于 TF-IDF 算法原理上是基于词频的，因此在特征词权重的计算中，重要性的计算在偏短的文档中效果较差。

5.3　知识图谱

知识图谱是结构化的语义知识库，用符号实体表示物理世界中的事物或概念，实体之间通过关系相互连接，构成网状的知识结构。知识图谱的目标是让机器能够理解文本背后的含义。为此，需要对可描述的事物（实体）进行建模，填充它的属性，拓展它和其他实体的联系，即构建机器的先验知识。此外，还涉及知识提取、表示、存储和检索一系列技术。

知识表示在 20 世纪 60 年代从语义网络兴起，到 20 世纪 70 年代的专家系统（Expert System），尤其是 20 世纪 90 年代提出的贝叶斯网络，以及"万维网之父"伯纳斯-李（Berners-Lee）提出"语义网"（Semantic Web）的概念，由于数据量少、信息处理技术不成熟、知识的表示形式不统一等原因，知识表示的应用较少。知识表示比较知名的应用是在目录编排方面，例如利用可扩展标记语言（eXtensible Markup Language，XML）和资源描述框架（Resource Description Framework，RDF）进行技术实现，解决图书和医药的编目问题，非常具有实用性。

知识图谱首先由谷歌公司于 2012 年提出，目的是提升搜索结果的质量和检索效率。结合知识图谱相关技术，搜索引擎能够理解用户查询关键词所代表的语义信息，获取关键词背后隐含的对象或事物，使返回的结果更为精准。此后，各个机构也开始着手打造各种知识库，比较知名的有 DBPedia、NELL、OpenIE、Freebase、Google KG、BabelNet、WordNet 和 Yago 等。随着人工智能的不断发展，人们发现知识的获取和表示是构建强大人工智能系统的关键，尤其是人工智能由计算智能、感知智能向更高的认知智能转化的过程，特别需要知识图谱。

知识图谱的应用非常广泛，特别适用于智能客服、金融、公安、航空和医疗等"知识密集型"领域。例如，很多金融领域公司构建了金融知识库对金融知识进行集成与管理，并辅助金融专家进行风险控制和欺诈识别等；生物医学专家通过集成和分析大规模的生物医学知识图谱，辅助其进行药物发现等；在公安领域中，对人员、位置、事件和社交关系等信息应用知识图谱可以及时发现热点事件的发展、传播与关键点，提早做出感知和识别，从而实现预防犯罪；随着人工智能的再次兴起，知识图谱又被广泛地应用于聊天机器人和问答系统中，用于辅助深度理解人类的语言支持推理，并提升人机问答的用户体验等。

5.3.1　知识图谱相关概念

知识图谱相关概念有本体、知识库、链接数据、语义网络等，下面进行详细介绍。

（1）本体这个术语来自哲学概念，用于描述实体和实体间的关系。例如，"描述"都是"本体"的外在符号，人们所看到的图像、说的语言、对事物的感觉，都是符号到本体的某种映射，因此它只可意会不可言传。在信息科学中的本体指的是语义层面的意思。例如，当看到 Plátano 这个词时，大部分中国人并不知道它代表的是什么。这与机器遇到"香蕉"这个词时是一样的。但是，假如在 Plátano 的旁边加上注解"香蕉"，懂中文的人立即就会产生关联和记忆，并建立本体（香蕉实物）到符号（称谓）的映射。在人工智能领域中，本体就是对概念或者概念体系的规范化、形式化的说明，建立本体的过程就是一个定义概念的过程。

汤姆·格鲁伯（Tom Gruber）把本体定义为概念及其关系的形式化描述。本体类似于数据库中的表结构，主要用来定义类和关系，以及类层次和关系层次等。最常用的本体描述语言有 RDF 和万维网本体语言（Web Ontology Language，OWL）等，可以用于定义同义词、反义词，以及对属性的值域施加约束等。本体通常被用来为知识图谱定义图谱结构，一个本体库是由类、属性和实例组成的，在 OWL 里统称为实体（Entity）。

（2）知识库（Knowledge Base）本质上是管理知识的数据库，最早作为专家系统的组成部分，用于实现决策推理。知识库中的知识有本体知识、关联性知识、规则库和案例知识等很多种不同的形式。

（3）链接数据（Linked Data）由伯纳斯-李于 2006 年提出，用更加简洁的形式描述网络中各资源之间的关系。与语义网络相比，它更关注建立数据之间的链接，而非强调语义概念。

（4）语义网络（Semantic Network）是1968年由奎利恩（J. R. Quillian）提出的。它是一种知识表达形式，其中节点表示事物或属性，节点之间的边表示事物间关系。语义网络更加侧重描述概念及其关系。需要注意它与语义网（Semantic Web）不同，后者是对互联网网页内容进行语义扩展。

5.3.2　知识图谱的存储

按照存储方式的不同，知识图谱的存储可分为基于表结构的存储和基于图结构的存储。其中，基于表结构的存储采用二维数据表的方式存储数据，例如三元组表、类型表及关系数据库。基于图结构的存储可以使用图数据库。

1. 三元组表

用三元组表来表示知识图谱中的事实，知识图谱可以通过一张三元组表来存储整个图谱中的所有事实。

基于三元组表的存储实现方式简单，并且易于理解。但将所有的知识都存放在同一张表中，表过于庞大、冗长，执行插入、删除、修改、查询等操作时效率低，更不适用于连接、嵌套等复杂的查询，所以在大型知识图谱系统中很少采用这种方式。

2. 类型表

类型表存储是指每一类数据单独建立一张数据表存储，例如学生表、课程表、班级表等，同一类型的实例存放在同一张表，每一行代表一个完整的实例，每列表示该实例的属性。

采用这种方式将每个数据表的类型区分开，每个表的结构不同，克服了三元组表效率低的问题。但这种存储方式存在大量冗余，假设一段信息同时适用于两类研究学科，那么相关的信息实例就会同时存储于两类类型表中。而客观世界中很多学科都有交叉，因此会出现大量重复记录。此外，每个同类的实例所包含的属性值的数量未必相同，这会导致存储表上存在很多空字段。且知识图谱包含的实例范围一般比较大，用这种方式管理信息难度较大。

3. 图结构

图结构的知识图谱以实体为节点，每个节点包含属性，实体间的关系为节点的边（有向边或无向边）。这种方式符合知识图谱的现实逻辑，可以通过图查询技术实现查找。采用图结构的知识图谱，包含变化的时间节点，允许知识和数据的不断更新，这些变化的时间点同样代表有意义的信息。

知识图谱中的时态信息可包括事实的生成时间、有效时段、特定时刻的历史状态以及知识图谱在过去时间点的版本。时间可选用不同的粒度（如年、月、日），也可采用连续时间记录方式。历史数据库记录了在有效时间轴上的一系列数据库状态，可以看作事实在真实世界的变化过程，在更新时需要指明涉及哪些数据库状态。在知识图谱中应用的通常为历史数据库，用有限的数据冗余实现数据时态变化，同时也应用数据库回滚的思想，在一些特定的时间点备份知识图谱数据，以便对某一历史版本进行查询。

知识存储可以使用关系数据库，采用类似RDF的存储结构，以元组为单元进行存储，如三元组表。这种方式的好处是语义关系较为明确，存在的问题是涉及大量自连接操作，导致开销巨大。虽然有多种改进的存储方法，但是基于关系数据库存储在性能上并不理想。

知识存储的主流存储方式是图数据库，图数据库的结构定义实现了图结构中的节点、边、属性。典型的开源图数据库是Neo4j，其优点是提供了完善的图查询语言，支持各种图挖掘算法；缺点是分布式存储实现代价高，数据更新速度慢，大节点的处理开销很高。此外还有时态数据存储，时态数据包含事实的生成时间、有效时间段、历史状态和知识图谱的版本等。

上述几种存储方式可以综合使用。例如，使用图数据库存储关系数据，关系数据库存储实体链接与图谱中实体关联信息。

5.3.3　知识图谱的挖掘与计算

对知识图谱的挖掘主要是基于图运算的理论，从海量节点中寻找权威节点（重要节点），即与目标节点最近（路径最短）且最权威的节点。

1. 最短路径

常用的最短路径算法有 Dijkstra 算法和 Floyd 算法。

Dijkstra 算法是典型的单源最短路径算法，用于计算一个顶点到其他所有顶点的最短路径。核心思想是以起始点为中心向外层层扩展，直到扩展到终点为止。给定一个带权的有向图 $G(V,E)$，从第一个顶点开始遍历，每得出一条最短路径，就将其加入最短路径的集合 S 中，直到所有的顶点遍历完毕。在遍历顶点的过程中，需要使原点到该顶点的路径长度不大于原点到集合中其他顶点的最短路径长度，直到完成整个循环。

Dijkstra 算法步骤如下。

① 初始时，S 只包含原点 v，距离为 0。用 U 表示与 S 互补的顶点集合。

② 从 U 中选取一个距离 v 最小的顶点 k_0，把 k_0 加入 S 集合。

③ 以 k_0 为原点，对 U 中每个顶点修改到原点的最短距离，若到 k_0 的距离小于到 v 的距离，则将原有的距离修改为更小的值。

④ 重复步骤②、③，直到所有顶点都加入 S 集合。

Floyd 算法是一种动态规划算法，用于求每对顶点之间的最短路径，其算法步骤如下。

① 初始化某一个图的邻接矩阵 $\boldsymbol{D}$，矩阵中每个元素为 $d_{ij}^{(0)}$，有

$$d_{ij}^{(0)} = \begin{cases} l_{ij}, i\text{和}j\text{连通} \\ 0, i = j \\ \infty, i\text{和}j\text{不连通} \end{cases}$$

② 在原路径中增加一个新节点，如果产生的新路径比原路径短，则将原路径值修改为更小值，这样会依次产生多个矩阵，$\boldsymbol{D}^{(1)}, \boldsymbol{D}^{(2)}, \cdots, \boldsymbol{D}^{(n)}$，对第 k 个矩阵 $\boldsymbol{D}^{(k)} = \{d_{ij}^{(k)}\}$ 有

$$d_{ij}^{(k)} = \min\{d_{ij}^{(k-1)}, \ d_{ik}^{(k-1)} + d_{kj}^{(k-1)}\}$$

k 从 1 开始进行循环，i、j 分别从 1 到 n 开始遍历，直到 k 等于 n 结束。

2. 权威节点分析

权威节点分析是从知识图谱中分析节点的权威性，从中发现权威节点。权威节点分析常用于社交网络权威人物或权威机构的发现。权威节点分析主要采用互投票方法，其思想源于 PageRank 思想。

PageRank 的核心思想是网页被越多的优质网页所指向，其属于优质网页的概率越高。如果两个网页存在链接指向，说明这两个网页存在关联，因此可采用相关性参数来衡量。页面的质量是一个累计值，由所有指向此页面的链接通过递归算法计算得到。一个页面拥有越多的被指向页面，那么它的优质度就越高；反之，网页优质度就越低。

如果知识图谱的数据量非常庞大，为了降低算法开销，可采用分块式的方式来实现算法，先计算每个分块图的 PageRank，根据各数据块之间的相关性，得到新图的 PageRank，再反复迭代，分析权威节点。

此外，权威节点分析还可采用基于节点属性及节点间关系的多特征方法，将节点属性和关系结合起来综合分析。

5.3.4 知识图谱的构建过程

知识图谱的逻辑结构分为数据层和模式层。数据层为知识图谱的数据存储；模式层在数据层之上，存储的是经过提炼的知识，通常采用本体库来管理知识图谱的模式层，规范实体、关系以及实体的类型和属性等对象之间的联系。本体库在知识图谱中相当于模具，拥有本体库的知识库一般冗余知识会比较少。

技术结构方面，知识图谱的构建过程包括知识获取、数据融合。其中知识获取是指从非结构化、半结构化以及结构化数据中获取知识，并对知识进行分词、词性标注、提取实体、语义消歧和关系挖掘等基本文本处理；数据融合是指将不同来源的知识进行融合并构建数据之间的关联。

知识图谱有自顶向下和自底向上两种构建方式。自顶向下的方式需要专家手动编辑形成数据模式。而自底向上的构建，则是借助一定的技术手段，基于行业现有标准，从公开采集的数据中提取出资源模式进行映射，选择其中置信度较高的新模式，经人工审核之后将之加入知识库中。这个过程需要随时间不断更新、循环，根据知识获取逻辑，这一步骤包含3个阶段：信息抽取、知识融合以及知识加工。

（1）信息抽取的关键是从多种结构化、半结构化、非结构化数据源中自动抽取信息得到知识单元。信息抽取是从各种类型的数据源中提取出实体（概念）、属性以及实体间的相互关系，在此基础上形成本体化的知识表示。涉及的关键技术包括命名实体识别、关系抽取和属性抽取等。

本体可以由领域专家创建，但是工作量较大。本体编辑可以借助现成的工具，如Protégé、Semantic Turkey、Swoop和OBO-Edit等，也可以从现有的行业标准转化，或者从现有高质量数据源转化。

知识抽取一般是针对结构化数据格式，对于开放的Web数据利用自然语言处理技术，先抽取结构化的数据，再进行提取。

（2）知识融合是对获得的知识进行整合，消除矛盾和歧义。例如，新的知识包含大量冗余和错误信息，数据之间缺乏层次性和逻辑性等，因此有必要对其进行清理和整合。涉及的关键技术包括实体链接和知识合并等。

知识融合是把知识表示形式都统一成XML、RDF或OWL等形式，以便于存储和查询。具体的知识融合主要包括合并外部知识库和关系数据转换两种方式，其中后者的转换工具有Triplify、D2R Server、OpenLink、Virtuoso和SparqlMap等。

（3）知识加工是指对于收集的内容资源进行融合处理，形成结构化、系统化的内容，并且经过评估，只有合格的部分才能被加入知识库中。

下面以电商领域知识图谱构建为例，介绍知识图谱的一般构建过程。

① 确定领域本体，一个本体描述的是一个特定的领域。例如要描述的领域是"电商"。

② 列举领域内的术语集合，指定领域中的一组重要概念。例如，要描述"电商"这个领域，可以列举出"商品""卖家""买家""厂家"等概念。

③ 确认基本术语之间的关系，包括分类、类间层次结构和属性等。即确定概念之后，再确定这些概念之间的关系，如并列关系、包含关系和关联关系等，"平台"与"卖家"是包含关系。

④ 添加约束规则，包括属性约束（例如商品品牌、大小和重量等）、值约束（如只有卖家才可以发布商品）等。

⑤ 定义实例，将具体的实例信息导入之前建立的结构中，形成知识库。

⑥ 检查和验证。通过对本体自身的不一致和置入本体的实例集进行一致性检查。

知识表示是机器理解和应用知识的基础，主要通过语义网实现，例如RDF、OWL、SPARQL

协议和 RDF 查询语言（SPARQL Protocol and RDF Query Language），其中 RDF 用于知识表示，使用简单的三元组表，存储方便，但其推理能力不够；OWL 的表达和推理能力都比 RDF 要强大，但是表达形式比较随意，不易存储。RDF 和 OWL 两者表示方式可以相互转换。而知识图谱使用的主要是搜索，一般使用 SPARQL，这种方式相比传统的搜索性能上有较大的提升。

【例 5.1】 基于知识图谱的企业信息查询平台实现。

在当前企业信用信息公示的背景下，越来越多的企业信息被收集利用，可利用知识图谱挖掘企业关联关系、疑似控制人以及投资关联路径等。通过对企业工商信息数据进行分析，提取实体以及关联关系，对企业关联关系进行挖掘。企业知识图谱的构建过程包括企业实体及关系分析、知识图谱结构设计及存储等。

1. 企业实体及关系分析

企业实体及关系分析包括企业关联族谱构建、疑似控制人关联分析和企业投资关系路径分析。

（1）企业关联族谱构建

企业关联族谱分析是将当前被调查的企业所有的股东节点往上遍历，搜索到最终的自然人股东。同时往下遍历当前企业的对外投资企业，直至不可再细分的节点。图 5-4 所示的是企业 A 的关联族谱结构。企业 A 的自然人股东有 b、i 和企业法人 C，而企业 C 的股东有自然人股东 e、企业股东 D，企业股东 D 有两位自然人股东 e、f。企业 A 对外投资了企业 G。

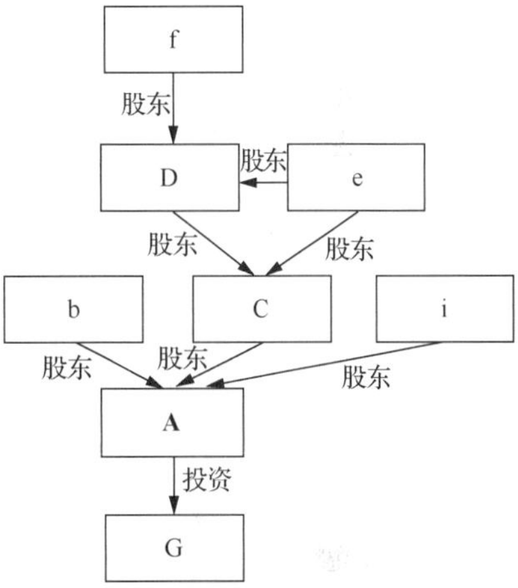

构建了企业关联族谱，搜索企业对外投资和股东关系将会非常容易，根据图数据库自带的深度优先搜索实现节点的遍历。以企业 A 为例，投资企业 A 的股东有 A、b、C、D、f、e、i，而企业 A 对外投资节点有 A 和 G。

图 5-4　企业 A 的关联族谱结构

在构建企业关联族谱时，通过公开的工商数据生成企业关于族谱的数据结构，以企业名义的对外投资仅可以根据公司名来进行唯一标识，理论上构建知识图谱也不会带来问题。但如果越来越多的企业聚合在一起构建企业图谱，实体中的自然人，如法定代表人、股东、主要人员、历史法定代表人、历史股东、历史主要人员都没有唯一标识符，需要进行去重处理。尽可能识别并去掉重复人名，将图谱中的节点进行合并，并构建企业间的疑似关联关系。疑似关联是指不能通过工商照面信息直接推断的关系，而是通过其他参照物或特征隐式推断的关系。

图 5-5 所示的是 A、B 两家公司的直接人员关联，公司的组织人员构架由法定代表人、股东和主要人员组成。其中 A 公司法定代表人为 c，股东是 c、d、E（企业法人股东），主要人员有 c、f。而 B 公司法定代表人为 h，股东是 c、d、h，主要人员有 f、h。

从原始的工商信息中，公司 A、B 没有任何关联。计算 A、B 公司是否有疑似关联可以通过下面的多特征维度识别去重算法。

① 将公司 A 的所有直接相邻节点去掉重复名称后得到数组 A{c,d,E,f}。

② 将公司 B 的所有直接相邻节点去掉重复名称后得到数组 B{c,d,f,h}。

③ 循环数组 B 中的元素，将 B 中的元素添加进 A 中，如果遇到添加失败返回 false，则将当前元素添加进临时数组 temp 中。

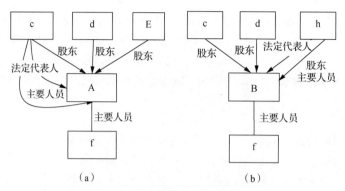

图5-5　A、B两家公司的直接人员关联

④ 统计 temp 数组中元素数量，定义相似度衡量的阈值。

⑤ 大于设定的阈值表示两家公司有疑似关联，否则没有关联。

临时数组最后得到的结果是 temp{c,d,f}，相似度阈值定义为3。即相似度大于等于3的两家公司可以将相同节点进行合并，并在合并的节点属性中做好备注。同时可以在节点企业 A 和节点企业 B 中建立一条疑似关联关系。

上述算法主要解决人员重名问题，配合多个人名一起匹配，疑似关联的准确度大大提升。企业关联族谱关系主要挖掘企业外投资关系、股东关系、主要人员关系、历史人员间的关系、疑似关联关系等。提取的其他维度数据，如裁判文书关系、失信执行人关系、失信关系、法院公告关系、商标关系、专利关系以及新闻关系等都可以融入知识图谱中。

（2）疑似控制人关联分析

企业是人活动经营的产物，观察企业的状况离不开监控企业主要人员的变化情况。通过对持股结构的分析，构建股权结构比例图，可以将企业法人股东、自然人股东对公司的影响进行量化。

图 5-6 所示的是企业 A 关联风险分析。企业 A 准备向银行申请贷款，张三是企业 A 的法人及高管，张三在企业 B 中任大股东，而企业 B 出现"拖欠供应商贷款"的恶意事件，张三的合伙股东李四在企业 C 中担任法人，企业 C 又面临"行政处罚"事件，所以目标评估企业 A 会因为企业 B、企业 C 的影响出现较大的违约概率，银行风控人员对企业 A 做出不建议贷款的建议。

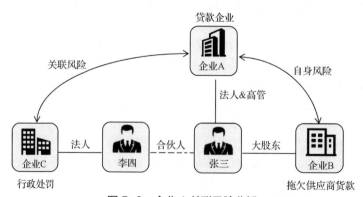

图 5-6　企业 A 关联风险分析

在知识图谱的网络中，如何分析节点的重要度，找到里面的关键节点？一般使用搜索引擎里的经典算法 PageRank。这个算法本质上是一种相互投票的机制，通过迭代计算决定每个节点的重要度。利用同样的方法可以衡量公司的重要性，查看资本系控股关系，寻找有潜力的创新公司。PageRank 用在企业图谱中的方法。

① 如果一个企业被很多企业关联，说明其比较重要，即 PageRank 值会相对较高。

② PageRank 值高的企业关联的企业，其 PageRank 值会相应地提高。

其中企业的重要度，这里定义成 PR 值，计算公式如下：

$$\mathrm{PR}(ep_i) = \frac{1-\alpha}{N} + \alpha \sum_{ep_j \in M(ep_i)} \frac{\mathrm{PR}(ep_j)}{L(ep_j)}$$

当前公式中 $M(ep_i)$ 是所有对 ep_i 企业有出链的企业集合，而 $L(ep_j)$ 是企业 ep_j 的出链数目，N 是企业总数，α 一般取 0.85。根据上面的公式和 PageRank 算法，一家公司的 PR 值为所有链向它的公司 PR 值经过迭代计算后的结果。

针对目标公司的企业关联风险有 4 个衡量指标。

① 通过 PageRank 计算出来的每家企业的 PR 值。

② 受到直接影响的企业与目标评估企业相互关联的层级数，第一层影响大于第二层，第二层影响大于第三层，依此递减。

③ 受到直接影响的企业对目标评估企业的持股百分比，对目标企业持股比例越大，对目标企业影响就越大。

④ 对影响事件进行风险评估分类。根据人员身份分析对公司的影响，如法定代表人、股东、主要人员、普通员工等。针对影响事件划分不同影响等级，如行政处罚、经营异常、失信事件、被执行人事件、法院公告等。针对正负新闻舆情进行影响等级分类，越重要的人物对企业影响越大，越重要的事件对企业影响越大，负面新闻对公司影响大。

经过这 4 个指标的综合衡量得到的风险影响因素，将风险划分为 5 个等级，数字越大表示风险越大。其中，1 为无风险，5 为最严重风险，将这些风险分析后，最终显示给用户。

（3）企业投资关系路径分析

构建全局网状关系网络后，分析企业关联投资路径和最短关联路径，很容易在此基础上进行搜索分析。企业知识图谱构建完成后是一个有向图，图 5-7 所示是企业 A 投资路径图谱。企业 A 的法定代表人 e 和联合股东 c、d 投资了企业 A，企业 A 投资了企业 B 并且是唯一股东，即企业 A 是企业 B 的直接投资者，而自然人 c、d、e 通过企业 A 对企业 B 间接 100% 持股，所以企业 B 的真实股东应该是 c、d 和 e。

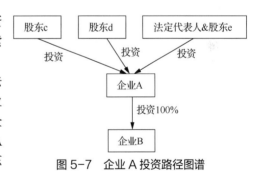

图 5-7 企业 A 投资路径图谱

寻找多个节点的关联关系路径，通过 Floyd 算法可计算出任意两点间的最短投资路径。在计算时，可以过滤不同的路径类型。

2. 企业知识图谱数据存储及使用

在企业相关的数据维度中，以工商信息中的数据作为企业知识图谱的基础来源。工商信息主要包括工商照面信息（Company）、股东信息（Partner）、人员信息（Employee）、分支机构（Branch）和历史变更记录（Change）等。

实体和关系在提取后，选择免费开源的图数据库 Neo4j 作为关联关系存储的数据库。作为一个高性能的图数据库，Neo4j 将结构化的数据存储在网络上而不是关系表中，基于图进行搜索，具有完全事务管理功能，可很好地支撑动态数据特性的应用需求。利用 Neo4j 提供的 Cyhper 语法，开发人员可以专注业务场景，直接使用其自带的图挖掘算法。

5.4 词法分析

词法分析包括分词、词性标注、命名实体识别和词义消歧。其中命名实体识别是识别句子中的人名、地点、时间、产品名称和机构名称等命名实体，每个命名实体都是由一个或多个词语构成的。词义消歧是根据句子上下文语境来判断某个词语的真实意思。

5.4.1 文本分词

分词是文本分析的第一步。与中文分词相比，英文单词由于存在天然空格划分，因此更容易进行分词。中文分词比英文分词更难操作，因为中文不仅没有空格分隔，而且存在多种词语搭配歧义，对分词产生干扰。

1. 中文文本分词

中文文本分词属于自然语言处理中非常关键的基础工作，并且被广泛应用于搜索引擎、信息获取和在线翻译等领域。目前中文文本分词主要分为基于词典的分词方法、基于统计的分词方法和基于规则的分词方法。

① 基于词典的分词方法主要用词典匹配等进行分词操作，常见的有最大匹配法、最小分词方法等，这类方法实现过程简单且效率高。其局限性在于词典要求较完备，且汉语语法比较多变，新的网络用语不断涌现，维护成本较高，因此在目前实际应用中较少使用这类方法。

② 基于统计的分词方法是利用词与词之间共同出现的概率统计信息实现分词，一般是基于大量的历史语料库经过分词之后建立语言模型来实现，但是这类方法强依赖于语料库。目前比较常以新闻类语料作为统计来源，这类数据的质量较高，虽然具有一定的实用性，但是泛化能力不强，无法应用到细分领域中，例如医疗、化工等具有较多专业术语的细分领域，所以一般需要有针对性地基于不同语料集进行统计。

③ 基于规则的分词方法属于基于知识理解的方法，目前常根据现有文本数据进行规则学习，然后依据所学的规则实现分词。

基于词典的中文分词方法的本质属于机械分词，通过匹配词典中的词语实现分词。最为经典的有正向最大匹配（Maximum Matching，MM）法和反向最大匹配（Reverse Maximum Matching，RMM）法。MM 法与 RMM 法的原理基本相同，不同的是分词扫描的方向，前者是正向扫描，后者是反向扫描。

MM 法的处理过程如下：设置最大词长为 maxLen，从左向右匹配待分词语句的前 maxLen 个字，如果与字典中的词匹配成功，则将前 maxLen 个字作为一个词切分出来。如果词典匹配失败，表示这 maxLen 个字并不是一个独立的词，则取前 maxLen-1 个字，即去掉最后一个字，重新进行词典匹配，直到匹配成功，此时，假设前 k 个字匹配成功，则从位置 $k+1$ 开始再取 maxLen 个字进行新一轮匹配，如此循环直到切分完成。这一方法的原理简单，实现容易，其关键思路是从左到右、从长到短进行匹配。

RMM 法与 MM 法原理相似，但是它分词切分的方向是反向的，即从右向左进行处理，每次取最末端的 maxLen 个字与词典中的词进行匹配。当然，其使用的也是逆序词典。在匹配时，若匹配失败，则去掉最前面的一个字，继续匹配，直到匹配成功。统计发现，中文语言中逆序词之间的歧义词较正向的要少，因此 RMM 法较 MM 法在准确性方面有一定提升。

RMM 法在实践中，对语句进行逆向转换，就可以用 MM 法进行处理，因此它们本质上具有一致性，也具有共同的缺点。首先是对"词中词"无法识别，主要原因是这类方法优先处理较长的词，一旦长词匹配成功，则直接将长词中的短词跳过。对词典质量依赖很强，无法发现新词，而目前互联网新词越来越多，词典维护成本很高。此外，最大词长 maxLen 难以估计，设置过长会导致匹配次数增多，效率低下；设置过短则容易导致错误率较高。

基于统计的分词方法与基于词典的分词方法不同，这种分词方法不需要字典支持，从统计概率的角度计算各词语的可信度并将其作为切分形式的判断依据。这一方法的本质是一种全切分方法，将所有可能的分词切分出来，然后按照统计模型确定最优的分词结果。这种方法的优点是可以从根本上避免切分形式的遗漏，减少了分词错误或失败的可能性，比简单机械分词的精度更高。统计模型训练过程中需要大量针对性语料，否则模型在不同的应用域中的泛化能力会较差，并且在分词过程中的时间复杂度和空间复杂度均偏高。

在实际分词应用中，全切分的方法运用较少，主要原因是这一算法虽然取得了所有可能的切分形式，但这只是基础步骤，还需要进一步进行歧义检测，而最终分词的准确性和精度还取决于歧义处理方法，这是分词的关键过程。另外，全切分输出结果数量与句子长度有关，句子越长，组合方式越多，切分形式的数目呈几何级增长，会产生较多无用数据，造成分词速度较慢。

基于词频统计的分词方法是一种全切分分词方法，其主要思想是在一段文本的上下文中，相邻的字同时出现的次数越多，就越可能构成一个词。因为相邻的字同时出现的概率或频率能较好地反映词的可信度。基于词频统计的分词方法的典型代表是隐马尔科夫模型（Hidden Markov Model，HMM）和 N 元文法模型（N-gram）。HMM 是与时序相关的概率统计模型，隐马尔科夫链是一个隐含状态链，隐含状态存在转换概率，隐含状态与输出状态存在输出概率。其难点是从可观察的参数中确定该过程的隐含参数，包括隐含状态集合 X、可观察的输出值集合 Y、转换概率（Transition Probability）矩阵 A、输出概率（Output Probability）矩阵 B。其中 X 中各状态的变化构成了隐马尔可夫链，状态变化的概率由转换概率矩阵 A 决定。观察者无法直接得到 X 的值，所以也称之为隐藏变量，而可观测的 Y 值与 X 相关，这种相关性由输出概率矩阵 B 决定。在中文分词中，观察值序列是要分词的句子，隐藏状态值集合 X 是所有可能的分词结果。基于词频统计的分词先切分出所有可能的词，再运用语言模型或其他决策算法对分词结果进行判断和选择。这一方法的优点是可以解决切分歧义问题，并且容易发现新词并将其提取出来，是目前中文分词的主流方法。

在实际应用中，基于词频统计的分词系统都依赖于词频统计数据，可以使用常用词词典，也可以通过 N-gram 算法从现有语料库中生成词频统计信息。进行串匹配分词的同时使用统计方法识别一些新的词，将两者结合起来，既发挥匹配分词切分速度快、效率高的特点，又利用无词典分词结合上下文识别生词、自动消除歧义的优点。即现实中通过使用词典来存储大部分关键词，而使用词频统计的方法识别新词，从而最终形成词典+统计结合使用的优化方法。

还有一种方法是基于规则的分词方法，它基于句法、语法和语义等规则信息，对这些规则信息进行分析获得词语的语义信息来判断分词歧义，从而实现正确的分词。这类方法的原理是通过机器学习的方法进行训练，使机器具有一定的推理和判断能力，为了使模型更加稳定，一般需要在训练过程中指定大量语言学规则。但是，由于汉语的语法比较复杂，并且文字在机器中的表示形式目前还没有较大突破，因此目前基于规则的分词系统还处在实验阶段，仍没有大规模应用。

目前国内很多学者和科研机构，如中国科学院、清华大学和复旦大学等院校或科研机构都推出了自己的中文分词系统。

2. 英文文本分词

英文文本分词与中文文本分词最大的不同在于，英文文本具备天生的分词特性。英文文本分词基本步骤可以概括为"3S 步骤"，即根据空格拆分单词（Split）、去除停用词（Stop Word）和提取词干（Stemming）。可见，相对于中文文本分词，英文分词算法较为高效和简单。

根据空格拆分单词与去除停用词操作都非常简单，只要注意英文文本中常见的 a/an/and/are/then 等之类的干扰词即可。而词干提取则是西方语言中共有的语言特性，例如英文中名词有单复数不同形式，动词有过去式和现在分词等多种时态，而提取词干的目的就是整合这些英文文本从而获取其关键信息。提取词干目前有 Porter Stemming、Lovins Stemmer 和 Lancaster Stemming 这 3 种主流算法，这些算法并不复杂，一般采用规则或者映射表来完成。著名的开源全文检索引擎 Lucene 就包含以上 3 种经典的提取词干算法。

5.4.2　命名实体识别

命名实体识别（Named Entity Recognition，NER）的主要任务是识别文本中具有特定意义的实体，属于自然语言处理的基础工作。识别对象一般包括实体类、时间类和数字类 3 大类，以及人名、地名、机构名、时间、日期、货币和百分比等 7 小类。由于这些命名实体数量不断增加，通常无法通过词典的方法识别，一般需要从词语形态或结构上进行分析。这一技术是信息抽取、文章生成、机器翻译和问答系统等自然语言处理应用必不可少的组成部分。

命名实体识别目前主流还是基于统计的提取方式，例如最大熵（Maximum Entropy，ME）模型、SVM、HMM、CRF 等，在实践中应用较广的是 HMM 和 CRF。ME 模型的关键是建立有效的特征模板，结合不同层次和粒度的特征建立中文实体语义知识库，所以模板设计是这一模型是否具有通用性的关键。SVM 对特征集的要求比较高，例如使用实体属性、词性、实体间关系等有助于提高识别的准确性，这一方法由于在细分类别上的识别效果不佳目前应用较少。CRF 是一种判别式概率模型，通过分析序列资料实现对目标序列建模，相较于 ME 模型，它引入了上下文信息实现对未知词汇的识别。HMM 依赖于训练语料的标签标记，它的速度要快一些，所以它更适用于信息检索等实时性要求较高的场景。

基于统计的方法对特征选取的要求较高，对语料库的依赖也比较大，需要从文本中选择对该项任务有影响的各种特征，而可用的大规模通用语料库又比较少，目前大部分细分领域的语料库是基于现有素材经过机器或人工干预的方式构建的，这部分工作很难避免，也是自然语言处理的基础工作之一。

目前中英文通用命名实体识别（人名、地名、机构名）的 F1 值都能达到 90% 以上。命名实体识别的主要难点是表达不规律、缺乏训练语料的开放域命名实体识别，如电影名、歌曲名、网名等。

5.4.3　词义消歧

词义消歧（Word Sense Disambiguation，WSD）是区分同一词在不同的上下文语境下的真实语义。例如"老师说校服上除了校徽别别别的"中的"别"分别表示"不要""卡住""另外的"3 种意思。一词多义不仅针对词语，在句义和篇章含义层次也有类似的现象，消歧的过程就是根据上下文来确定对象的真实含义。词义消歧一般要用到词典、知识库等消歧语料。根据所使用的资源类型不同，可以将词义消歧方法分为以下 3 类。

1. 基于词典的词义消歧

基于词典的词义消歧方法主要基于覆盖度实现，即通过计算语义词典中各词与上下文的合理搭配程度，选择与当前语境最合适的词语。但由于词典中词义的定义通常比较简洁，粒度较粗，造成消歧性能不高。并且，如果词项缺失就会导致问题。目前常用的消歧词典有 WordNet、

HowNet，以及 2017 年谷歌发布的基于新牛津美语词典（New Oxford American Dictionary，NOAD）进行标记的词义消歧词典，是目前最大的全词义标注英文语料库。

2．有监督词义消歧

有监督的消歧方法使用已经标记好的语义资料集构建模型，通过建立相似词语的不同特征表示达到去除歧义的目的。常见的上下文特征可以归纳为 3 种类型。

（1）词汇特征：借助语言模型等词语共现统计信息来量化词语间的相关关系。

（2）句法特征：词汇之间的句法关系特征，例如主谓关系、动宾关系等。

（3）语义特征：应用语义特征可分析同形多义的原因，并对歧义句式进行分化。

由于上述方法均要求大量的标记语料，扩展性较差，随着深度学习的发展，最近基于深度学习方法的词义消歧逐渐成为热门研究方向，这种方法能自动提取分类特征，减少对样本进行特征工程的工作量，在模型泛化能力方面也有较大改进。

3．无监督和半监督词义消歧

有监督学习需要大量人工标注语料，费时费力。半监督或无监督学习仅需要少量或不需要人工标注语料，克服了对大规模语料的要求。一般说来，虽然无监督学习不需要大量的人工标注数据，但依赖于大规模的未标注语料和语料上的句法分析结果。

5.5　句法分析

句法分析（Parsing）是将句子从序列形式转换成树状结构来表示，从而可以直观查看句子内部词语之间的搭配或者修饰关系。句法分析属于自然语言处理中的基础技术，在机器翻译、问答系统、文本分类、自动摘要、文本挖掘、信息检索等方面广泛应用。目前两种主流的句法分析方法是依存句法分析和短语结构句法分析。

1．依存句法分析

依存句法（Dependency Parsing，DP）认为句法结构表示的是词和词之间的依存关系，即词与词之间存在修饰关系。通过分析语言单位成分之间的依存关系揭示其句法结构，将输入的文本从序列形式转化为树状结构，从而刻画句子内部词语之间的句法关系。

依存关系是将核心词（Head）和依存词（Dependent）关联起来，这种方式是将原本序列形式的句子转变为树形的结构，形式更加简洁，可以直观看到词语之间的标记关系，有助于理解它们之间的语义关系。例如句子成分之间可以构成主谓关系（SBV）、定中关系（ATT）、并列关系（COO）和动宾关系（VOB）等。图 5-8 所示的是使用哈工大依存句法分析生成的示例结果。

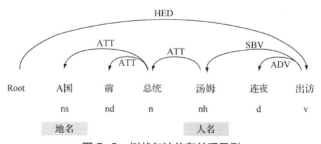

图 5-8　树状句法依存关系示例

其中，核心词（HED）是"出访"，"汤姆"与"总统"是定中关系，"连夜"和"出访"是状中关系（ADV），"汤姆"和"出访"是主谓关系。并且结合词性标注，可以识别出地名（ns）

"A 国"和人名（nh）"汤姆"。

目前主要是数据驱动的依存句法分析，通过对大规模语料进行训练得到模型。这种方式生成的模型比较容易跨领域和语言环境。比较常见的是基于图（Graph-Based）的分析方法和基于转移（Transition-Based）的分析方法。

（1）基于图的依存句法分析

基于图的依存句法通过构建完全有向图，将依存句法分析问题转化成从中搜索最大生成树问题。具体实现过程是首先定义子树模型，分为一阶和高阶模型，在一阶子树模型中各依存关系相互独立，而高阶子树模型中会出现兄弟和祖孙等复杂关系。然后定义分值标准，依存树的分值是由其子树分值相加得到的，目标是从中找到一棵分值较大的生成树来表示句子的依存关系。实际上，越是高阶的复杂模型，其词语特征和依存关系特征就越丰富，所以句法依存分析的效果越好，但是效率也较低。

（2）基于转移的依存句法分析

基于转移的依存句法分析首先将依存树的构成过程建模为动作行为的序列，然后从序列中寻找最优子序列。一个依存树的分值是由序列中每个动作的分值累加得到的。这一方法利用已形成的子树辅助构建后续动作，即通过贪心搜索算法找到近似最优的依存树。

（3）多模型融合的依存句法分析

综合基于图和基于转移的依存句法分析方法，可以充分融合两种模型的优势。一种是以最大生成树算法为基础，通过基于转移的结果的依存度对子树的分值进行修正和改进。另外一种是以基于转移的依存分析的结果存在性对子树分值进行修正。

2. 短语结构句法分析

短语结构句法分析目前还没有达到能够实际应用的水平，主要基于上下文无关文法（Context Free Grammar，CFG）进行分析，CFG 主要是对句子成分结构进行建模。一个 CFG 由一系列规则组成，每个规则给出了语言中的符号（Symbol）可被组织或排列的方式，以及符号和单词构成的词库（Lexicon）。

CFG 的文法规则可以人工书写或者从数据中自动学习。人工书写规则时，随着规则数量的增多，规则与规则之间的冲突会加剧，从而导致添加规则越来越难。相比之下，自动学习规则是从标记语料开始不断衍生规则，并通过模板进行修剪，系统实现快且效果较好。随着数据驱动方法的大量应用，将 CFG 的每条规则引入概率值，扩展成为概率上下文无关文法（Probabilistic Context Free Grammar，PCFG），基于句法树的最大概率值来选择最佳句法分析结果。

与 CFG 相关的一个操作就是语法解析。语法解析是指在给定词串的情况下，根据某种给定的形式文法分析并确定其语法结构的一种过程。例如"一只小猫抓老鼠"这句话，通过斯坦福大学的自然语言处理开源框架 Stanford CoreNLP 来识别其语法结构。代码如下：

```
from stanfordcorenlp import StanfordCoreNLP
nlp = StanfordCoreNLP(model_path,lang='zh',memory='8g')
sentence = '一只小猫抓老鼠'
pos_tag = nlp.pos_tag(sentence)
print("pos_tag:",pos_tag)
parse_result = nlp.parse(sentence)
print("parse:",parse_result)
```

运行之后将结果输出，其中词性标注（pos_tag）的结果：

```
[('一', 'CD'), ('只', 'M'), ('小', 'JJ'), ('猫', 'NN'), ('抓', 'VV'), ('老鼠', 'NN')]
```

解析树的结果（parse_result）如下：

```
(ROOT
  (IP
```

```
(NP
  (QP (CD 一)
    (CLP (M 只)))
  (ADJP (JJ 小))
  (NP (NN 猫)))
(VP (VV 抓)
  (NP (NN 老鼠)))))
```

5.6　语义分析

语义分析的目标是使机器能够像人类一样理解句子的真实意思，但是，目前语义的表示形式尚未完全统一，对语义的分析仍然处在非常初级的阶段。其中，语义角色标注（Semantic Role Labeling，SRL）是当前比较成熟的浅层语义分析技术，它的目标是从句子中标注出与谓词相关的施事、受事等角色信息，获得它们之间的语义依存关系。为了实现语义层次的角色标记，一般要先实现句法层次的依存分析，所以句法分析是语义角色标注的基础。

语义依存分析处理的是词之间的语义关联关系，获取句子的深层意思。它不处理独立的词汇，而是处理抽象出来的论元（Argument）及其关系，所以语义依存分析可以脱离句法结构，对语义角色、事件关系、依附标记等进行分析，即它关心的是语言单元之间的语义关系。

语义角色标注是指对谓词的论元以及谓词与论元之间的关系进行标记。例如，核心角色有动作的施事、动作的影响等，它首先识别谓词，然后识别论元。而语义依存不仅关注谓词与论元的关系，还关注谓词之间、论元之间、论元内部的语义关系。论元是指句子中名词性的词或短语，并且与谓词搭配，例如，"小猫钓鱼"中"小猫"和"鱼"是谓词"钓"的两个论元，"小猫"是施事者（Governor），"鱼"是受事者（Dependent）。每个动词都有自己的论元结构，及物动词有两个论元，而非及物动词只有一个论元，如"孩子吵闹"。语义依存对句子语义信息的刻画更加完整全面。使用 Stanford Core NLP 框架来实现对"一只小猫抓老鼠"的语义依存分析，只需要一行代码，如下：

```
dep =nlp.dependency_parse(sentence)
```

得到分析结果：

```
[('ROOT', 0, 5), ('nummod', 4, 1), ('mark:clf', 1, 2), ('amod', 4, 3), ('nsubj', 5,
4), ('dobj', 5, 6)]
```

其中的数字表示的是词语的序号，与分词列表进行匹配后的结果如下：

```
nummod 猫 一
mark:clf 一 只
amod 猫 小
nsubj 抓 猫
dobj 抓 老鼠
```

其中语义的"nsubj 抓 猫"中的"猫"表示施事，"dobj 抓老鼠"中的"老鼠"表示受事。nummod 表示数量修饰，dobj 表示直接宾语，其他描述可参考相关标准文档。

语义角色标注通过标记与句子中谓词相关联的论元的角色，为角色赋予一定的语义。语义角色标注系统已经处于自然语言处理系统的末端，其精度和效率都受到前面分词、词性标注、句法分析模块的影响。以下是基于哈工大 pyltp 开源程序对句子进行语义角色标注的代码。

```
from pyltp import *
MODELDIR = "ltp_data_v3.4.0/"
self.segmentor = Segmentor()
m_path = os.path.join(MODELDIR,"cws.model")
```

```
dict_path = str(os.path.join(MODELDIR, "dict.txt"))
self.segmentor.load_with_lexicon(m_path,dict_path)
self.postagger = Postagger()
self.postagger.load(os.path.join(MODELDIR, "pos.model"))
self.parser = Parser()
self.parser.load(os.path.join(MODELDIR, "parser.model"))
#语义角色标注构建
self.labeller = SementicRoleLabeller()
self.labeller.load(os.path.join(MODELDIR, "pisrl.model"))
words = self.segmentor.segment(sentence)
wordlist = list(words)
postags = self.postagger.postag(words)
arcs = self.parser.parse(words, postags)
#语义角色标注结果
roles = self.labeller.label(words, postags, arcs)
```

其中，Segmentor、Postagger、Parser 分别代表分词、词性标注、句法分析模型，将输入的句子（Sentence）分别进行分词、词性标注、句法分析。SementicRoleLabeller 则代表语义角色标注模型，调用其 label(words,postags,arcs) 方法对分词后的词语序列进行角色标记。输出结果 roles 中的 rel 标签表示谓词，A0 指动作的施事，A1 指动作的受事。

5.7   文本分析应用

文本分析在实际应用中涉及的范围较广，本节主要介绍文本分类、信息抽取、问答系统、情感分析和自动摘要，在具体领域内的应用一般是上述技术的组合。

5.7.1   文本分类

文本分类（Text Classification）的任务是根据文档的内容或主题自动识别其所属的类别。对文档进行分类，先将文本表示成特征向量形式，然后采用各种分类或聚类模型，通过训练分类器或进行聚类，实现文本分类。

文本分类的核心问题是文本特征的提取和选择，在此之后便可应用传统的机器学习算法实现分类或聚类。对于文本分类，可以使用决策树、SVM 等算法。对于文本聚类，可以使用 k-均值、层次聚类或谱聚类等传统的聚类算法。但是，正如前述，在算法应用时首先要处理文本特征相关的问题，特别是文本的特征向量的稀疏性、序列特点等，并且存在同一语义对应多种表述方式等问题，这些都是构建文本分类模型所面临的关键问题。

目前文本分类主要有基于规则的文本分类、基于机器学习的文本分类和基于神经网络的文本分类方法。其中，随着深度学习技术的不断发展，深度神经网络模型在文本分类中应用越来越广泛，也取得了令人瞩目的成就。

（1）基于规则的文本分类模型通过对文本建立规则集合来实现类别判断，这些规则通常由语料集中抽取生成，这一算法的典型代表是决策树分类器。一般来说，这种方法要求生成规则的语料库质量较高，否则不同类别间的特征交叉容易导致分类精度大幅下降，最终影响分类准确性。

（2）基于机器学习的文本分类模型大部分应用的是传统的机器学习算法，包括贝叶斯分类器、SVM、ME 分类器等，由于 SVM 具有强大的分类性能，因此在文本分类方面应用最为广泛。

（3）基于神经网络的文本分类模型中首推基于 CNN 和 RNN 两种神经网络的文本分类模型，其模型输入均为向量形式的词序列或词性序列，输出类别的概率。

使用 CNN 时，文本序列作为一维向量输入模型中，通过滑动窗口进行卷积和池化。经过卷积层、池化层和非线性转换层后，CNN 可以得到文本特征向量用于分类模型的学习。其优势是在提取文本特征向量过程中保留词语之间的顺序信息。

RNN 天然适合处理文本类数据，它将文本作为字符序列，对于某一位置的字符或词语，会受到之前 k 个词的共同影响，即当前词与其前 k 个词存在某种语义关联的特征信息。与 CNN 相比，RNN 能够更自然地处理文本的词序信息。为了提升 RNN 对文本序列的语义表示能力，目前比较常用的模型是 LSTM 网络，它能够更好地处理文本序列中的较长距离的依赖，减少 RNN 处理长文本时的梯度消失。

【例 5.2】基于 Spark 框架下的逻辑回归方法进行文本分类。

数据集来自 AG 新闻语料库（The AG's News Topic Classification Dataset），新闻类别包括全球（World）、体育（Sports）、商业（Business）、科技（Sci/Tech）4 个类别。

首先，引入 Python 语言的 pyspark 库及相应模块包，并使用 Spark 中的 SQLContext 读取 CSV 格式的训练文本，代码如下。

```
from pyspark.sql import SQLContext
from pyspark import SparkContext
from pyspark.sql.functions import col
from pyspark.ml.feature import RegexTokenizer, StopWordsRemover, CountVectorizer
from pyspark.ml.classification import LogisticRegression
from pyspark.ml.feature import OneHotEncoder, StringIndexer, VectorAssembler
from pyspark.ml import Pipeline
from pyspark.ml.feature import HashingTF, IDF
from pyspark.ml.evaluation import MulticlassClassificationEvaluator
sc =SparkContext()
sqlContext = SQLContext(sc)
data=sqlContext.read.format('com.databricks.spark.csv').options(header='true',infe
rschema='true').load('train_text.csv')
data.show(10)
```

每条新闻由类别（Category）、标题（Title）、内容详情（Detail）3 部分组成。训练集的 10 条新闻内容，如图 5-9 所示。

在数据预处理时，首先应用正则化方法（RegexTokenizer 方法实现）对详情字段分词，新增名为 words 的列，使用 RegexTokenizer 去掉 words 列中的停用词，增加名为 filtered 的列。采用 TF-IDF 提取新闻内容特征（作用于 filtered 列），其中词语在逆序文档中最少要出

```
|Category|         Title|        Detail|
|       3|Wall St. Bears Cl...|Reuters - Short-s...|
|       3|Carlyle Looks Tow...|Reuters - Private...|
|       3|Oil and Economy C...|Reuters - Soaring...|
|       3|Iraq Halts Oil Ex...|Reuters - Authori...|
|       3|Oil prices soar t...|AFP - Tearaway wo...|
|       3|Stocks End Up, Bu...|Reuters - Stocks ...|
|       3|Money Funds Fell ...|AP - Assets of th...|
|       3|Fed minutes show ...|USATODAY.com - Re...|
|       3|Safety Net (Forbe...|"Forbes.com - Aft...|
|       3|Wall St. Bears Cl...|NEW YORK (Reuter...|
```

图 5-9　训练集的 10 条新闻内容

现 3 次，输出的列名为 features。用管道（Pipeline）按顺序完成前述的分词、去停用词、特征提取和类型转换等阶段（Stage），使用 pipeline.fit() 和 pipelineFit.transform() 方法执行各阶段的原始 DataFrame 处理和转换。例如 RegexTokenizer.transform() 方法将实现分词，并增加 words 列到原始的 DataFrame 上。HashingTF.transform() 方法将单词列转化为特征向量，给 DataFrame 增加一个带有特征向量的列。代码如下。

```
regexTokenizer = RegexTokenizer(inputCol="Detail", outputCol="words", pattern="\\W")
add_stopwords = ["this","that","rt","t","c","the","me","he","it","a","an","is",
"has","had"]
stopwordsRemover=StopWordsRemover(inputCol="words",outputCol="filtered").
    setStopWords(add_stopwords)
label_stringIdx = StringIndexer(inputCol = "Category", outputCol = "label")
hashingTF = HashingTF(inputCol="filtered", outputCol="rawFeatures", numFeatures=
100000)
idf = IDF(inputCol="rawFeatures", outputCol="features", minDocFreq=3)
pipeline = Pipeline(stages=[regexTokenizer, stopwordsRemover, hashingTF, idf, label_
```

```
stringIdx])
    pipelineFit = pipeline.fit(data)
    dataset = pipelineFit.transform(data)
```

生成的数据集（Data Set）中，选择 10 条新闻记录进行显示，字段包括 Category、filtered、features、label 等，结果如图 5-10 所示。

```
dataset.select("Category","filtered","features","label").show(10)
```

将数据集按照 7∶3 比例随机分为训练集和测试集，应用逻辑回归算法进行训练，最多训练迭代次数为 20 次。对模型 lr 训练后，使用测试集评估分类效果，代码如下。可视化 10 条新闻的预测结果，如图 5-11 所示。

```
(trainingData, testData) = dataset.randomSplit([0.7, 0.3], seed = 42)
# 训练模型
lr = LogisticRegression(maxIter=20, regParam=0.3, elasticNetParam=0)
lrModel = lr.fit(trainingData)
predictions = lrModel.transform(testData)
predictions.select("Detail","Category","probability","label","prediction").
    show(n=10,truncate = 30)
```

```
|Category|        filtered|        features|label|
|       3|[reuters, short, ...|(100000,[20625,24...|  2.0|
|       3|[reuters, private, ...|(100000,[8894,913...|  2.0|
|       3|[reuters, soaring, ...|(100000,[277,8273...|  2.0|
|       3|[reuters, authori...|(100000,[11637,20...|  2.0|
|       3|[afp, tearaway, w...|(100000,[2580,382...|  2.0|
|       3|[ap, assets, of, ...|(100000,[3206,815...|  2.0|
|       3|[ap, assets, of, ...|(100000,[1466,322...|  2.0|
|       3|[usatoday, com, r...|(100000,[1466,109...|  2.0|
|       3|[forbes, com, aft...|(100000,[273,3223...|  2.0|
|       3|[new, york, reute...|(100000,[6039,160...|  2.0|
```

```
|              Detail|Category|         probability|label|prediction|
|A spate of bombings which k...|       1|[0.8550385207988529,0.04817...|  0.0|       0.0|
|Moscow - Recorders from the...|       1|[0.5035406814668905,0.11417...|  0.0|       0.0|
|A German court acquitted th...|       1|[0.7916381408919737,0.08029...|  0.0|       0.0|
|Thousands of Bangladesh opp...|       1|[0.8587088308896439,0.04190...|  0.0|       0.0|
|"AFP - Australia's Greens -...|       1|[0.8043426140228166,0.03678...|  0.0|       0.0|
|"LOS ANGELES - Movie-goers ...|       1|[0.08343286087334675,0.1057...|  0.0|       3.0|
|Scientists develop an elect...|       1|[0.13114187356826[...]0.156367...|  0.0|       3.0|
|"SPRINGFIELD, Ore. - While ...|       1|[0.21580455859343545,0.4033...|  0.0|       1.0|
|Baroness Thatcher returns h...|       1|[0.591110723850574,0.137972...|  0.0|       0.0|
|Shiite Muslim cleric Moqtad...|       1|[0.8441148817422035,0.03901...|  0.0|       0.0|
```

图 5-10　数据预处理后主要字段示例　　　　　图 5-11　分类评估效果可视化（10 条）

应用多类别分类评估器（MulticlassClassificationEvaluator）对分类效果进行评估，代码如下。

```
eval = MulticlassClassificationEvaluator(predictionCol="prediction")
print("accuracy:",eval.evaluate(predictions, {eval.metricName: "accuracy"}))
```

将评估结果输出：

```
accuracy: 0.9037890353920889
```

5.7.2　信息抽取

信息抽取（Information Extraction）是指按照特定框架从文本中提取指定信息，例如从新闻报道中抽取出时间、地点、人物、原因、过程、结果等。一般情况下，这类被抽取出来的信息需要以结构化的形式描述，即抽取结果为标准格式，这样就可以应用传统机器学习算法进一步分析。

传统的信息提取内容包括命名实体识别、共指关系确定等，主要应用于问答系统、聊天机器人等人机交互的场景中，例如识别地名、时间、机构名等之后通过知识库提取答案进行反馈。但是由于网络用语、缩略语等不规范文本的出现，给信息抽取带来了挑战，特别是那些依赖于语料库进行训练的算法。

每一句文本所蕴含的意思可以描述为其中实体之间的关联，因此文本实体及其之间的语义关系也就成为理解文本意义的基础。信息抽取可以通过抽取实体之间的语义关系，或其语义角色关系，并基于这些信息进行计算和推理，有效理解文本的语义。其中实体提取在前面已经进行介绍。此外，实体间的关系抽取也很重要。

关系抽取是识别文本中实体之间的语义关系。关系抽取的输出通常是一个三元组，如（实体 A,关系类别,实体 B），表示实体 A 和实体 B 之间存在特定类别的语义关系。例如，句子"温柔的小明喜欢漂亮的小芳"中表述的关系可以表示为(小明,喜欢,小芳)。语义关系类别可以预先给定，也可以按需自动发现。

关系抽取通常包含关系检测和关系分类两个核心模块。其中关系检测判断两个实体之间是否存在语义关系，而关系分类则确认存在语义关系类别。一般情况下，关系抽取系统包含关系发现模块。

事件抽取一般是从非结构化的文本中对事件等信息进行提取。例如，从"上海女排 3 比 2 击败江苏女排，取得半决赛阶段 3 连胜"这句话中抽取事件{类型:比赛,阶段:半决赛,赢队:上海女排,败队:江苏女排,比分:3∶2}。事件抽取任务通常包含事件类型识别和事件相关元素。事件类型决定了事件表示的模板，不同类型的事件具有不同的模板。例如会议事件的模板是{与会人员,时间,地点,事项}，而天气预报事件的模板一般是{时间,地点,温度,空气质量,天气情况}。事件元素指组成事件的关键元素，根据所属的事件模板抽取相应的元素。

5.7.3 问答系统

问答（Question Answering，QA）系统是目前自然语言处理的高级应用形式，具有一定的智能性，它不但要求能够识别和分析用户提出的问题的真实含义，还需要建立知识库和实现推理，从而找到问题所对应的答案。与搜索引擎相比，问答系统返回的结果不是搜索结果页面的列表，而是准确的文本内容。

问答系统的实现过程是首先对提问内容进行识别，提取关键语义信息。然后通过查找现有知识库获取现成的答案，或者进行简单推理获得结论，最后以答案的形式输出文本内容。其中，一套完整的问答系统的搭建一般要涉及分词、句法分析、语义分析、推理、知识工程、自然语言生成等多项关键技术。

1. 问题理解

对问题的理解是问答系统首先需要解决的问题，对问题的分析结果对后续答案的检索有重要影响，它对答案生成提供了强约束条件。在分析问题时，可以将用户提问的句子分为事实型、交互型、枚举型等不同类别，将其转化为分类问题，然后基于规则或基于机器学习的方法进行判定。最关键的是问题与答案的关系分析，即答案与问题是否相符，其中涉及对语义的理解，需要应用句法分析、语义分析等技术，从文本的多个维度理解问句所包含的语义信息。例如，问题的关键词与答案的关键词之间是否存在共现，即计算它们在向量空间模型中的相似度。也可以从句法依存分析的角度分析关键词与答案之间的依存关系。

在关键词提取时，可以采用文档主题生成模型（如 LDA）或 LSA 等技术在词语层面对问题句子进行分析，并结合同义词与语义相关扩展、命名实体识别、术语识别等综合分析关键词及其权重，作为问题的核心表示。

2. 文本信息抽取

获得问题句子的词语表示之后，接下来就需要实现答案的检索，大部分答案存在于海量的语料库或知识库中，需要用到文本信息抽取等相关技术。传统的方法是基于关键词匹配，例如应用词袋模型、语法结构比较进行答案的抽取；也可采用数据驱动的机器学习算法，例如使用最大熵概率选择答案。这些方法在特定领域的应用中对事实型问题的处理效果较好，为保证答案抽取的准确度，需要用到语义关系分析来抽取文本中的结构化知识。近年问答系统的研究重点是在开放域进行知识，即不限定问题的领域和类型，目前大部分交互类、开放性问题的问答尚未达到准确率和性能的要求。

3. 知识推理

尽管目前的机器存储能力很强，但还是无法覆盖所有问题，即机器无法存储所有问题和对应答案，这就要求机器具有一定的推理能力。知识推理是指机器模拟人类推理的过程，依据推理控制策略，进行形式化推导，获取问题答案。传统的知识推理方法基于符号的知识表示形式，通过人工构建推理规则，但是在人机对话时往往很难固定某一场景，所以就要求机器能自动学习规则，并解决规则间的冲突。

自动问答可以分为检索式问答、社区问答、知识库问答，其中检索式问答相对比较传统，它是先将问题和答案进行收集并整理，建立索引，然后从用户输入的问题上下文中提取核心语义，最后进行检索获得答案所在的文档，并分析文档结构得到对应的答案。例如 IBM 的 Watson 机器人就用到了这一方法，它在知识问答比赛中的表现已经超越人类，并成功应用于医疗、金融等领域。但是这类技术只能处理事实型的问题，推理能力不强。

为了弥补上述问题，可通过建立问答社区的方式，采用用户生成内容（User Generated Content，UGC）方式形成问答库。社区问答有大量的用户参与，用户间互助过程形成了丰富的用户提问和答案，机器在需要回答某一提问时，只需找到之前别人提的问题便可同步找到对应答案。

社区问答存在的问题是很难找到匹配的已有问题，因为这类社区的语句一般很短，比较句子间相似度时误差较大，基于关键词匹配的检索模型很难达到较高的问答准确度。虽然目前引入翻译模型等机器学习算法在一定程度上进行改进，但由于这类方法没有从语义的角度去理解文字背后的含义，因此实践中需要人工干预较多。

为了从语义方面解决这一问题，可采用知识库的技术，通过把文本内容中各实体及其关系转化为图结构构建知识图谱，其中图的边表示实体之间的语义关系。

知识图谱的形式为"实体—关系—实体"。问答系统的答案检索就转化为在知识库上查找相匹配的答案。当然，构建知识图谱的过程要用到分词、实体识别、关系抽取、语义分析等自然语言处理核心技术。

知识库的构建过程受限于语料集，假如在语料中未出现过实体和实体关系，知识库很难确定其三元组。另外，将提问转化为知识图谱的查询语句也很关键，目前一般通过语义分析进行语义理解，并转换为结构化表示。

5.7.4 情感分析

情感分析是对文本内容所表达出来的主观感情色彩进行挖掘和分析的过程，也称为意见挖掘或观点挖掘。一般是在句子级别或段落级别上进行极性分类，判断出此文字中表述的观点是积极的、消极的，还是中性的。更高级的情感分析中情绪状态较丰富，例如喜欢、高兴、惊讶、愤怒、伤心、害怕等。情感分析应用广泛，可应用于舆情监控、信息预测、产品评价等，作为文本处理的基础模块可以用于自然语言生成，例如对选择或生成的句子进行情感检测，防止生成内容消极的文章。

文本情感分析方法有基于词典的方法、基于机器学习的方法、概念级技术等几类。其中基于词典的方法是利用文本中出现的影响词（如"心""难过"等）来影响分类。词典中词项还同时具有表征情感强度的词（如"非常""稍微"等），用于表示情感影响词的强弱。同时还要考虑否定词（如"没有""不是"等），例如"这件衣服没有想象中那么漂亮"，虽然有"漂亮"一词，但是其前方还有否定词"没有"，所以基于词典的方法在这种情况下需要增加窗口分析。总的来说，由于基于词典的方法比较生硬，在处理具有多种含义的情感词时，效果较差，而且还要维护庞大的词典。

基于机器学习的方法是通过对语料库进行统计分析。例如应用 LSA 提取主题词，应用 SVM

进行分类，或者使用词袋等方法对文本特征进行表示，然后使用深度学习训练分类模型。一些更智能的方法是挖掘不同语境下的意见，需要对文本应用特征构造和特征选择。

【例 5.3】 基于机器学习的文本情感分析——SnowNLP。

SnowNLP 是一个用 Python 编写的开源情感分析程序，设计思路与英文情感分析框架 TextBlob 相似，不同之处在于 SnowNLP 可以处理中文并且不需要依赖 NLTK 等第三方库，本质上是贝叶斯分类。通过 pip3 install snownlp 就可以安装 SnowNLP，其调用方法如下所示。

```
from snownlp import SnowNLP
s = SnowNLP('这件衣服看起来很漂亮')
print(s.words)
print(s.sentiments)
```

输出结果为：

```
['这', '件', '衣服', '看', '起来', '很', '漂亮']
0.959781206245387
```

其中 sentiments 分值为 0～1，分值越高表示其越正向，可以看到情感分析的结果约为 0.96，表示积极。因为 SnowNLP 自带的训练语料是基于电商评价内容的文本数据，所以其泛化能力存在一定的局限性，应用到舆情分析时效果并不理想。此外，情感分析与句子分词效果有关，如果分词错误，那么进行贝叶斯分类时误差会较大。为了解决这类问题，SnowNLP 支持自定义语料，可以进行重新训练。如果可以基于不同领域的语料分别训练不同的模型，效果会更加理想。

基于机器学习的方法还可以基于卷积神经网络（CNN），应用 CNN 对分词后的文本进行特征提取，并用 Softmax 进行情感分类。

基于语料库的机器学习方法缺点很明显，在没有大数据时或分词效果不理想时，只能应用在特定领域中，虽然应用效果不错，但一旦跨领域就要重新训练。这也是目前情感分析存在的主要问题。而概念级技术与单纯的语义技术不同，其权衡了知识表达的元素，例如知识本体（Knowledge Ontology）、语义网络等，因此这种技术可以探查到文字间比较微妙的情绪表达。这种方式的前提是构建一个庞大的基于情感的语义网络，这在实际工程应用时较难实现。

5.7.5 自动摘要

自动摘要是指从指定文档中抽取重要句子，并对其进行提炼和总结，形成文档摘要。自动摘要一般用于新闻类应用中，生成短新闻的文摘，有助于用户快速了解新闻内容，提升用户体验。自动摘要也可用于搜索引擎中的文本特征提取，例如改进 VSM 中的关键词权重。

自动摘要方法分为抽取式摘要、抽象式摘要和生成式摘要等。抽取式摘要不对句子进行修改，首先对文档结构中的句子或段落进行权重评价，然后选择权重高的句子或段落进行组合生成摘要。抽象式摘要需要理解文本的语义，对其产生抽象的、解释性的内容，但是由于其实现难度较高，目前较少应用。而生成式摘要利用语法、语义分析，确定主题并进行句子规划，基于自然语言生成技术生成新的摘要，但是这类方法基本上采用模板式的生成方式，需要建立基础句子特征知识库，扩展性较差，且句式变化较少。因此目前主流自动摘要主要采用抽取式摘要的方法。

抽取式摘要的实现过程，首先将原始文本表示为便于后续处理的表达方式，然后由模型对不同的句子进行重要性计算，再根据重要性权重筛选，最后经过内容组织形成摘要。

句子的重要性得分由其组成部分的重要性衡量。由于词汇在文档中的出现频次可以在一定程度上反映其重要性，因此可使用每个句子中出现某词的概率作为该词的得分，通过将所有包含词的得分求和得到句子得分。

目前主要采用 TF-IDF 和 LDA 实现关键词的权重分析，特别是在多文档摘要时，基于 TF-IDF

的原理，选择的重要句子一般在其他文档中较少出现，且在本文档中较多出现，具有较高的合理性。而 LDA 采用主题概率模型对文本内容提取文档中包含的主题，每个主题由关键词及其权重组成，不仅适用于文本的降维，通过关键词找到关键句即可实现句子重要性的度量。

除此之外，在传统的文本摘要技术研究中，还可以将句法语义信息引入图排序模型，通过监督学习得到句子得分，或者采用 HMM、CRF 等算法对文本内容进行结构性分析。随着深度学习技术的发展，近年来在文本摘要领域主要研究目标是基于大数据与深度学习相结合的文本摘要，例如采用 RNN 的 R2N2 模型，在不需要人工添加特征的条件下取得了较好的效果。除此之外，序列到序列的 seq2seq 和编码器-解码器的 Encoder-Decoder 等端到端的生成式摘要模型，以及在 seq2seq 中引入注意力机制（Attention Mechanism）等，从摘要系统的评价指标 ROUGE 的结果看，这些方法较传统的摘要方式都有较大的改进，有兴趣的读者可以查阅相关文献深入研究。

习题

1. 常见的文本数据有哪些来源？
2. 文本挖掘的过程由哪几个环节组成？这些环节分别负责哪些工作？
3. 什么是文本的特征？
4. 提取文本特征有哪些常用的方法？结合例子讨论这些方法的应用。
5. TF-IDF 适合提取什么样的文本特征？在使用过程中 TF-IDF 有哪些问题？
6. 向量空间模型的作用以及常用计算是什么？
7. 分析文本分词的基本思想，并举例说明。
8. 文本分词有哪些常用的算法？举例说明这些算法的应用。
9. 讨论 IK Analyzer 开源中文分词工具包所用的分词算法，并用这个工具包对某文本进行分词。
10. 命名实体识别的基本算法有哪些？举例说明其应用。
11. 什么是语义消歧？说明常用的语义消歧方法的基本思想。
12. 举例说明常用句法分析方法的思想与应用。
13. 语义分析的难点在何处？举例说明。
14. 文本分类常用在什么领域？举例说明。
15. 如何从一篇比较长的新闻中生成摘要？
16. 问答系统的基本原理是什么？其中的核心问题如何解决？
17. 举例说明如何分析电商评论、论坛帖子、微博用户帖子中用户的情感。
18. 讨论如何从事件报道中抽取相关的信息。

第 6 章

神经网络

人工神经网络（Artificial Neural Network，ANN）是指由简单神经元经过相互连接形成网状结构，通过调节各连接的权重改变连接的强度，进而实现感知判断的神经网络。1943 年，神经生理学家麦卡洛克和逻辑学家皮茨设计了神经活动的逻辑运算模型，用来解释生物神经元的工作机理，这也为人工神经网络的研究奠定了基础。反向传播（BP）算法的提出进一步推动了神经网络的发展。目前，神经网络作为一种重要的机器学习方法，已在医学诊断、信用卡欺诈识别、手写数字识别以及发动机的故障诊断等领域得到了广泛的应用。

本章将介绍神经网络基本分类，包括前馈神经网络、反馈神经网络、自组织神经网络等常见神经网络模型；重点介绍神经网络的概念和基本原理，为读者对后续深度学习内容的学习打下基础。

6.1　神经网络概述

传统神经网络结构比较简单，训练时随机初始化输入参数，并开启循环计算输出结果，与实际结果进行比较从而得到损失函数，并更新变量使损失函数值极小，当达到误差阈值时即可停止循环。

神经网络的训练目的是学习到一个模型，实现输出一个期望的目标值。学习的方式是在外界输入样本的刺激下不断改变网络的连接权重。传统神经网络主要分为以下几类：前馈神经网络、反馈神经网络和自组织神经网络。这几类网络具有不同的学习训练算法，可以归结为有监督学习算法和无监督学习算法。

6.1.1　前馈神经网络

前馈神经网络（Feed Forward Neural Network）是一种单向多层的网络结构，即信息从输入层开始，逐层向一个方向传递，一直到输出层结束。所谓的"前馈"是指输入信号的传播方向为前向，在此过程中并不调整各层的权重参数，而反传播时是将误差逐层向后传递，从而使用权重参数实现对特征的记忆，即通过BP算法来计算各层网络中神经元之间边的权重。BP算法具有非线性映射能力，理论上可逼近任意连续函数，从而实现对模型的学习。

1. 感知机

感知机是一种结构最简单的前馈神经网络，也称为感知器，它主要用于求解分类问题。感知机是单层感知机的简称，除此之外还有多层感知机，即由多层神经元构成前馈神经网络。图6-1所示是单层感知机的结构。

一个感知机可以接收 n 个输入 $\boldsymbol{x}=(x_1,x_2,\cdots,x_n)$，对应 n 个权重 $\boldsymbol{w}=(w_1,w_2,\cdots,w_n)$，此外还有一个偏置项阈值，就是图中的 b，神经元将所有输

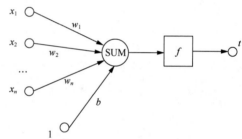

图6-1　单层感知机的结构

入参数与对应权重进行加权求和，得到的结果经过激活函数变换后输出，计算公式如下：

$$y = f(\boldsymbol{x}\boldsymbol{w}^{\mathrm{T}} + b)$$

感知机的激活函数有很多种，例如 Sigmoid 函数、双曲正切（Tanh）函数、ReLU（Rectified Linear Unit，校正线性单位）函数等，其主要作用是非线性映射，从而对现实环境中非线性数据建模。此外还有线性函数、斜坡函数、阶跃函数等。在选择激活函数时，一般选择光滑、连续和可导的函数，将结果转换成固定的输出范围，例如[0,1]，这样在分类时就可以通过判断 y 值来判定样本类别。

神经元的作用可以理解为对输入空间进行直线划分，单层感知机无法解决最简单的非线性可分问题——异或问题。如图6-2所示，感知机可以顺利求解与（AND）和或（OR）问题，但是对于异或（XOR）问题，单层感知机无法通过一条线进行分割。

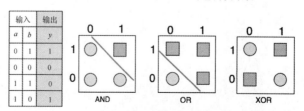

图6-2　异或问题

2. BP 神经网络

BP 神经网络也是前馈神经网络，只是它的参数权重是由 BP 算法进行调整的。BP 神经网络模型拓扑结构包括输入层、隐层和输出层，如图 6-3 所示，利用激活函数来实现从输入到输出的任意非线性映射，从而模拟各层神经元之间的交互。激活函数须满足处处可导的条件。例如，Sigmoid 函数连续可微，求导合适，单调递增，输出值是 $0\sim1$ 的连续量，这些特点使其适合作为神经网络的激活函数。

图 6-3 中网络结构部分值对应的计算公式如下。

$$a_1^{(2)} = f\left(w_{11}^{(1)}x_1 + w_{12}^{(1)}x_2 + w_{13}^{(1)}x_3 + b_1^{(1)}\right)$$

$$a_2^{(2)} = f\left(w_{21}^{(1)}x_1 + w_{22}^{(1)}x_2 + w_{23}^{(1)}x_3 + b_2^{(1)}\right)$$

$$a_3^{(2)} = f\left(w_{31}^{(1)}x_1 + w_{32}^{(1)}x_2 + w_{33}^{(1)}x_3 + b_3^{(1)}\right)$$

$$\hat{y}_1 = a_1^{(4)} = f\left(w_{11}^{(3)}a_1^{(3)} + w_{12}^{(3)}a_2^{(3)} + b_1^{(3)}\right)$$

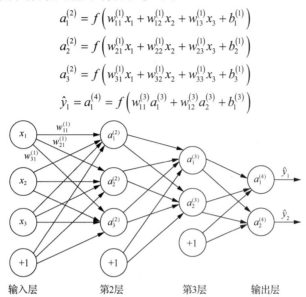

图 6-3　BP 神经网络模型拓扑结构

式中的 w_{ij} 就是相邻两层神经元之间的权重，它们是在训练过程中需要学习的参数；$a_1^{(2)}$ 表示第 2 层的第 1 个神经元输出，上面公式分别求出了 3 个神经元的输出结果；而 $\hat{y}_1$ 表示输出层第 1 个神经元的输出值 $a_1^{(4)}$。图 6-3 中箭头所指的方向为前向传播的方向，即所有输入参数经过加权求和之后，将结果依次向下一层传递，直到最后输出层。可见 BP 神经网络可以简单表示为一个函数 $f_{W,b}(\boldsymbol{x}) = \hat{y}$，网络的输出 $\hat{y}$ 与参数 W、b 密切相关，层数越多、层中神经元越多，形成的权重参数就越多。

对 BP 神经网络进行训练，可以将训练过程看作一个不断更新网络中的权重参数，使网络的输出与样本的真实值之间的误差不断减小的过程。那么如何来对此处"误差"的大小进行度量呢？设有一个样本集 $\left\{\left(\boldsymbol{x}^{(l)}, y^{(l)}\right), \cdots, \left(\boldsymbol{x}^{(m)}, y^{(m)}\right)\right\}$，共有 m 个样本，对于其中单个样本 $(\boldsymbol{x}, y)$，BP 神经网络的训练通常采用下述损失函数（目标函数）来度量误差：

$$J(W, b) = \frac{1}{2}\left\|y - f_{W,b}(\boldsymbol{x})\right\|^2 = \frac{1}{2}\|y - \hat{y}\|^2$$

基于上述目标函数，神经网络训练的过程就可以归结为：通过训练求解出下式最优参数 θ^* 使得损失函数取得极小值。

$$\theta^* = \arg\min_{\theta} J(\theta)$$

关于如何通过更新优化权重 w_{ij} 使损失函数达到极小，目前采用的是梯度下降法。所谓梯度下降就是每次都依据当前损失值去更新权重，让权重参数统一向着梯度的反方向前进一段距离，不断重复，直到梯度接近 0 为止，从而使得损失函数达到极小。梯度下降的权重更新公式如下：

$$W_{ij}^{(l)} = W_{ij}^{(l)} - \eta \frac{\partial}{\partial W_{ij}^{(l)}} J(W, b)$$

上式中 η 表示每次权重更新的步长，也称学习步长；损失函数对某一权重 W 的偏导数即权重的梯度，利用梯度对参数进行更新，能够使所有的参数恰好达到使损失函数取得最低值的状态。实际应用中为了陷入局部极小值陷阱，一般采用随机梯度下降法对神经网络进行训练。

在利用梯度对权重进行更新时，涉及损失函数对每一个连接权重的求导计算，该计算可通过链式法则进行分解，以某一层 l 权重 $W_{ij}^{(l)}$ 的求导为例，链式法则分解如下：

$$\frac{\partial}{\partial W_{ij}^{(l)}} J(W, b) = \frac{\partial J(W)}{\partial Z_i^{(l+1)}} * \frac{\partial Z_i^{(l+1)}}{\partial W_{ij}^{(l)}} = \delta_i^{(l+1)} * a_j^{(l)}$$

其中，$Z_i^{(l+1)} = \sum_{j=1}^{n} W_{ij}^{(l)} a_j^{(l)} + b_i^{(l)}$ 表示 $l+1$ 层的第 i 个神经元的输入值，该项对 $W_{ij}^{(l)}$ 求导得 $a_j^{(l)}$，即 l 层第 j 个神经元的激活值，可以通过前向传播的过程计算得到。因此权重梯度计算的难点主要是对 $\frac{\partial J(W, b)}{\partial Z_i^{(l+1)}}$ 也就是 $\delta_i^{(l+1)}$ 项的求解。

关于 $\delta_i^{(l+1)}$ 项的计算，目前最常用的是鲁姆哈特、辛顿和威廉姆斯（Williams）1986 年提出的一般 Delta 法则，即 BP 算法。该算法作为 BP 神经网络的核心，贯穿了 BP 神经网络训练的全过程。该算法的核心思想是：由后层误差 $\delta_i^{(l+1)}$ 推导前层误差 $\delta_i^{(l)}$，由后向前逐层计算权重的梯度值，并由此更新权重参数。

为计算 $\delta_i^{(l)}$ 项，可以分两种情况进行讨论。一是当 l 为第 n_l 层输出层时，对该层第 i 个神经元的输入 $Z_i^{(n_l)}$ 求导如下，式中 S_{n_l} 表示第 n_l 层神经元数：

$$\delta_i^{(n_l)} = \frac{\partial}{\partial Z_i^{(n_l)}} \frac{1}{2} \|\boldsymbol{y} - f_{w, b}(\boldsymbol{x})\|^2 = \frac{\partial}{\partial Z_i^{(n_l)}} \frac{1}{2} \sum_{j=1}^{S_{n_l}} \left(y_j - f\left(Z_j^{(n_l)} \right) \right)^2$$

$$= -\left(y_i - f\left(Z_i^{(n_l)} \right) \right) \cdot f'\left(Z_i^{(n_l)} \right) = -\left(y_i - a_i^{(n_l)} \right) \cdot f'\left(Z_i^{(n_l)} \right)$$

二是当 $l = n_l - 1, n_l - 2, \cdots, 2$ 各个层时，关于第 i 个节点的残差 $\delta_i^{(l)}$ 计算需要依据链式法则，由最高层函数逐层向下求导，以 $l = n_l - 1$ 层为例，详细的推导过程如下：

$$\delta_i^{(n_l-1)} = \frac{\partial}{\partial Z_i^{(n_l-1)}} \frac{1}{2} \sum_{j=1}^{S_{n_l}} \left(y_j - f\left(Z_j^{(n_l)} \right) \right)^2 = \frac{1}{2} \sum_{j=1}^{S_{n_l}} \frac{\partial}{\partial Z_i^{(n_l-1)}} \left(y_j - f\left(Z_j^{(n_l)} \right) \right)^2$$

依据链式法则，上式化为：

$$\delta_i^{(n_l-1)} = \sum_{j=1}^{S_{n_l}} -\left(y_j - f\left(Z_j^{(n_l)} \right) \right) \frac{\partial}{\partial Z_i^{(n_l-1)}} f\left(Z_j^{(n_l)} \right)$$

$$= \sum_{j=1}^{S_{n_l}} -\left(y_j - f\left(Z_j^{(n_l)} \right) \right) f'\left(Z_j^{(n_l)} \right) \frac{\partial Z_j^{(n_l)}}{\partial Z_i^{(n_l-1)}}$$

其中，$-\left(y_j - f\left(Z_j^{(n_l)} \right) \right) f'\left(Z_j^{(n_l)} \right)$ 项表示 n_l 层第 j 个神经元的残差，而 $Z_j^{(n_l)}$ 输入由 $n_l - 1$ 层的各个节点激活值乘以相应权重并相加得到，因此上式可以进一步展开：

$$\delta_i^{(n_l-1)} = \sum_{j=1}^{S_{n_l}} \delta_j^{(n_l)} \frac{\partial Z_j^{(n_l)}}{\partial Z_i^{(n_l-1)}} = \sum_{j=1}^{S_{n_l}} \left(\delta_j^{(n_l)} \cdot \frac{\partial}{\partial Z_i^{(n_l-1)}} \sum_{k=1}^{S_{n_l-1}} f\left(Z_k^{(n_l-1)} \right) \cdot W_{jk}^{(n_l-1)} \right)$$

$$= \sum_{j=1}^{S_{n_l}} \delta_j^{(n_l)} \cdot W_{ji}^{(n_l-1)} \cdot f'\left(Z_i^{(n_l-1)} \right) = \left(\sum_{j=1}^{S_{n_l}} \delta_j^{(n_l)} \cdot W_{ji}^{(n_l-1)} \right) f'\left(Z_i^{(n_l-1)} \right)$$

可见，n_l-1 层的残差与 n_l 层的残差相关，将上式中的 n_l-1 与 n_l 的关系替换为 l 与 $l+1$ 的关系，就能够得到 $\delta_i^{(l)}$ 关于后一层神经元 $\delta_i^{(l+1)}$ 的递推表达式：

$$\delta_i^{(l)} = \left(\sum_{j=1}^{S_{l+1}} W_{ji}^{(l)} \delta_j^{(l+1)}\right) f'\left(Z_i^{(l)}\right)$$

该递推式就是 BP 思想的一种具体体现，其中，S_{l+1} 表示第 $l+1$ 层神经元个数。在神经网络的前向传播中，能够得到各层神经元的输入值 $Z_i^{(l)}$，进一步结合上述递推式后，就能够由后向前逐层求出各层神经元的残差项 δ 了。最后，依据上文给出的权重梯度表达式，对于权重 $W_{ij}^{(l)}$，将 l 层第 j 个神经元的激活值 $a_j^{(l)}$ 乘以 $\delta_i^{(l)}$，就能够得到该权重的梯度，以此逐一更新网络中的权重，就完成了一次 BP 神经网络梯度下降学习。

综上，将误差反向传播的实现步骤总结如下。

① 进行前馈传导计算，得到网络 L_2、L_3 直到输出层 L_{n_l} 的激活值向量 $\boldsymbol{a}^{(i)}$。

② 对输出层 L_{n_l}，计算列向量：

$$\boldsymbol{\delta}^{(n_l)} = -\left(\boldsymbol{y}-\boldsymbol{a}^{(n_l)}\right) \cdot f'\left(\boldsymbol{Z}^{(n_l)}\right)$$

③ 对 $l = n_l-1, n_l-2, \cdots, 2$ 各层，计算向量：

$$\boldsymbol{\delta}^{(l)} = \left(\left(\boldsymbol{W}^{(l)}\right)^{\mathrm{T}} \boldsymbol{\delta}^{(l+1)}\right) \cdot f'\left(\boldsymbol{Z}^{(l)}\right)$$

依据链式法则，计算得到参数梯度：

$$\nabla_{\boldsymbol{W}^{(l)}} J(\boldsymbol{W},\boldsymbol{b}) = \boldsymbol{\delta}^{(l+1)}(\boldsymbol{a}^{(l)})^{\mathrm{T}}$$

$$\nabla_{\boldsymbol{b}^{(l)}} J(\boldsymbol{W},\boldsymbol{b}) = \boldsymbol{\delta}^{(l+1)}$$

基于 BP 算法，对 BP 神经网络进行训练的基本步骤可以归纳如下。

① 初始化网络权重和神经元的阈值，一般通过随机的方式进行初始化。

② 前向传播：计算隐层神经元和输出层神经元的输出。

③ 后向传播：根据目标函数公式修正权重 w_{ij}。

反复迭代上述过程，通过损失函数（描述单个样本的误差）和成本函数（描述数据集整体误差）对前向传播结果进行判定，并通过后向传播过程对权重参数进行修正，以起到监督学习的作用，直到满足终止条件为止。

采用批量梯度下降训练 BP 神经网络时为例，一次权重更新的迭代实现如下。

① 对网络的第 l 层，令 $\Delta\boldsymbol{W}^{(l)} := 0$，$\Delta\boldsymbol{b}^{(l)} := 0$。其中 $\Delta\boldsymbol{W}^{(l)}$ 和 $\boldsymbol{W}^{(l)}$ 是相同维度的零矩阵，$\Delta\boldsymbol{b}^{(l)}$ 和 $\boldsymbol{b}^{(l)}$ 是相同维度的零向量，用于进行参数梯度的累加。

② 对于一批大小为 m 的样本，令 $i=1\sim m$，执行以下步骤。

a. 对样本 i 计算网络第 l 层的 $\nabla_{\boldsymbol{W}^{(l)}} J(\boldsymbol{W},\boldsymbol{b})$ 和 $\nabla_{\boldsymbol{b}^{(l)}} J(\boldsymbol{W},\boldsymbol{b})$。

b. 各层梯度分别进行累加：

$$\Delta\boldsymbol{W}^{(l)} := \Delta\boldsymbol{W}^{(l)} + \nabla_{\boldsymbol{W}^{(l)}} J(\boldsymbol{W},\boldsymbol{b})$$

$$\Delta\boldsymbol{b}^{(l)} := \Delta\boldsymbol{b}^{(l)} + \nabla_{\boldsymbol{b}^{(l)}} J(\boldsymbol{W},\boldsymbol{b})$$

③ 依据梯度下降公式更新各层参数：

$$\boldsymbol{W}^{(l)} \leftarrow \boldsymbol{W}^{(l)} - \alpha\left(\frac{1}{m}\Delta\boldsymbol{W}^{(l)}\right)$$

$$\boldsymbol{b}^{(l)} \leftarrow \boldsymbol{b}^{(l)} - \alpha\left(\frac{1}{m}\Delta\boldsymbol{b}^{(l)}\right)$$

3. 径向基函数网络

径向基函数（Radial Basis Function，RBF）网络由布鲁姆黑德（Broomhead）和洛（Lowe）等人于 1988 年提出，该网络为单隐层前馈神经网络，其隐层的神经元的激活函数采用的是 RBF，而输出层则将隐层神经元的输出进行线性组合。1991 年由帕克（Park）和桑德伯格（Sandberg）证明了，在隐层神经元足够多的情况下，RBF 网络可以以任意精度拟合任意连续函数。一个简单的 RBF 网络可以通过下述公式表示：

$$y = \sum_{i=1}^{n} \omega_i \varphi(\boldsymbol{x}, \boldsymbol{c}_i)$$

其中，y 表示输出层的输出结果，n 为隐层神经元的个数，ω_i 对应隐层第 i 个神经元输出的权重，$\boldsymbol{c}_i$ 为该神经元采用的中心点，$\varphi(\boldsymbol{x}, \boldsymbol{c}_i)$ 表示 RBF。

RBF 是一个取值仅依赖于离原点距离的实值函数，也就是 $\varphi(\boldsymbol{x}) = \varphi(\|\boldsymbol{x}\|)$，或者是到任意一点 c 的距离，c 点称为中心点，也就是 $\varphi(\boldsymbol{x}) = \varphi(\|\boldsymbol{x} - \boldsymbol{c}\|)$。任意一个满足 $\varphi(\boldsymbol{x}) = \varphi(\|\boldsymbol{x}\|)$ 特性的函数 $\varphi(\boldsymbol{x})$ 都叫作 RBF，一般使用欧氏距离（也叫作欧氏 RBF），其他距离函数例如高斯函数也是常用的 RBF：

$$\varphi(\boldsymbol{x}) = e^{[-(b\|\boldsymbol{x} - \boldsymbol{c}\|)^2]}$$
$$y = e^{[-(b\|\boldsymbol{x} - \boldsymbol{c}\|^2)]}$$

其中，$\boldsymbol{x}$ 是输入层的输入向量；b 是偏置值，一般为固定常数，用于决定高斯函数的宽度；c 是隐层，决定高斯函数的中心点。该函数输出结果不再是非 0 即 1，而是一组很平滑的小数。高斯分布函数的最明显的特点就是径向对称，自变量在偏离中心位置时数值下降幅度特别大，选择性极强。

典型的 RBF 网络与传统的 BP 神经网络相比，其主要区别是隐层节点中使用了 RBF，对输入进行了高斯变换，将在原样本空间中的非线性问题映射到高维空间中使其变得线性，然后在高维空间里用线性可分算法解决。

RBF 网络的隐层神经元自带激活函数，故其可以只有一层隐层，权重数量更少，因此从网络的训练速度和推理速度两个方面来看，RBF 网络较 BP 网络速度快很多。RBF 网络能够处理系统内的难以解析的规律性，具有良好的泛化能力，并有很快的学习收敛速度，已成功应用于非线性函数逼近、时间序列分析、数据分类、模式识别、信息处理、图像处理、系统建模、控制和故障诊断等。

以高斯径向函数网络为例，训练 RBF 网络可以分为两个步骤：第一步，确定 RBF 中心点；第二步，利用上文介绍的 BP 算法训练隐层神经元权重 ω_i 和 RBF 中的偏置 b（下文称其为扩展常数）。目前常用的确定中心点的方法有如下 3 种。

（1）随机采样

随机地在输入样本中选取中心点，且中心点固定。一旦中心点固定下来，隐层神经元的输出便是已知的，这样神经网络的连接权就可以通过求解线性方程组来确定。该方法适用于样本数据的分布具有明显代表性的场景。

（2）聚类

这种方法主要采用 k-均值聚类法来选择 RBF 的中心点，属于无监督学习方法。通过该方法确定的 RBF 神经网络的中心点可以变化，并可以通过自组织学习确定其位置。这种方法是对神经网络资源的再分配，通过学习，使 RBF 的隐层神经元中心点位于输入空间重要的区域。

（3）梯度下降

采用梯度下降法，可利用训练样本获得较优的中心点。

6.1.2　反馈神经网络

与前馈神经网络相比，反馈神经网络内部神经元之间有反馈，可以用一个无向完全图表示。1985 年，霍普菲尔德等人用模拟电子线路实现了霍普菲尔德神经网络，巴特·柯斯可（Bart Kosko）于 1988 年提出了双向联想记忆（Bidirectional Associative Memory，BAM），J. L.埃尔曼（J. L. Elman）于 1990 年提出了埃尔曼神经网络。

霍普菲尔德神经网络采用了类似人类大脑的记忆原理，即通过关联的方式，将某一件事物与周围场景中的其他事物建立关联，当人们忘记了一部分信息后，可以通过场景信息将缺失的信息找回。通过在反馈神经网络中引入能量函数的概念，使其运行稳定性的判断有了可靠依据，由权重派生能量函数是从能量高的位置向能量低的位置转化，稳定点的势能比较低。基于动力学系统理论处理状态的变换，系统的稳定态可用于描述记忆。

霍普菲尔德神经网络分为离散型霍普菲尔德神经网络（Discrete Hopfield Neural Network，DHNN）和连续型霍普菲尔德神经网络（Continues Hopfield Neural Network，CHNN）两种，在本小节中主要介绍 DHNN，对 CHNN 感兴趣的读者可查阅相关文献深入研究。

在霍普菲尔德神经网络中，学习算法基于 Hebb 学习规则，权重调整规则为若相邻两个神经元同时处于兴奋状态，那么它们之间的连接应增强，权重增大；反之，则权重减小。

反馈神经网络的训练过程，主要用于实现记忆的功能，即使用能量的极小点（吸引子）作为记忆值，一般可应用以下操作来实现训练。

① 存储：基本的记忆状态，通过权重矩阵存储。

② 验证：迭代验证，直到达到稳定状态。

③ 回忆：没有（失去）记忆的点，都会收敛到稳定的状态。

以下是霍普菲尔德神经网络的一个示例应用，对屏幕点阵模拟的数字进行记忆。经过克罗内克积计算之后，获得了对应数字的参数值矩阵，进行记忆效果评估时，只给出一半的点阵数字信息，通过霍普菲尔德神经网络将其恢复到原始数字。其中 kroneckerSquareProduct 用于计算克罗内克积。self.W 中保存的是霍普菲尔德神经网络的权重信息，每一个点阵数字都要经过一次 do_train()方法的训练，将权重更新到 self.W 中进行保存，其中点阵是 5×5 的方阵，那么网络的节点数就是 25。

```python
def kroneckerSquareProduct(self, factor):
    ksProduct = np.zeros((self.N, self.N), dtype = np.float32)
    for i in range(0, self.N):
        ksProduct[i] = factor[i] * factor
    return ksProduct
# 记忆单个数字的状态
def do_train(self, inputArray):
    # 归一化
    mean = float(inputArray.sum()) / inputArray.shape[0]
    self.W = self.W + self.kroneckerSquareProduct(inputArray - mean)/(self.N * self.N)/
mean/(1-mean)
    # 通过记忆重构数字
def hopRun(self, inputList):
    inputArray = np.asarray(inputList, dtype = np.float32)
    matrix = np.tile(inputArray, (self.N, 1))
    matrix = self.W * matrix
    ouputArray = matrix.sum(1)
    # 归一化
    m = float(np.amin(ouputArray))
    M = float(np.amax(ouputArray))
    ouputArray = (ouputArray - m) / (M - m)
```

```
ouputArray[ouputArray < 0.5] = 0.
ouputArray[ouputArray > 0] = 1.
return np.asarray(ouputArray, dtype = np.uint8)
```

按照之前的训练权重恢复数字时，网络基于其他节点的值及权重的克罗内克积的和做出判定。当归一化后和小于0.5时，点阵节点设置为0，否则设置为1。运行效果如图6-4所示，其中图6-4（a）和图6-4（c）所示分别是缺失部分点阵信息的数字0和3，图6-4（b）和图6-4（d）所示分别是0和3经过霍普菲尔德神经网络恢复之后的结果。可以看到，即使只提供了一半信息，霍普菲尔德神经网络依然可以将数字识别（回忆）出来。

图6-4　霍普菲尔德神经网络记忆数字效果

除了上述代码，还可以通过Python的第三方机器学习库neurolab.net.newhop来实现霍普菲尔德神经网络。虽然霍普菲尔德神经网络具有强大的记忆能力，但是它的缺点也比较明显。

（1）假记忆问题：只能记住有限个状态，并且当状态之间相似性较大，或者状态的特征较少或不明显时，容易收敛到别的记忆上。

（2）存储容量限制问题：主要依赖极小点的数量。当两个样本距离较近时，就容易产生混淆。

（3）局部最优问题。BAM神经网络具有无监督学习能力，网络的设计比较简单，可大规模并行处理大量数据，具有较好的实时性和容错性。此外，这种联想记忆法无须对输入向量进行预处理，省去了编码与解码的工作。

BAM神经网络是一种无条件稳定的网络，与霍普菲尔德神经网络相比是一种特别的网络，具有输入输出节点，但是霍普菲尔德神经网络的不足也一样存在，即存在假记忆、存储容量限制、局部最优等问题。

埃尔曼神经网络是一种RNN，网络中存在环形结构，部分神经元的输出反馈作为输入，而这样的反馈将会出现在该网络的下一个时刻，即这些神经元在这一时刻的输出结果，反馈回来在下一时刻重新作为输入作用于这些神经元，因此RNN可以有效地应对涉及时序性的问题。

图6-5所示为一个简单的埃尔曼神经网络。从图中可以清晰地看出埃尔曼神经网络的特点，隐层神经元的输出被反馈回来，作为一个单独的结构被定义为承接层，而承接层的数据将与输入层的数据一起作为下一时刻的输入。埃尔曼神经网络在结构上除了承接层的设置以外，其余部分与BP神经网络的结构大体相同，其隐层神经元通常采用Sigmoid函数作为激活函数，训练过程与BP神经网络相似。

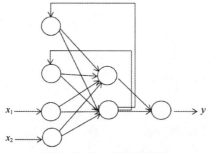

图6-5　埃尔曼神经网络

相比在本章前面部分介绍过的其他神经网络结构，埃尔曼神经网络在时间上是动态的，具有内部动态反馈的功能，承接层的设置使得埃尔曼神经网络能够有效应对具有时变特征的数据，在带有时序性的样本数据上有着比静态神经网络更好的预测性能。

6.1.3　自组织神经网络

自组织神经网络（Self-Organizing Neural Network）又称 Kohonen 网络，是芬兰的科霍宁教授提出的一种自组织特征映射网。这一神经网络的特点是当接收到外界信号刺激时，不同区域对信号自动产生不同的响应。这种神经网络是在生物神经元上首先发现的，如果神经元是同步活跃的则信号加强，如果是异步活跃的则信号减弱。这部分内容在第 4 章中已详细介绍，下面以一个实际例子介绍其在图像处理中的应用。

MiniSom 库是一种基于 Python 语言的用 NumPy 实现的 SOM 网络。可以使用 pip3 install minisom 自动安装。其要求输入数据转换为 NumPy 矩阵的形式。下面用 SOM 来实现图片颜色量化（Color Quantization），合并不太重要的颜色，减少颜色数量。其中 np.reshape()用于将图片中的 RGB 色值转化为 NumPy 矩阵，SOM 采用随机训练的方式对图像进行矢量量化，并将结果存入新的图片中。

```
from minisom import MiniSom
import numpy as np
import matplotlib.pyplot as plt
img = plt.imread('car.jp2')
# 将色值转换成矩阵
pixels = np.reshape(img, (img.shape[0]*img.shape[1], 3))
# SOM 初始化并训练
som = MiniSom(3, 3, 3, sigma=0.1, learning_rate=0.2)  # 3x3 = 9 final colors
som.random_weights_init(pixels)
starting_weights = som.get_weights().copy()
som.train_random(pixels, 100)
qnt = som.quantization(pixels)
clustered = np.zeros(img.shape)
for i, q in enumerate(qnt):
clustered[np.unravel_index(i, dims=(img.shape[0], img.shape[1]))] = q
# 结果显示
plt.figure(1)
plt.subplot(221)
plt.title('original')
plt.imshow(img)
plt.subplot(222)
plt.title('result')
plt.imshow(clustered)
plt.subplot(223)
plt.title('initial colors')
plt.imshow(starting_weights, interpolation='none')
plt.subplot(224)
plt.title('learned colors')
plt.imshow(som.get_weights(), interpolation='none')
plt.tight_layout()
plt.show()
```

调用 matplotlib.pyplot 将结果进行可视化展示，如图 6-6 所示，可以看到经过聚类，原图（左上）经过量化之后，得到了红色、绿色等核心元素构成新图（右上）。并且给出原图中 9 种色彩（左下）和学习到的 9 种主要色彩（右下）。

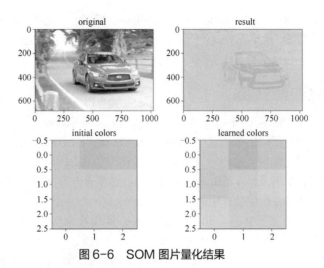

图 6-6　SOM 图片量化结果

6.2　神经网络相关概念

学习神经网络相关概念有助于理解深度学习中的网络设计原理，可在模型训练过程中有的放矢地调整参数。神经网络相关概念是深度学习的基础。随着深度学习的不断演化，深入理解这些常识性理论有助于快速理解层出不穷的深度学习网络模型。

6.2.1　激活函数

使用非线性激活函数的原因是线性模型的表达能力不够，通过对输出结果应用激活函数而引入非线性变换。如果不用激活函数，每一层输出都是上层输入的线性函数，那么每一层的输出都是输入的线性组合，与只有一个隐层效果是一样的。引入非线性函数作为激活函数之后，深层神经网络才有意义，可以逼近任意函数。激活函数经常使用 Sigmoid 函数或者 Tanh 函数，其输出是有界的。此外，常见的激活函数还有 ReLU 函数。

1. 激活函数的性质

激活函数通常有以下性质。

（1）非线性

神经网络中神经元完成线性变换后，叠加一个非线性激活函数，转换输出为非线性函数结果，神经网络就有可能学习到平滑的曲线来分割平面，而不是通过复杂的线性组合逼近平滑曲线来分割平面。当激活函数是非线性的时候，一个两层的神经网络理论上可以逼近所有的函数。

（2）可微性

当采用基于梯度的优化方法时，激活函数需要满足可微性，因为在反向传播更新梯度时，需要计算损失函数对权重的偏导数。传统的激活函数 Sigmoid 满足可微的特性，而 ReLU 函数仅在有限个点处不可微。对于随机梯度下降（Stochastic Gradient Descent，SGD）算法，几乎不可能收敛到梯度接近 0 的位置，所以有限的不可微点对于优化结果影响不大。

（3）单调性

激活函数的单调性，一方面可保证单层网络为凸函数。另一方面，单调性说明其导数符号不变，梯度方向不会经常改变，从而让训练更容易收敛。

（4）$f(x) \approx x$

这一性质在参数初始化值较小时，神经网络的训练速度更快。$f(x) \approx x$ 使输出的幅值不会随着深度的增加而显著增大，从而使网络训练更为稳定，同时，梯度也能够更容易地回传。这与其非线性特点有些矛盾，因此激活函数只是部分满足这个条件，例如 Tanh 函数只在原点附近有线性区间，而 ReLU 函数只在输入大于 0 时为线性。

（5）输出值范围

对激活函数的输出结果进行范围限定，有助于梯度平稳下降，早期的 Sigmoid、Tanh 等均具有此性质。但对输出值范围限定会导致梯度消失问题，而且强行让每一层的输出结果控制在固定范围会限制神经网络的表达能力。而输出无界的激活函数，例如 ReLU 函数，对应模型的训练过程更加高效，此时一般需要使用更小的学习率。

（6）计算简单

在神经网络的信号传递过程中，激活函数的计算量与网络复杂度成正比，神经元越多，计算量越大。激活函数的种类繁多，因此效果相似的激活函数，其计算越简单，训练过程越高效。

（7）归一化

归一化的主要思想是使样本分布自动归一化到零均值、单位方差的分布，从而稳定训练，防止过拟合。

2. 常见的激活函数

下面介绍常见的激活函数。

（1）Binary step 函数

Binary step（二进制步进）函数是基于阈值的激活函数。其函数表达式如下，实际应用中通常采用 0 作为激活阈值：

$$f(x) = \begin{cases} 0, & x < 0 \\ 1, & x \geq 0 \end{cases}$$

如图 6-7 所示，当输入值大于设定的阈值时，神经元将被激活，并持续输出 1 值信号到下一层神经元；反之，若输入值小于阈值，则神经元保持静默状态，输出值为 0。

随着神经网络的发展，Binary step 函数逐步被淘汰，主要有两个原因：该函数输出只有 0 和 1 两个值，不利于在多分类问题中使用；该函数没有梯度，在训练 BP 神经网络时，无法通过梯度下降进行网络学习。

（2）Sigmoid 函数

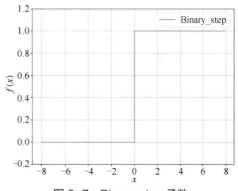

图 6-7　Binary step 函数

Sigmoid 函数的优点在于输出范围有限，数据在传递的过程中不容易发散，并且其输出范围为(0,1)，可以在输出层表示概率值，如图 6-8 所示。Sigmoid 函数的导数是非零的，很容易计算，其最大值不超过 0.25，且导数值在两端逐渐趋近于 0。

Sigmoid 函数的主要缺点是梯度下降非常明显，且两头过于平坦，容易出现梯度消失的情况，输出的值域不对称，并非像 Tanh 函数那样值域是[-1,1]。

（3）双曲正切函数

双曲正切函数将数据映射到(-1,1)，解决了 Sigmoid 函数输出值域不对称问题。另外，它是可微分和反对称的，对称中心在原点。然而它的输出值域两头依旧过于平坦，梯度消失问题仍然存在。如图 6-9 所示，Tanh 函数的导数最大值为 1，两端导数值逐渐趋近于 0。为了解决学习缓慢和梯度消失问题，可使用其更加平缓的变体，如 log-log、Symmetrical Sigmoid 等。

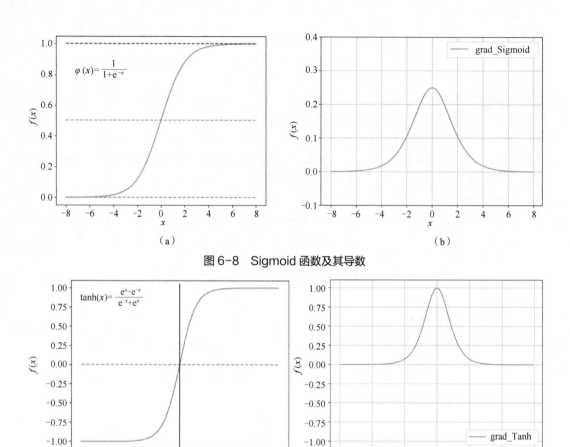

图 6-8　Sigmoid 函数及其导数

图 6-9　Tanh 函数及其导数

Symmetrical Sigmoid 函数是 Tanh 函数的一种变体，其表达式如下：

$$f\left(x\right)=\frac{1-\mathrm{e}^{-x}}{1+\mathrm{e}^{-x}}=\mathrm{Tanh}\frac{x}{2}$$

Symmetrical Sigmoid 函数和 Tanh 函数一样，具有反对称、零中心、可微分性，值域为(-1,1)。由上述表达式可以看出，该函数相当于 Tanh 函数在 x 轴上进行了拉伸，因此与 Tanh 函数相比，它具有更平坦的曲线形状和更慢的下降趋势，能够有效缓解梯度消失问题，从而实现更加有效的学习。

log-log 函数即以 e 为底的嵌套指数函数，函数表达式如下：

$$f\left(x\right)=1-\mathrm{e}^{-\mathrm{e}^{x}}$$

log-log 函数的值域与 Sigmoid 函数的相同，都是(0,1)。但 log-log 函数在正数区间会更快地达到饱和，且零点处的函数值大于 0.5。

（4）Softsign 函数

如图 6-10（a）所示，Softsign 函数的曲线与 Tanh 的相比更加平坦；且具有下降速度更慢的导数，导数最大值为 1，如图 6-10（b）所示。其函数表达式如下：

$$f\left(x\right)=\frac{x}{1+|x|}$$

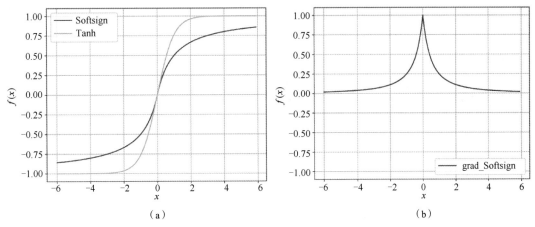

图 6-10　Softsign 与 Tanh 函数以及 Softsign 导数

Softsign 函数的上述特性使它能够更高效地学习，比 Tanh 函数更好地解决梯度消失的问题。但 Softsign 函数的导数计算比 Tanh 函数的更加复杂，其中涉及取绝对值和平方项的计算，而在采用 BP 算法训练模型时往往会涉及求导计算，因此 Softsign 函数的求导会对训练速度产生较大的影响，在实践中，需要结合应用环境的限制条件考虑是否采用 Softsign 函数替代 Tanh 函数。

（5）ArcTan 函数

ArcTan 函数为 Tan 函数的反函数，函数及其导数图像如图 6-11 所示。ArcTan 函数在视觉上类似于双曲正切（Tanh）函数，但 ArcTan 函数更加平坦。在默认情况下，ArcTan 函数激活值输出范围为$(-\pi/2,\pi/2)$。ArcTan 函数相较于 Tan 函数的优势在于其导数趋向于 0 的速度更慢，这意味着学习的效率更高，但它同 Tan 函数一样属于饱和函数，"梯度消失问题"依然存在。

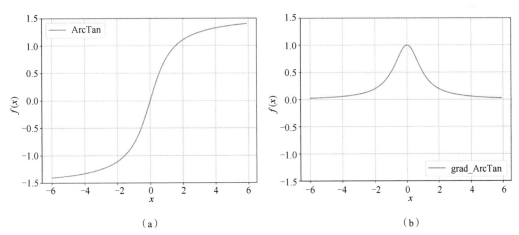

图 6-11　ArcTan 函数及其导数

（6）Softplus 函数

Softplus 函数是 Logistic-Sigmoid 函数的原函数，其导数图像就是 Sigmoid 函数图像。Softplus 函数表达式如下，式中将 e^x 加 1 是为了保证其非负性：

$$f(x) = \ln(e^x + 1)$$

如图 6-12 所示，Softplus 函数可以看作对 ReLU 函数的平滑。根据相关研究，Softplus 函数和 ReLU 函数与脑神经元激活频率函数有神似的地方。也就是说，相比早期的激活函数，Softplus 函数和 ReLU 函数更加接近脑神经元的激活模型，而神经网络正是基于脑神经科学发展而来的，这两个激活函数的应用促成了神经网络研究的新浪潮。

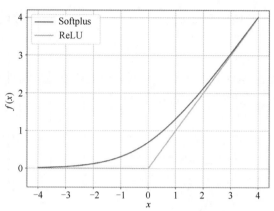

图 6-12　Softplus 与 ReLU 函数对比

（7）Mish 函数

Mish 函数由迪甘塔·米斯拉（Diganta Misra）于 2019 年提出，主要针对 ReLU 函数的非平滑以及负值截断的特性做出了优化，函数表达式如下：

$$f(x) = x\,\mathrm{Tanh}[\ln(\mathrm{e}^x + 1)] = x\mathrm{Tanh}[\mathrm{Softplus}(x)]$$

如图 6-13（a）所示，Mish 函数从整体上看是一个非单调函数。其曲线平滑可导，如图 6-13（b）所示。将其与 ReLU 函数进行对比，$x \geqslant 0$ 时，Mish 保持了和 ReLU 一样的无边界特性，不存在像 Sigmoid、Tanh 函数的激活值饱和问题，梯度值稳定使得网络训练更加高效；$x < 0$ 时，Mish 允许负值输出，与 ReLU 相比保留了更多的信息。在 x 趋近负无穷时，Mish 函数值趋近于 0。

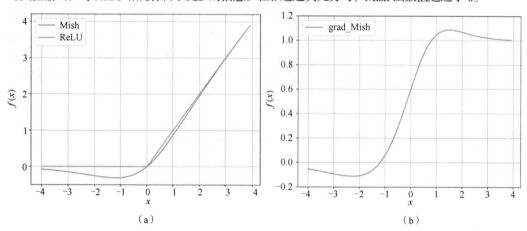

（a）　　　　　　　　　　　　　　（b）

图 6-13　Mish 函数及其导数

（8）Soft Exponential 函数

Soft Exponential 函数于 2016 年由卢克·戈弗雷（Luke Godfrey）和迈克尔·加斯勒（Michael Gashler）提出，是一种能够在对数函数、线性函数和指数函数之间实现连续插值的神经网络激活函数，函数表达式如下：

$$f(\alpha,\ x) = \begin{cases} -\dfrac{\ln\left[1 - \alpha\left(x + \alpha\right)\right]}{\alpha}, & \alpha < 0 \\[2ex] x, & \alpha = 0 \\[2ex] \dfrac{\mathrm{e}^{\alpha x} - 1}{\alpha} + \alpha, & \alpha > 0 \end{cases}$$

Soft Exponential 函数设计的核心思想在于找到一个能够在对数函数、线性函数和指数函数之间连续切换的函数，使得采用该激活函数的神经网络能够通过自主学习，来判断应当采用的最适合的函数形式。该函数具有可微、参数化的特点，且无论对于自变量 x 还是 α 该函数都是连续的，适宜被用作神经网络的激活函数。图 6-14 给出了 α 取不同值时该函数的图像，图中曲线由下到上分别对应 $\alpha = \{-1, -0.9, -0.8, \cdots, 0.8, 0.9, 1.0\}$ 时的情况。

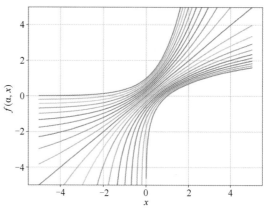

图 6-14　Soft Exponential 函数

（9）Sinusoid 函数

Sinusoid（简单正弦）函数与 Tanh、ArcTan 等双曲函数的相同点在于，它同样是零点对称的奇函数。该函数的值域为[-1,1]，对称的输出区间平衡了神经元的输出，可避免网络出现输出偏移问题。然而，Sinusoid 函数又是激活函数中较为特殊的一个，如同余弦函数，Sinusoid 函数为神经网络引入了周期性，且 Sinusoid 函数的导数为余弦函数，导数在定义域内处处连续，并具有周期性，不存在像 Sigmoid、Tanh 函数那样随着输入值 x 的增加或减少，梯度值逐渐趋于 0 的趋势。

（10）Sinc 函数

Sinc 函数又称辛格函数，函数及其导数图像如图 6-15 所示。

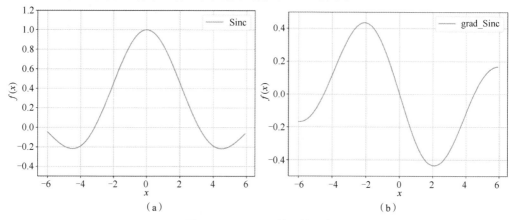

|（a）| （b）|

图 6-15　Sinc 函数及其导数

该函数在数字信号处理和数学领域中具有不一样的定义，具体分为归一化和非归一化形式，两种形式的区别在于，归一化比非归一化形式多了自变量的放大系数。当选择 Sinc 函数作为激活函数时，通常采用的是非归一化的形式：

$$f(x) = \begin{cases} 1, & x = 0 \\ \dfrac{\sin x}{x}, & x \neq 0 \end{cases}$$

Sinc 函数在数字信号处理中，表征了矩形函数在傅里叶变换（Fourier Transform）下的频谱函数。Sinc 函数包含负值输出并具有关于 y 轴对称的特性。当自变量 x 接近 0 时，Sinc 函数的导数值也逐渐接近于 0。将其作为激活函数的优势在于其处处可微，有利于反向传播时的梯度计算。但它的缺点在于，比较容易产生梯度消失的问题。

（11）高斯函数

在神经网络中采用的高斯（Gaussian）函数表达式如下所示：

$$f(x) = e^{-x^2}$$

高斯函数与 RBF 网络中常用的高斯核函数不同，如图 6-16（a）所示，它可以看作峰值为 1、均值为 0、方差为 $1/\sqrt{2}$ 的正态分布，高斯函数在多层感知机类模型中使用得并不广泛。由图 6-16（b）可知高斯函数可微且为偶函数，其缺点在于该函数的一阶导数很快收敛到 0，在输入值较大或较小时容易产生梯度消失问题。

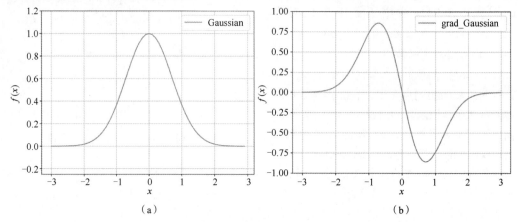

图 6-16　高斯函数及其导数

（12）ReLU 函数

ReLU 函数是目前神经网络里常用的激活函数。由于 ReLU 函数的线性特点，其收敛速度比 Sigmoid、Tanh 函数更快，而且没有梯度消失的情况出现。ReLU 函数及其导数图像如图 6-17 所示。RelU 函数计算更加高效，相比于 Sigmoid、Tanh 函数，只需要一个阈值就可以得到激活值，不需要对输入归一化来防止达到饱和。

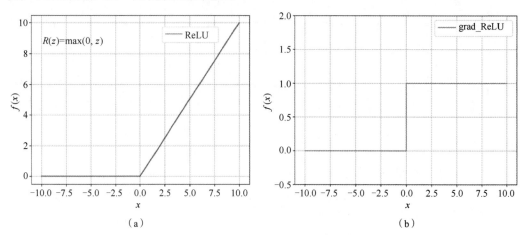

图 6-17　ReLU 函数及其导数

Sigmoid 和 Tanh 函数是饱和非线性函数，输出值达到一定范围后不再变化，而 ReLU 函数是非饱和非线性函数，输出值范围是无限的，梯度下降速度更快，训练的时间更短。

Tanh 函数一般用于输入信号的特征差异较大时，在训练过程中会不断放大特征的效果。而 Sigmoid 函数能对细微的特征进行区分，因此适用于特征差别较小的情形。对于 Tanh 和 Sigmoid 等饱和非线性函数，为了避免激活结果进入饱和区，使隐层的输出结果趋同，要对输入值归一化处理。

ReLU 函数的缺点是所有负值均被截断为 0，从而导致特征丢失。ReLU 函数要求学习率不能太高，如果学习率很大，会使网络中很多神经元都失效，即很多神经元的激活函数输值为 0。因此一般设置较小的学习率，如 0.005。当然，也可以使用 Adagrid 动态调节学习率以避免此类情况出现。

（13）Leaky ReLU 函数

带泄露修正线性单元（Leaky ReLU）函数的出现主要是为了解决"死亡神经元"的问题，如图 6-18 所示。其函数表达式如下：

$$f(x) = \begin{cases} \alpha x, & x < 0 \\ x, & x \geq 0 \end{cases}$$

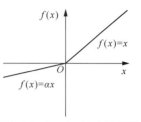

图 6-18　Leaky RuLU 函数

其中，在 ReLU 函数中当 $x<0$ 时，函数值为 0，而 Leaky ReLU 函数则是给出一个很小的负数梯度值，α 是一个小的常量，通常为 0.01。这个激活函数表现得很不错，但是其效果并不是很稳定。为了解决这一问题又提出改进的 Leaky ReLU 函数，即参数化修正线性单元（Parameteric Rectified Linear Unit，PReLU）函数，也属于 ReLU 修正类激活函数的一员。它和 Leaky ReLU 函数相比最关键的区别是 α 实际上是在模型训练中学习到的。此外 Leaky ReLU 函数的另一种变体，即随机带泄露修正线性单元（Randomized Leaky Rectified Linear Unit，RReLU）函数，这一激活函数负值的斜率 α 在每一个节点上都是随机分配的，但在训练结束后的测试阶段 α 会变为定值。关于 α 的选取一般是从均匀分布 $U(l,u)$ 中随机抽取数值：

$$\alpha \sim U(l,u), l < u \text{ 且 } l,u \in [0,1)$$

（14）ELU 函数

ELU 函数的表达式如下：

$$f(x) = \begin{cases} x, & x > 0 \\ a(\mathrm{e}^x - 1), & x \leq 0 \end{cases}$$

由上式可见，ELU 函数在 $x>0$ 的正值区间内的值为输入 x 本身，这一点与 ReLU 函数及其衍生的其他激活函数类似，因此该函数具备与 ReLU 函数相同的解决"死亡神经元"、减轻梯度消失问题（$x>0$ 时导数处处为 1）的能力。

ELU 函数在 $x \leq 0$ 的区间能够输出负值，这是 ELU、Leaky ReLU 和 PReLU 函数三者区别于 ReLU 函数的一个特性。ReLU 函数在 $x \leq 0$ 的区间输出值为 0，这不仅会造成输入特征的丢失，而且会使输出的均值大于 0。因此采用 ReLU 函数作为激活函数，神经元的激活值均值无法保证接近于 0，从而使下一层的输入具有一个初始的偏置（Bias），如果此时不进行类似 BN 这样的处理改变激活值的分布，则会导致下一层的激活单元产生 Bias Shift。如此叠加，网络层数越深，Bias Shift 就会越大，最终会影响网络权重的更新。因此，与 ReLU 函数相比，ELU 函数可以取到负值，使激活值的分布更加平衡，激活值均值可以更接近 0。

此外，虽然 Leaky ReLU 函数和 PReLU 函数在 $x \leq 0$ 的区间输出也是负值，但通过其函数表达式可知，它们在该区间内函数值呈线性变化，无法保证在输入为负的状态下对噪声的稳健性。而 ELU 函数由于引入了 e^x 项，因此在输入取较小值时具有软饱和的特性，提升了对噪声的稳健性。

图 6-19（a）所示为 $\alpha=1$ 时的 ELU 函数的导数图像，在 $x<0$ 的区间导数逐渐趋近于 0，ELU(x) 将逐渐收敛于 $-\alpha$，以此消除噪声影响；图 6-19（b）所示为 ELU 与 ReLU 函数及其变体的对比图像，图中较为明显地展示了 3 种函数在输入大于 0 时的共性和输入小于 0 时的差异。

（15）Maxout 函数

任何一个凸函数，都可以由线性分段函数进行逼近近似。

Maxout 函数同样是分段线性函数，理论上可以拟合任意凸函数。但目前用 Maxout 函数作为激活函数的网络模型相对较少，原因就在于 Maxout 函数的分段特性。Maxout 函数的一般表达式如下：

$$\max\left(\boldsymbol{w}_1^{\mathrm{T}} \boldsymbol{x} + \boldsymbol{b}_1, \boldsymbol{w}_2^{\mathrm{T}} \boldsymbol{x} + \boldsymbol{b}_2, \cdots, \boldsymbol{w}_k^{\mathrm{T}} \boldsymbol{x} + \boldsymbol{b}_k \right)$$

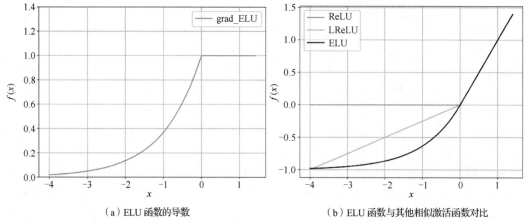

（a）ELU 函数的导数　　　　　　　　（b）ELU 函数与其他相似激活函数对比

图 6-19　ELU 函数的导数以及 ELU 函数与其他相似激活函数对比

其中参数 k 表示 Maxout 函数的分段数，当 k 为 2 时，可看成分成两段的线性函数，而 Maxout 函数每一"段"的函数表达式由不同的参数 $\boldsymbol{w}_i^{\mathrm{T}}$ 和 $\boldsymbol{b}_i$ 构成。对于一个输入 $\boldsymbol{x}$，Maxout 函数需要逐一计算出该输入在已有的 k 个线性函数上的值，并从中选择最大值作为激活值输出。因此，与其他激活函数相比，它需要存储 k 个不同的权重参数，并且在每次前向传播时计算 k 次权重，其计算量成 k 倍增加，这造成了网络模型的体积增大和推理时延增加，最终影响应用性能。

Maxout 函数可看作 ReLU 和 Leaky ReLU 函数的一般化归纳，例如，当 $w_1,b_1{=}0$ 的时候，Maxout 函数就是 ReLU 函数；而当 $b_1{=}0$ 且 w_1 的值很小时，Maxout 函数就是一个 Leaky ReLU 函数。Maxout 函数采用线性操作，所以其计算简单，不会出现梯度消失问题，同时又不像 ReLU 函数那样容易出现"死亡神经元"。Maxout 函数最大的问题是计算量成倍增长，模型训练过程较慢。

综上，与其他激活函数相比，Maxout 函数具有如下性质：Maxout 函数并不是一个固定的函数，不像 Sigmoid、ReLU、Tanh 等函数，具有一个固定的函数方程。它属于分段线性函数，需要进行多段计算；Maxout 函数同样是一个可学习的激活函数，函数中各个"段"的 w 参数是需要通过学习更新的。

（16）Softmax 函数

Softmax 函数在多分类和分割学习任务中经常被使用，它将神经网络输出层中多个神经元的输出映射到(0,1)区间内，与分类问题中的概率相对应，能够形成直观的网络输出，即预测类别的概率。Softmax 函数的表达式如下：

$$S_i = \frac{\mathrm{e}^{z_i^{(n_l)}}}{\sum_j \mathrm{e}^{z_j^{(n_l)}}}$$

其中 i 表示输出层某个神经元的输出，分母为输出层各个神经元输出的 e 指数值的加和。可见 Softmax 函数将输出缩放到(0,1)区间的同时，保留了各神经元输出的大小关系，并通过取 e 指数的方式，使原值较大的输出经过 Softmax 函数处理后得到进一步放大，而原值较小的输出经过 Softmax 函数处理后得到进一步缩小，从而使分类问题的预测结果更加明显，不同类别之间的差距更大。

假设在原网络输出层后增加了一层 Softmax 函数对原输出进一步处理，输出的具体实现处理过程如下：首先，Softmax 函数计算每一个输出的 e 指数值，以及它们的加和；然后，根据上文给出的 Softmax 函数表达式得到最终输出。

使用 Softmax 函数的好处是可以使分类问题的预测结果更加明显，不同类别之间的差距更大。

综上分析，应该如何选择激活函数呢？通常来说没有固定的选择方式，实际应用中需要根据任务需求进行组合。用于二分类任务时，Sigmoid 函数通常效果较好，但当出现梯度消失问题时，可能要避免使用 Sigmoid 和 Tanh 函数。ReLU 函数是一个通用的激活函数，目前在大多数情况下使用。使用 ReLU 函数，需要注意的是设置好学习率，如果存在"死亡神经元"问题，则可以尝试一下 Leaky ReLU 以及 PReLU、RReLU 等 ReLU 函数的多种变体，或者尝试 Maxout 函数，总之应尽量避免使用 Sigmoid 函数，可以尝试 Tanh 函数，但是其效果大部分情况下不如 ReLU 和 Maxout 函数。

6.2.2　损失函数

损失函数评价模型对样本的拟合度，预测结果与实际值越接近，说明模型的拟合能力越强，对应损失函数值就越小；反之，损失函数值越大。损失函数值比较大时，对应的梯度下降比较快。为了计算方便，可以采用欧氏距离作为损失度量标准，最小化实际值与估计值之间的均方误差作为损失函数，即最小平方误差准则：

$$\min C\big(\boldsymbol{Y}, G(\boldsymbol{X})\big) = \big\| G(\boldsymbol{X}) - \boldsymbol{Y} \big\|^2 = \sum_i \big[G(x_i) - y_i \big]^2$$

其中 $G(\boldsymbol{X})$ 是模型根据输入矩阵 $\boldsymbol{X}$ 输出的预测向量，预测值 $G(\boldsymbol{X})$ 和真值 $\boldsymbol{Y}$ 的欧氏距离越大、损失就越大，反之损失就越小，即求 $\big\| G(\boldsymbol{X}) - \boldsymbol{Y} \big\|^2$ 的极小值。如果是批量数据，则将所有数据对应模型结果与其真实值之间的差的平方进行求和。合适的损失函数能够确保深度学习模型更好地收敛，具体如下。

1. 交叉熵损失函数

在多分类问题中，通常采用独热编码来表示样本的标签，例如在[0,1,0,…,0]这一样本标签中，1 表示当前样本所属类别。在一个独热编码中只能有一个码位上的数值为 1。然而在实际的神经网络分类器的输出中，通常是如[0.01,…,0.02]的概率数值形式的输出，此时就需要采用一个特殊的损失函数来判定实际输出和期望输出的差距。交叉熵用来刻画分类问题中实际输出概率到真实结果的损失。交叉熵的值越小，表明实际与期望两个概率分布越接近，损失就越小。

（1）Softmax 损失函数

依据神经网络最后一层输出采用的激活函数，交叉熵的具体函数形式会有所变化，目前常见的交叉熵函数形式主要有两种：第一种形式对应采用 Softmax 输出，通常在多分类问题中使用，表达式如下：

$$L = -\sum_{n=1}^{N} y_n \ln \hat{y}_n$$

上式中 N 表示概率分布中的各个点，在多分类问题中表示所有类别；y_n 表示期望概率，即样本标签；而 $\hat{y}_n$ 表示实际概率，即输出中属于类别 n 的概率。

在多分类任务的实际应用中，特别是在 TensorFlow 中推荐采用交叉熵与 Softmax 结合作为损失函数，可以避免数值不稳定的情况。此外，采用 Softmax 与交叉熵相结合的损失函数，有利于简化反向传播时的求导计算。例如在一个多分类问题中，网络训练时采用 Softmax 和交叉熵结合的方式构建目标函数，则其表达式如上，令正类样本为第 p 类，则 y_p 取 1，其余类别标签取 0，由此损失演化为：

$$Loss = -\ln \hat{y}_p$$

其中 $\hat{y}_p$ 为 Softmax 层关于正类的输出值。

交叉熵损失函数主要用于互相排斥的分类任务中，在 TensorFlow 中可以采用以下方式设置：

```
cross_entropy = -tf.reduce_mean(y_ * tf.log(tf.clip_by_value(y, 1e-12, 1.0)))
```

其中 y_ 表示真实值，y 表示模型输出，tf.reduce_mean()函数用于求解平均数，tf.clip_by_value()函数将预测的值限制在(1e-12, 1.0)。

除了通过上述代码设置交叉熵损失外，还可通过另一种方式：TensorFlow 将交叉熵损失函数与 Softmax 统一封装实现了 Softmax 后的交叉熵损失函数，在 TensorFlow 中可以直接使用如下代码进行设置。该函数的参数 logits 在函数内会用 Softmax 进行处理，因此进行传参时应直接用神经网络最后一层的原始输出，而不能是经过 Softmax 处理后的值。

```
cross_entropy = tf.nn.softmax_cross_entropy_with_logits(y, y_)
```

（2）Sigmoid 交叉熵函数

交叉熵函数的第二种形式如下所示，通常对应采用 Sigmoid 作为最后一层输出的情况，一般在二分类问题中使用。因为神经网络最后的输出经过 Sigmoid 函数运算，将结果映射到[0,1]的数值上，恰好可以视为当前样本属于类别 1 的概率。下面将简要介绍第二种交叉熵函数形式的推导，以及结合 Sigmoid 函数的求导计算。

$$L = -\frac{1}{n}\sum_{i=1}^{n}\left[y_i\log_2\hat{y}_i + \left(1-y_i\right)\log_2\left(1-\hat{y}_i\right)\right]$$

下面介绍第二种交叉熵函数形式的推导，令 $\hat{y}_i$ 表示第 i 个样本属于类别 1 的概率，则有：

$$P\left(y=1|x;\omega\right) = \hat{y}_i$$
$$P\left(y=0|x;\omega\right) = 1-\hat{y}_i$$

将上两式表示为联合概率：

$$P\left(y|x;\omega\right) = \hat{y}_i^{\;y}\left(1-\hat{y}_i\right)^{1-y}$$

因此对于训练集 $T = \left\{\left(x_1,y_1\right),\left(x_2,y_2\right),\cdots,\left(x_n,y_n\right)\right\}$，有似然函数：

$$\prod_{i=1}^{N}P\left(y_i|x_i;\omega\right) = \prod_{i=1}^{n}\hat{y}_i^{\;y_i}\left(1-\hat{y}_i\right)^{1-y_i}$$

对上式取对数即可得到交叉熵表达式中的加和式。对于似然函数，希望其值越大越好；而对于损失函数，则希望损失越小越好。因此在对似然函数取对数后，添加一个负号并对所有样本损失取平均就得到了上文给出的第二种交叉熵函数形式。由表达式可见，对交叉熵中正负分类计算各自的损失，各个类别的分类误差越小，则损失越小。

在二分类问题的实际应用中，若网络输出层采用了 Sigmoid 激活函数，则通常会结合第二种形式的交叉熵函数作为损失函数，原因在于通过链式法则对结合后的损失函数进行求导，能够约去 Sigmoid 的导数项，很好地解决了梯度消失问题。下式给出了损失函数第 n 项对输出层权重矩阵 $\boldsymbol{\omega}$ 的求导结果：

$$\frac{\partial L}{\partial \boldsymbol{\omega}} = \frac{\partial - \left[y_i\log_2\hat{y}_i + \left(1-y_i\right)\log_2\left(1-\hat{y}_i\right)\right]}{\partial \boldsymbol{\omega}} = \left[\mathrm{Sigmoid}\left(\boldsymbol{Z}\right)-\boldsymbol{y}\right] \cdot \boldsymbol{x}^{\mathrm{T}}$$

式中 $\boldsymbol{Z}$ 表示 Sigmoid 输出层的输入向量，$\boldsymbol{y}$ 为标签向量，$\boldsymbol{x}^{\mathrm{T}}$ 为上一层的输出行向量，$\left[\mathrm{Sigmoid}\left(\boldsymbol{Z}\right)-\boldsymbol{y}\right]$ 项表明了梯度值与预测值和真实值的差值直接相关，因此很好地解决了采用 Sigmoid 学习缓慢的问题。

在逻辑回归问题中，会发现优化目标往往不是凸优化，学习过程中能够找到多个局部最优值，因此简单地采用均方误差（后文将介绍）进行梯度下降很可能找不到全局最优解，而采用交叉熵损失函数会更有利于此类回归问题中的网络学习。

然而采用交叉熵也有其缺点：梯度爆炸问题。例如，如果实际结果 $y_n = 1$，但是预测结果 $\hat{y}_n$ 接近于 0，$\log\hat{y}_n$ 便趋向于负无穷，最终的损失趋向于无穷大，产生梯度爆炸问题。

2. 平均绝对误差损失函数

（1）计算公式

平均绝对误差（MAE）损失函数顾名思义是将模型预测值与真实值之差的绝对值作为损失度量，通常也称 $L1$ 损失。令样本数为 n，MAE 的计算式如下，其中 y 表示目标值，即样本标签值，$\hat{y}$ 表示输出的预测值（以单个网络输出神经元为例）。

$$\text{MAE} = \frac{1}{n}\sum_{i=1}^{n}\left|\hat{y}_i - y_i\right|$$

（2）公式推导

MAE 的计算式可通过最大似然进行推导。首先，基于下述假设——模型预测值与目标值之间的差值服从 μ（位置参数）为 0、b（尺度参数）为 1 的拉普拉斯分布 $X \sim \text{La}(\mu = 0, b = 1)$，对于 n 个样本，可以得到如下似然函数：

$$\prod_{i=1}^{n}\frac{1}{2}e^{-|\hat{y}_i - y_i|}$$

该似然函数表示模型在 n 个样本输入中，输出真实值 y 的概率。对该似然函数取对数得到如下对数似然函数。

$$-n\ln 2 - \sum_{i=1}^{n}\left|\hat{y}_i - y_i\right|$$

基于最大似然估计的思想，要实现极大化似然，就是要使最后的绝对值加和项最小，由此推导出了 MAE 的计算式。

（3）特性

相比于直接采用预测值和真实值之间的差值作为误差函数，采用 MAE 度量更加准确。当度量多个样本的预测结果误差时，若只采用差值 $\hat{y}_i - y_i$，因差值存在正、负，在多个差值相加后误差相互抵消，得到的总和误差自然不够准确。而 MAE 通过取绝对值的方式，能够将每个样本的误差转化为正数进行累加，具有更好的学习效果。

3. 均方差损失函数

均方差（MSE）损失函数以预测值和真实值之间的欧氏距离作为损失度量，通常也称 L_2 损失。同样令样本数为 n，MSE 的计算式如下：

$$\text{MSE} = \frac{1}{2n}\sum_{i=1}^{n}\left(\hat{y}_i - y_i\right)^2$$

其中 y_i 表示目标值，$\hat{y}_i$ 表示输出的预测值，乘 1/2 通常是为了方便求导计算，这类损失函数主要用于线性回归（Linear Regression）问题，即用于对具体数值进行预测的模型中。

MSE 的计算式同样采用最大似然估计进行推导。推导过程基于假设：模型预测值 y 与样本真实值 t 之间的差值满足标准正态分布 $X \sim N(\mu = 0, \sigma = 1)$。对于一个有 n 个样本的数据集，满足各样本出现相互独立的条件，可以由假设得到似然函数：

$$\prod_{i=1}^{n}\frac{1}{\sqrt{2\pi}}e^{-\left(\frac{(\hat{y}_i - y_i)^2}{2}\right)}$$

该似然函数表示模型对所有输入样本输出真实值 y 的概率，对上式取对数就能够得到相应的对数似然函数：

$$-\frac{n}{2}\ln(2\pi)-\frac{1}{2}\sum_{i=1}^{n}(\hat{y}_i-y_i)^2$$

基于最大似然估计的思想，希望极大化上式取值。上式中包含负号，因此目标转化为最小化式中的最后一项方差值。将上述目标与 MSE 损失函数进行统一，能够通过模型训练，降低 MSE 损失函数值，从而得到最大似然。

MSE 与直接采用绝对值损失 $|\hat{y}_i-y_i|$ 相比，对某些偏离大的离群样本（Outlier）比较敏感，其平方项放大了某个样本的局部损失对全局带来的影响。例如对于标签值[1,1,1]和预测值[1,3,3]的情况，采用绝对值的损失值为 4，而采用 MSE 的损失值为 8。但也正因为 MSE 包含平方项，采用 MSE 计算的误差更大，模型学习的收敛速度比 MAE 更快。

4. Huber 损失函数

Huber 损失函数对于单样本采用的损失计算公式如下：

$$L_{\delta}(y,\hat{y})=\begin{cases}\dfrac{1}{2}(y-\hat{y})^2,|y-\hat{y}|\leqslant\delta\\[2mm]\delta|y-\hat{y}|-\dfrac{1}{2}\delta^2,|y-\hat{y}|>\delta\end{cases}$$

图 6-20 展示了 δ 取不同值时的 Huber 损失函数曲线。在 $|y-\hat{y}|$ 值为 0 时，Huber 损失函数是可微分的。在预测值 $\hat{y}$ 与目标值 y 误差很小时，Huber 损失函数会转换为差值的平方。Huber 损失函数误差的计算式取决于超参数 δ，该参数可以手动调整。当 δ 趋近于 0 时，Huber 损失函数会趋向于 MAE；当 δ 趋近于无穷时，Huber 损失函数会趋向于 MSE。可见，Huber 损失函数是 MAE 损失和 MSE 损失的一个折中，与 MAE 损失相比，Huber 损失函数不存在对预测结果异常值敏感的问题；与 MAE 损失相比，Huber 损失函数在

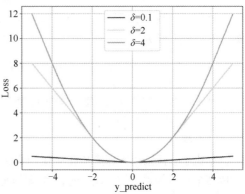

图 6-20   不同 δ 值对应的 Huber 损失函数曲线

$|y-\hat{y}|\leqslant\delta$ 的情况下能够更快地收敛，且梯度值随 $\hat{y}$ 变化，收敛过程更加稳定。

5. 自定义函数

用户还可以根据具体的应用情景，自己设计比较有效的损失函数。对某些候选属性，单独将某一些预测值取出或者赋予不同大小的参数；或者合并多个损失函数，实现多目标训练任务；或者在不同的情况下采用不同的损失函数。

损失函数是一个很重要的超参数，除了以上常用的损失函数外，还有 KL（Kullback-Leibler）散度、JS（Jensen-Shannon）散度、Wasserstein 距离等其他损失函数。

6.2.3 学习率

学习率控制每次更新参数的幅度，是比较重要的模型超参数，过高和过低的学习率都可能给模型结果带来不良影响，合适的学习率可以加快模型的训练速度。随着训练迭代次数的增加，不同的学习率，模型的损失变化情况如图 6-21 所示。

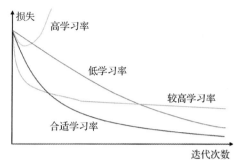

图 6-21　不同学习率模型的损失变化情况

学习率太大会导致权重更新的幅度太大，有可能会跨过损失的极小值，导致参数值在最优值两边徘徊，即在极值点两端不断发散，或是剧烈振荡，随着迭代次数增大损失没有减小的趋势。如果学习率设置得太小，参数更新速度太慢，导致无法快速地找到好的下降的方向，随着迭代次数增大模型损失基本不变，需要消耗更多的训练资源来保证获取到参数的最优值。对于学习率的设置，刚开始更新的时候，学习率应尽可能大，当参数快接近最优值的时候，学习率应逐渐减小，以保证参数最后能够达到最优值。而且希望迭代的次数足够少，这样不仅可以加快训练的速度，还可以减少资源的消耗。

为了使学习率对模型训练过程起良性促进作用，需要不断调整学习率，调整方法有以下几种。

1. 基于经验的调整

通过尝试不同的固定学习率，如 0.1、0.01、0.001 等，观察迭代次数和损失的变化关系，找到损失下降最快对应的学习率。

2. 固定学习率

在入门阶段，建议将学习率设为一个固定（Fixed）值，可以根据训练情况（包括损失和准确率）随时调节学习率。例如，开始时将学习率设置为一个较大的值，设在 0.01～0.1，然后观察损失和准确率的值，如果出现下降缓慢、不再下降或者出现振荡的情况，就将学习率调小，也就是逐次减小的策略。

3. 均匀分步降低策略

这一策略与步数步长（Stepsize）相关，每当循环次数达到步长整数倍时，其学习率 $learning\_rate = base\_lr \times gamma^{\frac{iter}{stepsize}}$，其中 $base\_lr$ 为原始学习率，$gamma$ 为常数，$iter$ 是当前迭代次数，每隔 $stepsize$ 步的整数倍时将学习率进行调整。例如原始学习率 $base\_lr$ 为 0.01，每 10000 步时对学习率 $learning\_rate$ 进行调整，第一次调整时学习率由 0.01 变成 0.01×0.57721，第二次调整时学习率由 0.0058 变成 0.01×0.57721^2，这一策略的好处是随着迭代次数的变化可以自动降低学习率，不需要人工操作。

4. 指数级衰减

指数级衰减与均匀步长原理类似，通过逐步减小学习率，不断迭代达到最优解，这样使模型在训练后期更加稳定。学习率随训练轮次的增加呈现指数级衰减：

$$learning\_rate = base\_lr \times e^{-decay\_rate \times global\_step}$$

其中 $decay\_rate$ 为衰减率，自然指数衰减以 e 为底数，因此通常对学习率的衰减速度与一般的指数衰减相比更快，在训练可以较快收敛的网络时可以采用。TensorFlow 中已有自然指数衰减函数的实现，可以通过下述代码调用：

```
tf.train.natural_exp_decay(learning_rate, global_step, decay_steps,
decay_rate, staircase=False, name=None)
```

5. 逆时衰减

逆时衰减（Inverse Time Decay）通过分式的形式来实现学习率随着训练迭代次数的增加而减小，更新公式如下：

$$learning\_rate = base\_lr / \left(1 + decay\_rate \times global\_step\right)$$

随着训练轮次的增加，分式中分母数值变大，从而使得学习率减小。TensorFlow 已实现如下逆时衰减函数可供调用：

```
tf.train.inverse_time_decay(learning_rate, global_step, decay_steps,
decay_rate, staircase=False, name=None)
```

6. 多项式调整策略

多项式（Polynomial）调整策略是指定最多迭代次数，每一轮迭代会减小学习率，其计算方法如下：

$$learning\_rate = base\_lr \times \left(1 - \frac{iter}{maxiter}\right)^{power}$$

其中 $maxiter$ 是最多迭代的轮数；$power$ 是学习率降速，取值越大，减小的速度越快。因为（$1 - iter/maxiter$）为小于 1 的数，其指数越大结果越小，最后学习率随着迭代次数的增加逐渐减小。

7. AdaGrad 算法

AdaGrad 算法是按照参数更新频率动态调整参数的更新步长，参数更新频率越低，更新步长越大；反之，参数更新频率越高，参数更新时变化越小，可防止参数跳跃跨过最优值。不同特征具有不同学习率，稀疏特征的更新速率高，而其他特征更新速率低，可提高梯度下降的稳健性。目标函数中自变量 θ 的更新值计算公式如下：

$$\Delta\theta_t = -\frac{\eta}{\sqrt{\sum_{r=1}^{t} g_r^2 + \epsilon}} g_t$$

其中，η 表示初始学习率；g_t 表示当前权重梯度；$\sqrt{\sum_{r=1}^{t} g_r^2 + \epsilon}$ 表示从 1 到 t 次迭代中，对历史梯度取平方后累加，然后开平方（加快收敛）；ϵ 是一个极小的值，作用是防止分母为 0。随着训练不断迭代，分母的值不断增大，学习率会逐渐减小。

在自然语言处理方面，应用 AdaGrad 算法来训练 GloVe 词向量时效果较好。其缺点是在深度学习的训练中，由于分母的累加量不断增加，学习率变化趋向于 0，容易导致训练提前结束。

8. AdaDelta 算法

AdaDelta 算法是对 AdaGrad 算法的一种改进，用于优化其学习率急剧下降问题。与 AdaGrad 算法相比，AdaDelta 算法不再累加所有的梯度平方和，而是将历史梯度累积窗口控制在某一固定范围内，基本思想是用一阶的方法近似模拟二阶牛顿法，用动态平均值 $E\left[g^2\right]_t$ 来替代 $\sum_{r=1}^{t} g_r^2$：

$$E\left[g^2\right]_t = \gamma E\left[g^2\right]_{t-1} + \left(1 - \gamma\right) g_t^2$$

其中，E 表示数学期望，γ 可看作冲量项，一般取值 0.9，即动态平均值来自上一次迭代的平均值和当前的梯度值。目标函数中自变量 θ 的更新值计算公式如下：

$$\Delta\theta_t = -\frac{\eta}{\sqrt{E\left[g^2\right]_t + \epsilon}}g_t$$

这样就使得在训练的中后期，学习率依然会有较快的更新速度。如果用 RMSE 代替学习率 η，甚至可以不需要提前设定学习率，实现自动动态调整。

9. 动量法动态调整

动量（Momentum）法就是模拟物理上加速模型的学习过程，例如小球从高处滚下，其速度会越来越快，直到最低处。梯度下降方法中更新不稳定，每次迭代计算的梯度含有比较大的噪声。引入动量法就是为了解决这一问题。动量法在更新权重时，把之前权重下降的方向考虑进来，从而减少了当前梯度计算中噪声的影响，缓解了权重更新的振荡。引入动量项后，损失函数中自变量 θ（网络权重和偏置）的更新公式如下：

$$v_t = \gamma v_{t-1} + \eta\nabla_\theta J\left(\theta\right)$$
$$\theta_t = \theta_{t-1} - v_t$$

式中 γ 表示动量系数，取值通常在 [0,1]；η 为学习步长。在 θ_t 更新的时候，将在 v_t 这一更新量中保留部分之前的更新方向 v_{t-1}，同时利用当前这一批数据的梯度 $\nabla_\theta J\left(\theta\right)$ 微调最终的更新方向。这样可以在一定程度上增加稳定性，从而学习得更快，并且还能部分摆脱局部最优的能力。其优点是当前后 batch 的梯度方向一致时，能够加速学习；当前后的梯度方向不一致时，能够抑制振荡，增加稳定性。

10. RMSProp 算法

RMSProp 算法是辛顿在其课程中提出的一种未发布的学习率动态调整算法，该算法是对 AdaGrad 算法的改进。RMSProp 改变了每次迭代对梯度平方进行累加的方式，引入了一个衰减系数来控制历史累加信息，用移动平均代替梯度的累积，从而解决 AdaGrad 学习率过早趋向于 0 而结束训练的问题。RMSProp 的更新规则如下：

$$E\left[g^2\right]_t = \gamma E\left[g^2\right]_{t-1} + \left(1-\gamma\right)g_t^2$$
$$\theta_t = \theta_{t-1} - \frac{\eta}{\sqrt{E\left[g^2\right]_t + \epsilon}}g_t$$

其中，γ 参数辛顿建议取 0.9；学习率 η 通常初始化为 0.001；ϵ 为防止分母为 0 的极小数。

11. 随机梯度下降

随机梯度下降（SGD）是对批量梯度下降（Batch Gradient Descent，BGD）的改进，与 BGD 相比，SGD 每次更新时只随机取一个样本计算梯度，所以速度较快。但是，在频繁更新的情况下，会导致结果不稳定，波动较大，所以现在的 SGD 一般都指随机小批量梯度下降（Mini-Batch Gradient Descent，MBGD），即随机抽取一小批样本，以此更新参数。通常一小批数据含有的样本数量在 50~256。

12. Adam 算法

Adam 算法首先计算梯度的一阶矩和二阶矩估计，并据此为不同参数设置独立的自适应学习率。

令 $J\left(x\right)$ 为神经网络训练的目标函数，x_t 表示第 t 轮训练时的网络权重参数，采用 Adam 学习率更新算法训练网络时，首先需要初始化梯度的一阶矩 m_0 和二阶矩 v_0^2 估计为 0。假设当前需要进行第 t 轮的权重更新，Adam 算法首先通过计算得到各权重参数的梯度 g_t：

$$g_t = \nabla_{\theta_{t-1}} J\left(\theta_{t-1}\right)$$

随后 Adam 算法依据上一轮更新中的一阶矩估计 m_{t-1} 和二阶矩估计 v_{t-1}^2 来更新本轮 m_t 和 v_t^2：

$$m_t = \beta_1 \cdot m_{t-1} + (1 - \beta_1) \cdot g_t$$
$$v_t^2 = \beta_2 \cdot v_{t-1}^2 + (1 - \beta_2) \cdot g_t^2$$

其中 β_1、β_2 分别表示一阶矩估计和二阶矩估计的衰减率，在实际应用中通常取 $\beta_1 = 0.9$、$\beta_2 = 0.999$。通过上式计算得到的是带偏差的矩估计，在 Adam 算法中还需要通过下式计算出偏差修正后的矩估计，其中 β^t 表示 β 衰减率的 t 次方：

$$\hat{m}_t = m_t / \left(1 - \beta_1^t\right)$$
$$\hat{v}_t^2 = v_t^2 / \left(1 - \beta_2^t\right)$$

Adam 算法利用偏差修正后的矩估计来调整学习步长 α，并依据梯度下降法更新网络权重参数：

$$\theta_t = \theta_{t-1} - \alpha \cdot \hat{m}_t / \left(\sqrt{\hat{v}_t^2} + \epsilon\right)$$

上式中 ϵ 为常数，通常取 10^{-8} 以防止出现分母为 0 错误。在完成了第 t 次权重更新后，在下一轮训练中需要继续重复上述步骤，更新梯度的矩估计以及网络权重，直到权重更新最终收敛。

传统的 SGD 中是按照固定学习率更新所有参数权重，而在 Adam 策略中，它为每一个参数保留一个学习率以提升在稀疏梯度上的性能。同时，与 RMSProp 类似，它基于移动平均的思想为每一个参数保留近期学习率，所以 Adam 算法在非稳态和在线问题上很优秀的性能。

6.2.4　过拟合与正则化

过拟合是指模型在训练集上预测效果好，而在测试集上预测效果较差，即在训练过程中误差很小，而在实际应用中误差很大。通常是由于模型过于复杂，参数过多，记住了训练样本太多细节特征，导致模型能够很好地拟合训练集，但泛化能力却很差。

正则化即指所有限制网络优化的方法，包括增加优化约束的方法，如 L_1/L_2 正则化、数据增强及干扰优化过程的方法具体如下。

1. 参数范数惩罚

范数正则化（也称为规则化）是一种应用非常普遍的预防过拟合的方法。通过增加模型的可训练参数能够让模型更好地拟合训练集，但过多的参数容易产生过拟合问题，降低模型的泛化能力。因此正则化的核心思想是，在目标函数中加入参数惩罚项，限制参数的数值，减少这些参数对模型拟合能力的贡献，但又不完全消除这些参数。训练过程中更新参数是为了让模型拟合训练数据，而参数惩罚项则是为了防止模型过分拟合数据。正则化方法将二者结合，使模型的训练实现最小化误差和防止过拟合的统一。正则化项的构造往往结合了业务专家的先验知识并将之融入模型的学习中，强行地让学习到的模型具有人想要的特性，例如稀疏、低秩、平滑等，参数稀疏之后有利于特征选择，减少特征数或使用较少的特征组合，最终能降低模型过拟合的风险；并且由于减少了参数的数量，因此模型的可解释性增强了。

正则化包括 L_1 正则化和 L_2 正则化方法，L_1 正则化会产生稀疏解，而 L_2 正则化会产生比较小的解。引入范数正则化项的损失函数形式如下：

$$J(w) \cong J(w) + \lambda \begin{cases} L_2 : \dfrac{1}{2}\|w\|^2 \\ L_1 : \sum_i \|w_i\| \end{cases}$$

上式中 λ 表示正则化因子，L_1 和 L_2 正则化项分别是对参数 w 的不同形式的约束。由于 L_2 正则化能够产生数值比较小的参数 w，而不是直接将参数 w 置为 0，因此能够使模型保留更多的信息，减少精度的下降。

2. 数据增强

通过一定规则扩充数据，增加训练样本数量，并且平衡各类别中样本的比例，有助于减少过拟合问题。最简单的方法是对代表本质特征的样本进行复制或随机删除，而在深度学习的图像识别中，常用图像平移、缩放、翻转等方法增加训练样本。

3. 提前终止

在模型训练过程中，若模型在训练集上的准确率在提高，但在验证集上的准确率在下降，说明模型已经存在过拟合问题，这时就需要停止迭代提前终止训练。

4. 权重衰减

在权重的梯度下降更新式中，引入衰减系数 λ 减少当前梯度值对梯度更新的贡献，以此来干扰模型的拟合过程，防止模型过拟合，即权重衰减（Weight Decay）：

$$w_{t+1} = (1-\lambda)w_t - \alpha g_t$$

在标准的 SGD 中，权重衰减正则化和 L_2 正则化的效果相似。但如果采用了较为复杂的学习率优化算法（例如 Adam），权重衰减的正则化效果与 L_2 正则化并不相当。

5. Bagging 等集成方法

集成方法是通过合并多个模型的结果来降低泛化误差的方法，所以也称其为模型平均。其主要想法是分别训练几个不同的模型，然后让所有模型表决测试样例的输出。一般来说，原始输入每一个节点选择概率略高于隐层选择概率。Bagging 比较常用，可以使用不同初始化方法、不同小批量选择方法、不同的超参数选择方法等。此外，Boosting 集成方法是通过改变样本权重来训练不同模型的。

6. 使用 Dropout

如果模型中待训练的参数量非常大，那么，正则化就是一种非常有效的避免过拟合的手段。除此之外，还可以使用 Dropout 正则化，这一方法随机地使某些隐层节点处于未激活状态，使其不参与模型的训练工作，即将其从网络结构中排除，降低神经元之间的耦合度，从而对网络模型的复杂度、模型的参数数量进行控制，进而减小过拟合的可能性。通常情况下，模型越简单，Dropout 采用的丢弃率越小。

以神经网络中第 l 层前向传播时的 Dropout 实现为例，在随机选择神经元时，保留与丢弃分别对应 1/0 两种状态，因此对 l 层神经元的选择符合伯努利（Bernoulli）分布。假设某一个神经元被保留的概率为 p，第 l 层到 $l+1$ 层的第 i 个神经元的前向传播过程表示如下：

$$\tilde{y}^{(l)} = r^{(l)} \cdot y^{(l)}$$

$$z_i^{(l+1)} = w_i^{(l+1)} \cdot \tilde{y}^{(l)} + b_i^{(l+1)}$$

$$y_i^{(l+1)} = f\left(z_i^{(l+1)}\right)$$

其中 $r^{(l)}$ 可以视为元素个数与 l 层神经元个数相同的向量，每一个元素只有 0/1 取值，且符合伯努利分布：

$$r^{(l)} \sim \text{Bernoulli}(p)$$

Dropout 帮助引入了多样性的模型，采用 Dropout 训练神经网络时，每次将会以 $1-p$ 的概率丢弃某些神经元，从而形成不同的网络结构，每次对不同的网络进行训练，使得神经网络不依赖于某些独立的特征。最后 Dropout 将各个模型的结果进行合并，这种集成的方式进一步帮助减缓了模型过拟合趋势。

Dropout 在前向传播时的代码实现如下：

```
D1 = np.random.rand(A1.shape[0], A1.shape[1])
D1 = D1 < prob
A1 = np.multiply(D1, A1)
A1 = A1 / prob
```

其中 A1 为上一层的输出，D1 为用随机数生成的一组 Dropout 向量，然后将其与保留率 prob 进行比较得到布尔向量，再将其与 A1 相乘可得到经过选择后的 A1，最后将 A1 除以保留率，将激活值放大来进行训练。这么做是因为使用了 Dropout 后，在模型训练阶段只有占比为 p 的神经元参与了训练，若训练阶段没有对各层激活值进行放大来训练，那么在测试阶段模型计算的结果会比实际平均值大 $1/p$，所以通常在训练阶段就将激活值放大，这样测试时不进行放大的模型整体输出会与实际接近；若不采用激活值放大的方式训练，测试时就需要将输出结果乘以 p 来保持输出规模不变。

TensorFlow 中已有对 Dropout 的实现，可以通过下述代码设置：

```
h1 = tf.nn.dropout(h1, keep_prob=keep)
```

h1 表示上一层的输出，keep_prob 为神经元保留概率，该函数对 h1 中的输出值进行随机选择，然后传递给下一层。

7. 批标准化

在对神经网络进行优化求解时，通常使用 SGD。批标准化（Batch Normalization，BN）每次输入一个最小批数据到神经网络时，在某一层输入之前，对输入做归一化的处理。主要是让神经网络在归一化后能够在一定程度上还原原始输入，这样可以将输入归一化，模型的容纳能力就会有较大的提升。关于该方法的详细内容将在 6.2.7 小节中进行介绍。

6.2.5 数据预处理

在机器学习中，希望训练数据尽可能来自真实世界，使得训练后的模型能够更加适应真实应用环境。然而，人工收集的原始数据可能存在一些不利于训练的缺陷，例如数据中噪声过多、数据冗余或特征冗余。因此，在训练前需要对数据进行预处理，下面简要介绍几种数据预处理方法。

1. 变量标准化和归一化

变量的标准化主要是对变量的分布进行缩放，最终形成标准正态分布。而变量归一化的主要目标是将数据统一映射到[0,1]或[-1,1]区间上，受数据的极值影响较大。

机器学习中，样本各个特征维度上的数据量纲往往不同，因此会出现某些特征数据的取值较大，造成训练过程中对不同特征学习的不平衡。因此在模型训练前的数据预处理阶段，需要采用变量标准化或归一化，将样本每一维特征数据按比例缩放，使之落入一个特定的较小区间，以此去除样本数据的单位，将其转化为无量纲的纯数值，便于对不同量级的特征进行学习。

（1）标准化

在对样本数据进行标准化时，通常采用 Z-Score 标准化：

$$x_{\text{stan}} = \frac{x - \mu}{\sigma}$$

上式中 μ 表示变量 x 的均值，σ 表示标准差。预处理时，需要对样本每一维特征数据分别进行变换，最终变量会被缩放到均值为 0、方差为 1 的标准正态分布。

（2）归一化

如果需要实现变量归一化，现有的实现方法较多，需要依据采用的学习算法等实际情况来选择归一化方法。常用的如 min-max 归一化：

$$x_{\text{norm}} = \frac{x - \min}{\max - \min}$$

min-max 归一化将变量 x 缩放到[0,1]区间，min 和 max 分别表示变量 x 中的最小值和最大值。

上述归一化主要对样本数据做线性变化，与标准化方法相比，归一化的计算中由于包含了样本数据的最大、最小值，更容易受到噪声的影响，例如在均值为 1 的数据中出现了一个值为 100 的异常值，将会导致归一化后的大部分数据接近于 0，破坏了原有数据之间的差异，算法学习变得困难。

除了通过线性变化实现归一化，还可以通过一些特殊的函数变化实现非线性归一化，例如采用 log 函数归一化：$x_{\text{norm}} = \log_2 x / \log_2 \max$。该方法要求 x 的每一个元素值大于等于 0。此外，一些常见的激活函数（如 Softmax）被用于实现神经网络输出的归一化。

2. 白化

对数据进行白化可以降低原始数据的冗余性，使数据特征间的相似度降低，并保证白化后数据各特征内的方差一致。目前主要有两种白化方法：PCA 白化和 ZCA 白化。

6.2.6 训练方式

采用梯度下降对神经网络进行训练时，依据完成一次权重更新所使用的样本数量可以将训练方式分为以下 3 种，在不同的梯度下降方式中，损失函数的具体形式会有所不同。

1. 批量梯度下降法

批量梯度下降（BGD）法每次学习都使用整个训练集，因此每次更新都会朝着正确的方向进行，最后能够保证收敛于极值点，凸函数收敛于全局极值点，非凸函数可能会收敛于局部极值点。但采用该方式的主要缺陷在于学习时间太长，训练过程会消耗大量内存。

令 n 为样本总数，BGD 法一次使用 n 个样本计算权重梯度，并以梯度的平均值更新权重。

2. 随机梯度下降法

随机梯度下降（SGD）法一次迭代只用一条随机选取的样本数据，尽管 SGD 法的迭代次数与 BGD 法相比多很多，但完成一次迭代学习的用时较短，模型损失下降得较快。

SGD 法由于一次仅针对一个样本进行学习，因此每次更新容易受到数据集中的噪声干扰，从而可能并不会按照正确的方向进行学习，参数更新具有高方差，最终导致损失函数剧烈波动。但如果目标函数具有局部极小值，SGD 法能够让优化的方向从当前的局部极小值点跳到另一个更好的局部极小值点，这样对于非凸函数，可能最终会收敛于一个较好的局部极值点，甚至全局极小值点。

3. 小批量梯度下降法

SGD 法相比 BGD 法收敛速度快，但收敛时伴随浮动，不稳定，难以判断是否已经收敛。因此在实际应用中，产生了 SGD 法与 BGD 法的折中算法：小批量梯度下降（MBGD）法。MBGD 法一次权重更新采用 K 条数据，称为 Batch Size，其中 $1 < K < n$，n 为样本总数。MBGD 法依次通过这 K 个样本计算权重的梯度，并将 K 次计算的梯度值相加取平均，然后基于梯度下降算法，以该梯度平均值更新网络参数 θ。

$$g_t(\theta) = \frac{1}{K} \sum_{i=1}^{K} \frac{\partial \mathrm{L}(y_i, \hat{y}_i)}{\partial \theta}$$

$$\theta_t \leftarrow \theta_{t-1} - \alpha g_t(\theta)$$

实验证明如果 Batch Size 选择合理，收敛速度能够比 SGD 法更快、更稳定，而且在最优解附近的浮动不大，甚至能够防止过拟合，得到比 BGD 法更优的解。可见 MBGD 法综合了 SGD 法和 BGD 法的优点，同时弱化了其缺点。

6.2.7　神经网络模型训练中的问题

神经网络在训练过程中需要注意以下问题。

1. 选择恰当的激活函数

激活函数中 Sigmoid 函数与 Tanh 函数类似，Tanh 函数在形状上可以看作 Sigmoid 函数曲线的平移，其转换公式为 $\text{Tanh}(x) = 2 \times \text{Sigmoid}(x) - 1$。因此，Tanh 函数仍然存在梯度消失的问题。但是由于 Tanh 是以 0 值为中心对称的，因此，相比于 Sigmoid 函数，使用 Tanh 函数可以使模型更快地收敛。此外，还可以结合 ReLU、Softsign 等激活函数的特点进行选择。

2. 权重初始化

权重初始化正确与否，将直接关系到后续的模型训练。不恰当的初始化方式可能导致模型训练缓慢甚至无法训练。

如果将同一层内的权重初始化为相同的常数，在网络进行前向传播时，网络训练无法实现拟合。若将权重和偏置都初始化为 0，则梯度值将为 0，网络训练将失效。

（1）高斯初始化

高斯初始化方法是最简单的初始化方法，参数将从一个固定均值（例如 0）和固定方差（例如 0.01）的高斯分布中进行随机初始化。TensorFlow 中对该初始化方法进行了封装，下述两行代码分别对应不同的初始化函数，但都是基于高斯分布产生随机数。

（2）Xavier 初始化

Xavier 初始化是在线性函数上推导得出的，它能够保持输出在很多层之后依然有着良好的分布，在 Tanh 激活函数上表现较好。使用 Xavier 初始化时网络中任意第 i 层的权重满足：

$$\sigma^2\left[W^i\right] = \frac{2}{n_i + n_{i+1}}$$

其中 $\sigma^2\left[W^i\right]$ 表示网络第 i 层权重的方差，n_i 和 n_{i+1} 分别表示第 i 层和第 $i+1$ 层的神经元个数。Xavier 初始化对应下面的均匀分布：

$$W \sim U\left[-\frac{\sqrt{6}}{\sqrt{n_j + n_{j+1}}}, \frac{\sqrt{6}}{\sqrt{n_j + n_{j+1}}}\right]$$

（3）He 初始化

如果网络采用的是 ReLU 激活函数，则最好使用 He 初始化方法，将权重初始化为服从下式描述的均值为 0 的正态分布。其中 h_i、wid_i 分别表示卷积层中的卷积核高和宽，而 d_i 表示当前第 i 层卷积核个数：

$$W \sim N\left[0, \sqrt{\frac{2}{\hat{n}_i}}\right]$$

$$\hat{n}_i = h_i * wid_i * d_i$$

另外，He 初始化同样适用于 Leaky ReLU 函数激活，但考虑了 Leaky ReLU 函数负数域的曲线斜率 α，权重初始化分布如下：

$$W \sim N\left[0, \sqrt{\frac{2}{(1+\alpha^2)\hat{n}_i}}\right]$$

3. 学习率

学习率调节着学习过程，是很重要的超参数之一。如果学习率设置得太小，模型收敛较慢。如果设置太大且初始训练样本较少，误差可能会极高。一般来说，学习率设置为 0.01。此外，可以选择动态调整学习率，例如在每个周期后逐渐降低学习率。目前可以基于动量法，通过误差函数的曲率来调整学习率。此外可选的还有 AdaGrad、Adam、RMSProp 等，可减少人工选择初始学习率的麻烦。

4. 梯度消失和梯度爆炸

在神经网络的训练中，靠近输出层的隐层中权重梯度能够保证权重的正常更新，而靠近输入层的隐层中，权重梯度接近于 0，使权重更新缓慢甚至停滞的现象称为梯度消失。该问题将导致对模型的训练过程中只有靠后的几层网络得到了更新，模型的预测精度难以提高。反之，在计算权重梯度时得到的梯度值非常大，使权重剧烈振荡的现象称为梯度爆炸。该问题将导致权重不断大幅度变化，网络训练难以收敛。

关于梯度消失和梯度爆炸问题的产生，主要可以归结为两点原因：第一是网络的深层结构；第二是网络中采用了不合适的激活函数。

神经网络的层数越深，在链式法则下得到的权重梯度方程就越长，这意味着梯度值将经过多次连乘缩放，若每次缩放都乘以小于 1 的数值，最终将导致梯度值接近于 0，产生梯度消失；反之若每次缩放都乘大于 1 的数值，则会导致梯度值接近于无穷，产生梯度爆炸。

另外，权重梯度的计算式中包含了对激活函数的导数和各权重的乘法运算，当采用的激活函数不合适时，在多次连乘的影响下就容易产生梯度消失/爆炸问题。例如 Sigmoid 函数，图 6-8 中展示了该函数的导函数曲线，整个曲线呈驼峰状，最大值不超过 0.25，且导数值在两端逐渐趋近于 0。对采用该激活函数的网络进行训练时，若初始化的权重 $|w|$ 也小于 1，则在与 Sigmoid 导数值多次相乘的情况下，就会发生梯度消失。同理，若权重本身较大，或采用的激活函数导致值较大，导致导数值和权重的乘积 $|f'(z)w| > 1$，经过连乘后就容易产生梯度爆炸问题。

目前防止梯度消失和梯度爆炸的方法主要有以下几种：

① 重新设计网络模型；
② 使用 ReLU 激活函数；
③ 使用 LSTM 网络；
④ 使用梯度截断；
⑤ 使用权重正则化。

5. 梯度截断

梯度截断（Gradient Clipping）是防止梯度爆炸常用的方法之一。如图 6-22 所示，它首先设置梯度截断的阈值，在计算梯度时，若梯度的范数超过了设定的阈值 a，就采取强制方法将梯度限制在某个较小的区间内，从而将超出限制的梯度值减少，缓解了梯度爆炸的趋势。

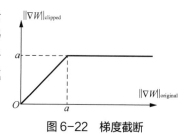

图 6-22　梯度截断

$$g_t = \frac{b}{\|g_t\|_2} \cdot g_t$$

目前梯度截断的方式主要有以下两种。

（1）直接从数值上进行截断

该方法将阈值与梯度向量中的每一个梯度值进行比较，对超出上阈值或下阈值的梯度直接截断。

（2）通过比例将梯度值缩小

该方法首先计算 g_t 的 L_2 范数，将结果与设定的阈值进行比较，若范数值大于阈值，则需对 g_t 的每一位数值进行缩放：

6. 标准化

目前标准化（Normalization）方法主要可分为两大类：一类是对第 l 层神经元的输入值进行标准化，例如批标准化（BN）、层标准化（Layer Normalization，LN）、实例标准化（Instance Normalization，IN）、组标准化（Group Normalization，GN）等；另一类是对层间的权重参数进行标准化，如权重标准化（Weight Normalization，WN）就属于这一类。

（1）内部协方差偏移

在训练深层神经网络的过程中，输入数据在网络隐层中需要经过激活函数变换才能成为下一层的输入，因此当前层输入数据的分布会改变，这种现象称为内部协方差偏移（Internal Covariate Shift，ICS）。ICS 引起网络深层输入分布出现较大波动，从而影响梯度的计算，导致权重更新不断波动，网络难以收敛；输入分布的不稳定可能导致网络陷入激活函数的梯度饱和区，梯度值变小，降低参数更新的速度，网络收敛速度缓慢。

（2）批标准化

批标准化（BN）方法很好地解决了深层网络训练中常有的内部协方差偏移问题。如图 6-23 所示，它对每个隐层神经元的输入值做 BN，可以想象成每个隐层加上了 BN 操作层，它位于激活函数变换之前，对函数输入数据的分布进行了一定的变换。

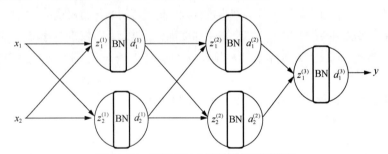

图 6-23　采用 BN 方法的神经网络模型

以网络第 l 层的 BN 为例，BN 方法每次针对一个小批量的数据进行正则化，它首先依据第 l 层一批的输入数据统计其均值 $\mu^{(l)}$ 和方差 $\sigma^{2(l)}$，然后利用均值和方差将第 l 层输入分布归一化，变换为均值为 0、方差为 1 的标准正态分布：

$$\mu^{(l)} = \frac{1}{m} \sum_i z^{(l)(i)}$$

$$\sigma^{2(l)} = \frac{1}{m} \sum_i \left(\mathbf{z}^{(l)(i)} - \mu^{(l)} \right)^2$$

$$\mathbf{z}_{\text{norm}}^{(l)(i)} = \frac{\mathbf{z}^{(l)(i)} - \mu^{(l)}}{\sqrt{\sigma^{2(l)} + \varepsilon}}$$

上式中 m 表示一个小批量中的样本数；i 代表第 i 个样本；$Z^{(l)(i)}$ 为向量，表示第 i 个样本在第 l 层的输入向量；ε 是为了防止分母为 0 的极小数。BN 通过上述归一化使网络各层输入数据的分布趋于稳定，但带来的另一个问题是，将每一层的数据分布都转换为标准正态分布后，由网络逐层学习得到的输入数据特征随之消失，网络训练便失去了意义，这显然是不可取的。因此 BN 在标准化后引入了可训练的参数 $\gamma^{(l)}$ 和 $\beta^{(l)}$ 对输入数据进行线性变换，恢复这些数据的表达能力，同时又能保证归一化的效果：

$$\tilde{Z}^{(l)(i)} = \gamma^{(l)} Z_{\text{norm}}^{(l)(i)} + \beta^{(l)}$$

$$\alpha^{(l)} = g^{(l)}\left(\tilde{Z}^{(l)}\right)$$

实验表明，BN 方法能够提升网络训练速度，大大加快训练收敛过程；增加分类效果；降低权重参数初始化要求，可以使用大的学习率。同时，BN 存在着一些不足，若 batch size 过小，统计出的均值和方差不能代表全局数据分布，在测试时就会对输入分布做错误的变换；batch size 过大则会造成内存空间的不足。

在深度学习中，BN、LN、IN、GN 这几种标准化方式的区别在于标准化时采用的数据维度不同，适用于不同的应用场景。

7. 周期/训练迭代次数

一般情况下，训练周期越多，迭代次数越多，模型的效果越好。当然，随着迭代次数的继续增加，模型的过拟合风险也会增大。通常的做法是对每批样本指定一个周期，然后在训练过程中监控模型的训练误差和验证误差，如果它们的差距在拉大，则应该停止训练，否则就会产生过拟合。此外，在每批训练之后，保存模型的参数，有助于减少重复训练的工作量。

8. 局部极小值

目前对神经网络的训练通常采用梯度下降的方法，该方法基于最小化损失函数目标，从函数参数的负梯度方向更新参数值，直到逼近梯度为 0 的点（驻点），但由于一般深度神经网络具有较深的深度，激活函数具有非线性的特征，导致损失函数是非凸函数。对于一个有两个参数的损失函数，其损失曲面会包含许多的驻点，包括 3 种关键点：局部极小值点、全局极小值点、鞍点。

在上述关键点中，全局极小值点是希望通过训练找到的最优点，该点模型损失最小，在不考虑过拟合的情况下，该点模型性能最佳；局部极小值点在曲面中会有多个，若该点损失接近全局最小，则模型性能也能够达到较好的水平。在实际训练中，由于无法判断是否还存在比当前收敛的位置损失更小的极小值点，因此要求学习算法能够"跳出"当前的局部极小值区域，探索其他更小的极小值，最终取训练过程中使损失达到最小时的参数构建模型。最后一种关键点是鞍点，该点损失既不是最小的也不是最大的，因此该点表现出的模型性能通常较差，是在训练中希望避免的。

在采用梯度下降训练的过程中，容易陷入局部极小值区域的主要原因在于梯度下降算法的学习率。在优化过程的末尾，通过减小学习率使损失能够逐步逼近极小值，此时若不增大学习步长，就会导致算法更新权重后始终在当前局部极小值区域，进而无法探索其他极小值点，或是逃离鞍点。因此，常见的对训练算法的改进是在算法大概率陷入局部极小值区域或是鞍点区域时，通过调整学习率让算法能够跳出当前区域限制，在损失空间的其他位置继续采用梯度下降寻找最优解。

为避免算法陷入局部极小值区域，目前已有多方面的改进算法。首先，从每次梯度下降采用样本数考虑，有随机梯度下降和小批量梯度下降算法，这两种算法由于每次权重更新采用的样本具有一定变化，可能产生跨度较大的权重更新，从而避免陷入局部极小值区域；其次，从学习率的变化入手，可以采用加入动量项或 Adam、AdaGrad、AdaDelta 等学习算法，对学习率进行动态地调整，从而使算法具备跳出局部极小值区域的可能性。

9. 超参数优化

在搭建网络的过程中，会遇到许多超参数，例如网络层数、每层神经元个数、激活函数、学习率及其动态调整方法、正则化系数、小批量大小等，这些超参数的取值会对网络的训练产生较大的影响，因此采用一定的方法对这些超参数进行优化尤为重要。

网格搜索（Grid Search）是对超参数调整的一种重要手段，其本质就是穷举搜索。假设网络中有 k 个超参数，其中第 i 个超参数有 m_i 个取值，若超参数的取值是连续的，则需要先将参数离散化，通常以几个"经验值"作为可选值，例如学习率 α，可以设置 $\alpha \in \{0.01, 0.1, 0.5, 1.0\}$。对于上述超参数，将各超参数的不同取值进行组合，共有 $m_1 \times m_2 \times \cdots \times m_k$ 种组合。网格搜索将穷举每一个组合进行实验，得出其中表现较优的组合。

由于网格搜索中需要对一个参数组合的表现进行评价，因此通常会将它和交叉验证组合使用。该方法首先将数据集划分为训练集、验证集和测试集；然后用验证集来调参，找出能够使模型在验证集上表现最优的参数组合；最后在测试集上综合评价模型的性能。由于验证集的划分具有随机性，可能恰好使某一参数组合的表现较好，为了降低这种偶然性，采用交叉验证的方法。对于某一参数组合，交叉验证会计算它在每一轮划分的验证集上的损失，最终取所有轮次损失值的平均值与其他参数组合进行比较，从而得出综合表现最好的参数组合。采用网格搜索方法调参的缺陷在于：不适用于参数较多模型的调参。原因主要是过多的参数将导致参数不同取值组合呈指数级增长，对其进行穷举会消耗大量的时间。为使组合数尽可能少，在网格搜索前应尽量缩小各参数的取值范围。

10. 训练过程可视化

深度神经网络模型的训练周期一般较长，并且在训练过程中容易出错。例如模型已经训练了几个小时，然而在训练完成之后，才意识到某个地方出了问题。为了避免此类情况，可以在训练过程引入可视化。例如显示损失值、训练误差、测试误差等日志。此外，还可采用可视化库，在 TensorFlow 中可以使用 TensorBoard。在几个训练样本之后或者周期之间，对参数进行可视化，有利于发现梯度消失与梯度爆炸等常见问题。

在典型的 TensorFlow 训练过程中，可以实时将训练参数通过 TensorBoard 输出到文件中，并可以在浏览器中输入 http://127.0.0.1:6006 进行查看。其中 summary_writer 的作用是将参数/构等写入文件，详细代码如下：

```
with tf.Session() as session:
    init = tf.global_variables_initializer()
    session.run(init)
    summary_writer = tf.summary.FileWriter(tensorbardLogPath, session.graph)
    for epoch in range(training_epochs):
        cost_history = np.empty(shape=[1],dtype=float)
        for b in range(total_batchs):
            offset = (b * batch_size) % (train_y.shape[0] - batch_size)
            batch_x = train_x[offset:(offset + batch_size), :, :, :]
            batch_y = train_y[offset:(offset + batch_size), :]
            _, c,summary =session.run([optimizer, loss, merged],feed_dict={X: batch_x,
Y : batch_y})
            cost_history = np.append(cost_history,c)
            summary_writer.add_summary(summary, epoch * training_epochs + b)
        print "Epoch: ",epoch," Training Loss: ",np.mean(cost_history)," Training
Accuracy: ",session.run(accuracy, feed_dict={X: train_x, Y: train_y})
```

```
summary_writer.close()
print "Testing Accuracy:", session.run(accuracy, feed_dict={X: test_x, Y: test_y})
```

在每一批次数据训练后会得到损失函数结果等，如图 6-24 所示。对其进行统计，并计算出当前阶段的准确率，输出到屏幕上，在所有训练结束后再输出整体的准确率结果。如果在训练过程中发现存在异常可以直接中止训练过程，避免浪费时间。

```
Epoch:  0  Training Loss:  6.47464623451   Training Accuracy:  0.616162
Epoch:  1  Training Loss:  12.3636203289   Training Accuracy:  0.676768
Epoch:  2  Training Loss:  18.0308646679   Training Accuracy:  0.666667
Epoch:  3  Training Loss:  23.6090565205   Training Accuracy:  0.666667
Epoch:  4  Training Loss:  29.1465301514   Training Accuracy:  0.666667
Epoch:  5  Training Loss:  34.6625954151   Training Accuracy:  0.666667
Epoch:  6  Training Loss:  40.1655124187   Training Accuracy:  0.666667
Epoch:  7  Training Loss:  45.6591722012   Training Accuracy:  0.666667
Epoch:  8  Training Loss:  51.1453187466   Training Accuracy:  0.666667
Epoch:  9  Training Loss:  56.6249495506   Training Accuracy:  0.666667
Epoch:  10  Training Loss:  62.0986032724   Training Accuracy:  0.666667
Epoch:  11  Training Loss:  67.5666336298   Training Accuracy:  0.666667
Epoch:  12  Training Loss:  73.0293815136   Training Accuracy:  0.666667
Epoch:  13  Training Loss:  78.4867264748   Training Accuracy:  0.666667
Epoch:  14  Training Loss:  83.938809371   Training Accuracy:  0.666667
Epoch:  15  Training Loss:  89.385931778   Training Accuracy:  0.666667
Epoch:  16  Training Loss:  94.8280973911   Training Accuracy:  0.666667
Epoch:  17  Training Loss:  100.265280128   Training Accuracy:  0.666667
Epoch:  18  Training Loss:  105.697688699   Training Accuracy:  0.666667
Epoch:  19  Training Loss:  111.12521441   Training Accuracy:  0.666667
Testing Accuracy: 0.688889
```

图 6-24　在训练过程中输出损失函数结果等

在命令行中输入以下命令启动 TensorBoard，可以查看之前通过 summary_writer 写入的参数值。

```
$ tensorboard --logdir=/Users/lully/Desktop/stock/de/log/
```

在浏览器中输入本机 IP 地址和端口号（默认为 6006），可以实时查看之前定义并写入的参数和指标，如图 6-25 所示。

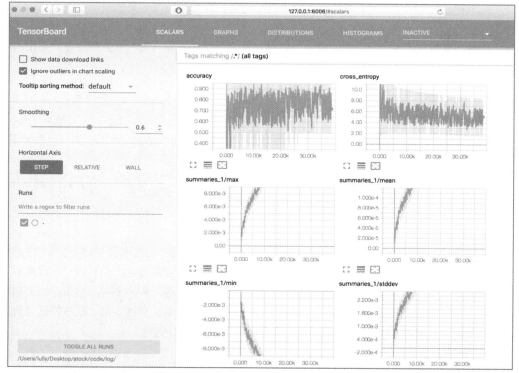

图 6-25　TensorBoard 可视化

其中的变量如何记录呢？以 accuracy 对应的变化曲线图为例，使用如下代码：

```
with tf.name_scope('train'):
    optimizer=tf.train.GradientDescentOptimizer(learning_rate=
learning_rate).minimize(loss)
    correct_prediction = tf.equal(tf.argmax(y_,1), tf.argmax(Y,1))
    accuracy = tf.reduce_mean(tf.cast(correct_prediction, tf.float32))
tf.summary.scalar('accuracy', accuracy)
```

其他变量如 cross_entropy 等的记录方法与此类似，SCALARS 面板中主要用于记录诸如准确率、损失和学习率等值的变化趋势。此外，TensorBoard 还支持对 TensorFlow 中计算图的结构进行可视化，显示每个节点的计算时间和内存使用情况等。如果要显示内存等信息，可以使用如下代码，主要是在 sess.run() 中加入 options 和 run_metadata 参数，然后就可以在 GRAPHS 面板中查看对应节点的计算时间或内存信息等，通过颜色深浅来表示。

```
run_options = tf.RunOptions(trace_level=tf.RunOptions.FULL_TRACE)
run_metadata = tf.RunMetadata()
s, lss, acc , _ = sess.run([merged_summary, loss, accuracy, train_step],
                        feed_dict={x: batch_x, y: batch_y, phase: 1},
                        options=run_options,
                        run_metadata=run_metadata)
summary_writer.add_run_metadata(run_metadata, 'step{}'.format(i))
summary_writer.add_summary(s, i)
```

DISTRIBUTIONS 面板显示激活函数、学习率等随迭代次数（训练步数）增加的变化情况；HISTOGRAMS 面板以频数分布的直方图的形式显示 DISTRIBUTIONS 面板中的参数迭代情况。

6.2.8　网络模型效果评价

用于分类的神经网络模型评价以准确率（Accuracy）、精确率（Precision）、召回率（Recall）、F_1 值（F_1 Score）为主，辅以 ROC、AUC 并结合实际应用场景进行效果评价。

如果神经网络用于聚类，数据源并没有进行标记，那么其模型效果的评价按照聚类算法的标准来操作。

此外，随着机器学习在不同领域中的应用，其评价方式需要与实际业务相结合，通过确定目标要求来定量设计评价标准。

6.3　神经网络应用

下面举例说明神经网络算法的应用。

【例6.1】 基于 BP 神经网络的银行客户流失预测。

银行业的竞争日益激烈，而客户是银行最重要的战略资源和宝贵资产，银行所拥有的客户资源对银行的收益以及市场占有率起着决定性的作用。但是，银行每年都要面对严重的客户流失问题，给银行带来巨大的损失。

针对上述问题，若能够通过研究客户的自身特点、历史行为，找到客户及其流失的联系，分析出客户流失的原因，就能够在客户真正流失之前，通过一定的营销干预对客户进行挽留。因此，本例收集了国外银行客户的匿名化数据集，数据中包含客户的一系列历史信息，例如信用分数、存贷款情况、使用产品数量以及是否为活跃用户等，本例深度挖掘了这些特征与流失之间的关系，通过 BP 神经网络建模分析，预测银行客户流失的概率。

1. 数据准备

本例中使用的数据集共包含 9149 条银行客户的数据记录，其中 8149 条作为训练样本保存在 select-data.csv 文件中，剩下 1000 条作为测试样本保存在 scalar-test.csv 文件中。样本数据共有 11 维，其中 10 维记录样本特征，1 维表示样本标签，图 6-26 展示了训练集中的部分数据，其中每列特征描述如表 6-1 所示。

	A	B	C	D	E	F	G	H	I	J	K	L
1		Age	CreditScore	EB	EstimatedSalary	Gender	Geography	HasCrCard	IsActiveMember	NumOfProducts	Tenure	Exited
2	0	0.324324	0.538	0	0.506734893	0	0	1	1	0	0.2	1
3	1	0.310811	0.516	7.02E-05	0.562708739	0	0.5	0	1	0	0.1	0
4	2	0.324324	0.304	0.000132	0.569654352	0	0	1	0	0.666666667	0.8	1
5	3	0.283784	0.698	0	0.469120051	0	0	0	0	0.333333333	0.1	0
6	4	0.337838	1	0.00015	0.395400361	0	0.5	1	1	0	0.2	0
7	5	0.351351	0.59	7.16E-05	0.74879716	1	0.5	1	0	0.333333333	0.8	1
8	6	0.432432	0.944	0	0.0502609	1	0	1	1	0.333333333	0.7	0
9	7	0.148649	0.052	9.08E-05	0.596733488	0	1	1	1	0	0.4	1
10	8	0.351351	0.302	0.000179	0.374680382	1	0	1	0	0.333333333	0.4	0
11	9	0.121622	0.668	0.000177	0.358604997	1	0	1	1	0	0.2	0
12	10	0.175676	0.356	0.00012	0.400885985	1	0	0	0	0.333333333	0.6	0

图 6-26　训练集部分样本数据

表 6-1　数据集特征描述

特征列	特征描述
Age	客户年龄
CreditScore	信用分数
EB	贷/存款情况
EstimatedSalary	收入估计
Gender	用户性别
Geography	客户所在国家/地区
HasCrCard	是否有本行信用卡
IsActiveMember	是否是活跃用户
NumOfProducts	使用本银行产品的数量
Tenure	成为本银行客户多少年
Exited	是否已流失

2. 数据加载

训练和测试数据文件保存为 CSV 格式，因此首先通过 Python 的 pandas 库进行读取，随后基于上述数据集信息，逐行加载数据，并将样本特征和标签分开保存，最终将训练数据和标签保存为 train 和 target 向量，测试数据和标签保存为 test 和 test_target。

```python
df = pd.read_csv("./data/select-data.csv")
df_test = pd.read_csv("./data/scalar-test.csv")
print("构建向量...")
# 构建向量
train = []
target = []
for i in range(0, len(df["EstimatedSalary"])):
    mid = []
    mid.append(df["Geography"][i])
    mid.append(df["Gender"][i])
    mid.append(df["EB"][i])
    mid.append(df["Age"][i])
    mid.append(df["EstimatedSalary"][i])
    mid.append(df["NumOfProducts"][i])
    mid.append(df["CreditScore"][i])
    mid.append(df["Tenure"][i])
    mid.append(df["HasCrCard"][i])
    mid.append(df["IsActiveMember"][i])
    target.append(df["Exited"][i])
```

```
    train.append(mid)
train = np.array(train)
target = np.array(target)


test = []
test_target = []

for i in range(0, len(df_test["EstimatedSalary"])):
    mid = []
    mid.append(df_test["Geography"][i])
    mid.append(df_test["Gender"][i])
    mid.append(df_test["EB"][i])
    mid.append(df_test["Age"][i])
    mid.append(df_test["EstimatedSalary"][i])
    mid.append(df_test["NumOfProducts"][i])
    mid.append(df_test["CreditScore"][i])
    mid.append(df_test["Tenure"][i])
    mid.append(df_test["HasCrCard"][i])
    mid.append(df_test["IsActiveMember"][i])
    test_target.append(df_test["Exited"][i])
    test.append(mid)
test = np.array(test)
test_target = np.array(test_target)
# train = np.trunc(train * 100)
```

3. 数据预处理

该部分包含两方面的预处理：一是对数据集中样本顺序的处理，二是在数值上进行处理。

在训练前先将 train 和 target 标签按行随机打乱，原因是机器学习的前提是样本数据应是独立同分布的，不应具有某种特定的出现顺序。

原始数据集中，各个特征维度的数据的量纲不同，且有的特征保存为非数据形式，因此在训练模型前需要对数据集进行归一化、数值化等预处理。此外，在采用神经网络实现分类时，通常还需要采用独热编码处理样本标签，使其与神经网络的输出维度相对应，以便于计算模型损失。

```
# 随机打乱训练集与标签
train, target = shuffle(train, target)
target = target.reshape(-1, 1)
test_target = test_target.reshape(-1, 1)


# 独热编码
enc = OneHotEncoder()
enc.fit(test_target)
test_target = enc.transform(test_target).toarray()
enc.fit(target)
target = enc.transform(target).toarray()
enc.fit(test_target)
```

4. 网络设计

网络设计基于 TensorFlow 2.x 版本的深度学习框架进行，包括网络结构的定义、评价指标和优化器的定义。

在网络结构的定义中，需要首先确定输入输出维度、网络的层数、层内神经元数、激活函数以及对激活值的特殊处理。

```
model = tf.keras.Sequential()
model.add(tf.keras.Input(shape=(10,)))
```

依据本例中的样本特点，一次输入数据的维度为 10，表示样本的 10 列特征。需要注意的是，参数 shape 中不需要包含批大小。

在隐层的定义中，关于隐层个数和层内神经元数的选择目前没有最优的固定模式，在实际定义中需要通过实验找到最优取值。本例中采用 2 个隐层，每个隐层内包含 256 个神经元，每个神经元均采用 Sigmoid 激活函数，层间采用全连接结构，并加入 Dropout 层处理隐层的激活值，防止模型过拟合。

由于本例属于二分类问题，为便于模型损失的计算，在输出层以 Softmax 作为激活函数，将原输出转化为概率。实现代码如下：

```
# initialize
weight_initializer = tf.keras.initializers.TruncatedNormal(mean=0.0, stddev=0.1)
bias_initializer = tf.keras.initializers.zeros()
# layer1
model.add(tf.keras.layers.Dense(256,activation="sigmoid",
kernel_initializer=weight_initializer, bias_initializer=bias_initializer))
model.add(tf.keras.layers.Dropout(0.5))
# layer2
model.add(tf.keras.layers.Dense(256,activation="sigmoid",
kernel_initializer=weight_initializer, bias_initializer=bias_initializer))
model.add(tf.keras.layers.Dropout(0.5))
# layer out
model.add(tf.keras.layers.Dense(2,activation="softmax",
kernel_initializer=weight_initializer, bias_initializer=bias_initializer))
```

TensorFlow 中的权重初始化采用 initializer 对象实现，本例中采用 TensorFlow 提供的 TruncatedNormal()方法初始化权重，该函数将阶段地产生正态分布的随机数，范围是[mean − 2× stddev, mean + 2×stddev]，其中 mean（均值）采用默认值 0，stddev（标准差）为 0.1，若生成的随机数超出了范围将进行重新生成。对于偏置的初始化，本例采用 zeros()将偏置置为 0。

依据隐层的全连接结构，本例以 tf.keras.layers.Dense()构造隐层，同时指明了该层神经元个数，以及激活函数和权重、偏置的初始化方式。在 Dense 层后，本例加入了 Dropout 层，并指定以 0.5 的概率丢弃部分激活值。

为实现训练，需要定义损失以及优化器，以降低损失为目标，使用优化器提供的算法进行模型训练。TensorFlow 中提供了实现上述定义的方法 model.compile()，在训练前需要在该方法中显式给出选取的损失函数和优化器：

```
model.compile(optimizer='Adam', loss=tf.keras.losses.BinaryCrossentropy(),
              metrics=[tf.keras.metrics.BinaryAccuracy()])
```

本例中采用了 TensorFlow 提供的用于二分类问题的 BinaryCrossentropy()交叉熵作为损失函数，优化器则采用 Adam 算法对网络参数进行梯度下降更新。此外，为观察训练过程中模型准确率的变化，本例在 model.compile()方法中指定了 BinaryAccuracy()评价指标。

5. 网络训练

执行训练需要调用 model.fit()方法，并传递训练数据。fit()方法中可以指明 batch_size 和 epochs，本例中一个 epoch 采用整个训练样本的平均损失来进行训练，共进行 5000 个 epoch 的训练，属于全量梯度下降训练法。

为实现训练过程可视化，每 50 个 epoch 时，本例采用 model.evaluate()计算训练准确率 train_acc、测试准确率 test_acc 以及训练损失 train_loss，并组合当前 epoch 进行输出，随后分别记录在 trainacc_list、testacc_list、trainloss_list 列表中，在训练结束后将通过 Matplotlib 库绘制各指标随 epoch 变化的曲线。

```
nepoch=[]
trainacc_list=[]
```

```
testacc_list=[]
trainloss_list=[]
for i in range(0, 5001):
    model.fit(train, target, batch_size=train.shape[0], epochs=1, shuffle=False,
verbose=0)
    if i % 100 == 0:
        train_loss, train_acc = model.evaluate(x=train, y=target, batch_size=
train.shape[0], verbose=0)
        test_loss, test_acc = model.evaluate(x=test, y=test_target, batch_size=
test.shape[0], verbose=0)
        print("epoch:" + str(i) + "  train_acc:" + str(train_acc) + "  test_acc:" +
str(test_acc) + "  loss:" + str(train_loss))
        nepoch.append(i)
        trainacc_list.append(train_acc)
        testacc_list.append(test_acc)
        trainloss_list.append(train_loss)

plt.xlabel('轮次（epoch）')
plt.ylabel('acc/loss')
plt.plot(nepoch, trainacc_list, label="trainacc")
plt.plot(nepoch, testacc_list, label="testacc")
plt.plot(nepoch, trainloss_list, label="trainloss")
plt.legend(fontsize=15)
plt.savefig('./a.svg', bbox_inches='tight')
```

模型训练过程中的部分输出如图 6-27 所示，经过 5000 次的迭代，模型训练准确率可达到 0.77 左右，测试准确率达到 0.76 左右，训练损失降至 0.46 左右。

```
epoch:4200  train_acc:0.773714542388916  test_acc:0.7540000081062317  loss:0.4708647131919861
epoch:4300  train_acc:0.7746962904930115  test_acc:0.7549999952316284  loss:0.46994757652282715
epoch:4400  train_acc:0.773714542388916  test_acc:0.7540000081062317  loss:0.46917667984962463
epoch:4500  train_acc:0.774573564529419  test_acc:0.7590000033378601  loss:0.46840912103652954
epoch:4600  train_acc:0.7753098607063293  test_acc:0.7570000290870667  loss:0.46786847710609436
epoch:4700  train_acc:0.7755553126335144  test_acc:0.7590000033378601  loss:0.4671241044998169
epoch:4800  train_acc:0.7743281126022339  test_acc:0.7599999904632568  loss:0.46664556860923767
epoch:4900  train_acc:0.7739599943161011  test_acc:0.7609999775886536  loss:0.46644219756126404
epoch:5000  train_acc:0.7751871347427368  test_acc:0.7609999775886536  loss:0.4658792316913605
```

图 6-27　银行客户流失预测案例输出

各评价指标随训练次数变化如图 6-28 所示，训练集和测试集的准确率随训练次数的增加呈上升的趋势，训练误差则逐渐下降。

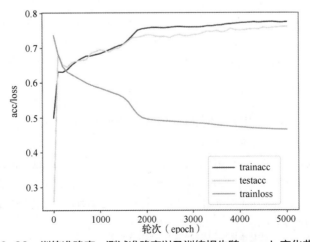

图 6-28　训练准确率、测试准确率以及训练损失随 epoch 变化曲线

训练完成后，可以利用 model.predict() 在测试集上执行模型预测。

习题

1. 简述感知机的基本原理。
2. 讨论 BP 神经网络的学习过程。
3. BP 神经网络有哪些常见应用？举例说明某一具体应用。
4. 神经网络的激活函数有哪些？它们对神经网络的性能有何影响？
5. 在 BP 神经网络训练过程中应如何避免陷入局部极小值？
6. 在 BP 神经网络的训练过程中学习步长、隐层个数、隐层单元数等参数如何调整？
7. RBF 神经网络的基本原理是什么？
8. RBF 为什么可以减少局部极小值问题？
9. 埃尔曼神经网络的优点是什么？举例说明这种网络的应用。
10. 与决策树比较，神经网络适合处理什么类型的数据和问题？
11. 如何减少神经网络过拟合？
12. 为什么要对模型的输入数据进行归一化？
13. 讨论激活函数选择对网络性能的影响。
14. 如何加快梯度下降的速度？

第 7 章
贝叶斯网络

贝叶斯网络（Bayesian Network）又被称为信念网络（Belief Network），是一种通过有向无环图（DAG）表示一组随机变量及其条件依赖概率的概率图模型。在概率图中，每个节点表示一个随机变量，有向边表示随机变量之间的依赖关系，两个节点若无连接则表示它们是相互独立的随机变量。用条件概率表示变量间依赖关系的强度，无父节点的节点用先验概率表达信息。

贝叶斯网络中的节点可以表示任意问题，其丰富的概率表达能力能较好地处理不确定性信息或问题。贝叶斯网络中所有节点都是可见的，并且可以非常直观地观察到节点间的因果关系。这些特性都使得贝叶斯网络在众多智能系统中有重要的应用。

本章主要介绍贝叶斯网络基础知识，重点讲解贝叶斯定理和朴素贝叶斯分类模型，并结合实际案例说明贝叶斯网络如何应用。

7.1　贝叶斯定理

贝叶斯网络最早由英国数学家托马斯·贝叶斯（Thomas Bayes）于 1764 年提出，贝叶斯网络中的概率与传统基于频率的先验概率有很大的不同，因而被提出后很长一段时间都未被普遍接受。直到 20 世纪，信息论和统计决策理论的发展推动了贝叶斯网络进一步发展。20 世纪中后期，随着人工智能的发展，对贝叶斯网络的理论研究愈加广泛，研究领域涵盖了网络的结构学习、参数学习、因果推理、不确定知识表达等，每年关于贝叶斯网络和应用的论文层出不穷，也出现了专门研究贝叶斯网络的学术组织和学术刊物。

贝叶斯网络的特点是用概率表示不确定性，用概率规则表示推理或学习，用随机变量的概率分布表示推理或学习的最终结果。

先验概率：在实验前根据以往的数据分析得到的事件发生概率。

后验概率：利用贝叶斯定理和实验的信息对先验概率做出修正后的概率。

全概率公式：设 $y_1, y_2, \cdots, y_n$ 是两两互斥的事件，且 $p(y_i) > 0, i = 1, 2, \cdots, n, y_i \in \Omega$。另有一事件 $x = xy_1 + xy_2 + \cdots + xy_m$，则有

$$p(x) = \sum_i p(x \mid y_i) p(y_i)$$

可以将 y_i 视作原因，x 视作结果，结果的发生有多种原因。

贝叶斯公式：假设 x 和 y 分别是样本属性和类别，$p(x,y)$ 表示它们的联合概率，$p(x|y)$ 和 $p(y|x)$ 表示条件概率，其中 $p(y|x)$ 是后验概率，而 $p(y)$ 为 y 的先验概率，x、y 的联合概率和条件概率满足：

$$p(x, y) = p(y \mid x) p(x) = p(x \mid y) p(y)$$

变换后得到贝叶斯公式：

$$p(y \mid x) = \frac{p(x \mid y) p(y)}{p(x)}$$

上述公式称为贝叶斯定理，它提供了从先验概率 $p(y)$ 计算后验概率 $p(y|x)$ 的方法。在样本分类时，利用训练样本可以计算出不同类别的后验概率。例如类别 y_i 的先验概率为 $p(y_i)$，实验所得的新信息为 $p(x_j \mid y_i)(i = 1, 2, \cdots, m; j = 1, 2, \cdots, n)$，则计算样本 x_j 属于类别 y_i 的后验概率：

$$p(y_i \mid x_j) = \frac{p(y_i) p(x_j \mid y_i)}{p(x_j)} = \frac{p(y_i) p(x_j \mid y_i)}{\sum_{k=1}^{m} p(x_j \mid y_k) p(y_k)}$$

后验概率 $p(y_i \mid x_j)$ 最大的类别 y_i 作为样本的分类。

该公式还可表示在事件 x 已经发生的条件下，找到导致 x 发生的各个原因的概率。

如果没有任何已有的知识来帮助确定先验概率 $p(y)$，贝叶斯提出使用均匀分布作为其概率分布，即随机变量在其变化范围内取各个值的概率是一定的。这个假设即贝叶斯假设。

7.2　朴素贝叶斯分类模型

朴素贝叶斯分类模型是一种简单的构造分类器的方法。朴素贝叶斯分类模型将问题分为特征向量和决策向量两类，并假设问题的特征变量都是相互独立地作用于决策变量的，即问题的特征之间都是互不相关的。尽管有这样过于简单的假设，但朴素贝叶斯分类模型能指数级降低贝叶斯网络构建的复杂性，同时还能较好地处理训练样本的噪声和无关属性，所以朴素贝叶斯分类模型仍然在很多现实问题中有着高效的应用，例如入侵检测和文本分类等领域。目前许多研究者在

致力于改善特征变量间的独立性的限制使得朴素贝叶斯分类模型可以应用到更多问题上。

假设问题的特性向量为 $X=\{x_1,x_2,\cdots,x_n\}$，并且 $x_1,x_2,\cdots,x_n$ 之间相互独立，那么 $p(x|y)$ 可以分解为多个向量的积，即有：

$$p(x\,|\,y)=\prod_{i=1}^{n}p(x_i\,|\,y)$$

那么这个问题就可以由朴素贝叶斯分类器来解决，即：

$$p(y\,|\,x)=\frac{p(y)\prod_{i=1}^{n}p(x_i\,|\,y)}{p(x)}$$

其中 $p(x)$ 是常数，先验概率 $p(y)$ 可以通过训练集中每类样本所占的比例进行估计。给定 $Y=y$，如果要估计测试样本 x 的分类，由朴素贝叶斯分类得到 y 的后验概率为：

$$p(y=Y\,|\,x)=\frac{p(y=Y)\prod_{i=1}^{n}p(x_i\,|\,y=Y)}{p(x)}$$

因此最后找到使 $p(y=Y)\prod_{i=1}^{n}p(x_i\,|\,y=Y)$ 最大的类别 y 即可。

从计算分析中可见，$p(x_i\,|\,y=Y)$ 的计算是分类关键的一步，这一步的计算视特征属性的不同有不同的计算方法。

（1）对于离散型的特征属性 x_i，可以将类别 y 中的属性值等于 x_i 的样本比例来进行估计。

（2）对于连续性的特征属性 x_i，通常先将 x_i 离散化，然后计算属于类别 y 的训练样本落在 x_i 对应离散区间的比例估计 $p(x_i\,|\,Y)$。也可以假设 $p(x_i\,|\,Y)$ 的概率分布，如正态分布，然后用训练样本估计其中的参数。

（3）而在 $p(x_i\,|\,Y)=0$ 的时候，该概率与其他概率相乘的时候会把其他概率覆盖，因此需要引入拉普拉斯（Laplace）修正。做法是对所有类别下的划分计数都加 1，从而避免等于 0 的情况出现，并且在训练集较大时，修正对先验的影响也会降低到可以忽略不计。

综合上述分析，可以归纳出朴素贝叶斯分类模型应用流程的 3 个阶段，如图 7-1 所示。

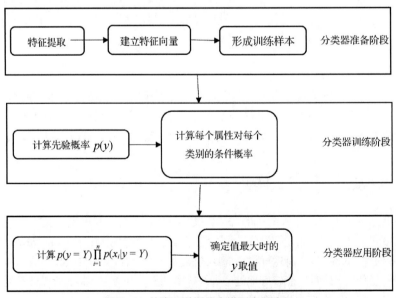

图 7-1　朴素贝叶斯分类模型应用流程

① 分类器准备阶段。这一阶段主要是对问题进行特征提取，建立问题的特征向量，并对其进行一定的划分形成训练样本，这些工作主要由人工完成，完成质量对整个分类器的质量有着决定性影响。

② 分类器训练阶段。根据上述分析中的公式计算每个类别在训练样本中的出现频率，以及每个特征对每个类别的条件概率，最终获得分类器。

③ 分类器应用阶段。该阶段会将待分配项输入分类器中，利用上述的公式自动进行分类。

朴素贝叶斯分类模型还可以进行提升。提升方法中关键一步是数据训练集的权重调整过程，权重调整可以通过两种方法实现，分别为重赋权法和重采样法。重赋权法为每个训练集的样本添加一个权重，对于离散型的特征 x_i 而言，计算条件概率 $p(x_i | y)$ 时不再是直接计次，而是对样本的权重进行累加；对于连续性的特征 x_i，权重改变表现为均值的偏移，因此可以通过增大或减小连续属性的值来达到赋权的目的。重采样法适用于不能给样本添加权重的情况。由于初始时是根据相同的概率从训练集中采集数据，现在可以通过权重来调整采集的概率，每次在学习前一个分类器错误的训练数据后，后一个分类器可以根据新的调整后的概率重新在训练样本中采集数据。值得注意的是，由于朴素贝叶斯分类器是基于数据统计的分类器，先验概率预先确定，仅仅通过调整训练样本选择的权重对朴素贝叶斯分类模型的提升效果并不明显。提升方法更常用于决策树、神经网络等分类器中。

朴素贝叶斯分类模型结构简单。由于特征变量间的相互独立，算法简单易于实现。同时算法有稳定的分类效率，对于不同特点的数据集其分类性能差别不大。朴素贝叶斯分类在小规模的数据集上表现优秀，并且分类过程时空开销小。算法也适合增量式训练，在数据量较大时，可以人为划分后分批增量训练。

需要注意的是，由于朴素贝叶斯分类要求特征变量满足条件独立的前提，因此只有在独立性假定成立或在特征变量相关性较小的情况下，才能获得近似最优的分类效果，这也限制了朴素贝叶斯分类的使用。朴素贝叶斯分类模型需要先知道先验概率，而先验概率很多时候不能准确知道，往往使用假设值代替，这也会导致分类误差的增大。

【例 7.1】 以下是应用 sklearn 库中朴素贝叶斯（高斯）分类模型进行分析的示例代码。数据源是通过 sklearn 中的聚类生成器（make_blobs）生成的 50000 个随机样本，每个样本的特征数为 2 个，共有 3 个类簇，样本集的标准差是 1.0，随机数种子为 42。

```
centers = [(-5, -5), (0, 0), (5, 5)]
X,y=make_blobs(n_samples=50000,n_features=2,cluster_std=1.0,centers=centers,
shuffle=False, random_state=42)
y[:n_samples // 2] = 0
y[n_samples // 2:] = 1
sample_weight = np.random.RandomState(42).rand(y.shape[0])
X_train, X_test, y_train, y_test,sw_train,sw_test=train_test_split(X, y,
sample_weight, test_size=0.9, random_state=42)
clf = GaussianNB()
clf.fit(X_train, y_train)
prob_pos_clf = clf.predict_proba(X_test)[:, 1]
target_pred = clf.predict(X_test)
score = accuracy_score(y_test, target_pred, normalize = True)
print("accuracy score:",score)
```

通过 GuassianNB 算法 fit 之后，对测试集 X_test 进行预测，结果存在 prob_pos_clf 中。实际运行效果如图 7-2 所示。

输出分类结果：

```
accuracy score: 0.8335
```

下面举例说明朴素贝叶斯分类模型的应用。

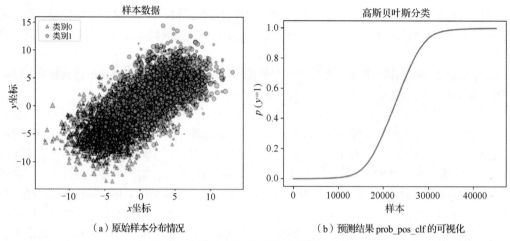

（a）原始样本分布情况　　　　　　（b）预测结果 prob_pos_clf 的可视化

图 7-2　朴素贝叶斯（高斯）分类模型分类结果

【例 7.2】 贝叶斯垃圾邮件过滤器。

传统的垃圾邮件过滤方法是关键词过滤，但这种方法过于绝对，很容易出现误判的情况。贝叶斯过滤会同时考虑关键词在正常邮件和垃圾邮件中出现的概率，并且学习用户的偏好，可以减小误判的可能性。

假设收到一封电子邮件 E，邮件由 N 个关键词构成。设 $y=1$ 表示邮件是正常邮件，$y=0$ 表示邮件是垃圾邮件。那么判定新邮件是否为垃圾邮件的问题可以表示为比较下列两式值的问题：

$$p(y=1\,|\,E)=\frac{p(y=1)p(E\,|\,y=1)}{p(E)}$$

$$p(y=0\,|\,E)=\frac{p(y=0)p(E\,|\,y=0)}{p(E)}$$

其中 $p(y=1)$ 和 $p(y=0)$ 可以很容易地在邮箱里查出，因此只需要计算 $p(E\,|\,y=1)$ 和 $p(E\,|\,y=0)$。这里可以简单假设 E 中 N 个关键词是互不相关的，即将问题转化为朴素贝叶斯分类模型，因此有：

$$p(E\,|\,y=1)=p(E_1\,|\,y=1)\times p(E_2\,|\,y=1)\times\cdots\times p(E_n\,|\,y=1)$$

等式右边的每个分式的计算都是很容易的，其中 $p(E_i\,|\,y=1)$ 表示正常邮件词 E_i 的概率，于是就可以很容易地得到上文需要的两个概率值。可以预先设定好垃圾邮件的概率阈值，比较 $p(y=0\,|\,E)$ 和 $p(y=1\,|\,E)$ 即可实现自动垃圾邮件标识与过滤。

7.3　贝叶斯网络推理

不确定性推理是机器学习的重要研究内容之一。用概率论方法进行不确定性推理的一般流程是首先将问题抽象为一组随机变量与其联合概率分布表，然后根据概率论公式进行推理计算，但这个流程复杂度高。现在用一个具体例子说明。

【例 7.3】 警铃问题。

欧阳老师的家中安置了一套智能监控设备，在家中遭到盗窃或发生火灾时，设备会发出刺耳的警铃声，欧阳老师的邻居是小明和小红，假设两个邻居一般都在家中，他们听到欧阳老师家中的警铃声时会给欧阳老师打电话，但警铃响的时候两个邻居可能会听不见。某天，出门在外的欧阳老师接到了小明的电话，小明说听到了欧阳老师家中的警铃声。欧阳老师想知道家中遭到盗窃的可能性有多大。

按照上文所述的一般流程，该问题包含 5 个变量，将其分别定义为：警铃声（A）、遭到盗窃（B）、发生火灾（C）、接到小明电话（D）、接到小红电话（E），每个变量均有 "yes" 和 "no" 两种可能取值。假设欧阳老师对 5 个变量的联合分布概率 $p(A,B,C,D,E)$ 的判断如表 7-1 所示。

表 7-1　各变量的联合分布概率

B	C	A	D	E	概率	B	C	A	D	E	概率
yes	yes	yes	yes	yes	1.2×10^{-4}	no	yes	yes	yes	yes	3.6×10^{-3}
yes	yes	yes	yes	no	5.1×10^{-5}	no	yes	yes	yes	no	1.6×10^{-3}
yes	yes	yes	no	yes	1.3×10^{-5}	no	yes	yes	no	yes	4.0×10^{-4}
yes	yes	yes	no	no	5.7×10^{-6}	no	yes	yes	no	no	1.7×10^{-4}
yes	yes	no	yes	yes	5.0×10^{-7}	no	yes	no	yes	yes	7.0×10^{-6}
yes	yes	no	yes	no	4.9×10^{-7}	no	yes	no	yes	no	6.9×10^{-4}
yes	yes	no	no	yes	9.5×10^{-8}	no	yes	no	no	yes	1.3×10^{-4}
yes	yes	no	no	no	9.4×10^{-6}	no	yes	no	no	no	1.3×10^{-2}
yes	no	yes	yes	yes	5.8×10^{-3}	no	no	yes	yes	yes	6.1×10^{-4}
yes	no	yes	yes	no	2.5×10^{-3}	no	no	yes	yes	no	2.6×10^{-4}
yes	no	yes	no	yes	6.5×10^{-4}	no	no	yes	no	yes	6.8×10^{-5}
yes	no	yes	no	no	2.8×10^{-4}	no	no	yes	no	no	2.9×10^{-5}
yes	no	no	yes	yes	2.9×10^{-7}	no	no	no	yes	yes	4.8×10^{-4}
yes	no	no	yes	no	2.9×10^{-5}	no	no	no	yes	no	4.8×10^{-2}
yes	no	no	no	yes	5.6×10^{-6}	no	no	no	no	yes	9.2×10^{-3}
yes	no	no	no	no	5.5×10^{-4}	no	no	no	no	no	9.1×10^{-1}

问题可转化为求 $p(B = \text{yes} \mid D = \text{yes})$ 的概率。根据联合概率分布表，可以计算出边缘概率分布：

$$p(B,D) = \sum_{A,C,E} p(A,B,C,D,E)$$

得到表 7-2 所示的边缘概率分布结果。

表 7-2　边缘概率分布结果

B	D	$p(B,D)$
yes	yes	0.000115
yes	no	0.000075
no	yes	0.00015
no	no	0.99966

根据条件概率公式得到：

$$p(B = \text{yes} \mid D = \text{yes}) = \frac{p(B = \text{yes}, D = \text{yes})}{p(D = \text{yes})} = \frac{p(B = \text{yes}, D = \text{yes})}{p(B = \text{yes}, D = \text{yes}) + p(B = \text{no}, D = \text{yes})}$$

$$= \frac{0.000115}{0.000115 + 0.00015}$$

$$\approx 0.61$$

上述过程即利用联合概率进行不确定性推理的一个例子。这个过程的复杂度相当高，包含 n 个变量的联合概率有 2^n 个项，其中有 $2^n - 1$ 个独立参数，上述问题就有 $2^5 - 1 = 31$ 个独立参数。当 n 增加时，独立参数的个数将以指数级增长，并且这些独立参数的获取、存储和运算的复杂度同时将呈指数级增长。于是，如何降低复杂度提高运算效率显得尤为关键。引入条件独立以分解联合分布。

运用条件概率的链式规则，可以得到：

$$p(B,C,A,D,E) = p(B)p(C \mid B)p(A \mid B,C)p(D \mid B,C,A)p(E \mid B,C,A,D)$$

可注意到，遭到盗窃（B）和发生火灾（C）可以被认为是互相无关的，于是上式中 $p(C \mid B)$ 可以简化为 $p(C)$。此外接到小明电话（D）、接到小红电话（E）实际只与警铃响（A）有关，于是有 $p(D \mid B,C,A)=P(D \mid A)$，$p(E \mid B,C,A,D) = p(E \mid A)$。所以上式可以简化为：

$$p(B,C,A,D,E) = p(B)p(C)p(A \mid B,C)p(D \mid A)p(E \mid A)$$

现在的独立参数减少，复杂度降低了一半多。

将上述分解过程一般化，假设有 n 个变量组成的联合分布 $p(x_1,\cdots,x_n)$，运用条件概率的链式规则，可以得到：

$$p(x_1,\cdots,x_n) = p(x_1)p(x_2 \mid x_1)\cdots p(x_n \mid x_1,\cdots,x_{n-1})=\prod_{i=1}^{n} p(x_i \mid x_1,\cdots,x_{i-1})$$

对于任意的 x_i，假设存在集合 $\varphi(x)$，$\varphi(x) \subseteq \{x_1,\cdots,x_n\}$，使得在 $\varphi(x)$ 确定的情况下，x 与 $\{x_1,\cdots,x_n\} - \varphi(x)$ 中任意元素条件独立，即有 $p(x \mid x_1,\cdots,x_{i-1}) = p(x \mid \varphi(x_i))$，于是有：

$$p(x_1,\cdots,x_n) = \prod_{i=1}^{n} p(x_i \mid \varphi(x))$$

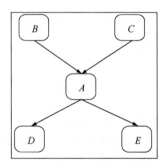

假设 $\varphi(x)$ 中最多有 m 个元素，一般而言有 $m<n$，在 x_i 只有两个值时，联合概率的独立参数个数最多为 $n2^m$ 个，相比分解前的 2^n-1 个参数，复杂度已经有下降。在 $m \ll n$ 时，复杂度优化效果更明显。

从上文的分解结果可见，x_i 的分布只依赖于 $\varphi(x)$ 中变量的取值，而与 $\{x_1,\cdots,x_n\}$ 中的其他变量条件独立。珀尔（Pearl）在 1986 年提出用一个有向无环图来表示这种依赖关系和条件独立性，即将变量 x_i 作为图中的节点，而 $\varphi(x)$ 中节点都有一条有向边指向 x。对于警铃问题，得到图 7-3 所示的有向无环图和表 7-3 所示的联合分布概率。

图 7-3　警铃问题的有向无环图

表 7-3　联合分布概率

A	B	C	$p(A|B,C)$
yes	yes	yes	0.95
no	yes	yes	0.05
yes	yes	no	0.94
no	yes	no	0.06
yes	no	yes	0.29
no	no	yes	0.71
yes	no	no	0.001
no	no	no	0.999

如何定量地描述图中节点间的依赖关系呢？根据上文的联合分布概率表和基本公式，可以计算出每个节点的条件概率（见表7-4）。

表 7-4　各节点的条件概率

B	$p(B)$	C	$p(C)$	D	A	$p(D|A)$	E	A	$p(E|A)$
yes	0.01	yes	0.02	yes	yes	0.9	yes	yes	0.7
no	0.99	no	0.98	no	yes	0.1	no	yes	0.3
				yes	no	0.05	yes	no	0.01
				no	no	0.95	no	no	0.99

上述有向无环图和条件概率表就构成了一个贝叶斯网络。

1. 贝叶斯网络的表示

贝叶斯网络是使用有向无环图来表示变量间依赖关系的概率图模型。网络中每个节点表示一个随机变量，每一条边表示随机变量间的依赖关系，同时每个节点都对应一个条件概率表（Condition Probability Table，CPT），用于描述该变量与父变量之间的依赖强度，也就是联合概率分布。

贝叶斯网络可以形式化表示。一个贝叶斯网络由结构 G 和参数 θ 两部分构成，结构 G 为有向无环图，图中每一个节点对应一个随机变量。若两个随机变量间有依赖关系，则用一条边将其相连。参数 θ 定量地表示了变量间的依赖关系，例如若变量 x_i 在 G 中的父变量集为 y_i，则 θ 中有每个变量的条件概率表，即：

$$\theta_{x_i|y_i} = p(x_i \mid y_i)$$

2. 贝叶斯网络的构建

贝叶斯网络的构建一般有 3 种方式：第一种是根据问题和领域专家知识手动构建，第二种是通过对数据进行分析得到贝叶斯网络，第三种是结合领域专家知识和数据分析得到贝叶斯网络。通过对数据的分析获得贝叶斯网络的过程又称为贝叶斯网络学习。这里讨论手动构建贝叶斯网络值得注意的地方。

贝叶斯网络由有向无环图和对应的条件概率表构成，所以手动构建的过程包括确定网络结构和确定网络参数两个环节。确定网络结构通常的流程是确定能描述问题的一组随机变量 $\{x_1, \cdots, x_n\}$，对这组随机变量以某种顺序依次添加到结构 G 中，每一次在添加 x_i 时，需要确定 x_i 在图中依赖的节点集 $\varphi(x_i)$，对 $\varphi(x_i)$ 中的节点，添加一条指向 x_i 的有向边。不同的变量添加顺序可能会形成不同的网络结构，一般根据变量间的因果关系确定变量添加顺序，因果关系能使网络结构更简单易懂，条件独立性的检测和变量概率分布的计算也会更容易。网络参数在手动构建时一般通过数据统计分析和领域专家知识获得，常通过假设条件分布具有某种规律以减少网络参数的个数。

3. 贝叶斯网络的学习

贝叶斯网络的学习是对数据进行统计分析以获得贝叶斯网络的过程，即条件概率表中的值，包括参数学习和结构学习。参数学习是在网络结构已知的情况下确定参数，结构学习则既要确定网络结构 G，又要确定网络中的参数。

在对贝叶斯网络进行参数学习时，已经确定网络结构以及所有节点或部分节点的状态值，这些状态值就是需要进行学习的数据集。贝叶斯网络的参数学习有最大似然估计和贝叶斯估计两种。

（1）完整数据下的最大似然估计

假设贝叶斯网络中只有一个随机变量 x，网络中只有一个独立参数，设为 θ，设数据集为 $D = \{D_1, D_2, \cdots, D_m\}$。在 D 给定时，记 $L(\theta \mid D)$ 为 θ 的似然函数，有 $L(\theta \mid D) = p(D \mid \theta)$。$\alpha$ 的最大似然估计为 $L(\theta \mid D)$ 值最大时的 θ 取值，即有：

$$\alpha_{\text{MLE}} = \arg\max_{\alpha} L(\theta \mid D)$$

假设数据集 D 中元素是独立同分布的，即有：

$$L(\theta \mid D) = p(D \mid \theta) = \prod_{i=1}^{m} p(D_i \mid \theta)$$

并且各个样本数据 D_i 的 $p(D_i \mid \theta)$ 相同。对似然函数 $L(\theta \mid D)$ 取对数可得到对数似然函数，即：

$$\log_2 L(\theta \mid D) = \sum_{i=1}^{m} \log_2 p(D_i \mid \theta)$$

对数似然函数在计算 α 的最大似然估计时常常更便捷。

将上述定义一般化，对于一个由 n 个节点组成的贝叶斯网络结构 G，即有 n 个随机变量 $\{x_1,\cdots,x_n\}$，设每个变量 x_i 可能有 v_i 种取值情况，该变量对应节点的父节点集 $\varphi(x_i)$ 有 u_i 种取值组合，对该节点而言，参数 θ 可以定义为 $\theta_{ijk} = p(x_i = j \mid \varphi(x_i))$，其中 $i \in [1,n]$，j 有 v_i 种取值情况。

对于任意 i：

$$\sum_{j=1}^{v_i} \theta_{ij} = \sum_{j=1}^{v_i} p(x_i = j \mid \varphi(x_i)) = 1$$

（2）完整数据下的贝叶斯估计

最大似然估计认为待估参数为一个固定的值，不考虑先验信息的影响。但考虑一个简单的掷硬币问题，假设有数据集为掷硬币 10 次，其中 9 次正面向上，1 次反面向上。根据最大似然估计，在第 11 次掷硬币时，正面向上的概率为 9/10，但是根据掷硬币的先验知识，这个概率值应该是 1/2。因此，引入贝叶斯估计来处理这类有先验信息的问题。

参数 θ 为随机变量，需要根据先验信息和数据集来确定其后验概率。贝叶斯估计一般分为两步：第一步确定 θ 的先验信息 $p(\theta)$，这一步有主观和客观两种方法，主观方法是借助专家经验直接确定先验概率，客观方法是通过对历史数据的统计分析得到；第二步是对现有数据集 D 的影响定量化，可以用似然函数 $L(\theta \mid D)$ 表示。最后根据贝叶斯公式计算 θ 的后验概率，即贝叶斯估计：

$$p(\theta \mid D) \propto p(\theta)L(\theta \mid D)$$

根据条件概率公式，对贝叶斯估计进行展开：

$$p(\theta \mid D) = \frac{p(D \mid \theta)p(\theta)}{p(D)}$$

根据全概率公式：

$$p(D) = \int_{\theta} p(D \mid \theta)p(\theta)\mathrm{d}\theta$$

$$p(\theta \mid D) = \frac{p(D \mid \theta)p(\theta)}{p(D)} = \frac{p(D \mid \theta)p(\theta)}{\int_{\theta} p(D \mid \theta)p(\theta)\mathrm{d}\theta}$$

$$p(D \mid \theta) = \prod_{i=1}^{m} p(D_i \mid \theta)$$

$$p(\theta \mid D) = \frac{p(D \mid \theta)p(\theta)}{p(D)} = \frac{p(D \mid \theta)p(\theta)}{\int_{\theta} p(D \mid \theta)p(\theta)\mathrm{d}\theta} = \frac{(\prod_{1}^{m} p(D_i \mid \theta))p(\theta)}{\int_{\theta} (\prod_{n}^{m} p(D_i \mid \theta))p(\theta)\mathrm{d}\theta}$$

上式最后的分式中数据都可得到，这样就可以确定参数 θ 的贝叶斯估计。考虑到积分运算的复杂性，引入了贝叶斯估计的最大后验概率，即贝叶斯 MAP 估计（Bayesian MAP Estimation）。

$$\theta_{\mathrm{MAP}} = \arg\max_{\theta}(\prod_{i=1}^{m} p(D_i \mid \theta))p(\theta)$$

先验概率 $p(\theta)$ 的选取是贝叶斯估计关键的一步。在对历史数据进行统计分析时，为计算方便，常选择现有数据似然分布的共轭分布族（Conjugate Family）中的分布。例如在变量只有两个状态时，$L(\theta \mid D)$ 为二项似然函数，此时可假设先验分布 $p(\theta)$ 满足贝塔分布，因为贝塔分布与二项似然函数同为一个共轭分布族，此时得到的后验分布满足贝塔分布。这样贝叶斯估计的计算会容易很多。在变量状态大于两种时，一般选择乘积狄利克雷分布作为先验分布。

4. 推理

（1）贝叶斯网络推理

贝叶斯网络推理是指已知网络结构 G 和参数 θ，给定某些证据或变量的值，通过概率论的方法求目标变量值的过程。贝叶斯网络推理主要包括两种，一种为自顶向下的推理，另一种为自底向上的推理。

① 自顶向下的推理表示为已知某些原因推出这些原因导致的结果，所以称为因果推理，又称为预测推理。这种推理的一般方法是首先对于目标变量的条件概率，用其所有因节点的联合概率表示，然后对表达式进行一些变换操作，使得表达式中的所有概率值都可以在参数 $\varTheta$ 的条件概率表中获得，最后计算目标概率值。

② 自底向上的推理表示为已知某些结果找到导致这些结果出现的原因，称为诊断推理或最大后验概率解释（MAP Explanation）。这一类推理的通常方法是利用贝叶斯公式将问题转化为自顶向下的推理，再按照上述方法解决问题。

推理主要运用的方法有精确推理和近似推理两种。不同情况下有不同因素影响推理，贝叶斯网络拓扑结构和推理任务是两大主要复杂度来源。网络的大小、变量的类型和分布情况、推理任务的类型和相关证据的特征都会影响推理过程和结果，实际应用中也应灵活选择推理方法。

（2）精确推理

精确推理最简单的方法即计算全局的联合概率，但直接对联合概率进行计算效率很低，常常采用变量消元法分别进行联合概率的求解以达到简化计算的目的。变量消元法利用链式乘积法则和条件独立性对联合概率计算表达式进行变换，改变基本运算的次序和消元的次序，最终达到减少计算量的目的。该方法的基本思想可以通过一个简单例子描述，假设有图 7-4 所示的简单贝叶斯网络。

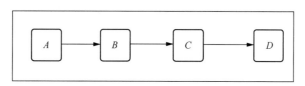

图 7-4　简单贝叶斯网络

现需要求 $p(D)$，根据已有知识，可以得到：

$$p(D) = \sum_{A,B,C} p(A,B,C,D) = \sum_{A,B,C} p(A)p(B \mid A)p(C \mid B)p(D \mid C)$$

现在对上式做基本运算次序的改变：

$$p(D) = \sum_{C} p(D \mid C)\sum_{B} p(C \mid B)\sum_{A} p(A)p(B \mid A)$$

现在的计算量相比改变次序前已经有了较大的降低。注意，上面简单地改变次序使运算局部化，计算只涉及与某个变量相关的部分，在变量依赖关系复杂的网络中，这种运算局部化可能大大降低运算复杂度。上面过程的变量消元次序为 $\{A,B,C,D\}$，若按照 $\{D,C,B,A\}$ 的次序消元，复杂度就不会得到任何降低。因此，降低复杂度的关键是找到一个最优的变量消元次序。

（3）近似推理

在贝叶斯网络节点很多或依赖关系很复杂时，精确推理的复杂度很高，通常需要降低推理的复杂度。当问题的因果关系在网络中可独立于某一块存在时，可以将这一部分结构提取出来用精确推理的方法推理。在不能利用局部独立时，就需要降低计算的精度，即采用近似推理的方法。

随机抽样算法是最常用的近似推理方法。该方法又被认为蒙特卡洛算法或随机仿真。算法的基本思想是根据某种概率分布进行随机抽样以得到一组随机样本，再根据这一组随机样本近似地估计需要计算的值。

7.4　贝叶斯网络的应用

贝叶斯网络经过长期的发展，现已被应用到人工智能的众多领域，包括模式识别、数据挖掘、自然语言处理等。针对很多领域核心的分类问题，大量卓有成效的算法都是基于贝叶斯理论设计的。

贝叶斯网络在医疗领域被应用于疾病诊断；在工业领域中，用于工业设备故障检测和性能分析；在军事上被应用于身份识别等各种推理；在生物农业领域，贝叶斯网络在基因连锁分析、农作物推断、兽医诊断、环境分析等都有应用；在金融领域可用于构建风控模型；在企业管理中可用于决策支持；在自然语言处理方面，可用于文本分类、中文分词、机器翻译等。下面以实际案例介绍如何应用贝叶斯网络解决现实问题。

7.4.1　中文分词

中文分词是将语句切分为合乎语法和语义的词语序列。一个经典的中文分词例句是"南京市长江大桥"，正确的分词结果为"南京市/长江大桥"，错误的分词结果是"南京市长/江大桥"。可以使用贝叶斯算法来解决这一问题。

设完整的一句话为 X，Y 为组成该句话的词语集合，共有 n 个词语。只需找到 $p(Y)p(X \mid Y)$ 的最大值。由于在任意的分词情况下，都可以由词语序列生成句子，因此可以忽略 $p(X \mid Y)$，找到 $p(Y)$ 的最大值即可。按照联合概率公式对 $p(Y)$ 进行展开，有

$$p(Y)=p(Y_1,Y_2,\cdots,Y_n) = p(Y_1)p(Y_2 \mid Y_1)p(Y_3 \mid Y_1,Y_2)\cdots p(Y_n \mid Y_1,Y_2,\cdots,Y_{n-1})$$

这样的展开子式是呈指数级增长的，并且数据稀疏的问题也会越来越明显，因此假设每个词语只会依赖于词语序列中该词前面出现的 k 个词语，即 k 元语言模型（k-gram）。这里假设 $k=2$，于是就有：

$$p(Y)=p(Y_1)p(Y_2 \mid Y_1)p(Y_3 \mid Y_2)\cdots p(Y_n \mid Y_{n-1})$$

回到上面的问题，正常的语料库中，"南京市长"与"江大桥"同时出现的概率一般为 0，所以这一分词方式会被舍弃，"南京市/长江大桥"会是最终的分词结果。

7.4.2　机器翻译

基于统计的方法是机器翻译常用的实现。统计机器翻译问题可以描述为，给定某种源语言的句子 X，其可能的目标语言翻译出的句子 Y，$p(X \mid Y)$ 代表该翻译句子符合人类翻译的程度，因此找到使 $p(Y \mid X)$ 最大的 Y 即可。

需要找到使得 $p(Y)p(X \mid Y)$ 最大的 Y。对于 $p(Y)$，在中文分词案例中知道可以利用 k-gram 计算。对于 $p(X \mid Y)$，通常利用一个分词对齐的平行语库，具体言之，将英文"you and me"翻译为汉语，最佳的对应模式为"你和我"，此时有

$$p(X \mid Y)=p(\text{you} \mid 你)p(\text{and} \mid 和)p(\text{me} \mid 我)$$

上式中右边各项都可以很容易地计算出，所以可以通过分词对齐的方法计算出 $p(X \mid Y)$ 的值，最终找到使得 $p(Y \mid X)$ 最大的 Y，便是 X 最佳的翻译方式。

7.4.3　故障诊断

故障诊断是为了找到某种设备中出现故障的部件，在工业领域，自动故障诊断装置能节省一线工作人员大量的预判断时间。基于规则的系统可以被用于故障诊断，但是不能处理不确定性问题，在实际环境中难以灵活应用。贝叶斯网络能较好地描述可能的故障来源，在处理故障

诊断等不确定问题上有不凡的表现。研究人员开发出了多种基于贝叶斯网络的故障诊断系统，包括对汽车启动故障的诊断、飞机的故障诊断、核电厂软硬件的故障诊断等。图 7-5 显示了汽车发动机诊断系统的网络结构。该系统用于诊断汽车无法正常启动的原因，原因有多种，所以可以利用前文提到的诊断推理的方法，找到后验概率最大的故障原因。

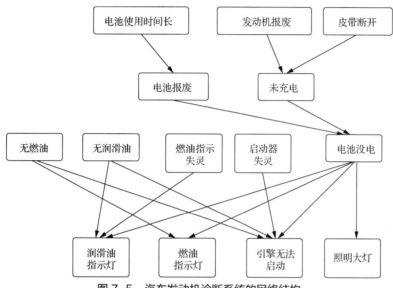

图 7-5　汽车发动机诊断系统的网络结构

7.4.4　疾病诊断

疾病诊断是从一系列历史经验和临床检验结果中对病人患有疾病种类和患病程度的判断。机器学习在疾病诊断领域有较多的应用，在 20 世纪 70 年代就有基于规则设计的产生式专家系统用于疾病的诊断，但是该类型系统不能处理不确定性问题，因此基于贝叶斯网络设计了新的疾病诊断系统。图 7-6 展示了一个对胃部疾病建模的简单贝叶斯网络的部分（网络结构与条件概率不一定符合真实情况），这里对贝叶斯网络的应用予以阐释。

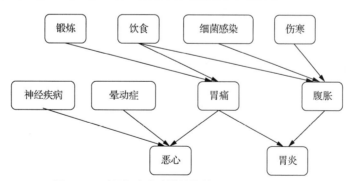

图 7-6　对胃部疾病建模的简单贝叶斯网络的部分

其对应的部分条件概率表如下。其中"锻炼"与"饮食"节点的条件概率如表 7-5 所示。

表 7-5　"锻炼"与"饮食"节点的条件概率

节点	概率	节点	概率
锻炼="是"	0.5	锻炼="否"	0.5
饮食="健康"	0.4	饮食="亚健康"	0.6

"胃痛"节点的条件概率如表7-6所示。

表7-6   "胃痛"节点的条件概率

	胃痛="是"	胃痛="否"
锻炼="是"，饮食="健康"	0.2	0.8
锻炼="是"，饮食="亚健康"	0.45	0.55
锻炼="否"，饮食="健康"	0.55	0.45
锻炼="否"，饮食="亚健康"	0.7	0.3

"腹胀"节点的条件概率如表7-7所示。

表7-7   "腹胀"节点的条件概率

	"腹胀"="是"	腹胀="否"
饮食="健康"	0.2	0.8
饮食="亚健康"	0.6	0.4

"恶心"节点的条件概率如表7-8所示。

表7-8   "恶心"节点的条件概率

	恶心="是"	恶心="否"
胃痛="是"	0.7	0.3
胃痛="否"	0.2	0.8

"胃炎"节点的条件概率如表7-9所示。

表7-9   "胃炎"节点的条件概率

	胃炎="是"	胃炎="否"
胃痛="是"，腹胀="是"	0.8	0.2
胃痛="是"，腹胀="否"	0.6	0.4
胃痛="否"，腹胀="是"	0.4	0.6
胃痛="否"，腹胀="否"	0.1	0.9

现在可以利用该贝叶斯网络对患者进行诊断。假设现在只基于给定的条件概率表中已知条件概率的节点进行判断，不考虑未知条件概率的节点。现有患者 A，对其状况毫不知情，需要先判断其是否有"胃痛"症状。该问题即转化为求 p (胃痛="是")的概率。求解过程为：设 $x \in \{$是, 否$\}$ 表示锻炼情况的两个取值，$y \in \{$健康, 亚健康$\}$ 表示饮食情况的两个取值，于是有

p (胃痛="是")

$$= \sum_x \sum_y p \text{ (胃痛="是" | 锻炼=}x\text{,饮食=}y) \, p \text{ (锻炼=}x\text{,饮食=}y)$$

$$= 0.5 \times 0.4 \times 0.2 + 0.5 \times 0.6 \times 0.45 + 0.5 \times 0.4 \times 0.55 + 0.5 \times 0.6 \times 0.7$$

$$= 0.495$$

因此在没有先验信息情况下患者有"胃痛"症状的可能性为49.5%。

假设病人说明了他有"恶心"的症状，判断其是否有"胃痛"症状，问题转化为求 p (胃痛="是" | 恶心="是")的概率。根据贝叶斯公式，有

$$p \text{(胃痛="是" | 恶心="是")} = \frac{p \text{(恶心="是",胃痛="是")} p \text{(胃痛="是")}}{P \text{(恶心="是")}}$$

于是需要计算 p (恶心="是")，设 $x \in \{$是,否$\}$ 表示胃痛情况的两个取值，根据全概率公式：

$$p(恶心="是")=\sum_x p(恶心="是" \mid 胃痛=x)p(胃痛=x)=0.7×0.495+0.2×0.505$$

$$=0.4475$$

$$p(胃痛="是" \mid 恶心="是")=\frac{0.7×0.495}{0.4475}\approx 0.7743$$

因此，在已知患者有"恶心"症状的情况下，患者有"胃痛"症状的可能性约为 77.43%。

上文分别分析了在有先验信息和没有先验信息两种情况下对病人疾病的诊断情况。推而广之，贝叶斯网络在疾病诊断领域的应用还有很多，核心还是贝叶斯网络和条件概率表的学习和推理过程。

习题

1. 贝叶斯定理的适用条件是什么？
2. 举例说明贝叶斯定理的应用。
3. 在贝叶斯定理的应用过程中，先验概率如何计算？
4. 与决策树、神经网络分类方法比较，贝叶斯定理用于分类有什么不同？
5. 贝叶斯网络解决了贝叶斯定理的什么问题？
6. 如何构建贝叶斯网络？
7. 结合实例，讨论贝叶斯网络的推理过程。
8. 缺值环境下的贝叶斯估计要克服什么问题？
9. 应用贝叶斯网络适合解决什么问题？
10. 贝叶斯网络如何应用于中文分词？
11. 使用贝叶斯网络实现一个简单拼写检查。

第8章

支持向量机

支持向量机（Support Vector Machine，SVM）属于有监督学习模型，在机器学习、计算机视觉、数据挖掘中应用广泛，主要用于解决数据分类问题。SVM 将每个样本数据表示为空间中的点，使不同类别的样本点尽可能明显地区分开。通过将样本的向量映射到高维空间中，寻找最优区分两类数据的超平面，使各分类到超平面的距离最大化，距离越大表示 SVM 的分类误差越小。通常 SVM 用于二元分类问题，对于多元分类问题可将其分解为多个二元分类问题，再进行分类。其主要的应用场景有图像分类、文本分类、面部识别、垃圾邮件检测等。

本章首先介绍 SVM 模型的基础，包括核函数等模型原理知识，并结合实例说明 SVM 的应用过程。

8.1 线性可分支持向量机

SVM 用于在高维或无限维空间中构造超平面或超平面集合,将原有限维空间映射到维度高得多的空间中,在该空间中进行分类可能会更容易。它可以同时最小化经验误差和最大化几何边缘区,因此它也被称为最大间隔分类器。直观来说,分类边界距离最近的不同类训练数据点越远越好,因为这样可以减小分类器的泛化误差。

8.1.1 间隔与超平面

首先假设在二维平面中有两类数据,如图 8-1 所示。若要找出一个最佳的边界线,将两类数据分隔,可以有多种分隔方法,如图 8-2 所示。

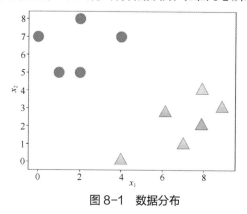

图 8-1 数据分布

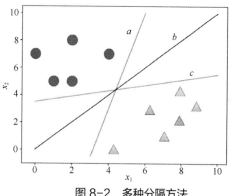

图 8-2 多种分隔方法

其中直线 a、b、c 都可将两类数据分开。当然,除了 a、b、c 外还有无数种分割方式。我们的目标是选择一条具有较强分类能力的直线,即得到较稳定的分类结果和使分类器具有较强的抗噪声能力。假如又增加了一些数据,如图 8-3 所示。

由于新增了样本数据(见图 8-3 右上角),相对于 b 而言,a 与 c 对样本变化的适应性变差。如何找到最优分类数据的分界线,使得对样本数据的分类效果更好呢?

要找到两个能分离这两类数据的平行超平面,使它们之间的距离尽可能大。在这两个超平面范围内的区域称为间隔(Margin),最优间隔超平面是位于它们正中间的超平面。

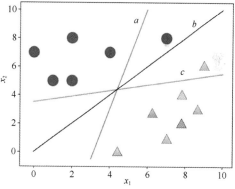

图 8-3 增加样本后的数据分布

8.1.2 支持向量

在图 8-4 中可以发现,分界线要尽可能地远离两类数据点,即数据集的边缘点到分界线的距离 d 最大,这里虚线穿过的边缘点就称作支持向量,分类间隔 $2d$。

现假设 b 为最优分界线,那么此分界线方程为:

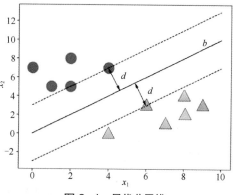

图 8-4 最优分界线

$$w_1 x_1 + w_2 x_2 + \beta = 0 \tag{1}$$

现在将式（1）转化成向量形式：

$$[w_1, w_2]\begin{bmatrix} x_1 \\ x_2 \end{bmatrix} + \beta = 0 \tag{2}$$

式（2）只是在二维形式上的表示，如果扩展到 n 维，那么式（2）将变成：

$$[w_1, w_2, w_3, \cdots, w_n]\begin{bmatrix} x_1 \\ x_2 \\ x_3 \\ \vdots \\ x_n \end{bmatrix} + \beta = 0 \tag{3}$$

如果 n 为 3，则分界线变成平面，如果超过 3 维，则分隔平面变成超平面，所以可以根据式（3）将超平面方程写成更一般的表达形式：

$$\boldsymbol{w}^{\mathrm{T}} \boldsymbol{x} + \beta = 0 \tag{4}$$

其中

$$\boldsymbol{w}^{\mathrm{T}} = [w_1, w_2, w_3, \cdots, w_n], \quad \boldsymbol{x} = [x_1, x_2, x_3, \cdots, x_n]^{\mathrm{T}}$$

这个超平面由法向量 $\boldsymbol{w}$ 和截距 β 决定，对于给定线性可分数据 $T = \{(x_1, y_1), (x_2, y_2), \cdots, (x_n, y_n)\}$，法向量指向的两侧分别为正例和反例。用函数区分两类数据，为每个样本点 $\boldsymbol{x_i}$ 设置一个类别标签 y_i：

$$y_i = \begin{cases} +1, & \text{圆形数据} \\ -1, & \text{三角形数据} \end{cases}$$

则：

$$\begin{cases} \boldsymbol{w}^{\mathrm{T}} \boldsymbol{x} + \beta > 0, & y_i = 1 \\ \boldsymbol{w}^{\mathrm{T}} \boldsymbol{x} + \beta < 0, & y_i = -1 \end{cases} \tag{5}$$

样本点 $(\boldsymbol{x_i}, y_i)$ 到超平面的距离为：

$$\gamma_i = y_i \left(\frac{\boldsymbol{w}^{\mathrm{T}}}{\|\boldsymbol{w}\|} \cdot \boldsymbol{x_i} + \frac{\beta}{\|\boldsymbol{w}\|} \right) \tag{6}$$

超平面关于所有样本点的几何间隔是 γ_i 的最小值，即：

$$\gamma = \min \gamma_i$$

γ 也是支持向量到超平面的距离。为了求解最大分隔超平面，最大化间隔距离，即最大化 γ 的值：

$$y_i \left(\frac{\boldsymbol{w}^{\mathrm{T}}}{\|\boldsymbol{w}\|} \cdot \boldsymbol{x_i} + \frac{\beta}{\|\boldsymbol{w}\|} \right) \geqslant \gamma, \quad i = 1, 2, \cdots n \tag{7}$$

两边同时除以 γ，得到：

$$y_i \left(\frac{\boldsymbol{w}^{\mathrm{T}}}{\|\boldsymbol{w}\| \gamma} \cdot \boldsymbol{x_i} + \frac{\beta}{\|\boldsymbol{w}\| \gamma} \right) \geqslant 1 \tag{8}$$

对上式进行简化，令 $\boldsymbol{w}' = \dfrac{\boldsymbol{w}}{\|\boldsymbol{w}\| \gamma}$，$\beta' = \dfrac{\beta}{\|\boldsymbol{w}\| \gamma}$，则有：

$$y_i \left({\boldsymbol{w}'}^{\mathrm{T}} \boldsymbol{x_i} + \beta' \right) \geqslant 1, \quad i = 1, 2, 3, \cdots, n \tag{9}$$

两个分类间隔为：

$$2\gamma = 2d = 2\frac{\left| \boldsymbol{w}^{\mathrm{T}}\boldsymbol{x} + \beta \right|}{\| \boldsymbol{w} \|} = \frac{2}{\| \boldsymbol{w} \|} \tag{10}$$

这里便转化成求：

$$\max \frac{2}{\| \boldsymbol{w} \|} \quad \text{或} \quad \min \| \boldsymbol{w} \| \tag{11}$$

为了下面优化过程中对函数求导的方便，最小化 $\|\boldsymbol{w}\|$ 与最小化 $\frac{1}{2}\| \boldsymbol{w} \|^2$ 等价，将求 $\min \| \boldsymbol{w} \|$ 转化为求式（12），即线性 SVM 最优化问题的数学描述如下：

$$\min \frac{1}{2}\|\boldsymbol{w}\|^2$$
$$\text{s.t} \quad y_i\left(\boldsymbol{w}^{\mathrm{T}}\boldsymbol{x}_i + \beta \right) \geqslant 1, i = 1, 2, \cdots, n \tag{12}$$

8.1.3　对偶问题求解

由于上述线性 SVM 最优化问题含有不等式约束，通过求解其对偶问题实现只优化一个变量，以简化约束条件。采用拉格朗日乘子法进行优化：

$$L\left(\boldsymbol{w}, \beta, \alpha\right) = \frac{1}{2}\| \boldsymbol{w} \|^2 + \sum_{i=1}^{n}\alpha_i\left[1 - y_i\left(\boldsymbol{w}^{\mathrm{T}}\boldsymbol{x}_i + \beta \right) \right] \tag{13}$$

其中 α_i 为拉格朗日（Lagrange）乘子，且有 $\alpha_i \geqslant 0$。令 $\theta = \max\limits_{\alpha_i \geqslant 0} L\left(\boldsymbol{w}, \beta, \alpha\right)$，当对于给定的 $\boldsymbol{w}$ 和 β，其不满足式（12）的约束时，即在可行解区域外，也就是 $y_i\left(\boldsymbol{w}^{\mathrm{T}}\boldsymbol{x}_i + \beta\right) < 1$，此时 $1 - y_i\left(\boldsymbol{w}^{\mathrm{T}}\boldsymbol{x}_i + \beta\right) > 0$，将 α_i 设置为无穷大，那么 θ 的值也为无穷大；当 $\boldsymbol{w}$ 和 β 满足约束条件时，θ 为原函数不变。将两种情况合并，原约束问题转变为求解 $\min\limits_{\boldsymbol{w}, \beta}\max\limits_{\alpha_i \geqslant 0}L\left(\boldsymbol{w}, \beta, \alpha\right)$。由于先求最大值再求最小值的过程中 $\boldsymbol{w}$ 和 β 的值都有涉及，较难实现。借助拉格朗日函数的对偶性，将求解顺序进行交换，得到其对偶形式为：

$$\max\min L\left(\boldsymbol{w}, \beta, \alpha\right) \tag{14}$$

求拉格朗日函数的极小值，分别令 $L\left(\omega, \beta, \alpha\right)$ 对 $\boldsymbol{w}$、β 求偏导，并使其为 0：

$$\frac{\partial L}{\partial \boldsymbol{w}} = 0, \quad \frac{\partial L}{\partial \beta} = 0 \tag{15}$$

可得：

$$\boldsymbol{w} = \sum_{i=1}^{n}\alpha_i y_i x_i \tag{16}$$

$$0 = \sum_{i=1}^{n}\alpha_i y_i \tag{17}$$

将式（16）、式（17）和式（13）代入式（15），消去 $\boldsymbol{w}$ 和 β，可得：

$$L\left(\boldsymbol{w}, \beta, \alpha\right) = \frac{1}{2}\sum_{i=1}^{n}\sum_{j=1}^{n}\alpha_i\alpha_j y_i y_j\left(x_i \cdot x_j\right) - \sum_{i=1}^{n}\alpha_i y_i\left(\left(\sum_{j=1}^{n}\alpha_j y_j x_j\right) \cdot x_i + b\right) + \sum_{i=1}^{n}\alpha_i \tag{18}$$

$$\min L\left(\boldsymbol{w}, \beta, \alpha\right) = \sum_{i=1}^{n}\alpha_i - \frac{1}{2}\sum_{i=1}^{n}\sum_{j=1}^{n}\alpha_i\alpha_j y_i y_j x_i x_j \tag{19}$$

将式（19）代入式（14）可得最终优化表达式：

$$\max \sum_{i=1}^{n} \alpha_i - \frac{1}{2}\sum_{i=1}^{n}\sum_{j=1}^{n}\alpha_i\alpha_j y_i y_j x_i x_j, \ 0 = \sum_{i=1}^{n}\alpha_i y_i, \ \alpha_i \geqslant 0 \qquad (20)$$

为了采用高效的序列最小优化（Sequential Minimal Optimization，SMO）算法，在式（20）前加负号，转化为：

$$\min \frac{1}{2}\sum_{i=1}^{n}\sum_{j=1}^{n}\alpha_i\alpha_j y_i y_j x_i x_j - \sum_{i=1}^{n}\alpha_i, \ 0 = \sum_{i=1}^{n}\alpha_i y_i, \alpha_i \geqslant 0 \qquad (21)$$

由于 x_i、y_i、x_j 和 y_j 都是已知值，因此现在的优化问题转化为求解参数 α^*，SMO 算法是迭代优化算法。在迭代过程中，每次更新两个向量，分别计算它们的误差项，并根据上述结果计算出误差项，然后根据误差项更新参数值，而避免每次都重新计算参数值，直到目标函数的增长率小于某个阈值时达到停止条件。

在求解出 α^* 后，由式（16）和式（17）可以证明至少存在一个 $\alpha_j^* > 0$，可以由式（21）中的互补条件得到 $y_i\left(\boldsymbol{w}^{\mathrm{T}}x_i + \beta^*\right) - 1 = 0$，将 α^* 代入式（16）可求得最优 $\boldsymbol{w}^*$：

$$\boldsymbol{w}^* = \sum_{i=1}^{n}\alpha_i^* y_i x_i$$

由式（21）中约束条件，可以求得最优 β^*，计算过程如下：

$$\begin{aligned}
\beta^* &= \frac{1}{y_j} - \boldsymbol{w}^* x_j \\
&= y_j - \boldsymbol{w}^* x_j \\
&= y_j - \sum_{i=1}^{n}\alpha_i^* y_i x_i \left(x_i \cdot x_j\right)
\end{aligned}$$

求得的分隔超平面为：

$$\sum_{i=1}^{n}\alpha_i^* y_i x_i + \beta^* = 0$$

分类的决策函数为：

$$f(X) = \operatorname{sign}\left(\sum_{i=1}^{n}\alpha_i^* y_i x_i X + \beta^*\right)$$

对于任意训练样本 X，由互补条件可知，总会有 $\alpha_i = 0$ 或者 $y_i\left(\boldsymbol{w}^{\mathrm{T}}x_i + \beta\right) = 1$，如果 $\alpha_i > 0$，对应的样本点在最大间隔边界上，是一个支持向量。SVM 在训练完成后，最终模型仅与支持向量有关。

8.1.4　软间隔

由于实际数据存在噪声数据，或者数据中样本点存在交叉混合的情况，无法通过一个硬间隔直接分开，这时就需要将硬间隔的最大化条件放宽，允许部分样本可以不满足约束，即在目标函数中引入惩罚项，实现软间隔（Soft Margin）。

具体实现是允许少量样本不满足 $y_i\left(\boldsymbol{w}^{\mathrm{T}}x_i + \beta\right) - 1 \geqslant 0$ 的约束条件。为了使此类样本尽可能少，在目标函数中增加惩罚项，其因子系数值越大，惩罚越大。调整后的优化问题为：

$$\min_{w,\beta,\xi_i} \frac{1}{2}\|\boldsymbol{w}\|^2 + \sum_{i=1}^{m}\xi_i$$

$$\text{s.t.} \quad y_i\left(\boldsymbol{w}^{\mathrm{T}} x_i + \beta\right) \geq 1 - \xi_i$$

$$\xi_i \geq 0, i = 1, 2, \cdots, n$$

其中，ξ_i 为每个样本的松弛变量，采用 hinge 损失 $l_{\text{hinge}}(z) = \max(0, 1-z)$。松弛变量的取值 $\xi_i = \max\left(0, 1 - y_i\left(\boldsymbol{w}^{\mathrm{T}} \boldsymbol{x}_i + \beta\right)\right)$。软间隔的计算过程与上文的线性可分思路一致。

8.2 非线性可分支持向量机

利用 SVM 算法解决实际问题时，经常会遇到非线性可分的情况，这时需要借助核函数进行非线性变换，将其转化为某个特征空间中的线性问题。在转换过程中不需要显式地指定非线性变换，而是采用核函数替换变换前后两个实例的内积，实现输入空间到特征空间的映射。

8.2.1 非线性可分支持向量机原理

SVM 为了更好地分类，通过线性变换 $\varphi(x)$，将输入空间 X（欧氏空间 $\mathbb{R}^n$ 的子集或离散集合）映射到高维特征空间 $\mathcal{H}$（希尔伯特空间）。如果低维空间存在 $K(\boldsymbol{x}, \boldsymbol{y})$，其中 $\boldsymbol{x}, \boldsymbol{y} \in X$，使得 $K(\boldsymbol{x}, \boldsymbol{y}) = \varphi(\boldsymbol{x}) \cdot \varphi(\boldsymbol{y})$，则称 $K(\boldsymbol{x}, \boldsymbol{y})$ 为核函数，其中 $\varphi(\boldsymbol{x}) \cdot \varphi(\boldsymbol{y})$ 为 $\boldsymbol{x}$、$\boldsymbol{y}$ 映射到特征空间上的内积，$\varphi(\boldsymbol{x})$ 为 $X \to \mathcal{H}$ 的映射函数。

目标特征空间 $\mathcal{H}$ 的维度一般比较高，甚至可能是无穷维，所以求内积比较困难，在使用时只定义核函数，不显式定义映射函数 φ。这样可以解决线性不可分问题，也避免了"维度灾难"，减少了计算量。

对于给定数据集 $T = \{(\boldsymbol{x}_1, y_1), (\boldsymbol{x}_2, y_2), \cdots, (\boldsymbol{x}_n, y_n)\}$，其中 $\boldsymbol{x}_i \in \mathbb{R}^n$，$y_i \in \{1, -1\}, i = 1, 2, \cdots, n$。首先，选择适当的核函数和惩罚因子 > 0，依据线性可分的优化原理构造目标函数：

$$\min\left(\frac{1}{2}\sum_{i=1}^{n}\sum_{j=1}^{n}\alpha_i\alpha_j y_i y_j K(\boldsymbol{x}_i, \boldsymbol{x}_j) - \sum_{i=1}^{n}\alpha_i\right)$$

$$\text{s.t.}\sum_{i=1}^{n}\alpha_i y_i = 0, \varepsilon \geq \alpha_i \geq 0$$

经过计算获得最优解 $\boldsymbol{\alpha}^* = \left(\alpha_1^*, \alpha_2^*, \cdots, \alpha_n^*\right)^{\mathrm{T}}$。

然后，选择 $\boldsymbol{\alpha}^*$ 的一个分量 α_j^*，在满足条件 $\varepsilon \geq \alpha_j^* \geq 0$ 的情况下，计算得到最优 $\boldsymbol{\beta}^*$：

$$\boldsymbol{\beta}^* = y_j - \sum_{i=1}^{n}\alpha_i^* y_i K\left(\boldsymbol{x}_i, \boldsymbol{x}_j\right)$$

与线性可分时类似，可计算得到分类决策函数：

$$f(X) = \text{sign}\left(\sum_{i=1}^{n}\alpha_i^* y_i K(X, \boldsymbol{x}_i) + \boldsymbol{\beta}^*\right)$$

8.2.2 常见核函数

以下是几种常见的核函数。

1. 多项式核函数

多项式核函数（Polynomial Kernel Function）的参数比较多，当多项式阶数高时复杂度会很高，对于正交归一化后的数据，可优先选择此核函数：

$$k(\pmb{x}, \pmb{y}) = (\phi \pmb{x}^{\mathrm{T}} \pmb{y} + \eta)^{t}$$

其中，ϕ 表示调节参数，t 表示最高次项次数，η 为可选常数。

2. 径向基核函数

径向基核函数（Radial Basis Function Kernel）与多项式核函数相比，它的参数少，因此大多数情况下，具有比较好的性能：$k(\pmb{x}, \pmb{y}) = \exp\left(-\dfrac{\| \pmb{x} - \pmb{y} \|^{2}}{2\phi^{2}}\right)$，$\phi^{2}$ 越大，其随输入 $\pmb{x}$ 变化越缓慢。模型的偏差和方差大，泛化能力差，容易过拟合。

3. Sigmoid 核函数

Sigmoid 核函数源于多层感知机（Multilayer Perceptron，MLP）中的激活函数，SVM 使用 Sigmoid 核函数相当于使用一个两层的感知机网络：$k(\pmb{x}, \pmb{y}) = \mathrm{Tanh}(\phi \pmb{x}^{\mathrm{T}} \pmb{y} + \eta)$，其中 ϕ 表示调节参数，η 为可选常数，一般使 η 取 $1/n$，n 为数据维度。

8.3　支持向量机应用

SVM 算法比较适合图像和文本等样本特征较多的应用场合。SVM 基于结构风险最小化原理，对样本集进行压缩，解决了以往需要大样本数量进行训练的问题，它将文本通过计算抽象成向量化的训练数据，提高了分类的准确率。

【例 8.1】 新闻主题分类。

在人们的日常生活中有各种各样的新闻，例如体育新闻、科技新闻等。一个新闻的主题是通过这则新闻中和主题相关的词汇来确定的，例如体育新闻中经常会出现各种体育名词、体育选手名称等。接下来介绍运用 SVM 对新闻进行主题分类的步骤。

（1）获取数据集

本例的数据集采用的是 sklearn 官网上的 20 组新闻数据集：

```
newsgroups_train=fetch_20newsgroups(subset='all')
```

查看新闻的标签：

```
print(newsgroups_train.target_names)
```

可以看到共有 20 类新闻：

```
'alt.atheism','comp.graphics','comp.os.ms-windows.misc','comp.sys.ibm.pc.hardware',
'comp.sys.mac.hardware','comp.windows.x','misc.forsale','rec.autos','rec.motorcycles',
'rec.sport.baseball', 'rec.sport.hockey', 'sci.crypt', 'sci.electronics', 'sci.med','sci.
space','soc.religion.christian', 'talk.politics.guns', 'talk.politics.mideast', 'talk.
politics.misc','talk.religion.misc']
```

为了节省训练的时间，这里选取 3 类新闻进行训练：

```
select = ['alt.atheism', 'talk.religion.misc', 'comp.graphics']
newsgroups_train_se = fetch_20newsgroups(subset='train', categories=select)
print(newsgroups_train_se.target_names)
print(newsgroups_train_se.target)
```

第一行输出为选定的新闻类别，在 target 中分别为 0、1、2：

```
['alt.atheism', 'comp.graphics', 'talk.religion.misc']
[2 1 2 ... 1 0 2]
```

（2）将文本转化为可处理的向量

sklearn 中封装了向量化工具 TfidfVectorizer，它可用于统计每则新闻中各个单词出现的频率，并且进行 TF-IDF 处理，其中 TF 是某一个给定的词语在该文档中出现的频率。IDF 是逆向文档频率，用于降低其他文档中普遍出现的词语的重要性，TF-IDF 倾向于过滤掉常见的词语，保留重要的词语。通过 TF-IDF 来实现文本特征的选择，也就是说，如果一个词语在当前文章中出现次数较多，但在其他文章中较少出现，那么可认为这个词语能够代表此文章，具有较高的类别区分能力。关于 TF-IDF 的详细介绍可参考 5.2 节。以下是使用 TfidVectorizer 实例化、建立索引和编码文档的过程：

```
vectorizer = TfidfVectorizer()
vectors = vectorizer.fit_transform(newsgroups_train_se.data)
print(vectors.shape)
```

输出如下：

```
(1441, 26488)
```

可见，这里共有 1441 则新闻，每则新闻封装成了 26488 维向量，每一维向量代表这一单词经过 TF-IDF 处理后的出现的频率统计。

（3）分割数据集

将训练集与测试集按照 4∶1 的比例进行随机分割，即测试集占 20%，代码如下：

```
x_train, x_test, y_train, y_test = train_test_split(vectors, newsgroups_train_se.
target, test_size=0.2,random_state=256)
```

（4）SVM 分类

这里导入 sklearn 中的 SVM 工具包，核函数采用线性核函数进行计算：

```
svc = SVC(kernel='linear')
svc.fit(x_train, y_train)
```

其中，SVC 是一种基于 libsvm 的 SVM，其时间复杂度为 $O(n^2)$，适合在样本数量较少时使用，样本数量较多（超过 10000 条）时效率很低。SVC 实例化参数主要有 C、kernel、degree、gamma、coef0 等。

① C 参数表示错误项的惩罚程度。其值越大，在训练过程中对分错样本的惩罚程度越高，训练误差越低，但是泛化能力会比较差；C 值越小，惩罚程度越低，不会要求过高的训练准确率，允许有一定程度的分类错误，泛化能力更强。需要针对不同质量的数据集调整参数值，默认值是 0.5，如果数据集中带有较多噪声，一般可采用更低的 C 值。在数据量较多时可采用交叉验证的方式选择最优 C 值。

② kernel 参数用于指定核函数，算法中常用 linear、poly、rbf、Sigmoid、precomputed 等，其中 precomputed 表示预先算好的核矩阵，输入后算法内部不再计算核矩阵，而是直接使用用户提供的矩阵进行计算。

③ degree 参数仅在 kernel 参数选择 poly 时使用，用于指定多项式的函数的维度，默认值是 3。

④ gamma 参数是核函数的调节参数，只在 kernel 为 RBF、poly、Sigmiod 时有效。默认为 auto，这时其值为样本特征数的倒数，即 1/n_features。

⑤ coef0 参数是核函数的常数项。仅在 kernel 为 poly、Sigmoid 时有用，它对应核函数公式中的常数项 c。

在 sklearn 中 SVM 除 sklearn.svm.SVC 外，还有 sklearn.svm.NuSVC 和 sklearn.svm.LinearSVC 两种实现方法。其中，NuSVC（Nu-Support Vector Classification）与 SVC 方法，都是基于 libsvm 库实现的，但前者可以控制支持向量的数量（通过参数 nu）。LinearSVC 与 SVC 在 kernel 为 linear 时相似，但它是基于 liblinear 库实现的，优点是可以灵活选择 L_1 或 L_2 惩罚（通过参数 penalty），并可以指定损失函数（通过参数 loss），这样可以支持更大的数据集。

（5）分类结果显示

```
print(svc.score(x_test, y_test))
```

输出结果如下：

```
Result: 0.955017301038
```

可以看到，这里的训练准确率约为 95%。可以配置不同的参数来训练，例如核函数不使用线性核函数而使用高斯核函数等，不断调整并选择较优的参数。

【例 8.2】 基于 SVM 和 PCA 的人脸识别。

PCA 是一种降维方法，可以从多种特征中解析出主要的影响因素，使用较少的特征数量表示整体。例如某个属性下，所有的样本中都为值相同或差距不大，那么这个特征本身就没有区分性，用它区分样本，区分度会非常小。所以 PCA 的目标是找那些变化大的属性，即方差大的维度。

（1）获取数据集

本例使用英国剑桥大学的 AT&T 人脸数据集。

此数据集共有 40×10=400 张图片，图片大小为 112 像素×92 像素，已经经过灰度处理。s1～s40 分别对应每类样本，如图 8-5 所示。

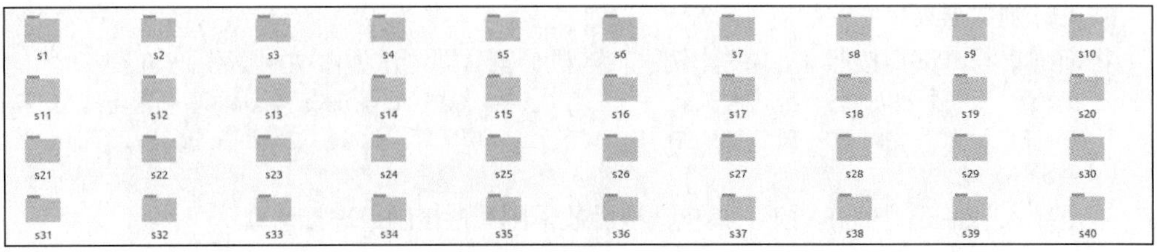

图 8-5　样本文件夹

其中每类样本下有同一个人的 10 张图片。

（2）将图片转化为可处理的 n 维向量

由于每张图片的大小为 112 像素×92 像素，每张图片共有 10304 个像素，这时需要一个图片转化函数 ImageConvert()，将每张图片转化为一个 10304 维向量。代码如下。

```
def ImageConvert():
    for i in range(1, 41):
        for j in range(1, 11):
            path = picture_savePath + "s" + str(i) + "/" + str(j) + ".pgm"
            # 单通道读取图片
            img = cv2.imread(path, cv2.IMREAD_GRAYSCALE)
            h, w = img.shape
            img_col = img.reshape(h * w)
            data.append(img_col)
            label.append(i)
```

此时 data 变量中存储了每张图片的 10304 维信息，data 格式为列表变量（list）。变量 label 中存储了每张图片的类别标签数字 1～40。

应用 NumPy 生成特征向量矩阵，代码如下。

```
import numpy as np
C_data = np.array(data)
C_label = np.array(label)
```

为了验证矩阵构建完成，输出矩阵规模：

```
print(C_data.shape)
```

若输出(400,10304)，则表示 400×10304 的特征矩阵构建完成。

（3）分割数据集

将训练集与测试集按照 4∶1 的比例进行随机分割，即测试集占 20%，代码如下：

```
from sklearn.model_selection import train_test_split
x_train, x_test, y_train, y_test = train_test_split(C_data, C_label, test_size=0.2,
random_state=256)
```

（4）PCA 降维处理

引入 sklearn 工具进行 PCA 处理：

```
from sklearn.decomposition import PCA
pca = PCA(n_components=15, svd_solver='auto').fit(x_train)
```

这里对 PCA 构造方法的主要参数进行介绍。

① n_components：这里指希望经过 PCA 处理后保留的特征维度，即缩小到的维度数量。这里指定保留的维度为 15 个。

② svd_solver：指定 SVD 的方法，有 4 个值可以选择包括 auto、full、arpack、randomized。其中 randomized 一般用于样本量较大、特征多且主成分占比较低的情况，这一方法使用随机算法对 SVD 运算进行加速；full 表示通常的 SVD 实现，它要求 0 < n_components < X.shape[1]；arpack 与 randomized 类似，区别在于 arpack 直接使用了 SciPy 库中的 sparse SVD 实现；默认值是 auto，即 PCA 自动通过 n_components 和 X.shape 选择合适的 SVD 算法。

③ 白化：白化是为了去除输入数据的冗余信息，去除特征间的相关性。将每一维的特征进行标准差归一化处理，使其方差均为 1。

转化代码如下：

```
x_train_pca = pca.transform(x_train)
x_test_pca = pca.transform(x_test)
```

（5）SVM 分类

使用 sklearn 库中自带的 SVM 工具包 SVC，SVC 相关算法在上例中已介绍。另外，计算机视觉开源库 OpenCV 中也封装了 SVM 算法，也是基于 libsvm 库实现的，有兴趣的读者可以查询相关资料深入研究。在构建 SVM 对象时，本例采用了线性核函数进行计算，代码如下：

```
from sklearn.svm import SVC
svc = SVC(kernel='linear')
svc.fit(x_train_pca, y_train)
```

（6）查看训练后的分类结果

分类器训练完成之后，使用测试集进行评估，代码如下。

```
print('%.5f' % svc.score(x_test_pca, y_test))
```

屏幕显示准确率结果，如图 8-6 所示。

```
/usr/bin/python2.7 /home/gengjia/PycharmProjects/svm_news/svm_pca_face.py
0.96250

Process finished with exit code 0
```

图 8-6　n_components=15 准确率

当调整 n_components=10 时，重新训练和评估，准确率如图 8-7 所示。

```
/usr/bin/python2.7 /home/gengjia/PycharmProjects/svm_news/svm_pca_face.py
0.95000

Process finished with exit code 0
```

图 8-7　n_components=10 准确率

当调整 n_components=20 时，重新训练和评估，准确率如图 8-8 所示。

```
/usr/bin/python2.7 /home/gengjia/PycharmProjects/svm_news/svm_pca_face.py
0.95000

Process finished with exit code 0
```

图 8-8　n_components=20 准确率

从中可以看出，特征数量为 15 时，结果最佳。每次训练时，可调整不同的参数，尽量使之达到最好的效果。

习题

1. 作为一种分类算法，支持向量机的基本原理是什么？
2. 支持向量机适合解决什么问题？
3. 支持向量机常用在哪些领域？
4. 支持向量机常用的核函数有哪些？
5. 核函数的选择对支持向量机的性能有何影响？
6. 支持向量机在使用过程中会遇到哪些主要问题？如何解决？
7. 举例说明支持向量机的应用过程。

第 9 章

分布式机器学习

　　机器学习是计算机利用已有的数据生成某种模型，并利用此模型预测的一种方法。在确定模型结构之后，根据已知数据寻找模型参数的过程就是训练，训练过程中不断依据训练数据来迭代调整模型的参数值，从而使模型的预测结果更加准确。在现实应用中，要达到好的效果，训练集可能很大，对应模型的参数量急剧上升，并且各参数需要被频繁访问，这会带来很多性能问题和算法设计的挑战，单台机器可能无法胜任，需要分布式的机器学习架构。

　　本章首先介绍分布式机器学习基础知识，对分布式并行计算的类型等进行详细说明，并介绍目前主流的分布式机器学习框架，最后结合实例简单介绍并行决策树和并行 k-均值算法。

9.1　分布式机器学习基础

目前机器学习项目中所需要的数据量呈飞速增长的趋势，为了提高模型准确率，使用大数据训练，模型变得越来越大，带来大量的参数，传统的单机+GPU 的方式已经难以胜任数据和参数的同步问题，势必要引入分布式计算框架，其中需核心解决以下几个问题。

（1）如何提高各分布式任务节点之间的网络传输效率。

（2）如何解决参数同步问题。传统训练模型采用同步方法，如果机器性能不统一，必然会产生训练任务之间的协调工作。

（3）分布式环境下如何提高容错能力。需要避免单点故障，并能合理处理异常，训练子节点出错不影响全局任务。

在分布式机器学习的架构设计过程中需要综合考虑上述因素，结合机器学习算法的特点进行设计。目前常见的并行化类型包括模型并行、数据并行、混合并行等，其中主流的框架有 Apache Spark、基于参数服务器模型的 PMLS（Petuum）、基于高级数据流模型的 TensorFlow 和 MXNet 等。

1. 模型并行

模型并行（Model Parallelism）是指将模型按照其结构放在不同的分布式机器上进行训练，一般用在那些内存要求较高的机器学习项目中，例如，单机训练一个 1000 层的 DNN，内存容易溢出，而使用模型并行，用不同的机器负责不同的层进行训练，通过维护各层间参数同步实现整个 DNN 的并行训练。

2. 数据并行

数据并行（Data Parallelism）是各机器上的模型相同，对训练数据进行分割，并分配到各个机器上，最后将计算结果按照某种方式合并。这一方法主要用于海量训练数据的情况，数据以并行化方式进行训练，训练过程中组合各个工作节点的结果，并实现模型参数的同步更新。其中，模型参数的并行常用参数平均和异步随机梯度下降等方法。

（1）参数平均（Parameter Averaging）是在每次训练迭代完成后计算各节点中各模型的参数的平均值。这一方法操作简单，主要依赖于网络同步更新。如果更新频率较慢会导致各参数差别较大，平均之后的模型参数的局部差异化被抵消，效果较差，影响模型的精确性。反之，如果更新较快，对网络压力较大，通信和同步的成本较高。所以在应用中需要结合模型复杂度和优化方法进行平衡。

（2）异步随机梯度下降（Asynchronous SGD）是一种基于更新的数据并行化。它传递的是模型训练过程中的梯度、动量等信息，而没有直接传递参数值。这样一方面可以减少传输的数据量，提高效率；另一方面不同计算节点通过共享梯度，可以提高模型收敛速度。异步随机梯度下降也存在不足。它会随着引入参数数量的增多出现梯度值过时的问题。如果依据梯度来计算其更新量所花的时间超过了全局参数更新的时间，说明当前的梯度已经落后于整体的模型参数值了。这一结果不仅对整体计算没有正向作用，反而会拖慢整个网络模型的收敛速度。

3. 混合并行

混合并行（Hybrid Parallelism）是指综合应用模型并行和数据并行，在训练集群的设计中，将上述两种方式进行合并，取长补短。例如，可以在同一台机器上采用模型并行，在 GPU 和 CPU 之间使用模型并行，然后在不同机器之间采用数据并行，将数据分配在不同的机器上，既可实现计算资源利用的最大化，又可减少数据分发的压力。

9.2　分布式机器学习框架

分布式机器学习是机器学习领域的一大主要研究方向。其中 MapReduce 适合做离线计算；Storm 适合做流式计算，更适合实时计算；而 Spark 是内存式计算框架，更适合做快速得到结果的计算。分布式机器学习平台可归类为三大基本设计方法：基本数据流（Basic Dataflow）、参数服务器模型（Parameter-Server Model）和高级数据流（Advanced Dataflow）。接下来基于这 3 种方法介绍基本数据流方法的 Apache Spark、基于参数服务器模型的 PMLS（Petuum）、基于高级数据流模型的 TensorFlow 和 MXNet 等并行计算框架。

1. MapReduce 编程模型

MapReduce 是由谷歌推出的一个编程模型，是一个能处理和生成超大数据集的算法模型。该模型能够在大量硬件配置不高的计算机上实现并行化处理。这一编程模型结合用户自定义的 Map 和 Reduce 函数，其中 Map 函数处理一个输入的基于<key, value>对的集合，输出中间基于<key, value>对的集合，MapReduce 库把所有具有相同 key 值的 value 值集合在一起后传递给 Reduce 函数，而 Reduce 函数是将所有具有相同 key 值的 value 值进行合并，将数据集进行压缩。通常情况下，典型的 MapReduce 程序的执行流程如图 9-1 所示。

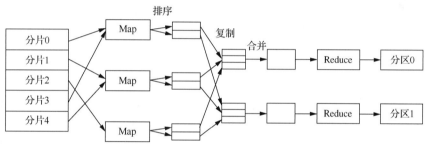

图 9-1　典型的 MapReduce 程序的执行流程

MapReduce 执行过程主要分为以下几步。

① 将输入的海量数据分片分配到不同的机器上进行处理。

② 执行 Map 程序将输入数据解析成<key,value>对，用户自定义的 Map 函数把输入的<key,value>对转换成中间形式的<key,value>对，针对不同的业务要求定制功能函数。

③ 按照 key 值对中间形式的<key,value>进行分组，从而减少集合数量，降低网络传输压力。

④ 把分配给不同的机器进行计算后得到的<key,value>对的结果集合进行合并、压缩，完成 Reduce 运算，并最终输出 Reduce 结果。

任务成功完成后，一般情况下，MapReduce 的输出存放在多个输出文件中，这些输出文件不需要合并成一个文件。

2. Hadoop MapReduce 框架

Hadoop MapReduce 是一个在计算机集群上的分布式计算框架，是 Hadoop 的三大组件之一。MapReduce 包括一个 Job 追踪（JobTracker）和一定数量的任务追踪（TaskTracker）。JobTracker 负责任务分配和调度，一个 MapReduce 作业（Job）通常会把输入的数据集切分为若干独立的数据块，由 Map 任务以并行方式处理它们。框架会对 Map 的输出先进行排序，然后把结果输入 Reduce 任务中。通常作业的输入和输出都会被存储在 Hadoop 分布式文件系统（Hadoop Distributed File Systen，HDFS）中。由 JobTracker 负责任务的调度和监控，以及重新执行已经失败的任务。

通常计算节点和存储节点在一起，有利于提高数据访问效率，可在任务执行过程中，减少整个集群的网络压力。

Hadoop MapReduce 框架由一个单独的主 JobTracker 和每个集群节点对应的一个 TaskTracker 组成。JobTracker 负责调度作业的所有任务，并监控它们的执行。这些任务分布在不同的 TaskTracker 上，如果 TaskTracker 上的任务执行失败，还会调度其重新执行。TaskTracker 仅负责执行由 JobTracker 指派的任务。Hadoop MapReduce 调度执行过程如图 9-2 所示。

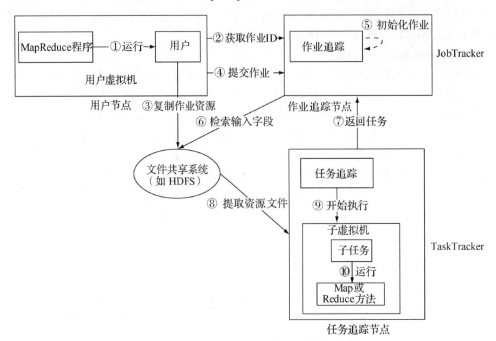

图 9-2　Hadoop MapReduce 调度执行过程

Hadoop MapReduce 调度执行过程步骤如下：

① MapReduce 程序通过 runJob()方法新建一个 JobClient 实例；

② 通过 JobTracker 的 getNewJobId()获取新作业 ID；

③ 检查作业输入/输出的合法性，如果验证失败，作业将不会被提交，将错误返回给 MapReduce。

④ 通过调用 JobTracker 的 submitJob()方法提交作业；

⑤ 将提交的作业放到队列中，交由作业调度器进行调度，并对其进行初始化。

⑥ 查询数据分片，并创建 Map、Reduce 任务：数据分片个数 Map 个数，Reduce 任务的数量由 JobConf 的 mapred.reduce.tasks 属性决定；

⑦ TaskTracker 定期发送心跳（Heartbeat）给 JobTracker 报告状态；

⑧ TaskTracker 从文件系统提取任务需要的资源文件；

⑨ 开始执行 TaskTracker 相关任务；

⑩ 运行 TaskTracker 中的 Map、Reduce 方法并输出结果。

【例 9.1】 使用 Hadoop MapReduce 对文本中的单词计数。

单词计数（WordCount）是最能体现 MapReduce 思想的程序之一，源于谷歌的热词统计，可以称为 MapReduce 版"Hello World"。其主要功能是统计一系列文本中每个单词出现的次数。Hadoop MapReduce 下的 WordCount 示例代码如下。

首先是 Map 过程，Tokenizer Mapper 继承了 Mapper 类，并实现了文件读写相关接口，在 map()方法中，读取集合中的字符串，并进行记数。

```
public static class TokenizerMapper extends Mapper<Object, Text, Text, IntWritable> {
    private final static IntWritable one = new IntWritable(1);
    private Text word = new Text();
    public void map(Object key, Text value, Context context) throws IOException,
InterruptedException {
        StringTokenizer itr = new StringTokenizer(value.toString());
    //遍历 Map 里面的字符串
        while (itr.hasMoreTokens())}
            word.set(itr.nextToken());
            context.write(word,one);
    }
    }
    }
```

然后是 Reduce 过程，IntSum Reducer 继承自 Reduce 类并实现其中的 reduce()方法，具体代码如下，可以看到其核心的功能就是对某一关键词（Key）统计其在所有 Map 块中出现的次数之和。

```
public static class IntSumReducer extends Reducer<Text, IntWritable, Text, IntWritable> {
    private IntWritable result = new IntWritable();
     public void reduce(Text key, Iterable<IntWritable> values, Context context)
throws IOException, InterruptedException {
                int sum = 0;
                for (IntWritable val : values) {
                    sum += val.get();
                }
                fresult.set(sum);
                fcontext.write(key, result);
        }
}
```

主函数的代码如下，输入参数为文件源和输出结果文件，其中 Job 对象中可以指定之前编写的 Map 类和 Reduce 类，由其在 Job 中调用 map()和 reduce()方法，执行结束之后保存结果到输出文件中。

```
public static void main(String[] args) throws Exception {
    Configuration conf = new Configuration();
    String[] oargs = new GenericOptionsParser(conf, args).getRemainingArgs();
    if (oargs.length != 2) {
        System.err.println("用法: wordcount <input> <output>");
        System.exit(2);
    }
    Job job = new Job(conf, "word count");
    job.setJarByClass(WordCount.class);
    job.setMapperClass(TokenizerMapper.class);
    job.setCombinerClass(IntSumReducer.class);
    job.setReducerClass(IntSumReducer.class);
    job.setOutputKeyClass(Text.class);
    job.setOutputValueClass(IntWritable.class);
    FileInputFormat.addInputPath(job, new Path(oargs[0]));
    FileOutputFormat.setOutputPath(job, new Path(oargs[1]));
}
```

MapReduce 采用了分布式计算的思想，在实践中很多涉及大量计算任务的工作都可用 MapReduce 编程模型来实现。它作为一个通用、可扩展、高容错性的并行计算模型，特别擅长处理海量计算任务，可以为云计算和大数据提供技术支撑。而且，这一框架封装了负载均衡、文件访问等技术模块，方便开发人员快速入门和专注于业务应用。

3. Spark

与 Hadoop MapReduce 相比，Spark 的优势是处理迭代运算的机器学习任务，特别对于那些对内存要求小的应用，性能提升很大，同时 Spark 还提供批处理、实时数据处理、机器学习以及图算法等计算模块。它屏蔽了分布并行计算的细节，可以智能地进行数据切分、算法复制、分布执行、结果合并，以支持数据分析人员快速开发分布式应用。

一个 Spark 应用程序由一个驱动（Driver）程序和多个作业构成。一个作业由多个阶段（Stage）组成。一个阶段由多个任务（Task）组成。Spark 基本框架如图 9-3 所示。

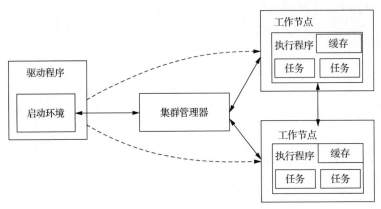

图 9-3　Spark 基本框架

Spark 应用程序核心由启动环境（SparkContext）和执行程序（Executor）两部分组成。其中执行程序负责执行任务，运行执行程序的机器称为工作节点（Worker Node）；而启动环境是由用户程序启动的，它通过集群管理器（Cluster Manager）与各个执行程序进行通信。集群管理器主要负责集群的资源管理和调度，目前支持 Standalone、Apache Mesos 和 YARN 这 3 种类型管理器。其中 Standalone 是原生的资源管理，由 Master 负责资源的分配；Apache Mesos 是与 Hadoop MapReduce 兼容性较好的一种资源调度框架；YARN 对应的是 Hadoop YARN 中的 ResourceManager。

Spark 使用弹性分布式数据集（Resilient Distributed Dataset，RDD）抽象分布式计算，RDD 是 Spark 并行数据处理的基础，它是一种只读的分区记录的集合，用户可以通过 RDD 对数据显式地控制存储位置和选择数据的分区。可使用 RDD 以及对应的转换（Transformation）和动作（Action）操作来执行分布式计算，其中 Transformation 是根据现有的数据集创建一个新的数据集，而 Action 是在数据集上运行计算后，返回值给驱动程序。使用 RDD 的好处是可以用基本一致的方式应对不同的大数据处理场景，包括 MapReduce、Streaming、SQL、机器学习以及图像算法等，并且基于 RDD 之间的依赖关系来保证整个分布式计算的容错性。需要注意的是，所有 Spark 中的转换并不会立即执行运算，它只是记住应用到基础数据集上的这些 Transformation。在要求返回结果给驱动程序时，才真正进行计算。这样的设计使 Spark 运行效率更高。例如，可以实现通过 Map 创建一个数据集，然后 Reduce，而在执行 Action 时，只返回 Reduce 的结果给驱动程序，而不是整个大的数据集。Spark 是一种粗粒度、基于数据集的并行计算框架。其计算范式是数据集上的计算，在使用 Spark 的时候，要按照这一范式编写算法。所谓的数据集操作，就是成堆的数据，如果源数据集是按行存储的话，就需要对其进行适配，将若干条记录组成一个集合。因此在提交给 Spark 任务时，需要先构建数据集，然后通过数据集的操作，实现目标任务。

【例9.2】 Spark 版本下对文本单词进行计数的程序。

以下是使用 Python 版本的 Spark 进行单词计数的代码。可以看到代码量明显减少，其中 text 是基于 HDFS 的文本文件。首先使用 flatMap()函数按行（line）读取文件，并将所有行合并成一个单词的数组，然后应用 map()方法将单词进行计数，每个单词计为 1，reduceByKey()函数是将 <key,value>格式的数据集按照 key 值进行合并，此处使用的是相加的方式。

```
text=sc.textFile("hdfs://...")
count=text.flatMap(lambda line:line.split(" ")).map(lambda word:(word,1)).
reduceByKey(lambda a,b:a+b)
count.saveAsTextFile("hdfs://...")
```

最后将结果按照文本方式进行保存，可以看到 Spark 中 flatMap()、map()、reduce()等方法已经集成，调用简洁方便，特别是与功能强大的 Python 结合，代码量较少。

在启动环境初始化中，Spark 分别创建作业调度（DAG Scheduler）和任务调度（Task Scheduler）两级调度模块。作业调度负责任务的逻辑调度，将一个作业分成具有依赖关系的多个阶段，而任务调度负责将作业调度的任务集合提交到集群中执行。

作业调度分为"先进先出"和"公平"模式，前者是按照作业提交顺序依次执行，缺点是队列头有大任务执行时，后面的小任务依然要等较长时间；公平模式采用按照作业执行时间动态调整优先级权重，长时间执行的任务权重会不断降低。

由于 Spark 并非面向并行计算设计的，因此作业调度在大规模部署并行化计算时存在性能瓶颈。其模型参数存放在驱动器节点上，通过 RDD 进行维护，每次工作节点更新参数都会生成一个新的 RDD 来保存参数，从而影响并行化计算性能，更新过程中还需要对数据进行重排，这就限制了 Spark 在并行部署时的扩展性。

4. PMLS

在此之前的并行计算框架并没有考虑到机器学习中各算法的特点，例如参数更新、目标函数优化等。而 PMLS 从一开始就专门面向机器学习任务设计，重点解决非均匀收敛（参数收敛速度同步）、并计训练中容错能力和动态结构依赖等问题。其中非均匀收敛（Non-Uniform Convergence）采用模型并行的方式减少各工作节点对模型参数的依赖。PMLS 的架构中主要包括参数服务器、调度器和工作节点。通过引入参数服务器（Parameter Server，PS）实现结构的动态扩展和快速迭代训练。参数服务器用于分布式内存键值（Distributed In-Memory Key-Value）参数的存储和更新。调度器通过向参数交换通道（由参数服务器 API 实现）发送参数子集实现模型的并行化调度。工作节点从参数服务器上获取的参数子集对分区数据集进行处理，每个工作节点上都有参数更新客户端和调度客户端，前者通过参数交换通道收发参数值，后者通过调度控制通道收发调度命令。

PMLS 为了提高参数传输效率，采用过时同步并行（Stale Synchronous Parallel，SSP)策略提高容错能力。例如，当某一工作节点读取第 c 步迭代的参数时，它会收到所有工作节点上第 $c-s+1$ 步到 c 步之间的参数，其中 s 是预设的一个过时阈值（Staleness Threshold）。当有较慢工作节点未完成时，读取操作会暂停直到它完成。在动态结构依赖方面，PMLS 在运行时分析参数间的依赖关系，使用调度器实现参数子集的并行独立更新。在非均匀收敛方面，PMLS 对不同参数的更新优先级进行量化，降低优先级较低（变化较少）的参数的更新频率，避免资源浪费，从而提高每次迭代的收敛性能。

5. TensorFlow

TensorFlow 为用户封装了底层的分布式操作，使其可以专注于编写机器学习代码。它使用数据流图来实现数值计算，并用有向图中的节点表示，其中节点的状态可变，而边为张量（Tensor），对应为多维数组。这种符号计算图在 TensorFlow 中需要静态声明，并通过重写和分区执行分布式计算。

TensorFlow 中数据并行化的方式有 In-graph、Between-gragh、异步训练、同步训练等，通过将模型训练工作分配给不同的工作节点，并使用参数服务器共享参数，其中工作节点可以在单机上，也可以在多台机器上，以下分别进行介绍。

（1）In-graph 模式

In-graph 模式与单机多 GPU 的模式相比，是由一个数据节点和多机多计算节点组成的，通过数据节点实现训练数据的分发，一般采用 gRPC 协议，即谷歌通过对 RPC 进行封装简化了网络调用方式的协议。计算节点通过使用 Join 操作公开一个网络接口，等待接收计算任务，客户端在使用时使用代码 tf.device("/job:worker/task:n")将任务指定到某一个计算节点上进行计算，调用方法与在单机模式下指定 GPU 是一样的。

由于训练数据存储在单个节点上，因此通过分发的方式进行数据传输，容易对并发训练产生影响，特别是当数据量很大时，会严重影响训练速度。

（2）Between-graph 模式

Between-graph 模式的训练参数保存在参数服务器上，数据分片保存在各个计算节点上，各个计算节点各自算完之后将最新的参数提交给参数服务器，由其进行更新保存。这一模式的优点是不需要训练数据的分发，特别是在处理 TB 级数据量时，可节省大量数据传输时间，所以在大数据深度学习应用中推荐使用此模式。采用此模式的示例代码如下：

```
cluster=tf.train.ClusterSpec({"worker":["192.168.1.5:8990"],"ps":
["192.168.1.10:9089"]})
    server = tf.train.Server(cluster,job_name=FLAGS.job_name,task_index=
FLAGS.task_index)
    if FLAGS.job_name == "ps":
        server.join()
    elif FLAGS.job_name == "worker":
        with tf.device(tf.train.replica_device_setter(
                worker_device="/job:worker/task:%d" % FLAGS.task_index,
                cluster=cluster)):
```

其中，tf.train.ClusterSpec 是根据参数服务器和工作节点创建一个集群，需要把所有的参数服务器和工作主机的 IP 地址和端口的信息都包含进去。ps 对应参数服务器的 IP 地址和端口，由于训练代码中大部分是可以共享的，因此使用标记变量 FLAGS.job_name 来区别代码是运行在参数服务器上还是在计算节点上。如果是运行在参数服务器上，则本机负责参数更新的工作，否则就进行任务运算。tf.train.Server 创建并启动本地任务的服务器，后面根据执行的命令的参数，决定这个任务是哪个任务。

（3）异步和同步训练

在 In-graph 模式和 Between-graph 模式下，参数更新均支持同步和异步两种方式。其中，同步更新是指每次梯度更新要等所有节点计算完成并返回结果，对结果处理完成后统一更新参数。这种方式的训练过程比较稳定，不会出现抖动现象，但是模型的处理速度存在"木桶效应"，即计算较慢的节点会拖累整体训练过程。而异步更新参数的方式不存在此问题，且计算性能强，所以模型训练速度快，但是各计算节点的更新不同步导致梯度下降不稳定，抖动较大。

总之，在数据量小且各个节点的计算能力均衡的情况下，推荐使用同步的方式；数据量很大，或者在各个节点的计算性能参差不齐的情况下，推荐使用异步的方式。

9.3 并行决策树

在大数据时代，算法需要处理的数据量急速增加，仅依靠原始的决策树算法进行分类无论在效率与准确性上已都不足以满足需求。想高效、出色地在大数据量下使用决策树算法，就需要将决策树算法并行化。

并行决策树算法基于 MapReduce 框架，其核心思想是"分而治之"。MapReduce 通过将海量数据集分割成多个小数据集交给多台不同计算机（节点）进行处理，从而实现并行化数据处理。通过使用 MapReduce 框架，使用者可以专注于要实现的程序本身的功能，而不用耗费大量时间在并行化的实现上。在 MapReduce 中，数据的输入与输出的格式均为键值对<key, value>格，并借鉴函数式编程语言的思想，在数据处理过程中，定义了映射（Map）和归约（Reduce）两个阶段。一般来说，Map 阶段将输入数据划分为相互独立的分块，并行处理，并将处理完成后的数据作为 Reduce 阶段的输入。

具体应用到决策树算法上，通过 MapReduce 将决策树算法并行处理，其中在决策树算法中最耗费时间的是属性重要度的计算。将这部分运算并行执行，可以大大提高运行效率。下面以 Map 阶段与 Reduce 阶段的具体实现来进行介绍。

① 在 Map 阶段，Map 函数以单个条件属性（与分类属性组合）的形式分解数据，并行计算每个条件属性相对分类属性的熵，得到属性的重要度，并以<属性名,重要度>的形式输出数据。这里的重要度指单个条件属性相对分类属性的熵，取值越小越重要。

② 在 Reduce 阶段，先对 Map 阶段的输出结果中的键值对<属性名,重要度>，汇总所有局部结果，找到最大重要度的属性名，选择这个属性作为测试节点，并判断它是否为叶节点，如果是叶节点，则返回；反之，执行分支划分，并将其录入待计算数据库中存储。

上述操作不断进行，从而实现决策树的构建。也可以分解整个决策表，以若干条记录组成记录块，然后 Map 函数并行计算每个记录块中每个条件属性每种取值对应的分类属性取值个数。Reduce 函数再汇总所有记录块每个条件属性相对分类属性的熵，从而确定取得最大增益的重要条件属性。

与传统的决策树算法相比，在 MapReduce 计算框架上实现的并行决策树算法是高效可行的。但仍存在各种优化的可能性，可通过不同的并行处理来进一步提升算法的表现。

9.4　并行 k-均值算法

k-均值算法是应用最广泛的聚类算法之一。随着大数据的发展，在实际使用过程中如何提升 k-均值算法对于大数据的聚类性能是一个具有挑战性的任务。有研究者提出了基于 MapReduce 的并行 k-均值算法，在 Hadoop 环境中并行运行，能够高效且低成本地处理大型数据集。

用 MapReduce 框架实现 k-均值算法，需要将 k-均值每一次迭代作为一个 MapReduce 作业，然后不断运行 MapReduce 作业以达到聚类的效果。在每一次迭代过程中，需要在 Mapper 中读取之前的聚类中心，然后读取每个样本点，计算该样本点到各个聚类中心的距离，按照它到每个聚类中心的距离进行归类。

在具体实现时，将输入数据集存储在 HDFS 中，作为<key, value>的序列文件，每个<key, value>代表数据集的一条记录，其中 key 为该记录对应于数据文件起始位置的偏移量，value 为该条记录的内容。将上次一迭代（或者初始化）得到的 k 个聚类中心放到 Configuration 中，然后在 Mapper 的 setUp 计算读取这 k 个聚类中心。Mapper 会将同一类的数据发送至同一个 Reducer，计算并判断某个样本到哪个中心最近。

在 Reducer 中，根据数据重新计算聚类中心即可。重新计算聚类中心的方法也很简单，就是将该类包含的所有样本点求均值。

下面以表9-1中的二维数据为例介绍并行k-均值的聚类。

表9-1 并行k-均值的实验数据

x_1	x_2	x_3	x_4	x_5	x_6	x_7	x_8	x_9	x_{10}	x_{11}
1	2	2	3	9	10	10	11	15	16	16
2	2	5	3	14	13	15	16	6	5	8

将$x_1 \sim x_6$分配给node1，将$x_7 \sim x_{11}$分配给node2，选择$k=3$，在开始阶段，创建一个如表9-2所示的全局文件。

表9-2 全局文件

簇ID	簇中心	样本点数目
1	(1,2)	0
2	(2,2)	0
3	(2,5)	0

在Map阶段对于数据集中的每一个节点，读取全局文件，获得上一轮迭代生成的簇中心信息，计算样本点到簇中心的距离。第一次迭代后，得到的结果如表9-3所示。

表9-3 Map第一次迭代结果

所属节点	样本点	距离最近的簇			重新分配
		簇1	簇2	簇3	
node1	x_1	√			簇1
	x_2		√		簇2
	x_3			√	簇3
	x_4				簇3
	x_5			√	簇3
	x_6			√	簇3
node2	x_7			√	簇3
	x_8			√	簇3
	x_9			√	簇3
	x_{10}			√	簇3
	x_{11}			√	簇3

在Reduce阶段每个Reducer收到关于某一个簇的信息，包括该簇的ID和簇的中心以及包含的样本个数。具体如表9-4所示。

表9-4 第一次迭代后Reducer输出的全局文件

簇ID	簇中心	样本点数目
1	(1,2)	1
2	(2.5,2.5)	2
3	(11.125,10.25)	8

一次迭代完成后，进入下一次迭代，直到聚类结果不再发生变化，输出最终得到的聚类结果如表9-5所示，可视化结果如图9-4所示，其中各簇中颜色较深的点为簇中心点。

表 9-5　聚类结果

样本点	簇 ID
x_1	簇 1
x_2	簇 2
x_3	簇 2
x_4	簇 2
x_5	簇 3
x_6	簇 3
x_7	簇 3
x_8	簇 3
x_9	簇 3
x_{10}	簇 3
x_{11}	簇 3

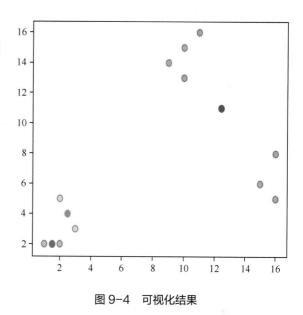

图 9-4　可视化结果

习题

1. 分布式学习用在什么场合？
2. 讨论分布式计算的常用方法。
3. 简述 MapReduce 计算框架的基本原理。
4. MapReduce 的过程由哪些环节组成？这些环节分别处理什么工作？
5. 为什么 Hadoop 架构不能处理实时的数据分析工作？
6. 举例说明 MapReduce 的应用。
7. 与 Hadoop 相比，Spark 对大数据的处理速度为什么显著提升？
8. 结合实例，讨论 MapReduce 在并行决策树算法中的应用。
9. 结合实例，讨论并行 k-均值算法的计算过程。
10. 查找资料，讨论如何对关联算法 Apriori 进行并行化改造。
11. 对于大样本数据，如何对多元线性回归模型进行并行化改造？

第 10 章
深度学习基础

    深度学习是一种利用复杂结构的多个处理层来对数据进行高层次抽象的算法，是机器学习的一个重要分支。传统的反向传播（BP）算法往往仅有几层网络，需要手动指定特征且易出现局部最优问题。而深度学习可自动从训练集里提取特征，解决了人工提取指定特征考虑不周的问题，而且先初始化神经网络权重再采用 BP 算法进行训练，与传统 BP 算法相比取得了更好的效果。

    本章主要介绍深度学习相关的概念、基本原理和流行框架，重点介绍卷积神经网络（CNN）和循环神经网络（RNN）的典型算法以及常见应用。

10.1 卷积神经网络

1943 年，麦卡洛克和皮茨参考生物神经元的结构发明了神经元模型之后，神经网络从单层发展到两层，再到多层。随着层数的增加和激活函数的不断演变，其非线性拟合能力不断加强。随着计算机的运算能力的提高和数据量的快速增长，以及更多训练模式的引入，人工神经网络经过几十年的发展，在人工智能领域发挥着越来越大的作用。

以深度学习为代表的神经网络方法随着求解问题规模的逐渐增大，相较于其他方法在准确率方面越发有优势，如图 10-1 所示，其他方法改进缓慢，而神经网络方法可使准确率得到较快提升。

（1）深度学习的由来

1986 年，MLP 的诞生使神经网络的研究再次成为热潮。MLP 包含隐层的非线性激活函数和 BP 算法，具备解决非线性可分问题的能力。2006 年，辛顿和鲁斯兰提出了深度学习的概念

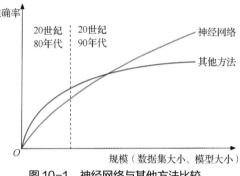

图 10-1 神经网络与其他方法比较

以及深度神经网络的逐层训练算法，真正开启了深度学习时代。后来 CNN 和 RNN 相继被提出，深度学习在大数据时代背景下得到了广泛的应用。

（2）深度学习应用特点

深度学习是通过多层非线性映射将各影响因素分离，不同的影响因素可对应到神经网络中的各个隐层，不同的层在上一层的基础上提取不同的特征，提取的过程就是机器学习的过程。这些特征不由人工定义，直接存储在模型的参数中。总之，深度学习在分层特征表达方面更有优势，并且具有提取全局特征和上下文信息的能力。

（3）深度学习发展方向

近年来深度学习发展迅速，以深度学习为代表的人工智能在图像识别、语音处理、自然语言处理等领域有了很大突破。深度网络模型在图像分类、目标检测、语义分割、动作识别等应用场景中的预测精度在不断提高。以 ILSVRC（ImageNet Large Scale Visual Recognition Challenge，ImageNet 大规模图像识别竞赛）为例，深度网络模型自 2010 年到 2015 年在 ImageNet 数据集上的图像分类错误率（top-5）在逐年快速下降，并在 2015 年凭借 ResNet 深层网络模型首次取得了超越人类的分类能力，错误率仅 3.57%。

深度学习在认知方面进展有限，仍有很多问题没有找到满意的解决方案，这些都是未来深度学习的发展空间。

10.1.1 卷积神经网络概述

全连接神经网络每两层神经元之间都有一条链接，因此在实际应用中网络通常采用浅层结构。若简单地通过增加隐层数量来提升网络深度，将会导致"维度灾难"，原因在于各层神经元的全连接会产生大量的网络参数，随着层数的增加，参数将会成倍增长，导致训练难度增加。卷积神经网络（CNN）对此做出了改变，允许两层之间仅有部分神经元相连，有效地减少了网络参数，有利于层数的增加。

1. 感受野

CNN 是人工神经网络的一种，最开始是由对猫的视觉皮层的研究发展而来的。视觉皮层的

细胞对视觉子空间更敏感，通过子空间的平铺扫描实现对整个视觉空间的感知。研究表明，猫的视觉皮层中一些神经元在感受到一些特定的线条或者明显的边缘线时会产生特别的反应，且只有当直线朝向的角度在一个很小的范围里时才会产生上述现象，这种能够对神经元产生刺激的范围称为神经元的感受野（Receptive Field）。不同神经元感受野的大小和性质都不同，特定性质的感受野对应视觉图像的特定区域。

1981年，戴维·胡贝尔（David Hubel）和托尔斯滕·威塞尔（Torsten Wiesel）对人脑的视觉感知机制进行了研究，发现了人脑对视觉信息的处理是分级逐层深入的，在靠近视网膜的低级区域中完成边缘、形状等局部特征的抽取，在靠近大脑皮层的高级区域完成对图像的分类识别。这启发了人们通过增加人工神经网络的深度来模拟人脑，在网络的浅层提取输入的低层特征，然后逐层组合、抽象，在高层提取出具有代表性的特征，最终完成图像的识别。

CNN源于日本的福岛邦彦（Kunihiko Fukushima）于1980年提出的基于感受野的模型。在1998年，杨立昆等人提出了CNN模型LeNet-5，用于对手写字母进行识别。它基于BP算法对模型进行训练，将感受野理论应用于神经网络。

CNN已经成为深度学习领域的热点，特别是在图像识别和模式分类方面。其优势是具有共享权重的网络结构和局部感知（也称为稀疏连接）的特点，能够降低神经网络的运算复杂度，减少权重的数量，并可以直接将图像编码作为输入进行特征提取，避免对图像的预处理和显式的特征提取。

2. CNN 应用前景

目前CNN在图像处理领域已经表现出很好的应用性能，在医学诊断、无人驾驶等场景的应用逐渐发挥出其特有的优势。例如，在苹果病虫诊断的应用中，可以根据苹果叶片的图像，将苹果的健康状态分为几种类别，以此帮助人们对苹果的生长状态进行诊断。此外，临床上还可利用CNN分析人体肝脏等器官的医学图像，识别出图像中隐藏的病变区域，帮助医生进行医学诊断。

10.1.2　卷积神经网络的结构

CNN是一种深度的有监督学习的神经网络。它是稀疏的网络结构，在层的数量、分布、每一层卷积核的数量上都会有差异，结构决定了模型运算的效率和预测的精度，理解不同结构的作用和原理有助于设计符合实际的深层网络结构。

卷积层和子采样层是特征提取功能的核心模块。与其他前馈式神经网络类似，CNN采用梯度下降的方法，应用最小化损失函数对网络中各节点的权重参数逐层调节，通过反向递推，不断地调整参数使得损失函数的结果逐渐变小，从而提升整个网络的特征描绘能力，使CNN分类的精度和准确率不断提高。

CNN的低层是由卷积层和子采样层交替组成的，在保持特征不变的情况下减少了维度空间和计算时间；更高层次是全连接层，其输入是由卷积层和子采样层提取到的特征；最后一层是输出层，承担分类映射，采用逻辑回归、Softmax回归、支持向量机等进行模式分类，也可以直接输出某一结果。

1. 输入层

CNN的输入通常为图像，每幅图像都可以表示成由像素值组成的矩阵。一幅灰度图对应单通道，表示为一个二维矩阵，每个单元通常取值为0到255的一个数，0表示白，255表示黑；一幅RGB彩色图则有3个通道，分别表示红、绿、蓝3种颜色的像素值，每个通道可以表示为矩阵，其中每个单元的范围是0到255。

```
from PIL import Image
```

```
import numpy as np
from matplotlib import pyplot as plt
# 读入图像
photo=Image.open('photo.jpg')
# 矩阵转换
im=np.array(photo)
# 图像展示
plt.imshow(im)
```

2. 卷积层

通过卷积层（Convolutional Layer）的运算，可以将输入信号在某一特征上加强，从而实现特征的提取，也可以排除干扰因素，从而降低特征的噪声。

（1）卷积

卷积操作是 CNN 实现逐层特征提取的重要手段之一。在信号处理中，将两种信号分别用函数形式表示为 $f(x)$ 和 $g(x)$，以*表示卷积运算。当 $f(x)$ 和 $g(x)$ 为连续函数时，其卷积 $h(t)$ 表示如下：

$$h(t) = (f * g)(t) = \int_{-\infty}^{+\infty} f(x) g(t-x) \mathrm{d}x$$

可见卷积 $h(t)$ 是关于 t 的函数，某一特定 t 对应的卷积值等于无穷区间 $f(x)$ 与 $g(t-x)$ 的乘积的积分。同理，令 $f[m]$ 和 $g[m]$ 为离散函数，它们的卷积 $h[n]$ 等于：

$$h[n] = (f * g)[n]$$
$$= \sum_{m=-\infty}^{+\infty} f[m] g[n-m]$$
$$= \sum_{m=-\infty}^{+\infty} g[m] f[n-m]$$

将上述一维信号的卷积推广到二维情形下，假设对一幅灰度图做卷积运算，该图可以视为一个二维矩阵，第 i 行第 j 列的取值表示图像第 i 行第 j 列的像素值，因此可以用函数 $f(i,j)$ 来表示图像，函数值对应像素值，取值范围为[0, 255]。

与 $f(i,j)$ 进行卷积运算的函数通常称为核函数，在二维情形下被称为卷积核（Kernel），也称为滤波器（Filter）。卷积核可以表示为二维矩阵的形式，$g(k, l)$ 表示核函数，$h(i, j)$ 表示卷积结果，则二维情形下的卷积计算表达式如下：

$$h(i, j) = (f * g)(i, j) = \sum_k \sum_l g(k, l) f(i+k, j+l)$$

二维卷积计算是离散数值型计算。图 10-2 给出了二维卷积计算的一个实例。一次卷积相当于将卷积核在输入图像上进行平移，卷积核从输入图像的左上开始，将对应值相乘并相加，每平移一个步长就通过上式计算出特征图相应位置上的数值。

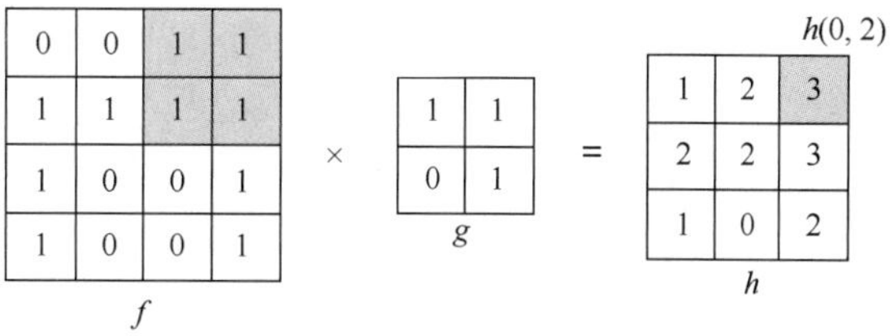

图 10-2　二维卷积计算实例

参照二维卷积计算表达式，特征图中 $h(0, 2)$ 的计算如下：

$$h(0, 2) = g(0,0) f(0,2) + g(0,1) f(0,3) + g(1,0) f(1,2) + g(1,1) f(1,3) = 1+1+0+1 = 3$$

由图 10-2 可知，CNN 某一层特征图中的每一个值，都对应输入图中的某一区域的卷积运算。CNN 中的感受野指特征图上的某一点所对应的输入图像或特征图的相应区域。经过多层卷积，CNN 能够得到不同层次的特征。

在一次卷积中，不同卷积核对图像做卷积得到的特征图不同。卷积核每次平移的步长（Stride）是超参数，通常取值为 1。卷积核平移步长越大，得到的特征图越小。卷积核的个数即卷积的深度，不同的卷积核对应不同的通道，产生不同的特征图。

（2）填充

图像边缘的像素做卷积的次数较少，即被移动的卷积核覆盖的次数较少，因此会造成对图像边缘的特征提取较少。填充（Padding）很好地解决了上述问题，更多地抽取了输入图像中的边缘特征。填充方法可分为两种：第一种称为宽卷积，可以使卷积前后的特征图大小不变；第二种称为窄卷积，不进行任何填充，会减小输出特征图的大小。

填充的基本方法是在图像的编码边缘增加用 0 值填充的像素，原始图像的边缘被新的"边缘"替代，由此解决了边缘特征的提取问题。以图 10-2 所示的卷积计算为例，对输入图像编码进行填充后的卷积计算如图 10-3 所示，阴影部分表示填充的部分，输出特征图的编码较大，更好地提取了原始图像边缘的特征。

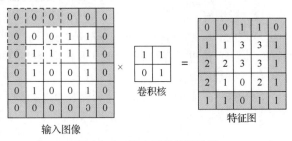

图 10-3　填充后的卷积计算

实际应用中各方向填充的 0 值数不一定相同，通常根据需要设计。

（3）卷积核与权重

卷积核中每一个元素的取值需要通过训练确定，这与神经网络中的权重相对应。卷积层内二维卷积的计算统一成了下述形式，其中 $\boldsymbol{W}$ 表示权重矩阵，即二维卷积核；$\boldsymbol{X}$ 表示输入矩阵，$\boldsymbol{O}$ 表示卷积输出矩阵：

$$O_{i,j} = \sum_k \sum_l W_{k,l} X_{i+k,j+l} + b$$

（4）权重共享

CNN 通过权重共享来显著减少卷积层中的网络参数，为网络深度的增加提供可能。权重共享是指输出特征图中的每一个元素值，都对应由同一个卷积核中的权重与不同区域的输入像素值做卷积计算，且一个卷积核仅对应一个偏置。因此，一张特征图仅对应一组权重和一个偏置。假设输入图像尺寸为 $H_{in} \times W_{in}$，卷积层内卷积核共有 n 个，尺寸统一为 $H_k \times W_k$，则该卷积层在权重共享的条件下将包含 $H_k \times W_k \times n$ 个不同的权重和 n 个不同偏置。

目前大多数 CNN 的卷积层都采用了权重共享，但在一些特殊的应用场景下，例如人脸图像处理方面，需要更多地关注人脸不同区域中的不同特征，此时采用权重共享反而会影响特征的提取，因此产生了不共享权重的局部卷积（Local Connected Convolution），在训练时可能需要更大的计算量，增加的网络参数也需要更多的样本数据来训练。

（5）彩色图卷积

卷积层输入图不仅有灰度图，还有彩色图。上文提到灰度图是二维的图像，每一个像素值代表该像素的灰度。而彩色图则是三维图像，原因在于计算机采用 RGB 来表示彩色图：世界上任何一种颜色都可以通过一定比例的红（Red）、绿（Green）、蓝（Blue）3 种颜色调和而成。一张 RGB 图中，每一个像素由 3 种颜色的编码值组成。

采用"图像灰度化"可以将彩色图转化为灰度图。通常，将灰度图视为 RGB 的 3 个通道取值相同的特殊彩色图像。通过特定方法可以将像素在 RGB 的 3 个通道的取值转化为单独的灰度取值。平均值法将 RGB 的 3 个值的平均值作为灰度值 Gray，转化公式如下：

$$\text{Gray} = (R + B + G)/3$$

另一种常用的灰度化方法是采用特定的比例将 RGB 的 3 个值进行组合，例如：

$$\text{Gray} = 0.3R + 0.11B + 0.59G$$

彩色图卷积需要把输入（特征）图分别用不同的卷积核进行卷积，得到不同的特征图，它们的大小是一样的。然后把这些特征图对应位置的编码值相加，得到输出特征图的一个通道编码。

（6）转置（反）卷积

转置卷积（Transposed Convolution）可以视为卷积的逆操作。卷积通过逐层提取图像的特征，特征图变得小而多。而转置卷积则相反，它对输入特征图通过上采样等操作，实现更大的特征图输出。

在输入图像的分辨率较低时，可以通过上采样来提高图片的分辨率。目前已有许多实现上采样的方法，但大都是基于插值的方法，这类方法不利于引入神经网络中进行学习。而转置卷积是一种通过网络学习最优上采样的方法。

（7）空洞卷积

在一般的卷积操作中，想要扩大感受野通常需要增加特征图尺寸，这将造成网络参数的增加。而采用空洞卷积可以在不增加网络参数的情况下，扩大感受野的范围，使卷积能够提取更大范围的特征信息。

空洞卷积在特征图的各单元之间插入间隔 0 值，扩大了感受野，因此空洞卷积也称扩张卷积（Dilated Convolution）。间隔的大小由超参数扩张率（Dilation Rate）决定。图 10-4 中展示了扩张率取不同值时的等效特征图。

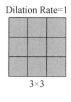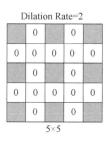

图 10-4　不同扩张率下的空洞感受野

空洞卷积扩大了感受野，并通过填充实现了在扩大感受野的同时，增大输出特征图的尺寸。扩大后的感受野将有利于获取多尺度的信息，提取的特征更加全局化，能够帮助分析图像中的大物体。此外，也避免了使用下采样造成输入信息损失。但感受野的扩大将不利于网络对小物体的检测和语义分割。

（8）可分离卷积

可分离卷积（Separable Convolution）包含空间可分离卷积和深度可分离卷积两种。其中空间可分离卷积主要针对某一通道上的二维特征图进行分解，而深度可分离卷积则主要从深度上分解特征图。

空间可分离卷积将一次卷积分割为两个单独的运算，并确保结果一致。下式中一个 3×3 的卷积核等价为一个 3×1 和一个 1×3 的小卷积核：

$$\begin{pmatrix} 1 & -2 & -1 \\ 2 & -4 & -2 \\ 1 & -2 & -1 \end{pmatrix} = \begin{pmatrix} 1 \\ 2 \\ 1 \end{pmatrix} \times \begin{pmatrix} 1 & -2 & -1 \end{pmatrix}$$

经过上述卷积核分解后，卷积计算将分两次进行，首先是使用 3×1 的卷积核做卷积，然后将得到的中间特征图用 1×3 的卷积核做卷积，最终得到的特征图与未分解前的卷积结果相同。

一个 3×3 的卷积核对一个 5×5 的输入特征图做卷积时（假设步长为 1），共包含 9 个权重，需要 81 次乘法计算。而将卷积核按空间可分离卷积方法分解后，仅包含 6 个权重，需要 72 次乘法计算。

深度可分卷积（Depthwise Separable Convolution）最早被用于构造 Xception 网络的基本卷积单元。如图 10-5 所示，它通常由两种卷积组成：首先执行 depthwise 卷积，将特征图按通道划分，每个通道对应不同的卷积核，输出的特征图通道与输入的特征图通道相同；随后通过 pointwise 卷积整合所有通道的信息，采用多个 1×1 卷积

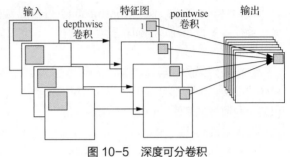

图 10-5 深度可分卷积

积核，核深度与特征通道数相同。可见上述两次卷积过程本质上是对一个普通卷积在深度上的分解。

（9）分组卷积

分组卷积（Croup Convolution）最早被用于 AlexNet 网络。分组后的卷积可以通过并行加速计算，并显著地减少网络参数。分组所分的对象为特征图的通道。图 10-6 展示了普通卷积与分组卷积的区别。

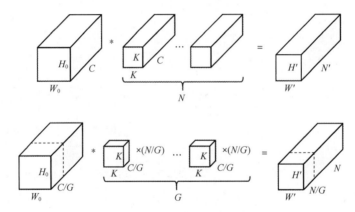

图 10-6 普通卷积与分组卷积

假设输入特征图尺寸为 $H_0 \times W_0 \times C$，原始卷积核个数为 N，一个卷积核的尺寸为 $K \times K \times C$，则卷积后输出特征图尺寸为 $H' \times W' \times N$。若采用分组卷积，设分组数为 G，则输入特征图将按通道分组，每组特征图尺寸为 $H_0 \times W_0 \times (C/G)$。相应地每组输入对应$(N/G)$个卷积核，卷积核尺寸变为 $K \times K \times (C/G)$。各组的卷积核仅与同组的输入特征图进行卷积，因此卷积输出依然为 $H_0 \times W_0 \times N$，但总参数由原来的 $K \times K \times C \times N$ 变为 $K \times K \times (C/G) \times N$，缩小到原来的 $1/G$。

（10）卷积层的输出计算

在二维卷积计算中，输入与输出特征图的尺寸存在一定的关系，可以描述为下述公式：

$$n_{\text{out}} = \left\lfloor \frac{n_{\text{in}} + 2p - k}{s} + 1 \right\rfloor$$

如果卷积核采用对称编码，式中 n_{out} 表示输出特征图的大小，则 n_{in} 相应表示输入特征图的大小；$2p$ 表示填充增加的维度；k 表示卷积核的大小；s 表示步长。如果卷积核的编码是非对称的，可分别利用上述公式对输出特征图的高度和宽度进行计算。

当要求 $n_{out} = n_{in}$，即输出与输入特征图的尺寸相同时，可以由上述公式得到卷积核大小 k 与填充数 $2p$ 的关系：$2p = k-1$（假设 $s = 1$）。

将上述二维的情况扩展到三维，采用 n_k 个卷积核对一幅三维图像做卷积运算时满足：

$$\left[H_{out}, W_{out}, C_{out}\right] = \left[\left\lfloor \frac{H_{in} + 2p - k}{s} + 1 \right\rfloor, \left\lfloor \frac{W_{in} + 2p - k}{s} + 1 \right\rfloor, n_k\right]$$

其中 H_{out}、W_{out}、H_{in}、W_{in}、C_{out} 分别表示输出和输入特征图的高、宽和通道数。由上式可见，三维情况下输出特征图的高和宽的计算与二维情况类似，而通道数则由卷积核的个数决定。

3. 激活函数

输入特征图经过卷积层后，需要输入给激活函数，进行非线性变换得到激活输出。以二维输入为例，令 A 为激活矩阵；ReLU 为激活函数；O 为卷积输出矩阵；W 为卷积核；X 为输入，关于 A 中激活值 $A_{i,j}$ 的计算如下式。CNN 将 A 作为下一层的输入进行前向传递。

$$A_{i,j} = \text{ReLU}\left(O_{i,j}\right) = \text{ReLU}\left(\sum_k \sum_l W_{k,l} X_{i+k, j+l} + b\right)$$

常见 CNN 的激活函数有 Sigmoid、Tanh、ReLU 函数等。引入 ReLU 层的主要目标是解决线性函数表达能力不足的问题，整流层作为神经网络的激活函数可以在不改变卷积层的情况下增强整个网络的非线性特性，不改变模型的泛化能力的同时提升训练速度。整流层的函数有以下几种形式：

$$f(x) = \max(0, x) \tag{1}$$
$$f(x) = \text{Tanh}(x) \tag{2}$$
$$f(x) = |\text{Tanh}(x)| \tag{3}$$
$$f(x) = (1 + e^{-x})^{-1} \tag{4}$$

其中式（4）是 Sigmoid 函数，它是传统的神经网络激活函数，将输出压缩在 0～1，这样就可以用于分类的操作。但在梯度下降中，容易出现梯度消失，导致梯度传递终止。目前主要使用 ReLU 函数作为激活函数，即式（1），其优点是收敛很快，并且计算成本低。研究表明，生物神经元的信息编码是比较分散和稀疏的，并且可更加有效地进行梯度下降和反向传播，可以避免梯度消失的问题，同时活跃度的分散性使得网络的运算成本较低。

4. 权重初始化

用小的随机数据来初始化各神经元的权重，以打破对称性。而当使用 Sigmoid 激活函数时，如果权重初始化得较大或较小，训练过程容易出现梯度饱和、梯度消失的问题。可以采用 Xavier 初始化来解决。如果要在 ReLU 激活函数上使用，最好使用 He 初始化。或者应用 Batch Normalization Layer 来初始化，其思想是在线性变化和非线性激活函数之间，对数值做一次高斯归一化和线性变化。此外，由于内存管理是在字节级别上进行的，因此把参数值设为 2 的幂比较合适（如 64、128 等）。

5. 池化层

池化层（Pooling Layer）是一种下采样（Down Sampling）的形式，在神经网络中也称之为子采样层（Sub-Sampling Layer）。池化有以下主要功能：一是能够缩小输入特征图的维度，但保留最重要的信息，使参数数量和运算量减少，在一定程度上可以避免过拟合；二是增强网络对输入图像中的微小变化的稳健性。输入图像的微小变化可能不会改变池化输出，因为池化主要提取局部的主要特征。

池化与卷积操作类似，它通过在输入特征图上逐步移动池化核，采用设定的池化方法对池化核覆盖的单元值进行池化，得到输出特征图。池化后的特征图大小的计算方法与卷积操作的类似。实际应用中，一般使用最大池化（Max Pooling）将特征区域中的最大值作为新的抽象区域的值，以减少数据的空间大小。

图 10-7（a）和图 10-7（b）分别是原始图像和由像素值表征的新图像，其中用数字的大小表示色彩的深浅。一般情况下会将图片变成灰度图，所以数值取值范围为[0,255]。这些小的像素块形成了最基本的 CNN 的输入层。通过对图 10-7（b）进行池化操作，可以提取到图像在更高维度上的特征，或者对其进行变形、裁剪等操作，在保留各像素间的关联关系的同时，去除冗余噪声。

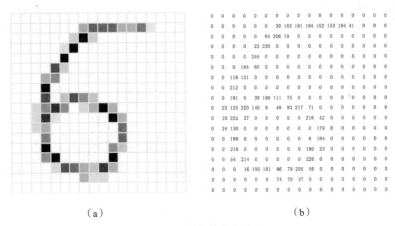

（a）　　　　　　　　　　　　（b）

图 10-7　图像数字化处理

池化的结果是特征减少，参数减少，但其目的并不仅在于此。为了保持某种不变性（旋转、平移、伸缩等），常用的池化方法有平均池化（Mean Pooling）、最大池化和随机池化（Stochastic Pooling）等。

在图像特征提取过程中存在误差，例如由于邻域大小受限造成的估计值方差增大，这种情况可采用平均池化方法，通过取平均值的方式减少误差，其特点是更多地保留图的背景信息和全局特征；由于卷积层参数误差造成估计均值的偏移，可采用最大池化减小误差。最大池化更多突出图的纹理特征和局部特征；随机池化则介于两者之间，通过对像素按照数值大小赋予概率，再按照概率进行采样。与最大池化相比，随机池化并非一定取最大值，可以看作一种正则化方式。

平均池化和最大池化的过程如图 10-8 所示，其理论基础是特征的相对位置比具体的实际数值或位置更加重要，所以是否应用池化层需要依照实际的需要进行分析，否则会影响模型的精度。图 10-8 中左图平均池化采用的池化核大小为 2×2，步长为 2。平均池化从输入图像的左上角开始，将一个池化核大小范围内的输入像素值进行累加并取平均，得到输出特征图中的相应位置的一个值，随后移动一个步长，重复上述计算直到结束。最大池化与平均池化的区别就在于，最大池化取池化区域中的最大像素值作为输出，可见它主要保留图像中较突出的特征信息。

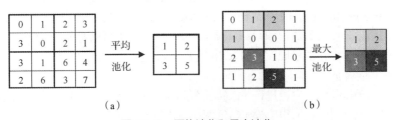

（a）　　　　　　　　　　　　（b）

图 10-8　平均池化和最大池化

广义均值池化（Generalized Mean Pooling）于 2017 年被提出，它给池化层加入了可学习的参数，是介于平均池化和最大池化之间的一种方法。若以 O_k 表示池化输出中的第 k 个值，X_k 表示 O_k 对应的输入值组成的向量，$|X_k|$ 表示向量的元素数，则广义均值池化可以表示为：

$$O_k = \left(\frac{1}{|X_k|} \sum_{x \in X_k} x^{p_k} \right)^{\frac{1}{p_k}}$$

全局平均池化（Global Average Pooling）是将某一通道的所有特征点求和后取平均值，形成一个新的特征值，如图 10-9 所示。它可用于替代（去除）最后的全连接层，用全局平均池化层（将图像尺寸变为 1×1）来取代之，可以避免网络层数较深时，采用全连接引起的过拟合，导致泛化程度降低。

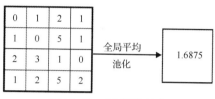

图 10-9 全局平均池化

随机池化于 2013 年被提出，其核心思想是按照一个池化窗口对应的概率矩阵随机从窗口中选出一个输入值作为该窗口的池化输出，输入值越大则对应的概率值越大，被选中的可能性越大。如图 10-10 所示，以一个窗口的池化操作为例，随机池化首先计算窗口内各输入值的总和，并将各输入值除以总和作为对应的概率值，形成该窗口对应的概率矩阵；然后依据概率矩阵从输入中选出一个值作为输出。

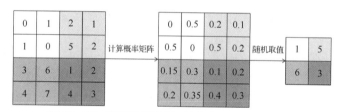

图 10-10 随机池化示例，池化窗口 2×2，步长 2

虽然随机池化中输入值越大越容易被选中，但它并不限制每次都只能取窗口中的最大值，这是其与最大池化的差别。在实现随机选择输入时，可以将[0,1]区间按概率值划分为多个区间，每个区间与特定的输入值对应，然后随机生成一个[0,1]区间的随机数，根据随机数所在区间来实现随机选择。

除了上述非重叠池化方法外，在下采样时还可以采用重叠池化（Overlapping Pooling）方法。重叠池化在下采样时，两次相邻采样的窗口会有重叠区域。假设每次采样的区域大小为 $k \times k$，则池化的步长（stride）满足 $k >$ stride。重叠池化方法能够使采样后的特征更多地保留原特征图的信息，具有更强的表达能力。

空间金字塔池化（Spatial Pyramid Pooling，SPP）通过把图像不同尺寸的卷积特征转化成相同尺寸的特征向量，使得 CNN 可以处理任意尺寸的图像，模型更加灵活，还能避免对图像进行裁剪和变形，减少了图像特征的丢失。空间金字塔池化的过程是首先对图像进行划分，分别切分为 4×4、2×2、1×1 3 种块大小，总共有 21 块区域，然后对这 21 块区域进行最大池化，就得到了一个固定 21 维的特征，不同尺寸的图像都将生成 21 个图像块，从而实现 CNN 灵活处理任意大小的图像。

6. 全连接层

全连接层中，上一层的每一个神经元和该层的每一个神经元相互连接。在网络的深层采用全连接的主要原因在于，卷积层得到的特征图代表输入信号的一种特征，而它的层数越高表示这一特征越抽象。为了综合低层的各个卷积层特征，学习特征间的非线性组合，采用全连接层

（Full Connected Layer）将这些特征结合到一起，并通过 Softmax 计算输出。在 CNN 中，卷积和池化负责提取图像的特征，而全连接层则负责根据这些特征实现分类。

7. 输出层

输出层（Output Layer）的另一项任务是进行反向传播训练，依次向后进行梯度传递，计算相应的损失函数，并重新更新权重。在训练过程中可以采用 Dropout 来避免训练过程产生过拟合。输出层的结构与传统神经网络结构相似，是基于上一全连接层的结果进行类别判定。

10.1.3　卷积神经网络的训练

1. 训练步骤

基于 BP 算法训练 CNN 的过程可以总结为以下步骤。

（1）初始化

对网络中各层卷积核的取值和神经元的偏置做随机初始化，通常采用均值为 0 的高斯分布初始化权重，用 0 初始化偏置。

（2）前向传播

将训练集中的图像读入并转化为编码，并做预处理，执行前向步骤，即卷积、池化、全连接和输出，得到各类别对应的输出概率。

（3）误差计算

设计合适的损失函数，对于分类问题通常采用交叉熵作为损失函数。

（4）反向传播

计算误差相对于所有网络参数的梯度，利用梯度下降法更新所有参数的值，使损失函数趋于极小。在网络训练中，如卷积核个数、卷积核尺寸、网络结构相关参数等属于超参数，在网络优化时可以人工调整，一般不通过训练改变，只有卷积核和偏置能够通过梯度下降法学习更新。

2. CNN 的超参数调优

CNN 中的超参数可以分为两类：一是与网络结构相关的卷积核个数和尺寸、卷积方式、网络深度、激活函数等；二是与网络训练相关的学习率、优化器（Optimizer）参数、损失函数的参数、批样本数量、丢弃率、权重衰减系数等。

（1）优化器

在神经网络训练中，优化器负责将误差向后传递，更新网络参数。不同的优化器采用不同的优化规则。目前较常用的是使用 Adam 算法学习率更新、在权重更新中引入冲量项等。这些更新规则可以防止网络训练振荡，也可以使模型逃离鞍点，加快模型训练速度。

（2）学习率

学习率选择过小，网络收敛速度较慢；学习率选择过大，网络收敛会在极值点附近振荡。最优的学习率往往会在训练过程中发生动态变化，因此依然需要设计好学习率的更新算法。一个好的学习率更新规则，不仅能够避免模型陷入鞍点、加速模型的训练，而且能够使模型达到更高的精度。

对于不同的优化器，应注意训练时选择合适的初始学习率。表 10-1 提供了学习率初始化的推荐范围。

表 10-1　优化器的学习率初始化推荐范围

学习率优化器	学习率初始化推荐范围
SGD	$[10^{-2}, 10^{-1}]$
Momentum	$[10^{-3}, 10^{-2}]$

续表

学习率优化器	学习率初始化推荐范围
AdaGrad	$[10^{-3},10^{-2}]$
AdaDelta	$[10^{-2},10^{-1}]$
RMSProp	$[10^{-3},10^{-2}]$
Adam	$[10^{-3},10^{-2}]$

对学习率调整通常采用衰减策略，目前常见的方法包括分段设置学习率法、指数衰减、多项式衰减、逆时衰减、余弦衰减等。

（3）损失函数选取

除神经网络中常用的均方差误差、交叉熵等损失函数外，CNN 模型训练还可选取下述损失函数。

相对熵（Relative Entropy），也称 KL 散度，用于对两个随机变量分布的差异进行量化。假设样本均服从分布 $p(x)$，模型拟合分布为 $q(x)$，两者之间的差距表示为 $D_{KL}(p\|q)$：

$$D_{KL}(p \| q) = \sum_{i=1}^{n} p(x_i)\log_2\left(\frac{p(x_i)}{q(x_i)}\right) = \sum_{i=1}^{n} p(x_i)\log_2(p(x_i)) - \sum_{i=1}^{n} p(x_i)\log_2(q(x_i))$$

上式经过拆分后，前者为负的离散熵，后者为交叉熵，因此上式亦可化为：

$$D_{KL}(p \| q) = -H(x) - \sum_{i=1}^{n} p(x_i)\log_2(q(x_i))$$

3. 网络参数量压缩

对网络参数量进行压缩能够有效减小 CNN 模型的体积，有利于模型在移动、嵌入式设备上的部署应用。下述是目前常用的减少参数量的方法。

（1）在卷积层后采用池化操作。

（2）采用较少的 1×1 卷积核。

（3）通过堆叠小卷积核代替采用大卷积核，不仅可减少参数量，而且可保证卷积层具有同样的感受野。

（4）采用可分离卷积。

4. 网络训练过拟合

训练集过小或是采用了过于复杂的模型，都会导致过拟合问题的出现。数据增强（Data Augmentation）指基于现有数据集，对图像做特定的随机变换生成多种可信图像，包括图像旋转、特定方向的拉伸、图像缩放、图像剪裁、改变视角、遮挡、马赛克数据增强等，以此增加训练图像。此外，数据质量问题也可能导致模型过拟合。

采用 L_1/L_2 正则化、Early Stopping、Dropout、批标准化等方法也可以有效地减少模型过拟合。当采用 Dropout 时，通常在全连接层使用，丢弃率设置在[0,0.5]区间。当采用批标准化时，可以不用 Dropout。

5. 迁移学习

CNN 的迁移学习是利用在一个问题上训练好的模型，通常称为预训练（Pre-Train）模型。而在另一个问题中进行网络微调（Fine-Tune），只需训练模型中少数层的参数，通过简单的参数调整就可以使其适用于另一个新的问题。用于迁移的预训练模型通常已经在高质量的大数据集上完成训练，将其迁移到新问题中帮助减少模型训练的时间，尤其是在新问题的训练数据量不足时尽可能地保证模型的预测精度。

目前常用的微调方式有两种：第一种方式是对网络全连接层和输出层做修改，这些层可以设置较高的学习率，而其他卷积层设置较低的学习率，整个网络同时进行训练；第二种方式是先训练靠近输出层的少数几层参数，在训练多个周期后，再对整个网络的参数进行训练。采用哪种方式主要取决于新问题的相似性以及新样本的数量。

10.1.4 常见卷积神经网络

CNN 发展至今，大量 CNN 结构被公开，如 LeNet、AlexNet、VGG、GoogLeNet、ResNet、ResNeXt、DenseNet、MobileNet、SENet 等网络。根据这些网络最初被设计的用途，可分为典型卷积神经网络、轻量型卷积神经网络等。

1. 典型卷积神经网络

典型卷积神经网络指主要用于图像分类任务的 CNN 模型。图像分类是 CNN 最初的研究领域，也是相对较简单的一种学习任务。

（1）LeNet 网络

LeNet 网络由杨立昆于 1998 年提出，是较早出现的 CNN。LeNet 被成功应用于手写数字识别任务，在 MNIST 数据集上的测试错误率低于 1%。MNIST 是由美国国家标准与技术研究所统计的手写数字图像数据集，其中包含了 0~9 的手写数字，由 6 万张训练集图像和 1 万张测试集图像组成。图像的尺寸均为 28×28。在 LeNet 实现了对手写数字识别的突破之后，各类卷积神经网络模型不断涌现。图 10-11（a）所示为 LeNet 网络结构。

LeNet 网络的各层说明如下。

① 输入层

输入层的图像一般要比原始图像大一些，间接对原始图像进行缩小，使笔画连接点和拐角等图像特征处于感受野的中心。实际的数据图像的大小为 28×28，输入层采用了填充，因此实际输入层的大小为 32×32，这样可以使更高层的卷积层（如 C3）依然可以提取到数据的核心特征。

② 卷积层

LeNet 中的卷积层有 3 个，分别是 C1、C3 和 C5。其中 C1 输入大小为 32×32，采用 6 个不同的卷积核，卷积核大小为 5×5，步长为 1。经过卷积运算，C1 共输出 6 张特征图，特征图的大小为 28×28，即 32−5+1=28。特征图中的每个神经元对应 5×5 个连接，该层神经元的数量为 28×28×6，因此 C1 层总连接数为(5×5+1)×28×28×6=122304。基于卷积层的权重共享，这一层的待训练参数数量为 6×(5×5+1)=156，其中的 1 表示每个卷积核有一个偏置，可见经过卷积模型参数数量大幅减少。

C3 层输入为 6 个 14×14 的特征图，采用的卷积核尺寸为 5×5，步长为 1，因此输出特征图尺寸为 10×10。C3 包含 16 个卷积核，对应产生 16 个特征图输出。每个输出特征图对应的输入特征图不同，具体的对应关系如图 10-11（b）所示。以第 0 个输出特征图为例，它对应第 0、1、2 个输入特征图，卷积核对应通道为 3，不同通道的权重不共享，因此该输出特征图对应 5×5×3+1=76 个参数。总参数为(5×5×3+1)×6+(5×5×4+1)×9+(5×5×6+1)×1=1516，总连接数为 10×10×1516=151600。

③ 池化层

池化层有 2 个，分别是 S2（6 个 14×14 的特征图）和 S4（16 个 5×5 的特征图）。其中 S2 采用了 6 个大小为 2×2 的池化核，步长为 2，因此输出为 14×14×6。特征图中的每个单元对应输入图的一个单独的 2×2 区域，且区域之间不重叠。S2 采用最大池化方法，共包含(1+1)×6=12 个参数，总连接数为(2×2+1)×14×14×6=5880。

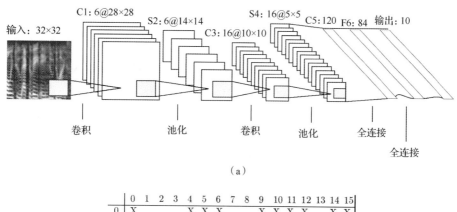

（a）

	0	1	2	3	4	5	6	7	8	9	10	11	12	13	14	15
0	X				X	X	X			X	X	X	X		X	X
1	X	X				X	X	X			X	X	X	X		X
2	X	X	X				X	X	X			X		X	X	X
3		X	X	X			X	X	X	X			X		X	X
4			X	X	X			X	X	X	X		X	X		X
5				X	X	X			X	X	X	X		X	X	X

（b）

图 10-11　LeNet 网络结构

S4 采用 16 个大小为 2×2 的池化核，步长为 2，池化得到 16 个 5×5 的特征图。S4 采用最大池化，总参数为 (1+1)×16=32，总连接数为 (2×2+1)×5×5×16=2000 个。

池化方法需要根据池化层在网络中所处的位置来决定。卷积层之间一般用最大池化，最大池化将特征区域中的最大值作为新的抽象区域的值，减小数据的空间大小，同时也就减少了模型复杂度（参数数量）和运算量，一定程度上可以避免过拟合，也可以强化图像中相对位置等显著特征。

④ 全连接层

全连接层之间可以视为 1×1 的卷积，它计算输入向量和权重向量的点积，然后应用 Sigmoid 激活函数输出单元状态。

C5 的输入为 16 张 5×5 的特征图，将其"拉伸"后可视为一个长度为 16×25=400 的向量，该向量每一个元素与 C5 中 120 个神经元全连接，每个神经元对应一个偏置，共包含 120×(400+1)=48120 个参数；同理 F6 全连接层的输出为 84，而输入为 120，加上 1 个偏置，可训练的参数为 84×(120+1)=10164 个。

⑤ 输出层

输出层基于全连接层的结果进行判别，采用 RBF 对输入进行处理，每个径向基单元输出为：

$$y_i = \sum_j \left(x_j - w_{ij} \right)^2$$

通过计算输入向量和参数向量之间的欧氏距离作为损失函数，距离越大，损失越大。该层输出类别为 10 个，输出值分别表示数字 0～9 的概率，每个类别对应 84 个输入，可训练参数为 84×10=840 个。输出层的另一项任务是进行反向传播，依次向后进行梯度传递，计算相应的损失函数，使全连接层的输出与参数向量距离最小。

综上，LeNet 包含完整的神经网络结构，在网络中主要执行了 4 种操作：卷积、非线性激活、池化、分类（全连接），在网络的浅层主要提取图像的纹理、颜色等局部特征，在深层则提取图像的轮廓、类别等抽象特征。

以下是基于 TensorFlow 实现的 LeNet 网络结构代码，其中具体的网络结构及参数配置对应图 10-11。池化操作采用最大池化，激活函数采用 ReLU 函数。

```
def LeNet(x):
    #C1: 卷积层。输入 = 32×32×1，输出 = 28×28×6
    conv1_w = tf.Variable(tf.truncated_normal(shape = [5,5,1,6],mean = m, stddev = sigma))
    conv1_b = tf.Variable(tf.zeros(6))
    conv1 = tf.nn.conv2d(x,conv1_w, strides = [1,1,1,1], padding = 'VALID') + conv1_b
    conv1 = tf.nn.relu(conv1)
    #S2: 池化层。输入 = 28×28×6，输出 = 14×14×6
    pool_1 = tf.nn.max_pool(conv1,ksize = [1,2,2,1], strides = [1,2,2,1], padding = 'VALID')
    #C3: 卷积层。输入 = 14×14×6，输出 = 10×10×16
    conv2_w = tf.Variable(tf.truncated_normal(shape = [5,5,6,16], mean = m, stddev = sigma))
    conv2_b = tf.Variable(tf.zeros(16))
    conv2 = tf.nn.conv2d(pool_1, conv2_w, strides = [1,1,1,1], padding = 'VALID') + conv2_b
    conv2 = tf.nn.relu(conv2)
    #S4: 池化层。输入 = 10×10×16，输出 = 5×5×16
    pool_2 = tf.nn.max_pool(conv2, ksize = [1,2,2,1], strides = [1,2,2,1], padding = 'VALID')
    fc1 = flatten(pool_2)#压缩成1维，输入 = 5×5×16，输出 = 1×400
    #C5: 全连接层。输入 = 400，输出 = 120
    fc1_w = tf.Variable(tf.truncated_normal(shape = (400,120), mean = m, stddev = sigma))
    fc1_b = tf.Variable(tf.zeros(120))
    fc1 = tf.matmul(fc1,fc1_w) + fc1_b
    fc1 = tf.nn.relu(fc1)
    #F6: 全连接层。输入 = 120，输出 = 84
    fc2_w = tf.Variable(tf.truncated_normal(shape = (120,84), mean = m, stddev = sigma))
    fc2_b = tf.Variable(tf.zeros(84))
    fc2 = tf.matmul(fc1,fc2_w) + fc2_b
    fc2 = tf.nn.relu(fc2)
    #输出层。输入 = 84，输出 = 10
    fc3_w = tf.Variable(tf.truncated_normal(shape = (84,10), mean = m, stddev = sigma))
    fc3_b = tf.Variable(tf.zeros(10))
    logits = tf.matmul(fc2, fc3_w) + fc3_b
    return logits
```

代码采用 tf.truncated_normal(shape,mean,stddev) 方法截断正态分布中的输出随机值，其中 shape 表示生成张量的维度，mean 是均值，stddev 是标准差。如果产生正态分布的值与均值的差值大于两倍标准差，就重新生成，这样可保证生成的值都在均值附近。

LeNet 网络构造完成之后，以交叉熵函数作为损失函数，并采用 Adam 策略自动优化学习率，具体过程如下代码所示。

```
rate = 0.001
logits = LeNet(x)
cross_entropy = tf.nn.softmax_cross_entropy_with_logits(logits, one_hot_y)
loss_operation = tf.reduce_mean(cross_entropy)
optimizer = tf.train.AdamOptimizer(learning_rate = rate)
training_operation = optimizer.minimize(loss_operation)
```

（2）AlexNet 网络

AlexNet 是较早的深度神经网络，是由亚历克斯（Alex）等人在 2012 年的 ImageNet 比赛中提出的一种 CNN，他们以此模型拿到了比赛冠军。它证明了 CNN 在复杂模型下的有效性，使用 GPU 训练可在可接受的时间范围内得到结果，推动了有监督深度学习的发展。

AlexNet 网络结构如图 10-12 所示，包括 8 个带权层，前 5 层是卷积层，剩下 3 层是全连接层。最后一个全连接层使用 Softmax 激活函数，其产生一个覆盖 1000 类标签的分布。

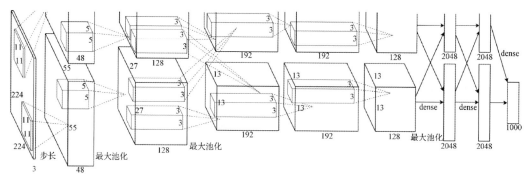

图 10-12　AlexNet 网络结构

第 1 个卷积层利用 96 个（两个 GPU 各 48 个）大小为 11×11×3、步长为 4 个像素的卷积核，对大小为 224×224×3 的输入图像进行卷积。在 AlexNet 网络中，输入图像被预处理成 227×227×3，作为第 1 个卷积层的输入。该层卷积在各 GPU 上并行计算，输出为两组 55×55×48 的特征图。每个输出值将经过 ReLU 非线性处理和局部响应归一化。随后采用最大池化对两组特征图下采样，池化核尺寸为 3×3×48，步长为 2，输出两组 27×27×48 的特征图。

第 2 个卷积层对第 1 个卷积层的输出执行填充，在特征图的周围填充 2 个像素，形成 2 组 31×31×48 的输入。每组输入采用 128 个大小为 5×5×48 的核进行滤波，步长为 1，得到两组 27×27×128 的特征图，并同样采用 ReLU 激活和局部响应归一化。池化层采用最大池化，核的尺寸为 3×3×128，步长为 2，得到两组 13×13×128 的输出。

第 3、第 4 和第 5 个卷积层顺序连接，没有中间的池化层。第 3 个卷积层在第 2 层的输出特征图周围填充 1 个像素，形成两组 15×15×128 的输入。与前两个卷积层不同的是，该层将采用同一组 192 个大小为 3×3×128 的卷积核做卷积，步长为 1。得到的特征图为两组 13×13×192 的输出，分别存储在两个 GPU 上，作为第 4 个卷积层的输入；第 4 个卷积层采用两组 192 个大小为 3×3×192 的核进行卷积，得到与第 3 层同样的输出尺寸；第 5 个卷积层同样采用 1 个像素填充。卷积核大小为 3×3×192，分为两组各 128 个，步长为 1。由此得到两组 13×13×128 的输出特征图，分别进行激活和最大池化。池化核大小为 3×3×128，步长为 2，池化结果为两组 6×6×128 的特征图。这两组特征图将被延展为一个 9216 维的向量，作为下一层全连接层的输入。

第 1、第 2 个全连接层均包含 4096 个神经元，且都采用 Dropout 实现正则化。最后一个全连接层为输出层，包含 1000 个神经元，采用 Softmax 函数处理，最终输出 1000 个类别的概率值。

综上，AlexNet 的网络设计的特点可总结如下：第 2、4、5 个卷积层的核只连接到同一个 GPU 上的前一个卷积层，第 3 个卷积层的核连接到第 2 个卷积层中的所有核映射上，并且将两个 GPU 的通道进行合并；全连接层中的神经元被连接到前一层中所有的神经元上，其中第 1 个全连接层需要处理通道合并（两个 GPU）；AlexNet 最后的输出类目是 1000 个，因此其输出为 1000。

AlexNet 在 TensorFlow 官方的示例代码如下，其中采用 slim 第三方库对代码进行"瘦身"，slim.conv2d()方法前几个参数依次为网络的输入、输出的通道数、卷积核大小、卷积步长。此外，padding 是补零的方式；activation_fn 是激活函数，默认是 ReLU；normalizer_fn 是正则化函数，默认为 None，可以设置为批正则化，即 slim.batch_norm；normalizer_params 是 slim.batch_norm 函数中的参数，以字典形式表示；weights_initializer 是权重的初始化器，可以设为 initializers.xavier_initializer()；weights_regularizer 是权重的正则化器。

```
with tf.variable_scope(scope, 'alexnet_v2', [inputs]) as sc:
    end_points_collection = sc.original_name_scope + '_end_points'
    with slim.arg_scope([slim.conv2d, slim.fully_connected, slim.max_pool2d],
                        outputs_collections=[end_points_collection]):
```

```
net = slim.conv2d(inputs, 64, [11, 11], 4, padding='VALID', scope='conv1')
net = slim.max_pool2d(net, [3, 3], 2, scope='pool1')
net = slim.conv2d(net, 192, [5, 5], scope='conv2')
net = slim.max_pool2d(net, [3, 3], 2, scope='pool2')
net = slim.conv2d(net, 384, [3, 3], scope='conv3')
net = slim.conv2d(net, 384, [3, 3], scope='conv4')
net = slim.conv2d(net, 256, [3, 3], scope='conv5')
net = slim.max_pool2d(net, [3, 3], 2, scope='pool5')
with slim.arg_scope([slim.conv2d],weights_initializer=trunc_normal(0.005),
                    biases_initializer=tf.constant_initializer(0.1)):
  net = slim.conv2d(net, 4096, [5, 5], padding='VALID',scope='fc6')
  net = slim.dropout(net, dropout_keep_prob, is_training=is_training,scope='dropout6')
  net = slim.conv2d(net, 4096, [1, 1], scope='fc7')
  end_points = slim.utils.convert_collection_to_dict(end_points_collection)
  net = slim.dropout(net, dropout_keep_prob, is_training=is_training, scope='dropout7')
  net = slim.conv2d(net, num_classes, [1, 1],
                    activation_fn=None,
                    normalizer_fn=None,
                    biases_initializer=tf.zeros_initializer(),
                    scope='fc8')
  net = tf.squeeze(net, [1, 2], name='fc8/squeezed')
  end_points[sc.name + '/fc8'] = net
return net, end_points
```

slim.max_pool2d()方法是对网络执行最大池化，第 2 个参数为核大小，第 3 个参数是步长；slim.arg_scope 可以定义一些函数的默认参数值，在 scope 内，如果要重复用到这些函数，可以不用把所有参数都写一遍。可以用 list 来同时定义多个函数相同的默认参数。在上述代码中使用一个 slim.arg_scope 实现共享权重初始化器和偏置初始化器。

AlexNet 能够取得成功的原因如下。

① 采用非线性激活函数 ReLU。

Tanh 和 Sigmoid 函数在输入非常大或者非常小时，输出结果变化不大，容易饱和。这类非线性函数随着网络层次的增加引起梯度消失现象，即顶层误差较大；逐层递减误差传递过程中，低层误差很小，导致深度网络底层权重更新量很小，使深层网络出现局部最优。ReLU 为扭曲线性函数，不仅比饱和函数训练得快，而且保留了非线性的表达能力，可以训练更深层的网络。

② 采用数据增强和 Dropout 防止过拟合。

数据增强是采用图像平移和翻转来生成更多的训练图像，从 256×256 的图像中提取随机的224×224 的碎片，并在这些提取的碎片上训练网络，这就是输入图像是 224×224×3 维的原因。数据增强扩大了训练集规模，达到 2048（32×32×2=2048）倍。此外，调整图像的 RGB 像素值，在整个 ImageNet 训练集的 RGB 像素值集合中执行 PCA，通过对每个训练图像，增加已有主成分 RGB 值，在不改变对象核心特征的基础上，增加光照强度和颜色变化的因素，间接增加训练集数量。

Dropout 以 0.5 的概率将每个隐层神经元的输出设置为 0，使这些神经元既不参与前向传播，也不参与反向传播，只有被选中参与连接的节点上进行正向和反向传播。神经网络在输入数据时会尝试不同的结构，但是结构之间共享权重。这种技术降低了神经元之间的互适应关系，从而被迫学习更为稳健的特征。

③ 采用 GPU 实现。

AlexNet 网络采用了并行化的 GPU 进行训练，在每个 GPU 中放置一半通道的特征图（或神经元），GPU 间的通信只在某些层进行。采用交叉验证，精确地调整通信量，直到它的计算量可接受。

随着深度学习的发展和硬件计算能力的提升，特别是 GPU 算力的提升，网络的层数越来越多，以下是具有代表性的几种 CNN。

（3）VGG 网络

VGG 和 GoogLeNet 网络这两个模型结构有一个共同特点是层数多。与 GoogLeNet 不同，VGG 继承了 LeNet 及 AlexNet 的一些结构特征，尤其是与 AlexNet 的结构非常像，VGG 也有 5 个卷积层组、2 个全连接层用于提取图像特征、1 个全连接层用于分类特征。根据前 5 个卷积层组每个组中的不同配置，卷积层数从 8～16 递增，其网络结构如图 10-13 所示。

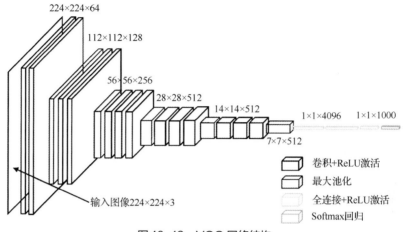

图 10-13　VGG 网络结构

VGG 网络第 1 个卷积组（Module）包含 2 个卷积层，每个卷积层采用 64 个大小为 3×3 的卷积核，步长为 1。2 个卷积层后紧跟 1 个池化层，池化核大小为 2×2，步长为 2，输出特征图的大小为 112×112×64。

第 2 个卷积层组包含 2 个卷积层，每个卷积层采用 128 个大小为 3×3 的卷积核，步长为 1。随后紧跟 1 个池化层，池化核大小为 2×2，步长为 2，使特征图输出大小为 56×56×128。

第 3、4、5 个卷积层组均包含 3 个卷积层，每个卷积层使用的卷积核大小均为 3×3，步长均为 1，仅通道数有区别。同时，池化层的参数也相同，采用 2×2 的池化核，步长为 2。

最后全连接层采用 4096 个神经元，输出层采用 1000 个神经元输出，并通过 Softmax 函数输出类别概率值。

VGG 在 AlexNet 的框架上增加了卷积层数，使网络能够提取输入中更加抽象的特征。此外，VGG 采用了较小的卷积核，缩小卷积核尺寸在一定程度上减少了网络参数，但同时特征图通道数也显著增加。VGG 采用了更深的网络结构，因此网络的参数量显著增长，VGG16 网络参数存储需要消耗超过 500MB 的空间。

另一种 VGG 结构 VGG-19（19 代表梯度下降法可调参的层数）第 3、4、5 个卷积层组中各增加了 1 个 3×3 的卷积层。

尽管 VGG 比 AlexNet 有更多的参数、更深的层次，但是 VGG 只需要很少的迭代次数就开始收敛。这是因为深度和小的过滤尺寸起到了隐式的正则化的作用，并且一些层进行了预初始化操作。

以下代码是基于 TensorFlow 实现的 VGG 网络。其中 slim.repeat() 允许用户重复地使用相同的运算符，第 2 个参数表示重复执行的次数。

```
def vgg16(inputs):
  with slim.arg_scope([slim.conv2d, slim.fully_connected],
                      activation_fn=tf.nn.relu,
                      weights_initializer=tf.truncated_normal_initializer(0.0,
0.01),
```

```
                weights_regularizer=slim.l2_regularizer(0.0005)):
net = slim.repeat(inputs, 2, slim.conv2d, 64, [3, 3], scope='conv1')
net = slim.max_pool2d(net, [2, 2], scope='pool1')
net = slim.repeat(net, 2, slim.conv2d, 128, [3, 3], scope='conv2')
net = slim.max_pool2d(net, [2, 2], scope='pool2')
net = slim.repeat(net, 3, slim.conv2d, 256, [3, 3], scope='conv3')
net = slim.max_pool2d(net, [2, 2], scope='pool3')
net = slim.repeat(net, 3, slim.conv2d, 512, [3, 3], scope='conv4')
net = slim.max_pool2d(net, [2, 2], scope='pool4')
net = slim.repeat(net, 3, slim.conv2d, 512, [3, 3], scope='conv5')
net = slim.max_pool2d(net, [2, 2], scope='pool5')
net = slim.fully_connected(net, 4096, scope='fc6')
net = slim.dropout(net, 0.5, scope='dropout6')
net = slim.fully_connected(net, 4096, scope='fc7')
net = slim.dropout(net, 0.5, scope='dropout7')
net = slim.fully_connected(net, 1000, activation_fn=None, scope='fc8')
 return net
```

（4）GoogLeNet 网络

GoogLeNet 网络是 2014 年 ImageNet 比赛冠军的模型，由塞盖迪（Szegedy）等人实现，这个模型说明用更多的卷积、更深的层次可以得到更好的结果。

VGG 网络性能较好，但是有大量的参数。VGG 网络在最后有两个 4096 的全连接层，所以其参数很多。因为提升模型性能的办法主要是增加网络深度（层数）和宽度（通道数），这会产生大量的参数，这些参数不仅容易产生过拟合，还会大大增加模型训练的运算量。而GoogLeNet 吸取了教训，为了压缩网络参数，把全连接层取消了，此外还使用了一种名为 Inception的结构代替中间卷积层，既保持网络结构的稀疏性，又不降低模型的计算性能。Inception v1 结构对前一层网络综合采用不同大小的卷积核提取特征，并结合最大池化进行特征融合，如图 10-14所示。

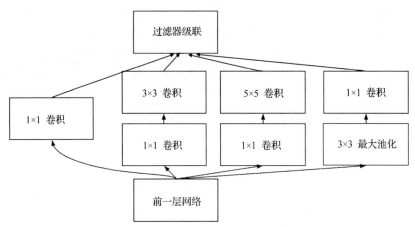

图 10-14　GoogLeNet 网络中 Inception v1 结构

Inception v1 结构增加了网络的深度和宽度，提升了网络对尺度的适应性。其特点是增加了1×1 卷积核的卷积层，该层实现了跨通道的信息整合，也减少了 3×3 和 5×5 的卷积核的数量，有效减少了参数量。Inception v1 中的卷积和池化步长都为 1。

GoogLeNet 的另一个特点是，它被设计为一种深监督网络（Deep Supervision Network，DSN）。如图 10-15 所示，DSN 的核心思想是在网络的某些隐层之间添加辅助分类器，对主网络进行监督。该设计通常在深度网络中使用，它通过在网络某隐层上附加分类器，解决网络训练梯度消失和收敛速度过慢等问题，起到辅助训练深层网络的目的。

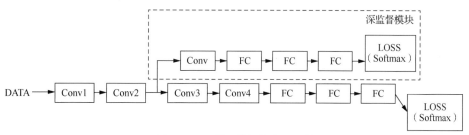

图 10-15　带深监督的卷积网络

GoogLeNet 主要的创新在于它采用一种网中网（Network In Network，NIN）的结构，即原来的节点也是一个网络。用了 Inception 之后，整个网络结构的宽度和深度都可扩大，因此能够带来较大的性能提升。普通卷积层只做一次卷积得到一组特征映射，这样将不同特征分开对应多个特征映射的方法并不是很精确，因为按照特征分类时只经历了一层，这样会导致对于该特征的表达并不是很全面，所以 NIN 模型用全连接的 MLP 去代替传统的卷积过程，以获取特征更加全面的表达。同时，因为前面已经改进了特征表达，最后的全连接层被替换为一个 7×7 的全局平均池化层，上一层的卷积层输出通过该层池化后，每张二维特征图变为 1×1 的一个值。随后 GoogLeNet 加入 Dropout 正则化处理池化输出，并与输出层的 1000 个神经元相连，其中每个神经元都采用 Softmax 激活函数来计算损失。综上，GoogLeNet 的网络结构如表 10-2 所示，其中网络层深度指该层操作的堆叠次数。

表 10-2　GooLeNet 的网络结构

操作类型	核大小/步长	输出大小
convolution	7×7 / 2	112×112×64
max pool	3×3 / 2	56×56×64
convolution	3×3 / 1	56×56×192
max pool	3×3 / 2	28×28×192
Inception (3a)		28×28×256
Inception (3b)		28×28×480
max pool	3×3 / 2	14×14×480
Inception (4a)		14×14×512
Inception (4b)		14×14×512
Inception (4c)		14×14×512
Inception (4d)		14×14×528
Inception (4e)		14×14×832
max pool	3×3 / 2	7×7×832
Inception (5a)		7×7×832
Inception (5b)		7×7×1024
avg pool	7×7 / 1	1×1×1024
doupout (40%)		1×1×1024
linear		1×1×1000
softmax		1×1×1000

针对 GoogLeNet 中的 Inception v1 结构，后续又有人提出了基于 Inception v2、Inception v3、Inception v4 的改进版本。Inception v2 加入了 BN。将每一层的输出都规范化到一个均值为 0、方差为 1 的高斯分布。此外，如图 10-16 所示，Inception v2 将 Inception v1 中的 5×5 的卷积核换成了两个 3×3 的卷积核堆叠，减少了参数量，提高了运算速度。

Inception v2 的第 2 种结构如图 10-17 所示（$n=7$），该结构采用了非对称卷积的形式，进一步减少了参数量，与采用更小的 2×2 卷积核相比特征提取效果更好。

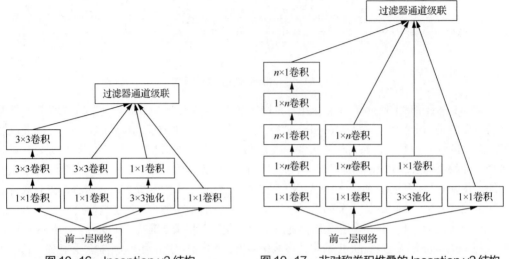

图 10-16　Inception v2 结构　　　　图 10-17　非对称卷积堆叠的 Inception v2 结构

Inception v2 的第 3 种结构如图 10-18 所示，该结构采用了 1×3 和 3×1 卷积来处理网络高层 8×8×1280 维的特征。通过小卷积对高维特征进行局部处理能够获得更多的特征，并能减少参数量、加快网络的训练速度。

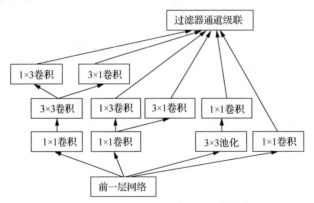

图 10-18　1×3 和 3×1 卷积并联的结构

上述后面 2 种 Inception v2 结构的主要改进在于分解，例如将 7×7 的卷积核分解成两个一维的卷积 1×7 和 7×1，将 3×3 的卷积核分解为卷积 1×3 和 3×1。通过分解可以减少参数量、加速计算，这种结构在网络前几层的特征提取效果不太好，但对特征图大小为 12～20 的中间层提取效果明显。分解后还会使网络深度和宽度进一步增加，增加了网络的非线性映射能力。

Inception v3 在网络的辅助分类器上加了 BN 处理。网络的输入从 224×224 变为了 299×299，并更加精细地设计了网络中的 35×35、17×17 和 8×8 的 Inception 模块。

Inception v4 的第一点改变是加入了 stem 部分，对进入 Inception 模块前的输入数据进行预处理。stem 部分包含多次卷积和 2 次最大池化并行的结构，最终将输入处理成 35×35×384。第二点改变在于 Inception v4 对网络中采用的 3 个主要 Inception 模块进行了改造，称为 A、B 和 C 模块。Inception v4 引入了专用的缩减块（Reduction 模块），使得 3 个 Inception 模块的输入能够固定为

35×35、17×17 和 8×8。缩减块 A 将 Inception A 的输出从 35×35 缩减到 17×17，并输入 Inception B；缩减块 B 将 Inception B 的 17×17 的输出缩减到 8×8，并输入 Inception C。

（5）ResNet

ResNet（深度残差网络）是由何恺明等人实现的，并在 2015 年的 ImageNet 比赛上获胜。在深度网络优化中存在梯度消失和梯度爆炸的问题，网络层数较少时可以通过合理的初始化来解决这些问题，但是随着网络层数的增加，网络回传过程会带来梯度消失问题，经过几层后回传的梯度会彻底消失。当网络层数大量增加后，梯度无法传到的层相当于没有经过训练，使得深层网络的效果反而不如合适层数的较浅的网络效果好。当网络深度继续增加的时候，错误率会增高，主要是网络自身结构的误差下限提高了。

ResNet 解决了这一问题，使更深的网络得以更好的训练。其原理是第 N 层的网络由 N−1 层的网络经过 H（包括 Conv、BN、ReLU、Pooling 等）变换得到，并在此基础上直接连接到上一层的网络，使得梯度能够得以更好的传播。残差网络用残差来重构网络的映射，用于解决继续增加层数后，训练误差反而变大的问题，核心是把输入 x 再次引入结果，将 x 经过网络映射为 $\mathcal{F}(x)+x$，学习起来会更加简单，能更加方便逼近映射。

在残差网络的单个构建模块中，假设这一模块输入 x 的输出结果为 $\mathcal{H}(x)$，由于多层网络组成的堆叠层在理论上可以拟合任意函数，也就可以拟合 $\mathcal{H}(x)-x$，这样即可将学习目标转化为 $\mathcal{F}(x) = \mathcal{H}(x)-x$，即残差，而将原目标转化为 $\mathcal{H}(x) = \mathcal{F}(x)+x$，其中 x 是恒等映射（Identity），即 shortcut 连接。在不增加参数和计算量的情况下，减小了优化的难度，从而提升了训练效果，其模块结构如图 10-19 所示。

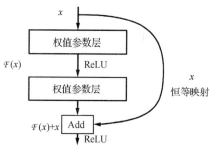

图 10-19　残差网络模块结构

采用公式对图 10-19 进行定义，为 $y = \mathcal{F}(x,\{w_i\})+x$，其中 x 和 y 分别为模块的输入和输出。$\mathcal{F}(x,\{w_i\})$ 表示待训练的残差映射函数两者有相同的堆叠层和残差模块，只是前者多加了一个 x，实现更方便，而且易于比较相同层的堆叠层和残差层之间的优劣。在统计学中，残差是指实际观测值与估计值的差值，这里是直接的映射 $\mathcal{H}(x)$ 与恒等 x 的差值。

图 10-19 中残差 $\mathcal{F}(x)$ 的具体运算可以包括 Conv、BN、ReLU，其中为了使 2 个分支（主分支和 shortcut 连接）的输出维度一致，需要在 shortcut 连接分支加一个 1×1 的卷积。

ResNet 中的残差结构在 ResNet-34 和 ResNet-50/101/152 中的具体实现有所不同，如图 10-20 所示，该残差结构称为 bottleneck 残差结构，采用 1×1 的卷积，降低网络参数量。该结构常用于 50 层以上的 ResNet，用于降低参数量。

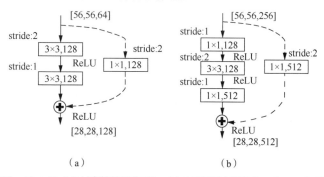

图 10-20　ResNet 34 残差结构与 ResNet 50/101/152 bottleneck 残差结构

依据这 3 种运算的执行顺序产生了 ResNet 残差结构的多种变体，如图 10-21 所示。

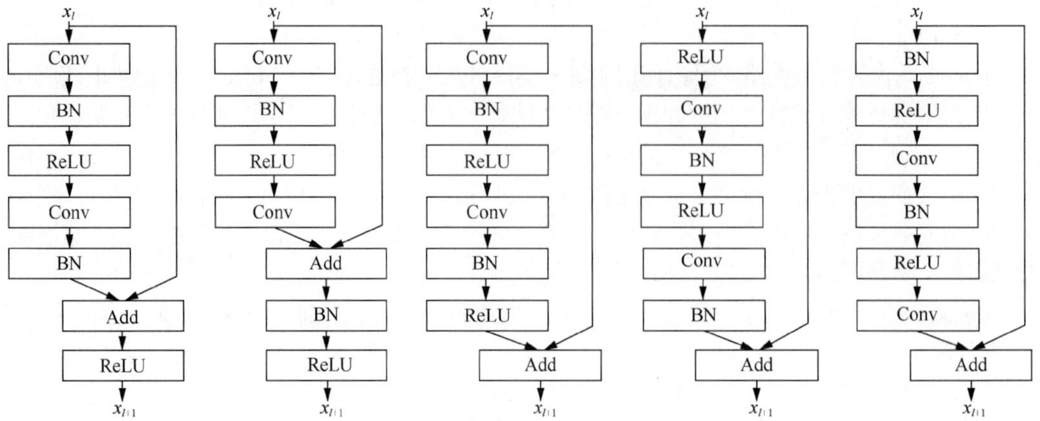

（a）原始结构　　（b）BN 和 ReLU 操作在　　（c）BN 和 ReLU 操作在　　（d）模块输入首先　　（e）BN 和 ReLU 激活在
　　　　　　　　　　加和操作之后　　　　　　加和操作之前　　　　执行 ReLU 激活　　　卷积操作之前

图 10-21　ResNet 残差模块的各种变体

残差神经网络由大量的残差模块构成，因此引入了大量的恒等映射以实现不同层的特征组合。从单个残差模块来看，该映射能够让 Loss 跨越模块中间的两个参数层，直接传递给上一层网络参数，从而减少梯度消失的问题。由于采用了残差模块，ResNet 的深度由 34 增长到了 50 甚至 152。不同网络深度的 ResNet 结构如表 10-3 所示。

表 10-3　不同网络深度的 ResNet 结构

网络层	18 层 ResNet	34 层 ResNet	50 层 ResNet	101 层 ResNet	152 层 ResNet	输出大小
Conv1	7×7, 64, stride 2					112×112
Conv2_x	3×3 max pool, stride 2					56×56
	$\begin{bmatrix} 3\times3,64 \\ 3\times3,64 \end{bmatrix}\times2$	$\begin{bmatrix} 3\times3,64 \\ 3\times3,64 \end{bmatrix}\times3$	$\begin{bmatrix} 1\times1,64 \\ 3\times3,64 \\ 1\times1,256 \end{bmatrix}\times3$	$\begin{bmatrix} 1\times1,64 \\ 3\times3,64 \\ 1\times1,256 \end{bmatrix}\times3$	$\begin{bmatrix} 1\times1,64 \\ 3\times3,64 \\ 1\times1,256 \end{bmatrix}\times3$	
Conv3_x	$\begin{bmatrix} 3\times3,128 \\ 3\times3,128 \end{bmatrix}\times2$	$\begin{bmatrix} 3\times3,128 \\ 3\times3,128 \end{bmatrix}\times4$	$\begin{bmatrix} 1\times1,128 \\ 3\times3,128 \\ 1\times1,512 \end{bmatrix}\times4$	$\begin{bmatrix} 1\times1,128 \\ 3\times3,128 \\ 1\times1,512 \end{bmatrix}\times4$	$\begin{bmatrix} 1\times1,128 \\ 3\times3,128 \\ 1\times1,512 \end{bmatrix}\times8$	28×28
Conv4_x	$\begin{bmatrix} 3\times3,256 \\ 3\times3,256 \end{bmatrix}\times2$	$\begin{bmatrix} 3\times3,256 \\ 3\times3,256 \end{bmatrix}\times6$	$\begin{bmatrix} 1\times1,256 \\ 3\times3,256 \\ 1\times1,1024 \end{bmatrix}\times6$	$\begin{bmatrix} 1\times1,256 \\ 3\times3,256 \\ 1\times1,1024 \end{bmatrix}\times23$	$\begin{bmatrix} 1\times1,256 \\ 3\times3,256 \\ 1\times1,1024 \end{bmatrix}\times36$	14×14
Conv5_x	$\begin{bmatrix} 3\times3,512 \\ 3\times3,512 \end{bmatrix}\times2$	$\begin{bmatrix} 3\times3,512 \\ 3\times3,512 \end{bmatrix}\times3$	$\begin{bmatrix} 1\times1,512 \\ 3\times3,512 \\ 1\times1,2048 \end{bmatrix}\times3$	$\begin{bmatrix} 1\times1,512 \\ 3\times3,512 \\ 1\times1,2048 \end{bmatrix}\times3$	$\begin{bmatrix} 1\times1,512 \\ 3\times3,512 \\ 1\times1,2048 \end{bmatrix}\times3$	7×7
	average pool, 1000-d FC, Softmax					1×1

除了调整残差模块内各种运算的顺序，还有 ResNet 的另一种变体随机深度 ResNet。该网络能够更好地缓解梯度消失和加速训练。类似 Dropout，该网络在一次前向传播中，会以一定概率随机将残差模块失活，因此每一次前向传播都将随机构造出新的网络结构。

以下是构建 ResNet 模型的示意代码，其中 input_tensor 为 4 维张量，n 为生成 Residual 块的数量。为了简化代码将下述常规方法抽象出来，其中 create_batch_normalization_layer() 方法是自定义的创建 BN，通过 TensorFlow 的 tf.nn.batch_normalization 来实现；create_conv_bn_relu_layer()

方法中除了对输入层进行批量正则化外还应用 ReLU 方法过滤；create_output_layer()方法是创建模型的输出层。

```
def resnet_model(input_tensor, n, reuse):
    layers = []
    with tf.variable_scope('conv0', reuse=reuse):
        conv0 = create_conv_bn_relu_layer(input_tensor, [3, 3, 3, 16], 1)
        layers.append(conv0)
    for i in range(n):
        with tf.variable_scope('conv1_%d' %i, reuse=reuse):
            if i == 0: conv1 = create_residual_block(layers[-1], 16, first_block=True)
            else: conv1 = crate_residual_block(layers[-1], 16)
            layers.append(conv1)
    with tf.variable_scope('fc', reuse=reuse):
        in_channel = layers[-1].get_shape().as_list()[-1]
        bn_layer = create_batch_normalization_layer(layers[-1], in_channel)
        relu_layer = tf.nn.relu(bn_layer)
        global_pool = tf.reduce_mean(relu_layer, [1, 2])
        assert global_pool.get_shape().as_list()[-1:] == [64]
        output = create_output_layer(global_pool, 10)
        layers.append(output)
    return layers[-1]
```

上述代码的特别之处在于其将不同的层合并成独立的 Residual 块，其中创建 Residual 块的方法如下。输入为 4 维张量，如果是第一层网络则不需要进行正则化和 ReLU 过滤，在残差计算时，将输入层与最后一层相加作为 Residual 块的输出，这是 ResNet 的关键所在。

```
def create_residual_block(input_layer, output_channel, first_block=False):
    input_channel = input_layer.get_shape().as_list()[-1]
    with tf.variable_scope('conv1_in_block'):
        if first_block:
            filter = create_variables(name='conv', shape=[3, 3, input_channel,
output_channel])
            conv1 = tf.nn.conv2d(input_layer, filter=filter, strides=[1, 1, 1, 1],
padding='SAME')
        else:
            conv1 = bn_relu_conv_layer(input_layer, [3, 3, input_channel, output_channel],
stride)
    with tf.variable_scope('conv2_in_block'):
        conv2 = bn_relu_conv_layer(conv1, [3, 3, output_channel, output_channel], 1)
    output = conv2 + input_layer
    return output
```

（6）ResNeXt 网络

在 ResNet 网络取得较大成功后，它的改进版 ResNeXt 网络于 2016 年被提出，如图 10-22 所示，其中(256,1×1,4)表示输入通道数、卷积核大小，输出通道数。ResNeXt 结合了 VGG 中堆叠卷积层的思想和 Inception 中的 split-transform-merge 策略，在一个卷积块中采用多组相同的堆叠卷积层来处理同一输入，并将多组输出进行线性组合，然后将之与输入的恒等映射相加，构成卷积块的输出。

以 ResNeXt-50（32×4d）为例，32 指网络的基本卷积块中分组的数量，4d 表示每一个分组的通道数为 4。如图 10-22（a）所示，在该网络的第一个卷积块中，由 1×1、3×3、1×1 这 3 种卷积组合成一个堆叠卷积层，共采用了 32 组上述相同的堆叠结构，最后将结果进行线性组合，加上 x 恒等映射形成卷积块的输出。

图 10-22 中的 3 种结构本质上等价，但卷积执行的具体流程不同。图 10-22（a）与图 10-22（b）分 32 组处理同一输入，每组采用 4 个 1×1 卷积核，而图 10-22（c）中直接采用 128 个 1×1 卷积核执行卷积。图 10-22（b）中在 3×3 卷积后先将特征图按通道级联，再执行 1×1 卷积扩

大通道。而图 10-22（a）中则在完成完整的堆叠卷积后将各组结果线性相加，图 10-22（c）中采用分组卷积的方式执行 3×3 卷积部分。

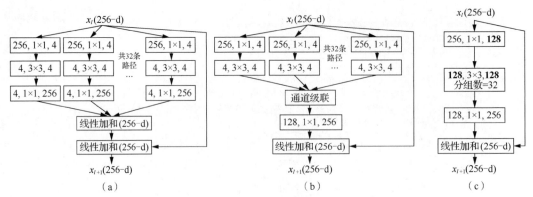

图 10-22　ResNeXt-50 基本卷积单元的 3 种等价结构

（7）DenseNet

DenseNet 网络实现了对网络中每一层提取出的特征的复用，保证网络中信息流的完整性，以此提高网络预测的精度。其中特征复用的实现依靠 shortcut 连接，它将当前层的输出向前传递给每个卷积层。

假设 X_i 表示 DenseNet 第 i 层卷积输入，F_i 表示第 i 层卷积层包含的操作组合，如 BN、ReLU、Conv 组合。在带有旁路的 DenseNet 中，X_i 的计算式如下：

$$X_i = F_{i-1}\big(\text{Concatenate}(X_0, X_1, \cdots X_{i-1})\big)^2$$

其中 X_0 表示网络输入，ConcaTanate 函数表示将 0 到 $i-1$ 各层的输入特征图按通道拼接。若 DenseNet 网络的各层均采用上述 shortcut 连接，则要求各层输出的特征图大小相同，这就限制了网络中的池化操作。因此 DenseNet 采用了 dense 块和过渡层（Transition Layer）结合的结构。dense 块中将包含多层带有 shortcut 连接的卷积层，在每两个 dense 块之间，DenseNet 加入了过渡层，该层包含一个步长为 2、核为 2×2 平均池化层，实现特征图的下采样，这样下一个 dense 块的输入特征图变小。

不同深度的 DenseNet 网络结构如表 10-4 所示。过渡层的 1×1 的卷积层用于压缩特征图通道。

表 10-4　不同深度的 DenseNet 网络结构

网络层	输出	DenseNet-121	DenseNet-169	DenseNet-201	DenseNet-264
Convolution	112×112	7×7 conv, stride 2			
Pooling	56×56	3×3 max pool, stride 2			
Dense Block (1)	56×56	$\begin{bmatrix}1\times 1,\text{conv}\\3\times 3,\text{conv}\end{bmatrix}\times 6$	$\begin{bmatrix}1\times 1,\text{conv}\\3\times 3,\text{conv}\end{bmatrix}\times 6$	$\begin{bmatrix}1\times 1,\text{conv}\\3\times 3,\text{conv}\end{bmatrix}\times 6$	$\begin{bmatrix}1\times 1,\text{conv}\\3\times 3,\text{conv}\end{bmatrix}\times 6$
Transition Layer (1)	56×56	1×1 conv			
	28×28	2×2 average pool, stride 2			
Dense Block (2)	28×28	$\begin{bmatrix}1\times 1,\text{conv}\\3\times 3,\text{conv}\end{bmatrix}\times 12$	$\begin{bmatrix}1\times 1,\text{conv}\\3\times 3,\text{conv}\end{bmatrix}\times 12$	$\begin{bmatrix}1\times 1,\text{conv}\\3\times 3,\text{conv}\end{bmatrix}\times 12$	$\begin{bmatrix}1\times 1,\text{conv}\\3\times 3,\text{conv}\end{bmatrix}\times 12$
Transition Layer (2)	28×28	1×1 conv			
	14×14	2×2 average pool, stride 2			

续表

网络层	输出	DenseNet-121	DenseNet-169	DenseNet-201	DenseNet-264
Dense Block (3)	14×14	$\begin{bmatrix} 1\times1, conv \\ 3\times3, conv \end{bmatrix}\times24$	$\begin{bmatrix} 1\times1, conv \\ 3\times3, conv \end{bmatrix}\times24$	$\begin{bmatrix} 1\times1, conv \\ 3\times3, conv \end{bmatrix}\times24$	$\begin{bmatrix} 1\times1, conv \\ 3\times3, conv \end{bmatrix}\times24$
Transition Layer (3)	14×14	1×1 conv			
	7×7	2×2 average pool, stride 2			
Dense Block (3)	7×7	$\begin{bmatrix} 1\times1, conv \\ 3\times3, conv \end{bmatrix}\times16$	$\begin{bmatrix} 1\times1, conv \\ 3\times3, conv \end{bmatrix}\times16$	$\begin{bmatrix} 1\times1, conv \\ 3\times3, conv \end{bmatrix}\times16$	$\begin{bmatrix} 1\times1, conv \\ 3\times3, conv \end{bmatrix}\times16$
Classification Layer	1×1	7×7 global average pool			
		1000-d fully-connected, softmax			

为减少 dense block 中的网络参数量，DenseNet 将 1×1 和 3×3 卷积组合叠加构造 dense block，如图 10-23 所示。其中 1×1 的卷积层为 bottleneck layer，负责将特征图的通道数减少；为防止 dense block 按通道拼接后的输出通道过长，DenseNet 引入了一个超参数 Growth rate 来规定一个 1×1 和 3×3 卷积组合输出特征图的通道数。

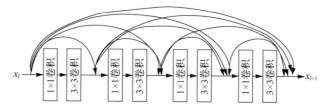

图 10-23　一个带有 4 个 bottleneck layer 的 dense block 结构

2. 轻量型卷积神经网络

（1）MobileNet

MobileNet 是谷歌公司于 2017 年提出的一种小型的 CNN，它能够适应移动或嵌入式应用对模型低内存占用和速度的要求，通过牺牲部分性能缩减模型大小，得到了广泛的应用。

① MobileNet v1

MobileNet 主要通过前文介绍的深度可分离卷积堆叠而成。MobileNet 中的深度可分离卷积首先采用 3×3 的 depthwise convolution 得到分离的结果，然后采用 pointwise convolution 将各通道的信息整合。与直接采用 3×3 的普通卷积相比，深度可分离卷积具有更少的参数。

MobileNet v1 网络结构如表 10-5 所示，通过步长为 2 的卷积代替池化，缩小特征图的大小。整个网络只在最后两层采用了全局平均池化和全连接形成 1×1×1000 的输出。

表 10-5　MobileNet v1 网络结构

操作类型	核尺寸,通道数	步长	输出大小
Conv	3×3, 32	2	112×112
Conv dw	3×3, 32		112×112
Conv	1×1, 64		112×112
Conv dw	3×3, 64	2	56×56
Conv	1×1, 128		56×56
Conv dw	3×3, 128		56×56
Conv	1×1, 128		56×56
Conv dw	3×3, 128	2	28×28
Conv	1×1, 256		28×28

续表

操作类型	核尺寸,通道数	步长	输出大小
Conv dw	3×3, 256		28×28
Conv	1×1, 256		28×28
Conv dw	3×3, 256	2	14×14
Conv	1×1, 512		14×14
$5\times\begin{bmatrix} \text{Conv dw} \\ \text{Conv} \end{bmatrix}$	$\begin{bmatrix} 3\times3, 512 \\ 1\times1, 512 \end{bmatrix}$		14×14
Conv dw	3×3, 512	2	7×7
Conv	1×1, 1024		7×7
Conv dw	3×3, 1024	2	7×7
Conv	1×1, 1024		7×7
Avg Pool	7×7		1024-d
FC	1024×1000		1000-d
Softmax			1000-d

② MobileNet v2

MobileNet v2 在 MobileNet v1 的基础上进行了改进，实现了进一步压缩，如图 10-24 所示。首先，它在 3×3 的 depthwise convolution 前加了一层 1×1 卷积，采用 ReLU 激活函数，增加了网络的通道数。在 3×3 的 depthwise convolution 后的 1×1 卷积紧跟线性输出，防止 ReLU 造成特征丢失。其次，MobileNet v2 中添加了 ResNet 中的 shortcut 结构，但只对 depthwise convolution 步长为 1 的情况才采用。

（2）ShuffleNet

ShuffleNet 于 2017 年由 Face++提出，可以压缩 CNN 模型以便在移动设备上应用。

ShuffleNet 在深度可分离卷积的基础上，利用分组卷积进一步减少参数量。ShuffleNet 采用逐点群卷积（Pointwise Group Convolution）对网络中 1×1 卷积进行分组，以减少该部分卷积的参数量和内存占用。

ShuffleNet 中需要堆叠分组卷积，容易导致某些通道的输出结果仅源于其输入的一部分通道信息，影响模型的预测精度。因此，ShuffleNet 通过 channel shuffle 的方法将分组卷积的结果按通道整体 shuffle，实现了不同通道信息的融合。最后结合 ResNet 的 shortcut 结构，与输入信息相加形成单元输出。ShuffleNet 的结构如图 10-25 所示。

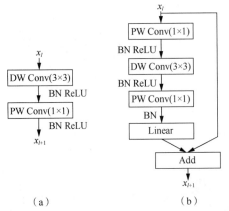

图 10-24　MobileNet v1 和 MobileNet v2 结构

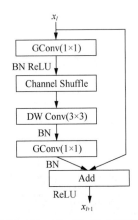

图 10-25　ShuffleNet 的结构

10.2 目标检测

目标检测（Object Detection）包含两个方面的工作：确定目标物体的位置和预测目标物体的所属类别。根据两个方面的工作是否一步完成可将检测网络分为单阶段（One Stage）和两阶段（Two Stage）检测。单阶段检测算法直接根据提取的图像特征完成目标位置和类别的预测，常用的算法有 YOLO、SSD、RetinaNet 等。两阶段检测算法先通过区域生成（Region Proposal）构造一系列候选框，再实现目标的分类和定位，典型的算法有 R-CNN、SPPNet、Fast R-CNN、Faster R-CNN 和 R-FCN 等。

10.2.1 目标检测基本概念

1. 交并比

交并比（Intersection over Union，IoU）指模型预测框与目标真实框（Ground Truth）的交集面积与并集面积的比值。图 10-26 展示了 IoU 计算方式及实际边框位置可能出现的 3 种情况。目标检测中判定一个预测框为正例时，需要预测框的置信度最大，且与真实框的 IoU 大于阈值。

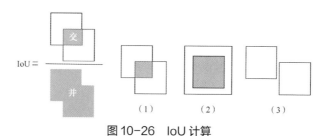

图 10-26　IoU 计算

2. 目标检测常用评估指标

与图像分类不同，目标检测模型的输出结果增加了位置信息，因此判断一个预测框不仅需要预测类别正确，而且需要边框位置包含图像中的目标。均值平均精度（mean Average Precision，mAP）是常用的一种评估指标。mAP 的计算首先针对某一类别计算其 AP。即以某一类别预测结果的召回率（Recall）为横坐标，精确率（Precision）为纵坐标，绘制 P-R 曲线，该曲线的曲线下面积即该类别的 AP 值。将各类别 AP 值取平均即 mAP，其中 N 表示类别总数。

$$mAP = \frac{\sum_{n=1}^{N} AP}{N}$$

3. 非极大值抑制

非极大值抑制（Non-Maximum Suppression，NMS）是对目标检测模型输出的多个检测结果进行筛选的常用方法，用于从重叠的预测框中，挑选置信度最高的预测框，忽略其余的预测框。各个预测框的重叠度通常采用 IoU 度量，大于设定阈值时将其判定为重叠框。

4. 目标搜索

两阶段检测算法的精度较高，但检测速度较慢。其中对候选子区域的搜索目前有两种经典的算法：滑窗法和选择性搜索（Selective Search）法。

滑窗法是指采用不同大小的窗口，在图像上滑动，每一步都将窗口内的子区域选作候选块。选择性搜索法根据图像像素的颜色、条纹等信息，产生的候选集更加精简，并能够保持较高的召回率。其中最小生成树算法利用分层分组的方法，以原始图像为输入，输出一个由多个候选区域组成的候选集，然后两两计算相邻区域的相似度，选取相似度最高的两个区域进行合并，形成新的区域，重新计算新区域与相邻区域的相似度，并重复区域合并的过程。

10.2.2 目标检测典型算法

1. R-CNN

R-CNN（Region-based Convolutional Neural Network，基于区域的卷积神经网络）是两阶段检测算法中的经典算法。

R-CNN 采用选择性搜索的方法生成大小不一的候选框。这些候选框随后通过 CNN 和辅助分类算法得到目标的位置和类别信息。但因 CNN 需要固定尺寸的输入，因此该算法会先将输入图像缩放成固定大小。

R-CNN 对目标类别的预测采用 CNN 和 SVM 分类器相结合的方法，其中 CNN 负责提取输入特征，SVM 则用于预测目标类别。此外，对候选框的位置进行修正时，R-CNN 采用线性回归算法实现边框修正。最后通过非极大值抑制对得到的预测框进行筛选。

2. SPPNet

由于 R-CNN 在检测图像时，需要对生成的每一个候选框做尺寸变换，因此时间开销较大。SPPNet 针对这一缺陷，在卷积网络的全连接层之前加入了空间金字塔池化，使网络不再需要固定尺寸的输入。

SPPNet 将生成的各个候选框对应的区域进行空间金字塔池化，形成固定长度的特征向量传递到全连接层。采用该方法提取候选框特征时，不再需要对原始图像进行缩放，因此比 R-CNN 效率高些。

3. Fast R-CNN

Fast R-CNN 在 R-CNN 和 SPPNet 的基础上做了改进，提升了算法的运行速度和检测精度。Fast R-CNN 的结构如图 10-27 所示。该算法首先在 R-CNN 中 CNN 的输出结果基础上进行优化，通过全连接层和 Softmax 层分别进行分类预测和边框回归，不再需要单独利用其他算法实现分类和回归。该优化使得误差能够用于更新整个 CNN，从而在加快算法运行速度的同时提高模型精度；其次，Fast R-CNN 还重新定义了损失函数，采用光滑函数（Smooth Function）计算预测框与真实框的误差，利用预测框位置损失更新网络。

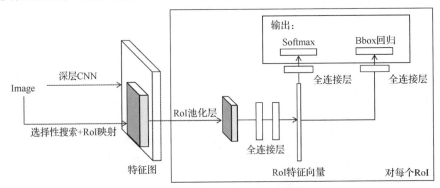

图 10-27　Fast R-CNN 的结构

Fast R-CNN 首先在图像分类数据集（ImageNet）上预训练模型中的特征提取网络，然后对网络进行微调。Fast R-CNN 在 CNN 的输出特征图上采用 RoI（Region of Interest，感兴趣区）池化，即候选区域到特征图的映射，基于 SPPNet 对每一个映射的特征图区域执行 RoI 池化，将不同尺寸的特征图区域池化成能够适配全连接层的维度，最后通过 Softmax 输出类别概率，并输出预测框位置。

4. Faster R-CNN

Faster R-CNN 删除了 R-CNN 中耗时的区域选择性搜索过程，改用区域提名网络（Region Proposal Network，RPN）来代替生成候选区域，并将 RPN 与 Fast R-CNN 融合，实现了两个网络间部分网络参数的共享，节省了候选区域的生成时间，以加速模型推理过程。

RPN 中采用了锚（Anchor）来生成候选区域。该算法首先通过深度 CNN 提取特征图，然后每一个特征图的像素都对应了 9 个锚（3 种不同尺度 Scale 与 3 种不同长宽比 Aspect Ratio），而对于每一个锚，算法通过 Softmax 输出层输出锚是否包含目标的概率，并采用边框回归输出锚的 4 个位置坐标，由此生成多个候选区域。

由于 RPN 输出包含了分类和位置信息，因此 Faster R-CNN 采用了下述损失函数：

$$L(\{p_i\}\{t_i\}) = \frac{1}{N_{\text{cls}}} \sum_i L_{\text{cls}}(p_i, p_i^*) + \lambda \frac{1}{N_{\text{reg}}} \sum_i p_i^* L_{\text{reg}}(t_i, t_i^*)$$

其中，前半部分采用交叉熵计算分类误差，N_{cls} 为 mini-batch 的大小，p_i^* 表示预测框是否包含目标的真实标签，包含目标为 1，否则为 0。p_i 表示预测框是否包含目标的网络输出概率。损失函数后半部分采用光滑函数计算预测框的位置损失，其中 N_{reg} 表示 anchor 的数量，t_i 为 4 维向量，代表预测框的位置坐标；t_i^* 为预测框的实际位置坐标。λ 为超参，用于平衡两种损失。

Faster R-CNN 的网络结构如图 10-28 所示。图像首先通过深层 CNN 提取特征图，随后特征图将作为 RPN 的输入，由 RPN 输出多个候选区域。然后，RPN 生成的候选区域将映射到 RoI，并由 Fast R-CNN 的 RoI 池化层将各 RoI 统一成合适的维度，然后通过全连接、Softmax 和回归实现类别与位置的预测。

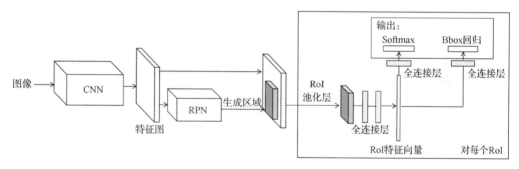

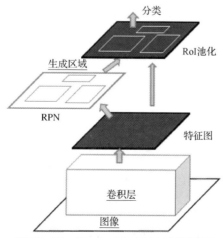

图 10-28　Faster R-CNN 的网络结构

5. YOLO算法

YOLO 算法是单阶段算法，其将网络对目标位置和类别的预测视为一个回归问题，可得到输入图像中目标的位置和类别。

（1）YOLO v1

YOLO v1 网络结构如表 10-6 所示，其中包括 24 个卷积层和 2 个全连接层，输入为 448×448×3。YOLO v1 算法本质上省略了候选框的搜索，而直接将输入图像划分成 7×7 的网格，这 49 个网格每个会生成两个候选框（Bounding Box），每个候选框的位置包括坐标、宽与高以及候选框的置信度 5 个值。YOLO v1 对同一区域的两个候选框预测同一组类别概率，假设包含 C 个类别，则一幅图像将输出 $7×7×(2×5+C)$ 个值。

表 10-6 YOLO v1 网络结构

操作类型	[核尺寸,通道数]×组数	步长	输出大小
convolution	7×7, 64	2	228×228
max pool	2×2	2	112×112
convolution	3×3, 192		112×112
max pool	2×2	2	56×56
convolution	1×1, 128		56×56
convolution	3×3, 256		56×56
convolution	1×1, 256		56×56
convolution	3×3, 512		56×56
max pool	2×2	2	28×28
convolution	$\begin{bmatrix} 1×1, 256 \\ 3×3, 512 \end{bmatrix}×4$		28×28
convolution	1×1, 512		28×28
convolution	3×3, 1024		28×28
max pool	2×2	2	14×14
convolution	$\begin{bmatrix} 1×1, 512 \\ 3×3, 1024 \end{bmatrix}×2$		14×14
convolution	3×3, 1024		14×14
convolution	3×3, 1024	2	7×7
convolution	$[3×3, 1024]×2$		7×7
FC			4096-d
FC			1470-d (7×7×30)

YOLO v1 将一个候选框的置信度分解为候选框包含物体的概率 p_r 与候选框包含物体的准确度（即预测框与真实框的 IoU）两者的乘积。当候选框包含物体时，p_r 值为 1；反之 p_r 值为 0。

$$\text{Confidence} = p_r(\text{Object}) \times \text{IoU}_{\text{pred}}^{\text{truth}}$$

YOLO v1 更加注重对候选框位置的预测，因此在损失函数中，与类别预测相比，赋予了位置预测误差更大的权重。

YOLO v1 每个网格仅对应两个候选框，造成了该网络对密集小物体、不常见宽高比的物体或是两类距离较近物体的检测效果较差。

（2）YOLO v2

YOLO v2 在 YOLO v1 的基础上做了许多优化，相较于 YOLO v1 在检测速度和精度上都有很大的提升。

在速度优化上，YOLO v2 采用了 DarkNet-19 网络，19 指该网络采用了 19 个卷积层，其结构如表 10-7 所示。YOLO v2 做了几点修改：提高输入图像的分辨率；相较于 YOLO v1，YOLO v2 采用锚框（Anchor Boxes）的方法来预测一个区域中的目标。网络最终输出的 13×13 特征图中，每一个单元都对应 5 个锚框。YOLO v2 可预测 13×13×5 个候选框的位置、置信度及类别概率。

表 10-7 DarkNet-19 网络结构

操作类型	[核尺寸,通道数]×组数	步长	输出大小
convolution	3×3, 32		224×224
max pool	2×2	2	112×112
convolution	3×3, 64		112×112
max pool	2×2	2	56×56
convolution	3×3, 128		56×56
convolution	1×1, 64		56×56
convolution	3×3, 128		56×56
max pool	2×2	2	28×28
convolution	3×3, 256		28×28
convolution	1×1, 128		28×28
convolution	3×3, 256		28×28
max pool	2×2	2	14×14
convolution	3×3, 512		14×14
convolution	$\begin{bmatrix} 1×1,\ 256 \\ 3×3,\ 512 \end{bmatrix}×2$		14×14
max pool	2×2	2	7×7
convolution	3×3, 1024		7×7
convolution	$\begin{bmatrix} 1×1,\ 512 \\ 3×3,\ 1024 \end{bmatrix}×2$		7×7
convolution	1×1, 1000		7×7
avg pool	global		1000-d
Softmax			

锚框长宽比在 YOLO v2 中通过 k-means 聚类算法设置。YOLO v2 对训练集做聚类分析,选取 5 个聚类中心,得到 5 种锚框,提高了预测框与真实框的 IoU 值。

为实现多尺度检测,YOLO v2 采用 pass through 层在最后的池化层之前,将特征图 1 拆为 4,直接向前传递,然后与最后池化层经过一组卷积后的特征图叠加,作为输出特征图,实现较小物体的识别。

YOLO 9000 是基于 YOLO v2 的网络结构。该网络的训练集混合了 COCO 目标检测数据集和 ImageNet 分类数据集,能够检测 9000 多类目标。混合数据集中 COCO 数据集部分的图像用于计算完整的 YOLO v2 损失,包括输出位置和分类概率的损失;ImageNet 中的图像仅用于计算分类概率的损失。

YOLO 9000 中的锚框由原来的 5 个调整到 3 个,但预测的类别数得到了显著增长。YOLO 9000 在混合 COCO 数据集和 ImageNet 数据集时,为更好地组织大量的新增类别,根据各个类别之间的从属关系建立了一种树结构,共包含了 9418 个类别,并采用独热编码将一个类别标签编码为一个长度为 9418 的向量,因此网络输出中除了位置信息还包含了 9418 个类别概率。

(3)YOLO v3

YOLO v3 在 YOLO v2 的基础上主要做了一些创新:采用了 DarkNet-53 网络,该网络采用步长为 2 的卷积层代替最大池化层,此外,还融合了 ResNet 中残差的 shortcut 连接。

表 10-8 所示是 DarkNet-53 网络结构,该网络卷积层后采用 BN 和 Leaky ReLU 处理。最后采用全局平均池化和全连接实现分类。

表 10-8 DarkNet-53 网络结构

操作类型	核尺寸,个数	步长	输出大小
convolution	3×3, 32		256×256
convolution	3×3, 64	2	128×128
res block	$\begin{bmatrix} 1×1,\ 32 \\ 3×3,\ 64 \\ \text{residual} \end{bmatrix}×1$		128×128

续表

操作类型	核尺寸,个数	步长	输出大小
convolution	3×3, 128	2	64×64
res block	$\begin{bmatrix} 1×1,\ 64 \\ 3×3,\ 128 \\ \text{residual} \end{bmatrix}×2$		64×64
convolution	3×3, 256	2	32×32
res block	$\begin{bmatrix} 1×1,\ 128 \\ 3×3,\ 256 \\ \text{residual} \end{bmatrix}×8$		32×32
convolution	3×3, 512	2	16×16
res block	$\begin{bmatrix} 1×1,\ 256 \\ 3×3,\ 512 \\ \text{residual} \end{bmatrix}×8$		16×16
convolution	3×3, 1024	2	8×8
res block	$\begin{bmatrix} 1×1,\ 512 \\ 3×3,\ 1024 \\ \text{residual} \end{bmatrix}×4$		8×8
avg pool	global		1×1
connected	1000		1000-d
Softmax			1000-d

YOLO v3 还借鉴了特征图金字塔网络（Feature Pyramid Network，FPN）的思想实现多尺度目标检测。在 YOLO v3 的基础网络中，提取最后 3 个 res_block 的输出特征图，预测不同大小的物体。通常，大尺度特征图（浅层的特征图）可以用来检测小物体，而小尺度特征图用来检测大物体。预测过程中还结合了 FPN 上采样（Up Sampling）和多尺度融合的思想，对网络深层的小尺度特征图上采样，使特征图形成与浅层提取的特征图相同的大小，并在通道上拼接，实现对小目标的检测。该方法对小目标检测时结合了深层提取的特征，检测的精度有所提高。

如图 10-29 所示，YOLO v3 的预测部分采用了 3 种不同尺度的特征图，对每一种尺度的预测都单独取 3 种不同大小的锚框，有效提升了 mAP。

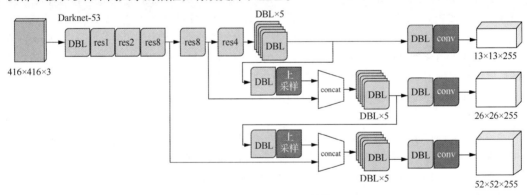

图 10-29　YOLO v3 结构

图 10-29 中 DBL 等价于 conv+BN+Leaky ReLU 的结构，resX 对应表 10-8 的残差块。YOLO v3 的每个单元都对应 3 个候选框（box），3 种尺度的特征图可以输出[(52×52)+(26×26) + (13×13)]×3= 10647 个候选框。其中每个框有位置和置信度等 5 个参数，处理 COCO 数据集包含的 80 个类别目标物体，则输出层对应的向量大小为 3×(5 + 80)= 255。

YOLO 算法还有 v4～v6 等版本，它们在图像增强、损失函数以及网络结构等方面也做了很多的改进，检测性能得到了明显的提升，在工程中也得到了大量应用。

6. SSD 网络

SSD（Single Shot Detection，单步检测）是一个流行的目标检测网络，由基础网络（Base Network）、辅助卷积层（Auxiliary Convolution Layer）和预测卷积层（Prediction Convolution Layer）组成。SSD 显著提高了运算速度。

SSD 的主要特点是采用了多尺度的特征图实现目标检测。它首先通过基础网络提取出大尺度的特征图，这些特征图在网络的浅层，卷积核的感受野较小，因此利于检测图像中的小物体。其次，在辅助卷积层中，SSD 主要提取小尺度的特征图，对应的卷积层较深，卷积核感受野扩大，因此用于检测图像中的大物体。

SSD 基础网络在 VGG16 网络的基础上进行了修改，如图 10-30 所示。它将 VGG16 第五个池化层采用步长为 2、池化核为 2×2 的最大池化改成步长为 1、池化核为 3×3；将最后两个全连接层改为两个卷积层，其中第一个卷积层卷积核为 3×3，采用空洞卷积扩大感受野，dilation rate 为 6。第二个卷积层卷积核为 1×1，输出为 19×19×1024。总的来说，基础网络包含两种输出：第四个卷积层输出 512 个 38×38 的大尺度特征图；基础网络最后输出 1024 个 19×19 的特征图。

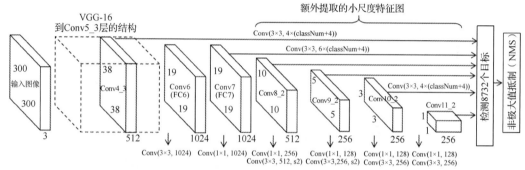

图 10-30　SSD 网络结构

辅助卷积层的输入即基础网络最后输出的特征映射图，通过多层卷积输出 4 个小尺度的特征映射图用于检测大物体。辅助卷积网络中包含 4 个卷积块：第一个卷积块由一个 1×1 的卷积层和一个 3×3、步长为 2 的卷积层堆叠，输出 512 张 10×10 的特征图；第二个卷积块与第一个卷积块相同，处理后特征图和通道缩小一半，输出 256 张 5×5 的特征图；第三个卷积块由 1×1 和 3×3 的卷积层堆叠，步长均为 1，输出 256 张 3×3 的特征图；第四个卷积块与第三个卷积块类似，输出为 256 张 1×1 的特征图。

SSD 在预测卷积层中采用金字塔形特征层级（Pyramidal Feature Hierarchy）的方式，利用基础网络和辅助卷积层得到的 6 组不同尺度的特征图的每个单元，预测矩形框信息和所属类信息。

SSD 对特征图中每一个单元都预先规定先验框（Prior Box）的数量和大小。它利用 box 来代表模型在该单元预测出的目标。特征图中每一个单元对应 4～6 种宽高比不同的先验框，一般在{1, 2, 3, 1/2, 1/3}中取值。SSD 针对每一个 box 都进行类别和位置的预测。SSD 在 6 组不同尺度的特征图上得到了 8732 个预测框结果，其中每个预测框又包含了多个类别和位置的预测。最后需要用非极大值抑制方法对预测框结果进行筛选。

10.3　图像分割

图像分割是指将图像中的每个像素划分到所属的类别或特定实例中，依据分割的目标可分为图像语义分割（Image Semantic Segmentation）和图像实例分割（Image Instance Segmentation）

两类。图像语义分割要求将图像中的像素划分到特定类别，而图像实例分割不仅需要分割出不同类别的物体，还需要区分图像中的各类不同实例。

10.3.1　全卷积神经网络

全卷积神经网络（Fully Convolutional Network，FCN）可以用于图像分割领域，它将 CNN 普遍采用的最后几层全连接层替换成了卷积层，形成全卷积的网络结构。

把全连接层替换为卷积层后，网络的输出由一维向量变成了具有高、宽、通道 3 个维度的特征图。该特征图小于原始图像，需要将其还原成原始图像的大小，才能相应地对每一个像素进行分类。FCN 通过上采样将特征图的大小放大，并做 Softmax 变换。结果特征图的每一个像素对应不同的目标类别。

由于深层的特征图下采样次数过多，基于此类特征图形成的分割结果较粗略，只能反映目标的大致区域，因此 FCN 考虑融合深层和浅层的特征图，用浅层特征图实现更具体的分割。具体的几种融合方式如图 10-31 所示。其中 FCN-32s 直接通过 32 倍上采样将网络输出的特征图变换成原始图像大小；FCN-16s 融合了 pool4 的池化结果，首先对 conv7 的特征图进行 2 倍上采样，然后与 pool4 的池化结果加和，最后通过 16 倍上采样形成分割结果。同理，FCN-8s 融合了 pool3 的池化结果，最终通过 8 倍上采样得到分割结果，能够实现更细致的划分。

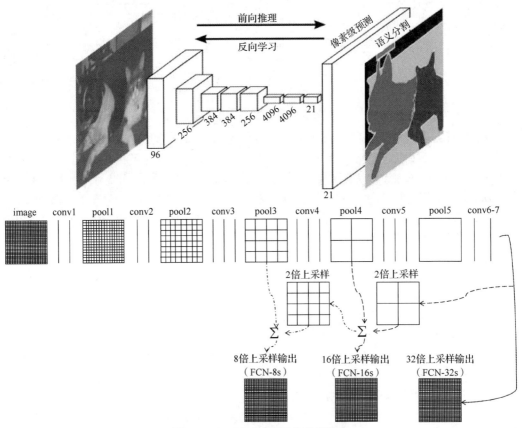

图 10-31　FCN 多层特征信息融合

FCN 能接收任意大小的输入图像，原因是 FCN 将全连接层替换成了卷积层，网络中不再包含对特征图大小的限制。FCN 的缺点在于图像分割的结果不够精细，虽然算法融合了浅层特征，但分割结果依然比较粗略。

10.3.2　U-Net 算法

U-Net 算法最初用于医学领域的图像分割，主要用于解决图像像素的二分类问题。U-Net 网络的结构为一个对称的 U 形，包含特征压缩和特征扩展两个部分。特征压缩部分主要由卷积和池化操作组成，负责提取出不同抽象程度的特征图；特征扩展部分主要由上采样和特征图融合组成，负责更精确地划分像素。

如图 10-32 所示，为了让网络能够更好地对图像边缘的像素进行划分，U-Net 算法采用了"镜像策略"处理原始图像。原始图像的分辨率为 512×512，以图像的边界为轴，取图像距离边界 30 个像素的图像做镜像，生成分辨率 572×572 的输入图像。U-Net 的结构基于 FCN 融合浅层特征的思想，使用 shortcut 连接的方式，在同一特征尺度把浅层的压缩特征与扩展部分的特征连接起来，更充分地利用了浅层特征。此外，U-Net 加强了特征图的融合方式，最大程度地保留不同粒度的特征，减少了池化导致信息丢失的问题，使网络对每个像素的分类更加细致。

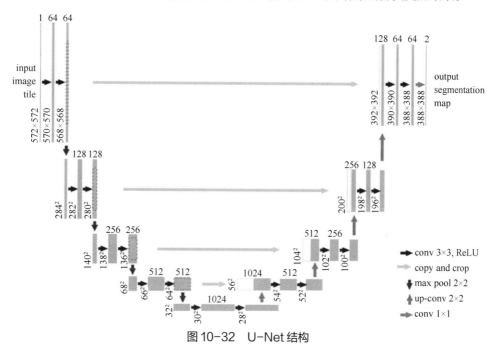

图 10-32　U-Net 结构

以下是 U-Net 算法调用代码，主要用于对射频干扰进行分析。

```
from tf_unet import image_gen
from tf_unet import unet
from tf_unet import util
model_folder = "./unet_trained"
model_path = "./unet_trained/model.cpkt"
generator = image_gen.GrayScaleDataProvider(572, 572, cnt=20)
net = unet.Unet(channels=generator.channels, n_class=generator.n_class, layers=3,
features_root=16)
trainer = unet.Trainer(net, optimizer="momentum", opt_kwargs=dict(momentum=0.2))
path = trainer.train(generator, model_folder, training_iters=20, epochs=10,
display_step=2)
x_test, y_test = generator(1)
prediction = net.predict(model_path, x_test)
```

其中，image_gen.GrayScaleDataProvider() 方法生成一幅带有干扰背景的图像，unet.Unet() 创建了一个 U-Net 网络模型，应用 trainer.train() 方法对模型进行训练，采用动量法进行优化，动量参数为 0.2，训练完成后将模型保存，测试结果保存在 prediction 中。

为了进一步融合浅层的特征，U-Net++算法利用密集的 shortcut 连接，在特征扩展部分融合了特征压缩部分的多种尺度的特征，进一步减少特征的损失，提升了网络的性能，如图 10-33 所示。

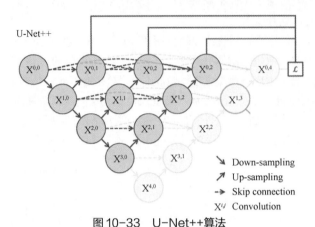

图 10-33　U-Net++算法

10.3.3　Mask R-CNN

Mask R-CNN 算法在 Faster R-CNN 算法基础上进行了修改，将 FCN 组合到 Faster R-CNN 的预测输出部分，形成预测分割 Mask 的分支。此外，Mask R-CNN 还修改了 RoI 池化层，将之替换为 RoI Align 操作，防止池化导致像素级别的位置信息丢失。RoI Align 操作基于双线性插值算法。如图 10-34 所示，RoI Align 操作首先在区域中选取样本点，然后利用包围样本点的 4 个邻近的特征图中的像素值来估计样本点的取值，最后将样本点组成的特征图缩放为目标大小。

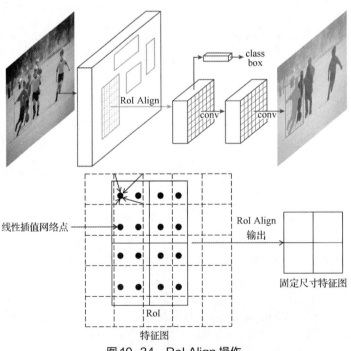

图 10-34　RoI Align 操作

Mask R-CNN 结构分为 Backbone 和 Head。Backbone 本质上是一个 CNN，用于提取特征。Head 包含 3 条分支，分别预测 RoI 的类别、预测框和 Mask。Backbone 为 ResNet 和 FPN 两种网络时 Head 结构如图 10-35 所示。左半部分的 Head 对应的 Backbone 为 ResNet 卷积层 C4 以前的结构，将 RoI 区域处理为 7×7×1024 的尺寸后，仍需要采用 ResNet 第 5 个卷积块 res5 继续提取特征，并将特征图的通道数扩大到 2048。在图的右半部分，当 Backbone 为 FPN 时，Head 结构中不包含 res5，因此运行效率相对更高。

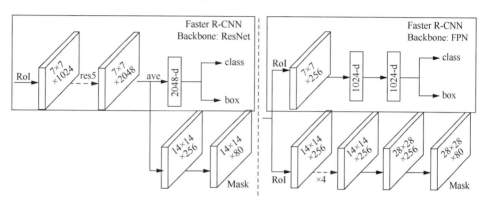

图 10-35　不同 Backbone 下的 Mask R-CNN 的 Head 结构

由于网络包含 3 个分支的输出，对应损失函数的 3 个组成部分：L_{cls} 指分类损失，L_{box} 指预测框损失，L_{mask} 指 Mask 的损失。需要针对模型输出的 Mask 计算。

10.4　循环神经网络

RNN 是一种对序列数据建模的神经网络，主要应用于输入数据具有序列结构的场景。在传统的前向神经网络中，所有样本的处理都是相互独立的，而在实际场景中对音频、视频以及文本处理时，输入数据通常是具有依赖关系的，数据内部含大量上下文信息，因此传统前向神经网络存在很大的局限性。RNN 不同于前向神经网络，隐层神经元在某时刻的输出可以作为其下一个时刻的输入，这样带来的好处是能够更高效地存储信息，保持数据内部的依赖关系。近年来，RNN 开始在自然语言处理、图像识别、语音识别、上下文的预测、在线交易预测、实时翻译等领域迅速得到大量应用。

10.4.1　循环神经网络基本原理

RNN 主要用来处理序列数据。传统的神经网络模型每层内的节点之间是无连接的。RNN 中一个当前神经元的输出与前面的输出也有关，网络会对前面的信息进行记忆并将其应用于当前神经元的计算中，即隐层之间的节点也是有连接的，并且隐层的输入不仅包括输入层的输出，还包括上一时刻隐层的输出。理论上，RNN 能够对任何长度的序列数据进行处理。但是在实践中，为了降低复杂度，往往假设当前的状态只与前面的几个状态相关。图 10-36 所示是一个典型的 RNN 结构。

RNN 包含输入单元，输入集标记为 x_t，而输出单元的输出集则被标记为 y_t。RNN 还包含隐藏

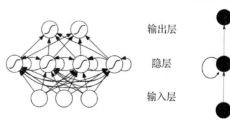

图 10-36　RNN 结构

单元，这些隐藏单元完成了主要工作。在某些情况下，RNN 会引导信息从输出单元返回隐藏单元，并且隐层内的节点可以自连也可以互连。RNN 的基本结构可以表示为：

$$h_t = f_w(h_{t-1}, x_t)$$

其中 h_t 表示新的目标状态，而 h_{t-1} 则是前一状态，x_t 是当前输入向量，f_w 是权重参数函数，目标值的结果与当前的输入、上一时刻的结果有关，将上一时刻的结果 h_{t-1} 与当前输入向量 x_t 拼接作为循环体的全连接层神经网络的输入，以此可以求出各参数的权重。RNN 隐层内的隐藏单元如图 10-37 所示，每一个隐藏单元内接收当前输入向量 x_t 以及上一时刻的结果 h_{t-1}，通过 Tanh 函数生成新的目标状态 h_t 并将其作为下一时刻隐藏单元的输入，同时将 h_t 经过 Softmax 函数生成 o_t 进行输出。

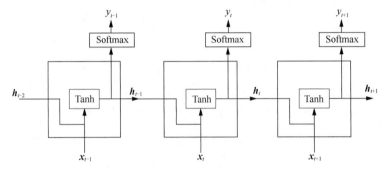

图 10-37　RNN 隐层内的隐藏单元

　　一个 RNN 可被认为是同一网络的多次重复执行，每一次执行的结果都是下一次执行的输入。图 10-38 所示的是将 RNN 展开成一个全神经网络。其中 x_t 是输入序列，h_t 是在 t 时间步时的隐藏状态，可以被认为是网络的记忆，计算公式为 $h_t = f(Ux_t + Wh_{t-1})$，其中 f 为非线性激活

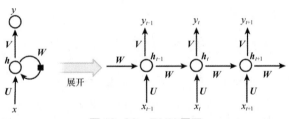

图 10-38　RNN 展开

函数（如 ReLU），U 为当前输入的权重矩阵，W 为上一状态的输入的权重矩阵，可以看到当前状态 h_t 依赖于上一状态 h_{t-1}。与 CNN 一样，RNN 也共享参数，在时间维度上，共享权重参数 U、V 和 W。根据图 10-38，可以看到状态数量增加，会形成多个 W 相乘，如果 W 是一个小于 1 的数字，随着输入状态的增加，在反向传递时误差变化会越来越小，最终导致梯度消失问题；如果 W 是一个大于 1 的数字，则误差会越来越大，最后导致梯度爆炸。普通的 RNN 难以实现信息的长期保存，其记忆的状态数量有限制，无法回忆起很久之前的状态。

　　RNN 能够将输入的序列数据映射为序列数据输出，但 RNN 输出序列的长度并不要求与输入序列长度相等。根据不同任务的要求，RNN 大致可以分为一对多、多对一、多对多几种，图 10-39（a）所示的输入是一个，输出是多个，对应的任务场景如图片标注（输入一幅图像，输出关于这幅图像的标题信息）；图 10-39（b）所示的输入是多个，输出则是一个，对应的任务场景如社交网络的用户情感分析（输入一段话，输出这段话的情感分类）；图 10-39（c）所示的输入与输出之间是异步的，输入是多个，输出也是多个，对应的任务场景如机器翻译（输入一段话，输出其译文；或者输入一篇文章，输出这篇文章的文本摘要）；图 10-39（d）是指多个输入和输出是同步的，例如进行字幕描述、语音识别。

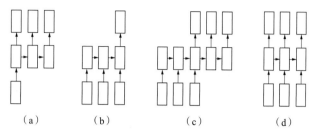

图 10-39　RNN 种类

【例 10.1】 对一个包含 5 个单词的语句，展开的网络便是一个 5 层的神经网络，每一层代表一个单词，网络参数为 U、W 和 V，如图 10-40 所示。可以看到在时间 t 为 1～5 时网络的输入状态，每一个状态都会产生一个神经网络；当时间 $t=5$ 时，输入包括之前所有的状态输出。

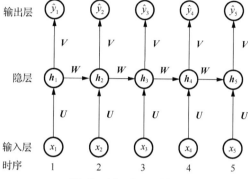

图 10-40　RNN 展开

RNN 训练时，首先将权重矩阵 U 乘以该时刻输入序列 x_t，并与权重矩阵 W 乘以上一时刻状态 h_{t-1} 的结果进行求和，经过 Tanh 函数生成当前状态 h_t，并将 h_t 输出给下一隐层单元进行后续处理。该时刻的输出 $\hat{y}_t$，则是由权重矩阵 V 乘以当前状态 s_t，并经过 Softmax 函数得出的。该过程涉及的公式如下所示：

$$h_t = \text{Tanh}(Ux_t + Wh_{t-1})$$
$$y_t = \text{Softmax}(Vh_t)$$

在每个时间节点 t，神经网络的输出都有可能与实际结果存在偏差，可以通过交叉熵计算出该误差值 E_t：$E_t(y_t, \hat{y}_t) = -y_t \log \hat{y}_t$，其中 y_t 表示真实的输出值，$\hat{y}_t$ 则表示神经网络的输出值。计算出每一时刻误差值后，将每一时刻误差值进行求和，得到总误差值。

$$E(y_t, \hat{y}_t) = \sum_t E_t(y_t, \hat{y}_t) = -\sum_{t=1}^n y_t \log \hat{y}_t$$

与前馈神经网络相似，RNN 也是用梯度下降法对权重进行更新。基于 RNN 的损失是随时间进行累加的，模型参数 W、U、V 的梯度计算需要将每一时刻误差值对参数 V 进行求偏导并求和：

$$\frac{\partial E}{\partial V} = \sum_{t=1}^n \frac{\partial E_t}{\partial \hat{y}_t} \cdot \frac{\partial \hat{y}_t}{\partial V}$$
$$\frac{\partial E}{\partial W} = \sum_{t=1}^n \frac{\partial E_t}{\partial \hat{y}_t} \cdot \frac{\partial \hat{y}_t}{\partial W}$$
$$\frac{\partial E}{\partial U} = \sum_{t=1}^n \frac{\partial E_t}{\partial \hat{y}_t} \cdot \frac{\partial \hat{y}_t}{\partial U}$$

关于模型参数 U 及 W 的梯度计算，则需要追溯之前的历史信息。假设只有 3 个时刻，当时刻 $t=3$ 时，误差值 E_3 对模型参数 W 的偏导需要追溯到该时刻之前的所有时刻信息，同理可得误差值 E_3 对模型参数 U 的偏导：

$$\frac{\partial E_3}{\partial W} = \frac{\partial E_3}{\partial \hat{y}_3} \cdot \frac{\partial \hat{y}_3}{\partial h_3} \cdot \frac{\partial h_3}{\partial W} + \frac{\partial E_3}{\partial \hat{y}_3} \cdot \frac{\partial \hat{y}_3}{\partial h_3} \cdot \frac{\partial h_3}{\partial h_2} \cdot \frac{\partial h_2}{\partial W} + \frac{\partial E_3}{\partial \hat{y}_3} \cdot \frac{\partial \hat{y}_3}{\partial h_3} \cdot \frac{\partial h_3}{\partial h_2} \cdot \frac{\partial h_2}{\partial h_1} \cdot \frac{\partial h_1}{\partial W}$$
$$\frac{\partial E_3}{\partial U} = \frac{\partial E_3}{\partial \hat{y}_3} \cdot \frac{\partial \hat{y}_3}{\partial h_3} \cdot \frac{\partial h_3}{\partial U} + \frac{\partial E_3}{\partial \hat{y}_3} \cdot \frac{\partial \hat{y}_3}{\partial h_3} \cdot \frac{\partial h_3}{\partial h_2} \cdot \frac{\partial h_2}{\partial U} + \frac{\partial E_3}{\partial \hat{y}_3} \cdot \frac{\partial \hat{y}_3}{\partial h_3} \cdot \frac{\partial h_3}{\partial h_2} \cdot \frac{\partial h_2}{\partial h_1} \cdot \frac{\partial h_1}{\partial U}$$

将上述求得公式推广至一般性，可以总结误差值 E 在时刻 t 对 $\boldsymbol{W}$ 和 $\boldsymbol{U}$ 的求偏导公式：

$$\frac{\partial E_t}{\partial \boldsymbol{W}} = \sum_{k=1}^{t} \frac{\partial E_t}{\partial \hat{y}_t} \cdot \frac{\partial \hat{y}_t}{\partial \boldsymbol{h}_t} \cdot \left(\prod_{j=k+1}^{t} \frac{\partial \boldsymbol{h}_j}{\partial \boldsymbol{h}_{j-1}} \right) \cdot \frac{\partial \boldsymbol{h}_k}{\partial \boldsymbol{W}}$$

$$\frac{\partial E_t}{\partial \boldsymbol{U}} = \sum_{k=1}^{t} \frac{\partial E_t}{\partial \hat{y}_t} \cdot \frac{\partial \hat{y}_t}{\partial \boldsymbol{h}_t} \cdot \left(\prod_{j=k+1}^{t} \frac{\partial \boldsymbol{h}_j}{\partial \boldsymbol{h}_{j-1}} \right) \cdot \frac{\partial \boldsymbol{h}_k}{\partial \boldsymbol{U}}$$

与传统神经网络相比，RNN 的参数是共享的，当前时刻的参数与上一时刻的状态相关，从而缩小参数空间和增加记忆能力。另外，梯度结果依赖于当前时刻和之前所有时刻的计算结果，这一过程称为随时间的反向传播（Back Propagation Through Time，BPTT），综合了层级间和时间上的传播两个方面进行参数优化。但是用 BPTT 训练 RNN 时，有时并不能处理较长距离的依赖，会存在梯度消失或爆炸问题。

用于二元分类的 RNN 模型对应的代码如下：

```
model = tf.keras.models.Sequential([
  tf.keras.layers.Lambda(lambda x: tf.expand_dims(x, axis=-1),
                         input_shape=[None]),
  tf.keras.layers.SimpleRNN(50, return_sequences=True),
  tf.keras.layers.SimpleRNN(40, return_sequences=True),
  tf.keras.layers.SimpleRNN(30),
  #输出层用于二元分类
  tf.keras.layers.Dense(1),
])
```

RNN 的缺点是存在长期依赖（Long Term Dependency），由于其核心思想是将以前的信息连接到当前的任务，当前位置与相关信息所在位置之间的距离相对较小，RNN 可以被训练来使用这样的信息。然而，随着距离的增大，RNN 对于如何将这样的信息连接起来无能为力。其中，针对梯度爆炸问题，当梯度很大时，可以考虑采用梯度截断的方法，将梯度约束在一个范围之内。此处假设参数 w_1 以及 w_2 的梯度更新公式为：

$$w_1 \leftarrow w_1 - \alpha \frac{\partial E}{\partial w_1}$$

$$w_2 \leftarrow w_2 - \alpha \frac{\partial E}{\partial w_2}$$

令 $g_1 = \dfrac{\partial E}{\partial w_2}$，$g_2 = \dfrac{\partial E}{\partial w_2}$，计算 $\|g\|_2 = \sqrt{g_1^2 + g_2^2}$，接下来设定截断阈值 ε，判断当 $\|g\|_2$ 大于阈值 ε 时，则令 $g_1 = \varepsilon g_1/\|g\|_2$，$g_2 = \varepsilon g_2/\|g\|_2$，进而实现梯度截断；当 $\|g\|_2$ 小于等于裁剪阈值 ε 时，g_1 与 g_2 保持不变。

梯度截断法能够很好地解决梯度爆炸问题，但不适合处理梯度消失问题，需要对模型结构进行优化，例如修改门的结构或者选取更好的激活函数。其中，激活函数可以选取 ReLU 函数，可以有效避免梯度消失，但存在梯度爆炸的风险，可以结合梯度截断的方法。修改门结构则可以考虑 LSTM、GRU 等结构。

缓解 RNN 长期依赖的其他方法还有层标准化（LN）、shortcut 连接等。在 RNN 训练过程中，内部循环节点的均值以及标准差会发生改变，产生漂移现象，引发梯度消失与梯度爆炸问题，因而使用 LN 方法能够有效缓解长距离依赖问题。LN 与 BN 不同，LN 针对的是同一个样本的不同特征。LN 不依赖于输入序列的深度，可以用于 RNN，LN 统一将每个循环单元结合起来视作同一层进行标准化。以时间步 t 为例，使用 LN 方法时，循环节点的计算公式如下：

$$a_t = \boldsymbol{U}x_t + \boldsymbol{W}h_{t-1}$$

$$h_t = f(\beta + \gamma \frac{a_t - \mu_t}{\sigma_t})$$

其中，a_t 表示传入神经元的净输入，μ_t 和 σ_t 分别表示时刻 t 的该层神经元的均值以及标准差，β 和 γ 代表平移和缩放的参数，并随着梯度的反向传播进行参数的更新。

shortcut 连接的基本思想则是通过直接跨越多个时间步的长距离连接，使得模型内部长时间尺度的状态能够有效地在神经网络中传递，缓解长时间步造成的梯度消失现象。

【例 10.2】　基于 RNN 算法的云计算负载均衡秒杀系统设计。

对于"抢购"和"秒杀"等电商平台特有的场景来讲，应对海量订单秒杀场景的负载均衡系统，主要有 3 种做法。第一种做法是从底层代码开始重新构建负载均衡系统，这是很多大型电商和云计算运营商（如亚马逊、淘宝、京东、美团、12306 等）优先选择的做法。第二种做法是软件和硬件混合，这种做法对于新兴的金融金控类用户，在构建"两地三中心"的异地容灾架构时比较常见。第三种做法是对云计算负载均衡系统进行辅助性优化，往往不仅仅针对负载均衡系统进行优化，还要针对云计算管理平台和调度平台进行优化。例如云计算环境中多核多进程负载均衡技术，快速消化秒杀业务负载，达到系统高效稳定的目的。

重新研发负载均衡平台和秒杀业务平台对研发人员压力太大，时间成本也不容忽视。因此可引入 RNN 算法，对秒杀业务的云计算负载均衡系统进行辅助性优化。对负载均衡系统、云计算管理平台和调度平台进行优化，使得平台更加适应秒杀业务模式。

引入 RNN 算法对秒杀系统业务架构的各关键指标进行监控，通过机器学习，能正确预估出秒杀业务量的大小，并根据秒杀业务负载的强弱对负载均衡系统和秒杀业务系统进行自动化调整，使得秒杀业务负载可以被正确消化。同时对秒杀系统进行多维度分析和故障预判，使得每次告警更有价值，根据时间轴找到秒杀系统发生故障的原因，第一时间发现问题根结，正确离线故障系统，避免事故发生，达到高效运维的目的。这样大大降低了故障发生的概率，提高了系统稳定性，同时降低了人工成本。

秒杀业务的 RNN 训练是以订单资源监控功能获取训练数据源。首先利用日志采集平台，对系统日志信息进行采集，数据集包含硬件日志、云计算平台日志、操作系统日志、Web 服务器日志等。然后在大数据平台进行数据的转换和筛选，将数据序列化。将序列化的结果作为 RNN 的输入，以此来对 RNN 进行调优和训练。

利用 LSTM 网络记忆特性和对文本文件的快速分析，尤其是针对实时日志的大数据量，引入 LSTM 来避免漏判导致的故障问题。对于日志系统的时序问题，现有的日志和监控系统等信息是平面的，通过引入 LSTM 扩展模型，将平面信息变成立体信息，即在垂直的时间轴发现故障所在。

1. 数据准备

随着秒杀业务订单量的增加，业务系统的压力也随之增加，在压力达到一定阈值的情况下触发告警策略，调用并发负载调度模块产生资源告警，从而触发秒杀业务负载优化模块，对架构负载均衡进行调优。在秒杀业务预测子系统中需要通过机器学习得到的分析模型来实现故障的辅助诊断和预判。数据集包含通过订单量资源监控功能采集到的大量日志信息和实时监控系统采集到的 CPU 占用率、内存占用率、网络 I/O 状况。数据以序列化表示，订单量资源监控功能采集数据的时间间隔为 10 秒。序列单元表示为 <cpu_ratio,mem_ratio,net_io_port0,net_io_port1,net_io_port2>。每个序列样本单元由 5 个数据来表达，其中 net_io_porti 代表对某类 TCP 端口的 I/O 流量比率，选择 80、8080、443 和几个通用的数据库占用端口（例如 Oracle 数据库为 1521，MySQL 数据库为 3306，SQLServer 数据库为 1433），将 I/O 比率居于前 3 位的放入数据采集样本中。

（1）进行数据预处理

首先对采集的数据进行规范化处理，即通过比率的方式将原始数据以整数（integer）来表达的百分比数据，例如 CPU 占用率（cpu_ratio）表示为 150，其中 1 代表是否有 CPU 核处于满负荷运转状态，50 代表总的 CPU 占用率（CPU 使用百分比/系统 CPU 核数）。

对于内存占用率（mem_ratio），直接取已使用内存和服务器总物理内存的百分比数据。而对于网络 I/O 占用率（net_io_porti），选择端口 TCP 流量与总 TCP 流量的百分比，在数据采集中取百分比占前 3 位的端口数据。<cpu_ratio,mem_ratio,net_io_port0,net_io_port1,net_io_port2>这 5 个参数的值随着系统订单量的增加而增加。

（2）训练样本生成

由于时序数据需要以数据窗口（截取固定长度的数据，即固定时间片的数据）的形式来表示训练数据，因此设定的数据窗口为 6 小时，即以 10 秒为间隔，采集 2160 组数据作为一个窗口，例如<s0,s1,…,s2159,s2160>。样本单元以单个整数来表达，即 tokenizing，对数据进行加权转换，公式为 s_i= cpu_ratio × 20% + mem_ratio × 30% + net_io_port0 × 20% + net_io_port1 × 15% + net_io_port2 × 10%。对于训练样本的预测标记分为故障和正常两种状态。在标记数据时以物理或云服务器宕机、挂起、应用异常、服务端口异常和 I/O 异常（不包含遭受网络攻击的状态）作为故障状态，其余状态均标记为正常状态。

2. 模型建立和应用

对于秒杀业务这样的场景，更加关注系统是否能够承载每次秒杀时的订单量，并将订单准确无误地消化。由于业务系统状态与用户订单量相关，同时订单量的增加又会导致系统负载的增加，数据趋势表现复杂，为了尽可能通过历史数据发掘出系统参数的变化趋势，需要通过长期记忆来提取规律，对截取 6 小时的输入数据，以 10 秒为间隔，采集 2160 组数据作为一个窗口，即模型输入序列长度为 2160。历史数据的分析需要在神经元之间（同层）建立记忆关联，随着时间间隔的增大和预测信息的时间间隔、相关信息间间隔的增加，RNN 渐渐不能满足需求，因此引入 LSTM 作为模型架构，对时序进行有记忆状态的分析。为了有效对各类数据（CPU、内存、网络 I/O 状态等）进行综合与关联，使用多层 LSTM 来提供足够强的信息表达能力，同时在每层网络中保持足够的神经元（LSTM Cell）数量，在单层记忆网络中表达趋势变化信息。在模型中使用 Dropout 方法防止过拟合，即在有数据输入时对网络中的每个 LSTM Cell，赋予一个正常工作的概率（Keep Probability），超出概率范围则返回 0。与 CNN 不同，RNN 的 Dropout 操作只对同一时刻 t，多层 LSTM Cell 之间传递信息的过程进行 Dropout，在处理 LSTM Cell 时，同时设置输入与输入的 Dropout 概率。

输入序列长度为 2160，单个状态以整数表达，范围为[0,120]。输出为状态 0 和 1。LSTM 层使用 2 层。隐层 Cell 数量为 2000。激活函数使用 ReLU，优化参数方法为梯度下降优化，Dropout 概率为输入 1.0，输出 0.8。

对于 RNN 而言，其训练不稳定性主要是由于权重引起的。随着 RNN 时间维度的增大（时间间隔和相关信息间隔），梯度爆炸的概率也在不断增大。梯度截断用于处理神经网络中的控制梯度爆炸问题，与梯度弥散一样，由于链式法则求导的关系导致梯度的指数级衰减，需要不断地进行梯度截断来解决梯度爆炸的问题。在得到合适梯度的情况下，可以用这个梯度去进行模型的参数修正。

3. 模型实现

订单量资源监控功能采集来的日志信息，集中存储在分布式日志存储服务器内，供给 Lucene 调用。分布式日志处理集群在 Apache Spark 上构建，以分布式并行处理的方式提升数据清洗和选取的效率。日志数据以文件形式输入并导入 Spark RDD 的数据结构中，RDD 所包含的数据处理操作以 Lucene 的文本挖掘来实现，即可由用户定义多种文本挖掘策略并以 RDD Operator 来操作，而底层则由 Lucene 来实现。处理后的数据（数据模式、统计信息）则向上汇总到结果 RDD 中，供进一步查询或导入数据库。通过分布式日志处理，数据清洗 RDD 将前端采集的 CPU、内存和网络信息转换成训练样本 RDD，并供训练建模使用和存入数据库。

（1）模型训练

日志记录时间点对应系统所占用的 CPU、内存、网络速率数据，共采集历史数据大于 1000 万条，训练周期为 12 天，采集数据特征如表 10-9 所示，其中训练样本占总样本 80%，剩余 20% 用于检验。

表 10-9　数据特征

特征	数据
时间周期	12 天
日志容量	>7000MB
有效记录	>10000000
数据内容	CPU 占用率，内存占用率，网络端口 I/O 速率
训练样本/检验样本	80%/20%

经过预处理，由于样本量非常大，CSV 文件处理有很多问题，因此采用 TensorFlow 默认的文件格式，将训练样本和检验样本封装在二进制的 TFRecords 格式文件中。在云计算架构中靠多核 CPU 进行 Spark 和 TensorFlow 计算。训练架构采用 4 节点虚拟化服务器进行计算，采用 TensorFlow 已经封装好的 LSTM 网络模块进行运算。

根据采集的训练样本，在虚拟机集群环境下的训练建模时间为 8 小时。每次建模所需迭代次数为 200 次。

在 TensorFlow 中定义 LSTM 模型包括几个部分：定义变量、定义输入接口、循环执行 LSTM Cell，定义损失函数、定义优化和定义预测。业务秒杀预测子系统 LSTM 模型定义（编程语言为 Python）如下。

① 定义变量。

num_nodes 代表这个神经网络中 LSTM Cell 层的 Cell 个数，这里定义为 2160 个内部 Cell。采用标准的 graph 方式建立 TensorFlow 的计算模型：

```
num_nodes = 2160
graph = tf.Graph()
with graph.as_default():
```

② 定义输入接口。

训练过程以 Batch 方式同时处理。要训练一个序列化输入信号，例如 sysnoerror，输出为 0 或 1，那么 train_inputs 是 sysnoerror，train_labels 是 0 或 1。

③ 循环运行 LSTM Cell，展开 LSTM。

```
outputs = list()
output = saved_output
state = saved_state
for i in train_inputs:
    output, state = lstm_cell(i, output, state)
    outputs.append(output)
```

④ 定义损失函数。

```
with tf.control_dependencies([saved_output.assign(output),
 saved_state.assign(state)]):
logval = tf.nn.xw_plus_b(tf.concat(0, outputs), w, b)
loss = tf.reduce_mean(tf.nn.softmax_cross_entropy_with_logits(
                     logval, tf.concat(0, train_labels)))
```

control_dependencies 建立先后顺序，先把 saved_output 和 saved_state 保存，再计算 logval 和 loss。

tf.concat(0,value) 在 0 维上把 value 连接起来，形成输出向量。output 是一个 list，每一个元素都是一个 n 维向量，表示一个时序状态（还是假设 batch_size=1）。通过 tf.concat 把结果连接起来，成为一个向量，可以拿来乘以 w 加上 b 进入一个全连接层，从而得到 logval。

然后通过 softmax_cross_entropy_with_logits()比较连接并 full connection 的 outputs 和连接起来的 train_labels，得到 loss。softmax_cross_entropy_with_logits()为基于 Softmax 的熵值计算方法。

（2）定义优化

优化是当前构建神经网络模型的必备部分，具体的优化过程定义包括梯度计算和截断，这里使用 TensorFlow 进行对应的实现。实现网络模型优化策略代码如下所示：

```
global_step = tf.Variable(0)
learning_rate = tf.train.exponential_decay(
        10.0, global_step, 1000000, 0.1, staircase=True)
optimizer = tf.train.GradientDescentOptimizer(learning_rate)
gradients, v= zip(*optimizer.compute_gradients(loss))
gradients, _ = tf.clip_by_global_norm(gradients, 1.5)
optimizer = optimizer.apply_gradients(zip(gradients, v), global_step=global_step)
```

tf.train.exponential_decay实现 learning_rate 的指数型衰减，越到后续的迭代训练，learning_rate 值越小（依赖对 global_step 值的修改来实现）。

optimizer 的定义使用标准梯度下降。每一种 optimizer 都有几个标准接口，使用的是 minimize 接口（通过 compute_gradients()和 apply_gradients()）。先计算梯度值，然后把那些参数减去梯度值。

compute_gradients()函数返回一个 list，里面由 gradient 和 variable 构成的 pairs 组成，针对某个可调整的变量，说明它的梯度是多少。

clip_by_global_norm 用来避免梯度值过大产生 Exploding Gradients 梯度爆炸问题。

10.4.2　长短期记忆网络

RNN 存在长期依赖的缺点，在输入序列过长的情况下容易导致梯度消失或梯度爆炸问题，为有效解决此问题，人们提出了一些改进的方法，例如回声状态网络（Echo State Network，ESN）、增加有漏单元（Leaky Unit）、门限 RNN（Gated RNN）等。LSTM 网络是门限 RNN 中的一种方法，能够学习长期依赖关系，在沿时间和层进行反向传递时，可以将误差保持在更加恒定的水平，让 RNN 能够进行多个时间步的学习，从而建立远距离因果联系，有效解决 RNN 中存在的梯度消失、梯度爆炸问题。它在许多问题上效果非常好，现在被广泛使用。

LSTM 通过门控单元来实现 RNN 中的信息处理，用门的开关程度来决定对哪些信息进行读写或清除。其中，门的开关信号由激活函数的输出决定。与数字开关不同，LSTM 中的门控为模拟方式，即具有一定的模糊性，并非 0、1 二值状态。例如 Sigmoid 函数输出为 0，表示全部信息不允许通过；1 表示全部信息都允许通过；而 0.5 表示允许一部分信息通过。这样的好处是易于实现微分处理，有利于误差反向传播。

门的开关程度是由什么控制的呢？本质上是由信息的权重决定的。在训练过程中，LSTM 会不断依据输入信息学习样本特征，调节参数及其权重。与神经网络的误差反向传播相似，LSTM 通过梯度下降来调整权重强度实现有用信息保留，将无用信息删除或过滤，并针对不同类型的门采用不同的转换方式。例如遗忘门采用新旧状态相乘，而输出门采用新旧状态相加，从而使整个模型在反向传播时的误差恒定，最终在不同的时间尺度上同时实现长时和短时记忆的效果。

图 10-41 展示了数据在记忆单元中如何流动，以及单元中的门如何控制数据流动。

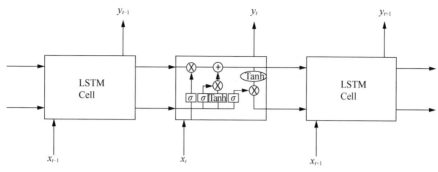

图 10-41 LSTM 模块结构

LSTM 核心在于处理元胞状态（Cell State），元胞状态贯穿不同的时序操作过程，其中状态信息可以很容易地传递，同时经过一些线性交互，对元胞状态中所包含的信息进行添加或移除。其中线性交互主要通过门（Gate）结构来实现，例如输入门、遗忘门、输出门等，经过 Sigmoid 神经网络层和元素级相乘操作之后，对结果进行判定，实现元胞状态的传递控制。

Sigmoid 层输出范围为 0～1，用其控制信息通过级别，值为 0 表示不允许通过任何信息，值为 1 表示允许通过所有信息。

LSTM 前向计算的具体步骤如下。

（1）LSTM 首先判断对上一状态输出的哪些信息进行过滤，即遗忘那些不重要的信息。它通过一个遗忘门（Forget Gate）的 Sigmoid 激活函数实现。遗忘门是 LSTM 网络的关键组成部分，可以控制信息要保留的部分，并且减少梯度消失和梯度爆炸问题。遗忘门的输入包括前一状态 h_{t-1} 和当前状态的输入 x_t，即输入序列中的第 t 个元素，将输入向量与权重矩阵相乘，加上偏置值之后通过激活函数输出一个 0～1 的值，取值越小越趋向于丢弃。最后将输出结果与上一元胞状态 C_{t-1} 相乘后输出，如图 10-42 所示。

$$f_t = \sigma(W_f \cdot [h_{t-1}, x_t] + b_f)$$

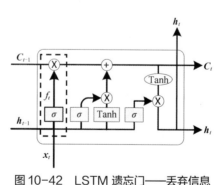

图 10-42 LSTM 遗忘门——丢弃信息

（2）通过输入门将有用的新信息加入元胞状态。首先，将前一状态 h_{t-1} 和当前状态的输入 x_t 输入 Sigmoid 函数中滤除不重要信息。另外，利用 h_{t-1} 和 x_t 通过 Tanh 函数得到一个 −1～1 的输出结果。这将产生一个新的候选值，后续将判断是否将其加入元胞状态，如图 10-43 所示。该过程可以用下面公式描述，其中 i_t 控制 t 时刻新输入的接受程度，即网络当前输入数据在记忆单元的接受程度。

$$i_t = \sigma(W_i \cdot [h_{t-1}, x_t] + b_i)$$
$$\tilde{C}_t = \mathrm{Tanh}(W_C \cdot [h_{t-1}, x_t] + b_C)$$

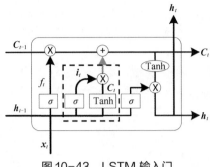

图 10-43　LSTM 输入门

（3）将上一步中 Sigmoid 函数和 Tanh 函数的输出结果相乘，并加上步骤（1）中的输出结果，从而实现保留的信息都是重要信息，此时更新状态 C_t 即可忘掉那些不重要的信息，如图 10-44 所示。该过程可以用下面公式描述，其中前半部分表示由遗忘门控制的上一时刻记忆单元 C_{t-1} 中的信息对当前时刻记忆单元 C_t 的影响，后半部分表示由输入门控制的记忆单元候选值对当前时刻的记忆单元 C_t 的影响。

$$C_t = f_t \cdot C_{t-1} + i_t \cdot \tilde{C}_t$$

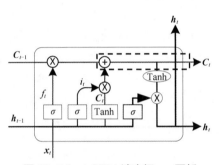

图 10-44　LSTM 遗忘门——更新

（4）从当前状态中选择重要的信息作为输出。首先，将前一隐状态 h_{t-1} 和当前输入值 x_t 通过 Sigmoid 函数得到一个 0~1 的结果值 o_t。然后对（3）中输出结果计算 Tanh 函数的输出值，并与 o_t 相乘，作为当前隐状态的输出结果 h_t，同时也作为下一个隐状态 h_{t+1} 的输入值，如图 10-45 所示。该过程涉及的公式如下所示，其中 o_t 表示输出门控制记忆单元 C_t 对当前输出值 h_t 的影响程度，即记忆单元中的哪一部分会在时刻 t 输出。

$$o_t = \sigma(W_o \cdot [h_{t-1}, x_t] + b_o)$$
$$h_t = o_t \cdot \text{Tanh}(C_t)$$

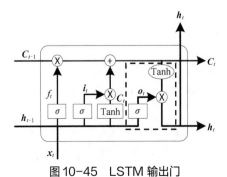

图 10-45　LSTM 输出门

（5）当前向传播到最后一层时，将此时隐状态 h_t 乘以权重矩阵并加上偏置值得到 o_t，再通过 Softmax 函数输出预测值 $\hat{y}_t$。该过程涉及的公式如下，其中 $\hat{y}_t$ 表示最终预测的输出结果。

$$o_t = V \bullet h_t + c$$

$$\hat{y}_t = \sigma(o_t)$$

LSTM 的 BP 算法和 RNN 的 BP 算法类似，都是通过梯度下降法迭代更新参数。在 RNN 中，通过隐状态 h_t 的梯度反向传播，而在 LSTM 中由于存在两个隐状态 h_t 和 C_t，因而此处定义两个梯度反向传播：

$$\delta_h^{(t)} = \frac{\partial L}{\partial h^{(t)}}$$

$$\delta_C^{(t)} = \frac{\partial L}{\partial C^{(t)}}$$

【**例 10.3**】 基于 LSTM 预测股票走势。

股票市场的股价、指数等数据是典型的时间序列形式，即每隔一个时间段就会生成一条数据，本例基于上证指数的收盘价对其进行分析和预测。

按照收集数据、建模、训练、预测这一过程进行。其中采用的数据为上海证券交易所公开数据，每 3 分钟一条记录，共计 30000 条数据，数据示例如图 10-46 所示。

采用 Keras 库构建模型，代码如下。其中构建模型的方法中参数 layers 是一个数组，其值为[1,100,200,1]，表示输入的维度为(100,1)，即每 100 个收盘价作为一段；第 1 层的输出为 100，并且返回序列；使用 Dropout 进行优化，神经元随机丢弃率的概率为 40%；第 2 层的输出维度为 200；第 3 层全连接层输出维度为 1，激活函数为 "linear"，也可以选择 ReLU、Sigmoid 等；compile()方法是设置模型的训练参数，例如采用 RMSProp 作为优化器，损失函数计算方法采用 MSE，每次迭代计算其误差和准确率。

1	2615.2
2	2611
3	2610
4	2607.8
5	2609
6	2604.6
7	2599.6
8	2592.6
9	2594.6
10	2595.4

图 10-46 股票数据示例

```
def build_model(layers):
    model = Sequential()
    model.add(LSTM(input_shape=(layers[1],layers[0]),output_dim=layers[1],
return_sequences=True))
    model.add(Dropout(0.2))
    model.add(LSTM(layers[2],return_sequences=False))
    model.add(Dropout(0.2))
    model.add(Dense(output_dim=layers[3]))
    model.add(Activation("linear"))
    model.compile(loss="mse", optimizer="rmsprop")
    return model
```

模型构建完成后，将数据按照 95∶5 的比例分为训练集和测试集，涨跌预测窗口的大小为 100，即 seq_len 为 100，并将窗口内的数据进行归一化处理，以最后一条与首条记录进行比较作为涨跌的预测结果。model.fit()方法为调用训练过程，数据按照每 512 条记录为一批，迭代次数为 1 次，在迭代过程中取 5%的数据进行验证。

```
seq_len = 100
X_train, y_train, X_test, y_test = lstm.load_data('small_data.csv', seq_len, True)
filepath = "model.h5"
checkpoint = ModelCheckpoint(filepath, monitor='loss', verbose=1, save_best_only=True,
mode='min')
callbacks_list = [checkpoint]
```

```
model = build_model([1, 100, 200, 1])
model.fit(X_train,y_train,batch_size=512,nb_epoch=1,validation_split=0.05,
callbacks=callbacks_list)
print(model.summary())
```

训练完成后可以将模型信息输出到屏幕进行查看，其中 Layer 列表示模型的各个层和类别，Output Shape 列为每一层的输出结果，Param 列是参数的个数。模型的总参数数量约为 28 万个，如图 10-47 所示。

```
Layer (type)                 Output Shape              Param #
=================================================================
lstm_1 (LSTM)                (None, 100, 100)          40800
dropout_1 (Dropout)          (None, 100, 100)          0
lstm_2 (LSTM)                (None, 200)               240800
dropout_2 (Dropout)          (None, 200)               0
dense_1 (Dense)              (None, 1)                 201
activation_1 (Activation)    (None, 1)                 0
=================================================================
Total params: 281,801
Trainable params: 281,801
Non-trainable params: 0
```

图 10-47　模型参数训练结果

下一步将对模型进行验证，将测试数据按照每 100 条作为一段进行分隔，其中 window_size 表示窗口大小。

```
def predict_sequences(model, data, window_size, prediction_len):
    prediction_seqs = []
    for i in range(int(len(data)/prediction_len)):
        curr_frame = data[i*prediction_len]
        predicted = []
        for j in range(prediction_len):
            predicted.append(model.predict(curr_frame[newaxis,:,:])[0,0])
            curr_frame = curr_frame[1:]
            curr_frame=np.insert(curr_frame,[window_size-1],predicted[-1],axis=0)
        prediction_seqs.append(predicted)
    return prediction_seqs
```

将预测结果进行可视化，如图 10-48 所示。

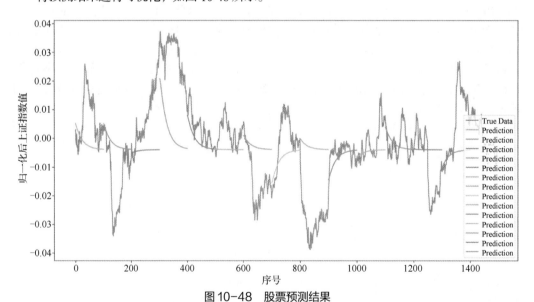

图 10-48　股票预测结果

本例中股票预测为趋势预测，在雅各布（Jakob）等人的预测基础上进行改进，仅用于学习如何应用 LSTM 相关算法，并且在特征选择时只选择了收盘价作为 LSTM 的输入，如果要应用于实际，还需要加入更多与股票指数相关的特征，如成交量、开盘价、换手率等，以及经过数据预处理后的平滑异同移动平均线（Moving Average Convergence Divergence，MACD）、平行线差指标（Different of Moving Average，DMA）、随机指标（KDJ）等指标。

10.4.3　门限循环单元

门限循环单元（Gated Recurrent Unit，GRU）是 LSTM 的变种，本质上就是一个没有输出门的 LSTM，因此它在每个时间步都会将记忆单元中的所有内容写入整体网络，其结构如图 10-49 所示。

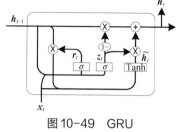

图 10-49　GRU

GRU 模型只有两个门——更新门和重置门，即图 10-49 中的 z_t 和 r_t。其中 GRU 将 LSTM 单元中的遗忘门和输入门合并为单一的"更新门"（Update Gate）。更新门用于控制前一时刻的状态信息被带入当前状态中的程度。重置门用于控制忽略前一时刻的状态信息的程度，重置门的值越小说明忽略得越多。关于 GRU 前向传播的相关计算如下：

$$z_t = \sigma(W_z \cdot [\boldsymbol{h}_{t-1}, \boldsymbol{x}_t])$$
$$r_t = \sigma(W_r \cdot [\boldsymbol{h}_{t-1}, \boldsymbol{x}_t])$$
$$\tilde{\boldsymbol{h}}_t = \mathrm{Tanh}(W \cdot [\boldsymbol{r}_t \cdot \boldsymbol{h}_{t-1}, \boldsymbol{x}_t])$$
$$\boldsymbol{h}_t = (1 - z_t) \cdot \boldsymbol{h}_{t-1} + z_t \cdot \tilde{\boldsymbol{h}}_t$$

GRU 与 LSTM 都是通过各种门函数来实现对重要特征的记忆的，而不同之处在于 GRU 相对于 LSTM 少了一个门函数，比标准的 LSTM 模型更加简单，减少了模型参数的数量，因此 GRU 的训练速度要快于 LSMT。

10.4.4　循环神经网络的其他改进

RNN 可以是多隐层的堆叠，通过增加网络的深度，使得模型能够提取输入中更抽象、更深层次的特征表示，增加模型的复杂性，从而使模型预测更为准确。图 10-50 所示为堆叠 RNN 的结构，下一层的 RNN 的输出可以作为上一层的输入，依次迭代进行传递。其中，$\boldsymbol{h}_t(l)$ 定义为 t 时刻第 l 隐层的隐藏状态，它是由 $t-1$ 时刻第 l 隐层以及 t 时刻第 $l-1$ 隐层的隐藏状态共同决定的：

$$\boldsymbol{h}_t^{(l)} = f(\boldsymbol{U}^{(l)} \boldsymbol{h}_{t-1}^{(l)} + \boldsymbol{W}^{(l)} \boldsymbol{h}_t^{(l-1)} + \boldsymbol{b}^{(l)})$$

其中 $\boldsymbol{U}^{(l)}$、$\boldsymbol{W}^{(l)}$ 是权重矩阵，$\boldsymbol{b}^{(l)}$ 是偏置值。

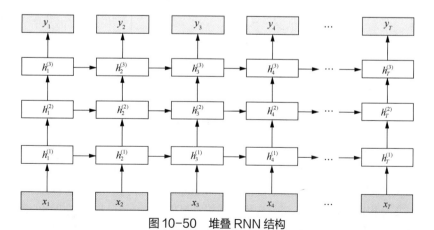

图 10-50　堆叠 RNN 结构

堆叠式 RNN 提高了模型复杂度，虽然可能提取出更抽象、更深层的特征，但依然存在模型过拟合和梯度问题。

除此之外，还存在采用双向结构的改进，例如 BiLSTM，即双向 LSTM 模型。BiLSTM 是对传统 LSTM 的改进，其由前向 LSTM 与后向 LSTM 组合构成，通常用于自然语言处理任务中建模上下文信息。BiLSTM 的模型结构如图 10-51 所示，图中"⊕"表示拼接。传统 LSTM 只能正向提取句子中的词汇之前的语义特征信息，而对一个词的语义理解，需要参考该词前后词汇的信息。例如预测一句话中缺失的单词，不仅需要根据该缺失单词前文信息来判断，同时也需要考虑其后面的内容，这样才能真正做到基于上下文信息进行判断。BiLSTM 从正向、反向两个方向全面捕捉句子的语义特征，充分利用上下文信息，有效避免上述问题。

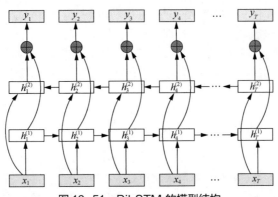

图 10-51　BiLSTM 的模型结构

在大多数实际任务中，尝试将其他网络与 RNN 进行混合也是一种办法，例如将 CNN 与 RNN 进行结合，实现由图片生成其描述文字（例如标题）或图像描述。其中 CNN 用于对图片信息进行编码，通过卷积提取图像隐藏的特征向量，然后将此向量输入 RNN 中，利用 RNN 对此向量进行解码，生成图片对应的描述文字。

目前图像描述模型有百度的 m-RNN（Multimodal Recurrent Neural Network，多模态递归神经网络）及谷歌的 NIC（Neural Image Caption，神经图像描述）等。其中，m-RNN 模型采用 Encoder-Decoder 的结构，将 CNN 与 RNN 进行结合，有效解决了图像描述及图像检索等问题。m-RNN 的结构如图 10-52 所示。

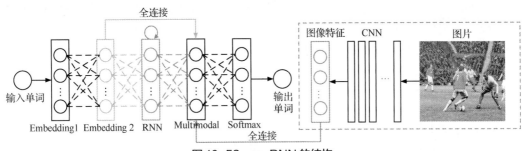

图 10-52　m-RNN 的结构

m-RNN 首先将输入词语经由两个 word embedding 层学习输入单词的稠密表示，然后将生成的稠密向量同时向 RNN 层及 Multimodal（多模态）层传递。同时，CNN 对输入的图片进行特征提取，将提取到的特征传递至 Multimodal 层，Multimodal 层将接收的稠密向量、RNN 层的输出状态以及 CNN 提取的特征统一进行变换，并将结果传入 Softmax 层生成单词的概率矩阵。

m-RNN 模型在训练时，选取最终生成句子的困惑度作为代价函数来衡量模型的损失，并逐步进行调优。在 CNN 特征提取部分，常使用 AlexNet 或者 VGG 模型。

除了图像描述之外，RNN 还可以用于命名实体关系的识别，类似于编码器解码器，将输入的单词进行词嵌入转为向量形式，使用一个双向 LSTM 对词向量进行编码。针对编码结果，分别使用一个 LSTM 对编码结果进行命名实体识别，一个 CNN 对编码结果进行关系分类。在分类的时候，用 CNN 对实体之间单词的词向量进行卷积，然后进行池化和分类。

RNN 用于解决命名实体识别问题时，常用的模型是 BiLSTM+CRF 模型。BiLSTM 从正、反两个方向全面捕捉句子的语义特征，然后将 BiLSTM 层的输出序列传入 CRF 层，CRF 层学习输出序列的转移特征，根据生成的标签序列间的相邻关系获得全局最优标签序列，输出序列的各个元素之间就有了关联，最终实现实体的识别。

注意力机制能够使 RNN 模型集中关注于输入数据最重要的部分。引入注意力机制的 RNN 模型，包括 seq2seq 模型，seq2seq 模型最早是在 2013 年由丘（Cho）等人提出的一种序列对序列的 RNN 模型，主要的应用是机器翻译。从本质上看，seq2seq 模型是一种多对多的 RNN 模型，也就是输入序列和输出序列不等长的 RNN 模型。seq2seq 模型采用 Encoder-Decoder 结构，传统 Encoder-Decoder 的结构如图 10-53 所示，其中 Encoder 将所有输入序列统一编码成一个语义向量，语义向量包含该输入序列的所有信息，Decoder 则是对这个语义向量进行解码，生成指定目标序列。

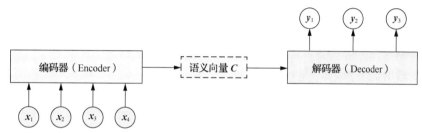

图 10-53　传统 Encoder-Decoder 的结构

Encoder 编码后的语义向量需要包含所有输入序列的全部信息，这就代表该模型会受到输入序列长度上的限制，当输入序列过长时，语义向量可能无法涵盖输入的全部信息，造成模型学习的精度下降。此外，seq2seq 模型在解码阶段参考的是整个语义向量，而通常在翻译任务中，当解码一个词时不可能与源序列所有词都有相同的关联。因而将注意力机制引入 seq2seq 模型中，在 Decoder 阶段，有重点地参考对于当前序列词贡献最大的语义向量，提高解码效率与准确性。附加注意力机制的 Encoder-Decoder 的结构如图 10-54 所示。

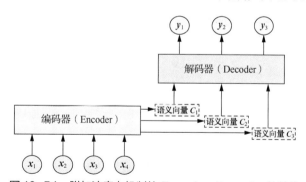

图 10-54　附加注意力机制的 Encoder-Decoder 的结构

下面简要介绍外部注意力的计算方法。

编码器-解码器（Encoder-Decoder）模型使用双向循环神经网络（Bidirectional LSTM，BiLSTM）作为编码器，对输入的信息进行编码，编码结果通过带注意力的解码器（Attention Decoder）进行解码，以提取与结果紧密相关的重要信息，如图 10-55 所示。

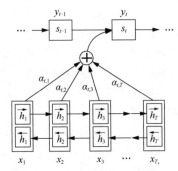

图 10-55 编码器–解码器模型

下面以机器翻译为例对其进行说明。

假设输入 x 是长度为 T 的字（词）向量序列，向量空间大小为 K_x，翻译结果 y 是一个长度为 T_y 的字（词）向量序列，其向量空间大小为 K_y，则有：

$$x = (x_1, x_2, \dots, x_{T_x}), x \in R^{K_x}$$

$$y = (y_1, y_2, \dots, y_{T_y}), y \in R^{K_y}$$

一般情况下，翻译的源语言和目标语言词汇数量并不相同，因此 T_x 和 T_y 的值也不一定相等。翻译结果的输出是逐字输出，通过逐一求解属于某个字（词）的条件概率来确定翻译结果，即已知输入 x 和前 $i-1$ 个翻译字（词）的情况下，求 y_i 为某个词的概率，可以用函数 g 表示：

$$p(y_i \mid y_1, y_2, \dots, y_{i-1}, x) = g(y_{i-1}, s_i, c_i)$$

其中，y_{i-1} 表示已翻译出来的前一个字（词），s_i 表示在第 i 个时间步解码器的隐状态，其计算公式如下：

$$s_i = f(s_{i-1}, c_i)$$

其中，f 函数表示激活函数。

$$c_i = \sum_{j=1}^{T_x} \alpha_{ij} h_j$$

其中，c_i 是上下文向量，它基于注意力机制选择性地关注编码器的输出结果，h_j 是长度为 T_x 的输入文字经过 LSTM 编码结果序列中的一个隐状态值，也称为注解（Annotations），意指借助编码器获得第 j 个位置周围的注解信息，它是前向和后向隐状态值连接后的结果：

$$h_j = \begin{bmatrix} \overrightarrow{h_j} \\ \dots \\ \overleftarrow{h_j} \end{bmatrix}$$

α_{ij} 作为权重系数用于获得重要的上下文信息，通过 Softmax 函数计算：

$$\alpha_{ij} = \frac{\exp(e_{ij})}{\sum_{k=1}^{T_x} \exp(e_{ik})}$$

其中，e_{ij} 是借助对齐模型（Alignment Model）计算得到：

$$e_{ij} = \partial(s_{i-1}, h_j)$$

对齐模型 ∂ 的作用是评价输入位置 j 处信息和输出位置为 i 处结果之间的匹配度，可以采用向量内积等计算。

除了前面基于注意力的模型，在自然语言处理领域还有 ELMo 语言模型。ELMo 语言模型是一种基于特征的语言模型，使用双层双向 LSTM 模型，能够在词向量或词嵌入中表示词汇，与 Word2Vec、GloVe 等词嵌入模型不同，ELMo 的主要做法是先训练一个完整的语言模型，再用这个语言模型去处理需要训练的文本，生成相应的词向量。传统词向量的编码采用独热编码，使用 0 与 1 表示，无法计算词之间的相似度，导致向量稀疏，并且大多数词向量都是固定的，无法应对一词多义的问题。而在 ELMo 语言模型中，每个词对应的向量是一个包含该词的整个句子的函数，同一个词在不同的上下文中对应不同的词向量，因而这使得 ELMo 模型在处理一词多义的场景下效果更好。

ELMo 模型首先将原始词向量输入双向 LSTM 模型中的第一层，其中前向迭代中包含该词及其前面词汇的信息，后向迭代包含后面词汇的信息，这两种迭代的信息组成中间词向量，并被输入模型的下一层，最终 ELMo 是原始词向量和两个中间词向量的加权和，如图 10-56 所示。在实际任务中，ELMo 模型可用于情感分析、机器翻译、语言模型、文本摘要、命名实体识别以及问答系统等自然语言处理领域。

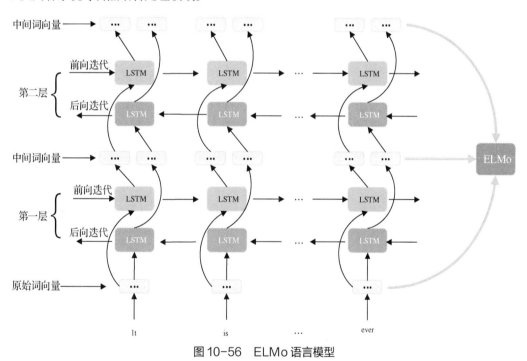

图 10-56　ELMo 语言模型

10.5　深度学习流行框架

目前深度学习领域中主要实现框架有 Torch/PyTorch、TensorFlow、Caffe/Caffe2、Keras、MxNet 等，下面简单介绍各框架的特点。

1. Torch

Torch 是用 Lua 语言编写的带 API 的深度学习计算框架，支持机器学习算法，其核心是以图层的方式来定义网络，优点是包括大量模块化的组件，可以快速进行组合，并且具有较多训练好的模型，可以直接应用。此外，Torch 支持 GPU 加速，模型运算性能较强。

Torch 虽然功能强大，但其模型需要 LuaJIT 的支持，文档方面的支持较弱，对商业支持较少，大部分场景需要开发者自己编写训练代码。目前常见的 Torch 是由脸书公司在 2017 年 1 月正式开放的 Python 语言的 API 支持，即 PyTorch，支持动态可变的输入和输出，有助于 RNN 等方面的应用。PyTorch 是目前流行的开源机器学习框架，除了提供 Python 接口，还提供了 C++ 接口。它在 GPU 硬件运算加速和自动微分（Automatic Differentiation，AD）等方面具有显著优势，已经形成良好的开发生态。近年在机器视觉和 NLP 等应用领域，基于 PyTorch 实现深度学习的软件越来越多，其中比较知名的有 Tesla 公司的自动驾驶系统 Tesla Autopilot、Uber 公司的 Pyro 系统和 Hugging Face 的各类 Transformers 等。

PyTorch 定义了一个名为 Tensor (torch.Tensor)的类来存储和操作同质多维数据。PyTorch 张量类似 NumPy，可以基于 GPU 等硬件进行加速计算。PyTorch 的 torch.nn 命名空间中提供了构建神经网络所需的多种构建块。开发人员借助 nn.Module 可构造嵌套结构，可轻松构建和管理复杂的架构。PyTorch 还包含许多其他子模块，实现例如数据加载程序和分布式训练等功能。

2. TensorFlow

TensorFlow 用 Python API 编写，通过 C/C++引擎加速，由谷歌公司开发并开源，影响力较大且社群用户数量多，相对应的教程、资源、社区贡献也较多，出现问题之后更易于查找解决方案。它的用途不止于深度学习，还支持强化学习和其他算法的工具，与 NumPy 等库进行组合使用可以实现强大的数据分析能力，支持数据和模型的并行运行。在数据展现方面，可以使用 TensorBoard 对训练过程和结果按 Web 方式进行可视化，在训练过程中将各项参数值和结果记录于文件中即可。

3. Caffe

Caffe 是较早出现且应用较广的工业级深度学习工具，将 MATLAB 实现的快速卷积网络移植到了 C 和 C++平台上。它不适用于文本、声音或时间序列数据等其他类型的深度学习应用，在 RNN 方面建模能力较差。Caffe 选择了 Python 作为其 API，但是模型定义需要使用 protobuf 实现，如果要支持 GPU 运算，需要开发者自己用 C++/CUDA 来实现，用于像 GoogLeNet 或 ResNet 这样的大型网络时比较烦琐。Caffe 代码更新趋慢。

4. Keras

Keras 是由谷歌软件工程师弗朗索瓦·肖莱（Francois Chollet）开发的，是一个基于 Theano 和 TensorFlow 的深度学习库，具有较为直观的 API。这可能是目前最好的 Python API，已成为 TensorFlow 默认的 Python API，其更新速度较快，相应的资源也较多，受到广大开发者追捧。Keras 包含层、目标、激活函数、优化器等许多常用网络构建工具，可轻松地处理图像和文本等数据，从而简化编写深度神经网络代码所需的工作量。Keras 支持卷积和循环等神经网络，还支持其他常见的实用网络层，例如 Dropout、Batch Normalization 和 Pooling 等。Keras 支持在智能手机（iOS 和 Android）、Web 或 Java 虚拟机上运行深层模型，还支持在 GPU 和张量处理单元（Tensor Processing Unit，TPU）集群上进行深度学习模型的分布式训练。

5. MxNet

MxNet 是一个提供多种 API 的机器学习框架，主要面向 R、Python 和 Julia 等语言，由华盛顿大学的佩德罗·多明戈斯（Pedro Domingos）及其研究团队管理和维护，具有详尽的文档，容易被初学者理解和掌握。它是一个快速灵活的深度学习库，目前已被亚马逊云服务采用。

习题

1. 深度学习的提出背景是什么?
2. 讨论大数据技术对深度学习的促进作用。
3. 比较深度学习几种流行学习框架。
4. 总结 TensorFlow 的功能和特点。
5. 卷积神经网络适合用于解决什么问题?
6. 描述卷积神经网络的结构。
7. 举例说明卷积神经网络的应用。
8. 卷积神经网络的输入如何编码?
9. 在卷积神经网络中,卷积层和池化层的参数如何确定?
10. 讨论卷积核大小、学习步长等超参与卷积神经网络性能的影响。
11. 卷积神经网络的各层激活函数应如何选择?
12. 如何防止卷积神经网络的过拟合问题?
13. 简述循环神经网络模型的工作原理。
14. 如何减少卷积神经网络和循环神经网络的梯度消失问题?
15. 举例说明循环神经网络的应用过程。
16. 结合长短期记忆神经网络的结构解释其工作过程。
17. 举例说明长短期记忆神经网络的应用。
18. 举例说明 YOLO 目标检测算法的应用过程。
19. 讨论多尺度特征获取对不同尺寸目标识别的影响。
20. 讨论 U-Net 网络的结构特点和不足。
21. 讨论如何提高图像语义分割算法的性能。

第 11 章
高级深度学习

　　近年来深度学习技术发展较快，出现了大量网络层数多、参数多、应用广泛的深层神经网络，在图像处理、文本分析等领域涌现了很多较新的扩展算法。了解这些技术和应用有助于把握机器学习的未来发展。本章首先介绍自然语言理解领域常用的 BERT 模型；然后，讨论生成对抗网络（GAN）算法；最后，介绍迁移学习和对偶学习等方法。

11.1　自注意力和 BERT 模型

下面主要介绍词嵌入、自注意力模型、多头注意力（Multi-head Attention）及 Transformer、BERT 模型等内容。

11.1.1　常见词嵌入模型

词嵌入（Word Embedding）是自然语言处理任务中不可缺少的基础环节，通过将输入文本中的字或者词从高维空间映射到低维空间，表示成易于计算机处理的向量形式，广泛应用于自然语言处理任务中的词性标注、命名实体识别、文本分类、情感分析、问答系统等问题。

早先对于词语的编码通常采用独热编码方法。独热编码是最基本的词向量化方法，采用 0、1 构成向量的形式表示词，其中只有对应于该词的位置编码是 1，其余所有位置编码均为 0。独热编码最大的问题在于忽视了词与词之间的相关性，而单纯将词语编码为相互独立的向量，造成相关性特征的缺失。此外，独热编码得到的特征是离散、稀疏的，以 1 万个中文汉字的独热编码为例，每个汉字对应的向量中只有 1 位为 1，而其余 9999 位均为 0，向量过于稀疏。

在 2013 年，谷歌团队发布了一种 Word2Vec 词嵌入模型。Word2Vec 可以将高维词向量嵌入低维空间，快速生成更为有效的词向量，并且能够较好地表达不同词之间的相似关系。Word2Vec 主要包含两个模型：CBOW（Continuous Bag Of Words）和 Skip-gram 模型。这两个模型以不同方式考虑词的上下文。

CBOW 模型是基于某一词与上下文信息之间的联系，通过利用该词上下文词向量来预测该词所对应的词向量的，例如 "Cristiano Ronaldo is a football star" 这句话，当挖去 "football" 一词时，需要结合该词前后各 m 个上下文单词来进行预测。CBOW 模型的结构如图 11-1 所示，模型输入是文本第 i 个词 x_i 的 $2m$ 个上下文独热编码的词向量 $x_1, x_2, \cdots x_{2m}$，输入层到隐层之间设有权重矩阵 $W_{n \times v}$，利用权重矩阵 $W_{n \times v}$ 分别乘以所有上下文独热编码后生成的词向量，将所有结果进行求和、取平均得到隐层向量 h_i，隐层到输出层之间设有权重矩阵 $W'_{v \times n}$，将权重矩阵 $W'_{v \times n}$ 乘以隐层向量 h_i，并经过 Softmax 激活函数得到预测词向量 y_i，词向量 y_i 中最大概率对应的单词即所预测的词。此时需要根据所预测的词与真实词计算损失函数，通过梯度下降法不断更新权重矩阵 $W_{n \times v}$ 以及权重矩阵 $W'_{v \times n}$，直至模型训练完毕。

Skip-gram 模型的思路恰好与 CBOW 模型的相反，输入是特定的一个词向量独热编码，输出是该词对应的上下文词向量独热编码。Skip-gram 模型的结构如图 11-2 所示，首先输入某一单词经过独热编码后的词向量 x_i 作为中心词。输入层到隐层之间设有权重矩阵 $W_{n \times v}$，利用 $W_{n \times v}$ 乘以词向量 x_i 得到隐层向量 h_i，从隐层到输出层之间有权重矩阵 $W'_{v \times n}$，利用 $W'_{v \times n}$ 乘以隐层向量 h_i，并经过 Softmax 激活函数得到预测向量 y_i，表示指定中心词的上下文词语出现的条件概率分布，从中选择概率最高的 $2m$ 个单词作为其上下文单词。比较真实值以及预测值计算损失函数，利用梯度下降法不断更新权重矩阵 $W_{n \times v}$ 以及权重矩阵 $W'_{v \times n}$，直至模型训练完毕。其中，两个权重矩阵存储了语料中心词以及上下文的对应关系。

在训练神经网络时，每接收一个训练样本，就需要调整所有神经单元中的权重参数，使神经网络预测更加准确。通常而言，神经网络具有非常大的权重参数，并且所有的权重会随着数十亿训练样本不断调整，因而模型的计算量很大。为了降低模型复杂的计算量，可以采用负采样（Negative Sampling）的方法，负采样每次仅仅更新一小部分的权重，从而降低梯度下降过程中的计算量。以 CBOW 模型的训练为例，模型输入中心词附近的上下文词向量，输出预测的中心词向量，若实际中心词为 "football"，那么预测的中心词向量中 "football" 所对应的项应为

1，其余全为 0，这些为 0 的项所对应的词就被称为 negative word，为 1 的项所对应的词被称为 positive word。当采用负采样时，训练模型仅需要对 positive word 以及随机选取的一小部分 negative word 进行权重更新，进而提高模型的计算效率。一个单词被负采样的概率与其自身出现的频率有关。

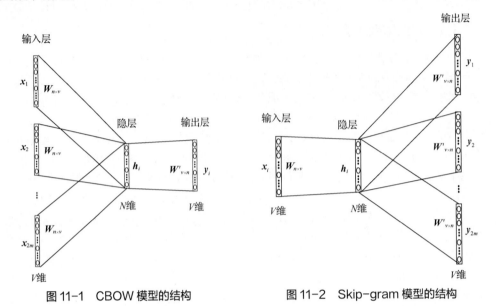

图 11-1　CBOW 模型的结构　　　　图 11-2　Skip-gram 模型的结构

还有一些词嵌入模型，例如由斯坦福大学在 2014 年提出的一种词嵌入技术 GloVe。GloVe 模型引入共现矩阵，通过以特定的滑动窗口遍历整个语料库，统计每一词在另外一词上下文环境中出现的次数，因而能在一定程度上表达词与词之间的关系，具备局部上下文特征，同时因其遍历的是整个语料库，具有全局统计特征。基于共现矩阵可以计算共现概率：

$$p(k \mid i) = \frac{n_{ik}}{n_i}$$

其中，n_i 表示单词 i 在语料中出现的次数，n_{ik} 表示单词 i 与单词 k 在语料中共现的次数，$p(k|i)$ 表示在单词 i 出现的情况下，单词 k 出现的概率。然后使用向量的内积来表示两个单词的关联，构建关系函数 F：

$$p(k \mid i) = F(\boldsymbol{w}_i^{\mathrm{T}} \boldsymbol{w}_k)$$

其中，$\boldsymbol{w}_i$ 表示单词 i 的词向量，$\boldsymbol{w}_k$ 表示单词 k 的词向量。为了简化计算，这里的 F 取指数函数，则上述公式合并为：

$$p(k \mid i) = \mathrm{e}^{\boldsymbol{w}_i^{\mathrm{T}} \boldsymbol{w}_k} = \frac{n_{ik}}{n_i}$$

$$\boldsymbol{w}_i^{\mathrm{T}} \boldsymbol{w}_k = \log_2(n_{ik}) - \log_2(n_i)$$

由于 $\boldsymbol{w}_i^{\mathrm{T}} \boldsymbol{w}_k$ 与 $\boldsymbol{w}_k^{\mathrm{T}} \boldsymbol{w}_i$ 相等，而等式右边的 $\log_2 n_{ik} - \log_2 n_i$ 不等于 $\log_2 n_i - \log_2 n_{ik}$，上述等式右边也需要对称性，为此模型引入两个偏置项 b_i 和 b_k，则最终的目标函数为：

$$\boldsymbol{w}_i^{\mathrm{T}} \boldsymbol{w}_k + b_i - b_k = \log_2 n_{ik}$$

相较于 Word2Vec，GloVe 模型充分利用了语料，结合了语料库的全局统计特征以及局部上下文特征。

除上述介绍的几个浅层词嵌入模型方法外，还可以考虑使用深层模型，例如使用双层双向 LSTM 模型的 ELMo、基于 Transformer 框架的 BERT 模型。

11.1.2　自注意力

自注意力（Self-Attention）实际上是一种常用的注意力机制，不同的是自注意力不使用外部信息，而是仅从内部提取相关信息。在传统注意力机制中，训练源端与目标端的词之间的依赖关系。而自注意力机制的注意力则发生在源端内部元素之间或目标端的元素之间。自注意力机制本质是输入的句子在内部做注意力，可应用于 Transformer、BERT 等模型。自注意力机制的结构如图 11-3 所示。

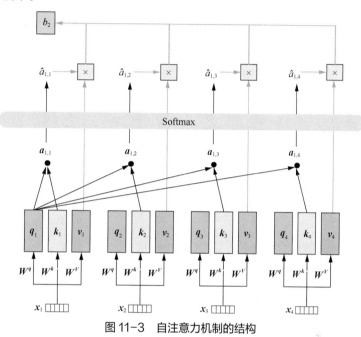

图 11-3　自注意力机制的结构

假设一系列输入单词经过词嵌入后，生成词向量 x_1, x_2, x_3, x_4，接着使用各个词向量 x_i 分别与权重矩阵 W^q、W^k 以及 W^v 构造 q_i、k_i 及 v_i：

$$x_i \cdot W^q = q_i, \quad x_i \cdot W^k = k_i, \quad x_i \cdot W^v = v_i$$

使用 q_1 分别对 $k_1^{\mathrm{T}}, k_2^{\mathrm{T}}, k_3^{\mathrm{T}}, k_4^{\mathrm{T}}$ 进行点乘，得到 4 个不同的注意力，再分别除以平方根 $\sqrt{d}$ 得到 $a_{1,1}, a_{1,2}, a_{1,3}, a_{1,4}$，最后经过 Softmax 函数生成 $\hat{a}_{1,1}, \hat{a}_{1,2}, \hat{a}_{1,3}, \hat{a}_{1,4}$，即表示该单词对当前位置单词的相关性大小。式中 d 表示 $Q \times K^{\mathrm{T}}$ 矩阵元素的方差，矩阵 Q、K 分别表示查询（Query）矩阵和键矩阵，如图 11-4 所示。

$$a_{1,i} = \frac{q_1 \cdot k_i^{\mathrm{T}}}{\sqrt{d}}$$

$$\hat{a}_{1,i} = \frac{\exp(a_{1,i})}{\sum_j \exp(a_{1,j})}$$

将上述得到的 $\hat{a}_{1,1}$ 与 v_1 相乘，$\hat{a}_{1,2}$ 与 v_2 相乘，$\hat{a}_{1,3}$ 与 v_3 相乘，$\hat{a}_{1,4}$ 与 v_4 相乘，得到向量 b_1：

$$b_1 = \sum_i \hat{a}_{1,i} v_i$$

其他 b_i 的计算过程类似。在实际应用场景中，为了提高计算的速度，可以使用矩阵计算的形式，输出不同词的重要程度分布。采用矩阵计算的自注意力机制处理过程如图 11-4 所示，其中 X 为 x_i 的矩阵，$Q \times K^{\mathrm{T}}$ 得到注意力分数矩阵，V 表示值（Value）矩阵。

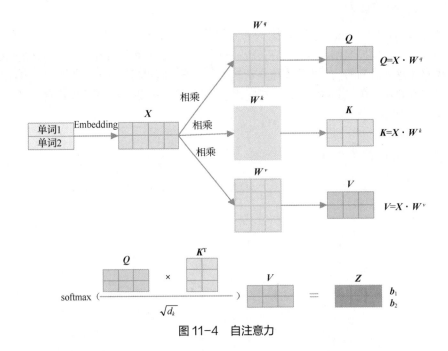

图 11-4　自注意力

在自注意力计算过程中，使用不同的权重矩阵 W^q 以及 W^k。若使用相同的权重矩阵，则计算得到的注意力分数矩阵是一个对称矩阵，泛化能力较差。使用不同权重矩阵 W^q 及 W^k，在不同空间上进行投影，增加了表达能力，计算得到的注意力分数矩阵的泛化能力更强。

在进行 Softmax 函数处理之前需要对注意力除以平方根 $\sqrt{d}$ 。这是因为当维度很大时，内积的结果变得很大，导致 Softmax 计算生成的结果接近于独热编码的向量，造成模型参数更新困难，因此使用 $\sqrt{d}$ 用于缩放。

11.1.3　多头注意力

多头注意力（Multi-Head Attention）是注意力的一种变种，也可以用于解决自然语言编码、解码问题。通常，一段序列信息使用单一注意力机制可能无法提取其各个维度的全部特征。多头注意力机制利用多次查询，并行地从输入的序列信息中提取多组不同特征进行拼接，使模型能够从不同的子空间学习序列的内在复杂特征。多头注意力机制中的多头类似于卷积神经网络的多个通道，相当于做多次的注意力，不同头之间的参数相互独立。

多头注意力机制的结构如图 11-5 所示。其中，Q 表示查询（Query）矩阵，K 表示键（Key）矩阵，V 表示值（Value）矩阵，h 表示多头注意力的头数。多头注意力机制首先将查询矩阵、键矩阵和值矩阵映射到多个不同的子空间中，接着利用上述自注意力的计算方法分别得到不同子空间下的注意力，最

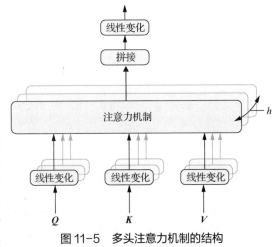

图 11-5　多头注意力机制的结构

后将各个子空间的注意力进行拼接，得到最终的注意力。

$$\text{MultiHead}(\boldsymbol{Q},\boldsymbol{K},\boldsymbol{V}) = \text{Concat}(\text{head}_1,\cdots,\text{head}_h)\boldsymbol{W}^O$$

$$\text{head}_i = \text{Attention}(\boldsymbol{XW}_i^Q, \boldsymbol{XW}_i^K, \boldsymbol{XW}_i^V)$$

其中，head_i表示单头计算得到的注意力，$\boldsymbol{W}_i^Q$、$\boldsymbol{W}_i^K$、$\boldsymbol{W}_i^V$分别表示权重矩阵$\boldsymbol{Q}$、$\boldsymbol{K}$、$\boldsymbol{V}$进行线性变化到第i个子空间的参数，$\boldsymbol{W}^O$表示多头注意力拼接后转化为最终注意力所需要进行的线性变化的参数。

在实现多头注意力机制的时候需要对每个头进行降维，将原有的高维空间转化为多个低维空间，再进行拼接，形成同样维度的输出，借此丰富特征信息，降低计算量。以头数为 3 的多头注意力为例，其计算过程如图 11-6 所示。

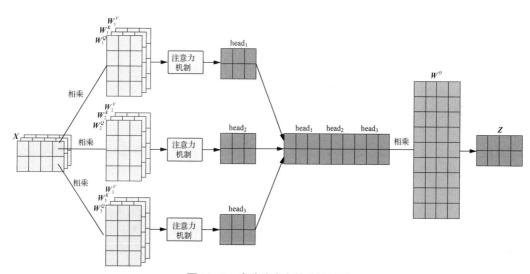

图 11-6　多头注意力的计算过程

自注意力机制能够很好地获得句子中各单词之间的关系，但由于自注意力并没有考虑两个单词之间的位置关系，导致在模型解码时无法确定单词的顺序。语句中单词之间的顺序对于理解输入语句的语义是十分重要的。为了使模型能够利用句子中各个单词的位置信息，可以考虑使用位置编码（Position Encoding）的方法。位置编码将单词的位置信息加入模型中，使用了固定的位置编码来表示单词在句子中的绝对位置信息，有助于模型理解并区分两段相似却截然不同的句子的语义信息。位置编码的步骤如图 11-7 所示。

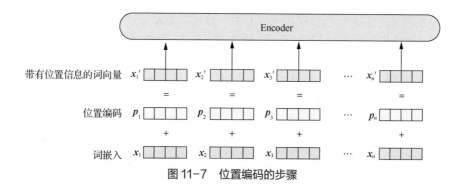

图 11-7　位置编码的步骤

输入单词经过词嵌入后转化为词向量 x_i，再考虑对单词的位置信息进行编码生成 p_i，将词向量 x_i 以及词序信息 p_i 进行合并生成带有位置信息的词向量 x_i'，将之作为最终的向量输入 Encoder。单词位置编码使用的公式为：

$$\text{PE}(\text{pos}, 2i) = \sin(\text{pos}/10000^{2i/d_{\text{model}}})$$
$$\text{PE}(\text{pos}, 2i+1) = \cos(\text{pos}/10000^{2i/d_{\text{model}}})$$

其中，pos 表示当前词在句子中的位置，i 表示词向量中每个值的下标位置，d_{model} 表示词向量的维度。可以对上述位置编码函数进行变换：

$$\text{PE}(\text{pos}+k, 2i) = \text{PE}(\text{pos}, 2i) \times PE(k, 2i+1) + \text{PE}(\text{pos}, 2i+1) \times \text{PE}(k, 2i)$$
$$\text{PE}(\text{pos}+k, 2i+1) = \text{PE}(\text{pos}, 2i+1) \times \text{PE}(k, 2i+1) - \text{PE}(\text{pos}, 2i) \times \text{PE}(k, 2i)$$

11.1.4　Transformer 模型

Transformer 模型是谷歌团队于 2017 年发表的论文 *Attention is All You Need* 中所提到的一种新型模型，该模型采用了注意力机制构建整个网络结构，在机器翻译、问答系统、文本摘要以及语音识别等领域表现出色。输入序列中任意两个位置之间的距离能够缩小为一个常量，并且基于注意力机制计算过程的特点，使用注意力机制具有更好的并行性，更适合在 GPU 中计算，因而 Transformer 模型在实际任务中往往具有更好的表现。目前 Transformer 已经成为 NLP 领域的主流模型，并且衍生出各种不同的 Transformer 变体。

Transformer 模型结构如图 11-8 所示，其中 Transformer 采用编码器-解码器（Encoder-Decoder）结构，编码器负责将输入序列编码为特征 C，解码器负责将编码信息 C 解码为原序列。编码器和解码器都包含 6 个块：6 个编码器块堆叠形成 Transformer 模型的编码器部分，6 个解码器块则堆叠形成 Transformer 的解码器部分。编码器的输入序列需要经过词嵌入以及位置编码，保存单词在序列中的位置信息，解决模型解码时出现的单词顺序问题，帮助模型更好理解输入序列的语义信息。带有位置编码的输入序列经过编码器逐层处理后，生成的编码信息 C 会分别传入解码器（Decoder）的每一个解码器块，在编码器处理过程中，每一个编码器块输出的矩阵维度与输入矩阵的维度相同。解码器部分的输入则是当前已经翻译的单词 1 至 i，同样也需要经过词嵌入以及位置编码，随后依次在每一个解码器块中向后传递，最后一个解码器块的输出经过线性变换以及 Softmax 函数后生成每个单词的概率分布，进而预测下一单词 $i+1$。

Transformer 的编码器部分由 6 个 Encoder 块连续堆叠，每一个 Encoder 块的结构如图 11-9 所示。Encoder 块内部包含多头注意力（Multi-Head Attention）模块、残差连接与归一化（Add & Norm）模块以及前馈传播（Feed Forward）模块。

每一个 Encoder 块将输入信息经过多头注意力层进行多头自注意力的计算，其中 Encoder 块输入可以是附有位置编码信息的起始输入序列，也可以是上一个 Encoder 块的输出信息。然后将多头自注意力机制计算的结果以及起始模块输入传递至 Add & Norm 层进行处理：

$$\text{LayerNorm}(X + \text{MultiHeadAttention}(X))$$

其中，X 表示该 Encoder 块输入，MultiHeadAttention(X)表示 Multi-Head Attention 层的输出，LayerNorm 表示对残差连接的结果进行层归一化。

Add & Norm 层可以理解为由 Add 及 Norm 两个部分组成，其中 Add 部分表示残差连接（Residual Network），即指 X+MultiHeadAttention(X)操作。残差连接通常可用于解决多层网络训练时出现的梯度消失问题。每一个 Encoder 块存在多个 Add & Norm 层。模型训练需要经过多层的处理，使用残差连接可以减少模型在反向传播时出现的梯度消失问题。

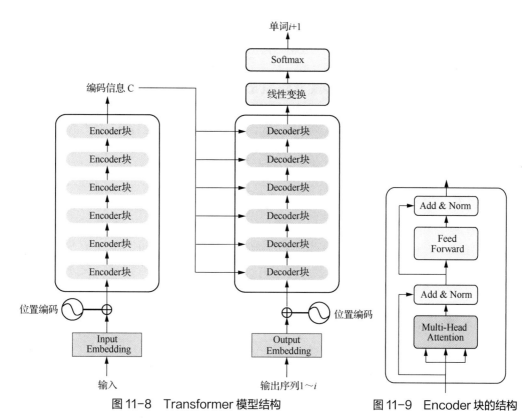

图 11-8　Transformer 模型结构

图 11-9　Encoder 块的结构

Norm 部分则表示层标准化（LN），由于句子长度不一致，并且各个 Batch 的信息之间没什么联系，因而只考虑句子内信息的归一化。层归一化将每一层的神经元的输入进行归一化，转化为同均值方差，防止网络运行过程中输入随时间慢慢变大或变小，加快模型的收敛速度。

Add & Norm 层处理后的结果输入到 Feed Forward 层，Feed Forward 层由两个全连接层组成，其中第一层使用 ReLU 函数作为激活函数，第二层则不使用激活函数：

$$\max(0, \boldsymbol{X}\boldsymbol{W}_1 + \boldsymbol{b}_1)\boldsymbol{W}_2 + \boldsymbol{b}_2$$

其中，$\boldsymbol{W}_1$、$\boldsymbol{b}_1$ 分别表示第一层全连接层的权重与偏置，$\boldsymbol{W}_2$、$\boldsymbol{b}_2$ 则表示第二层全连接层的权重与偏置。

Encoder 块的 Feed Forward 层的输出以及 Feed Forward 层的输入分别传入新的 Add & Norm 层进行残差连接与层归一化操作：

$$\text{LayerNorm}(\boldsymbol{X} + \text{FeedForward}(\boldsymbol{X}))$$

其中，$\boldsymbol{X}$ 表示 Feed Forward 层的输入，FeedForward($\boldsymbol{X}$) 表示 Feed Forward 层的输出，LayerNorm 表示层归一化操作。

在 Encoder 块内部进行上述操作后，计算结果传递给下一个 Encoder 块，直到最后一个 Encoder 块，将其输出作为编码信息 C 传递至解码器内部每一层 Decoder 块进行处理。

Transformer 的解码器部分也是由 6 层 Decoder 块堆叠而成的，但 Decoder 块的内部结构与 Encoder 块有所差别。Decoder 块的结构如图 11-10 所示。

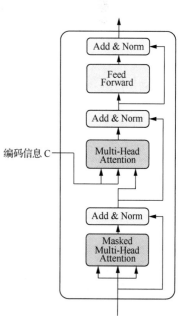

图 11-10　Decoder 块的结构

　　Decoder 块包含两个 Multi-Head Attention 层：一个 Feed Forward 层以及三个 Add & Norm 层。其中第一个 Multi-Head Attention 层采用 Mask 操作，而第二个 Multi-Head Attention 层不采用 Mask 操作，但在自注意力机制计算过程中，矩阵 K 与 V 是由编码器输出的编码信息 C 生成的，而矩阵 Q 则是由该 Decoder 块中第一个 Add & Norm 层输出的结果生成的。

　　Decoder 块的输入可以是带有位置编码的已输出单词序列，也可以是上一个 Decoder 块的输出信息。Decoder 块将输入信息传入 Masked Multi-Head Attention 层进行自注意力的计算。计算过程中使用 Mask 操作，掩盖单词 i 后的信息。Mask 操作在自注意力计算过程的 Softmax 函数操作之前。

11.1.5　BERT 模型

　　BERT 模型采用一种掩码语言模型（Masked Language Model，MLM），在输入的句子中随机挑选一部分词汇进行 Mask 操作，在模型训练时根据这些被 Mask 的词汇的上下文语境去预测原始词汇。此外，BERT 模型还引入下一句预测，通过与 MLM 共同训练模型，充分获得输入语料在词语与句子级别上的特征。

　　BERT 模型能够充分利用上下文信息进行预测，采用双向 Transformer，结合上下文内容训练模型。BERT 模型的结构如图 11-11 所示。

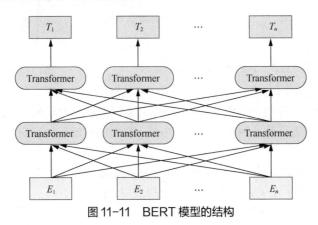

图 11-11　BERT 模型的结构

　　从结构上看，Transformer 是 BERT 的核心模块，BERT 模型由多个 Transformer 的 Encoder 块堆叠而成，常见的 BERT 模型有 BERT-Base 和 BERT-Large，它们的结构如图 11-12 所示。

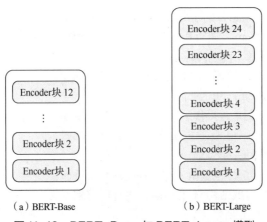

（a）BERT-Base　　　　　　（b）BERT-Large

图 11-12　BERT-Base 与 BERT-Large 模型

其中，BERT-Base 由 12 层 Encoder 块堆叠而成，隐层大小为 768，自注意力的头数为 12，总参数量为 110MB；BERT-Large 由 24 层 Encoder 块堆叠而成，隐层大小为 1024，自注意力的头数为 16，总参数量为 340MB。

BERT 模型具体的实现分为两个步骤：无监督的预训练（Pre-Training）及有监督的微调（Fine-Tuning）。预训练过程使用无监督的语料库训练语言模型，微调过程则使用训练过的模型参数作为权重初始值，结合具体任务的有监督语料微调模型，从而达到快速收敛的效果，增强模型泛化能力。

BERT 模型选取多篇文章作为语料库，模型的输入可以是文章中的一个句子，也可以是一对句子。以"your coat looks great"和"she is laughing"文本对作为模型输入为例，BERT 模型接收模型输入后，分别对其进行转换，生成 Token Embeddings、Segment Embeddings 及 Position Embeddings，再将三者求和生成最终的 Embedding 作为输入表示加载入模型的后续模块。创建与模型输入对应的输入表示 Embedding 的过程如图 11-13 所示。

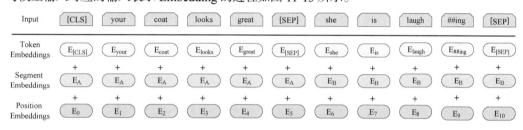

图 11-13　BERT 模型的输入表示

其中，Token Embeddings 代表输入转化生成的词向量，在中文处理任务中，可以是词向量，也可以是字向量。每个输入序列的第一个单词为 CLS 标志，对于非分类任务而言，则可以忽略词向量。SEP 标志用作前后两个句子的分界点，以分隔输入文本对。"##"用于对英文单词进行进一步的分割，以划分为更细粒度的语义单元，而对于中文而言，则直接使用单字作为构成文本的基本单元即可。针对输入为文本对的分类任务时，使用 Segment Embeddings 来区别这两种句子。Position Embeddings 用于记录位置信息，通常是通过模型学习得到的。

针对 BERT 模型的预训练过程，存在 MLM 和 NSP 两个预训练任务，训练以最小化二者组合的损失函数为目标，使得模型能够更为准确地理解输入文本的信息。MLM 任务是通过随机 Mask 输入序列中的一个或几个单词，然后根据序列中剩余的词去预测并还原这些被 Mask 的词汇。NSP 任务常见的应用场景包括问答（Question-Answering）系统、自然语言推理（Natural Language Inference，NLI）、语句匹配等。NSP 任务对应下一语句预测，即给定一篇文章中的两句话后，由模型判断后一句话是否同前一句存在前后连续关系。在进行 NSP 任务训练时，模型会从语料库中随机选取 50%前后连续的文本对以及 50%不具备前后关系的文本对进行训练。

微调任务就是将预训练好的模型以较小的代价，根据下游具体任务的数据集进行训练，从而解决实际问题。可见微调不仅能够节约大量的训练时间，而且在具体任务数据集很小时，模型可能有比较理想的效果。

11.2　无监督深度学习

通常情况下，有监督学习比无监督学习（Unsupervised Learning）能获得更好的训练效果。但真实世界中，有监督学习需要的标注数据较多，但是无标注数据却日渐增多，所以研究者人员希望能从海量的无标注数据中学到真实世界的特征表示，从而去更好地理解和分析真实世界。

深度信念网络（Deep Belief Network，DBN）、变分自动编码器（Variational Auto-Encoder，VAE）与生成对抗网络（GAN）是复杂分布上无监督学习主流的3类方法。

11.2.1　深度信念网络

深度信念网络（DBN）是早期深度生成式模型的典型代表，由辛顿在2006年提出，它由多层神经元构成，这些神经元又分为可见单元（Visible Units）和隐单元（Hidden Units），可见单元用于接收输入，隐单元用于提取特征。

DBN是由多个受限玻尔兹曼机（Restricted Boltzmann Machine，RBM）堆叠构成的，其中单个RBM由可见层（Visible Layer）和隐层（Hidden Layer）两个网络层组成，其中可见单元用于输入训练数据；隐单元描述输入数据的分布，用作特征检测器（Feature Detector）。在训练过程中，首先把最下面的可见层和隐层1作为一个RBM，训练其参数。然后固定这个RBM的参数，再把隐层1作为可见向量，把隐层2作为隐藏向量，训练第二个RBM，得到并固定其参数后，训练隐层2和隐层3构成的RBM。DBN的详细结构如图11-14所示，其中隐层2和隐层3就是一个RBM，从图中可以看到DBN实际上它由最顶层的一个RBM加上其下的多层"有向信念网"组合而成。

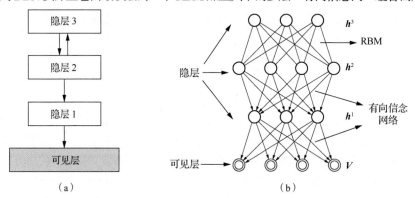

图11-14　DBN的详细结构

最上面的两层间的连接是无向的，组成联合内存（Associative Memory）。较低的其他层之间有连接上下的有向连接。最底层代表了数据向量（Data Vector），每一个神经元代表数据向量的一维。

RBM的训练目标是求出一个最能产生训练样本的概率分布。也就是说，要求一个分布，在这个分布里，训练样本的概率最大。由于这个分布的决定性因素在于权重 W，因此训练RBM的目标就是寻找最佳的权重矩阵。辛顿提出对比散度（Contrastive Divergence，CD-k）算法，其中的 k 表示采样的次数，当 $k=1$ 时表示只进行一次吉布斯（Gibbs）采样，一般情况下 $k=1$ 即可达到较好的效果，所以一般采用CD-1算法，其具体过程如下。

对于训练集中的每一条记录，将其赋给显层 v 并计算前一层隐层被激活的概率：

$$P(h_j^{(0)} = 1 \mid v^{(0)}) = \sigma(W_j v^{(0)})$$

其中，上标用于区分不同的向量，下标用于区分同一向量的不同维，即隐层的神经元，$h_j^{(0)}$ 表示隐层 j 对应显层首个神经元，其为1表示被激活，σ 为激活函数。

从计算出的概率分布中抽取一个样本：

$$h^{(0)} \sim P(h^{(0)} \mid v^{(0)})$$

用 $h^{(0)}$ 来重构显层 $v^{(0)}$：

$$P\left(v_j^{(1)} = 1 \mid h^{(0)}\right) = \sigma\left(W_i^{\mathrm{T}} h^{(0)}\right)$$

同样，抽取显层的一个样本：

$$v^{(1)} \sim P(v^{(1)} \mid h^{(0)})$$

再次用重构后的显层神经元计算出隐层神经元被激活的概率：

$$P\left(h_j^{(1)} = 1 \mid v^{(1)}\right) = \sigma\left(W_j v^{(1)}\right)$$

按照如下公式更新权重矩阵 W：

$$W \leftarrow W + \lambda\left(P\left(h^{(0)} = 1 \mid v^{(0)}\right)v^{(0)\mathrm{T}} - P\left(h^{(1)} = 1 \mid v^{(1)}\right)v^{(1)\mathrm{T}}\right)$$

其中，λ 为学习率，上述过程通过把所有样本数据执行一遍，不断调整 W，使新的 W 与原来的 W 差别越来越小，说明得到的隐层 h 是显层 v 的另外一种表示，此时隐层可以作为显层输入数据的特征表示。

训练 DBN 的过程是一层层地进行的。在每一层中，用数据向量来推断隐层，然后固定当前层权重，取样当前层的"隐层"作为下一层的输入。具体过程如下。

① 利用输入样本数据生成第一个限制玻尔兹曼机，得到其特征。

② 利用上面得到的特征生成第二个限制玻尔兹曼机，得到特征的特征。

③ 依此循环，可以得到多个限制玻尔兹曼机。

④ 把得到的多个限制玻尔兹曼机堆叠起来，构成一个 DBN。

以上这种贪婪的训练堆叠方式，对网络的预训练非常好，训练速度快，而且收敛的时间也少。RBM 训练的过程可以看作对 BP 网络权重参数的初始化过程，使 DBN 克服了 BP 网络因随机初始化权重参数而容易陷入局部最优和训练时间长的缺点。

【例 11.1】 以 MNIST 数据集的数字识别和生成为例，其输入是 28×28 的图像，输出是 0～9 的数字，如图 11-15 所示。

在经过前述的贪婪堆叠训练后，再加一层标签层（0～9 数字）进行训练，然后利用 Wake-Sleep 算法（包括 Wake 阶段和 Sleep 阶段）进行调优。

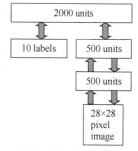

图 11-15　DBN 结构

（1）Wake 阶段

在 Wake 阶段，自底向上进行训练，这是一个认知过程，通过外界的特征和向上的权重产生每一层的抽象表示，并将特征以参数权重的形式固定在神经元节点上，同时使用梯度下降更新下行权重。

（2）Sleep 阶段

在 Sleep 阶段，自顶向下进行训练，这是一个生成过程，通过顶层表示（Wake 阶段学的特征）和下行权重，生成底层的状态，同时修改层间向上的权重。

在模型训练完成后，如果对最顶端的两层进行随机的吉布斯采样，然后逐渐自顶向下，就可以生成数字 0～9 中的一幅图像，这样，DBN 就可以生成图像了。

11.2.2　自动编码器网络

自动编码器网络是一种无监督机器学习算法，可将目标值设置成与输入值相等。自动编码器是一种有 3 层的神经网络：输入层、隐层（编码层）和解码层。该网络的目的是重构其输入，使其隐层学习输入的良好表征，如图 11-16 所示。

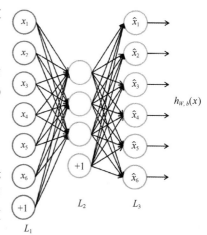

图 11-16　自动编码器网络结构示例

　　自动编码器的训练目标是得到目标函数 $h(x)$。换句话说，它要学习一个近似的恒等函数，使得输出 $\hat{x}$ 近似等于输入 x。这样做有什么意义呢？在尽量不损失信息的情况下，对原始数据用另一种方式表达。这样就可以降维，例如输入 x 为 100 维，输出 $\hat{x}$ 也是 100 维，但是隐层（L_2）只有 50 维，这时由于只有 50 个隐层神经元，就迫使自编码器网络去学习输入数据的压缩表示。在这方面自动编码器和 PCA 很相似，不同之处是自动编码器比 PCA 更灵活：在编码过程中，它既能表征线性变换，也能表征非线性变换；而 PCA 只能执行线性变换。

　　自动编辑码器有堆叠自编码器（Stacked Auto-Encoder，SAE）、去噪自动编码器（Denoising Auto-Encoder，DAE）、稀疏自编码器（Sparse Auto-Encoder）、变分自动编码器（Variational Auto-Encoder，VAE）等。

　　（1）堆叠自编码器

　　SAE 本质上就是增加中间特征层数。整个网络的非监督训练是逐层进行的。例如要训练一个 $n{\rightarrow}h{\rightarrow}k$ 结构的网络，实际上是先训练网络 $n{\rightarrow}h{\rightarrow}n$，得到 $n{\rightarrow}h$ 的变换，然后训练 $h{\rightarrow}k{\rightarrow}h$ 网络，得到 $h{\rightarrow}k$ 的变换。最终堆叠成 SAE，即 $n{\rightarrow}h{\rightarrow}k$ 的结果。

　　（2）去噪自动编码器

　　DAE 是一种基本的自动编码器，它会随机地部分采用受损的输入来解决恒等函数风险，对输入进行恢复或去噪。DAE 的思想很简单，为了迫使隐层发现更加稳健的特征，并且为了防止其只是学习其中的恒等关系，在训练时让其从受损的版本中重建输入。其网络结构如图 11-17 所示。

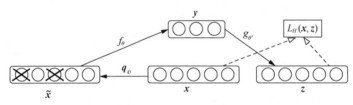

图 11-17　DAE 网络结构

　　从直观上理解，DAE 学到的特征更加稳健，能够在一定程度上对抗原始数据的污染、缺失等情况。目前使用的主要是数据缺失，因为它实际意义较强，例如图像部分像素被遮挡、文本因记录原因漏掉一些词语等。

　　（3）变分自动编码器

　　VAE 是一类重要的生成模型，其结构如图 11-18 所示。

　　其中，实线表示生成模型 $p_\theta(z)\,p_\theta(x|z)$，可以看到输入数据是 x，而 x 由隐变量 z 产生，$z{\rightarrow}x$ 是生成模型 $p_\theta(x|z)$，从自动编码器的角度来看，就是解码器；虚线表示识别模型 $q_\phi(z|x)$，即 $x{\rightarrow}z$ 是识别的过程，类似自动编码器的编码器。

　　VAE 现在广泛地用于生成图像，当生成模型 $p_\theta(x|z)$ 训练好了以后，就可以用它来生成图像了，而且可以知道图像的分布情况。

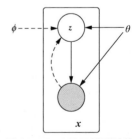

图 11-18　VAE 模型结构

　　目标是建立一个生成模型，但是并不知道如何创建隐变量。为了解决这个问题，可以在编码网络上添加一个约束，使得它生成的隐变量大致遵循标准正态分布。有了这个约束，只需要从标准正态分布中采样隐变量并将其输入解码网络就可以生成图片。从图 11-18 可见，VAE 既可以利用编码解码网络存储图片，也可以通过标准正态分布来生成图片。

11.3　　生成对抗网络

生成对抗网络（GAN）属于无监督学习，由伊恩·古德费洛于 2014 年提出。所谓对抗是指生成模型（Generative Model）与判别模型（Discriminative Model）相互竞争，其中生成模型通过不断学习真实数据的概率分布来生成假样本，而判别模型确定样本是来自生成模型还是真实数据，其本质是将样本的特征向量映射成对应的标签。

11.3.1　生成对抗网络基本原理

GAN 通过让生成模型和判别模型不断博弈，使两个模型的性能都可以得到增强。由于判别模型的存在，生成模型在没有大量先验知识以及先验分布的前提下也能很好地逼近真实数据，并让模型生成的数据达到以假乱真的效果，促进判别模型逐步改进算法来区分生成模型产生的数据。最终生成模型和判别模型可能达到某种均衡。

GAN 由一个生成器与一个判别器组成，如图 11-19 所示。生成器从潜在空间（Latent Space）中随机采样作为输入，其输出结果要尽量模仿训练集中的真实样本。判别器的输入则为真实样本和生成器的输出，其目标是将生成器的输出从真实样本中分辨出来。而生成器需要尽可能地欺骗判别器。两者相互对抗、不断调整各自的网络参数，最终使判别器无法判断生成器的输出结果。

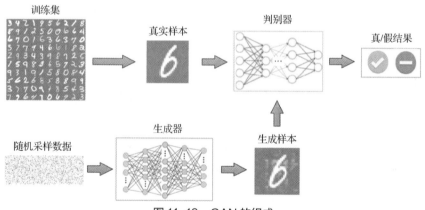

图 11-19　GAN 的组成

GAN 的训练过程如图 11-20 所示，真实样本分布、生成样本分布分别如图中的虚线和实线所示。图 11-20（a）所示是训练开始，判别器无法区分真实样本和生成样本。然后固定生成器，训练判别器，优化后结果如图 11-20（b）所示，判别模型已经可以初步区分生成样本和真实样本。图 11-20（c）中固定判别器，训练生成器，尽可能使生成样本与真实样本接近，不断迭代直到最终收敛，如图 11-20（d）所示，生成器生成的样本分布和真实样本分布重合，而判别器无法区分两种样本之间的差别。

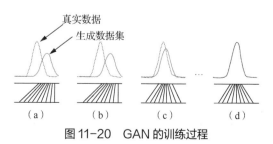

图 11-20　GAN 的训练过程

为帮助读者深入理解 GAN 的基本原理，下面结合相关数学基础知识进行说明。

1. 最大似然估计

对于一个含有 m 个样本的数据集 $X = \left\{ \boldsymbol{x}^1, \boldsymbol{x}^2, \cdots, \boldsymbol{x}^m \right\}$，它的分布为 $P_{\text{data}}(\boldsymbol{x})$，其中 $\boldsymbol{x}$ 表示样本。在 GAN 中，生成器的目标是生成一个参数为 θ 的概率分布 $P_{\text{model}}(\boldsymbol{x}; \theta)$，使它与原分布 $P_{\text{data}}(\boldsymbol{x})$ 尽可能接近，即求解 θ 对应的最大似然估计。对于数据集 X 来说，总体似然 L 的计算方法如下：

$$L = \prod_{i=1}^{m} P_{\text{model}}\left(\boldsymbol{x}^i; \theta\right)$$

这是一个关于 θ 的似然函数，假设使 L 最大时对应的参数为 θ^*，其定义如下：

$$\theta^* = \arg\max_{\theta} P_{\text{model}}(\boldsymbol{X}; \theta) = \arg\max_{\theta} \prod_{i=1}^{m} P_{\text{model}}\left(\boldsymbol{x}^i; \theta\right)$$

$$\prod_{i=1}^{m} P_{\text{model}}\left(\boldsymbol{x}^i; \theta\right) \rightarrow f\left(\boldsymbol{x}^1|\theta\right) * f\left(\boldsymbol{x}^2|\theta\right) * \cdots * f\left(\boldsymbol{x}^m|\theta\right)$$

为了便于计算，对上述公式进行等价转化，将概率相乘改为概率求和；同时，增加对似然取对数操作，这些转化虽然在数值上有变化，但并不会改变代价函数的结果：

$$\theta^* = \arg\max_{\theta} \sum_{i=1}^{m} \log_2 P_{\text{model}}\left(\boldsymbol{x}^i; \theta\right)$$

再将上式除以 m，以去除样本量常数值。在实际训练中，完整的样本空间较难获得，一般将数据集 X 作为整个样本空间的替代，作为经验分布，相当于近似求解 $\log_2 P_{\text{model}}$ 在完整样本空间分布中的期望，即 KL 散度：

$$\theta^* \approx \arg\max_{\theta} E_{x \sim P_{\text{data}}} \left[\log_2 P_{\text{model}}(\boldsymbol{x}; \theta) \right]$$

KL 散度也称为相对熵，它源于信息论和概率论，广泛运用于 VAE、EM 算法和 GAN 中。相对熵由两个分布的交叉熵和信息熵推导得到。假设两个概率分布分别为 $p(x)$ 和 $q(x)$，其交叉熵定义为：

$$H(p, q) = \sum_{x} p(x) \log_2 \frac{1}{q(x)} = -\sum_{x} p(x) \log_2 q(x)$$

KL 散度推导过程如下：

$$\begin{aligned} D_{\text{KL}}(p \| q) &= H(p, q) - H(p) \\ &= -\sum_{x} p(x) \log_2 q(x) - \sum_{x} -p(x) \log_2 p(x) \\ &= -\sum_{x} p(x)(\log_2 q(x) - \log_2 p(x)) \\ &= \sum_{x} p(x) \log_2 \frac{p(x)}{q(x)} \end{aligned}$$

KL 散度并不具有对称性，这一特点决定了 KL 散度只能在一定程度上衡量两个分布的差异。可以将真实分布看作 $p(x)$，用分布 $q(x)$ 去近似 $p(x)$，那么两者的 KL 散度如下：

$$\mathrm{KL}[p(x)\|q(x)] = \int_x p(x) \log_2 \frac{p(x)}{q(x)} \mathrm{d}x$$

期望又等价于求概率积分，结合上面的 KL 散度公式：

$$\theta^* = \arg\max_\theta E_{x \sim P_{\mathrm{data}}}\left[\log_2 P_{\mathrm{model}}(x;\theta)\right]$$

$$= \arg\max_\theta [\int_x P_{\mathrm{data}}(x) \log_2 P_{\mathrm{model}}(x;\theta) \mathrm{d}x - \int_x P_{\mathrm{data}}(x) \log_2 P_{\mathrm{data}}(x) \mathrm{d}x]$$

其中，$\int_x P_{\mathrm{data}}(x) \log_2 P_{\mathrm{data}}(x;\theta) \mathrm{d}x$ 是为了将公式转化为 KL 散度形式额外增加的常数项，在模型优化过程中不影响最后结果，上式变形得到：

$$\theta^* = \arg\max_\theta P_{\mathrm{data}}(x)[\int_x \log_2 P_{\mathrm{model}}(x;\theta) - \log_2 P_{\mathrm{data}}(x)] \mathrm{d}x]$$

可得到：

$$\theta^* = \arg\max_\theta [-\int_x P_{\mathrm{data}}(x) \log_2 \frac{P_{\mathrm{data}}(x)}{P_{\mathrm{model}}(x;\theta)} \mathrm{d}x]$$

由于上式中存在负号，将其去掉，就相当于求解最小值了，结合 KL 散度的定义，可将生成器优化问题转化为 KL 散度优化：

$$\theta^* = \min_\theta \left(P_{\mathrm{data}}(x) \| P_{\mathrm{model}}(x;\theta)\right) = \min_\theta D_{\mathrm{KL}}\left(P_{\mathrm{data}} \| P_{\mathrm{model}}\right)$$

最小化 KL 散度其实就是最小化 P_{data} 和 P_{model} 之间的交叉熵，在 GAN 中，可以将其看作最小化数据集的经验分布与模型分布之间的差异：

$$E_{x \sim P_{\mathrm{data}}}\left[\log_2 P_{\mathrm{data}}(x) - \log_2 P_{\mathrm{model}}(x)\right]$$

由于 $\log_2 P_{\mathrm{data}}(x)$ 是与数据集相关的，与最终模型无关，可被认为是常数，因此模型训练过程中，只需要最小化 $-E_{x \sim P_{\mathrm{data}}}\left[\log_2 P_{\mathrm{model}}(x)\right]$。

2. JS 散度

JS 散度也用于度量两个概率分布的相似度，它解决 KL 散度非对称的问题，其取值是 $0 \sim 1$：

$$\mathrm{JS}(P_{\mathrm{data}} \| P_{\mathrm{model}}) = \frac{1}{2} \mathrm{KL}(P_{\mathrm{data}} \| \frac{P_{\mathrm{data}} + P_{\mathrm{model}}}{2}) + \frac{1}{2} \mathrm{KL}(P_{\mathrm{model}} \| \frac{P_{\mathrm{data}} + P_{\mathrm{model}}}{2})$$

采用 KL 散度和 JS 散度度量时，如果两个分布距离较远，作为网络损失函数会导致学习过程中梯度消失，例如在极端情况下，当两个分布没有重叠的时候，KL 散度值是没有意义的，而 JS 散度值是一个常数，会导致梯度消失。

3. GAN 算法推导

生成器如果采用高斯模型等简单模型，较难处理复杂分布的情况。在 GAN 中一般由神经网络实现生成器 G，它的输入是 z，给定一个先验分布 $p_{\mathrm{prior}}(z)$，令生成器对应的分布函数为 $P_G(x)$，即前文中的 $P_{\mathrm{model}}(x;\theta)$，其输出用 x 表示。判别器 D 的输入是生成器的输出 x，输出一个标量结果，它主要评估 $P_G(x)$ 与 $P_{\mathrm{data}}(x)$ 之间的差距。

定义优化函数 $V(G,D)$，用于衡量生成器生成的样本空间与实际样本空间的差距程度。

$$V(G,D) = E_{x \sim P_{\mathrm{data}}}\left[\log_2 D(x)\right] + E_{x \sim P_G}\left[\log_2\left(1 - D(x)\right)\right]$$

然后，对于给定的生成器，要找到一个判别器 D^*，使得 $V(G,D)$ 最大化，即：

$$D^* = \arg\max_D V(G,D)$$

在生成器固定的情况下，判别器最大化 $V(G,D)$ 是希望将生成器生成的样本与真实样本尽可能区分出来。

在训练生成器时，固定判别器 D，在判别器已经最大化差距的基础上，最小化 $\max\limits_{D} V(G,D)$ 的值，即找到一个最佳的 G^*，以及其对应的参数 θ_G：

$$G^* = \arg\min_G \max_D V(G,D)$$

下面先求解最佳的 D^*，使得 $V(G,D)$ 最大化：

$$
\begin{aligned}
V(G,D) &= E_{x \sim P_{\text{data}}} \left[\log_2 D(X) \right] + E_{x \sim P_G} \left[\log_2 \left(1 - D(X) \right) \right] \\
&= \int_x P_{\text{data}}(x) \log_2 D(x) \mathrm{d}x + \int_x P_G(x) \log_2 \left(1 - D(x) \right) \mathrm{d}x \\
&= \int_x \left[P_{\text{data}}(x) \log_2 D(x) + P_G(x) \log_2 \left(1 - D(x) \right) \right] \mathrm{d}x
\end{aligned}
$$

为了使得结果最大化，只要对于每个样本 x，使其 $P_{\text{data}}(x) \log_2 D(x) + P_G(x) \log_2 \left(1 - D(x) \right)$ 最大即可。令 $D = D(x)$，则可得关于 D 的函数：

$$f(D) = P_{\text{data}}(x) \log_2 D + P_G(x) \log_2 \left(1 - D \right)$$

其中，$P_{\text{data}}(x)$ 是与样本空间相关的，一旦样本确定，其值就为常数，而 $P_G(x)$ 在判别器优化时也是固定不变的，所以对 $f(D)$ 求导，令其导数为 0，则可以得到：

$$D^* = \frac{P_{\text{data}}(x)}{P_{\text{data}}(x) + P_G(x)}$$

从中可以看到，如果生成器生成的样本与真实样本分布情况一致，即 $P_{\text{data}}(x) = P_G(x)$，判别器 $D^* = 1/2$，其就无法分辨生成器生成的样本与真实样本。

在 D 满足最优解的情况下，再求解最优生成器的解 D^*，将 D^* 代入 $V(G,D)$ 计算公式中，得到：

$$
\begin{aligned}
V(G,D) &= V(G, D^*) \\
&= E_{x \sim P_{\text{data}}} \left[\log_2 D^*(x) + E_{x \sim P_G} \left[\log_2 \left(1 - D^*(x) \right) \right] \right] \\
&= E_{x \sim P_{\text{data}}} \left[\log_2 \frac{P_{\text{data}}(x)}{P_{\text{data}}(x) + P_G(x)} \right] + E_{x \sim P_G} \left[\log_2 \left(1 - \frac{P_{\text{data}}(x)}{P_{\text{data}}(x) + P_G(x)} \right) \right]
\end{aligned}
$$

经过积分变换和变形，用 JS 散度形式表示：

$$V(G,D) = -2 + 2 \cdot \text{JS}(P_{\text{data}}(x) \| P_G(x))$$

其中，JS 表示 JS 散度。然后寻找最优生成器：

$$\min_G V(G, D^*) = \min_G \{ -2 + 2 \cdot \text{JS}(P_{\text{data}}(x) \| P_G(x)) \}$$

可以看到优化生成器就是最小化生成样本与实际样本之间在分布上的 JS 散度，当 JS 取最小值 0 时，两个分布相等，函数 $V(G^*, D^*)$ 值为 -2，此时判别器无法区分生成样本和真实样本。

11.3.2　常见的生成对抗网络

GAN 面临的最大问题就是训练过程不稳定，很多情况下都无法收敛（Non-Convergence），原因是使用的优化方法容易导致陷入一个局部最优点。甚至有些情况下算法根本就无法收敛，例如出现模型坍塌（Model Collapse）问题等，使生成模型只能生成少数样本，无法覆盖真实分布的数据。

DCGAN 是在 2016 年出现的一种典型 GAN，在图像领域取得了非常好的效果，之后便出现了 GAN 的许多变体，例如 pix2pix、WGAN、SRGAN 和 CycleGAN 等。

1. DCGAN 模型

深度卷积生成对抗网络（Deep Convolutional Generative Adversarial Network，DCGAN）是将深层 CNN 与 GAN 结合进行图像生成，其中 CNN 中只有卷积操作，没有池化和全连接层。由 $G(z)$ 表示生成器，其中 z 通常是以简单分布（如高斯分布）随机抽样的向量，当 z 变化时，生成的图像也随之变化。$G(z)$ 的作用是产生假图像，用于训练判别器 D 输出正确的概率，其网络结构如图 11-21 所示。

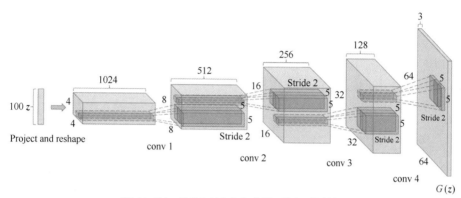

图 11-21　DCGAN 中生成器 $G(z)$ 网络结构

$G(z)$ 的基本结构就是使用 4 层转置卷积，传统的卷积是将图像的尺寸压缩，使之变得越来越小，而转置卷积是将初始输入的小数据（噪声）变得越来越大。

在 $G(z)$ 网络中，从输入层的 4×4×1024 的图像，第一次转置卷积后得到 8×8×512 的图像，再经过 3 次转置卷积后最终到输出层时，得到 64×64×3 的图像。

DCGAN 的另一个改进是在生成模型中去掉了池化层，原因在于池化层在转置卷积过程中并不可逆。DCGAN 模型在生成器和判别器上均使用了 BN，这使得训练过程更加稳定和可控。此外，判别器使用了激活函数 Leaky ReLU，而生成器使用了激活函数 ReLU 等。

2. 条件生成对抗网络模型

GAN 最大的优势是不需要一个事先假设的数据分布，而是直接进行采样（Sampling），从而逼近真实数据。然而，当遇到图像较大（像素很多）时，基于简单 GAN 的方式不可控。由于生成器的输入变量是随机的，控制 GAN 产生的样本非常困难。为此，可以给 GAN 加一些约束。条件生成对抗网络（Conditional Generative Adversarial Network，CGAN）在生成器和判别器的建模中均引入条件变量 y，使用 y 对模型增加约束，指导数据生成过程，其损失函数定义如下：

$$\min_G \max_D V(G,D) = E_{x \sim P_{\text{data}}}\left[\log_2 D(x|y)\right] + E_{z \sim P_G(z)}\left[\log_2\left(1 - D\left(G(z|y)\right)\right)\right]$$

其中，y 可以是标签和图片中需要修复的部分。CGAN 在控制生成样本上有很好的表现，它能控制生成真实的图像还是生成其他不同的图像，例如在利用 MNIST 数据集生成数字图像时，可以指定 y 为生成含有数字数值 0～9 的数字图像。CGAN 结构如图 11-22 所示。

3. WGAN 模型

GAN 存在训练困难、生成器和判别器的损失函数无法指示训练进程、生成样本缺乏多样性等问题。如果判别器的效果不理想，会使得生成器在训练时梯度下降不稳定，导致其难以优化。在解决此类问题时，比较有名的一个改进模型是 WGAN（Wasserstein GAN），它具有以下创新点：

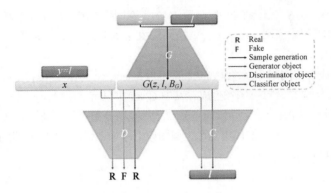

图 11-22　CGAN 结构

① 解决 GAN 训练不稳定的问题，平衡生成器和判别器的训练程度；

② 解决模型坍塌问题，确保生成样本的多样性；

③ 训练过程中用交叉熵、准确率标识
模型训练质量，其值越小表示训练得越好，
生成器产生的图像质量越高。

通过前文的推导可知，损失函数是优
化真实样本与生成样本分布的 JS 散度，JS
散度越小，损失值越小，生成的样本就越
像真实样本。但是 JS 散度生效的前提是相
比较的两个分布之间存在重叠，两个分布
没有重叠时，JS 散度将失效。无重叠的分
布如图 11-23 所示。

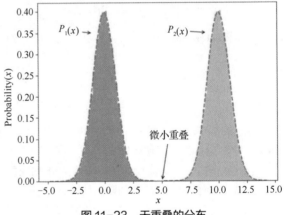

图 11-23　无重叠的分布

假设两个分布分别是 P_1 和 P_2，它们取
得 x 值的可能性有 4 种情况：

$$\begin{cases} P_1(x)=0, P_2(x)=0 \\ P_1(x)\neq 0, P_2(x)=0 \\ P_1(x)=0, P_2(x)\neq 0 \\ P_1(x)\neq 0, P_2(x)\neq 0 \end{cases}$$

基于 JS 散度和 KL 散度的计算公式，可以得到 P_1 和 P_2 之间的散度：

$$JS(P_1 \| P_2) = \frac{1}{2}KL(P_1(x)\|\frac{P_1(x)+P_2(x)}{2}) + \frac{1}{2}KL(P_2(x)\|\frac{P_1(x)+P_2(x)}{2})$$

$$= \frac{1}{2}\sum P_1(x)\log_2\left(\frac{P_1(x)}{P_1(x)+P_2(x)}\right) + \frac{1}{2}\sum P_2(x)\log_2\left(\frac{P_2(x)}{P_1(x)+P_2(x)}\right) + \log_2 2$$

第 1 种情况，如 $x>15$ 或 $x<-5$ 时，两个分布都为 0，JS 散度没有意义；第 2 种情况，计算
JS 散度的值 $JS(P_1 \| P_2) = \frac{1}{2}\sum P_1(x)\log_2 1 + 0 + \log_2 2 = 1$；第 3 种情况也是 1；第 4 种情况，两个
分布存在微小重叠，因此其值也接近固定值，在梯度下降时会导致梯度消失。这种情况在训练
GAN 时经常发生，因此传统的 GAN 训练过程不可控。

在 WGAN 中判别器的任务不再是区分生成样本与真实样本，而是拟合样本间的 Wasserstein
距离，把样本分类的任务转化成回归任务。而生成器的任务就变成了缩短样本之间的 Wasserstein

距离。这里的 Wasserstein 距离又叫推土机（Earth-Mover）距离，它的计算公式如下：

$$W\left(P_{\text{data}}, P_G\right) = \inf_{\gamma \in \Pi\left(P_{\text{data}}, P_G\right)} E_{(x,y)\sim\gamma} \|x - y\|$$

其中，P_{data} 是真实样本的分布，P_G 是由生成器生成的样本分布，$W\left(P_{\text{data}}, P_G\right)$ 是 P_{data}、P_G 组合起来的所有可能的联合分布。对于每一个可能的联合分布 γ 而言，可以从中采样得到真实样本 x 和生成样本 y，并算出这两个样本的距离 $\|x - y\|$，因此可以得到该联合分布 γ 下样本对距离的期望值 $E_{(x,y)\sim\gamma} \|x - y\|$。在所有可能的联合分布中能够对这个期望值取到的下界，就是 Wasserstein 距离。因为 Wasserstein 距离无法直接求解，所以需要经过变换取它的近似值作为损失函数。此外，WGAN 还在这些方面进行了改进：

① 判别器在最后一层去掉 Sigmoid 激活函数；

② 生成器和判别器的损失函数不取对数；

③ 每次更新判别器的参数后把它们的绝对值截断到不超过一个固定常数；

④ 使用 RMSProp 或 SGD 并以较低的学习率进行优化。

下面分别是手写体识别的 DCGAN 简化算法所用的生成器和鉴别器函数。

```python
def generator(input, output, is_train=True):
    with tf.variable_scope("generator", reuse=(not is_train)):
        # 把100×1转化为4× 4×512
        layer1 = tf.layers.dense(input, 4*4*512)
        layer1 = tf.reshape(layer1, [-1, 4, 4, 512])
        layer1 = tf.layers.batch_normalization(layer1, training=is_train)
        layer1=tf.nn.relu(layer1)
        # 转置卷积
        layer2 = tf.layers.conv2d_transpose(layer1, 256, 4, strides=1, padding='valid')
        layer2 = tf.layers.batch_normalization(layer2, training=is_train)
        layer2=tf.nn.relu(layer2)
# 转置卷积
        layer3 = tf.layers.conv2d_transpose(layer2, 128, 3, strides=2, padding='same')
        layer3 = tf.layers.batch_normalization(layer3, training=is_train)
        layer3=tf.nn.relu(layer3)
        #转置卷积
        logits = tf.layers.conv2d_transpose(layer3, output, 3, strides=2, padding='same')
        output = tf.tanh(logits)
        return output


def discriminator(input, reuse=False):
    with tf.variable_scope("discriminator", reuse=reuse):
        layer1 = tf.layers.conv2d(input, 128, 3, strides=2, padding='same')
        layer1=tf.nn.leaky_relu(layer1)
        layer1 = tf.nn.dropout(layer1, keep_prob=0.8)
        #卷积层
        layer2 = tf.layers.conv2d(layer1, 256, 3, strides=2, padding='same')
        layer2 = tf.layers.batch_normalization(layer2, training=True)
        layer2=tf.nn.leaky_relu(layer2)
        #卷积层
        layer3 = tf.layers.conv2d(layer2, 512, 3, strides=2, padding='same')
        layer3 = tf.layers.batch_normalization(layer3, training=True)
        layer3=tf.nn.leaky_relu(layer3)
        flatten = tf.reshape(layer3, (-1, 4*4*512))
        logits = tf.layers.dense(flatten, 1)
        output = tf.sigmoid(logits)
        return logits, output
```

11.4　迁移学习

迁移学习（Transfer Learning）的目标是希望模型或数据可以复用。传统的机器学习需要标注大量训练数据，耗费大量的人力与物力，而没有这些标注数据，训练出来的模型性能会较差。另外，迁移学习可以起到模型泛化的作用，模拟人类的迁移学习经历，例如会拉小提琴的同学，再学吉他等其他乐器时更容易。因此，迁移学习或许是未来机器学习发展的一个重要方向，使机器可以将知识跨领域运用。

在传统的机器学习中，一般假设训练数据与测试数据服从相同的数据分布。然而，在迁移学习中，假设并不成立，所以让知识从源域中顺利转换到目标域中，面临着众多问题。例如，如何选择数据、如何选择特征、如何对数据权重进行调整等。如果两个领域选择不当或者其中的样本或特征选择错误，不仅不利于目标域的模型训练，反而会起负面作用，即负迁移（Negative Transfer）。所以，如何找到相似度尽可能高的源域，是整个迁移学习的重要前提。

迁移学习的实现方法分为基于样本的迁移学习（Instance Based TL）、基于特征的迁移学习（Feature Based TL）、基于模型的迁移（Parameter Based TL）、基于关系知识的迁移（Relational-Knowledge Transfer Learning）等。一般来说，前 3 种方法具有更广泛的知识迁移能力，而基于关系知识的迁移则具有广泛的学习与扩展能力。

1. 基于样本的迁移学习

基于样本的迁移学习是从源数据中找出适合的样本数据，并将其迁移到目标域的训练集中，供模型进行训练。在这方面，基于传统的 AdaBoost 算法发展出来的 TrAdaBoost 算法，是典型的基于样本的迁移学习算法，它利用 Boosting 的技术过滤掉源数据中与目标训练数据最不符的数据。其中，Boosting 的作用是建立一种自动调整权重的机制，增加重要数据的权重。调整权重之后，这些带权重的辅助训练数据将会作为额外的训练数据，与现有训练数据一起来训练模型。这种迁移学习的前提是两个领域的样本数据差别不大，否则很难找到可以迁移的样本。

TrAdaBoost 算法适用于源域 D_S 和目标域 D_T 均有标签信息，且特征空间一致，但样本的数据分布不一致的情况，其核心思想总结如下。

① 当一个目标域 D_T 中的样本被错误地分类后，可以认为这个样本是很难分类的，因此增大这个样本的权重，这样在下一次的训练中这个样本所占的权重变大。

② 如果源数据 D_S 中的一个样本被错误地分类，可以认为这个样本与目标域是矛盾的，因此降低这个样本的权重。

TrAdaBoost 算法首先合并两个域的数据集，形成新数据集 S 并初始化 S 中每个样本 S_i 的权重。然后进行 N 次迭代，每次迭代中调用目标模型进行分类，并标记样本的分类结果，调整样本的新权重。通过若干次迭代后，与目标域相符的样本权重会不断升高，而那些不相符的样本权重会不断降低。

可以看到，TrAdaBoost 算法在样本较相似的时候可以取得很好的效果。但是，如果样本的噪声比较多，迭代次数控制不好，反而会增加模型训练的难度。

2. 基于特征的迁移学习

基于特征的迁移学习包括基于特征选择的方法和基于特征映射的方法，前者要求源数据集和目标数据集的特征存在重叠，通过对共有特征进行权重标记，实现目标域分类器的训练和调优；后者是对特征进行变换，生成新的特征，使得源域和目标域在相同的空间中具有相同的数据分布。这类方法适用性较广，但是特征变换的难度较大。

基于特征的迁移学习的基本思想是使用互聚类算法同时对两种数据集进行聚类，得到一个共同的特征表示，实现把源样本数据表示在新的空间。

3．基于模型的迁移学习

基于模型的迁移学习是指将源域模型中的共享参数，应用到目标域进行训练和预测。例如，假如目标模型的任务是识别图片中汽车的品牌，但是给定的训练图片数量较少，如果直接进行训练，很容易导致过拟合。可以利用现有的 VGG 模型，在其模型输出上增加新的网络层，进行微调来训练模型。这种方法所需要的图片数量远远少于从无到有训练一个新模型所需要的图片。基于模型的迁移学习的优点是可以充分利用模型之间存在的相似性，它的缺点是模型参数不容易收敛。

目前基于模型的迁移学习应用较多，在图像处理领域中常见的已经训练好的模型有 VGG 模型、Inception 模型、ResNet 模型。另外，在 Caffe 的"模型动物园"（Model Zoo）有很多预先训练的模型可供下载和使用。在自然语言处理方面，Word2Vec 和 GloVe 是比较知名的词向量模型，用户可以使用基于大型语料库（如维基百科）训练好的上述词向量模型，也可以在其基础上加入自定义的语料，增量训练自己的模型。

【例 11.2】 基于预训练的 resnet18 模型重新训练动物分类模型。

以下是 PyTorch 框架下基于模型的迁移学习示例代码，在预先训练的 resnet18 模型的基础上，对模型的全连接层进行修改，并重新训练了一个预测蜜蜂（bees）和蚂蚁（ants）的新模型。

```
model_conv = torchvision.models.resnet18(pretrained=True)
for param in model_conv.parameters():
    param.requires_grad = False
num_features = model_conv.fc.in_features
model_conv.fc = torch.nn.Linear(num_features, 2)
criterion = torch.nn.CrossEntropyLoss()
optimizer_conv = optim.SGD(model_conv.fc.parameters(), lr=0.001, momentum=0.9)
exp_lr_scheduler = lr_scheduler.StepLR(optimizer_conv, step_size=7, gamma=0.1)
model_conv = train_model(model_conv, criterion, optimizer_conv, exp_lr_scheduler,
num_epochs=3)
```

通过 torchvision.models.resnet18()方法加载预先训练的模型文件（resnet18-xxx.pth），第一次加载时需要从网上加载，文件大小约 47MB。如果出现[SSL: CERTIFICATE_VERIFY_FAILED]错误，可通过 pip3 install certifi 安装 ssl 包，并在代码中用 import ssl 引入依赖包。下载完成之后，后续训练会直接从本地加载模型。

在修改原模型前将所有参数的冻结属性（requires_grad）设置为 False，新生成的层，此属性默认为 True，全连接层替换为线性变换层，用交叉熵损失函数（loss 前面不需要加 Softmax 层），使用动量为 0.9、学习率为 0.001 的 SGD 优化，并且通过 StepLR 方法实现逐步衰减学习率，每 7 次迭代，学习率降为原来的 1/10。经过 3 次迭代之后模型的实验结果如图 11-24 所示，从图 11-24（a）中可以看到每次迭代后模型的训练准确率和验证准确率，最高可达到约 96%。

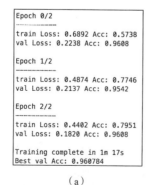

（a）   （b）

图 11-24　基于 PyTorch 模型迁移学习后目标模型效果

4. 基于关系知识的迁移学习

基于关系知识的迁移学习假设两个领域具有一定的相似性，即存在某种概念上的相似关系，这样就可将源域中的逻辑网络关系应用到目标域，例如，将社会学中的网络向社交网络迁移。

11.5　对偶学习

对偶学习利用机器学习任务处理过程中的对称属性（Primal-Dual），利用获得的反馈对学习过程进行引导和加强。其中 Primal 表示求解原始问题，Dual 表示求解与其对称的问题。目前很多人工智能处理任务具有对称性，例如，在机器翻译方面，不同语言之间是对称的；在语音处理方面，语音转换成对应的语音识别结果文字和文字生成语音是对称的；在图像理解方面，图像描述（Image Captioning）与图像生成（Image Generation）也是对称的过程。

在这些互相对称的操作中，是否有可能利用这种对称性来实现两个任务互相反馈，从而训练出更好的深度学习模型，特别是在数据量少的情况下，减少对训练样本的依赖呢？

一方面，互相对称的两个任务可以互相提供反馈信息，这些反馈信息可以用于训练模型，即两处任务互相为对方生成训练样本，这就减少了数据标注工作；另一方面，两个对偶任务可以互相充当对方的环境，两个对偶任务通过交互就可以产生反馈信号，减少了对实际环境的依赖。因此对偶学习可以有效解决训练数据、环境交互等问题。

【例 11.3】 以机器翻译为例介绍对偶学习。

假设有一个无标注的中文句子 x，并不知道它对应的英文翻译。通过原始模型（Primal Model）f 将其翻译成一个英文句子 y，此时 y 正确与否是无从判断的，因为 x 并未被标注。随后，通过对偶模型 g 将英文句子 y 再翻译为中文句子 x'，可以比较 x 与 x' 的相似度，来判断模型 g 和 f 的效果：如果模型 f 和 g 的表现很好，那么 x 与 x' 应该非常相近；反之，可能模型就需要改进。

上述过程类似强化学习的过程。在训练过程中利用演员-评论家（Actor-Critic）的算法不断尝试来实现模型的训练和优化。直观上看，如果不对训练过程进行优化，缩小搜索空间，训练将很难收敛，所以在实际训练时，需要对句子的质量进行评价，例如采用目标语言下的语言模型（Language Model）实现部分反馈（Partial Feedback）。此外，参考强化学习中的策略梯度（Policy Gradient）对模型的策略进行更新。当采取某个行动（Action）获得了一个反馈后，如果反馈好，那么调整模型使这种行动出现的概率变大；如果反馈不好，就降低此行动的出现概率。

对偶学习与传统的协作训练（Co-Training）的区别是什么？协作训练是一个半监督学习的框架，最早在 1998 年被提出，其思想是构造两个不同的分类器，利用较小规模的已标注数据，对大规模的未标注样本进行标注。与对偶学习类似，其最大的优点是能够从未标注的样本中自动学习。协作训练算法的实现过程如下。

① 用已标注样本的部分特征来训练学习器 L1，用另一部分特征训练学习器 L2。

② 用 L1 分类未标注的样本数据，用所得到的结果训练 L2 以增强 L2 的性能。

③ 用 L2 分类未标注的样本数据，用所得到的结果训练 L1 以增强 L1 的性能。

④ 重复步骤②和③，直到目标达到。

从上述过程可以看到，协作训练与对偶学习非常相似，并且综合两个学习器 L1 和 L2 模型预测结果得到最后结论，这样还可以降低错误率。但是两者间的主要区别在于协作训练对样本的特征属性有假设，要求样本中的两个学习器针对天然可分的特征进行学习，即两类特征要有差异。另外，对偶学习中的两个任务是相对立的不同任务。

对偶学习的扩展应用较多，如与 GAN 结合形成对偶学习生成对抗网络（DualGAN），把图像处理看成"图片翻译"问题，将基本的 GAN 再进一步扩展为两个相互耦合的 GAN，可以实现图片与油画互相转换、图片与素描互相转换等效果。

11.6　知识蒸馏

知识蒸馏（Knowledge Distillation）是一种模型压缩方法，在人工智能领域有广泛应用。目前深度学习模型在训练过程中对硬件资源要求较高，例如采用 GPU、TPU 等硬件进行训练加速。但在模型部署阶段，对于复杂的深度学习模型，要想达到较快的推理速度，部署的硬件成本很高，在边缘终端上特别明显。而知识蒸馏利用较复杂的预训练教师模型，指导轻量级的学生模型训练，将教师模型的知识传递给学生网络，实现模型压缩，减少对部署平台的硬件要求，可提高模型的推理速度。

知识蒸馏的概念出自 2015 年辛顿发表的论文《在神经网络中提取知识》（Distilling the Knowledge in a Neural Network）。在分类问题中，模型的输出层采用 Softmax 函数预测类别概率值。模型的目标是使输出概率值最高的类别尽可能接近于实际真实目标（Hard Target），它的训练过程是对真实值求极大似然。原始数据标签通常采用独热编码。这种情况下，所有负标签被平等对待，但这与实际并不一致，例如在动物图片分类时，如果图片的真实结果是猫，而负样本老虎和蛇与猫的相近程度是不同的，显然老虎与猫更像；而当模型预测为蛇时，它比预测为老虎时更差。这说明不同负样本对应的输出概率应该有区别，也就是说不同的负样本对损失函数的贡献是不同的。而软目标（Soft Target）是通过改进 Softmax 层输出的类别概率，对每个类别都分配概率。

软目标是在 Softmax 函数中增加了温度参数 T：

$$q_i = \frac{e^{z_i/T}}{\sum_j e^{z_j/T}}$$

其中，z_i 是某个类别 i 的逻辑单元输出值，其值越大，说明结果属于这个类别的可能性就越大。T 表示蒸馏的温度或强度，T 的值越高，其输出概率分布越趋于平滑，就越放大负标签对应的信息，也就更加关注负标签。当 T 的值为 1 时，上式就变成了传统的 Softmax 函数。采用这种方式进行训练，对样本量要求更少，训练后的模型具有更好的泛化能力。

知识蒸馏的重点是对学生模型进行训练，其实现的过程如下。

① 通过传统方式训练比较复杂的教师模型。

② 训练学生模型，其损失分为蒸馏损失和学生损失两部分：前者借助教师模型的输出作为标签进行损失值计算，后者借助真实标签值计算损失，两个损失加权求和即可得到学生模型的总损失，从而对学生模型进行训练。

③ 得到学生模型后，在推理阶段使用传统 Softmax 进行预测。

学生模型的训练和推理过程如图 11-25 所示。

在知识蒸馏之前先训练教师模型，然后基于改进的 Softmax 可得到教师模型已经学习的知识，并用其预测的结果作为标签与学生模型软目标输出的结果比较，计算蒸馏损失，使学生模型学习到正样本与负样本之间的关系信息。学生模型的损失除了蒸馏损失之外，还包括采用传统 Softmax 得到的硬目标损失，即设置 T 的值为 1，将真实的样本标签与模型预测结果进行比较得到学生损失。

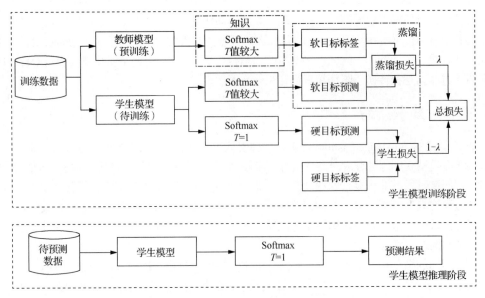

图 11-25   学生模型的训练和推理过程

蒸馏损失与学生损失加权求和作为学生模型的总损失，计算公式如下：

$$L_{total} = \lambda L_{teacher} + (1-\lambda)L_{student}$$

其中，λ 是超参，表示蒸馏损失 $L_{teacher}$ 和学生损失 $L_{teacher}$ 之间的权重比例，其值越大，越倾向于借助软目标机制进行模型训练，即借用教师模型进行训练。反之，则越倾向于用传统的硬目标方式。蒸馏损失 $L_{teacher}$ 的计算公式如下：

$$L_{teacher} = -\sum_{i}^{N} p_i^T \log_2 q_i^T$$

其中，p_i^T 是教师模型在温度为 T 的情况下，对类别 i 的 Softmax 输出结果。而 q_i^T 是学生模型在温度为 T 的情况下，对类别 i 的 Softmax 输出结果。通过计算两个值的交叉熵损失，实现借用教师模型的输出对学生模型进行训练。而 p_i^T 和 q_i^T 的计算公式分别为：

$$p_i^T = \frac{e^{v_i/T}}{\sum_j e^{v_j/T}}$$

$$q_i^T = \frac{e^{z_i/T}}{\sum_j e^{z_j/T}}$$

其中，v_i 表示教师模型输出的 logits，z_i 表示学生模型输出的 logits，N 表示样本标签类别的数量。

学生损失 $L_{student}$ 的计算过程中，采用硬目标（温度 T 的值为1）进行优化，其公式如下：

$$L_{student} = -\sum_{i}^{N} c_i \log_2 q_i$$

其中，c_i 是类别 i 实际真实值，而 q_i 是学生模型采用传统的 Softmax 计算输出结果。引入学生损失的目的是减少对教师模型预测结果的依赖，毕竟再优秀的教师模型也有可能会预测错误，从而误导学生模型，因此借助实际真实值进行辅助训练可提升学生模型的最终效果。

11.7　小样本学习

近年来，大规模的标注数据被用于深度学习的模型训练中，极大地提高了模型的稳健性和泛化能力。然而，在现实应用中，有些深度学习训练的样本数或者标注样本数很少，若直接用于训练会产生过拟合问题。小样本学习（Few-Shot Learning）实现了在原始样本有限的情况下，依然能够训练出具有较高泛化能力的模型。

小样本学习的研究对于推动深度学习的发展具有重要意义，它基于先验知识和少量的样本也能学习样本蕴含的模式，并泛化到新样本的推理中。此外，小样本学习还能减少数据收集和标注的人工成本，且由于训练模型所依赖的数据量变少，训练时的计算复杂度和空间复杂度也显著降低。

小样本学习与单样本学习（One-shot Learning）、零样本学习（Zero-shot Learning）的区别主要在于数据集中的标注样本的个数。以分类问题为例，小样本学习的训练样本中每个类别中包含的标注样本数较少，单样本学习的训练样本中每个类别仅包括 1 个标注样本，零样本学习所用的训练数据集不包含带有标签信息的样本。

为了解决小样本学习问题，近年来出现了大量的相关算法和模型。这些小样本学习方法大致分为 3 类：第 1 类方法主要基于数据增强的思想，利用标注数据以外的辅助信息，例如结合标签的属性信息来辅助模型更好地进行分类。此外，还可以利用无标签数据来弥补数据集在样本多样性上的缺陷。第 2 类方法主要基于迁移学习的思想，首先在数据资源丰富的相关领域训练模型，然后将学习到的知识迁移到目标新领域指导模型训练。第 3 类方法主要基于元学习的思想，不仅依靠经验风险最小化的方法训练模型，还借助先验知识来指导模型的训练过程。这 3 类方法从不同的角度来学习先验知识，用于辅助模型的训练，提升小样本学习模型的泛化能力。

（1）基于数据增强的方法

在基于数据增强的小样本学习中，通常采用扩充数据集和特征增强的方法。前者通过增加样本数量来提升样本多样性，而后者则是从样本质量的角度增加辅助分类的特征。扩充数据集的方法可以分为基于无标签数据的方法和基于数据合成的方法。其中基于无标签数据的方法采用机器学习的策略给未标记的样本分配伪标签，然后再用该部分样本来扩充目标任务中的小样本数据集。基于数据合成的方法合成新的带标签的样本，以此扩充训练数据。较为常用的算法是生成对抗网络。基于特征增强的方法利用标签信息或其他特定任务场景中的辅助信息来增强样本特征的多样性，以此帮助模型更好地分类。

（2）基于迁移学习的方法

近年来，迁移学习的方法也被广泛用于解决小样本学习问题。不同于模型微调，迁移学习将模型在大规模数据集中学习到的知识迁移到新的领域中，在源数据集和目标数据集分布不相似时依然能够保持较好的分类效果。

（3）基于元学习的方法

元知识通常指模型的超参、初始权重、优化器等模型训练过程外可以学习到的先验知识。元学习是指从一个非目标数据集中获取元知识，然后利用学习到的元知识来指导模型在目标任务中的训练。

小样本学习的方法在早期主要用于图像分类、文本分类等方向，近年也被广泛应用到目标识别、人脸识别、短文本的情感分类、对话系统、疾病诊断、农作物病害识别等领域。

习题

1. 简述词嵌入的常用方法。
2. 简述自注意力和多头自注意力的计算方法，并讨论自注意力与外部注意力的区别。
3. BERT 模型有哪些用途？举例说明其应用过程。
4. 简述生 GAN 的训练过程，讨论其收敛的条件。
5. 简述 GAN 常用的损失函数。
6. 举例说明某 GAN 模型的应用。
7. 迁移学习解决什么问题？
8. 迁移学习常用的方法有哪些？
9. 简述对偶学习的过程。
10. 讨论知识蒸馏中教师模型的作用。
11. 讨论小样本学习与半监督学习、无监督学习的关系。

第 12 章

推荐系统

近年来互联网信息量呈几何级增长，用户很容易迷失在海量信息中。虽然可使用层次分类（分类目录）或搜索引擎等方法解决这类信息过载问题，但是层次分类需要手动对信息进行分类，并且随着数据量增加层级逐渐增多，不便于用户浏览；而搜索引擎需要用户自己输入关键词，自行选择结果，这要求用户已明确知道要查找的内容，并且具有核心词的抽象能力，如果对结果不满意需要调整关键词重新搜索。

推荐系统根据用户的浏览记录、社交网络等信息进行个性化的计算，发现用户的兴趣，并应用推荐算法最终达到"千人千面""个性化"推荐的效果。

本章首先结合推荐系统应用场景介绍推荐系统的通用模型，重点介绍基于内容的推荐、基于协同过滤的推荐、基于关联规则的推荐、推荐系统评测、推荐系统常见问题等，并结合实际案例介绍推荐系统设计和应用。

12.1　推荐系统概述

推荐系统是一种帮助用户快速发现有用信息的工具。推荐系统通过分析用户的历史行为，研究用户偏好，对用户兴趣建模，从而主动给用户推荐能够让他们感兴趣的信息。本质上，推荐系统解决的是用户精准信息获取的问题。在存在海量冗余信息的情况下，用户容易迷失，推荐系统主动筛选信息，将基础数据与算法模型进行结合，帮助其确定目标，最终达到智能化推荐。

推荐系统具有以下优点。

（1）可提升用户体验。通过个性化推荐，帮助用户快速找到感兴趣的信息。

（2）提高产品销量。推荐系统帮助用户和产品建立精准连接，提高产品营销转化率。

（3）推荐系统能发掘商品的"长尾"，挑战传统的"二八定律"，将不热门的商品销售给特定人群。

（4）推荐系统是一种系统主动的行为，减少用户操作，主动帮助用户找到其感兴趣的内容。高质量的推荐会使用户对系统产生依赖，建立长期稳定的关系，提高用户"忠诚度"。

12.1.1　推荐系统的应用场景

推荐系统可用于电商平台、个性化视频网站、音乐歌单、社交网络、新闻网站、个性化阅读、个性化广告等。

1. 电商平台

目前推荐系统已经基本成为电商平台标配。主流的电商平台具有多种推荐形式，例如"猜你喜欢……""购买此商品的用户也购买了……"等；除此之外，还有隐式商品推荐，例如在搜索结果中将推荐商品排名提前。

2. 个性化视频网站

每年国内外都有大量电影上映，由用户自制的视频节目也越来越多，用户很难在海量的视频节目中进行选择。视频网站基于用户的历史观看记录以及视频内容之间的内在联系，分析用户潜在兴趣，向用户推荐其感兴趣的内容。

3. 音乐歌单

目前音频类个性化推荐主要是向用户推荐歌曲或歌单，好的推荐会让用户既熟悉又有新鲜和惊喜的感觉。主流音乐平台音乐推荐的实现方法与电影推荐的类似，主要基于音乐的风格、用户收听历史、用户收听行为等进行协同过滤。

4. 社交网络

推荐系统在社交网络中的应用主要是好友推荐和内容推荐。好友推荐是指在社交网站中向用户推荐具有共同兴趣的用户成为好友。用户之间可通过关系网络建立联系，还可以通过阅读、点赞、评论相同的博文产生联系。如果两个用户有多个共同的标签，曾经评论或者转发相同的信息，说明他们对这条信息有着共同的兴趣。对这些用户行为应用基于用户的协同过滤算法，就可以向用户进行个性化内容推荐。在社交网站的用户之间形成一个社交网络图，可以分析用户之间兴趣的相似性，例如，用于学术社区中同行的发现，对那些研究领域相同但在网站中并非好友的用户，推荐他们互加好友。

5. 新闻网站

新闻网站中应用推荐算法可以方便用户及时获取个性化信息，减少用户浏览、检索新闻的时间，并提供更好的阅读体验，从而增加用户黏性。一般采用基于内容的协同过滤推荐算法来实现，其中数据包括用户属性特征、浏览历史和新闻内容等，从而解决新闻量过大时给用户带来的信息过载和迷航问题。

在新闻网站中常有"冷启动"的问题。它是指网站刚刚建立，用户和新闻内容较少，用户的行为数据更少，所以常用的推荐算法往往无效。为缓解此问题，可以使用热门内容作为推荐结果，逐渐收集用户行为数据，不断完善推荐结果，吸引更多用户注册，从而形成良性循环。

6. 个性化阅读

个性化阅读是为每一位用户定制其感兴趣的个性化内容，例如新闻、论坛帖子、小说等。推荐系统通过推荐算法获得用户兴趣，并向其推送个性化的阅读内容，从而提供更优的阅读方式和更好的阅读体验。

7. 个性化广告

个性化广告是指有针对性地向特定用户展示特定广告内容。首先对广告受众进行用户画像，对受众的个人状况、商业兴趣、社交图谱等方面进行刻画，这是广告推荐引擎的基础。然后推荐系统基于用户的行为进行协同过滤，并对推荐的广告结果进行粗选、精选。上述过程可以通过定时运行的方式离线生成推荐结果；也可以实时生成推荐结果，这对推荐算法和硬件计算能力均要求较高。在用户浏览广告过程中可看出用户对广告的态度或反应，这可作为推荐结果的评价依据，并用于改进推荐算法，减少用户对广告的负面体验。

12.1.2　相似度计算

在推荐系统中，涉及用户之间相似度、物品之间相似度和用户与物品之间的相关性的计算。其中相似度的计算基于向量间距离，距离越近相似度越高。例如，在用户对物品偏好的二维矩阵中，一个用户对所有物品的偏好作为一个向量，可用于计算用户之间的相似度，即两个向量间的距离；综合所有用户对一个物品的偏好表示此物品，可以计算物品之间的相似度。相似度计算方法有以下几种。

1. 皮尔逊相关系数

皮尔逊相关系数一般用于计算两个变量间的相关性，它的取值是[-1，1]，当取值大于 0 时表示两个变量是正相关的；当取值小于 0 时表示两个变量是负相关的；取值为 0 表示不相关。在推荐系统中，用户之间的相似度计算的公式如下：

$$\text{sim}(x, y) = \frac{\sum_{i=1}^{n}(x_i - \overline{x})(y_i - \overline{y})}{\sqrt{\sum_{i=1}^{n}(x_i - \overline{x})^2}\sqrt{\sum_{i=1}^{n}(y_i - \overline{y})^2}}$$

其中，n 为两个用户 x、y 共同评价过物品的总数；x_i 表示用户 x 对物品 i 的评分，$\overline{x}$ 表示用户 x 所有评价过的物品的平均分；y_i 表示用户 y 对物品 i 的评分，$\overline{y}$ 表示用户 y 所有评价过的物品的平均分。

皮尔逊相似度计算过程中考虑了用户的评分偏好（对应公式中的 $\overline{x}$ 和 $\overline{y}$），避免各用户对相同物品评分时，因为评价习惯不同而导致的差异。例如评分范围为 1～5 分，有人评价 4 分表示非常喜欢，而有些人评 5 分表示相同的喜好程度。因此，皮尔逊相似度的结果对评分的绝对数值不敏感，只关心评分的相对数值。

2. 欧氏相似度

用于计算欧氏空间中两个点的距离，以两个用户 x 和 y 为例子，将之看成 n 维空间的两个向量 x 和 y，x_i 表示用户 x 对物品 i 的评分，y_i 表示用户 y 对物品 i 的评分，用户 x 和 y 之间的欧氏距离计算公式如下：

$$d(\boldsymbol{x}, \boldsymbol{y}) = \sqrt{\sum_{i=1}^{n} (x_i - y_i)^2}$$

利用欧氏距离计算相似度的方法如下：

$$\text{sim}(\boldsymbol{x}, \boldsymbol{y}) = \frac{1}{1 + d(\boldsymbol{x}, \boldsymbol{y})}$$

从式中可看到，欧氏距离越小，相似度越大。这一公式还可计算物品之间的相似度。

3. 余弦相似度

余弦相似度（Cosine Similarity）是通过计算两个向量之间的夹角余弦来度量它们之间的距离远近，进而评价它们之间的相似度。其计算公式如下：

$$\text{sim}(A, B) = \cos(\theta) = \frac{\boldsymbol{A} \cdot \boldsymbol{B}}{\|\boldsymbol{A}\| \|\boldsymbol{B}\|} = \frac{\sum_{i=1}^{n} A_i \times B_i}{\sqrt{\sum_{i=1}^{n} (A_i)^2} \times \sqrt{\sum_{i=1}^{n} (B_i)^2}}$$

其中，A_i 和 B_i 分别表示两个文档的特征向量分量。

在推荐系统中，用户 x 和 y 之间的调整后的余弦相似度的计算公式如下：

$$\text{sim}(x, y) = \frac{\sum_{i=1}^{n} (x_i - \overline{x})(y_i - \overline{y})}{\sqrt{\sum_{i=1}^{n} (x_i - \overline{x})^2} \sqrt{\sum_{i=1}^{n} (y_i - \overline{y})^2}}$$

其中，$\overline{x}$ 和 $\overline{y}$ 分别表示 x 和 y 对物品的历史评分的均值，这样可以减少用户评分习惯带来的误差。例如用户对物品进行评分，在十分制的情况下进行打分，1 分最差，10 分最好，两用户对两个物品进行评分的分值为(2,3)和(6,8)，即 $x_1=2$，$x_2=3$，$y_1=6$，$y_2=8$。使用余弦相似度得出的结果约为 0.67，两者相似度较高，但实际上两个用户对这两个物品的喜好并不一致，这说明结果存在一定误差。而调整余弦相似度是所有维度上的数值都减去均值，再用余弦相似度计算，例如两个用户对物品的评分均值都是 5，那么调整后为(-3,-2)和(1,3)，得到相似度结果约为-0.79，相似度为负值并且差异较大，这种计算方法更加符合事实。

4. Tanimoto 系数

Tanimoto 系数是余弦相似度的扩展，在计算二值向量间的相似度时与杰卡德方法相同，因此也称之为广义杰卡德系数，主要用于计算文档间相似度。用两篇文档的关键词交集数量除以其并集的数量即其相似度的值。

5. 曼哈顿距离

曼哈顿距离比欧氏距离计算量少，性能相对高，比较适合用户的偏好数据是 0 或 1 的情况。

6. 对数似然相似度

对数似然相似度是基于熵计算用户喜欢的物品之间的相关性，从而实现用户间相似度的计算，适用于偏好为二值型的情况。

7. 斯皮尔曼相似度

斯皮尔曼（Spearman）相似度是基于排序值实现相似性判断的方法，与皮尔逊相似度相比，可以减少异常值对结果的影响。它按照用户对物品的评分进行排序，将排序值替换为原有的真实评分值，计算排序后用户喜好值之间的皮尔逊相似度。

斯皮尔曼相似度的计算量较大，由于其检验的是数据排名之间的相关性，需要先对用户的喜好进行排序，在数据量较大时效率较低，可采用缓存技术进行优化。

12.2 推荐系统通用模型

推荐系统应用较广，不同的业务场景用到的数据、算法和模型都不同。如果针对每个场景都从头开发，将会耗费较多时间和人力。对推荐算法进行通用化设计，可以更好地将一类推荐算法复用到不同的推荐场景中，从而支持多种业务领域。

12.2.1 推荐系统结构

推荐系统有 3 个重要的模块，包括输入模块、推荐算法模块（推荐引擎）、输出模块。推荐系统结构如图 12-1 所示。推荐系统首先分析用户行为数据，建立用户偏好模型。然后使用用户兴趣匹配物品的特征信息，再经过推荐算法进行筛选和过滤，找到用户可能感兴趣的推荐对象，最后推荐给用户。上述过程经过训练和验证最终形成推荐模型，可用于在线或离线推荐。同时，推荐结果在用户端的响应也作为输入数据，用于模型的迭代优化。

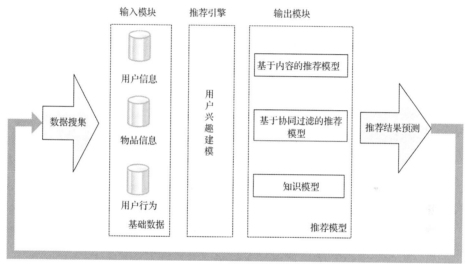

图 12-1 推荐系统结构

12.2.2 基于人口统计学的推荐

基于人口统计学的推荐（Demographic-Based Recommendation）机制根据用户的人口统计学信息（如性别、年龄、学历、职业等）发现用户间的相关程度，向用户推荐与之相似的用户感兴趣的物品。这种推荐方法实现简单，但是推荐的粒度较粗，精度不高。

先基于人口统计学信息进行用户画像，然后，系统会根据用户画像计算用户间的相似度，如果发现两个用户的毕业学校、出生地、性别均相同，年龄也相近，那么系统会认为两者是相似用户。以此类推，会形成一系列用户群体。最后，按照用户群体的喜好推荐给当前用户一些物品。

基于人口统计学的推荐机制的好处是不使用用户的行为数据，因此不存在"冷启动"问题。并且这个方法不依赖于物品本身的特征，因此在不同物品的领域都可以使用，具有领域独立性（Domain-Independent）。当然，因为人口统计学的信息在某些领域中并不准确，所以计算结果的可信度较低。

12.2.3　基于内容的推荐

用户的输入数据主要有以下几种。

① 用户属性，包括人口统计学信息，如性别、年龄、所在地等。

② 用户行为数据，包括用户浏览的内容、次数、频率、停留时间、操作（收藏、点赞、分享）等。服务器端保存的日志能较好地记录用户的浏览行为。

对上述数据的获取方式有显式获取、隐式获取等。其中显式获取是指基于用户注册和完善资料时填写的表单，或采用调查问卷等方式获取，这种方式简单方便，但是用户往往不愿意显式表达其喜好。隐式获取主要是基于用户行为来分析其潜在的兴趣或关注点，这种方式需要注意用户的兴趣会随着时间变化，需要动态调整。

物品相关的数据在不同的业务系统中通常相差较大，与推荐对象的相关性较强。以电商平台中的商品为例，常见的输入数据主要有以下几种。

① 物品属性：商品品牌、类别、产地、价格等。

② 描述信息：图片、文本描述等。

③ 时间维度：季节、日期、假期等。

④ 使用场景：工作、家庭等。

⑤ 面向用户群体：老人、儿童、男性、女性等。

⑥ 用户评价：用户评分、用户添加的标签等。

基于内容的推荐原理是基于用户感兴趣的物品集分析用户的内容偏好，然后找到和此偏好相近的物品。

提取用户偏好的物品特征是基于内容的推荐算法的关键，基于内容的推荐过程是对用户喜欢的物品和特征的描述，例如物品的特征有属性、描述等，图书的特征有体裁、作者、出版社、类型、价格、出版时间、内容等，这些内容大部分为文本，对特征的提取涉及文本处理相关技术，常见的处理算法有 LDA、TF-IDF 等。特征提取的目标是将文本内容转化为可计算的向量形式，从而实现对物品的特征建模，并应用推荐算法进行内容推荐。

除了将特征向量化，还涉及相似度的计算。对用户间的相似度计算可采用皮尔逊相关系数、余弦相似度等。这些算法在各推荐系统的实现库中均已实现，可直接调用。

基于内容的推荐的优点是简单有效，推荐结果直观，容易理解，不需要领域知识，不需要用户的历史行为数据，如对物品的评价等。

12.2.4　基于协同过滤的推荐

基于协同过滤算法根据用户的历史行为，寻找用户或物品的近邻集合，以此计算用户对物品的偏好，包括基于领域、图、关联规则、知识的推荐算法，其中应用最广泛的是基于领域的推荐算法和基于隐语义模型的算法，在实践中往往要混合应用上述几种算法。

1. 基于领域的推荐算法

基于领域的推荐算法主要包含两种：基于用户的协同过滤算法（UserCF）和基于物品的协同过滤算法（ItemCF）。基于用户的协同过滤算法计算用户兴趣相似度，基于物品的协同过滤算法计算与用户偏好的物品相似的物品。

（1）基于用户的协同过滤算法

基于用户的协同过滤算法为用户推荐兴趣相似的其他用户喜欢的物品。算法的关键是计算两个用户的兴趣相似度。

算法步骤如下。

① 找到与目标用户兴趣相似的用户集合。

② 找到这个集合中的用户喜欢的，且目标用户没有用过的物品，推荐给目标用户。

【例 12.1】 基于用户的协同过滤推荐示例。

表 12-1 所示是基于用户的协同过滤推荐示例，可以看到用户 A 与用户 C 所喜欢的物品具有较多的交集，即两个用户具有相似性，那么用户 C 喜欢的物品很有可能用户 A 也会喜欢，而用户 C 喜欢物品 D，则可以向用户 A 推荐物品 D。

表 12-1 基于用户的协同过滤推荐示例

用户	物品 A	物品 B	物品 C	物品 D
用户 A	√		√	推荐
用户 B		√		
用户 C	√		√	√

计算用户兴趣相似度时，要避免热门物品自带马太效应的影响，即大部分用户可能都对热门的物品表现出喜欢的状况，但是这些用户之间并非一类人，因为所谓的热门物品区分度较低。

基于用户的协同过滤算法的缺点是随着用户数目增大，计算用户兴趣相似度越来越复杂，时间和空间复杂度与用户数接近于平方关系。一般采用离线方式进行推荐，即当用户产生新的行为时，不会立即进行计算，所以推荐结果并不会马上发生变化。此外，这一算法是基于隐式群体的兴趣进行推荐的，可解释性不强。这一算法适用于用户兴趣比较稳定的场景，即通过群体的兴趣来代表用户个体的兴趣，一旦群体的兴趣确立，就可以认为个体用户服从此兴趣，由此向其进行推荐，结果一般较准确。

（2）基于物品的协同过滤算法

基于物品的协同过滤算法是依据用户喜欢的物品向其推荐与之相似的其他物品，属于基础的推荐算法，集成在各类电商平台的推荐系统中。与基于内容的推荐算法相比，该算法是通过用户的行为计算物品之间的相似度。而基于内容的推荐算法计算用户喜欢的物品的内容共同特征，作为用户的偏好描述，然后寻找与此特征相似的其他物品。

【例 12.2】 基于物品的协同过滤推荐示例。

两个物品是相似的，可能是因为它们共同被很多用户喜欢，也就是说，每个用户都可以通过其历史兴趣列表给物品"贡献"相似度。表 12-2 中用户 2 对物品 A 和 B 都表现了相同的用户行为，即喜欢这两种物品，而且这两种物品与物品 D 具有一定的相似性（某些属性取值相同或相近），那么可以向用户推荐物品 D。

表 12-2 基于物品的协同过滤推荐示例

用户	物品 A	物品 B	物品 C	物品 D
用户 1	√			√
用户 2	√	√		推荐
用户 3	√		√	√

基于物品的协同过滤推荐在物品数量较少时，物品间相似度的计算量不大，主要应用于长尾物品领域。在用户行为较少时，只要用户有少数点击行为就可以向其推荐相似的物品，因此可以用于解决用户冷启动问题，并且这一过程是基于用户的行为向其推荐的，推荐结果的可解释性较好。

2. 基于隐语义模型的算法

在推荐系统中，通过隐含特征关联用户兴趣和物品，目标是建立用户-物品矩阵，使用矩阵分解建立用户和隐类之间的关系、物品和隐类之间的关系，最终得到用户对物品的偏好。即对于某个用户，首先得到他的兴趣分类，然后从分类中挑选他可能喜欢的物品。

隐语义模型基于矩阵分解的原理，将用户-物品矩阵分解为用户-隐类矩阵和隐类-物品矩阵的积。首先对物品进行聚类分析，并计算出物品属于每个隐类的权重；然后，确定用户对哪一隐类感兴趣，以及感兴趣程度；根据预测的用户对物品的评分情况，对于一个给定的分类，选择权重高的物品推荐给用户。

隐语义模型实现的关键是矩阵分解，正如第 2 章中提到的 SVD 算法，用于寻找隐含的特征。SVD 算法克服了矩阵必须为方阵的约束，能够将庞大且复杂的用户-物品矩阵分解为 3 个矩阵乘积。令 $A_{m\times n}$ 表示 m 个用户对 n 个物品的评分矩阵。SVD 算法将其分解如下：

$$A_{m\times n} = U_{m\times m}\Sigma_{m\times n}V_{n\times n}^{\mathrm{T}}$$

其中 $\Sigma_{m\times n}$ 矩阵主对角线上的元素称为奇异值，除主对角线外，其他矩阵元素值为 0。上述奇异值分解的过程需要借助矩阵特征值分解的方法。对矩阵 $A^{\mathrm{T}}A$ 特征值分解有：$A^{\mathrm{T}}Av_i = \lambda_i v_i$，其中 λ_i 表示 $A^{\mathrm{T}}A$ 的特征值，v_i 为 λ_i 对应的特征向量。

$$\left(Av_i\right)^{\mathrm{T}}\left(Av_i\right) = v_i^{\mathrm{T}}A^{\mathrm{T}}Av_i = \lambda_i v_i^{\mathrm{T}}v_i = \lambda_i$$

$$|Av_i| = \sqrt{\lambda_i}$$

令 $\varsigma_i = \sqrt{\lambda_i}$，向量 $u_i = \left(1/\sqrt{\lambda_i}\right)Av_i$，矩阵 V 由 $A^{\mathrm{T}}A$ 的 n 个不同特征值对应的特征向量构成。可以推出：

$$AV = \left(Av_1, Av_2, \cdots, Av_n\right) = \left(\varsigma_1 u_1, \varsigma_2 u_2, \cdots, \varsigma_n u_n\right) = U_{m\times m}\Sigma_{m\times n}$$

$$A = AVV^{\mathrm{T}} = U\Sigma V^{\mathrm{T}}$$

由上述推导可见，在对矩阵 A 进行分解时，可以首先对 AA^{T} 进行特征分解，用 AA^{T} 的 n 个不同特征值对应的特征向量来构造矩阵 V。而对于矩阵 U，由下式：

$$AA^{\mathrm{T}} = U\Sigma V^{\mathrm{T}}V\Sigma^{\mathrm{T}}U^{\mathrm{T}} = U\Sigma\Sigma^{\mathrm{T}}U^{\mathrm{T}}$$

可知 $\Sigma\Sigma^{\mathrm{T}}$ 为 $m\times m$ 方阵，对角线上的值为特征值 λ_i，其他元素值为 0。因此求解矩阵 U 时，同样可以先对 AA^{T} 进行特征分解，取不同特征值对应的特征向量来构造 U。最后，对于 Σ 矩阵中的奇异值，由 $\varsigma_i = \sqrt{\lambda_i}$，可直接对已求的 AA^{T} 特征值开根号来计算。

Σ 矩阵中的奇异值具有一个特殊性质：矩阵中对角线从左上到右下的奇异值是按数值由大到小的顺序排序的，且奇异值由大到小减小得很快。SVD 算法利用这一性质，取前 k 个较大的奇异值来构造 Σ 矩阵，用下式来近似预测用户-物品矩阵 A：

$$A_{m\times n} \approx U_{m\times k}\Sigma_{k\times k}V_{k\times n}^{\mathrm{T}}$$

通过上式压缩，算法在很大程度上减少了分解后的 3 个矩阵的存储空间，使推荐系统能够适应大规模的用户-物品矩阵，与直接在原始评分矩阵上做计算的其他推荐算法相比减少了不少工作量。

SVD 算法对大规模的用户-物品矩阵的分解过程依然十分耗时，且要求用户-物品矩阵为稠密矩阵，导致传统算法在实际的推荐系统中难以适用。为解决这个问题，FunkSVD 算法被提出。隐语义模型本质上是基于 FunkSVD 矩阵分解原理进行构建的。

FunkSVD 直接将用户-物品矩阵分解为两个低秩的 P、Q 矩阵的乘积：

$$A_{m\times n} = P_{m\times k}Q_{k\times n}$$

其中，矩阵 $P_{m\times k}$ 描述了 m 个用户与 k 个隐类之间的关系，矩阵 $Q_{k\times n}$ 描述了 n 个物品与 k 个隐类的关系。基于此分解目标，隐语义模型通过引入损失函数将矩阵分解问题转化为优化问题，使实际值与预测值之间的 RMSE 指标最小化，并且加入正则化项来防止训练过程中出现过拟合：

$$\arg\min_{q_i,p_u} \sum_{u,i} \left(r_{ui} - q_i^{\mathrm{T}} p_u\right)^2 + \lambda\left(\|q_i\|^2 + \|p_u\|^2\right)$$

其中，r_{ui} 表示用户-物品矩阵中用户 u 对物品 i 的真实评分。λ 表示正则化系数。在损失函数中，用户 u 对物品 i 的兴趣偏好的预测值 Preference(u,i) 计算方法如下：

$$\text{Preference}(u,i) = p_u^{\mathrm{T}} q_i = \sum_{k=1}^{n} p_{u,k} q_{i,k}$$

其中，k 为隐类，$p_{u,k}$ 为用户 u 与隐类 k 之间的关系，$q_{i,k}$ 为物品 i 与隐类 k 之间的关系，其值越高越能代表隐类 k。两者相乘为该用户与该物品之间的权重。

在求解损失最小的 P、Q 矩阵元素值时，随机梯度下降法是常采用的优化方法。对于一个真实的用户评分样本 r_{ui}，能够对相应的 p_u 和 q_i 向量都进行一次更新。其中，目标函数对 p_u 和 q_i 的求导如下：

$$\frac{\partial J}{\partial p_u} = -2\left(r_{ui} - q_i^{\mathrm{T}} p_u\right) q_i + 2\lambda p_u$$

$$\frac{\partial J}{\partial q_i} = -2\left(r_{ui} - q_i^{\mathrm{T}} p_u\right) p_u + 2\lambda q_i$$

上式给出了 p_u 和 q_i 变量的梯度值，利用梯度值与更新步长不断地对 P、Q 矩阵进行更新，就能够逐渐拟合最优的 P、Q 矩阵。

在隐性反馈中，如何确定每个用户不感兴趣的内容？对于一个用户，从他没有接触过的物品中采样出一些物品作为负样本。需要注意的是，应使正负样本数目相当。另外，对用户采样负样本时，尽量选取那些很热门而用户却没有对其产生行为记录的物品。

隐语义模型每次训练时需要用到用户的行为信息，因此计算用户隐类向量和物品隐类向量较慢，很难实现实时推荐，一般采用离线方式训练。利用物品的内容属性（关键词、类别等）得到物品的特征向量，实时收集用户对物品的行为，并用这些数据得到物品的隐特征向量。隐语义模型的优点是理论基础较好，存储空间为线性增长，节省空间，并且预测的准确率较高。

12.2.5　基于图的推荐

用户行为数据很容易用二分图表示。因此很多图的算法都可以用到推荐系统中，其中物品作为图中节点，节点之间连线是用户行为中的共同购买或浏览，物品之间的相似度可以通过计算图中节点之间的相关性来实现。

1. 用户行为数据的二分图

基于图的模型（Graph Based Model）的基本思想是将用户行为数据表示为二元组 (u,i)。每个二元组代表用户 u 对物品 i 曾产生过操作，这样便可以将这个数据集表示为一个二分图。图 12-2 所示的是一个简单的用户物品二分图模型。其中方形节点代表物品，用户节点和方形节点之间的边代表用户对物品的行为。例如图中用户 A 和物品 1、3 节点相连，说明用户 A 对物品 1、2、3 曾产生过操作。

基于用户行为数据二分图给用户推荐物品，可以转化为计算用户顶点和所有物品顶点之间的相关性，然后选择那些与用户没有边直连的物品，按照相关性的高低生成推荐列表。度量图中两个顶点之间相关性，一般取决于以下 3 个因素。

（1）顶点之间的路径数量。例如图 12-2（b）中用户 A 与物品 2 之间的路径分别为：用户 A→物品 2；用户 A→物品 1→用户 B→物品 2；路径数为 2 条。

（2）两顶点之间的路径长度。例如图 12-2（b）中用户 B 到物品 3 的最短路径：用户 B→物品1→用户C→物品3，路径长度为3。

（3）两顶点之间的路径所经过的顶点数量。例如图12-2（b）中用户B到物品3经过的顶点为物品1和用户C，因此其路径经过的顶点数为2个。

相关性高的两个顶点，一般具有很多路径相连，并且连接两个顶点之间的路径长度都比较短，路径中间不会经过"度"比较大的顶点。所谓度是指在无向图中连接顶点的边数。图12-2（b）中用户B与物品3没有边直接相连，且相关性较大，因此可以给用户B推荐物品3。

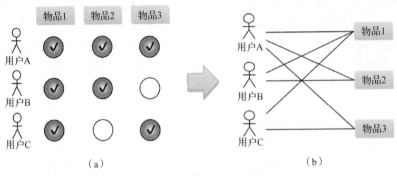

图12-2　用户物品二分图模型

2. PageRank算法

PageRank最初用来度量特定网页相对于其他网页的重要性，其计算结果主要用来对搜索结果中网页列表进行排序，重要性高的页面排在前面。

互联网上各网页之间通过超链接相互连接，这些海量的网页就构成了一个超大的图。PageRank算法假定用户从所有网页中随机选择一个网页进行浏览，然后通过超链接在网页之间不断跳转，到达某个网页后，用户有两种选择：到此结束或者继续选择一个网页浏览。假如用户继续浏览的概率为 p，那么用户以此概率在当前网页的所有超链接中随机选择一个继续浏览相应网页，这是一个随机游走的过程，当经过很多次这样的游走之后，每个网页被用户访问到的概率就会收敛到一个稳定值。这个概率就是网页的重要性指标，可以将其用于网页排名。算法迭代如下所示：

$$\mathrm{PR}(\mathrm{page}_i) = \frac{1-p}{N} + p\sum_{\mathrm{page}_j \in M(\mathrm{page}_i)} \frac{\mathrm{PR}(\mathrm{page}_j)}{N_j}$$

上式中$\mathrm{PR}(\mathrm{page}_i)$是网页$\mathrm{page}_i$的访问概率，用来表示网页的重要性；$p$是用户继续访问网页的概率，$p$的值一般设为0.85；$N$是网页总数；$M(\mathrm{page}_i)$表示指向网页$\mathrm{page}_i$的网页集合；$N_j$表示网页$\mathrm{page}_j$指向别的网页的超链接数量。从中可以看到，某一网页$\mathrm{page}_i$的重要性主要是由所有指向它的网页决定的。指向它的网页重要性越高，且数量越多，网页page_i的重要性就越高。因此，也可以将这种思想应用到推荐系统中，用于用户与物品之间的相似度计算。

3. 基于PageRank的推荐

对于推荐系统，需要计算的是物品节点相对于某一个用户节点 u 的相关性。PageRank算法能够为用户对所有物品进行排序。由于从不同点开始的概率不同，算法的执行过程如下。

（1）向用户 u 进行个性化推荐，从其对应的节点开始在用户物品二分图上随机游走。

（2）游走到某个节点时，计算此节点的访问概率，由其决定是否继续游走。

经过随机游走后，物品节点的访问概率会收敛，在不断迭代趋于平稳的时候，即最终结果。用户的推荐列表就是按照物品的访问概率来进行排序的，也就是物品对于用户的重要性。PageRank算法的缺点是每次都需要在全图迭代，因此时间复杂度非常高。解决办法是减少迭代次数，在收敛前就停止迭代，但是这样会影响精度。其优点是所有物品的 PageRank 值通过离线计算获得并存储，有效减少了在线查询时的计算量，极大缩短了查询响应时间。

12.2.6 基于关联规则的推荐

关联规则常用于电商购物的个性化推荐，其原理是基于物品之间的关联性，通过对顾客的购买记录进行规则挖掘，发现不同顾客群体之间共同的购买习惯，从而实现兴趣建模和产品推荐。早期的关联分析主要用于零售行业的购物行为分析，所以也称之为购物篮分析。需要注意的是，关联关系并不意味着存在因果关系。关联规则分析中的关键概念包括支持度（Support）、置信度（Confidence）与提升度（Lift）。在关联分析的算法中，常见的有 Apriori 和 FP-growth 算法。

表 12-3 是用户交易事务的集合，即事务数据集，其中牛奶、面包、啤酒等是独立的商品项，即项目。所有项目的集合称为总项集，表 12-3 中的总项集 S={牛奶,面包,尿布,啤酒,鸡蛋,可乐}，而项集是指在总项集中所有项不同的组合形成的集合，例如{牛奶}、{牛奶,面包}、{牛奶,尿布,啤酒}等都是项集，项集中的项目数为 k 的称为 k-项集，上述项集分别为 1-项集、2-项集、3-项集。

表 12-3　事务数据集

事务编号（TID）	商品项（Item）
T1	{牛奶,面包}
T2	{面包,尿布,啤酒,可乐}
T3	{牛奶,尿布,啤酒,鸡蛋}
T4	{面包,鸡蛋,尿布,牛奶,啤酒}

每一行是一次用户购买行为，可理解为购物小票或数据库里的一条订单记录，每个用户可以有多次不同的事务行为，用事务编号（TID）来唯一标记，商品项是用户在一次购物中的所有商品。可以看到有些客户购买啤酒的同时也会购买尿布，{啤酒}→{尿布}就是一条关联规则。关联规则的关联强度用支持度和置信度来描述。

支持度是指两件商品 A 和 B 在总销售笔数 N 中同时出现的概率，即 A 与 B 同时被购买的概率，其计算公式如下：

$$\text{Support}(A \cap B) = \frac{\text{Freq}(A \cap B)}{N}$$

其中 $\text{Freq}(A \cap B)$ 表示事务数据集中 A 和 B 同时出现的事务个数，N 表示事务数据集总的销售记录数。

使用支持度的目标是找到在一次购物中一起被购买的两个商品，从而可以提高推荐的转化率。在使用支持度时需要结合业务特点确定一个最小值，只有高于此值的商品项集才可能进行推荐，即关注出现频次高的商品组合。超过某一支持度最小值的项集称为频繁项集。

【例 12.3】某电商网站 12 月份有 100 万笔订单，其中购买面包的有 30 万笔，购买牛奶的有 40 万笔，同时购买面包和牛奶有 10 万笔，那么面包的支持度为 30/100=30%，牛奶的支持度为 40/100=40%，面包和牛奶关联规则的支持度是 10/100=10%。

置信度是购买 A 商品同时还购买 B 商品的条件概率。如果置信度高说明购买 A 的客户很大概率也会购买 B 商品。其计算公式如下：

$$\text{Confidence}(A \to B) = \frac{\text{Freq}(A \cap B)}{\text{Freq}(A)} = \frac{\text{Support}(A \cap B)}{\text{Support}(A)}$$

【例 12.4】某电商网站 10 月份订单中，一次购买包含面包的为 40 万笔，一次购买包含面包和牛奶的为 30 万笔，一次购买包含面包和薯片的有 10 万笔，则一次购物购买面包的人也会购买牛奶的置信度是 30/40=75%，购买面包的同时会购买薯片的置信度是 10/40=25%。在推荐商品时，如果发现用户购买了面包，则可以向其推荐牛奶，或者组合销售。

提升度用于度量关联规则是否有效，即是否具有提升效果。例如，用户购买商品 A 的同时购买商品 B 的次数高于单独购买商品 B 的次数，说明商品 A 对于商品 B 具有提升作用。一般来说，提升度大于 1 说明规则有效，小于 1 则无效。提升度的计算公式如下，公式的 Support($A \cap B$) 是 A 和 B 的支持度，Confidence($A \to B$) 是 $A \to B$ 的置信度。

$$\text{Lift}(A \to B) = \frac{\text{Support}(A \cap B)}{\text{Support}(A) * \text{Support}(B)} \tag{1}$$

$$\text{Lift}(A \to B) = \frac{\text{Confidence}(A \to B)}{\text{Support}(B)} \tag{2}$$

【例 12.5】 某电商网站 5 月份有 100 万笔订单，其中购买面包的有 30 万笔，购买牛奶的有 40 万笔，同时购买面包和牛奶的有 20 万笔，那么面包的支持度为 30/100=30%，牛奶的支持度为 40/100=40%，面包和牛奶关联规则的支持度是 20/100=20%，则提升度是 0.20/（0.30×0.40）=1.667，大于 1，表示牛奶→面包这一规则对于面包销售有提升效果。如果已经计算出置信度，则可以直接利用公式（2）计算提升度。

关联规则提取过程是找出所有支持度大于等于最小支持度、置信度大于等于最小置信度的关联规则。

可以通过穷举项集的所有组合方式来找出所需要的规则，对每个组合都测试其是否满足条件。一个元素个数为 n 的项集的组合个数为 2^n-1，时间复杂度为 $O(2^n)$，但是大多数情况下商品的项集数都以万计，用指数时间复杂度的算法不能在可接受的时间内解决问题。怎样快速挖掘出满足条件的关联规则是关联分析需要解决的主要问题。

关联规则挖掘过程中，首先生成频繁项集，即找出所有满足最小支持度的项集。然后生成规则，在频繁项集的基础上生成满足最小置信度的规则，即强关联规则。

其中，第一步中的频繁项集的生成过程时间消耗较长，而在第二步利用频繁项集生成规则的时间复杂度并不高，所以关键还在于优化频繁项集的生成过程。

Apriori 算法是最有影响力的基于关联规则频繁项集的挖掘算法，算法过程分为两个步骤：第一步通过迭代，计算所有事务中的频繁项集，即支持度不低于用户设定的阈值的项集；第二步利用频繁项集构造出满足用户最小置信度的规则。其中找出所有频繁项集基于 Apriori 算法的如下性质。

性质 1：频繁项集的子集也是频繁项集。

性质 2：非频繁项集的超集一定是非频繁的。

具体的过程是先扫描所有订单记录，统计每个商品的频次和商品项集，并计算每一个商品的支持度，将低于阈值的单项商品移除。如图 12-3 中项集 B 为非频繁项集，则将之移除；基于 Apriori 的性质 2，可以通过对 B 的分支（包含 B 的超集）进行剪枝，AB、ABC、ABD、BC、BD、BCD、ABCD 都被移除。

然后对商品项集进行组合，形成 2-项集，并第二次扫描订单记录，计算每个 2-项集的支持度，将

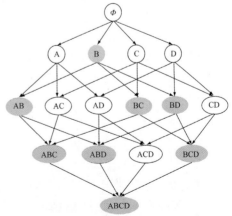

图 12-3　Apriori 算法过程

低于阈值的 2 项商品移除，依此类推，直到商品项集无法再继续进行组合为止。这时将之前的所有频繁项集（1 项、2 项、3 项、…、k 项）进行集合连接，并通过扫描订单记录进行剪枝，将含有非频繁项集的组合项移除，剩下的就是最小支持度的项集集合。

【例 12.6】 表 12-4 所示是事务数据集，假设最小支持度为 50%，最小置信度为 50%，通过 Apriori 算法求关联规则。

表 12-4　事务数据集

事务编号（TID）	商品项（Item）
10	{牛奶，鸡蛋，黄油}
20	{面包，鸡蛋，啤酒}
30	{牛奶，面包，鸡蛋，啤酒}
40	{面包，啤酒}

应用 Apriori 算法的计算过程如图 12-4 所示，牛奶、鸡蛋、黄油、面包、啤酒的出现次数分别为 2、3、1、3、3。首先找出所有 1-项集（单个商品），并扫描数据集计算 1-项集的出现次数，从而得到其支持度，计算后的结果形成 L1 集合。其中黄油的支持度为 25%，低于 50% 的支持度阈值，因此将其移除得到集合 K1。

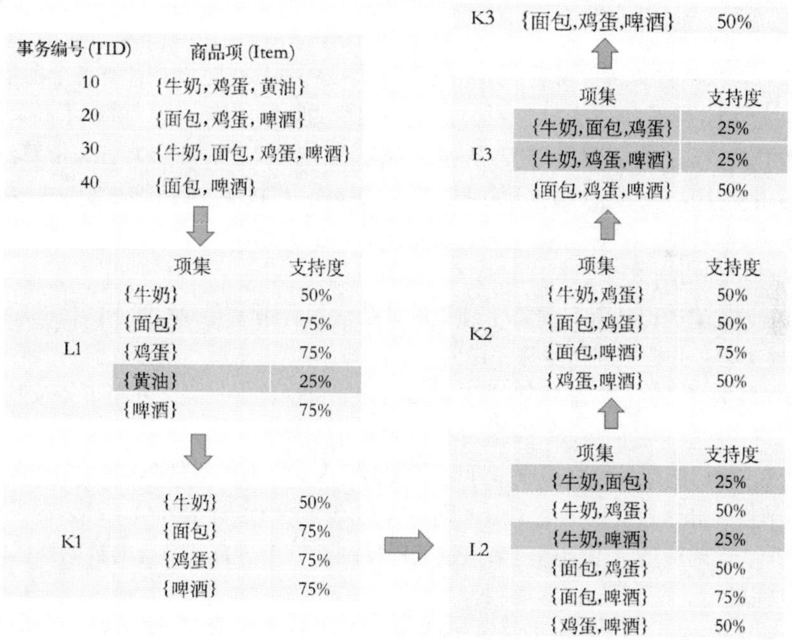

图 12-4　应用 Apriori 算法的计算过程

然后将 K1 中元素进行组合形成 2-项集，并计算这个候选项集中各项集的支持度，得到 L2 集合，将低于支持度阈值的{牛奶,面包}、{牛奶,啤酒}移除，形成 K2 集合。

然后将 K2 中元素进行组合形成 3-项集，并计算这个候选项集中各项集的支持度，得到 L3 集合，并将低于支持度阈值的{牛奶,面包,鸡蛋}、{牛奶,鸡蛋,啤酒}移除，移除之后只有一个频繁项集 K3{面包,鸡蛋,啤酒}，算法到此结束。

对于频繁项集{面包,鸡蛋,啤酒}，它的非空真子集有{鸡蛋}、{面包}、{啤酒}、{鸡蛋,面包}、{鸡蛋,啤酒}、{面包,啤酒}，据此生成关联规则并计算其置信度，结果如表 12-5 所示。

表12-5　置信度计算结果

规则	置信度
{面包}→{鸡蛋,啤酒}	0.50/0.75=66.70%
{鸡蛋}→{面包,啤酒}	0.50/0.75=66.70%
{啤酒}→{面包,鸡蛋}	0.50/0.75=66.70%
{鸡蛋,啤酒}→{面包}	0.50/0.50=1
{面包,啤酒}→{鸡蛋}	0.50/0.75=66.70%
{面包,鸡蛋}→{啤酒}	0.50/0.50=1

可以看到，置信度的值均超过阈值50%，因此{鸡蛋,面包,啤酒}就是最终得到的关联规则。

Python的第三方库已经实现Apriori算法，可以使用pip3或pip安装，如pip3 install apyori。安装完成之后即可直接调用，示例如下：

```
from apyori import apriori
transactions = [
    ['bread', 'crisps'],
    ['milk', 'cheese'],
    ['bread', 'milk'],
]
results = list(apriori(transactions))
```

运行后输出结果results将包含所有项集的集合，以及对应的支持度、置信度和提升度，可以按照业务需求进行筛选。

从Apriori算法的计算过程可见，Apriori算法需要扫描订单记录来计算各个项集的置信度，对磁盘I/O或数据库读写压力较大，并且产生了大量的频繁项集，所以效率不高。改进方法是将项目集的数据库压缩成频繁模式树，从而实现快速扫描的目的，即FP-growth算法。

FP-growth算法只进行两次数据集扫描。第一次扫描后，按照支持度构造出一个频繁模式树，用这棵树生成关联规则；然后生成条件库，对条件库进行挖掘。

FP树构建过程包括以下3步。

（1）扫描数据集，得到所有频繁1-项集的计数。然后删除支持度低于阈值的项，将频繁的1-项集放入项头表，并按照支持度降序排列。

（2）扫描数据集，将包含非频繁的1-项集从原始数据集中剔除，并将事务按照支持度降序排列。

（3）读入排序后的事务集并按照排序顺序依次插入FP树中，排序靠前的节点是父节点，而靠后的是子节点。如果有共用的父节点，则对应的公用父节点计数加1。插入后，如果有新节点出现，则项头表对应的节点会通过节点链表链接到新节点。直到所有的数据都插入FP树后，FP树的建立完成。

【例12.7】　在例12.6中Apriori算法使用的事务数据集用FP树表示，如图12-5所示，其中FP树由事务集逐条生成节点或建立链接指向。项头表中各商品出现的次数，随着事务记录增加而增大。黄油的支持度过低，将其删除，并按各商品的支持度对事务中商品重新排序。

从项头表底部向上逐一提取频繁项集。首先寻找牛奶为叶子的路径集合，它有2个子树{鸡蛋,牛奶}和{鸡蛋,面包,啤酒,牛奶}，对子树重新计数得到其路径集合为{鸡蛋:2,面包:1,啤酒:1}。然后计算对应的k-项集，其2-项集为{鸡蛋:2,牛奶:2}。啤酒节点的路径集合为{鸡蛋:2,面包:3}，其最大频繁项集为{鸡蛋:2,面包:3,啤酒:3}。依此可得所有频繁项集。最终得到最大频繁项集为{鸡蛋:2,面包:3,啤酒:3}。由频繁项目集同样可以得到强关联规则。

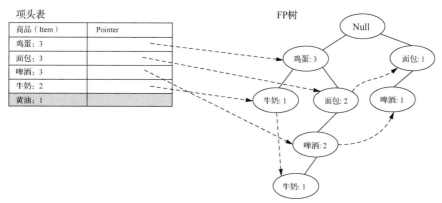

图 12-5　FP-growth 树示例

上述操作过程只需要两次扫描数据集。实验研究表明，FP-growth 对不同长度的规则都有很好的适应性，同时在效率上较之 Apriori 算法有较大的提高。

【例 12.8】　化妆品个性化推荐[①]。

为了提升用户满意度和增加利润，很多公司实行以用户为驱动的市场策略，为用户提供个性化的产品推荐，首先分析用户偏好，然后从大量的商品中找出匹配的商品集合进行推荐。

在化妆品个性化推荐中，综合了基于协同过滤的推荐和基于内容的推荐。为了发现用户的购买行为习惯，使用了两种数据挖掘技术：聚类算法和关联分析。聚类算法将用户分为不同的组，相同组用户有相似的购物行为，而关联分析通过分析每组用户在购物过程中商品间的关联关系来对用户可能感兴趣的商品进行评分。

每件商品的最初分数可以使用基于内容的推荐给出，用户在不同类别商品上的花费表明其偏好程度。本例使用相对消费系数（Normalized Relative Spend，NRS）来计算用户对某商品的花费，其中，"相对消费"（RS）是指用户在一次购物中，某一商品的消费金额占总金额的比例。例如用户购买 A、B、C、D 4 个商品的消费金额分别为 30 元、20 元、40 元和 10 元，总消费金额为 100 元，那么 A 商品的 RS 值为 0.3。NRS 是某商品在一次交易中相对消费比例与其在所有交易中平均相对消费的比值。例如，商品 A 在本次消费中相对消费比例为 0.3，在所有交易中，商品 A 的平均相对消费为 0.1，那么商品 A 的 NRS 值为 3。NRS 值越大表示用户对商品的偏好越强。

首先计算出每个商品的平均 NRS，然后统计每一组中不同类别下各商品的 NRS 值，作为推荐评分的初始值，其中一组用户的统计结果如表 12-6 所示。

表 12-6　某组用户的 NRS

类别	商品编号	NRS
Color	1001	1.306
	1002	1.463
	1003	1.445
	…	…
Skin	3001	3.417
	3101	3.018
	…	…
其他	2001	0.221

某个商品的 NRS 值很高，说明这个用户组中的用户会有很大可能购买此商品，此时可以向

① Wang Yifan, Chuang Yuliang, Hsu MeiHua, et al. A personalized recommender system for the cosmetic business . Expert Systems with Application,2004,26(3)：427-434.

组中所有用户推荐此商品（协同过滤）。

取得各组用户对不同商品的 NRS 值之后，使用关联分析更新商品的评分，对存在关联的商品加分：

$$
\text{Score}(x, B) = \begin{cases} 0, & |B| > 0 \\ \max(\text{Score}(x, B), \text{NRS}(B)), & |B| = 0 \wedge |A| = 0 \\ \max(\text{Score}(x, B), \text{NRS}(B)) \times \dfrac{\text{Conf}[A \rightarrow B]}{1 - \text{Conf}[A \rightarrow B]}, & |B| = 0 \wedge |A| > 0 \end{cases}
$$

其中，x 表示用户，$\text{NRS}(B)$ 表示商品 B 在 x 所在组中的 NRS 值，$|A|$和$|B|$表示包含商品 A 和 B 的交易数量，$A \rightarrow B$ 表示在用户一次购物中购买了商品 A，也会购买商品 B，$\text{Conf}[A \rightarrow B]$ 表示规则 $A \rightarrow B$ 的置信度。

$|B| > 0$ 表示用户已经购买了商品，那么其推荐分值为 0，不必再推荐。

$|B| = 0$ 并且$|A| = 0$，表示用户没有购买过商品 A 和 B，此时商品 B 的评分取初始 $\text{Score}(x, B)$ 和 $\text{NRS}(B)$ 中的最大值，即按照组的结果分值进行推荐。

$|B| = 0$ 并且$|A| > 0$，表示该用户已经购买了商品 A，但没有购买商品 B，此时商品 B 的评分取初始 $\text{Score}(x, B)$ 和 $\text{NRS}(B) \times \dfrac{\text{Conf}[A \rightarrow B]}{1 - \text{Conf}[A \rightarrow B]}$ 的最大值，即 $A \rightarrow B$ 的置信度越高，其分值越高，通过关联分析实现对推荐分值进行提升。

经过上述步骤，最终得到一个商品的推荐评分列表，如表 12-7 所示。按照推荐分值排序，就可以选择合适的商品推荐给用户。

表 12-7　商品推荐分值结果

客户编号	推荐商品编号	推荐分值
A0325672	3302	8.6578
A1473226	3302	8.1111
A1903564	3302	7.4592
…	…	…
A3345027	3301	6.8725

12.2.7　基于知识的推荐

基于知识的推荐主要应用于知识型的产品中，在某种程度上可以看成一种推理技术，基于效用知识（Functional Knowledge）实现对某一特定用户推荐特定项目，因此推荐结果具有较强的可解释性。例如钢琴学习过程分为很多个难度等级，对于刚入门的学生，适合从最简单的琴谱学起。如果从用户的历史行为进行推荐或基于内容相关性进行推荐，就会发现根据用户的兴趣偏好，推荐给他的信息会一直在初级范围以内，这样就无法满足技能升级的需求。此外，对于某些购买频次较低的商品（例如房子、汽车等），用户的行为间隔时间较长，推荐系统很难构建用户记录，导致推荐结果误差较大。

这时就需要基于知识的推荐。推荐系统依据用户目前所处的知识级别，同时根据所有的知识级别进行分析，为用户推荐适合进阶的信息。综合用户知识和产品知识，通过推理什么产品能满足用户需求来产生推荐。这种推荐系统不依赖于用户评分等关于用户偏好的历史数据，故其不存在冷启动方面的问题，可以响应用户的即时需求，当用户偏好发生变化时不需要任何训练。

【例 12.9】学生面对海量习题带来的信息过载时，容易出现学习过程中针对性不强、效率不高等问题，此时可基于知识点层次图进行个性化习题推荐。首先，借鉴课程知识点体系结构的特点，构建表征知识点层次关系的权重图，该权重图可以有效反映知识点间的层次关系。然后，根据学生对知识点的掌握情况，在知识点层次关系图的基础上进行个性化习题推荐。通过更新学生与知识点对应的失分率矩阵，获取学生掌握薄弱的知识点，以此实现习题推荐。

知识点层次关系图需要基于领域知识，通过手动构建或通过现有系统中存在的历史数据进行抽象生成，所以从层次关系图的构建方法来看，基于知识的推荐可分为基于约束的推荐和基于实例的推荐两种类型，它们的推荐过程都是用户指定需求，然后推荐系统给出解决方案，如果找不到解决方案，用户则调整需求。它们的不同之处在于使用知识的方法，基于实例的推荐系统侧重于依据不同的相似度衡量方法检索出相似的物品，而基于约束的推荐系统依赖明确定义的推荐规则集合。

1. 基于实例的推荐

早期的基于实例的推荐采用的是基于查询的方法，由用户指定需求，通过目录检索或搜索发现目标物品。这对用户的要求较高，需要了解物品的各种属性，所以才提出了基于浏览的方法来检索物品，用户对当前浏览的物品进行评价，然后基于其评价的结果进行导航。这是基于实例推荐系统的关键。评价的基本思想是用户以当前物品未满足的目标来指明他们的要求，推荐的过程就是商品筛选、过滤的过程。

2. 基于约束的推荐

基于约束的推荐系统，更多强调推荐时的约束规则。基于约束的推荐是利用预先定义的推荐知识库显式地定义约束（例如过滤器约束、兼容性约束等），把推荐任务看作解决一个约束满足问题的过程，满足约束的候选项（物品）就推荐给用户。基于约束的推荐方法通常被用来为那些不经常被购买的产品领域构建推荐系统，而且产品非常复杂，很多顾客都不能详细地了解其所有的技术特征，特别是在专业设备、金融服务或更复杂的产品等领域。基于约束的推荐系统一般会涉及如下变量和约束条件。

（1）用户属性：描述用户的属性特征和需求。

（2）产品属性：描述产品的属性特征或特点。

（3）过滤条件：定义了在哪种条件下应该选择哪种产品。

（4）物品约束条件：定义了当前有效的产品分类。

（5）合取查询：将一组挑选标准按照合取方式连接起来进行物品过滤或检索。

会话交互过程是指用户指定自己的最初偏好，当系统收集了足够有关用户需求和偏好的信息时，会提供给用户一组匹配产品，用户可以修改自己的需求，重新生成新的推荐结果。

【例 12.10】旅游行业非常适合应用景点推荐系统，由于大多数游客对于景点的了解往往比较片面，只有去过景点之后才会对景点信息产生较多直观认识，而旅游行为较低频，一般很少会有游客多次游览同一景点。在推荐系统的设计过程中，首先根据景点特征建立旅游资源知识库，对游客建立游客知识库，由旅游路线设计人员参与构建景点推荐规则集，即过滤条件和约束条件。然后生成用户交互界面，通过问答的方式不断缩小规则集的范围，并对游客的交互行为进行记录以进行产品性能分析。最后综合用户的需求和景点属性进行景点过滤，生成最终排序后的推荐结果。

12.2.8 基于标签的推荐

标签是一种可以用来描述信息的关键词，可以作为物品的元信息来描述物品的特征，也可以用标签标识用户的喜好，这样就可以将物品的标签与用户的喜好标签进行匹配，从而利用标签对物品进行组织和推荐。根据标签的生成方式，标签可分为①用户生成标签，让普通用户给物品打标签，即 UGC 标签；②让作者给物品打标签，既描述了用户的兴趣又表达了物品的语义。以豆瓣网为例，打标签作为一种重要的用户行为，蕴含了丰富的用户兴趣信息。此外，通过 LDA

等主题提取的方式也可以系统地提取物品对应的特征标签。

基于标签的推荐算法是通过统计每个用户最常用的标签进行推荐的，统计过程中可以通过计算权重的方式对标签进行排序，而非简单地使用出现次数，可加入时间因子等（用户标签会随时间变化而改变）。对于每个标签，系统统计打过这个标签次数最多的物品列表，这样对于一个用户，系统就可以依据其常用标签找到对应的热门物品推荐给他。

1. 标签生成算法优化

用户浏览热门标签对应的内容，并不能代表用户个性化的兴趣。为了减少热门标签对用户个人兴趣的干扰，可以通过使用 TF-IDF 来降低热门标签的权重，使推荐结果更准确。

应用标签权重来实现标签排序和选择，对于几年前的用户标签需要降低权重，最新的用户标签更能说明其当前的兴趣所在。一般情况下可以结合标签的出现次数和标签的最后标记（生成）时间，假设标签 i 出现的次数为 n，上一次访问此标签距当前时间 s 秒，那么可以通过公式 $W_i=n/s$ 来计算标签 i 对应的权重。

对于新用户或者新物品来说，其标签数量可能过少，需要对标签进行扩展，即对每个标签找到和它相似的标签，也就是计算标签相似度。此外，还可以通过构建语料库对标签之间的共现次数进行统计，得到标签之间的概率相关性，构建标签相似性矩阵，或者通过第三方知识库（如维基百科）构建向量空间模型，可快速对用户兴趣标签进行扩展。

2. 标签清理

UGC 存在的主要问题是用户的随意性较大，导致标签的质量不稳定，可以结合信息熵对用户生成的标签进行验证，判断用户生成标签的稳定程度，有针对性地过滤掉噪声标签；此外，由于不同用户生成的同一意义的标签可能会有多个，需要对标签进行相似度计算，清理掉同义词，使标签更加集中，有利于优化推荐结果；在使用 LDA 等主题提取算法时，由于部分算法是依据词频等因素提取主题关键词，容易提取到一些无意义的词汇（如"的"），需要将这些词通过停用词表进行删除，方便做出推荐解释。此外，在中文主题提取中涉及中文分词，分词模块质量会影响生成的标签质量。

12.3　推荐系统评测

推荐系统评测有助于发现推荐系统存在的问题，从而有针对性地对其进行改进。如何评价推荐系统的效果呢？首先它应可以预测用户的兴趣和行为，还应能发现用户未觉察的兴趣爱好。常用的推荐系统评测指标有准确度、惊喜度、覆盖度等，一般从用户、物品、时间等方面进行评价。通常情况下，需要综合不同维度下的系统评测指标，从而全面了解推荐系统性能。

12.3.1　评测方法

常用的推荐系统的评测方法有离线实验、用户调查、在线实验等。新推荐算法要上线需要通过多个评测验证，离线实验是目前推荐系统中最常用的方法，基于原有的用户行为数据可直接验证新算法的各项指标情况；用户调查存在一定的工作量和误差；在线实验在有大量用户的情况下可以进行 A/B 测试验证。

1. 离线实验

进行离线实验之前，首先要准备足够多的用户及用户行为数据，详细步骤如下。

（1）基于用户行为等记录数据构建一个标准的测试集，并按特定比例将数据集分为训练集和测试集。

（2）在训练集上建立算法模型，对用户兴趣建模。

（3）按照预先定义的评测指标在测试集上进行预测，判断推荐效果。

离线实验这种方法只要有标准数据集即可随时验证，操作过程较快，并且可以同时验证多种推荐算法，在实践中应用较多。

2．用户调查

用户调查的对象一般是真实用户，通过在推荐系统上操作，查看系统的推荐结果，同时记录这些用户的行为信息，结合用户的问卷调查信息，综合分析推荐算法的推荐效果。这种方法一般在系统刚运行、没有太多实验数据的情况下使用。

用户调查可以直接获得用户感受，并可与其进行对话交流，信息收集得比较全面。但是由于操作过程复杂，招募测试用户代价较大，无法组织大规模用户进行测试。

3．在线实验

在线实验最常用的方法是 A/B 测试，用于新旧算法的效果对比分析。在用户较多的大型系统中，可按照一定规则将相似用户随机分成几个群体，针对不同群体的用户应用不同的算法，然后比较不同组的评测结果，查看不同算法的推荐效果。

这一方法的关键是能够抽取出多组相似的用户群体，如果用户群体的一致性存在误差，对比结果将不准确。在某些用户行为数据缺失的情况下，对新功能进行验证测试效果比较好，但是在线实验并不能实时获得结果，需要经过一定周期的实验，才能得到可靠的结果。

12.3.2　评测指标

对推荐系统的评测分为定量分析和定性评价，由于互联网技术发展较快，推荐算法的版本迭代较快，一般在实践中优先使用可定量分析的方法，如多样性、覆盖率等，不仅可以通过离线方式快速获得结果，而且具有可量化的特点。

1．用户满意度

用户满意度指标一般采用用户调查或在线实验的方式进行统计，其中在调查问卷的设计时，涉及问卷的设计，可能会有较大的误差，因为大部分用户并不能直接说出其真实的意图，所以需要对问题进行精心设计，并且对问卷结果的解读也有一定的要求。一般推荐使用在线实验的方法统计用户满意度，通过对推荐结果产生的响应行为进行跟踪分析。按照用户后续行为中是否与推荐结果产生了关联或影响，实践中可用转化率、点击率等进行定量分析。

2．预测准确度

预测准确度通常通过离线实验计算，它度量推荐系统的预测能力，是推荐系统最常用的评测指标，目前在推荐系统的评测中基本上都使用这一指标。

离线实验的推荐算法由于有不同的研究方向，准确度指标也不同，可分为预测评分准确度和 TopN 推荐。

预测评分准确度针对需要用户给物品评分的推荐系统，通过计算预测评分与用户实际评分之间的差别来度量推荐系统的性能。预测评分准确度指标一般通过 MAE、RMSE 等指标计算。

MAE 因其计算简单、通俗易懂而得到了广泛的应用。但 MAE 指标也有一定的局限性，因为对 MAE 指标贡献比较大的往往是很难预测准确的低分商品，其计算公式如下：

$$\text{MAE} = \frac{1}{|E^p|} \sum_{(u,a)\in E^p} \left| r_{ua} - r'_{ua} \right|$$

其中 r_{ua} 表示用户 u 对商品 a 的真实评分，r'_{ua} 表示预测评分，E^p 表示测试集。即便推荐系统 A 的 MAE 值低于系统 B 的，很可能只是由于系统 A 更擅长预测这部分商品的评分，即系统 A 比

系统 B 能更好地区分用户非常讨厌和一般讨厌的商品，显然这样区分的意义不大。

$$\text{RMSE} = \sqrt{\frac{1}{|E^p|} \sum_{(u,a) \in E^p} (r_{ua} - r'_{ua})^2}$$

RMSE 加大了对预测不准的用户物品评分的惩罚（平方项的惩罚），因而对系统的评测更加苛刻。如果评分系统是基于整数建立的（即用户给的评分都是整数），那么对预测结果取整数会降低 MAE 的误差。

相对于单条推荐，TopN 是推荐给用户一个按照结果评分排序的列表。TopN 推荐的预测准确率，一般通过准确率（Precision）和召回率（Recall）两个指标度量，其计算公式如下：

$$\text{Precision} = \frac{\sum_{u \in U} |R(u) \cap T(u)|}{\sum_{u \in U} |R(u)|}$$

$$\text{Recall} = \frac{\sum_{u \in U} |R(u) \cap T(u)|}{\sum_{u \in U} |T(u)|}$$

$R(u)$是根据用户在训练集上的行为提供给用户的推荐列表，$T(u)$是用户在测试集上的行为列表。TopN 推荐更符合实际的应用需求，例如预测用户是否会看一部电影，比预测用户看了电影之后会给它什么评分更重要。

3. 覆盖率

覆盖率（Coverage）描述的是一个推荐系统对物品长尾的挖掘能力，用系统推荐的物品占总物品的比例来衡量。假设系统的用户集合为 U，物品集合为 I，推荐系统给每个用户推荐一个固定数目的物品列表 $R(u)$，覆盖率公式为：

$$\text{Coverage} = \frac{|\sum_{u \in U} R(u)|}{|I|}$$

其中|I|表示物品列表的数量。覆盖率是内容提供者关心的指标，覆盖率为 100%的推荐系统可以将每个物品推荐给至少一个用户；而覆盖率只有 10%，意味着只有很小一部分物品会被推荐出来，推荐的内容过于狭窄。除了推荐物品的占比，还可以通过研究物品在推荐列表中出现的次数分布，更好地描述推荐系统挖掘长尾的能力。如果分布比较平，说明推荐系统的覆盖率很高；如果分布陡峭，说明推荐系统的覆盖率较低。

推荐系统的目标是消除马太效应（所谓马太效应是指当系统给用户推荐内容单一时，用户点击此类内容必然更多，因此推荐时会更多推荐此类内容），使各物品都有可能展示给用户。但是，很多研究表明，现在的主流推荐算法，特别是协同过滤往往具有一定的马太效应。评测推荐系统是否具有马太效应可以使用基尼指标。如果从初始用户行为中计算出的物品流行度的基尼指标高于从推荐列表中计算出的物品流行度的基尼指标，就说明当前推荐算法具有马太效应。

4. 多样性

由于推荐系统收集的用户行为往往有限，对用户兴趣建模结果与用户的真实兴趣无法完全匹配。另外，如果只依据用户当前行为进行推荐，推荐结果往往单一并且没有新意。推荐系统的目标是希望结果具有多样性，针对用户的隐含兴趣进行推荐，所以关键在于依据用户当前行为提取用户真实兴趣。在具体操作中，可以在推荐结果中加入一些与用户兴趣看起来不相符的内容，一方面减少审美疲劳，防止推荐产生马太效应；另一方面，可以对用户潜在兴趣进行验证，收集用户的内容喜好。

5. 新颖性

新颖性评价向用户推荐非热门物品的能力。评测新颖度最简单的方法是利用推荐结果的平均流行度，因为越不热门的物品，越可能让用户觉得新颖。平均流行度的计算一般不准确，通常需要与用户调查相结合。

6. 惊喜度

推荐系统的惊喜度较高，说明其提取用户潜在兴趣水平较高，即推荐系统比用户自己还了解自己。这一指标很重要，评测推荐系统是否具有较高的智慧性。

7. 信任度

用户对推荐系统的信任度主要源于推荐结果的认可程度，以及后续的用户行为。如果用户对推荐结果信任度较高，就会增加和推荐系统的互动。增加系统透明度可以提高系统的信任度，提供推荐解释，让用户了解推荐原因。或者利用社交网络，通过好友信息给用户做推荐，由好友进行推荐解释。度量信任度的方式，可以通过问卷调查，也可以通过对用户行为的不断累积进行，例如，用户对推荐的结果进行了较多的阅读、购买或分享，说明其对推荐系统比较认可；相反，如果用户的后续行为中对推荐结果很少有正向反馈，则从侧面说明用户对于推荐系统的结果不认可。

8. 实时性

推荐系统的实时性是指用户产生行为之后要实时更新推荐结果列表，加入新的推荐物品。但是，由于大部分应用推荐系统的平台中往往物品数量和用户数量均较多，给系统的实时计算带来较大压力，如果系统设计时未考虑实时更新推荐结果的要求，很有可能会随着数据量的不断增加，推荐时间不断增长，要么在硬件上进行大量投入，要么对推荐算法进行优化和改进。实时性更多的是对推荐系统的架构方面的评估。

例如，国内某信息推荐类平台在模型的训练中采用实时推荐的算法。不仅在训练模型时采用实时训练，在实际应用上也采用实时推荐，通过使用 Kafka 消息队列实时处理用户点击、收藏等用户行为数据，并结合海量的特征信息，应用 Storm 集群进行流式分析。在推荐结果展现给用户之后同时收集用户的行为构建训练样本集，从而实现实时训练和实时推荐并行运行。

9. 稳健性

任何能带来利益的算法系统都会被攻击，最典型的案例就是搜索引擎的作弊与反作弊斗争。稳健性（Robustness）衡量推荐系统抗作弊的能力。推荐系统常见算法是基于物品共现。例如，用户买了商品 A 也会买商品 B，那么历史上两个连续被购买（访问）的商品，在将来也有很大概率被共同访问。

推荐系统通过共现的相关度来描述用户对物品的偏好表现，从而实现物品推荐，但是物品共现并不代表偏好一致，如果通过攻击共现访问导致共现与用户偏好之间有偏差，攻击者即可达到攻击的目的。攻击可以分为两种类别："推攻击"（Push Attack）或者称为 Promotion attack，以及"核攻击"（Nuke Attack）或者称为 Demotion attack。前者是使目标物品的推荐频率明显高于其他物品，从而实现该物品被更多地推荐给用户；后者是使目标物品的推荐频率明显低于其他物品，从而实现该物品尽可能不被系统推荐。详细的攻击类型如下。

（1）随机攻击

随机攻击是对特定的物品评最高分（Push）或者最低分（Nuke），而对其他物品随机给分或给平均分。由于评分的成本较高，这种攻击方法效果一般。

（2）蹭热销攻击

蹭热销攻击（Bandwagon Attack）是将目标物品与热销物品绑定在一起，随着热销物品推荐。

（3）反热销攻击

反热销攻击（Reverse Bandwagon Attack）是将目标物品与系统中不受欢迎的物品绑定在一起。在这种情况下，系统就不容易推荐那些目标物品。

（4）大众化攻击

大众化攻击（Popular Attack）首先将目标物品评为最高分（如果是竞品则评为最低分），其他物品则根据物品的得分是否高于所有物品的平均分来给分，使得攻击者给出来的分值更加大众化，不容易被发现。

（5）探测攻击策略

探测攻击策略（Probe Attack Strategy）相对比较隐蔽。它首先伪造一个用户，系统就会向这个用户推荐一些物品，根据这些推荐物品的情况，探测相似用户选择物品的情况。然后依据获得的信息对他们选择的物品进行攻击。

基于共同访问的物品推荐系统工作原理是从用户和物品的角度出发，当发现用户喜欢物品 i 时，推荐系统会向用户推荐与物品 i 相似的 N 个其他物品。攻击者可以在物品之间相似度计算方法中人为注入攻击，如果物品间相似度计算是通过用户共同访问来实现的，那么，通过调整目标物品与锚点物品（共同访问物品）之间的相似度来达到攻击的目的。这一攻击方法的原理如图 12-6 所示。

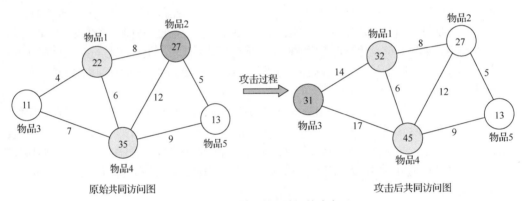

图 12-6　基于共同访问的攻击

其中，圆中的数字表示物品被访问的次数，圆之间的连接线表示存在共同访问关系，线上数字表示共同访问的次数。可以看到，在被攻击之前物品 1 和物品 4 的推荐物品都是物品 2，因为物品 1 相关联的几个物品中，物品 2 共同访问的次数最多（8 次）。

在攻击过程中，物品之间的相似度通过伪造多个用户，把锚定物品（物品 1 和物品 4）与目标物品的关联通过多个伪造用户行为进行增强，提高物品 1、物品 4、物品 3 的共同出现次数，这样，这三者之间的相似度就会增加，从而实现推荐物品的目的。具体步骤表示如下。

① 为目标物品 3 选择锚点物品。因为物品 1 和物品 4 对应的推荐列表中不包含物品 3，但是都与物品 3 相连，所以选择物品 1 和物品 4 作为提升物品 3 的锚点物品。

② 攻击者通过各种方法不断共同访问或购买锚点物品和目标物品，提高其共现度，在本例中物品 1、物品 4 与物品 3 的共现次数分别提高至 14 和 17，物品访问次数也随之增加。

③ 根据生成推荐列表的计算方法，计算物品 1 和物品 4 的推荐列表中均含有物品 3，从而实现 Promote Attack 的预期效果。

上述攻击要求对推荐系统中的共现访问图很熟悉，除了内部技术人员外，一般人很难拿到此类数据，也就无法直接了解攻击目标的锚定物品了，所以对系统进行攻击的主要任务是获得攻击目标的锚定商品列表。在很多电商平台中，往往只能获取很多推荐的列表，这就需要估计每个物品的流行度，然后通过流行度来计算共同访问图和流度阈值，从而获得锚定物品列表，最终实现攻击的目的。

12.4　推荐系统常见问题

在推荐系统的实际应用中往往会遇到一些问题，例如用户数据很少或用户行为较少的冷启动问题。

冷启动主要分 3 类：系统冷启动、物品冷启动、用户冷启动。例如，一个新开发的系统，开始的时候没有用户数据；一个新上线的物品，没有用户对它访问；一个新用户，没有任何历史行为数据。在这些情况下怎么产生推荐内容？

系统在冷启动时，先建立起物品的相关度，即通过某一物品可以检索到与之相似的其他物品，当用户表现出对物品感兴趣时，即可向其推荐与之相似的其他物品。

对于新上线的物品，系统利用物品内容相似性，将其推荐给喜欢类似物品的用户。物品冷启动对诸如新闻网站等时效性很强的网站的推荐非常重要，因为那些网站中新加物品随时都可能发生，而且每个物品必须在第一时间内展现给用户，否则经过一段时间后，物品的价值就大大降低了。

一般来说，物品的内容可以用向量空间模型表示，该模型会将物品表示成一个关键词向量。如果物品的内容是诸如导演、演员等实体，可以直接将实体作为关键词。

如果内容是文本，需要引入自然语言处理技术抽取关键词。如何建立文章、主题和关键词的关系是主题模型研究的重点，代表性的主题模型有 LDA。LDA 有 3 种元素：文档、主题和词语。向量空间模型的优点是简单，缺点是丢失了一些信息，例如关键词之间的关系信息。

针对用户冷启动，系统提供非个性化推荐，如热门排行，等积累了一定的数据之后再推荐；或者利用用户注册信息，应用人口统计学做粗粒度的个性化推荐，如利用用户的社交网络账号，导入用户的好友，推荐好友喜欢的物品。此外，还可以在用户初次登录时，要求他们对一些物品进行反馈，根据这些信息做个性化推荐。启动用户感兴趣的物品需要具有以下特点：比较热门、具有代表性和区分性。启动物品集合需要有多样性。

冷启动的常见解决方法包括利用时间上下文、地点上下文等信息，或者利用社交网络中的信息。

1. 利用上下文信息

用户所处的上下文，包括用户访问推荐系统的时间、地点、心情等，借助这些信息有助于提高推荐系统的性能。

（1）时间上下文

用户兴趣是随时间变化而变化的，用户兴趣变化体现在不断产生新行为。一个实时的推荐系统要能够实时响应用户新的行为，让推荐列表不断刷新，从而满足用户兴趣转移。另外，物品也有时效性，如夏天的衣服在冬天进行推荐就不合适了。

推荐算法需要平衡用户的近期行为和长期行为，使推荐列表反映用户近期行为表现的兴趣变化，又不能使推荐列表完全受用户近期行为的影响，要保证推荐列表对用户兴趣预测的延续性。

推荐系统每天推荐结果变化的程度被定义为推荐系统的时间多样性。在时间多样性高的推荐系统中，用户会经常看到不同的推荐结果。

提高推荐结果的时间多样性需要分两步解决：首先，系统能够在用户有新的行为后及时调整推荐结果，使推荐结果满足用户最近的兴趣；其次，在用户没有新的行为时也能经常调整结果，以提供一定的时间多样性。

如果用户没有行为数据，在生成推荐结果时加入一定的随机性。例如从推荐列表前 20 个结果中随机挑选 10 个结果展示给用户，或者按照推荐物品的权重采样 10 个结果展示给用户。

记录用户每天看到的推荐结果，然后在每天给用户进行推荐时，对他前几天看到过很多次的推荐结果进行适当的降权。

每天给用户使用不同的推荐算法。可以设计多种推荐算法，然后在每天用户访问推荐系统时随机挑选一种算法进行推荐。

（2）地点上下文

通常情况下，用户兴趣与其所处的地点存在一定的关联和差异化，即相同地区的用户某些兴趣可能相同，例如饮食习惯、习俗、天气等方面基本一致。在推荐过程中，可以引入推荐地点和用户当前位置的距离因素，特别是在咨询、购物、旅游等应用中，引入位置因素会使推荐结果更加本地化，容易引起用户注意。

【例12.11】 基于位置感知的移动购物推荐[1]。

随着移动互联网的发展，移动定位技术趋于成熟，用户位置信息很容易获得，用户在使用手机应用购物时，通过分析客户的偏好、浏览历史，并结合其所在位置进行商户筛选和推荐。

基于位置感知的移动购物推荐系统包括客户端和服务端两部分，如图 12-7 所示。

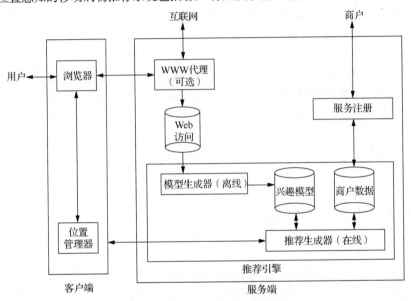

图 12-7　基于位置感知的移动购物推荐系统

其中，服务端是包括在线和离线两个子系统的推荐引擎，离线子系统通过日志分析客户的历史行为得到其兴趣偏好；在线子系统记录了客户和商户提供的信息，当服务端收到推荐请求时，根据用户兴趣模型、商户数据和位置管理器提供的用户当前位置生成推荐结果。

客户端部分包括浏览器和位置管理器，当客户需要推荐服务时，把客户请求内容和所在位置通过互联网传递到服务端推荐引擎。

客户获得的推荐结果如图 12-8 所示，左边是以地图方式标注的商户位置，右边是商户列表。

首先，建立用户兴趣模型。当客户浏览某个网页时，系统为每个网页建立了一个描述该网页的词汇向量，同时也记录每个词在网页中出现的频次，通过分析用户的访问历史以及评价，可以用词汇向量来刻画用户的兴趣偏好（选择客户好评的商户集）。客户的兴趣模型表示为：

$$CP(c) = \sum_{page \in S} Vector(page)$$

其中，客户 c 好评的商户网页集合为 S，Vector(page) 表示商户 page 的词语向量，可以使用 TF-IDF 计算网页中词的重要性。

① Yang Wan-Shiou. A location-aware recommender system for mobile shopping environments.Expert Systems with Applications, 2008,34(1):437-445.

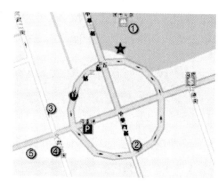

符合您需求的商店列表（前 5 名）：

Rank	店名
1	商务露天咖啡
2	麦富势—五福二店
3	德州炸鸡—五福分店
4	大立伊势丹
5	普吉梦都

注："★"表示您目前的所在位置

图 12-8　基于位置感知的移动购物推荐系统的推荐结果

通过商户向系统中注册的商户网页建立商户的模型。应用向量的余弦相似度判断商户和客户之间的匹配程度：

$$\text{sim}(c, \text{page}) = \text{Cosin}\left(\text{CP}(c), \text{Vector}(\text{page})\right)$$

基于位置的服务还考虑商户与客户之间的位置远近关系，定义距离衰减公式表示用户选择的可能性随着距离的增加而下降：

$$\text{DistanceDecay}(c, \text{page}) = \frac{1}{e^{\lambda \cdot \text{Distance}(c, \text{page})}}$$

其中，λ 是表示客户对位置敏感程度的参数，保存在客户端的位置管理器中。当客户请求推荐服务时，λ 也会传给服务器。$\text{Distance}(c, \text{page})$ 表示客户 c 和商户 page 之间的物理距离。

客户 c 对商户 page 的感兴趣程度表示为：

$$\text{Interest}(c, \text{page}) = \text{sim}(c, \text{page}) \times \text{DistanceDecay}(c, \text{page})$$

2. 利用社交网络数据

在主流社交网络中，人们之间可能存在亲属关系、工作关系和共同兴趣，而对于一般的社交网络，用户之间并没有明确的关系，但是包含了用户属于不同社区的数据。例如豆瓣小组，属于同一个小组可能代表了用户兴趣的相似性。通过社会化推荐的优点是可以解决冷启动问题，并且可以增加推荐的信任度。

好的推荐系统一般依赖于用户的行为数据，从中可以观察到用户的偏好所在，但实际上用户的行为数据并不容易获得。当用户行为数据不足的时候，基于用户行为的分析可能是无效的。并且用户的偏好会改变，即用户行为数据具有一定的时效性，基于几年前的用户行为得到的用户兴趣往往是无用的。

影响用户选择的因素很多，容易陷入主观臆断，好的推荐系统会综合考虑各种因素。从推荐机制上看，推荐系统的实现流程很简单，但在实际操作过程中，需要注意针对不同的业务特点进行优化。

产品层面的逻辑设计比底层算法更有效，例如在产品表现方式上采用"喜欢这件商品的人也喜欢"这种交互方式，其可解释性会提升推荐的可信度，在实际项目中产品形态对推荐转化率也是有较大影响的。

在实际应用中，需要解决相似度计算中矩阵过大的问题。按照标准流程，假设有 1000 个物品，对于每个物品来说，需要计算与其他物品的相似度，然后排序，最后取列表中的 $TopN$ 作为推荐结果，那么需要进行 1000×1000=100 万次运算。优化的核心思想是初筛，即把没关系的物品过滤掉，常见的做法是寻找关键的影响因素，保证关键因素的相关性。通过将关键属性是否匹配作为判断依据，把相关度低的候选集过滤掉，计算复杂度大幅下降。

如果有多个影响因素，一般通过专家评判的方法划定因素权重，也可通过已标注的样本反向拟合每种因素的占比权重对数据进行分析，逐步调整权重，并通过对结果进行回归拟合，寻找最合适的权重配比。

12.5　推荐系统实例

本节以实际案例说明前面介绍的推荐系统理论，主要介绍 Spark 的机器学习算法实现库 MLib，以及将其应用在 MovieLens 数据集上实现个性化电影推荐。此外还将介绍 Hadoop Mahout 推荐系统运算框架，并将其应用到信息类推荐项目中。

【例 12.12】 基于 Spark 的电影推荐。

Spark 是一个开源的并行计算与分布式计算框架，最大特点是基于内存计算，适合迭代计算，兼容 Hadoop 生态系统中的组件，同时包括相关的测试和数据生成器。其设计目的是全栈式解决批处理、结构化数据查询、流计算、图计算和机器学习等应用，适用于需要多次操作特定数据集的应用场合。需要反复操作的次数越多，所需读取的数据量越大，效率提升越大，在这方面 Spark 比 Hadoop 快很多倍。Spark 集成了以下模块，为不同应用领域的从业者提供了快速的大数据处理方式。

- Spark SQL：分布式 SQL 查询引擎，提供了 DataFrame 编程抽象。
- Spark Streaming：把流计算分解成一系列短小的批处理计算，并提供高可靠和吞吐量服务。
- MLlib：Spark 对常用的机器学习算法的实现库，支持 4 种常见的机器学习问题——分类、回归、聚类和协同过滤。
- GraphX：提供图计算服务。
- SparkR：支持 R 语言的库。
- 扩展库 pyspark：提供了 SparkContext 作为主要入口，还有 RDD、文件访问类（SparkFiles）等可以公开访问的类，并且提供了 pyspark.sql、pyspark.streaming 与 pyspark.mllib 等模块与包。

1. 安装环境

首先安装 Spark 相关的环境，在 macOS 系统下使用 Python 3 的环境，可直接使用 pip 命令安装以下依赖包：

```
pip3 install numpy
pip3 install pyspark
```

由于 pyspark 需要指定本机 Python 的安装路径，在安装完成 pyspark 后需要配置环境变量，修改 ~/.bash_profile 文件，将 Python 3 的所在目录配置到 PYSPARK_DRIVER_PYTHON 和 PYSPARK_PYTHON 这两个环境变量中。

```
export PYSPARK_DRIVER_PYTHON=/Library/Frameworks/Python.framework/Versions/
3.6/bin/python3
export PYSPARK_PYTHON=/Library/Frameworks/Python.framework/Versions/3.6/bin/python3
```

修改完成并保存之后，执行 source ~/.bash_profile 命令，使环境变量的配置立即生效。

2. 电影数据集

实验采用 MovieLens 数据集作为数据源，它是一个关于电影评分的数据集，包括 links.csv、movies.csv、ratings.csv、tags.csv 几个文件，其中 links.csv 文件的内容是电影编号，通过编号可以在网站上找到对应的电影链接；movies.csv 文件中包含电影编号、标题、电影题材；ratings.csv 文件是用户对电影的评分和评分时间戳，其中评分是五分制，按半星递增；tags.csv 文件包含用户对电影的标签化评价和打标签时间戳。上述数据的编号、时间戳等均为数字型（长整型），评分为浮点型。

　　MovieLens 数据集按照数据量的大小分为 10 万、2000 万、2600 万等几种压缩包，方便不同用途的应用，其中 10 万的数据量较少，包括 10 万条评分记录、1300 个标签，对应 9000 部电影，用户数是 700 人，更新时间是 2016 年 10 月；2000 万的压缩包有 2000 万条评分记录，565000 个标签，对应 2.7 万部电影，用户数是 12.8 万人，并且包括标签 genome 数据；2600 万的压缩包是全量数据，包含 2600 万条评分数据、75 万个标签、4.5 万部电影、27 万用户数，并且还有 1200 万条标签 genome 数据。本次实验过程中采用 10 万的数据集进行验证。

3. 模型训练

　　在 pyspark 中使用交替最小二乘法（Alternating Least Square，ALS）来实现基于协同过滤的推荐，主要原因是它支持稀疏的输入数据（用户对物品的评分是稀疏矩阵），并且可用简单的线性代数运算求解最优解。此外，输入数据本身可以并行化，这就使 ALS 在大规模数据上速度非常快。

　　首先对数据进行预处理，加载评分文件，并将文件中的记录按照 6∶2∶2 分为训练集、验证集、测试集，随机数种子固定为 10，核心代码如下：

```
#文件提取
small_raw_data = sc.textFile("rating.csv")
small_data = small_raw_data.map(lambda line: line.split(",")).map(lambda col: (col[0],
col[1], col[2])).cache()
#按照6:2:2分为训练集、验证集、测试集
training_RDD, validation_RDD, test_RDD = small_data.randomSplit([6, 2, 2], seed=10)
validation_predict_RDD = validation_RDD.map(lambda x: (x[0], x[1]))
test_predict_RDD = test_RDD.map(lambda x: (x[0], x[1]))
```

　　其中 rating.csv 文件的数据格式如图 12-9 所示，第一列是数字型的用户编号，第二列为数字型的电影编号，第三列为浮点型的评分值，第四列是评分时间戳，评分时间在本例中不使用。

1	31	2.5	1260759144
1	1029	3	1260759179
1	1061	3	1260759182
1	1129	2	1260759185
1	1172	4	1260759205
1	1263	2	1260759151

　　基于 ALS 的原理，需要确认最佳秩（rank）。首先循环计算多个秩的值，并记录最小误差，误差评价标准是RMSE，以最佳秩值作为输入重新进行训练，生成模型，核心代码如下：

图 12-9　rating.csv 文件的数据格式

```
#模型训练确认rank值（最小误差）
min_error = float('inf')
best_rank = -1
best_iteration = -1
for rank in ranks:
    model=ALS.train(training_RDD,rank,seed=seed,iterations=iterations,
lambda_=regularization_param)
    predict = model.predictAll(validation_predict_RDD).map(lambda r: ((r[0], r[1]),
r[2]))
    rates_predictions=validation_RDD.map(lambda r:((int(r[0]),int(r[1])),float(r[2]))).
join(predict)
    error=math.sqrt(rates_predictions.map(lambda r: (r[1][0] - r[1][1]) ** 2).mean())
    errors[err] = error
    err += 1
    if error < min_error:
        min_error = error
        best_rank = rank
#以最佳rank值重新训练模型
model=ALS.train(training_RDD,best_rank,seed=seed,iterations=iterations,
lambda_=regularization_param)
```

训练好的模型可以保存到文件中，这样在使用模型时，通过矩阵分解模型（Matrix Factorization Model）从文件中加载即可使用，代码如下：

```
#保存和加载模型
model.save(sc, "spark_movie.model")
sameModel = MatrixFactorizationModel.load(sc, "spark_movie.model")
```

4. 模型结果评估

模型的评估是将测试集（只含有用户编号和电影编号）提交给模型，由其进行打分，并将打分结果与测试集中实际评分值进行比较，对所有预测结果计算 RMSE 值，将其作为模型评估指标，代码如下。其输出结果为 94.15%，说明模型预测的准确性较好。

```
#模型测试
predictions = model.predictAll(test_predict_RDD).map(lambda r: ((r[0], r[1]), r[2]))
rates_p test_RDD.map(lambda r: ((int(r[0]), int(r[1])), float(r[2]))).
join(predictions)
#计算 RMSE 指标
error = math.sqrt(rates_p.map(lambda r: (r[1][0] - r[1][1]) ** 2).mean())
print('RMSE = %s' % error)
```

5. 模型使用

假设用户编号为 16，如果要预测其对电影编号为 48 的电影的评分值，可通过以下代码，调用模型的 predict()方法即可返回评分值。此外，还可以基于用户的历史行为向其推荐 n 部电影，具体调用模型的 recommendProducts()方法，输入参数为用户编号和预测的电影数量，本例中推荐电影的数量为 10。

```
#预测某一用户对某一电影的评分
user_id = 16
movie_id = 48
predictedRating = model.predict(user_id, movie_id)
print("用户编号:"+str(user_id)+",对电影:"+str(,movie_id)+",的评分为:"+str(,predictedRating))


#向某一用户推荐10部电影
topKRecs = model.recommendProducts(user_id, 10)
print("向用户编号:"+str(user_id)+"的用户推荐10部电影:")
for rec in topKRecs:
    print(rec)
```

运行程序后的输出结果如下，可以看到模型预测编号为 16 的用户对电影 48 评分约为 3.10。也可以看到向其推荐的 10 部电影编号和对应的评分值，如图 12-10 所示。

```
RMSE = 0.9415697869691745
用户编号:16 对电影:48 的评分为:3.103360997320027
向用户编号:16的用户推荐10部电影:
Rating(user=16, product=40412, rating=5.965590279299029)
Rating(user=16, product=8197, rating=5.863951221929469)
Rating(user=16, product=65037, rating=5.848051914238972)
Rating(user=16, product=59684, rating=5.848051914238972)
Rating(user=16, product=42718, rating=5.804760259549898)
Rating(user=16, product=92494, rating=5.738720391559459)
Rating(user=16, product=4754, rating=5.738720391559459)
Rating(user=16, product=108979, rating=5.705600613877493)
Rating(user=16, product=2330, rating=5.614619658611227)
Rating(user=16, product=110873, rating=5.590454471678417)
```

图 12-10　模型应用输出结果

从上面的例子中可见，基于 Spark 的协同过滤推荐算法并没有依赖具体的业务数据，如电影的内容分析和用户属性特征分析等，说明它为通用算法框架，可以用于其他行业的个性化推荐，例如餐饮推荐、音乐推荐和新闻推荐等，只要将各行业中的评分数据转化为本例中的

ratings.csv 对应的格式即可直接应用。

【例 12.13】信息类推荐系统实例——应用向量空间模型。

国内某智能制造类综合信息聚合网站，整合了制造行业中新闻、视频热点、技术方向、行业案例、展会信息和产品品牌等，网站内容主要来自网络，通过爬虫抓取的信息丰富且涉及面较广。虽然目前网站刚刚成立，只有 2 万多条信息，但是后期随着信息量的不断增加，预计在未来很容易出现信息过载的问题。

目前网站主要面向传统制造行业中的技术人员和管理人员、智能制造方面的产品销售人员、活动会展企业人员、行业专家和媒体人员，用户人群种类较多，主要的用户行为是内容收藏、评论等，整个网站（含 App）侧重于阅读，注册的用户较少，用户的数据较少。由于网站目前上线时间较短，用户数量很少，也没有太多的用户行为记录。基于上述信息，如何构建个性化的内容推荐系统？

1. 文本分析

当前推荐系统中的物品为文章或信息，均为文本内容。首先对文本内容进行预处理，将页面中的 HTML 标签转化为纯文本，并将异常文本滤除，如字数少于 50 字、乱码等。然后将文章标题、纯文本内容、时间、编号等存入数据库中保存。

在文本主题提取时采用第三方文本处理库 HanLP，调用 extractKeyword() 方法来提取关键词，其原理是应用 TextRank 技术提取文章的关键词标签，代码如下。其中 content 和 count 参数分别是文章的纯文本内容和需要生成的标签数量，标签数量随着文章的长度变化而变化。

```
List<String> keywordList = HanLP.extractKeyword(content, count);
if(keywordList!=null) {
 for(String str:keywordList) {
     result+=str+",";
 }
}
if(result.length()>1) {
 result=result.substring(0, result.length()-1);
}
```

两篇文章之间的相似度计算采用杰卡德公式：

$$J(A,B) = \frac{A \cap B}{A \cup B}$$

其中 A、B 表示文章中的标签集合，即两篇文章之间的相似度是由它们共同的标签数量除以两篇文章中总标签数得到的。

由于文章标签的数量较多，这一方法的计算量较大，推荐速度较慢。为了解决此问题，基于生成的标签构建向量空间模型来计算多篇文章之间的相似度，主要思路是应用 Doc2Vec 将文章向量化，然后通过比较各向量来实现文章的相似度计算。使用基于 Python 的自然语言处理库 Gensim 来实现建模，它可以自动地从文档中提取特征、语义信息等，包括向量空间模型，支持 Word2Vec、Doc2Vec、隐语义索引（LSI）、LDA 等操作，其中 LSI 以文档为单位，通过分析词语共现（Co-Ocurrence）来挖掘词语间的隐含关系，通过计算词语的相似度来度量文档间相似度。语料库的构建过程如下：

```
documents [doc for doc in open(doc_file, mode="r", encoding="utf-8") if len(doc)>0]
docs = [d.split() for d in documents]
dictionary = corpora.Dictionary(docs)
corpus = [dictionary.doc2bow(doc) for doc in docs]
corpora.MmCorpus.serialize(corpus_file_name, corpus)
```

通过将文档中的特征词创建词典。这个词典以词袋模型存储每一篇文章，每篇文章用一个向量表示，向量由词和词频构成，如 {'制造': 11,'ERP': 10,'机械': 5,'3D': 9} 这种格式。

dictionary.doc2bow 针对每个文档中的 n 个特征词计算其词频，如果在词典中不存在的词会被忽略，将其结果变成[[(单词 Id,词频)]]的格式，最终得到一个稀疏向量。文章数量较多，需要将其序列化到磁盘上以文件方式存储，用于后续按行读取或增量更新等。

从语料库中构建 LSI 模型的核心代码如下，其中 corpus 是对所有文章的关键词创建的语料库。

```
self.tfidf = models.TfidfModel(corpus, id2word=dictionary)
corpus_tfidf = self.tfidf[corpus]
self.lsi = models.LsiModel(corpus_tfidf, id2word=dictionary, **params)
self.similar_index = similarities.MatrixSimilarity(self.lsi[corpus_tfidf])
```

通过对语料库中所有文章的词袋应用 TF-IDF 算法计算每个特征词的权重，而 TF-IDF 的作用就是保留词在文档中的权重信息，相当于保留了文本的信息。这样就可以通过特征词和 TF-IDF 方法把文本矢量化，并保留文本本身的信息，每一个矢量对应一个词袋。

相似度索引是通过矩阵相似度计算的方法得到的，其计算速度较 similarities.Similarity()方法更快，但是对内存的占用更多。

上述相似度索引建好之后就可以检索某一篇文章的最相似文章了，核心代码如下。输入参数为文章关键词和需要查询的相似文章数量 numDocs，对关键词进行词袋计算和矢量化，将文本映射为矢量空间中的一个点，然后通过计算两个点之间的距离来计算文本间的相似度。对计算结果进行排序，选择最相似的前 n 篇文章返回。

```
def doc_sims(self,keys,numDocs):
    if self.dictionary == None or len(self.dictionary)<=0: return None
    row = keys.split(',')
    tl_bow = self.dictionary.doc2bow(row)
    tl_lsi = self.lsi[tl_bow]
    sims = self.similar_index[tl_lsi]
    sort_sims = sorted(enumerate(sims), key=lambda item: -item[1])
    if len(sort_sims)>numDocs:
        return sort_sims[0:numDocs]
    return sort_sims
```

2. 基于协同过滤的推荐

协同过滤算法依赖用户的共同行为数据，在相似度计算方面，分为基于物品相似度的计算（ItemSimilarity）和基于用户相似度的计算（UserSimilarity）。前者是基于用户对物品的偏好找到相似的物品，后者是基于用户对物品的偏好来计算用户之间的相似度。

在进行协同过滤推荐时，采用开源机器学习工具 Mahout。它包含了聚类、分类、推荐过滤、频繁子项挖掘等多种机器学习算法集合。Mahout 使用 Taste 来提供协同过滤算法的实现，它是一个基于 Java 实现的可扩展的、高效的推荐引擎。Taste 既实现了最基本的基于用户的和基于物品的推荐算法，又提供了扩展接口，使用户可以方便地定义和实现自己的推荐算法。同时，Taste 不仅适用于 Java 应用程序，它还能作为内部服务器的一个组件以 HTTP 和 Web Service 的形式向外界提供推荐的逻辑。Taste 的设计能满足企业对推荐引擎在性能、灵活性和可扩展性等方面的要求。

Taste 主要包括以下几个接口或类。

● DataModel 是用户喜好信息的抽象接口，支持从任意类型的数据源抽取用户喜好信息，其默认提供 JDBCDataModel 和 FileDataModel，分别支持从数据库和文件中读取用户的喜好数据。

● UserSimilarity 用于计算用户间的相似度，可用于计算与用户兴趣相近的"邻居"。

● ItemSimilarity 用于计算物品之间的相似度。

● UserNeighborhood 用在基于用户的推荐方法中，基于与当前用户偏好相似的邻居用户产生，定义了确定邻居用户的方法，具体是基于 UserSimilarity 计算实现的。

- Recommender 是推荐引擎的抽象接口，计算过程需要提供 DataModel，得到向不同用户推荐的内容。一般使用它的实现类 GenericUserBasedRecommender 或 GenericItemBasedRecommender，分别是基于用户相似度的推荐引擎或基于物品相似度的推荐引擎。

- RecommenderEvaluator 是对推荐结果进行评价的评分器，可输出模型的准确率和 F_1 值。

① 通过基于物品的协同过滤来进行推荐，按所有用户对文章的行为偏好计算文章间的相似度，根据用户历史的偏好预测当前用户文章推荐列表，代码如下：

```
FileDataModel dataModel = new FileDataModel(new File(path));
ItemSimilarity similarity = null;
try {
    similarity = new PearsonCorrelationSimilarity(dataModel);
    genericrecommender = new GenericItemBasedRecommender(dataModel, similarity);
    List<RecommendedItem> recomendations = genericrecommender.recommend(userId,
number_to_recommend);
} catch (TasteException e) {
    e.printStackTrace();
}
return recomendations;
```

其中 dataModel 对象是以文件存储的用户行为列表，按照每行一个行为的格式存放，依次是逗号分隔的 userid、itemid、rating。其中为了提高系统的运算效率，userid、itemid 均为数字类型，如果原有系统中此字段是非数字型，则需要进行转换。相似度计算使用皮尔逊相关系数。

② 基于用户的协同过滤推荐以用户为中心，观察与该用户兴趣相似的用户群体，将这个兴趣相似的用户群体所感兴趣的其他物品推荐给该用户。本质上是找到 K 个相近用户，根据相似度权重以及相似用户对物品的偏好，计算得到一个排序的推荐列表，其核心代码如下：

```
List<RecommendedItem> recommendations = null;
try {
    String path=ApplicationConfig.getDataModelDir();
    DataModel model = new FileDataModel(new File(path));
    UserSimilarity similarity = new PearsonCorrelationSimilarity(model);
    // 算法计算用户相似度，计算用户的"邻居"，这里将与该用户最近距离设为5
    UserNeighborhood neighborhood = new NearestNUserNeighborhood(5,similarity,
model);
    Recommender recommender = new CachingRecommender(
    new GenericUserBasedRecommender(model, neighborhood,similarity));
    recommendations = recommender.recommend(userID, size);// 得到推荐的结果，size 是推
荐结果的数目
} catch (Exception e) {
    e.printStackTrace();
}
return recommendations;
```

其中用户之间的相似度计算采用皮尔逊相关系数，计算相似的 5 个用户作为一个群体的用户兴趣。基于用户的协同过滤推荐，比较适合于用户数量少于物品数量的应用场景，通过更多的用户对物品的偏好行为来维护用户之间的相似关系，能够更好地计算出用户间的相似度。

3. 基于标签推荐

用户兴趣标签提取过程是基于用户行为历史来统计兴趣关键词，例如用户对某篇文章感兴趣（可能是点赞、评论、收藏），就将对应文章的标签记录下来，随着时间的推移就会累积很多关键词标签。如何选择标签作为用户的兴趣标签是关键，这里通过计算每个标签的权重来筛

选和过滤标签，其中标签权重影响因素有：标签频率、访问时间差（衰减）、惩罚热门、惩罚未读。

标签频率与用户阅读文章数量相关，如果用户不断阅读某一类文章，这一类别对应的标签出现次数会不断增加，标签数量越多表示用户对这一主题越感兴趣。但是用户的兴趣具有一定的时间有效期，可能用户一年前对企业资源计划（Enterprise Resource Planning，ERP）相关的内容感兴趣，但是现在用户兴趣发生了转移，对大数据方面感兴趣。如果还是按照标签频率来计算，很可能依然为用户推荐 ERP 相关的信息。为了避免此类情况，引入访问时间差这一因素，即当前时间与标签最后一次访问时间的差值，时间差越大，说明其兴趣越旧（越早）；时间差越小，说明兴趣越新。将其与标签频率采用以下公式进行合并：

$$Wt_i = \frac{n_i}{s_i}$$

其中，n_i 表示用户的标签 i 出现次数，而 s_i 表示标签 i 时间差值。

惩罚热门是指用户的标签如果是属于整个系统的热门标签（所有用户访问数量最多的前 n 个标签），则对其权重进行惩罚。对权重 W 值乘以 0.9 从而降低权重结果。

惩罚未读表示对于推送的文章有可能用户并不感兴趣，对于不感兴趣的文章用户并不会阅读，这相当于间接表明了用户不喜欢。为了防止用户可能没有时间或存在其他原因导致未阅读，统计的时间段为最近 1 天前的 n 篇文章，对所有未读文章的标签出现频率进行统计，得到前 m 个标签，并将结果保存，标记为"不喜欢标签"。在计算标签权重时，如果标签属于不喜欢标签，则对其权重进行惩罚，将其权重乘以 0.9 进行惩罚。

对所有标签计算权重后进行排序，取高权重的标签作为用户的兴趣标签，利用之前构建的向量空间模型来检索与之相似的文章，即输入用户兴趣标签，输出用户设定的 n 篇文章。由于向量空间模型并不记录用户是否已读等系统逻辑信息，因此还要对模型返回的文章进行筛选过滤，将文章中某些具有较高重合度的文章去掉，同时还要将当前用户在历史中已经阅读过的文章去掉，然后对剩下的文章列表进行排序，按照相似度（基于杰卡德算法）和时间进行排序。为了保证用户每次刷新都会有一定的多样性，在推荐的文章中前几篇为固定文章，后面的多篇文章采用随机方法从推荐文章池中随机抽取。

4. 系统冷启动

由于网站刚刚上线不久，会面临冷启动的问题。当新用户第一次打开网站或 App 时，并没有用户行为数据；同时，由于网站并不强制用户注册和登录，因此可能没有用户属性信息。在这种情况下，采用所有用户最喜欢的文章列表 A，即将按照点赞数排序的近期文章作为热门阅读列表。此外，对系统的推荐历史进行统计，将推荐最多的文章列表 H，即将按照推荐次数排序的近期文章作为热门推荐列表，将 A 和 H 两者结合起来向新用户进行推荐。

在使用热门推荐解决冷启动问题时，往往容易出现马太效应，即越是热门的文章，推荐越多，导致其越发热门，这时其他新发布的文章很难有机会出现。为了避免出现此种情况，将热门推荐的文章列表按照文章权重进行综合排序，其权重的计算方法如下：

权重=点赞数占比×5.0+推荐数占比×3.0-时间占比×2.0

在点赞数和推荐数之外增加了时间因子，如果一篇文章的点赞数和推荐数较高，但是其时间是在一个月之前的，可能其权重并不高，而新发布的文章其时间占比的因素会使其排在较前的位置，最终给文章更多的展现机会。

5. 混合推荐

推荐模型也可以混合应用。例如对新用户采用热门推荐的方式，而对于老用户则综合采用基于协同、基于用户兴趣、热门文章推荐等，然后将各模型的结果加权合并。在推荐结果反馈时，标记每一种推荐模型的效果，作为后续模型优化的依据。

6. 推荐效果

以新用户身份进入系统查看文章，如图 12-11（a）所示，用户看到的是喜欢的热门信息和热门系统推荐相结合的文章列表，从中可以看到信息类别较多，说明用户首次看到的内容具有一定的多样性。从中选择"云布—纺织企业管理系统及交易平台"这一篇文章进行查看并点击文章末尾的用户"喜欢"图标，如图 12-11（b）所示，明确表示喜欢看此类文章。如果用户不手动点击，则用户在文章详情页面停留超过一定时间之后，会记录用户对此篇文章进行了阅读，以及用户喜欢此类文章的行为，只是强度较用户手动点赞弱。

用户点赞行为发生之后，将实时进行用户兴趣的计算，获取其最新的兴趣标签，在后台服务器中实时生成新的推荐结果，并将结果存储于数据库中备用。用户返回文章列表界面后，可以继续阅读其他文章或者刷新页面，此时将返回新的推荐结果，如图 12-11（c）所示，其中前面的文章均为 ERP 相关的内容，说明推荐算法已经生效。随着用户点击行为的不断累积，其用户兴趣将逐渐变化，推荐内容也将不同。

（a）新用户界面　　　　　　（b）用户阅读和点赞界面　　　　　（c）刷新后推荐结果界面

图 12-11　推荐系统效果

12.6　深度学习在推荐系统中的应用

近年来，随着深度学习的快速发展，推荐系统开始同深度神经网络相结合，提高了推荐结果的质量。

1. 基于自编码器的协同过滤

自编码器采用神经网络对模型输入信息进行表征学习，能够将高维的输入压缩成低维的稠密向量。在推荐系统中，利用自编码器对用户、物品等进行编码，并结合协同过滤等方法来实现推荐。

AutoRec 是一种基于自编码器的协同过滤推荐模型。该模型主要分析用户-物品矩阵中的评分信息。以基于物品的 AutoRec 模型为例，模型的输入为矩阵中 m 个用户对第 i 个物品的评分向量 $\boldsymbol{r}^{(i)} = (R_{1i}, R_{2i}, R_{3i}, \cdots, R_{mi})$。AutoRec 在前向传递时，首先采用一个全连接层作为编码器对

$r^{(i)}$ 进行编码，对应的数学表达式为 $g\left(Vr^{(i)}+\mu\right)$。其中 g 为非线性激活函数，V 和 μ 分别表示该隐层对应的权重矩阵和偏置向量。随后，AutoRec 将一个全连接输出层作为解码器，以编码器输出的低维向量作为输入，解码并输出一个与 $r^{(i)}$ 维度相同的预测评分向量 $\hat{r}^{(i)}$：

$$\hat{r}^{(i)} = f\left[W \cdot g\left(Vr^{(i)}+\mu\right) + b \right]$$

其中 W 和 b 分别表示解码器的隐层对应的权重矩阵和偏置向量。AutoRec 学习的目标就是通过梯度下降法更新网络参数让 $r^{(i)}$ 与 $\hat{r}^{(i)}$ 的 RMSE 损失达到最小。基于训练好的 AutoRec 模型，能够利用模型预测的评分结果，填充原始评分矩阵中缺失的评分，从而将可能评分最高的物品推荐给用户。

2. 基于神经网络的协同过滤

基于神经网络的协同过滤（Neural Collaborative Filtering，Neural CF）框架实现了通过神经网络对用户和物品之间的交互关系进行建模，以深度学习的方式实现用户-物品矩阵的分解。

隐语义模型通过将用户与物品隐向量做内积，得到用户对物品评分的预测。然而从该方法在实际推荐系统中的应用结果来看，仅仅通过内积操作并不能使模型很好地拟合用户、物品隐向量之间的关系，训练出的模型往往出现欠拟合。

神经矩阵分解（Neural Matrix Factorization，NeuMF）模型是基于 NeuralCF 框架设计的一种新的矩阵分解模型。考虑隐语义模型的推荐效果可能受内积操作的制约，在模型的 Neural CF 层中引入了神经网络，赋予了模型较高的非线性建模能力，更有利于拟合用户与物品间的复杂交互关系。

（1）广义矩阵分解

NeuralCF 框架中的 Neural CF 层可以有多种实现形式，广义矩阵分解（Generalized Matrix Factorization，GMF）便是其中一种。若 p_u 和 q_i 分别表示用户、物品的隐向量，采用 GMF 处理用户、物品隐向量过程的数学表达式如下：

$$\hat{y}_{ui} = a_{\text{out}}\left(w^{\text{T}}\left(p_u \odot q_i \right) \right)$$

其中，$\odot$ 表示将向量每个元素对应相乘；w 是与隐向量维度相同的权重向量；a_{out} 为激活函数，输出 $\hat{y}_{ui}$ 表示预测的用户 u 对物品 i 的评分。

GMF 通过计算评分损失，采用梯度下降法学习权重向量 w，并将非线性变换函数，例如 Sigmoid，Tanh 等作为 a_{out} 激活函数。若将权重向量 w 中的权重限制为 1，激活函数 a_{out} 采用恒等函数，则上述表达式退化为传统 P、Q 矩阵分解模型中的内积运算。因此 GMF 可以视为 MF 模型在 NeuralCF 框架下的推广。

（2）MLP

为了进一步提升基于 NeuralCF 框架模型的非线性建模能力，可以利用 MLP 替换 GMF 中的内积操作，学习用户、物品之间的交互，而 MLP 的输入则采用用户和物品隐向量的拼接（Concatenation）向量。

（3）结合了 GMF 与 MLP 的 NeuMF 模型

如图 12-12 所示，NeuMF 模型融合了上述两种 Neural CF 层的实现，通过 GMF 保留了对用户、物品交互关系的线性建模能力，同时利用 MLP 引入了对更加复杂的交互关系的非线性建模能力。

由于 NeuMF 模型的 Neural CF 层引入了两种不同的算法，该层的输入相应地采用了相互独立的隐向量。对于 GMF，输入为 p_u^G 和 q_i^G 分别表示用户和物品的隐向量，而 MLP 的输入则分别采用 p_u^M 和 q_i^M 来表示。随后 NeuMF 模型在输出层将 GMF 和 MLP 的输出向量进行拼接，并通过非线性变换来融合两种输出结果。

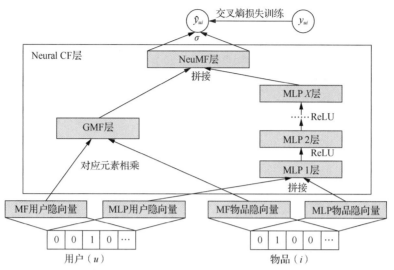

图 12-12　基于神经网络的矩阵分解模型

3．双塔模型

双塔模型被引入推荐系统的初衷便是希望能够在推荐系统的召回阶段，预先通过离线运行模型初步获取用户可能感兴趣的物品。

（1）深度语义匹配模型

深度语义匹配模型（Deep Structured Semantic Model，DSSM）最初被用于计算文本之间的语义相似度。被引入推荐系统后，DSSM 模型分别使用两个相对独立的复杂子网络构建用户相关特征和物品相关特征的编码 Embedding，并采用余弦相似度等相似度计算方法得到两个 Embedding 之间的相似度。基于用户与多个物品之间的相似度，DSSM 最终能够从中挑选出与用户匹配的若干件物品组成结果候选集。

DSSM 因其独特的网络结构而被称为双塔模型。通常一个 DSSM 可以分为输入层、表示层和匹配层：输入层将用户、物品（采用独热编码或其他方式编码）转化成适于表示层深度神经网络处理的向量；表示层从用户和物品的输入向量中学习输入的特征，生成用户或物品相应的 Embedding，获得用户和物品更深层的语义特征，并通过梯度下降法训练模型。匹配层以表示层输出的两个 Embedding 为输入，计算其相似度。这一结构成为后来双塔模型多种变体的基础。

（2）谷歌双塔模型

谷歌双塔模型是 2019 年发布的基于双塔模型架构的一种推荐模型。该模型主要针对目前大规模的流数据，设计了一种新的偏差修正的 In-Batch Softmax 损失函数，并给出了损失函数中新加入的物品采样频率项的估计方法。

在搜索推荐系统中，一个样本可以表示为 (x, y, r) 三元组，其中 x 与 y 表示一对请求和物品的特征向量，r 表示用户的反馈信息，例如在请求 x 的用户停留在物品 y 上的时间。针对数据集 $\{(x_i, y_i, r_i)\}_{i=1}^{n}$，谷歌双塔模型在训练时，采用如图 12-13 所示的结构来计算样本中 x 与 y 之间的匹配程度。

其中 $u(x, \theta)$ 与 $v(y, \theta)$ 分别表示深度神经网络输出的 x 与 y 的 Embedding 表示，双塔模型通过计算两者的内积来表示 x 与 y 之间的匹配程度 $s(x, y) = u(x, \theta) \cdot v(y, \theta)$。

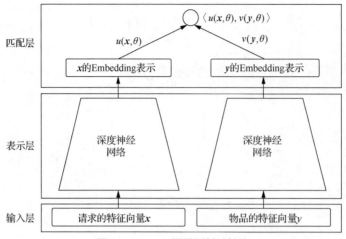

图12-13　双塔模型基础结构

针对流数据，谷歌双塔模型采用 In-Batch Softmax 函数对模型输出的 $s(x, y)$ 做归一化。设给定批数据 $\left\{(x_i, y_i, r_i)\right\}_{i=1}^{n}$，模型依据下式计算 $s(x_i, y_i)$ 的 Softmax 输出结果，该结果值可以理解为模型给请求 x_i 推荐物品 y_i 的概率：

$$p(y_i \mid x_i; \theta) = \frac{e^{s(x_i, y_j)}}{\sum_j e^{s(x_i, y_j)}}$$

谷歌双塔模型通过下式计算损失，其中 r_i 作为一种惩罚机制，当 r_i 取值较大时，表示用户对 y_i 比较感兴趣，此时若模型给该用户推荐 y_i 的概率 $p(y_i \mid x_i; \theta)$ 较小，则会产生较大的损失。

$$L(\theta) = -\frac{1}{n}\sum_i r_i \cdot \log_2 p(y_i \mid x_i; \theta)$$

由于 Batch 中物品的随机采样是在流数据中进行的，因此热门物品被采样到的概率会比非热门物品高，这导致一个 Batch 中的数据变得不平衡，模型在经过多轮 Batch 的训练后会过度学习包含热门物品的样本，而忽视包含非热门物品的样本中蕴含的用户偏好信息。因此，谷歌为修正上述采样方法产生的偏差，设计了偏差修正的 In-Batch Softmax 损失函数。

偏差修正在双塔模型的原始输出上添加了物品采样频率 p_j 的惩罚项，通过采样频率来表示物品的热门程度。模型通过下式计算原始输出的修正值 $s^c(x_i, y_j)$，并将 $s^c(x_i, y_j)$ 代入上述损失函数形成偏差修正后的新的损失函数。

$$s^c(x_i, y_j) = s(x_i, y_j) - \log_2 p_j$$

谷歌双塔模型计算得到一个 Batch 的损失后，就利用梯度下降法更新模型中的参数 θ，并可以通过在流数据中不断地进行批采样形成新的 Batch 来持续训练模型。

习题

1. 推荐系统的功能是什么？
2. 简述推荐系统的结构组成。
3. 推荐系统常用于哪些领域？举例说明。
4. 推荐系统常用哪些方法？这些方法分别适用于什么场合？

5. 基于内容的推荐基本思想是什么？

6. 举例说明基于内容的推荐应用过程。

7. 如何为用户和物品建模？

8. 如何计算推荐过程中用户和商品的相似度？

9. 基于协同过滤的推荐基本思想是什么？

10. 基于协同过滤的推荐适用于什么场合？

11. 基于用户的协同过滤推荐与基于物品的协同过滤推荐有什么不同？举例说明它们的应用。

12. 什么是冷启动问题？如何解决？

13. 举例说明基于图的推荐算法的基本思想及其应用。

14. 举例说明隐语义模型在推荐中的应用。

15. 简述 Apriori 和 FP-growth 等关联算法的基本过程。

16. 举例说明关联推荐的过程。

17. 推荐算法的性能如何评价？

18. 如何组合基于内容的推荐与基于协同过滤的推荐等多种推荐算法？举例说明。

19. 查找资料，讨论推荐系统的最新发展趋势。

第 13 章

强化学习

　　强化学习（Reinforcement Learning）是智能体与环境之间进行交互，并将状态映射到动作以获得奖励，实现最优策略的学习机制。与有监督学习相比，强化学习不需要样本集，也不需要进行人工标注，而是通过不断尝试来发现不同动作产生的正向或负向的反馈，来指导策略的学习。与无监督学习相比，强化学习不只是探索事物的特征进行模式识别，而且通过与环境交互建立输入与输出之间的映射关系，目标是得到最优策略。

13.1 强化学习概述

试错和延迟奖励是强化学习的两个重要特征。1954—2013 年为强化学习早期阶段，早期强化学习发展的过程中有 3 个分支，分别是最优控制、试错和时序差分，在 20 世纪 80 年代后期，3 个分支融汇在一起，产生了我们现在所看到的强化学习。

进入 21 世纪，得益于深度学习的兴起和算力迅速的提升，海量数据得以充分使用，不仅为人工智能注入了新的机会，还推动了强化学习与深度学习更进一步的结合。2013 年，DeepMind 公司发布了 Deep Q-Network（DQN）算法，用于 Atari 游戏。这掀起了深度强化学习的热潮，其应用范围从控制复杂的机械、调配网络资源，到数据中心大幅节能、市场交易策略、游戏智能、内容推荐，甚至对机器学习算法自动调参。2015 年，OpenAI 公司致力于研究通用人工智能。2016 年 3 月，AlphaGo 在围棋比赛中以 4∶1 击败顶尖职业棋手。2016 年，弗拉基米尔·明（Volodymyr Mnih）等提出并行式的深度强化学习（A3C），在多个 Atari 游戏中胜出。2017 年，AlphaZero 使用纯强化学习，将价值网络和策略网络整合成一个网络，击败了 AlphaGo。至此，掀起了深度强化学习研究热潮，近年来顶级会议论文不断产出，强化学习的理论进步，开源框架的逐步成熟，推动深度强化学习成为人工智能领域的新方向。

强化学习是机器学习的一个重要分支，是多学科、多领域交叉的一个产物，将深度学习的感知能力和强化学习的决策能力结合，端到端地实现从原始输入到输出的控制。早前强化学习主要用于解决控制问题，在融入了深度学习算法后应用更加广泛，例如可以获得大量自带标注的优质训练数据的游戏领域，特别是博弈类策略游戏的 AlphaGo 和工业级机器人等。此外，还有自然语言处理、机器翻译、文本生成、计算机视觉、推荐系统、神经网络调参、金融、医疗保健、智能电网和智能交通系统等场合。

强化学习从游戏中诞生了众多具有代表性的算法，在一些游戏中的表现甚至超过了人类玩家，如 DQN 算法及其各类变体在 Atari 游戏中表现优异。回合制棋类游戏程序"Alpha 系列"使用蒙特卡洛树搜索（Monte Carlo Tree Search，MCTS）的基础架构，结合价值网络、策略网络和快速走子模块，形成完整的下棋系统。强化学习拓展了搜索树的深度和宽度，平衡探索（Exploration）与利用（Exploitation）的关系，获得了非常显著的效果。在地图不完全公开的多人电子游戏中，OpenAI Five 系统在地形高度复杂、游戏地图局部观测、玩家高度配合的情况下，在游戏中战胜人类高手。

亚马逊 SageMaker 通过强化学习训练智能体对市场做出相应最优决策，腾讯公司也把强化学习应用于游戏中，并通过开悟等强化学习平台，联合学术界推动强化学习的创新应用。智能体将选择是否按照给定的价格买入或卖出某项资产，以实现最大长期利润。百度在强化学习方面投入大量研究和实践，将其用于新闻推荐。滴滴的人工智能实验室用强化学习为乘客匹配司机，最小化乘客等待时间。

13.2 强化学习基础

本节主要讲解马尔可夫链、强化学习基本概念及强化学习的目标函数、价值函数等基础，并用一个迷宫示例对强化学习技术应用过程进行说明。

13.2.1 马尔可夫链

假设随机变量 X_0 服从 π_0 概率分布（为初始的概率密度分布）。当 $t > 0$ 时，若 X_t 仅依赖 X_{t-1}，

且 X_t 和 X_{t-1} 有条件分布 $p(X_t\,|\,X_{t-1})$ ，这种性质被称作马尔可夫性。马尔可夫性说明假设现在已知，未来只依赖现在，与过去无关。如果随机变量序列具有马尔可夫性，则有 $p(X_t|X_0,X_1,X_2,\cdots,X_{t-1})=p(X_t|X_{t-1})$ 。具有马尔可夫性的序列 $X=\{X_0,X_1,\cdots,X_t,\cdots\}$ 称为马尔可夫链，马尔可夫链是具有马尔可夫性的随机过程。马尔可夫链本质上是由一系列具有马尔可夫性的状态转移组成的，这些转移服从某种概率分布。例如观测得到的历史状态为 $m_t=\{s_1,s_2,\cdots,s_t\}$ ， s_t 具有马尔可夫性，则有 $p(s_{t+1}|s_t)=p(s_{t+1}\,|\,m_t)$ 和 $p(s_{t+1}|s_t,a_t)=p(s_{t+1}\,|\,m_t,a_t)$ 。其中 a_t 表示在 t 时刻的动作（Action）。也就是说，未来状态 s_{t+1} 与历史状态独立，即与历史状态 $\{s_1,s_2,\cdots,s_{t-1}\}$ 无关，只与现在当前状态 s_t 有关。

强化学习的思想是利用智能体和环境交互进行学习，其中智能体通过动作影响环境，环境返回奖励，并进入新的状态，整个交互过程 $\{s_1,a_1,s_2,a_2,\cdots,s_t,a_t\}$ 是一个马尔可夫决策过程（Markov Decision Process，MDP），如图 13-1 所示。

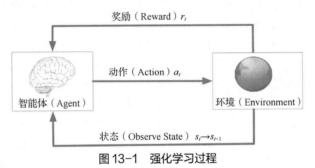

图 13-1　强化学习过程

13.2.2　强化学习基本概念

强化学习用于指导智能体通过与环境交互，不断试错学习，直至掌握解决问题的方法。从图 13-2 中可以看到强化学习、机器学习和深度学习等的关系：强化学习属于机器学习范畴，与有监督学习和无监督学习并列；深度强化学习是强化学习与深度学习的结合，利用深度学习技术实现复杂策略的学习。

强化学习的主要特征是智能体和环境。环境是智能体所处并与之交互的场景。在交互过程中，智能体借助对场景状态的全面或片面的观测决定要采取的行动。当智能体做出动作对环境起作用时，环境会发生变化。智能体从环境中感知到奖惩信号，并获得当前状态好坏的反馈。智能体的目标是学习合适的策略使其累积回报最大化。

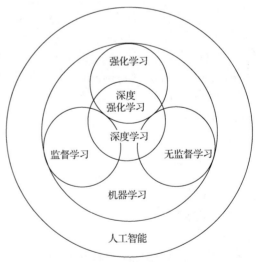

图 13-2　强化学习、机器学习与深度学习等的关系

（1）智能体

智能体是在环境中能做出动作改变环境状态的系统，它主要由策略、价值函数和环境模型组成。策略为智能体的动作函数，价值函数度量状态或动作的好坏，环境模型是智能体对环境进行方式的理解。

（2）状态

状态是对世界状态，即环境的完整描述。观测是对状态的部分描述，它可能省略信息。状态被视为对系统学习历史的概括，这个概括决定系统未来演变方向，对于每个时间戳 t，通常把 t 时刻前观测到的状态序列记作 $s_1, s_2, \cdots, s_t$。当智能体能够观测环境的完整状态时，则环境被完全观测（Fully Observed）。许多时候智能体只能观测环境中的部分状态。例如智能体在玩牌时，只能看到自己的底牌和台面上的牌。在强化学习中，智能体往往关注有用的环境特征，对无用的环境特征予以忽略，例如当训练机器人在家拖地时，沙发上有玩偶就是不重要的环境特征。

（3）动作

动作是智能体基于当前状态和其他考虑做出的决策，动作空间是一个包含所有智能体可能做的动作的集合，这个集合可以是一个离散的集合，例如{"跑","走","躺"}，也可以是一个连续的实数集合，例如坐标[-10,10]。动作的连续或离散属性对深度强化学习的方法会有很大的影响。对于每个时间戳 t，通常把 t 时刻前观测到的动作序列记作小写的序列 $a_1, a_2, \cdots, a_t$ 表示观测值。

（4）策略

策略（Policy）是智能体的"大脑"，决定智能体采取的动作，实现尽可能最大化奖励。策略分为确定性和随机性两种，确定性策略一般记作 $a_t = \mu(s_t)$，随机性的策略一般记作 $a_t \sim \pi(\cdot \mid s_t)$。确定性策略是戴维·西尔弗（David Silver）于 2014 年提出的，确定性策略在相同的策略（参数值相同）同一个状态下，动作结果是确定的，其优点是采集数据少，效率更高。而在 2014 年之前，策略优化主要集中在随机性策略方面，随机性是指在相同的状态下，按某一概率分布（如高斯分布）确定执行哪一个动作。即在给定某一状态 s_t 下，输出动作空间内的每个动作相应的概率。

在深度强化学习中，通常对策略进行参数化处理，策略的输出往往取决于神经网络的一系列参数，通过调整参数，从而对策略进行优化。参数化后的确定策略，一般记作 $a_t = \mu_\theta(s_t)$，参数化后的随机策略一般记作 $a_t \sim \pi_\theta(s_t)$，其中 θ 为神经网络的参数。

（5）状态转移

状态转移是指环境中某一时刻的状态转移到下一个时刻的状态，状态转移函数是由环境预先设定的。状态转移可以是确定性的，记作 $s_{t+1} = p(s_t, a_t)$，也可以是随机性的状态转移，记作 $s_{t+1} \sim p(\cdot \mid s_t, a_t)$。随机性的状态转移是指给定一个环境状态 s_t，对于智能体的动作 a_t，状态转移函数 P 输出一个关于下一个状态 S' 的概率密度函数，随后环境进行输出确定状态 S' 或者随机抽样转移至状态 S'。

根据智能体是否学习状态转移，将智能体分为基于模型（Model-Based）和无模型（Model-Free）两类，其中的模型是对环境中各个状态之间转换的概率分布的描述，并非机器学习和深度学习的模型。基于模型的智能体通过学习环境的状态转移函数进行决策，而无模型的智能体通过价值函数或者策略函数进行决策，可以分为价值学习和策略学习。

轨（Trajectory）是从开始到结束一回合游戏中智能体观测到的所有状态、动作序列，没有长度限制，记作 $\tau = (s_0, a_0, s_1, a_1, \cdots)$。初始状态 s_0 从初始状态分布中得到，智能体的动作 a_t 从策略中得到。

（6）奖励

奖励（Reward）是当智能体做出动作后，环境对智能体某一时刻做出动作的响应。奖励度量某一状态下做出动作的好坏，记作 $r_t = R(s_t, a_t)$，其中，R 为奖励函数。

（7）回报

一段轨迹的累计奖励之和为回报（Return），记作 $R(\tau)$。回报分为有限长度的未折扣回报和无限长度的折扣回报。有限长度的未折扣回报是对轨迹中的每个交互产生的奖励直接求和，记作 $R(\tau) = \sum_{t=0}^{T} R_t$。无限长度的折扣回报是对智能体获得奖励的折扣进行累加，记作 $R(\tau) = \sum_{t=0}^{\infty} \gamma^t R_t$，$\gamma \in (0,1)$ 称为折扣率。

设计优化算法和策略学习时往往使用有限长度的未折扣回报，无限长度的折扣回报主要用来估计价值函数。回报可以表示成迭代的形式，以无限长度的折扣回报为例，记 $G_t = R(\tau)$，则 $G_t = R_t + \gamma G_{t+1}$。折扣率的作用之一是在有限马尔可夫链中是可以带环的，导致智能体可能会获得无穷的回报，无法在数学上收敛；二是每个奖励的权重是不同的，例如早期的奖励比后期的奖励更重要，通过折扣率实现前后时期奖励权重的调整。折扣率作为超参数，在学习过程中可进行调整。

强化学习的基本思想是最大化最终的回报（累计奖励）。奖励是人为设定的，其值可为正值或负值。如果智能体执行期望的动作，则奖励应返回一个正值，动作越好，则正值越大。反之，环境奖励应返回负值。奖励在训练时预先设计，但可能会有延迟。例如，在某一局棋类比赛中，智能体做了许多动作，但每个时刻对应的奖励为 0，只有到最后结束才知道奖励的正负。当学习过程无比漫长的时候，回报延时过久，导致策略学习效率较低。在强化学习中，奖励的设定需要考虑诸多因素，在定义问题收益的同时，还要关注复杂动作的奖励函数的可行性。

将马尔可夫链应用于强化学习中，智能体在很多时候不能观察到环境中的所有状态，而马尔可夫决策过程中环境都是完全可观察的，这就需要将部分观察的问题转化成完全可观察问题。

智能体和环境的交互过程包括两方面的不确定性：一是智能体策略选择的不确定性，它根据策略分布随机抽样的结果做出相应的动作；二是状态转移的不确定性，将当前状态和动作作为状态转移函数的输入，经过随机抽样后输出下一时刻的状态。在相同的状态下执行相同的动作，可能进入不同的状态。状态转移的不确定性无法人为控制，但可以控制策略函数来获得最多的奖励。例如，种植者偷懒不对作物做防护措施（动作），发生了天灾也不一定造成很大损失（状态），但是如果做了防护措施（动作）就可以减少作物损失（状态），所以种植者会选择防护措施避免进入天灾带来损失的状态。

在强化学习过程中，智能体在最终的回报，与未来的奖励相关，即从当前状态节点或动作节点处开始，直至最终状态节点，观察奖励总和的平均值。

13.2.3　强化学习的目标函数

强化学习的目标是选择一种策略，使智能体根据其动作得到的回报最大化，即最大化所有累计奖励的均值。这就相当于求最大化轨迹所对应回报的条件期望，假设初始状态转移函数为 $f_0(s_0)$，第 T 步的轨迹概率密度函数为

$$F(\tau|\pi) = f_0(s_0) \prod_{t=0}^{T-1} p(s_{t+1}|s_t, a_t) \pi(a_t | s_t)$$

其中，τ 表示状态和动作轨迹序列 $(s_0, a_0, s_1, a_1, \cdots)$，$p(s_{t+1}|s_t, a_t)$ 表示在 t 时刻状态为 s_t 的情况下，执行 a_t 以达到状态 s_{t+1} 的概率；$\pi(a_t | s_t)$ 则表示在 t 时刻状态为 s_t 的情况下执行动作 a_t 的策略。

对于连续型的回报，其条件期望为：

$$J(\pi) = E_{\tau \sim \pi}[R(\tau)] = \int F(\tau | \pi) R(\tau) \mathrm{d}\tau$$

对于离散型的回报，其条件期望为：

$$E_{\tau\sim\pi}\left[R(\tau)\right]=\sum F(\tau|\pi)R(\tau)$$

最大化期望值的过程就是优化策略函数，所以优化目标就从求最大化轨迹回报条件期望转化成了求解最优策略：

$$\pi^* = \max_{\pi} J(\pi)$$

13.2.4　价值函数

强化学习利用价值函数求解最大平均累计奖励所对应的策略。价值函数描述从马尔可夫决策过程中的任一状态或者动作节点出发，采取一定的策略直至最终状态节点时，所能得到的最大平均累计奖励。价值函数使用期望对未来的奖励进行预测，不需要奖励实际发生就可以对当前状态进行评价。此外，通过期望汇总未来各种可能的回报情况，可以评价不同策略的好坏。价值函数包括以下几种形式。

① 相同策略价值函数：从某一状态开始，其后的每一步动作都按照固定策略执行。

② 相同策略动作价值函数：从某一状态开始，先随机执行一个动作，其后动作都按照固定策略执行。

③ 最优状态价值函数：从某一状态开始，其后每一步动作都按照最优策略执行。

④ 最优动作价值函数：从某一状态开始，先随机执行一个动作（有可能不是按照策略走的），其后每一步都按照最优策略执行。

度量价值函数所使用的回报若未加以说明，默认为无限长度的折扣回报。

状态价值函数（State-Value Function）的输入是策略 π 和当前状态 s_t，输出智能体从当前状态 s_t 出发，在未来能获得多少奖励，用于度量马尔可夫决策过程中某一状态的好坏，记作 $V_{\pi}(s_t)$，其值是关于奖励的条件期望：

$$V_{\pi}(s_t)=\mathbb{E}_{\tau\sim\pi}[R(\tau)|s_t]$$

动作价值函数（Action-Value Function）是指从输入状态 s_t 出发，根据策略 π 采取任意动作 a_t，输出对应的条件期望回报，用于度量马尔可夫决策过程中当前动作的好坏，记作 $Q_{\pi}(s_t,a_t)$：

$$Q_{\pi}(s_t,a_t)=\mathbb{E}_{\tau\sim\pi}[R(\tau)|s_t,a_t]$$

状态价值函数和动作价值函数是可以相互转化的，如图 13-3 所示。

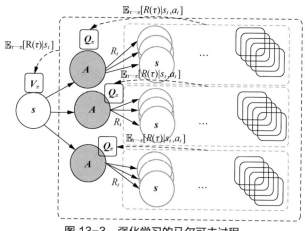

图 13-3　强化学习的马尔可夫过程

动作价值函数通过对动作求期望转化成状态价值函数。在 t 时刻状态节点上，对 Q_{π} 中的动

作集合 A 求条件期望，就是 $V_\pi(s_t) = \mathbb{E}[R(\tau)|s_t]$，即当动作为连续型随机变量时有：

$$V_\pi(s_t) = \mathbb{E}_{A \sim \pi(\cdot|s_t)}[Q_\pi(s_t, A)] = \int_A \pi(A|s_t) \cdot Q_\pi(s_t, A)\mathrm{d}A$$

当动作是离散型随机变量时有：

$$V_\pi(s_t) = \mathbb{E}_{A \sim \pi(\cdot|s_t)}[Q_\pi(s_t, A)] = \Sigma_A \pi(A|s_t) \cdot Q_\pi(s_t, A)$$

状态价值函数可以根据状态转移函数通过对状态求期望，并加上环境返回的奖励 R_t 转化成 Q_π。当状态是连续型随机变量时有：

$$Q_\pi(s_t, a_t) = R_t + \mathbb{E}_{S \sim P(s_t, a_t)}[V_\pi(S)] = R_t + \gamma \int_S P(s_t, a_t) \cdot V_\pi(S)\mathrm{d}S$$

当状态是离散型随机变量时有：

$$Q_\pi(s_t, a_t) = R_t + \mathbb{E}_{S \sim P(s_t, a_t)}[V_\pi(S)] = R_t + \gamma \Sigma_S P(S, a_t) \cdot V_\pi(S)$$

其中，$\gamma \in (0,1)$ 为折扣率，S 为有效状态集合。

以上是基于强化学习的整个马尔可夫决策过程定义。如果智能体能够知道在某个动作或者状态直至最后状态共能获得多少奖励，智能体会选择奖励最多的路径并生成策略，最终完成任务。对于图 13-3 中的马尔可夫链，智能体每次从当前状态（或者动作）走到结尾就会生成一条路径，每条路径都能获得不同的奖励，将所有路径奖励平均就是对这个状态价值的估算。

最优状态价值函数：

$$V^*(s_t) = \max_\pi V_\pi(s_t)$$

其中，输入当前状态 s_t，输出从当前状态出发所能获得的条件期望回报。在 s_t 节点处，根据不同策略最后可能得到不同路径，从而返回不同的 V_π，选择能得到最大 V_π 的策略，就是选择从当前节点走到最后状态节点的最优策略。

最优动作价值函数：

$$Q^*(s_t, a_t) = \max_\pi Q_\pi(s_t, a_t)$$

输入当前状态 s_t，采取任意动作 a_t，输出从当前状态节点出发所能获得的所有条件期望回报，根据不同策略计算期望，得到不同路径返回的 Q_π，选择最大 Q_π 对应的动作价值函数。

如果得到了最优动作价值函数 Q^*，就可以在输入状态 s_t 的条件下选择最优动作 a^*：

$$a^*(s_t) = \max_{a_t} Q^*(s_t, a_t)$$

不仅状态价值函数和动作价值函数可以相互转化，前一时刻状态价值函数和后一时刻状态价值函数、动作价值函数之间也可以相互转化。这种递推形式的方程被称作贝尔曼方程（Bellman Equation），它将出发点的价值等于获得的回报加上下一时刻节点的价值。由于回报可以通过时间表示成迭代的形式，以无限长度的折扣回报为例，记 t 时刻的回报 $G_t = R(\tau)$，则状态价值函数的贝尔曼方程推导如下：

$$\begin{aligned}
V_\pi(S_t) &= \mathbb{E}_{\substack{s_{t+1} \sim P \\ A_t \sim \pi}}[G_t | s_t] \\
&= \mathbb{E}_{\substack{s_{t+1} \sim P \\ A_t \sim \pi}}[R_t + \gamma R_{t+1} + \gamma^2 R_{t+2} + \ldots|s_t] \\
&= \mathbb{E}_{\substack{s_{t+1} \sim P \\ A_t \sim \pi}}[R_t + \gamma(R_{t+1} + \gamma^1 R_{t+2} + \ldots)|s_t] \\
&= \mathbb{E}_{\substack{s_{t+1} \sim P \\ A_t \sim \pi}}[R_t + \gamma G_{t+1}|s_t] \\
&= \mathbb{E}_{\substack{s_{t+1} \sim P \\ A_t \sim \pi}}[R_t + \gamma V_\pi(s_{t+1})|s_t]
\end{aligned}$$

其中，A_t 为 t 时刻的动作集合，状态价值函数的贝尔曼方程为：

$$V_\pi(s_t) = \mathbb{E}_{s_{t+1} \sim P}\left[R_t + \gamma V_\pi(s_{t+1}) | s_t\right]$$

可以得到状态价值函数的递推形式：

$$G_t = R_t + \gamma G_{t+1}$$

动作价值函数的贝尔曼方程推导如下：

$$Q_\pi(s_t, a_t) = \mathbb{E}_{s_{t+1} \sim P}\left[R_t + \gamma V_\pi(s_{t+1}) | s_t, a_t\right]$$

由于 $V_\pi(s_{t+1}) = \mathbb{E}_{a_{t+1} \sim \pi}[Q_\pi(s_{t+1}, a_{t+1})]$，因此上面公式可进一步化简为 $Q_\pi(s_t, a_t) = \mathbb{E}_{s_{t+1} \sim P}$ $\left[R_t + \gamma \mathbb{E}_{a_{t+1} \sim \pi}[Q_\pi(s_{t+1}, a_{t+1})]\right]$，即动作价值函数的贝尔曼方程。

除了价值函数有贝尔曼方程外，最优价值函数和最优动作价值函数也有贝尔曼方程：

$$V^*(s_t) = \max_{a_t}\left(\mathbb{E}_{s_{t+1} \sim P}\left[R_t + \gamma V^*(s_{t+1}) | s_t\right]\right)$$

$$Q^*(s_t, a_t) = \mathbb{E}_{s_{t+1} \sim P}\left[R_t + \gamma \max_{a_{t+1}} Q^*(s_{t+1}, a_{t+1}) | s_t\right]$$

相较于价值函数，最优价值函数的贝尔曼方程在执行动作中以取得最大回报的动作为目标。为了达到最优的回报，智能体往往选择最优的动作。有了最优价值函数之后，可以通过贪心算法选择每一步价值函数最大的策略，最终获得最优策略。

优势函数（Advantage Function）是指在强化学习实现过程中，一般只评估一个动作的相对优势：

$$A_\pi(s_t, a_t) = Q_\pi(s_t, a_t) - V_\pi(s_t)$$

其中，策略 π 的优势函数，假设策略不变，$A_\pi(s_t, a_t)$ 表示在状态 s_t 下采取动作 a_t 比随机选择一个动作好多少。优势函数与策略改善的目标不谋而合，在策略梯度方法中有举足轻重的作用。优势函数表达了动作相对于均值的偏差，有助于提高学习效率，减小方差。

探索是指为了让智能体在未来更好地决策，智能体通过动作尝试获取经验，不断通过与环境的交互进行学习，根据探索得到的以往经验，采取获得最多奖励的动作。没有充分进行探索的策略会导致模型陷入局部最优，甚至完全不收敛。

探索主要挖掘环境中有用的信息，不局限于已知的信息，而利用其得到最大化奖励。传统的贪心算法并没有从强化学习需要的探索层面去思考并解决问题。ε-贪心算法是以 ε 概率从动作空间中均匀随机抽样；以 $1-\varepsilon$ 的概率根据 $a_t = \underset{a}{\arg\max} \, Q(s_t, a)$ 直接选取最优 a_t。其中，$\varepsilon \in [0,1]$，是超参数，往往与 0 接近，即只在极少数情况下采用随机抽样。

强化学习目标可以分为预测（Prediction）和控制（Control）两个阶段：预测是对给定的一个策略求价值函数，控制是根据价值函数寻找最优策略。

下面通过一个例子介绍基于策略和基于价值的方法。当使用基于策略的强化学习时，若完成了学习，在如图 13-4 所示的迷宫游戏中，在每个状态下都能使用最优的策略最快速走到迷宫终点。例如，在第一个状态下选择往右走到第二个状态，在第二个状态下选择往下走，走到第三个状态，依此类推。

当使用基于价值的强化学习时，若完成学习，则每个状态会返回一个价值。例如走迷宫的时候，在第一个状态下价值为-12，说明最快还有 12 步到达终点；在第二个状态下的价值为-11，发现往上走的状态价值为-12，往下走的状态价值为-10，因此智能体选择向下走；依此类推，如图 13-5 所示。

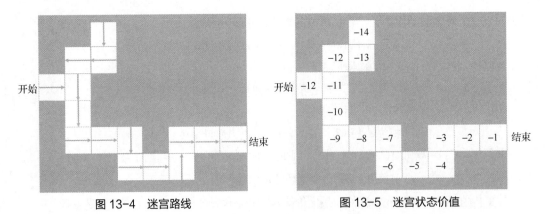

图 13-4　迷宫路线　　　　　　　　　图 13-5　迷宫状态价值

在学习策略函数 π 的过程中，用观测到的当前状态 s_t 作为函数输入，策略函数 π 输出一个关于动作的概率分布，随后进行随机抽样并做出对应动作。整个学习过程的路径概览如图 13-6 所示。

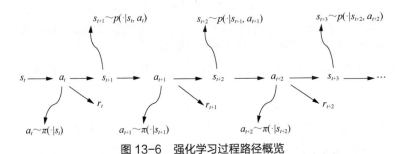

图 13-6　强化学习过程路径概览

假设得到了最优动作价值函数 Q^*，把 s_t 状态下的每一个动作输入 Q^*，得到 s_t 的每一个动作多得分，选择分数最高的动作，学习最优动作价值函数的过程称为价值学习。

按照智能体需要学习的内容进行分类，除了基于策略（Policy Based）和基于价值（Value Based）的学习外，还有将策略和价值函数结合起来的演员-评论家（Actor-Critic）等算法。

13.3　强化学习基本算法

基于模型的预测算法应用动态规划（Dynamic Programming，DP）算法对一个已知状态转移概率的马尔可夫决策过程进行策略评估，通过策略迭代和价值迭代寻找最优策略和最优价值函数。由于环境中状态转移概率较难完全可知，通常采用无模型的预测，在马尔可夫决策过程和状态转移函数不清楚的条件下，直接通过个体与环境的实际交互寻找到最优价值函数和最优策略。无模型方法对价值函数和策略的预测主要有蒙特卡洛强化学习算法和时序差分算法。

13.3.1　蒙特卡洛强化学习

蒙特卡洛强化学习（Monte Carlo Reinforcement Learning）原型为蒙特卡洛方法（Monte Carlo Method），蒙特卡洛方法是一种以概率统计理论为指导的数值计算方法。

马尔可夫决策过程要求环境是完全可观测的，而强化学习的环境转移概率是不可观测的。蒙特卡洛强化学习可以在不依赖状态转移概率的情况下，经历完整状态序列后估计状态的价值。

蒙特卡洛强化学习直接从某个状态开始直至终止状态中学习，使用平均回报近似真实状态价值。根据大数定律，加入完整状态序列越多，结果越准。但蒙特卡洛强化学习算法需要到终止状态才开始逐步返回更新。图 13-7 所示是蒙特卡洛强化学习的学习轨迹，白色圆代表状态节点，黑色圆代表动作节点，T 为终止（Terminal）状态，方框表示到达终止状态。虚线表示单条路径学习轨迹，到达终止节点后，再从终止状态开始，逐步往前返回更新价值函数。

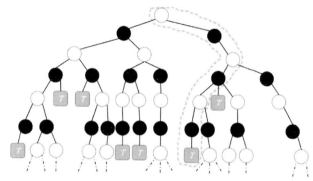

图 13-7　蒙特卡洛强化学习的学习轨迹

假设已选定策略 π，生成了许多条轨迹 $s_1, a_1, \cdots, \pi$，从其中一个状态出发到终止状态，再从终止状态开始逐步返回许多回报 G。其中一条轨迹的回报更新返回如图 13-8 所示。而对返回的所有回报 G 求平均，就得到了状态价值 V。

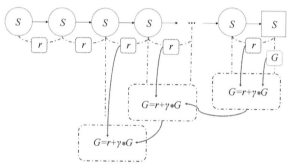

图 13-8　蒙特卡洛强化学习的回报更新

13.3.2　时序差分算法

时序差分（Temporal Difference，TD）算法指从采样得到的不完整状态序列中学习，算法在估计某个状态的价值时，使用离开该状态的即时奖励 R_t 与下一时刻状态 S_{t+1} 的预估状态价值乘折扣系数 γ：

$$V(s_t) \leftarrow V(s_t) + \alpha \left[R_t + \gamma V(s_{t+1}) - V(s_t) \right]$$

其中，$R_t + \gamma V(s_{t+1})$ 为 TD 目标值，$V(s_t)$ 为预测值，$R_t + \gamma V(s_{t+1}) - V(s_t)$ 为 TD 误差。和蒙特卡洛强化学习更新方程对比，相当于将 G_t 替换成 $R_t + \gamma V(s_{t+1})$，无须到终止状态才更新价值函数，而是每走一步就执行更新。

时序差分算法通过不断迭代兑现奖励，使预估逐渐逼近价值函数的实际值，可以更快、更灵活地进行价值预估的调整，这是因为时序差分算法可以做到单步更新。若在预估过程中，某一状态产生极大的负值奖励，显然这样的状态是需要避免的。时序差分算法会立刻大幅降低该状态的价值，以便智能体在下次遇到该状态前采用别的动作进行避免。算法同样可以应用于 Q 值计算，再通过每次取最优动作 a^*，得到最优策略 π。

无论是蒙特卡洛强化学习算法还是时序差分学习算法，都不依赖某一状态后续所有可能的状态和对应的状态转移概率函数。在问题规模较大和环境不明确的情况下，它们比基于模型的动态规划算法更为友好。

时序差分算法在估计状态价值函数 V 后，由于 V 与 Q 之间能够相互推导，因此时序差分算法自然也可以用于对动作价值函数的预估。根据在动作价值函数 Q 更新上的不同，时序差分算法又分为 SARSA 算法和 Q-Learning 算法。

13.3.3 SARSA 算法

SARSA（State-Action-Reward-State-Action）算法是时序差分算法的一种，用的是离开该动作的即时奖励 R_t 与下一时刻状态 s_{t+1} 和动作 a_{t+1} 的动作价值函数乘折扣系数 γ。

$$Q(s_t, a_t) \leftarrow Q(s_t, a_t) + \alpha \left[R_t + \gamma Q(s_{t+1}, a_{t+1}) - Q(s_t, a_t) \right]$$

其中 $R_t + \gamma Q(s_{t+1}, a_{t+1})$ 为 TD 目标值，$Q(s_t, a_t)$ 为预测值，$R_t + \gamma Q(s_{t+1}, a_{t+1}) - Q(s_t, a_t)$ 为 TD 误差。SARSA 算法将需要估计的状态价值函数 V 替换成动作价值函数 Q，通过多个轨迹不断迭代兑现奖励，使得逐渐逼近真实的动作价值函数 Q。

SARSA 算法每次更新价值函数时需要知道当前状态、当前动作、奖励、下一步状态、将要执行的动作。SARSA 算法动作 a 的选取遵循 ε-贪心策略，目标 Q 值的计算也是根据 ε-贪心策略得到动作，属于在线策略（On-Policy）学习算法。在线策略是指智能体使用同一个策略探索环境和更新策略。与之相对的离线策略（Off-Policy）是指智能体使用不同策略探索环境和更新策略。

在状态和动作有限的情况下，SARSA 算法基于状态和动作的二元表格 Q 表格实现，表的行索引为状态，列索引为动作，单元格内的值为 Q 值，训练结束后取对应的状态-动作对应单元格内容作为 Q 值。

（1）初始化 Q 表格并设置训练步骤数，Q 表格内的值一般设置为全 0，假设当前状态 S_t 选择动作 a_t 时，此时的策略是根据 ε-贪心算法（ε 值人为设定，通常很小），以 $1-\varepsilon$ 的概率根据策略函数 $a = \underset{a}{\arg\max}\, Q(s_t, a)$ 得到对应状态 Q 值最大的动作，ε 概率以均匀概率从动作空间中选取动作 a_t。故最优动作被选中的概率为 $1-\varepsilon+\dfrac{\varepsilon}{|a|}$。

（2）智能体采取动作 a_t，随后根据状态转移函数生成的下一时刻状态 s_{t+1}，环境返回的奖励 R。为了获取 $Q(s_{t+1}, a_{t+1})$ 值以更新 $Q(s_t, a_t)$，需要进一步获取 a_{t+1}，a_{t+1} 的获取同样根据 ε-贪心算法，需要注意的是 a_{t+1} 与 a_t 不同，并不需要智能体执行。

（3）通过更新方程更新 $Q(s_t, a_t)$，将之填入表格中，将 (s_{t+1}, a_{t+1}) 作为新的状态-动作对，进行新一次迭代。

（4）根据算法执行结束时得到的最优动作价值函数 Q^*，根据算法运行结果按行遍历表格，获得最优策略 $\pi^* = \underset{a}{\arg\max}\, Q^*(s, a)$，让智能体根据学习得到的最优策略 π^* 和当前状态做出最优决策。

13.3.4 Q-Learning 算法

Q-Learning 算法也是时序差分算法的一种，相比于 SARSA 算法多了对动作 a 取最大值的操作：

$$Q(s_t,a_t) \leftarrow Q(s_t,a_t) + \alpha \left[R_t + \gamma \max_a Q(s_{t+1},a) - Q(s_t,a_t) \right]$$

其中，$R_t + \gamma \max_a Q(s_{t+1},a)$ 为 TD 目标值，$Q(s_t,a_t)$ 作为预测值，$R_t + \gamma \max_a Q(s_{t+1},a) - Q(s_t,a_t)$ 为 TD 误差。

Q-Learning 算法属于离线策略算法，动作策略和更新策略属于不同策略。动作策略根据 ε-贪心算法，而更新策略采用纯粹的贪心算法选择动作 a 对应最大 Q 值进行更新。在状态和动作有限的情况下，Q-Learning 算法仍然是基于状态和动作的二元表格 Q 表格 实现，训练结束后取对应的状态-动作对单元格内容作为 Q 值。

（1）根据当前状态 s_t 选择动作 a_t 时，策略仍然是根据策略 π 的 ε-贪心算法。获取动作 a_{t+1} 时是直接根据学习得到的策略，也就是根据 $a = \arg\max_a Q(s_t,a)$ 得到最优动作 a。

（2）通过更新方程更新 $Q(s_t,a_t)$。在迭代的最后一步，将 s_{t+1} 更新。

（3）根据算法执行结束时得到的最优动作价值函数 Q^*，根据算法运行结果，智能体每次查表找最大值，采取对应的最优动作即可。即策略为 $\pi^* = \arg\max_a Q^*(s,a)$。

如果 Q 值是用表格存储的，则观测到一个序列后，就对表格中对应的一个状态-动作对进行更新。

【例 13.1】基于 Q-Learning 实现迷宫路径求解。

迷宫游戏界面如图 13-9 所示，要求从初始的 S_0 走到目标 S_{15} 格子，在走的过程中通过向上、向下、向左和向右的动作来控制圆形图标的移动，需要避开黑线的阻挡。

在这个游戏中，动作空间 $A=\{$向上,向下,向左,向右$\}$，状态空间 $S=\{S_0,S_1,\cdots,S_{15}\}$，对应迷宫中 16 个格子，即采用 Q 表格对状态-动作对应的概率向量进行定义，其大小为$(|S|-1,|A|)$，即除去最后的目标状态后为$(15,4)$。最优动作策略函数 π^* 用值由每个状态中各动作除以当前状态下所有动作数量得到，例如在 S_5 状态下，可以执行向左、向右和向下 3 个动作，则向左的概率为 $1/3 \approx 33.3\%$，其他动作依此类推。在实现过程中采用 ε-贪心算法，其 ε 的值默认为 0.15。

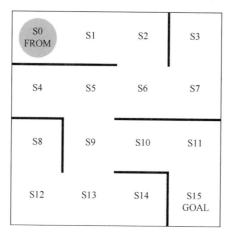

图 13-9　迷宫游戏界面

按照与 Q-Learning 算法原理中各因素之间的对应关系，定义初始化系统的变量，代码如下：

```
import numpy as np
from maze import Maze
```

```
DIRECTION = ["Up", "Right", "Down", "Left"]
class Agent:
    def __init__(self):
        self.state = 0
        # 策略：各状态对应的动作执行概率
        self.state_action_pi = None
        self.action = None
        self.state_history = [[0, np.nan]]
        self.step_log = list()
        # 定义不同状态 S 对应动作，每一行的 4 个数值分别代表 Up、Right、Down、Left 动作
        self.theta = np.array([
                            [np.nan, 1, np.nan, np.nan],    # S0: 开始
                            [np.nan, 1, np.nan, 1],         # S1
                            [np.nan, np.nan, 1, 1],         # S2
                            [np.nan, np.nan, 1, np.nan],    # S3
                            [np.nan, 1, np.nan, np.nan],    # S4
                            [np.nan, 1, 1, 1],              # S5
                            [1, 1, np.nan, 1],              # S6
                            [1, np.nan, np.nan, 1],         # S7
                            [np.nan, np.nan, 1, np.nan],    # S8
                            [1, 1, 1, np.nan],              # S9
                            [np.nan, 1, 1, np.nan],         # S10
                            [np.nan, np.nan, 1, 1],         # S11
                            [1, 1, np.nan, np.nan],         # S12
                            [1, 1, np.nan, 1],              # S13
                            [1, np.nan, np.nan, 1],         # S14
                            ])                              # S15: 结束

        state_count, action_count = self.theta.shape
        # 初始的 epsilon 值为 1
        self.epsilon = 1.0
        # 随机初始化 Q 表格
        self.Q = np.random.rand(state_count, action_count) * self.theta
        # 设置目标状态的序号为 15
        self.END_STATE = 15
        # 转化为概率
        self.initial_covert_from_theta_to_pi()
    '''将初始化状态值转化为概率'''
    def initial_covert_from_theta_to_pi(self):
        [m, n] = self.theta.shape
        pi = np.zeros((m, n))
        # 更新每种状态下各动作的概率
        for i in range(0, m):
            pi[i, :] = self.theta[i, :] / np.nansum(self.theta[i, :])
        # 转化为数字，空转为 0
        self.state_action_pi = np.nan_to_num(pi)
```

从中可以看到，theta 变量对应游戏中的 15 种路径状态，其定义代码中的每一行表示某一状态下的 4 个动作，依次为 Up、Right、Down、Left。例如：在状态 S_1 时，其值为 np.nan,1,np.nan,np.nan，就是只能向右（Right）移动。1 表示在当前状态下某动作会发生，np.nan 表示在当前状态下某动作不会发生。

基于 ε-贪心算法的原理，在 15% 的可能情况下采用随机选择一个动作，85% 的可能性基于 Q 表格得到当前状态下最有可能的动作方向。下面代码获取动作结果对应的函数定义。

```
def get_action(self):
    p_value = self.state_action_pi[self.state, :]
    if np.random.rand() < self.epsilon: # 随机选择动作
        next_direction = np.random.choice(DIRECTION, p=p_value)
    else:
        # 计算Q(s,a)最大化值对应的动作
        q_value = self.Q[self.state, :]
        next_direction = DIRECTION[int(np.nanargmax(q_value))]

    if next_direction == "Up":
        action = 0
    elif next_direction == "Right":
        action = 1
    elif next_direction == "Down":
        action = 2
    elif next_direction == "Left":
        action = 3
    return action
```

下面代码获得在下一个状态的函数定义，如果当前动作为空，则按照状态-动作对应的概率随机选择一个动作，否则直接使用动作对应的移动方向。其中，不同动作的移动方向，对应不同的状态。

```
def move_next_state(self, action=None):
    if action is not None:
        next_direction = DIRECTION[action]
    else:
        next_direction = np.random.choice(DIRECTION, p=self.state_action_
pi[self.state, :])
    if next_direction == "Up":
        next_state = self.state - 4 # 表示向上移动一行, 对应状态序列减去 4 个
    elif next_direction == "Right":
        next_state = self.state + 1
    elif next_direction == "Down":
        next_state = self.state + 4 # 表示向下移动一行, 对应状态序列加上 4 个
    elif next_direction == "Left":
        next_state = self.state - 1
    self.state = next_state
    return self.state
```

其中，结合当前迷宫的定义，可以看到向上和向下移动一次，对应状态变化为 4，这是因为迷宫大小为 4×4，即一行的变化对应 4 个状态的切换。而左右方向的移动只涉及 1 个状态位置的变化。下面是更新 Q 表格的函数定义，按照前文中的公式进行计算，代码如下：

```
def update_Q(self, s, a, r, s_next, a_next, Q, alpha, gamma):
    if s_next == self.END_STATE: # 达到目标
        Q[s, a] = Q[s, a] + alpha * (r - Q[s, a])
    else: # 按Q-Learning原理公式更新Q表格中对应(s,a)单元格的值
        Q[s, a] = Q[s, a] + alpha * (r + gamma * np.nanmax(Q[s_next, :]) - Q[s, a])
    self.Q = Q
```

可以看到，在到达目标位置之前，基于 Q-Learning 算法的原理计算 Q[s,a] 的值，各变量与前文公式一一对应。由于 Q-Learning 与 SARSA 相比是在更新 Q 表格时采用最大概率动作，因此对上述代码稍加修改，将 Q[s,a] 的值更新代码改为如下：

```
Q[s, a] = Q[s, a] + eta * (r + gamma * Q[s_next, a_next] - Q[s, a])
```

下面是完成一次迷宫训练的实现代码，通过不断尝试，直到达到最后的目标。在此过程中

将过程结果进行记录，并更新 Q 表格中的状态-动作对应单元格的值。

```python
def solve_maze(self, alpha=None, gamma=None):
    # 获取下一个动作
    a_next = self.get_action()
    while True:
        act = a_next
        # 保存动作
        self.state_history[-1][1] = act
        # 暂存当前状态
        cur_state = self.state
        # 寻找下一个状态
        state_next = self.move_next_state(action=act)
        # 保存历史记录
        self.state_history.append([state_next, np.nan])
        if state_next == self.END_STATE:  # 到达目标状态
            reward = 1
            a_next = np.nan
        else:  # 获得下一个动作
            reward = 0
            a_next = self.get_action()
        # 更新 Q 表格单元格的值
        self.update_Q(cur_state, act, reward, state_next, a_next, self.Q, alpha, gamma)
        # 到达目标后停止循环
        if state_next == self.END_STATE:
            break
```

迷宫游戏执行训练的代码如下：

```python
def train(self, alpha=0.15, gamma=0.9, total_episode=10):
    v = np.nanmax(self.Q, axis=1)
    episode = 1
    V = list()
    V.append(v)
    while True:
        # 衰减 epsilon 值
        self.epsilon = self.epsilon / 2
        # 完成一次迷宫任务
        self.solve_maze(alpha=alpha, gamma=gamma)
        # 更新 V 结果
        new_v = np.nanmax(self.Q, axis=1)
        print(f"Episode:{episode} State value difference:{np.sum(np.abs(new_v - v))} ")
        v = new_v
        V.append(v)
        episode += 1
        # 过程日志
        self.step_log.append(len(self.state_history) - 1)
        if episode > total_episode:
            print("State value after training: ", V)
            break
        self.state = 0
        self.state_history = [[0, np.nan]]
```

示例的入口调用代码如下，其训练过程中超参数 alpha 和 gamma 的值分别是 0.15 和 0.8，训练的迭代次数是 100 次。

```python
if __name__ == "__main__":
```

```
# 定义对象
agent = Agent()
# 训练
agent.train(alpha=0.15, gamma=0.8, total_episode=100)
print("step history:",agent.step_log)
for state, act in agent.state_history:
    if state == agent.END_STATE:
        next_direction = "Success"
    else:
        next_direction = DIRECTION[act]
    print("State:",state," Go ",next_direction)
# 可视化保存结果
maze = Maze()
maze.save_animation('maze.gif', agent.state_history)
```

运行后输出的结果如下：

```
step history: [62, 178, 164, 226, 30, 20, 14, 26, 24, 18, 26, 22, 22, 14, 12, 16, 18,
10, 16, 14, 12, 10, 18, 10, 10, 10, 12, 10, 10, 10, 10, 12, 10, 10, 10, 22, 10, 10, 10, 10,
10, 10, 10, 10, 10, 10, 10, 10, 10, 10, 10, 10, 10, 12, 10, 10, 10, 10, 10, 10, 10, 10, 10,
10, 10, 10, 10, 10, 10, 10, 10, 10, 10, 10, 10, 10, 10, 10, 10, 10, 10, 10, 10, 10, 10, 10,
10, 10, 10, 10, 10, 10, 10, 10, 10, 10, 10, 10, 10, 10]
State: 0  Go  Right
State: 1  Go  Right
State: 2  Go  Down
State: 6  Go  Left
State: 5  Go  Down
State: 9  Go  Down
State: 13  Go  Right
State: 14  Go  Up
State: 10  Go  Right
State: 11  Go  Down
State: 15  Go  Success
```

可以看到随着训练迭代的次数增加，在大约 30 个训练回合之后，步数已经趋于稳定（用 10 步就可以完成）。最后的完成过程也输出了，在每个状态下执行最佳动作，即可到达最终目标位置。同时，在运行后在运行目录下会保存一个名为 maze.gif 的动态图像文件，可看到移动的过程，其中一部分的可视化效果如图 13-10 所示。

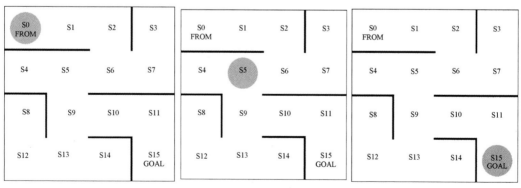

图 13-10　迷宫游戏完成过程

13.4　深度强化学习

深度强化学习（Deep Reinforcement Learning）利用深度学习技术对传统强化学习的方法做

进一步拓展，以处理传统强化学习无法解决的问题。例如由于传统的 TD 算法基于表格实现，表格只能表示有限的离散型状态和动作，当状态或者动作连续时，表格就会变得非常庞大，无论是存储量还是计算量都非常大。深度学习中的神经网络可以对函数进行拟合以处理强化学习中的状态连续型问题，并且在细化状态空间粒度的同时有效控制计算量。当用神经网络实现价值函数时，每观测到一个序列，相当于多了一个训练数据，用这些数据训练可以实现网络参数的更新。

13.4.1　DQN 算法

DQN（Deep Q-Network）算法用神经网络来近似价值函数，替代表格实现复杂策略求解，记作 $Q(s,a;\omega)$，网络的输入是状态 s，w 是网络的参数，其输出是对动作 a 的评分。

强化学习是一个反复迭代的过程，每一次迭代要对给定策略求价值函数，以及根据价值函数来更新策略。在训练过程中，环境给出一个观察状态 s，智能体根据价值函数网络得到所有 $Q(s,a)$，然后利用 $\varepsilon-$ 贪心算法选择动作 a 并做出决策，环境接收到动作后会给出一个奖励 R_t 及下一个状态 s_{t+1}。最后根据 R_t 去更新价值函数网络的参数。

DQN 和 Q-Learning 都是离线策略算法，如果 DQN 直接使用 Q-Learning 算法更新，将 $R_t + \gamma \max_a Q(s_{t+1}, a)$ 作为 TD 目标值，这和 $Q(s_t, a_t)$ 预测值用的是同一个 Q，会使用相同的神经网络。在有监督学习中，真值都是固定的，不随参数改变。而共用同一个 Q 会导致在网络更新参数时，真值也被对应更新，导致参数无法收敛。故 DQN 算法在原来的网络的基础上又复制了一个用来计算真值的网络，计算真值的网络结构与原来网络结构相同，原来的网络称为预测网络，复制生成的网络称为目标网络。预测网络每次迭代参数都要进行更新，而目标网络的参数延迟更新。DQN 结构如图 13-11 所示。

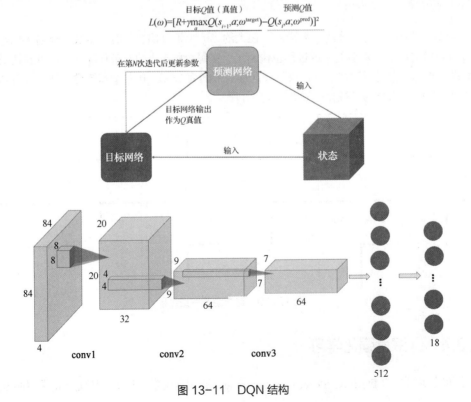

图 13-11　DQN 结构

神经网络的收敛性问题得到解决后，仍要解决神经网络的监督训练，要求数据满足独立同分布，而通过强化学习采集的数据之间存在着关联性，若用这些数据进行顺序训练，神经网络表现不稳定。故引入经验重放机制，在训练过程中，四元组$<S_t, A_t, R_t, S_{t+1}>$被称作状态转换（Transition）。智能体将状态转换数据存储到缓存中，缓存大小由人为设定，再从缓存中批采样生成训练需要的批数据，每批数据由多个四元组构成。由于数据混合，充分降低了数据相关性。

考虑到使用不同长度的数据作为神经网络的输入会十分困难，故通过 ϕ 函数将 s_t 映射成固定长度，从而使网络输入大小固定。在 DQN 算法训练过程中，缓存存储的数据是四元组$<\phi_t, a_t, r_t, \phi_{t+1}>$。

损失函数采用均方误差：

$$L_i(\omega_i) = \frac{1}{2}\mathbb{E}_{s,a\sim\pi}\left[(y_i - Q(\phi_i, a_i; \omega_i))^2\right]$$

$$y_i = \begin{cases} R + \gamma\max_a Q(\phi_{i+1}, a; \omega_{i+1}), & \phi_{i+1}\text{为终点} \\ r_i, & \phi_{i+1}\text{不为终点} \end{cases}$$

其中，i 代表第 i 轮迭代，y_i 表示第 i 轮迭代中的真值。

训练开始时，需要初始化回放记忆缓存区 D，其可容纳的数据条数为 N，采用随机参数初始化网络。对 s_t 做映射，将之转换成固定长度状态的 ϕ_t，从缓存区取出 ϕ_t 作为输入，根据策略 π 的 ε-贪心算法选择动作 a_t，若 ε 小概率事件没发生，则用贪心策略 $a_t = \underset{a}{\mathrm{argmax}}\, Q(\phi_i(s_t), a; \omega^{\mathrm{pred}})$ 得到最优动作 a_t。注意，这里选动作时用到预测网络。智能体执行动作 a_t，得到奖励 r_t 及新结果 x_{t+1}。令 $s_{t+1} = <s_t, a_t, x_{t+1}>$；$\phi_{t+1} = \phi(s_{t+1})$，并更新回放记忆缓存区 D。从 D 中随机取小批量的状态转移 $<\phi_i, a_i, r_i, \phi_{i+1}>$，并计算真值 $y_i = r_i + \gamma\max_a Q(\phi_i(s_t), a_i; \omega^{\mathrm{Target}})$，注意这里的 Q 是用目标网络进行计算的。对损失函数求解：

$$\frac{1}{2}\Sigma[Q(s_i, a_i; \omega^{\mathrm{pred}}) - (r_i + \gamma\max_a Q(s_{i+1}, a_i; \omega^{\mathrm{target}}))]^2$$

使用梯度下降算法对预测网络的参数 ω 进行更新：

$$\omega^{\mathrm{pred}} \leftarrow \omega^{\mathrm{pred}} - \Sigma\left[Q(s_i, a_i; \omega^{\mathrm{pred}}) - r_i - \gamma\max_a Q(s_{i+1}, a_i; \omega^{\mathrm{target}})\right]\nabla_\omega Q(s_i, a_i; \omega^{\mathrm{pred}})$$

随后每隔 C 次迭代（C 为超参数）同步目标网络的参数与预测网络的参数。重复上述步骤直至预测网络收敛。图 13-12 所示为上述训练步骤的可视化。

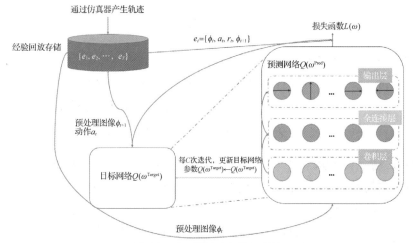

图 13-12　训练步骤的可视化

预测网络收敛意味着得到了最优动作价值函数的近似，也就意味着可以通过 $\pi^* = \underset{a}{\arg\max}\, Q^*(S,a)$ 获得智能体的策略。

（1）策略学习

DQN 的输出 $\pi = \underset{a}{\arg\max}\, Q(S,a)$ 是在动作空间内求 Q 的最大值以获取策略，它可以解决状态空间无限而动作空间有限的问题。在最大化 Q 值的过程中，基于价值学习对应的最优策略往往是确定性策略，当最优策略是随机性策略时，无法基于价值学习的方法求解。这种情况可以通过策略梯度方法直接求取策略。在策略学习中，策略 π_θ 表示在给定状态和参数的情况下，智能体采取动作的概率，它是一个概率密度函数，记作 $\pi_\theta(s,a) = p[a\,|\,s,\theta]$，是 $\pi(s,a)$ 的近似。将基于策略学习优化转变成确定最优参数 θ^*，设计关于参数 θ 的目标函数 $J(\theta)$，它与状态-动作所获奖励相关，最大化 $J(\pi_\theta)$ 函数后可直接求解最优策略 π_θ。

有 3 种设计策略目标函数的思路，分别是基于初始状态回报的期望、基于平均价值和基于平均奖励：

$$J_1(\pi_\theta) = \mathbb{E}_{\pi_\theta}[G_1]$$

$$J_{\mathrm{avV}}(\pi_\theta) = \mathbb{E}_{s \sim p^{\pi_\theta}}[V(s)]$$

$$J_{\mathrm{avR}}(\pi_\theta) = \mathbb{E}_{\substack{s \sim p^{\pi_\theta} \\ a \sim \pi_\theta}}[R(s,a)]$$

其中，p^{π_θ} 是基于策略 π_θ 在马尔可夫决策过程汇总的状态概率分布，可见设计的策略目标函数都与奖励挂钩，策略目标函数值越大策略越优秀，可采用梯度上升算法求解最优参数。

（2）策略梯度

$$J(\pi_\theta) = \mathbb{E}_{\substack{s \sim p^{\pi_\theta} \\ a \sim \pi_\theta}}[r(s,a)] = \int_S p^{\pi_\theta}(s)\int_A \pi_\theta(s,a)R(s,a)\,\mathrm{d}a\,\mathrm{d}s$$

则 $\nabla_\theta J(\pi_\theta)$ 被称作策略梯度，策略梯度矩阵表示形式为：

$$\nabla_\theta J(\pi_\theta) = \begin{pmatrix} \dfrac{\partial J(\pi_\theta)}{\partial \theta_1} \\ \dfrac{\partial J(\pi_\theta)}{\partial \theta_2} \\ \vdots \\ \dfrac{\partial J(\pi_\theta)}{\partial \theta_n} \end{pmatrix}$$

对 $\nabla_\theta J(\pi_\theta)$ 进一步推导：

$$
\begin{aligned}
\nabla_\theta J(\pi_\theta) &= \int_S p^{\pi}(s)\int_A \nabla_\theta \pi_\theta(s,a)R(s,a)\,\mathrm{d}a\,\mathrm{d}s \\
&= \int_S p^{\pi_\theta}(s)\int_A \pi_\theta(s,a)\nabla_\theta \log_2 \pi_\theta(s,a)R(s,a)\,\mathrm{d}a\,\mathrm{d}s \\
&= \mathbb{E}_{\substack{s \sim p^{\pi_\theta} \\ a \sim \pi_\theta}}\big[\nabla_\theta \log_2 \pi_\theta(s,a)R(s,a)\big]
\end{aligned}
$$

状态转移函数依赖于策略参数，而策略梯度并不由状态分布的梯度所决定。由于 $\log_2 \pi_\theta(s,a)$ 具有被称作分值函数（Score Function）的性质，使得对于上文提及的 3 种策略目标函数的策略梯度都可用分值函数表示：

$$\nabla_\theta J(\pi_\theta) = \mathbb{E}_{\substack{s \sim p^{\pi_\theta} \\ a \sim \pi_\theta}}\big[\nabla_\theta \log_2 \pi_\theta(s,a)Q_{\pi_\theta}(s,a)\big]$$

其中，$\nabla_\theta \log_2 \pi_\theta (s,a)$ 相当于 θ 下降或者上升最快的方向，而 $Q_{\pi_\theta}(s,a)$ 是一个标量，表示更新方向上的步长。故策略梯度的更新直观含义是增大高回报轨迹的概率，降低低回报轨迹的概率。可以控制 $\nabla_\theta J(\pi_\theta)$ 等式中 $\nabla_\theta \log_2 \pi_\theta (s,a)$ 部分不变，而 $Q_{\pi_\theta}(s,a)$ 部分可以替换成需要的优化目标，如状态价值函数 $V_\pi (s)$、轨迹总回报 $\sum_{t=0}^\infty \gamma^t r_t$、动作后回报 $\sum_{t'}^\infty \gamma^t r_t$、优势函数 $A_\pi (s,a)$、TD 误差 $r_t + V_\pi(s_{t+1}) - V_\pi(s_t)$ 等。当动作是连续的随机变量时，无法进行枚举求和，需要使用蒙特卡洛算法或者时序差分算法近似求解策略梯度。通过大量状态转移采样并生成轨迹，将所生成的轨迹传入梯度上升公式：

$$\theta = \theta + \alpha \nabla_\theta \log_2 \pi_\theta (s,a) Q_{\pi_\theta}(s,a)$$

经过不断训练实现对参数 θ 的更新。常见的策略函数有 Softmax 策略函数和高斯策略函数，Softmax 策略一般用于离散型的动作空间，高斯策略一般用于解决连续型问题。

（3）策略网络

神经网络凭借其强大的拟合能力可对策略函数 $\pi_\theta (s,a)$ 做近似，称该神经网络为策略网络（Policy Network），记作 $\pi(a|s;\theta)$，θ 为网络参数。策略网络的输入为状态，输出为策略，目标函数为 $J(\theta)$。

策略网络根据当前的状态输入，经过神经网络的 Softmax 层处理，输出策略函数。智能体对策略随机采样生成动作，通过蒙特卡洛算法或者时序差分算法可计算出 $V_{\pi_\theta}(s_t)$，进一步对分值函数求偏导：

$$\frac{\partial \log_2 \pi(a_t \mid s_t, \theta)}{\partial \theta} \Big|_{\theta = \theta_t}$$

将蒙特卡洛算法采样结果代入策略梯度公式里的期望：

$$\nabla_\theta J(\pi_\theta) = \mathbb{E}_{\substack{s \sim p^{\pi_\theta} \\ a \sim \pi_\theta}} \left[\nabla_\theta \log_2 \pi_\theta (s,a) V_{\pi_\theta}(s) \right]$$

计算出策略梯度 $\nabla_\theta J(\pi_\theta)$ 的近似，并用矩阵记录，得到策略梯度近似后，根据梯度上升公式 $\theta_{t+1} \leftarrow \theta_t + \alpha \nabla_\theta \log_2 \pi_\theta (s,a) V_{\pi_\theta}(s)$ 对策略网络参数进行更新。

策略梯度算法从近似策略入手，为解决动作空间无限问题和最优策略随机的问题提供了新思路。深度强化学习中引入神经网络对策略函数进行拟合后，形成了端到端的学习方法，用智能体在学习动作时在环境中获得的策略梯度更新策略网络。训练时，策略网络会遇到不同动作带来的不同期望，逐渐调整对应概率，最终输出给定环境下的最优策略。

当动作空间为离散型时，输出对应动作的概率；当动作空间是连续型时，输出动作的具体数值。由于策略网络采用蒙特卡洛算法近似价值函数，需要走到最终状态才能进行一次更新，因此策略梯度算法效率不高且不容易收敛。

【例 13.2】疯狂小鸟游戏。

下面以"疯狂小鸟"游戏为例说明 DQN 算法实践过程。这个游戏是通过控制一只飞行中的小鸟向上/下移动，穿越障碍（柱子）前进，避免触碰到障碍物，否则游戏结束。为了让控制小鸟平稳飞行，基于 DQN 实现一个控制策略，指导小鸟上下移动。

DQN 对应的 2 个动作（向上/向下），超参数 γ 的值为 0.98，回放记忆缓存区 D 容量 N 为 50000。基于 $\varepsilon-$贪心算法的起始 ε 值为 0.1，经过衰减的最终 ε 值为 0.0001。每次训练的批大小为 32。

```
ACTIONS = 2 # 动作数量
```

```
GAMMA = 0.98 # 衰减参数 GAMMA
OBSERVE = 50000. # 观测步数（训练样本集数据量）
EXPLORE = 100000. # epsilon 衰减基数
FINAL_EPSILON = 0.0001 # 最终 epsilon 值
INITIAL_EPSILON = 0.1 # 起始 epsilon 值
REPLAY_MEMORY = 50000 # 经验回放缓存数量
BATCH_SIZE = 32 # 训练样本批大小
```

首先定义 DQN，其由 3 个卷积层、2 个全连接层组成，输入为 84×84×4 的多维度图像数据，输出包括动作输出 readout 和全连接输出 h_fc1 两部分，代码如下：

```
def DQNetwork():
    W_conv1 = weight_variable([8, 8, 4, 32])
    b_conv1 = bias_variable([32])
    W_conv2 = weight_variable([4, 4, 32, 64])
    b_conv2 = bias_variable([64])
    W_conv3 = weight_variable([3, 3, 64, 64])
    b_conv3 = bias_variable([64])
    W_fc1 = weight_variable([2304, 512])
    b_fc1 = bias_variable([512])
    W_fc2 = weight_variable([512, ACTIONS])
    b_fc2 = bias_variable([ACTIONS])
    # 输入层
    state = tf.placeholder("float", [None, 84, 84, 4])
    # 隐层
    h_conv1 = tf.nn.relu(conv2d(state, W_conv1, 4) + b_conv1)
    h_pool1 = max_pool_2x2(h_conv1)
    h_conv2 = tf.nn.relu(conv2d(h_pool1, W_conv2, 2) + b_conv2)
    h_conv3 = tf.nn.relu(conv2d(h_conv2, W_conv3, 1) + b_conv3)
    # 扁平化
    h_conv3_flat = tf.reshape(h_conv3, [-1, 2304])
    # 全连接层
    h_fc1 = tf.nn.relu(tf.matmul(h_conv3_flat, W_fc1) + b_fc1)
    # 动作输出层
    readout = tf.matmul(h_fc1, W_fc2) + b_fc2
    return state, readout, h_fc1
```

在训练过程中，网络的损失函数采用 MSE 进行定义，将网络预测的动作与游戏中的动作输入 MSE 中计算损失，代码如下：

```
    # 输入层占位
    a = tf.placeholder("float", [None, ACTIONS]) # 动作
    y = tf.placeholder("float", [None])
    # 定义 MSE 损失函数
    readout_action = tf.reduce_sum(tf.multiply(readout, a), reduction_indices=1)
    cost = tf.reduce_mean(tf.square(y - readout_action))
    train_step = tf.train.AdamOptimizer(1e-6).minimize(cost)
```

下面使用 ε-贪心策略求解最大可能动作，在训练步数超过 OBSERVE（一般是 100000）之后开始衰减 ε 的值，直到达到最小值为止。game_state.frame_step(a_t)的作用是从游戏环境中提取环境状态，同时通过判断小鸟与障碍物之间的位置判定回报值。由于神经网络的输入为固定的 84×84×4 的维度，因此需要对游戏中输出的图像进行加工处理，使其与 CNN 的输入匹配。此外，将观测结果以状态转换变量的四元组形式缓存到经验回放空间中，如果空间已满（默认 50000 条记录），则以先进先出原则移除早期样本。代码如下：

```
while True:
    readout_t = readout.eval(feed_dict={state : [s_t]})[0]
```

```
        a_t = np.zeros([ACTIONS])
        # 使用 ε-贪心策略
        if random.random() <= epsilon: # 随机动作
            action_index = random.randrange(ACTIONS)
            a_t[random.randrange(ACTIONS)] = 1
        else: # 由 CNN 输出最大可能的动作
            action_index = np.argmax(readout_t)
            a_t[action_index] = 1
        # 衰减 epsilon 的值
        if epsilon > FINAL_EPSILON and t > OBSERVE:
            epsilon -= (INITIAL_EPSILON - FINAL_EPSILON) / EXPLORE
        # 控制小鸟动作，然后观察反馈奖励和环境状态
        x_t1_colored, r_t, terminal = game_state.frame_step(a_t)
        x_t1 = cv2.cvtColor(cv2.resize(x_t1_colored, (84, 84)), cv2.COLOR_BGR2GRAY) # 将
图片调整大小，并转为灰度图
        ret, x_t1 = cv2.threshold(x_t1, 1, 255, cv2.THRESH_BINARY) # 过滤背景的干扰
        x_t1 = np.reshape(x_t1, (84, 84, 1))
        s_t1 = np.append(x_t1, s_t[:, :, :3], axis=2)
        # 存储观测到的状态转换变量
        D.append((s_t, a_t, r_t, s_t1, terminal))
        #经验回放空间已满就移除早期样本
        if len(D) > REPLAY_MEMORY:
            D.popleft()
```

网络训练过程中的代码如下，通过随机采样得到小批次训练样本，包括 t 时刻的状态、t 时刻的动作、t 时刻的回报和 $t+1$ 时刻的环境状态，基于 CNN 预测 $t+1$ 时刻对应状态下的动作，在游戏未终止的情况下，计算其最大化动作结果，并将其以标签 y 的值与 t 时刻下预测的值进行比较，利用前文中的 MSE 计算损失，实现参数学习。

```
minibatch = random.sample(D, BATCH_SIZE)
# 批样本对应变量
s_j_batch = [d[0] for d in minibatch] #t 时刻的状态
a_batch = [d[1] for d in minibatch] #t 时刻的动作
r_batch = [d[2] for d in minibatch] #t 时刻的回报
s_j1_batch = [d[3] for d in minibatch] #t+1 时刻的环境状态
y_batch = []
# 利用预测网络预测 t+1 时刻的动作
readout_j1_batch = readout.eval(feed_dict = {state : s_j1_batch})
for i in range(0, len(minibatch)):
    terminal = minibatch[i][4]
    # 终止状态只采用奖励值
    if terminal:
        y_batch.append(r_batch[i])
    else: # 计算动作结果
        y_batch.append(r_batch[i] + GAMMA * np.max(readout_j1_batch[i]))
# 计算批损失，执行梯度学习
train_step.run(feed_dict = {
    y : y_batch,
    a : a_batch,
state : s_j_batch})
```

大约训练完 25 万步后，可以得到一个较成熟的 DQN 模型，其运行效果如图 13-13 所示。可以看到小鸟可以灵活地在障碍物中间飞行。

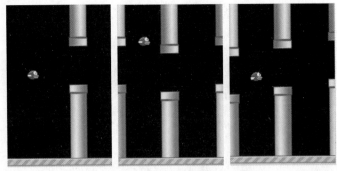

图 13-13   疯狂小鸟模型运行效果

13.4.2   演员-评论家算法

演员-评论家（Actor-Critic）算法是在线策略，可用于解决最优策略随机的问题。此算法包含策略函数和动作价值函数，策略函数作为演员（Actor），生成动作与环境交互。动作价值函数作为评论家（Critic），负责评论演员的动作好坏，并指导演员做后续动作。

评论家的价值网络是基于策略 π_θ 的近似：

$$V_{\pi_\theta}(s) \approx V(s;\omega)$$

$$Q_{\pi_\theta}(s,a) \approx Q(s,a;\omega)$$

动作函数使用神经网络近似：

$$\pi(s,a) \approx \pi_\theta(s,a) = \mathbb{P}(a \mid s;\theta)$$

在使用演员-评论家算法框架与深度学习结合时考虑采用神经网络近似的价值函数，近似的网络称为价值网络，并使用时序差分算法替代蒙特卡洛算法指导策略函数对价值网络进行更新。策略参数 θ 通过策略梯度进行更新，价值参数 ω 可以通过蒙特卡洛算法、时序差分算法评估，往往采用时序差分算法。

整个演员-评论家算法的整体思想是评论家通过价值网络计算状态的最优价值，演员通过计算 TD 误差更新策略网络的参数 θ，进而选择动作，并得到环境返回的奖励和新的状态；评论家使用新的状态和奖励更新价值网络参数 ω，再使用更新后的网络参数计算动作的最优价值。算法的基本流程如图 13-14 所示。

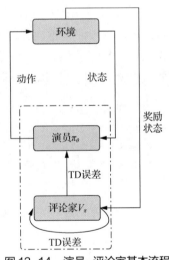

图 13-14   演员-评论家基本流程

策略梯度公式 $\nabla_\theta J(\pi_\theta) = \mathbb{E}_{\substack{s \sim p^{\pi_\theta} \\ a \sim \pi_\theta}}\left[\nabla_\theta \log_2 \pi_\theta(s,a) Q_{\pi_\theta}(s,a)\right]$ 中的 Q 根据优化目标需要可以替换。将策略梯度算法与基于价值学习的算法很好地联系起来，使得演员-评论家模型算法中的评论家模块不仅可以根据 TD 误差进行评估，$\theta_{t+1} \leftarrow \theta_t + \alpha\nabla_\theta \log_2 \pi_\theta(s,a)\delta_{\pi_\theta}$，还可根据状态价值 $\theta_{t+1} \leftarrow \theta_t + \alpha\nabla_\theta \log_2 \pi_\theta(s,a)V_{\pi_\theta}(s)$，或者使用动作价值 $\theta_{t+1} \leftarrow \theta_t + \alpha\nabla_\theta \log_2 \pi_\theta(s,a)Q_{\pi_\theta}(s,a)$ 对策略参数更新。为了进一步减小方差，在实际应用中往往采用 TD 误差，对策略参数进行更新。

引入优势函数：

$$A_{\pi_\theta}(s,a) = Q_{\pi_\theta}(s,a) - V_{\pi_\theta}(s)$$

作为策略梯度公式的替换项，得到：

$$\nabla_\theta J(\pi_\theta) = \mathbb{E}_{\substack{s \sim p^{\pi_\theta} \\ a \sim \pi_\theta}} \left[\nabla_\theta \log_2 \pi_\theta(s,a) A_{\pi_\theta}(s,a) \right]$$

动作价值函数在某些任务中，往往是正值，由于训练过程的随机性会导致模型方差增大。可以通过让动作价值函数减去其平均值，也就是期望，使得参数 θ 更新步长和方向更准确，从而降低模型方差。而这个期望正是当前动作价值对应的状态价值函数。又根据前文提及的对应的动作价值函数和状态价值函数是可以相互转化的：

$$Q_{\pi_\theta}(s_t, a_t) \approx r_t + \gamma V_{\pi_\theta}(s_{t+1})$$

可以将 TD 误差：

$$\delta_{\pi_\theta} = r_t + \gamma V_{\pi_\theta}(s_{t+1}) - V_{\pi_\theta}(s_t)$$

作为 $A_{\pi_\theta}(s_t, a_t)$ 的无偏估计。故最终的策略梯度和参数更新公式为：

$$\nabla_\theta J(\pi_\theta) = \mathbb{E}_{\substack{s \sim p^{\pi_\theta} \\ a \sim \pi_\theta}} \left[\nabla_\theta \log_2 \pi_\theta(s,a) \delta_{\pi_\theta} \right]$$

$$\delta_{\pi_\theta} = r_t + \gamma V_{\pi_\theta}(s_{t+1}) - V_{\pi_\theta}(s_t)$$

$$\theta_{t+1} \leftarrow \theta_t + \alpha \nabla_\theta \log_2 \pi_\theta(s,a) \delta_{\pi_\theta}$$

对于评论家模型的参数 ω 而言，往往采用均方误差作为损失函数，使用类似 DQN 的更新方法。若采用线性 Q 函数，如 $Q_{\pi_\theta}(s_t, a_t, \omega) = \phi^{\mathrm{T}}(s_t, a_t)\omega$，则 ω 的更新方程为：

$$\delta_{\pi_\theta} = r_t + \gamma V_{\pi_\theta}(s_{t+1}) - V_{\pi_\theta}(s_t)$$

$$\omega = \omega + \beta \delta_{\pi_\theta} \phi^{\mathrm{T}}(s_t, a_t)$$

演员-评论家模型的最重要的是策略梯度定理，它形成了动作价值函数与策略梯度的联系。上文介绍基于价值函数学习的方法近似出价值函数，再通过 ε-贪心策略选择执行动作。对于动作无限性问题和随机性最优策略问题，解决方案是直接近似策略函数。在这一过程中使用的蒙特卡洛算法虽然对策略梯度进行无偏估计，但需要走到终止状态再返回更新，导致效率较低。出于对无偏性和模型的方差的要求，在评论家模型中引入时序差分策略评估算法来替代蒙特卡洛算法，评论家模型指导演员模型参数更新方向和步长，时序差分算法凭借其单步更新策略进一步提高了模型效率和降低了方差，通过动作价值函数减去基准和策略梯度更新公式，这些是演员-评论家方法的基本思想。

【例 13.3】基于演员-评论家算法的基金定投策略。

金融领域应用人工智能投资策略采用机器学习算法，整合市场数据，构建预测模型以预测市场未来走势，不断优化模型进而制定交易策略。基金定投分为定期定额和定期不定额的方法，强调分批买入，并非一次性全部购入，从而降低投资风险。定期定额是指固定周期内投放固定金额，定期不定额是指固定周期内根据市场行情调整定投金额。这里将深度强化学习应用在基金定投策略场景，主要过程如下：

（1）确定合适的基金数据集作为预测和决策对象，并对数据集进行划分和预处理；

（2）定义强化学习的环境、状态、动作、奖励、状态转移，建立起马尔可夫决策过程；

（3）定义深度学习网络结构，将深度学习与强化学习结合形成深度强化学习模型；

（4）将探索和应用方法相结合训练模型、返回模型最佳参数；

（5）仅对深度强化学习应用方法在测试集上测试模型的泛化能力；

（6）统计训练、测试过程中不同策略的输出结果及表现。

利用深度强化学习可以在对市场预测的基础上，解决端到端的决策的问题。由于基金定投问题本质上是基于时序类型数据的预测问题，根据预测结果决定买入、持有、卖出，该过程兼顾长期和短期回报。

强化学习在交易策略上有根据价值函数和基于策略两种学习方法。实例中选用将两者相结合的演员-评论家模型，为了提高数据的可复用性和提升模型训练的效果，引入经验回放机制，将演员-评论家模型改为离线策略算法。

如图 13-15 所示，策略网络和价值网络都采用 LSTM 网络实现，策略网络输入层节点数与预处理的市场环境特征向量维度一致，环境状态 $\phi(S_t)$ 由所有 x_i 构成，隐层为 3 个 LSTM 层，每层有 128 个隐藏单元，在输出层采用 Softmax 函数计算后输出策略中每个动作的概率。价值网络采用与策略网络类似的网络结构，在输入层与输出层方面做调整，价值网络的输入改成策略网络输出中选择的动作和预处理后的状态特征，输出改为动作价值函数，对应状态下动作的价值。优化器采用了结合动量和 Adam 算法。

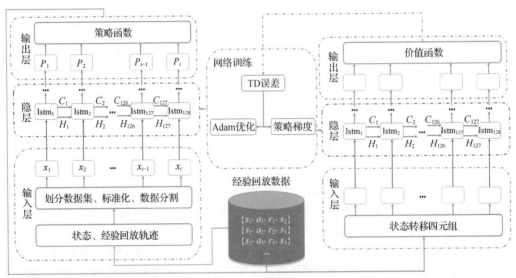

图 13-15　网络结构

策略网络的损失函数为：

$$L_1\left(\theta\right)=\frac{1}{2}\mathbb{E}_{s,a\sim\pi_\theta}\left[\left(\log_2\pi_\theta\left(y_t-V_{\pi_\theta}\left(\phi\left(s_t\right);\omega\right)\right)\right)^2\right]$$

其中，$A_{\pi_\theta}=r_t+\gamma V_{\pi_\theta}\left(\phi\left(s_{t+1}\right);\omega\right)-V_{\pi_\theta}\left(\phi\left(s_t\right);\omega\right)$，价值网络也以均方误差作为损失函数

$$L_2\left(\omega\right)=\frac{1}{2}\mathbb{E}\left[\left(y_t-V_{\pi_\theta}\left(\phi\left(s_t\right);\omega\right)\right)^2\right]$$

数据集采用中国场外开放式基金数据，并使用 Tushare 中的对应基金特征字段作为辅助。数据集中包括从 2018 年到 2021 年 10 月 31 日的场外开放式基金数据，每星期或每月更新，统计了基金单位时段收益率、累计净值，包括华夏、易方达等著名公募基金。数据集特征字段包括基金代码、基金简称、基金类型、日期、单位净值、累计净值、日、周、月、年直至成立以来的收益率，以及在 Tushare 平台搜集得到的对应基金分红数据。

数据预处理时将以往收益率波动一直很小的基金认定为不适合定投的产品，同时剔除规模过小的公司。去除不适合定投的基金产品后，通过基金一年的单位净值和分红特征计算出不同分红方式下的加权净值，进一步通过加权净值计算出不含当日的一年回撤、历史回撤、年 BOLL、MACD、BIAS、KDJ 原本作为股票的新特征用于表征环境。对数据集按照 10 折交叉验证进行划分和训练。

环境设置包括交易费用、基金分红、账户收益、账户余额、账户起点、交易价格、定投次数、定投频率、定投起点、定投金额、交易限制、基金净值等基金交易过程中涉及的因素。

环境的状态由两部分组成：基金状态和账户状态。基金状态由历史净值、收益率，以及通过引入基金定投中常用的指标 MACD、BIAS、BOLL、KDJ 等度量，账户状态通过账户平均成本、账户收益率、账户平均成本波动率等度量。表 13-1 展示了作为环境中状态组成部分的一些数据的特征。

表 13-1　部分数据特征

特征类型	特征内容	特征范围
基金	单位净值	日
	历史净值	周、月、年、发行至今
	收益率	日、周、月、季、半年、年
	BIAS	月、季、半年、年
	BOLL	月、季、半年、年
	MACD	12 日，26 日
	KDJ	9 周
	RSI	14 日
	MOM	12 日、25 日
账户	账户平均成本	
	账户收益率	
	近期账户平均成本变化	
	最近一次交易表示	
	昨日净值比平均成本	
	账户平均成本波动率	

基金状态的分红数据 BOLL、MACD、KDJ 等原本用于股市中短期趋势分析的指标，涉及差不多一年的历史数据，需要根据年数据按月、周、日和特定的日期细化。

动作设置在基金交易中，投资人可以根据账户金额决定买入、卖出、持有共 3 个离散的随机变量，买入、卖出有账户金额的定量限制，买入和卖出金额应不超过用户本身所持有的资金和基金，所以动作空间应设置为连续型随机变量。但该实例场景为基金定投，在基金定投的基本策略中只有买入操作，且为了保证案例的可解释性，设定动作空间也只有买入操作，即 $a \in \{正常, 多买, 少买\}$，其中正常是按照每期约定金额定投，若每个时间步都执行正常动作，则变为基金定期定投；多买为在约定金额的基础上，按照比例增加本期定投金额；少买为在约定金额基础上，按照比例减少本期定投金额。现有约定定投金额，比例根据用户设定为准作为超参数，主要通过调整金额比例来降低风险，获得良好收益。

奖励设置需要根据实现的目标确定，并实例化成函数的形式与动作和状态挂钩。在基金定投过程中，目标是获得更多的利润。为了直接反应执行动作的影响，最简单的方法就是用账户收益进行度量：

$$r_t = c_t * (p_t - p_{t-1})$$

其中，第 t 时间步以天为基本单位，t 与 $t+1$ 可间隔多天。其中 r_t 代表第 t 时间步的奖励，p_t 代表第 t 时间步的基金净值，c_t 为第 t 时间步买入的金额。p_t 度量了市场环境中的状态，c_t 对智能体的动作进行了模糊的刻画。但基金收益的直接相减并不能直观度量真实市场交易下的收益，这显然是不合理的。为了模拟真实市场下的基金收益，将基金交易过程中的佣金费、手续费等与买入、卖出费用相关的大笔费率均值考虑在内作为常数 m。为了更好地表示智能体执行的动作对奖励的影响，并把环境状态因素考虑在内，最终的奖励函数：

$$r_t = \eta_t * \left[c_t * (1-m) * \left(\frac{p_{t+1}}{p_t} - 1 \right) \right]$$

其中，动作得分 $\eta_t \in \{-1, 0, 1\}$，少买为-1，正常买入为0，多买为1。在理想状态下，假设在第 t 时间步少买入 c_t 金额的基金后，η_t 为-1，后随基金市场的波动，利好消息频出，基金净值见长使得 $p_{t+1} > p_t$，由于在第 t 时刻少买是不正确的动作，因此应对少买动作进行惩罚，设置为负数，使得第 t 步最终计算的奖励 r_t 为负值。同理，可以分析在第 t 时间步多买和市场环境 $p_{t+1} < p_t$ 的情况。如此定义奖励函数，让其决定性因素为 c_t 和 $\frac{p_{t+1}}{p_t}$，两者分别代表动作和环境对奖励的影响，满足了奖励函数需与状态及动作相关联的需要。基金每笔交易都会产生相应的费用，且杂费繁多，设定与交易相关费用的平均费率 m 与交易费用相乘，作为基金市场对智能体奖励函数返回的一部分。

为了搭建完备的马尔可夫决策过程，状态转移函数的设置不可或缺。状态分为账户状态与基金状态两部分。设定状态转移函数时，账户状态根据交易动作与市场环境的反馈进行实时更新。基金状态在交易动作后，需要对超过日特征口径的特征计算对应的日时间戳特征，市场环境转移在此模型中无法直接预测，也无须为基金状态设置特定的状态转移，故直接根据市场环境当前的状态，对基金状态进行更新。同时更新并计算基金状态数据和账户状态数据，将之拼接后作为新的状态返回，存入经验回放的状态转移序列存储单元中，并以此作为策略网络和价值网络的输入。由于使用离线策略的演员-评论家模型，状态转移四元组服从由策略函数 π_θ 与环境共同决定的分布。

策略网络的工作相当于做策略提升，价值网络的工作等同于做策略估计。整个网络结构的训练过程是从经验回放机制中随机抽取格式化固定长度状态 $\phi(s_t)$ 作为策略网络的输入，输出相应动作的概率密度函数，环境返回动作对应的奖励 r_t 和下一个状态 s_{t+1}，对下一个状态 $\phi(s_{t+1})$ 格式化固定长度。生成数据集状态转移四元组 $<\phi(s_t), a_t, r_t, \phi(s_{t+1})>$，该状态转移四元组服从 π_θ 与环境共同决定的分布。

根据单步更新的原则，将状态转移四元组作为价值网络的输入，价值网络采用离线策略收集经验，将动作策略和目标策略的更新方式做区分，通过动作策略训练目标策略。大致训练过程如图 13-16 所示。价值网络参数 ω 根据损失函数 L_2 梯度方向下降，再对策略网络参数 θ 沿着最大化目标函数的梯度 $\nabla \log_2 \pi_\theta A_\theta(s_t, a_t; \omega)$ 的方向上升，其中 $A_\theta(s_t, a_t; \omega) = r_t + \gamma V_{\pi_\theta}(s_{t+1}; \omega) - V_{\pi_\theta}(s_t; \omega)$。需要注意的一点是，价值网络拟合 V_{π_θ}，而不是 V，状态转移四元组 $<\phi(s_t), a_t, r_t, \phi(s_{t+1})>$ 需根据当前策略 π_θ 和环境产生，价值网络必须用策略产生的数据进行计算。这一特性决定了演员-评论家算法是在线策略，引入经验回放机制后，将模型改进成离线策略的训练需要用重要性采样做相应的改动。

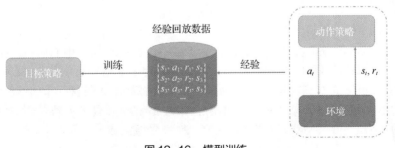

图 13-16　模型训练

通过最常见的 ε-贪心策略，选择动作但不立刻执行，其中超参数初始设置为 $\varepsilon=0.2$，换言之，以 80% 的概率直接选取概率最高的动作，以 20% 的概率在动作空间中等概率做动作抽样。需要注意的是，在训练过程中，让 ε 逐渐衰减，在一定的周期后衰减到 $\varepsilon=0.01$，此后固定在 0.01。价值网络输出动作价值当前 Q 和下一时刻的动作价值 Q 后，分别计算对应的状态价值函数 V，通过状态价值函数 V 和奖励计算整个算法的核心 TD 误差 $\delta=r_t+\gamma V_\pi\left(s_{t+1};\omega\right)-V_\pi\left(s_t;\omega\right)$。

随后求 MSE 损失函数 $L_2\left(\omega\right)=\dfrac{1}{2}\mathbb{E}[\left(y_t-V_\pi\left(\phi\left(s_t\right);\omega\right)\right)^2]$ 的梯度对价值网络的参数 ω 进行更新，使用离线策略的更新公式：

$$\omega\leftarrow\omega-\alpha\sum\delta\nabla_\omega\delta$$

改为离线策略后价值网络的更新公式与在线策略的区别在于多了乘积 $\dfrac{F_{\pi_{\theta'}}\left(\tau\right)}{F_{\pi_\theta}\left(\tau\right)}$，其中前文介绍术语时提及 $F_{\pi_\theta}\left(\tau\right)$ 表示在策略 π_θ 下，某一具体轨迹 τ 出现的概率：

$$F_{\pi_\theta}\left(\tau\right)=f_0\left(s_0\right)\prod_{t=0}^{T-1}p\left(s_{t+1}|s_t,a_t\right)\pi_\theta(a_t\,|\,s_t)$$

由于价值网络参数 θ 更新为 θ'，因此需要通过权重 $\dfrac{F_{\pi_{\theta'}}\left(\tau\right)}{F_{\pi_\theta}\left(\tau\right)}$ 将过去的数据样本分布调整成服从当前策略分布，以近似无偏估计。由于 $\dfrac{F_{\pi_{\theta'}}\left(\tau\right)}{F_{\pi_\theta}\left(\tau\right)}$ 在轨迹 τ 较长时会变得异常大，因此需要设定阈值，当其超过阈值时直接取阈值。

策略梯度公式中阻碍使用离线策略的原因是轨迹 τ 不符合 $P_{\theta'}\left(\tau\right)$ 分布，需要使用权重 $\dfrac{F_{\pi_{\theta'}}\left(\tau\right)}{F_{\pi_\theta}\left(\tau\right)}$ 对分布进行调整。策略网络根据 TD 误差 δ 进行参数更新，所以更新公式为：

$$\theta\leftarrow\theta+\beta\sum\left[\log_2\pi_\theta\delta\frac{F_{\pi_{\theta'}}\left(\tau\right)}{F_{\pi_\theta}\left(\tau\right)}\right]\nabla_\theta\log_2\pi_\theta$$

采用离线策略进行训练时需要将产生的轨迹 τ 和策略网络的参数 θ 都进行存储，策略网络的参数每次更新后需要对所有轨迹 τ 求平均。这样做的好处是训练过程中产生的轨迹可循环利用，不至于像在线策略训练，只能使用当前轨迹一次，网络参数更新后就丢弃当前轨迹。

在训练的初期，两个网络的参数都是随机化的，很有可能导致训练失败。在训练过程中并不是训练一次价值网络紧接着就训练策略网络，而是根据类似 GAN 的训练思想，控制两个网络的训练节奏，如训练 M 次价值网络，再接着训练 N 次策略网络。相当于先对价值网络进行预训练，使其有了一定的评价能力后，再对策略网络的参数进行更新。之所以需要预训练这一步骤，是因为训练初期价值网络判断能力过低，故先设定 $M>N$。到训练后期因为往往价值网络的输出比策略网络的输出维度更高，需要让 M 逐渐减小，N 逐渐增大。对于 M 和 N 的具体确定，需要根据具体问题进行大量调试。

由于应用场景的特殊性，采用定投方法选定组合基金定投后往往需要回测收益。深度强化学习根据智能体习得的策略设置回测周期、指定初始组合公募基金及其占比、选择是否再平衡（往往选择年平衡）和分红方式后，即可以对对应的基金类型做不同的回测。如股权基金与沪深 300 指数对比，债券基金与中债综合指数对比。根据得到的年化收益、总收益、最大回撤、组合回撤等大指标和年度涨幅和季度涨幅等小指标让深度强化模型与普通智能定投模型对比，并对得到的纵向方法对比和横向指标对比测试结果进行图标可视化。

习题

1. 简述强化学习的发展过程。
2. 简述强化学习与一般的有监督学习和无监督学习的区别。
3. 如何认识强化学习是一个不断优化策略，获得最大回报的过程？
4. 动作价值函数和状态价值函数有什么不同？
5. 深度学习与强化学习有哪些结合方式？
6. 简述贝尔曼方程的作用。
7. 简述常用强化学习算法的优缺点。
8. 举例说明 Q-Learning 和 DQN 等深度强化学习算法的具体应用。
9. 如何采用深度强化学习指导基金定投？